"十二五"职业教育国家规划教材
经全国职业教育教材审定委员会审定

供药剂、制药技术、药品食品检验及药学相关专业使用

药物制剂技术

（第二版）

主　　编　栾淑华　刘跃进
副 主 编　金凤环　刘　君
编　　者　(按姓氏汉语拼音排序)
边　栋(沈阳市化工学校)
董　欣(新民市中医药学校)
蒋宏雁(桂林卫生学校)
金凤环(本溪市化学工业学校)
刘　君(辽宁省中医研究院)
刘跃进(珠海市卫生学校)
卢楚霞(广东省新兴中药学校)
栾淑华(沈阳市化工学校)
孟淑智(沈阳市食品药品检验所)
蒲世平(四川卫生康复职业学院)
孙格娜(广东省湛江卫生学校)
涂丽华(南昌市卫生学校)
闫丽丽(本溪市化学工业学校)
杨功勋(杭州中美华东制药有限公司)
杨香丽(阳泉市卫生学校)
易英豪(江苏恒瑞医药股份有限公司)
尹　柘(东北制药集团沈阳第一制药有限公司)
尹丽春(云南白药集团股份有限公司)
张　曦(毕节医学高等专科学校)
张志勇(广东省新兴中药学校)

科 学 出 版 社
北　京

内 容 简 介

药物制剂技术是中等卫生职业教育药剂专业主要的一门专业课，编写时以专业工作岗位需求为主线，主要介绍了适合医院和社会药房工作的调剂知识、GMP生产管理、常用制剂制备工艺、质量检查方法、药物制剂的基本理论等内容。本教材首先通过GMP对药物制剂生产的管理的要求，采用生产案例引入制剂制备方法为框架的编写模式，介绍了常用制剂的制备方法和质量检查等。

本书可作为中等卫生职业学校药剂、制药技术、药品食品检验及药学相关专业的教学用书。也可作为执业药师资格考试和从事药学工作人员的参考用书。

图书在版编目(CIP)数据

药物制剂技术／栾淑华，刘跃进主编. —2版. —北京：科学出版社，2016.1
"十二五"职业教育国家规划教材
ISBN 978-7-03-046543-6

Ⅰ. 药… Ⅱ. ①栾… ②刘… Ⅲ. 药物-制剂-技术-中等专业学校-教材
Ⅳ. TQ460.6

中国版本图书馆CIP数据核字(2015)第288422号

责任编辑：张映桥／责任校对：李 影
责任印制：赵 博／封面设计：金舵手世纪

科学出版社 出版
北京东黄城根北街16号
邮政编码：100717
http://www.sciencep.com
天津新科印刷有限公司 印刷
科学出版社发行 各地新华书店经销
*
2010年7月第 一 版 开本：787×1092 1/16
2016年1月第 二 版 印张：24 1/2
2018年12月第九次印刷 字数：581 000

定价：65.00元

(如有印装质量问题，我社负责调换)

前　言

本书是根据全国中等卫生职业教育药剂学大纲，为适应医药卫生教育改革和药剂专业发展的需要，体现“以学生为中心、以就业为导向、以能力为本位、以发展技能为核心”的培养模式，培养面向生产、建设、服务和管理第一线需要的技能型与服务型的高素质人才的编写思路，对教学内容进行重组后编写而成。

在教材基本内容中，以药学服务与突出GMP管理的药物制剂生产为两条主线，强化常用制剂生产环境、工艺过程、质量检查等内容，以各种制剂特点、工艺和质量检查为重点，并将各类剂型使用方法融入相应剂型中。为满足药学服务的需求，补充了《处方管理办法》和GMP的部分内容，以适应药房和药厂所需的知识，强调如何将理论应用于实际工作中，力求缩短教学和临床、生产一线的距离，帮助学生更快地适应相应的工作岗位。

根据生产岗位第一线对中职学生知识的要求和药学服务所需知识与技能的要求，坚持实用性、针对性的原则，首先根据GMP对药物制剂生产的管理规范，树立GMP生产观念，采用案例引入制剂制备方法为框架的编写模式，模拟实际生产场景，案例来自于国家药品标准、生产和临床一线；在实训内容中为使处方制法更加清晰，采用分步介绍的操作步骤，将实训结果用表格的形式列出。针对药学学科的发展和中职药剂学生的基础，将药物服务有关内容融入制剂制备中，重点介绍了GMP、药物剂型、各类剂型的处方组成及药物相互作用等知识，为今后从事药物制剂制备和质量检查、指导合理用药、正确分析和解决各类剂型在生产和临床用药中的实际问题奠定基础。

全书共分18章，主要介绍了适合医院和社会药房的调剂知识、GMP生产管理，常用制剂制备工艺、质量检查方法、药物制剂的基本理论等方面的内容。实训内容可根据各校和当地的实际情况进行调整。为了方便学生掌握教学内容，每章后附自测题。

本教材第1章、第18章、实训1由刘君老师编写，第2章、实训2由金凤环老师编写，第3章由尹柘老师编写，第4章、实训5由涂丽华老师编写，第5章、实训6、实训7由孟淑智老师编写，第6章、实训3、实训4、实训8由边栋老师编写，第7章、实训9由张志勇老师编写，第8章、第9章、实训10、实训11、实训12、实训13由栾淑华老师编写，第10章、实训14由孙格娜老师编写，第11章、实训15由董欣老师编写，第12章、实训16由张曦老师编写，第13章、实训17、实训18由蒲世平老师编写，第14章1~5节、第17章、实训19、实训20、实训27由刘跃进老师编写，第14章6~10节、实训21~22由卢楚霞老师编写，第15章1~2节、实训23由蒋宏雁老师编写，第15章3~4节、实训24、25闫丽丽老师编写，第16章、实训26由杨香丽老师编写，最后由栾淑华老师统稿。

本书的编写参阅了一些书籍，在此向相关作者表示感谢。编写过程受到科学出版社卫生职业教育分社的精心指导，得到各编委所在单位的大力支持，在此一并表示衷心的感谢。

由于编者水平有限，加之编写时间较紧，书中难免会有疏漏之处，恳请使用本教材的师生批评指正。

编　者

2015年3月

目 录

上 篇

下 篇

上　　篇

第 1 章　绪　　论

药剂学是研究药物制剂的基本理论、处方设计、制备工艺、质量控制与合理应用的综合性技术科学，是药学类专业重要的专业课程之一。本章主要介绍药物制剂中常用的概念和术语；药剂学的分支学科及药剂学的发展；阐述药物剂型及其重要性和分类；国家药品标准、处方的含义和处方调剂的基本流程及 GSP、GLP、GCP 的简单知识。

第 1 节　概　　述

一、药剂学的概念

1. 药剂学　系指研究药物制剂的基本理论、处方设计、制备工艺、质量控制与合理应用的综合性技术科学。

2. 药物　系指用于治疗、诊断或预防疾病的化学物质。将药物用于临床时，不能直接使用原料药，必须制成具有一定形状和性质的剂型，才能充分发挥疗效，减少毒副作用，便于使用和储存。

考点：药剂学的概念

3. 剂型　系指为适应治疗、诊断或预防需要而制备的药物应用形式，也称为药物剂型，简称剂型。如片剂、颗粒剂、注射剂、溶液剂、软膏剂、气雾剂等。

4. 制剂　系指根据药典或药政部门批准的质量标准，将原料药物按某种剂型制成具有一定规格的制品，也称为药物制剂，简称制剂。如阿司匹林片、维生素 E 软胶囊、葡萄糖注射液等。而且把制剂的研制过程也称为制剂，研究制剂的理论和工艺的科学称为制剂学。

考点：剂型的概念

5. 药品　系指用于预防、治疗、诊断人的疾病，有目的地调节人的生理功能并规定有适应证或者功能主治、用法和用量的物质，包括中药材、中药饮片、中成药、化学原料药及其制剂、抗生素、生化药品、放射性药品、血清、疫苗、血液制品和诊断药品等。

6. 辅料　系指生产药品和调配处方时所用的赋形剂与附加剂。

药剂学的宗旨是制备安全、有效、稳定、使用方便的药物制剂。既要根据国家药品标准处方或其他适宜处方将原料药物加工制成适宜剂型，又要根据临床需要，以国家药品标准为指导，合理调配药物、指导患者正确用药，并在给药和使用过程中进行监测与有效管理。

二、药剂学的分支学科

药剂学是以多门学科的理论为基础的综合性应用技术科学，随着科学技术的飞速发

展，药剂学也在向多方向、多领域扩展，并逐渐形成了许多具有一定代表性的分支学科。

1. 物理药剂学 系指运用物理化学原理、方法和手段，研究药剂学中有关剂型、制剂的处方设计、制备工艺、质量控制等内容的一门学科。

考点：药剂学的分支学科

2. 工业药剂学 系指研究剂型及制剂生产的基本理论、工艺技术、生产设备和质量管理的一门学科。

3. 生物药剂学 系指研究药物及其剂型在体内的吸收、分布、代谢与排泄过程，阐明药物的剂型因素、机体的生物因素与药效间关系的一门学科。

4. 药物动力学 系指采用数学的方法，研究药物的吸收、分布、代谢和排泄的体内经时过程与药效间关系的一门学科。

5. 药用高分子材料学 系指研究药剂学的剂型设计和制剂处方中常用的合成和天然高分子材料的结构、制备、物理化学特征及其功能与应用的一门学科。

6. 临床药剂学 系指以患者为对象，研究合理、有效与安全用药等，是与临床治疗学紧密联系的新学科，也称（广义的）调剂学或临床药学。临床药剂学的出现可使药剂工作者直接参与对患者的药物治疗活动，有利于提高临床治疗水平。

三、药剂学的发展

（一）国外药剂学的发展

国外药剂学发展最早的是埃及与巴比伦王国（今伊拉克地区），《伊伯氏纸草本》是约公元前 1552 年的著作，记载有散剂、硬膏剂、丸剂、软膏剂等许多剂型，并有药物的处方和制法等。被西方各国认为是药剂学鼻祖的格林（Galen，公元 131~201 年）是罗马籍希腊人，在格林的著作中记述了散剂、丸剂、浸膏剂、溶液剂、酒剂等多种剂型，人们称之为“格林制剂”，至今还在一些国家应用。现代药剂学是在格林制剂等基础之上发展起来的。

现代药剂学的发展与其他学科的发展水平密切相关。19 世纪西方科学和工业技术蓬勃发展，制药机械的发明使药剂生产的机械化、自动化得到了迅速发展。进入 20 世纪以后，由于各基础学科的迅速发展，学科划分越来越细，从而使药剂学逐渐形成了一门独立的学科。20 世纪 50~70 年代，临床药理学、药物动力学和分析技术的发展和应用，使原来的从体外化学标准来评价药物制剂转向体内、外相结合，将药物剂型的设计和研制推入了生物药剂学和临床药剂学时代。20 世纪 60~80 年代，高分子材料、生物技术、电子技术、信息技术、纳米技术等学科的发展和应用，大大拓宽了药物制剂的设计思路，使剂型的处方设计、制备工艺和临床应用进入了系统化和科学化阶段，剂型的概念得以进一步延伸，诞生了给药系统的概念。

现代药剂学的发展可以分为四个时代。

第一代：片剂、注射剂、胶囊剂等。约在 1960 年前建立。

第二代：缓释制剂、肠溶制剂等，以控制释放速度为目的的第一代 DDS（药物传递系统）。在 60~70 年代建立。

第三代：控释制剂。利用单克隆抗体、脂质体、微球等药物载体制备的靶向给药制剂，为第二代 DDS。这类制剂药物疗效仅与体内药物浓度有关而与给药时间无关。它们不需要频繁给药，能在较长时间内维持药物的有效浓度。

第四代：靶向给药系统。是以将药物浓集于靶器官、靶组织、靶细胞或细胞器为目的的给药系统,为第三代 DDS。这种剂型提高了药物在病灶部位的浓度,减少在非病灶部位的分布,所以能够增加药物的疗效并降低毒副作用。

药剂学的发展能使新剂型在临床应用中向着发挥高效、速效、延长作用时间和减少毒副作用的方向发展,并且使制备过程更加顺利、方便。

(二) 国内药剂学的发展

我国历史悠久,对世界文明包括医药做出了伟大的贡献。早在夏禹时代就制成了至今仍为常用的剂型——药酒。据历史记载,公元前 1766 年已有汤剂这一剂型出现,是应用最早的中药剂型之一。在《黄帝内经》中已有汤剂、丸剂、散剂、膏剂及药酒等剂型的记载;在我国汉代张仲景的《伤寒论》(公元 142~219 年)中和《金匮要略》中又增加了栓剂、洗剂、软膏剂、糖浆剂等剂型,并记载了可以用动物胶、炼制的蜂蜜和淀粉糊为黏合剂制成丸剂。15 世纪,我国医药学家李时珍编著了《本草纲目》,其中收载了药物 1892 种,剂型 40 余种,这充分体现了中华民族在药剂学的漫长发展过程中曾经做出了重大的贡献。

从 19 世纪初到 1949 年之前,国外医药技术对我国药剂学的发展产生了一定影响,如引进了一些技术并建立了一些药厂,但规模较小、水平较低、产品质量较差。新中国成立后,我国的医药事业有了飞速发展。为了适应医药工业的发展,1956 年上海医药工业研究院药物制剂研究室成立,多次召开过全国性的注射剂和片剂等生产经验交流会,促进了我国的医药制剂工业的迅速发展。

改革开放以来,在药用辅料的研究方面,开发了若干新材料。例如,已先后开发出稀释剂微晶纤维素、可压性淀粉,黏合剂聚维酮,崩解剂羧甲基淀粉钠、低取代羟丙基纤维素等。

在生产技术和设备方面的进步也很大。例如,已研制成功微孔滤膜及与之配套的聚碳酸酯过滤器用于控制注射剂中的微粒性异物,显著提高了注射液的质量;在口服固体制剂的生产中,广泛地推广应用新辅料,采用微粉化技术及其他提高药物溶出度的新技术,提高了产品质量;在缓控释制剂方面,已有一些品种获得新药证书和生产批文;透皮吸收给药系统已有几个产品被批准生产;靶向、定位给药系统的研究也取得很大进展,如脂质体、微球、纳米粒等。

第 2 节 药 物 剂 型

一、剂型的重要性

(一) 剂型与给药途径

原料药物不能直接使用,必须制成适宜的剂型以满足临床需要。药物剂型应与给药途径相适应,例如眼黏膜给药以液体、半固体剂型最方便,注射给药必须以液体剂型才能实现,口服给药可以选择多种剂型,如固体、液体等,皮肤给药多用软膏剂和贴剂。

(二) 药物剂型的重要性

药物剂型不同,会导致药物的给药途径、临床治疗效果发生变化。适宜的药物剂型可能发挥良好的药效,剂型的重要性可以叙述如下:

(1) 不同药物,要求制成的剂型可能不同。

例如，胰岛素在胃肠道中受到酶破坏而分解，链霉素在胃肠道中不吸收，这类药物适合制成注射剂。而阿司匹林对胃黏膜刺激较大，适合制成肠溶片剂。

（2）同一药物，剂型不同，作用性质可能不同。少数药物由于应用剂型不同，其药理作用完全不同。

例如，硫酸镁溶液剂口服时有致泻作用，但5%硫酸镁注射液静脉滴注，能抑制大脑中枢神经，有镇静、抗惊厥作用。

（3）同一药物，剂型不同，作用速度、强度和持续时间不同。一般注射剂、吸入气雾剂等起效快，常用于急救；缓、控释制剂，丸剂，植入剂等作用缓慢，属于长效制剂。

例如，氨茶碱治疗哮喘效果很好，注射剂给药时，起效快，适宜哮喘发作时应用；若制成栓剂直肠给药，吸收较快，药效持续时间较长；片剂给药时，作用中等，生产工艺简单；缓释片剂能保持血药浓度平稳，可维持药效8～12h，便于哮喘患者夜间服用。

（4）同一药物，剂型不同，毒副作用不同。

例如，吲哚美辛开始用于临床时，应用片剂1日剂量为200～300mg，消炎镇痛作用好，但发现有较大的不良反应，如头痛、失眠、耳鸣、胃出血等，并且其不良反应与服用剂量成正比。主要由于片剂在储存中变硬影响崩解度，使药物溶出量减少，吸收量很低，剂量加大不良反应也增大；但制成胶囊剂给药时，每日剂量75mg就能得到较好的治疗效果。

（5）同一药物，同一剂型，由于处方中辅料组成或制备工艺不同，作用快慢、强度、疗效、毒副作用都有可能不同。

例如，1968年，澳大利亚生产的苯妥英钠片剂治疗癫痫患者时，患者服用疗效一致很好。后来，有人将处方中的辅料硫酸钙改为乳糖，其他组分未变，结果临床应用时连续发生苯妥英钠中毒事件。经药物动力学研究发现，将处方中的硫酸钙改为乳糖后，提高了苯妥英钠片剂体外释放量和体内吸收量，使血药浓度超过了最低中毒浓度，因而在服用相同剂量时引起中毒。

另外，药物晶型、粒子大小的不同，也可直接影响药物的释放，从而影响药物的治疗效果。

（6）有些剂型具有靶向作用。含微粒结构的静脉注射剂，如脂质体、微球、微囊等进入血液循环系统后，被网状内皮系统的巨噬细胞所吞噬，从而使药物浓集于肝、脾等器官，起到肝、脾的靶向作用。

例如，阿霉素对肿瘤细胞的杀伤力很强，但它对心肌细胞的毒性也很大，在制成阿霉素脂质体后能增加药物在肿瘤部位的聚集量，降低心脏等敏感部位对阿霉素的摄取，从而起到了提高药物疗效、降低药物毒性的双重作用。

在设计一种剂型时，除了要满足医疗、预防和诊断需要外，还必须综合考虑药物的理化性质、制剂的稳定性、生物利用度、质量控制、运输、储存、服用方便等多方面因素。

考点：剂型的重要性

二、药物剂型的分类

药物剂型的种类繁多，常用剂型有40余种，为了便于学习、研究和应用，需要对剂型进行分类。剂型分类方法目前有以下几种。

（一）按物质形态分类

药物剂型按物质形态可分为液体剂型、固体剂型、半固体剂型、气体剂型四类（表1-1）。

表 1-1 按物质形态分类的药物剂型

类型	物质形态	举例
液体剂型	液体	溶液剂、乳剂、注射剂等
固体剂型	固体	片剂、丸剂、胶囊剂等
半固体剂型	半固体	软膏剂、糊剂、凝胶剂等
气体剂型	气体	气雾剂、喷雾剂等

通常,药物的形态不同,制备方法不同,起效快慢也不同。例如,口服给药时,液体剂型比固体剂型发挥作用速度快,半固体剂型多为外用,气体剂型以局部用药较多,通常需要特殊器械。这种分类方法对药物的制备、储存、运输具有一定指导意义,但是过于简单,缺少剂型间的内在联系,实用价值不大。

(二) 按分散系统分类

凡一种或几种物质的质点分散在另外一种物质的质点中所形成的分散体系称分散系统。这种分类方法是按分散相质点的大小来分类,主要包括溶液型、胶体溶液型、乳剂型、混悬型、气体分散型、微粒分散型、固体分散型等(表 1-2)。

表 1-2 按分散系统分类的药剂类型

类型	分散相(药物状态)	分散介质	举例
溶液型	分子或离子	液体	溶液剂、注射剂
胶体溶液型	高分子分散/胶体微粒	液体	胶浆剂、涂膜剂
乳剂型	液滴	液体	口服乳剂
混悬型	微粒(固体药物)	液体	混悬剂
气体分散型	微粒(液体或固体药物)	气体	气雾剂
微粒分散型	微粒(液体或固体药物)	高分子化合物	微球剂、纳米囊
固体分散型	聚集体状态(固体药物)	固体	散剂、片剂

注:微粒分散型药物通常以不同大小的微粒呈液体状态或固体状态分散,所用的辅料多为高分子材料,是一种基质型骨架微粒。

这种方法便于应用物理化学原理来阐明各类型制剂特征,但不能反映用药部位与方法对剂型的要求,甚至一种剂型由于辅料和制法的不同而必须分到几个分散体系中去,因而无法保持剂型的完整性。例如,注射剂中有溶液型、混悬型、乳浊型及粉针型等,合剂、软膏剂也有类似情况。此外,中药汤剂可同时包含有真溶液、胶体溶液、乳浊液和混悬液。

(三) 按给药途径分类

药物剂型按给药途径分类,紧密联系临床应用,通常可以分为两类。

1. 经胃肠道给药剂型 系指药物制剂经口服后进入胃肠道,起局部或经吸收发挥全身作用的剂型。常用的有散剂、颗粒剂、胶囊剂、片剂、口服液、乳剂、混悬剂等,经口腔黏膜吸收的剂型不属于胃肠道给药剂型。

2. 不经胃肠道给药剂型 除口服以外的其他给药剂型。这些剂型可在给药部位起局部作用或被吸收发挥全身作用(表 1-3)。

表 1-3　不经胃肠道给药剂型

给药途径	常用剂型
注射给药剂型	注射剂
呼吸道给药剂型	气雾剂、粉雾剂、喷雾剂等
皮肤给药剂型	外用溶液剂、搽剂、洗剂、软膏剂、硬膏剂、糊剂、贴剂等
黏膜给药剂型	滴眼剂、滴耳剂、滴鼻剂、眼用软膏剂、含漱剂、舌下片剂等
腔道给药剂型	栓剂、气雾剂、泡腾片、滴剂及滴丸等

这种分类方法与临床用药结合较紧密，并能反映给药途径与方法对剂型制备的特殊要求。缺点往往是一种剂型，由于给药途径或方法的不同，可能多次出现，使剂型分类复杂化，同时这种分类方法亦不能反映剂型的内在特性。

（四）按制备方法分类

按制备方法及要求可分为普通制剂、浸出制剂、灭菌制剂三类。浸出制剂为采用浸出方法制成的一类制剂，如汤剂、酒剂、酊剂等；灭菌制剂是利用无菌操作技术和灭菌方法制成的一类制剂，如注射剂、滴眼剂等。

这种分类方法有利于研究制备的共同规律，但归纳不全，而且某些剂型随着科学的发展会改变其制法，故有一定的局限性。

考点：药物剂型的分类

三、药物的传递系统

药物传递系统（drug delivery system，DDS）的概念出现在 20 世纪 70 年代初，80 年代开始成为制剂研究的热门课题。60 年代生物药剂学和药物动力学的崛起可以测定药物在体内的吸收、分布、代谢和排泄的定量关系，以及药物的生物利用度。药物在体内过程的研究结果为新剂型的开发研究提供了科学依据。

（1）药物的治疗作用与血药浓度的关系：过高的浓度可产生中毒，过低的浓度无治疗效果，为合理设计剂型提供科学依据，产生了缓、控释制剂，使血药浓度保持平缓，以维持药物治疗效果及安全性，这是 DDS 的初期发展阶段。

（2）当药物达到病灶部位时才能发挥疗效，其他部位的药物不起治疗作用甚至产生毒副作用。使药物浓集于病灶部位，尽量减少其他部位的药物浓度，不仅有效地提高药物的治疗效果，而且可以减少毒副作用。这对癌症、炎症等局部部位疾病的治疗具有重要意义。病灶部位可能是有病的脏器或器官，也可能是细胞或细菌等。常以脂质体、微囊、微球、微乳、纳米囊、纳米球等作为药物载体进行靶向性修饰是目前制剂研究 DDS 的热点之一。

（3）有节律性变化的疾病，如血压、激素的分泌、胃酸等，可根据生物节律的变化调整给药系统，如脉冲给药系统、择时给药系统，已取得了较好效果。自调式释药系统是一种依赖于生物体信息反馈，自动调节药物释放量的给药系统。对于胰岛素依赖的糖尿病患者来说，根据血糖浓度的变化控制胰岛素释放的 DDS 的研究倍受关注。

（4）透皮吸收制剂：1974 年起全身作用的东莨菪碱透皮给药制剂开始上市，1981 年由美国 FDA 将硝酸甘油透皮吸收制剂批准作为新药，这是世界上首例作为透皮药物的传递系统（transdermal drug delivery system，TDDS）的透皮吸收制剂。从此透皮吸收制剂作为透皮药物的传递系统得到了迅速发展。透皮给药具有比较安全、没有肝脏首过作用等特点,但透皮吸收量有限。

(5) 生物技术制剂:随着生物技术的发展,多肽和蛋白质类药物制剂的研究与开发已成为药剂学研究的重要领域。生物技术药物多为多肽和蛋白质类,性质不稳定、极易变质;另一方面药物对酶敏感又不易穿透胃肠黏膜,因此多数药物以注射给药。为使用方便和提高患者的顺应性,目前很多人正致力于其他给药系统的研究,如鼻腔、口服、直肠、口腔、透皮和肺部给药等。目前基因治疗也受到广泛的关注,如采用纳米粒或纳米囊包裹基因或转基因细胞是生物材料领域中的新动向。

(6) 黏膜给药系统:黏膜存在于人体各腔道内,除局部用药的黏膜制剂外,作为全身吸收药物的途径日益受到重视。特别是口腔、鼻腔和肺部三种途径的给药,对避免药物的首过效应,避免胃肠道对药物的破坏,避免某些药物对胃肠道的刺激具有重要意义。

DDS 的研究目的是以适宜的剂型和给药方式,用最小剂量取得最佳治疗效果。

随着新剂型与新技术的发展及新型药用辅料的出现,DDS 的发展已经具备了坚实的物质基础。

第 3 节 国家药品标准和处方

一、国家药品标准

《中华人民共和国药品管理法》第三十二条规定,药品必须符合国家药品标准。

《药品注册管理办法》第一百三十六条规定,国家药品标准系指国家食品药品监督管理局颁布的《中华人民共和国药典》、药品注册标准和其他药品标准,其内容包括质量指标、检验方法及生产工艺等技术要求。

1.《中华人民共和国药典》 简称《中国药典》。新中国成立后,1953 年颁布我国第一部《中国药典》(1953 年版),1957 年出版了《中国药典》(1953 年版增补本),随着医药事业的发展,新药物和试验方法不断出现,以后陆续发行了 1963、1977、1985、1990、1995、2000、2005、2010、2015 年版,至今共颁布了十个版本。

药典是一个国家记载药品质量规格、标准的法典。由国家组织药典委员会编纂、出版,并由政府颁布、执行,具有法律约束力。药典中收载医疗必需、疗效确切、毒副作用小、质量稳定的常用药物及其制剂,规定其质量标准、制备要求、鉴别、杂质检查、含量测定、功能主治及用法用量等,作为药品生产、供应、检验与使用的依据。

现行版《中国药典》是 2015 年版(图 1-1),本版药典分为四部,收载品种(表 1-4)共计 5608 种,其中新增品种 1082 个,涵盖了基本药物、医疗保险目录品种和临床常用药品。

图 1-1 《中国药典》2015 年版

表 1-4 《中国药典》2015 年版收载品种数

药典	收载内容	收载品种
一部	药材及饮片、植物油脂和提取物	2598 个
二部	化学药品、抗生素、生化药品、放射性药品	2603 个
三部	生物制品	137 个
四部	药用辅料、通则和指导原则	270 种、317 个

《中国药典》2015 年版包括凡例、正文及通则。凡例是使用本药典的总说明，包括药典中计量单位、符号术语的含义及使用中的有关规定。正文是药典的主要内容，叙述本部药曲收载的所有药物和制剂。通则主要包括制剂通则、通用检测方法、指导原则等内容。新版《中国药典》在历版药典的基础上，坚持保障公众用药安全的原则，在品种收载、检验方法完善、检测限度设定以及质量控制水平上都有了较大提升，重点加强药品安全性和有效性的控制要求，充分借鉴国际先进质量控制技术和经验，整体提升药典标准水平，全面反映我国当前医药发展和检测技术的水平，集中体现了当前我国药典标准的最新科研成果。

2. 药品注册标准 系指国家食品药品监督管理局批准给申请人特定药品的标准，生产该药品的药品生产企业必须执行该注册标准。药品注册标准不得低于《中国药典》的规定。

不同企业的生产工艺和生产条件不同，药品质量标准也会不同，所以同一种药品国家批给不同申请人的注册标准可以是不同的。

3. 其他药品标准

(1) 局颁标准：未列入药典的其他药品标准，由国务院药品监督管理部门另行成册颁布，称为局颁标准。

(2) 省(自治区、直辖市)中药材标准和中药炮制规范。

(3) 省级药品监督管理部门审核批准的医疗机构制剂标准。

(4) 药品试行标准。

(5) 药品卫生标准：《药品卫生标准》对中药、化学药品及生化药品的口服药和外用药的卫生质量指标作了具体规定。

二、其他国家药典

世界上有 40 多个国家颁布了药典，这些药典对医药科技交流和国际贸易的发展具有极大的促进作用。主要的药典有以下几部。

(1)《美国药典》(The United States Pharmacopoeia)：简称 USP，现行版为第 37 版(2014 年 5 月 1 日生效)。

(2)《英国药典》(British Pharmacopoeia)：简称 BP，现行版 2014 年 1 月 1 日生效。

(3)《日本药局方》(The Japanese Pharmacopoeia)：简称 JP，现行版为第 16 版，2011 年出版。

(4)《欧洲药典》(European Pharmacopoeia)：简称 EP，是欧洲药品质量控制标准，最新版为第八版，于 2014 年 1 月生效。由包括欧盟在内共 37 个成员国共同制定。欧洲药典具有法律约束力。

(5)《国际药典》(The International Pharmacopoeia)：简称 Ph. Int. ，是世界卫生组织

(WHO)为了统一世界各国药品、辅料和剂型的质量标准和质量控制的方法而编纂。

《国际药典》对各国无法律约束力,仅供各国编纂药典时作为参考标准。

三、处 方

(一) 概述

1. 处方 系指由注册的执业医师和执业助理医师在诊疗活动中为患者开具的、由取得药学专业技术职务任职资格的药学专业技术人员审核、调配、核对,并作为患者用药凭证的医疗文书。处方包括医疗机构病区用药医嘱单。

链 接

处方的广义含义和类型

1. 广义而言,处方是医疗和生产中关于药剂调制的一项重要书面文件。

2. 处方的种类。按其性质处方可分为三类。

(1) 法定处方:系指《中国药典》、国家食品药品监督管理总局颁布标准收载的处方,它具有法律约束力。在制剂生产或医师开写法定制剂的处方时,需严格遵守。

(2) 医师处方:系指医师为患者诊断、治疗或预防用药所开具的处方。具有法律上、技术上和经济上的意义。

(3) 协定处方:系指医院药剂科与临床医师根据医院医疗用药的需要,共同协商制订的处方。适于大量配制和储备药品,便于控制药物的品种和质量,提高工作效率,减少患者等候取药的时间。但难以适应病情的变化,每个医院协定处方仅限于本单位使用。

2. 医院处方的组成 完整的医院处方包括以下几个部分(图 1-2),依次排列为前记、正文和后记。

(1) 前记:包括医疗机构名称、费别、患者姓名、性别、年龄、门诊或住院病历号、科别或病区和床位号、临床诊断、开具日期等。可添列特殊要求的项目。麻醉药品和第一类精神药品处方还应当包括患者身份证明编号、代办人姓名、身份证明编号。

(2) 正文:以 *Rp* 或 *R*(拉丁文 *Recipe*"请取"的缩写)标示,分列药品名称、剂型、规格、数量、用法用量,其中西药和中成药处方每张不得超过五种药品。

(3) 后记:医师签名或者加盖专用签章,药品金额及审核、调配,核对、发药药师签名或者加盖专用签章。

考点: 医院处方的组成

普通处方样式

处 方 笺

费别: □公费 □自费
□医保 □其他 医疗证/医保卡号: 处方编号:

姓名: ____________ 性别: □男 □女 年龄: ______ 岁

门诊/住院病历号: ____________ 科别(病区/床位号): ____________

临床诊断: ____________ 开 具 日 期: ______年____月_____日

住址/电话: ________________________________

Rp

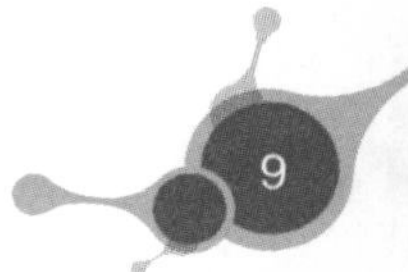

医　　师：＿＿＿＿＿＿　药 品 金 额：＿＿＿＿＿＿

审核药师：＿＿＿＿＿＿　调配药师/士：＿＿＿＿＿＿核对、发药药师：＿＿＿

麻醉药品、第一类精神药品处方样式

麻、精一

处　方　笺

费别：□公费　□自费
□医保　□其他　医疗证/医保卡号：　　处方编号：

姓名：＿＿＿＿＿＿　性别：□男 □女　年龄：＿＿＿＿＿岁

门诊/住院病历号：＿＿＿＿＿＿　科别（病区/床位号）：＿＿＿＿＿＿

临床诊断：＿＿＿＿＿＿　开 具 日 期：＿＿＿年＿＿月＿＿日

住址/电话：＿＿＿＿＿＿　身份证明编号：＿＿＿＿＿＿

代办人姓名：＿＿＿＿＿＿　身份证明编号：＿＿＿＿＿＿

Rp

医　　师：＿＿＿＿＿＿　药 品 金 额：＿＿＿＿＿

审核药师：＿＿＿＿＿＿　调配药师/士 ＿＿＿＿＿＿核对、发药药师：＿＿＿＿

取 药 人：＿＿＿＿＿＿　发出药品批号：＿＿＿＿＿

图 1-2　医院处方示意图

3. 医院处方的种类和保管　处方由调剂处方药品的医疗机构妥善保存(表 1-5)。

表 1-5　处方的种类和保存期限

处方种类	颜色	保存期限
普通处方	白色	1 年
急诊处方	淡黄色	1 年
儿科处方	淡绿色	1 年
医疗用毒性药品		2 年
第二类精神药品处方	白色(处方上分别有“毒”、“精二”字样)	2 年
麻醉药品		3 年
第一类精神药品处方	淡红色(处方上分别有“麻”、“精一”字样)	3 年

考点：处方的种类和保存期限

处方保存期满后,经医疗机构主要负责人批准、登记备案,方可销毁。

(二) 处方调剂资格

《处方管理办法》规定：

(1) 取得药学专业技术职务任职资格的人员方可从事处方调剂工作。处方是药师为患者调配和发放药品的依据。

（2）具有药师以上专业技术职务任职资格的人员负责处方审核、评估、核对、发药及安全用药指导；药士从事处方调配工作。

（3）药师应当凭医师处方调剂处方药品，非凭医师处方不得调剂。

（三）处方调剂流程

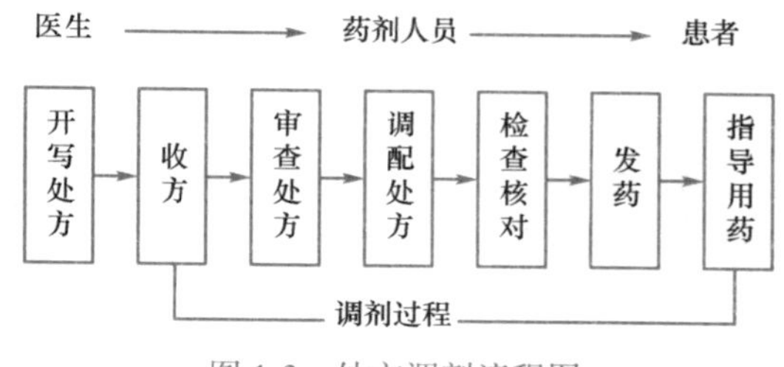

图 1-3　处方调剂流程图

药学技术人员应当按照操作规程调剂处方药品，一般包括以下流程（图 1-3）：①认真审核处方；②准确调配药品；③正确书写药袋或粘贴标签，注明患者姓名和药品名称、用法、用量，包装；④发药人按序核对处方所列药品与调配药品，向患者交付药品时，按照药品说明书或者处方用法进行用药交待与指导，包括每种药品的用法、用量、注意事项等。

链　接

拒绝调剂的范围

（1）药师进行处方审核后，认为存在用药不适宜时，应当告知处方医师，请其确认或者重新开具处方。

（2）药师对于不规范处方或者不能判定其合法性的处方，不得调剂。

（3）药师发现严重不合理用药或者用药错误时，应当拒绝调剂，及时告知处方医师，并应当记录，按照有关规定报告。

考点：处方调剂流程

四、处方药和非处方药

1. 处方药（prescription drug）　系指必须凭执业医师或执业助理医师的处方才可调配、购买和使用的药品。处方药只准在专业性医药报刊进行广告宣传。

2. 非处方药（nonprescription drug）　系指不需要凭执业医师或执业助理医师的处方即可自行判断购买和使用的药品。根据药品的安全性，非处方药分为甲、乙类。非处方药经审批可以在大众传播媒介进行广告宣传，消费者有权自主选购非处方药，并须按非处方药标签和说明书所示内容使用。

非处方药的包装必须印有国家指定的非处方药专有标志 OTC（over the counter，OTC），在国外又称为柜台销售药。目前，OTC 已成为全球通用的非处方药的简称。

考点：非处方药的分类及广告宣传

第 4 节　GSP、GLP、GCP 简介

1. GSP　是 good supplying practice 的缩写，即《药品经营质量管理规范》。自 2000 年 7 月 1 日起施行。药品经营企业必须取得《药品经营许可证》和 GSP 认证证书，才能经营药品。

药品经营过程的质量管理是药品生产质量的延伸，是控制、保证已形成的药品的质量。在药品的经营过程中，控制和保证药品的安全性、有效性、稳定性不变化；控制和保证假药、劣药及一切不合格、不合法的药品不进入流通领域。加强药品经营质量管理，保证人民用药安全有效，以合理的价格满足对医疗保健的需求。

2. GLP　是 good laboratory practice 的缩写，即《药物非临床研究质量管理规范》。

1999年11月1日起施行。GLP是为提高药品非临床研究的质量,确保实验资料的真实性、完整性和可靠性,保障人民用药安全而制定的。药物的非临床研究系指非人体研究,又称为临床前研究,用于评价药物的安全性。

非临床研究的目的是评价药品安全性,在实验室条件下,用实验系统进行各种毒性试验,包括单次给药的毒性试验、反复给药的毒性试验、生殖毒性试验、致突变试验、致癌试验、各种刺激性试验、依赖性试验及与评价药品安全性有关的其他毒性试验。

3. GCP 是good clinical practice的缩写,即《药物临床试验质量管理规范》。自2003年9月1日起施行。GCP是为保证药物临床试验过程规范、结果科学可靠,保护受试者的权益并保障其安全而制定的。药物临床试验质量管理规范是临床试验全过程的标准规定,包括方案设计、组织实施、监察、稽查、记录、分析总结和报告。

临床试验系指任何在人体(患者或健康志愿者)进行的药物系统性研究,以证实或揭示试验药物的作用、不良反应及(或)试验药物的吸收、分布、代谢和排泄过程,目的是确定试验药物的疗效与安全性。

考点:GSP、GLP、GCP的中文名称

一、选择题

(一)单项选择题。每题的备选答案中只有一个最佳答案。

1. 下列哪种药典是世界卫生组织(WHO)为了统一世界各国药品的质量标准和质量控制的方法而编纂的( )
   A.《国际药典》 B.《美国药典》
   C.《英国药典》 D.《日本药局方》
   E.《中国药典》
2. 麻醉药品处方至少保存( )
   A. 1年 B. 2年
   C. 3年 D. 4年
   E. 5年
3. 处方后记不包括( )
   A. 处方编号 B. 医师签名
   C. 配方人签名 D. 核对人签名
   E. 发药人签名
4. 下列关于剂型的表述错误的是( )
   A. 剂型系指为适应治疗或预防的需要而制备的不同给药形式
   B. 同一种剂型可以有不同的药物
   C. 同一药物也可制成多种剂型
   D. 剂型系指某一药物的具体品种
   E. 阿司匹林片、对乙酰氨基酚片、麦迪霉素片、尼莫地平片等均为片剂剂型
5. 药剂学概念正确的表述是( )
   A. 研究药物制剂的处方理论、制备工艺和合理应用的综合性技术科学
   B. 研究药物制剂的基本理论、处方设计、制备工艺和合理应用的综合性技术科学
   C. 研究药物制剂的处方设计、基本理论和应用的技术科学
   D. 研究药物制剂的处方设计、基本理论和应用的科学
   E. 研究药物制剂的基本理论、处方设计和合理应用的综合性技术科学
6. 下列关于药典叙述错误的是( )
   A. 药典是一个国家记载药品规格和标准的法典
   B. 药典由国家药典委员会编写
   C. 药典由政府颁布施行,具有法律约束力
   D. 药典中收载已经上市销售的全部药物和制剂
   E. 一个国家药典在一定程度上反映这个国家药品生产、医疗和科技水平
7. 《中华人民共和国药典》是由( )
   A. 国家药典委员会制定的药物手册
   B. 国家药典委员会编写的药品规格标准的法典
   C. 国家颁布的药品集
   D. 国家食品药品监督管理局制定的药品标准
   E. 国家食品药品监督管理局实施的法典
8. 现行《中华人民共和国药典》颁布使用的版本为( )
   A. 1990年版 B. 2015年版
   C. 1995年版 D. 1998年版
   E. 2010年版

（二）配伍选择题。备选答案在前，试题在后。每组包括若干题，每组题均对应同一组备选答案。每题只有一个正确答案。每个备选答案可重复选用，也可不选用。

[9～10]

A. 按给药途径分类
B. 按分散系统分类
C. 按制法分类
D. 按形态分类
E. 按药物种类分类

9. 这种分类方法与临床使用密切结合（　　）
10. 这种分类方法便于应用物理化学的原理来阐明各类制剂特征（　　）

[11～14]

A. 物理药剂学　　B. 生物药剂学
C. 工业药剂学　　D. 药物动力学
E. 临床药剂学

11.（　　）是运用物理化学原理、方法和手段，研究药剂学中有关处方设计、制备工艺、剂型特点、质量控制等内容的边缘科学
12.（　　）是研究药物在体内的吸收、分布、代谢与排泄的机制及过程，阐明药物因素、剂型因素和生理因素与药效之间关系的边缘科学
13.（　　）是研究药物制剂工业生产的基本理论、工艺技术、生产设备和质量管理的科学，也是药剂学重要的分支学科
14.（　　）是采用数学的方法，研究药物的吸收、分布、代谢与排泄的经时过程及其与药效之间关系的科学

（三）多项选择题。每题的备选答案中有 2 个或 2 个以上正确答案。

15. 完整处方的组成包括（　　）
A. 处方标题　　B. 处方前记
C. 处方正文　　D. 处方后记
E. 处方附记

16. 处方按性质分为（　　）
A. 法定处方　　B. 麻醉药品处方
C. 协定处方　　D. 医师处方
E. 公有处方

17. 下列属于药剂学任务的是（　　）
A. 药剂学基本理论的研究
B. 新剂型的研究与开发
C. 新原料药的研究与开发
D. 新辅料的研究与开发
E. 制剂新机械和新设备的研究与开发

18. 下列哪些表述了药物剂型的重要性（　　）
A. 剂型可改变药物的作用性质
B. 剂型能改变药物的作用速度
C. 改变剂型可降低（或消除）药物的毒副作用
D. 剂型决定药物的治疗作用
E. 剂型可影响疗效

19. 药物剂型可按下列哪些方法进行分类（　　）
A. 按给药途径分类　　B. 按分散系统分类
C. 按制法分类　　D. 按形态分类
E. 按药物种类分类

20. 以下属于药剂学的分支学科的是（　　）
A. 物理药剂学　　B. 生物化学
C. 药用高分子材料学　　D. 药物动力学
E. 临床药剂学

21. 下列叙述正确的是（　　）
A. 处方系指医疗和生产部门用于药剂调制的一种重要书面文件
B. 法定处方主要是医师对个别患者用药的书面文件
C. 法定处方具有法律的约束力，在制造或医师开写法定制剂时，均需遵照其规定
D. 医师处方除了作为发给患者药剂的书面文件外，还具有法律上、技术上和经济上的意义
E. 就临床而言，也可以这样说：处方是医师为某一患者的治疗需要（或预防需要）而开写给药房的有关制备和发出药剂的书面凭证

22. 下列关于非处方药叙述正确的是（　　）
A. 是必须凭执业医师或执业助理医师处方才可调配、购买并在医师指导下使用的药品
B. 不需执业医师或执业助理医师处方并经过长期临床实践，被认为患者可以自行判断、购买和使用并能保证安全的药品
C. 应针对医师等专业人员作适当的宣传介绍
D. 目前，OTC 已成为全球通用的非处方药的俗称
E. 非处方药主要是用于治疗各种消费者容易自我诊断、自我治疗的常见轻微疾病，因此，对其安全性可以忽视

二、简答题

1. 药物为什么要制成适宜剂型用于临床？
2. 在调配处方时应注意哪些问题？

（刘　君）

第 2 章　GMP

GMP 是"good manufacturing practice"的英文缩写，即《药品生产质量管理规范》，简称 GMP，由国家卫生部颁布施行。GMP 是药品生产管理和质量控制的基本要求，旨在最大限度地降低药品生产过程中污染、交叉污染及混淆、差错等风险。药品是特殊商品，患者无法辨认其内在质量，误用轻者致病，重者危及生命。药品的质量不是检验出来的，而是设计和生产出来的，药品生产企业必须严格执行 GMP，禁止任何虚假、欺骗行为。

案例 2-1

2014 年 8 月 21 日至 22 日，国家食品药品监督管理总局派出检查组对陕西某制药有限公司进行了飞行检查，发现该企业生产的冠心丹参胶囊涉嫌未按处方投料、未按工艺规程组织生产。该企业因严重违反 GMP，已被陕西食品药品监督管理局查处。

2014 年 8 月 23 日至 24 日，国家食品药品监督管理总局对长春某制药公司开展飞行检查，发现该企业生产冠心丹参胶囊存在涉嫌未按处方投料、使用三七粉代替三七、丹参药材未经提取即投料及药材供应商审计不全等违法违规行为，上述行为已严重背离药品 GMP 基本要求。吉林省食品药品监督管理局已收回该企业《药品 GMP 证书》，对此案进行立案查处，涉嫌犯罪移交公安机关处理。

注：飞行检查指事先不通知被检查企业实施的现场检查。

2014 年，全国 50 家药企因违反 GMP 生产被收回《药品 GMP 证书》。自 2015 年起国家将继续加大药品生产的监督力度，并拟对"投诉举报、药品质量风险、药品严重不良反应或者群体不良事件、违法违规行为、常规的随机监督抽查、其他有必要进行药品飞行检查"等事项启动药品飞行检查。因此，作为一名药品生产企业员工必须认真学习 GMP，做到懂 GMP，遵守 GMP。

第 1 节　药品生产中常用的名词术语

2010 版《药品生产质量管理规范》为现行版的 GMP，共 14 章、313 条，包括总则、质量管理、机构与人员、厂房与设施、设备、物料与产品、确认与验证、文件管理、生产管理、质量控制与质量保证、委托生产与委托检验、产品发运与召回、自检、附则。规范在对上述内容进行严格要求的同时，使用了很多专用术语，这些术语也经常在药品生产企业的药品生产中使用，需要每个药品生产人员非常熟悉这些术语代表的内涵。

一、物料和产品

（一）物料

物料是指原料、辅料和包装材料等。

1. 原料　化学药品制剂的原料是指原料药，如阿司匹林；生物制品的原料是指原材料，如牛的胰腺；中药制剂的原料是指中药材、中药饮片和外购中药提取物，如整条的人参、人参切片、甘草浸膏。

2. 辅料　生产药品和调配处方时所用的除主药以外的附加物，也叫赋形剂或附加剂，如淀粉、甜蜜素。

3. 原辅料　除包装材料之外，药品生产中使用的任何物料，如阿司匹林、淀粉、甜蜜素等。

4. 包装材料　药品包装所用的任何材料，包括与药品直接接触的包装材料和印刷包装材料，但不包括发运用的外包装材料。

5. 印刷包装材料　指具有特定式样和印刷内容的包装材料，如印字铝箔、标签、说明书、纸盒等（图 2-1）。

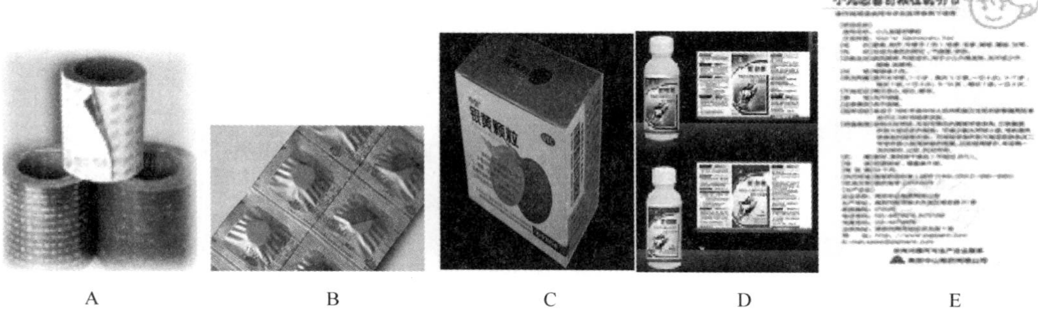

图 2-1　印刷包装材料

A. 成卷的印字铝箔；B. 包装药品后的印字铝箔；C. 纸盒；D. 标签；E. 药品说明书

（二）产品

考点：原料、辅料

产品是指药品的中间产品、待包装产品或成品。

1. 中间产品　指完成部分加工步骤的产品，尚需进一步加工方可成为待包装产品。如板蓝根颗粒中使用的板蓝根浸膏。

2. 待包装产品　尚未进行包装但已完成所有其他加工工序的任何产品。

3. 成品　已完成生产所有操作步骤和最终包装的产品。如板蓝根颗粒成品。

注：包装是指待包装产品变成为成品所需的所有操作步骤，包括分装、贴签等。但无菌生产工艺中产品的无菌灌装，以及最终灭菌产品的灌装通常均不视为包装。

考点：中间产品、成品

二、文　　件

GMP 所指的文件包括阐明要求的文件和阐明结果或证据的文件。阐明要求的文件，如产品质量标准、工艺规程、操作规程等；阐明结果的文件，如各种记录、报告等；阐明证据的文件，如物料交接单、物料标签等。

（一）产品质量标准

产品质量标准是具有法律效力的技术文件。《中国药典》收载的中药材即是原料的质量标准，收载的成方制剂即是成品的质量标准，以及国家药品监督管理局颁布的药品注册标准和其他药品标准，这些都是药品质量标准，也叫国家药品标准。企业生产的所有药品均必须有国家批准的药品质量标准。如某企业生产的板蓝根颗粒，就必须有国家

批准给该企业的板蓝根颗粒药品生产批件。质量管理部门根据批件编制比较详细的、具有可操作性的原料、中间产品和成品质量标准。

企业执行的成品质量标准主要包括产品名称、处方、规格和包装形式、取样、检验方法或相关操作规程编号、定性和定量的限度要求、储存条件和注意事项、有效期等。

（二）工艺规程

工艺规程为生产特定数量的成品而制定的一个或一套文件，包括生产处方、生产操作要求和包装操作要求，规定原辅料和包装材料的数量、工艺参数和条件、加工说明（包括中间控制）、注意事项等内容。

生产工艺规程编写依据是该产品的药品质量标准和 GMP，是经过验证的技术标准文件，是制定批生产指令、批包装指令、批记录的重要依据。企业必须按生产工艺规程进行生产。生产工艺规程不得任意更改，如需要更改时，应在不违背国家药品质量标准和 GMP 要求的条件下按程序办理修订、审核、批准手续，然后作为正式文件下发，要求相关部门遵照执行。

所谓特定数量就是指如果企业按每批生产板蓝根颗粒 200 箱或 20 万袋，就要编写 200 箱或 20 万袋的板蓝根颗粒生产工艺规程。如果有多种数量的批次，就要编写多个特定数量的该产品生产工艺规程。

（三）操作规程

操作规程即指标准操作程序或标准操作规程，简称 SOP，是 standard operating procedure 的缩写。是药品生产企业的又一重要技术文件，是药品生产员工的操作指南，操作工必须严格按照 SOP 进行操作。标准操作规程不得任意更改，如需要更改时，应按程序办理修订、审批手续。

链　接

SYH-50 型三维运动混合机标准操作程序

目　　的：建立 SYH-50 型三维运动混合机的标准操作程序，便于设备的安全操作，保持设备最佳工作状态。

适用范围：适用 SYH-50 型三维运动混合机的操作

职　　责：操作人员、维修人员对本 SOP 实施负责

操作步骤：

1.　检查

1.1　检查设备是否完好。是否挂有“已清洁”、“停止运行”等状态标志。

1.2　检查各转动部位的紧固件是否紧固。

1.3　检查变频器开关是否处在关闭档，调速旋钮是否指在零位，如不是请归位后再开机。

1.4　按启动按钮试空机，听声音是否正常，看轴承缝内有无异物渗出，若有要停机清理干净。

2.　操作步骤

2.1　开机慢慢旋转变频器旋钮，使混合桶的加料口调至适当位置，停机，关闭电源，打开加料口投入物料，盖紧顶盖，防止松动。

2.2　开机慢慢旋转变频器旋钮，使混合机的物料桶开始转动，直到达到工艺要求的转

速。物料三维混合，按工艺要求时间，混合均匀。

2.3　混合均匀后，慢慢旋转变频器旋钮，使混合桶的出料口调至适当位置，停机，关闭电源，打开出料口放出物料于洁净干燥容器中。

2.4　在操作过程中，如发现异常现象，应立即停机检查。

3.　工作结束后，停机并关闭电源，按《三维运动混合机清洁规程》对设备进行清洁。

4.　按《三维运动混合机维护和保养SOP》对设备进行维护和保养。

5.　注意事项

5.1　本机的混合是三维空间混合，故在料筒的有效运转范围内应加安全防护栏或警示标志，以免发生人身安全事故。

5.2　在装卸料时，设备的电动机必须停机，以防电器失灵，造成不必要的事故。

6.　使用完后，填写设备运行记录。

（四）物料交接单、物料标签、产品请验单

1. 物料交接单　在物料需要从交出方传递到接收方时使用的证据类记录。物料交接单样张（图2-2）。

2. 物料标签　是标明物料名称、数量等信息的证据类文件。每个单个装的物料都要在包装外的可见处附有一张物料标签。物料标签样张（图2-3）。

物料交接单

物料名称：________　工序名称：________

批　　号：________　规　　格：________

容 器 数：________　交 料 人：________

数量/重量：________　接 料 人：________

日　　期：______年___月___日

备　　注：________

图2-2　物料交接单

物料标签

物料品名		规格	
批号		日期	年　月　日
数理	共　　(桶/件)	总重理	(kg)
用于生产的产品名称		工序	
操作工			
备　注			

图2-3　物料标签

3. 产品请验单　是岗位或工序生产的中间产品、待包装产品或成品需要质量部门检验时填写的一种记录。质量部门凭借产品请验单进行取样、检验和出具检验报告。产品请验单样张（图2-4）。

考点：能正确填写物料交接单、物料标签、产品请验单

（五）批记录

GMP文件中阐明结果的记录有很多，如批生产记录、批包装记录、设备运行记录、清场记录等。其中批生产和批包装记录是最重要的记录，除此之外，和各岗位生产产品有关的各检验报告、QA的各岗位检查记录、各岗位清场记录等记述每批药品生产、质量检验和放行审核的所有文件和记录，都要归于该产品该批次的批记录中，按批装订成册，存档。可追溯所有与该批成品质量有关的历史信息。从产品生产的第一个岗位或工序开始直至生产出成品，企业都要按照产品生产过程中不同岗位的生产特点设计不同的批记录供岗位操

产品请验单

药品名称		批号	
产品名称		数量	
请验部门		岗位	
产品规格		请验者	
检验项目		请验日期	
备注:			

图2-4　产品请验单

作工填写，每个新员工上岗之前必须具备基本的填写批记录的能力。批生产记录的样张（混合岗位）（图 2-5），批包装记录（铝塑包装岗位）样张（图 2-6）。

产品批生产记录

<table>
<tr><td>产品名称</td><td></td><td>规格</td><td colspan="2"></td><td>批号</td><td colspan="2"></td></tr>
<tr><td>工序名称</td><td>混合</td><td>批量</td><td></td><td>温度</td><td>℃</td><td>相对湿度</td><td>%</td></tr>
<tr><td>班次</td><td></td><td>生产日期</td><td colspan="2">年 月 日</td><td>操作场所</td><td colspan="2"></td></tr>
<tr><td colspan="8">按产品工艺规程、岗位SOP和设备SOP进行操作。</td></tr>
<tr><td colspan="8">使用设备：</td></tr>
<tr><td>物料名称</td><td>领入量
(kg)</td><td>混合时间
(min)</td><td>混合后数量
(kg)</td><td>废料量
(kg)</td><td>产品收率
(%)</td><td colspan="2">平衡收率
(%)</td></tr>
<tr><td></td><td></td><td rowspan="3"></td><td rowspan="3"></td><td rowspan="3"></td><td rowspan="3"></td><td colspan="2" rowspan="3"></td></tr>
<tr><td></td><td></td></tr>
<tr><td></td><td></td></tr>
<tr><td colspan="8">计算收率、平衡收率：
产品收率=混合后数量/领入物料总量×100%(收率限度≥99%)
平衡收率=(混合后数量+废料量)/领入物料总量×100%(平衡限度≥99%)</td></tr>
<tr><td colspan="8">混合开始时间：</td></tr>
<tr><td colspan="8">混合结束时间：</td></tr>
<tr><td>操作人</td><td colspan="3"></td><td>复核人</td><td colspan="3"></td></tr>
<tr><td colspan="8">注：</td></tr>
<tr><td colspan="8">QA签字：</td></tr>
</table>

图 2-5 混合岗位批生产记录

考点：批生产和批包装记录

三、物料平衡和收率

（一）物料平衡

物料平衡是产品或物料实际产量或实际用量及收集到的损耗之和与理论产量或理论用量之间的比较，并考虑可允许的偏差范围。是各岗位生产不可缺少的重要数据，物料平衡收率计算实例见图 2-5、图 2-6。

（二）收率

收率是一种反映生产过程中投入物料的利用程度的技术经济指标。根据验证结果设定合理的收率范围。物料收率计算实例见图 2-5、图 2-6。

考点：收率和平衡收率

物料平衡或收率一旦超出设定的合理范围（图 2-5，图 2-6），出现偏差，应立即报告主管人员和质量管理部门，查明原因，确认无潜在质量事故，方可进行下一步生产。并按偏差处理程序处理，填写处理单，附批生产记录中。

产品批包装记录

品名		规格		批号	
工序	铝塑包装	批量		生产日期	年 月 日
生产场所		相对湿度	%	温度	℃
按产品工艺规程、岗位SOP操作和设备SOP操作。					
使用设备:					

领入待包片(胶囊)	报废数	退回半成品数	实际包装半成品数	送检	留样
约 ________万片(粒)	kg	kg	万板 计________万片(粒)	板	板

包材名称	计量单位	领用量	实用量	分装中检出不合格量	追加量	退回量	领用人	发放人

次数	时间	热封温度	上板温度	下板温度	压缩空气	其他
1		℃	℃	℃	MPa	批号打印:□清晰 □不清晰
2		℃	℃	℃	MPa	热封程度:□封严 □未封严
3		℃	℃	℃	MPa	切口边缘:□整齐 □不整齐
4		℃	℃	℃	MPa	铝膜封装程度:□封严 □未封严

计算收率:产品收率=实际包装数/领入待包数×100%= (所得数值应≥98%) 平衡收率=(实际包装半成品数+退回半成品数+报废数+送检+留样)/领入待包数×100%= (所得数值应≥99%)			
操作人		复核人	
注:			
QA签字:			

图 2-6 铝塑包装岗位批包装记录

四、批和批号

(一) 批

批是指经一个或若干加工过程生产的、具有预期均一质量和特性的一定数量的原辅料、包装材料或成品。为完成某些生产操作步骤,可能有必要将一批产品分成若干亚批,最终合并成为一个均一的批。在连续生产情况下,批必须与生产中具有预期均一特性的确定数量的产品相对应,批量可以是固定数量或固定时间段内生产的产品量。

批的划分原则:

(1) 连续生产的原料药,在一定时间间隔内生产的在规定限度内的均质产品为一批(如析出结晶过程)。

(2) 间歇生产的原料药,可由一定数量的产品经最后混合所得的在规定限度内的均质产品为一批。

(3) 口服或外用的固体、半固体制剂在成型或分装前使用同一台混合设备一次混合所生产的均质产品为一批。

(4) 口服或外用的液体制剂以灌装(封)前经最后混合的药液所生产的均质产品为一批。

(5) 大、小容量注射剂以同一配液罐一次所配制的药液所生产的均质产品为一批。

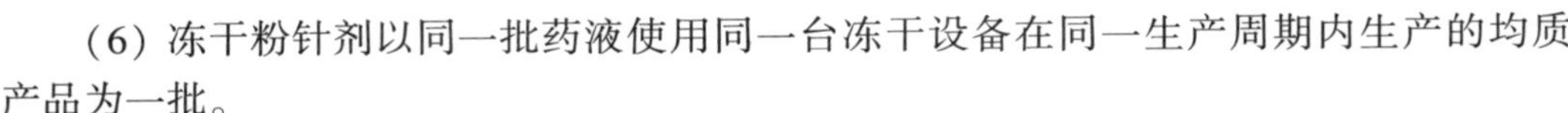

(6) 冻干粉针剂以同一批药液使用同一台冻干设备在同一生产周期内生产的均质产品为一批。

(二) 批号

批号是用于识别一个特定批的具有唯一性的数字和(或)字母的组合。药品的每一生产批次都要制定批号。根据批号,可追溯该批药品的生产历史。

批号的编写方法:目前我国的药品生产批号通常由6位或8位数字组成,不同的生产厂家所标示的批号也有所差别。以批号为8位数字表示为例,前四位为年份,中间二位为月份,后二位为流水号。如2012年1月第13次生产的清热化毒丸,批号为20120113。

正常批号:年+月+流水号。

返工批号:返工后原批号不变,只换外包装。

合箱批号:同一箱最多只允许不同批次的前后两批产品合箱,并在大箱上分别注明不同的批号、数量。

五、生 产 区

生产区即指药品生产的区域。如空调间、制水间、洗衣间、物料暂存间、压片岗位、内包装岗位、外包装岗位等。生产区按照洁净度不同分为一般生产区和洁净区。

(一) 一般生产区

一般生产区是指对进入其空间的空气不用空调进行过滤和温湿度调控的生产区域。这些岗位的生产操作都不是药品暴露的操作,如空调间、制水间、一般生产区的洗衣间、外包装岗位等。

(二) 洁净区

洁净区是指需要对进入其空间的空气用空调系统进行过滤和温湿度调控的生产区域。空气过滤的目的主要是要除去空气中的尘粒及微生物,并将其数量控制在限度以内。洁净区的生产操作都是药品暴露的操作,如称量岗位、制颗粒岗位、压片岗位、配液岗位、灌装岗位、内包装岗位、内包装材料暂存间等。

洁净区建筑结构、装备及其使用应当能够减少该区域内污染物的引入、产生和滞留。如图2-7为洁净区的走廊,其天棚、墙面为彩钢板,地面为环氧树脂材料的自流平,均光滑、平整,耐清洗和消毒。棚与墙、墙与地的接缝均为弧形,易清洗,无死角。图2-8为洁净区的混合岗位,棚、墙、地面的材质与图2-7同,操作工着洁净服,设备为不锈钢材质。

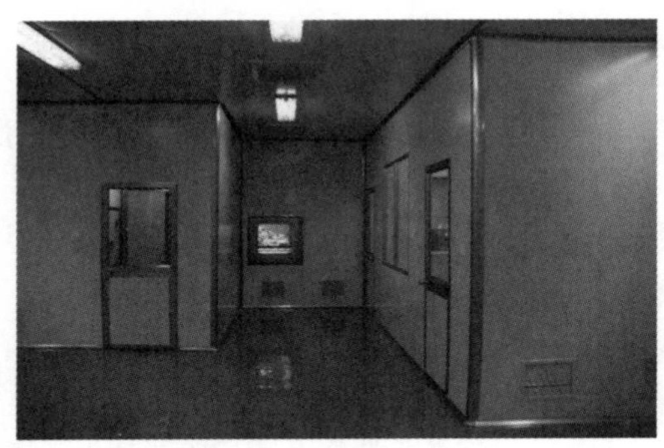

图2-7 生产车间洁净区走廊

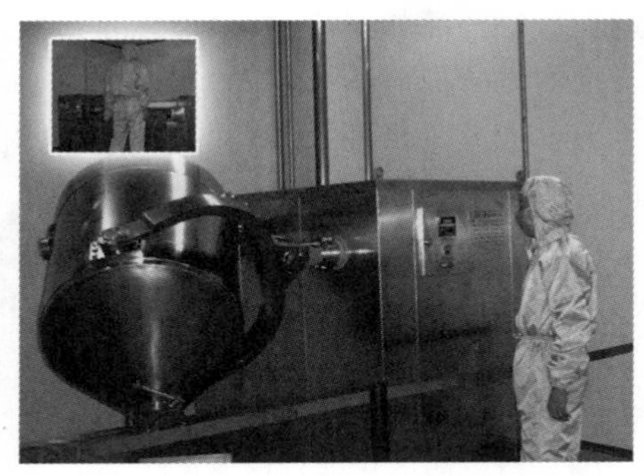

图2-8 生产车间D级洁净区混合岗位

洁净区洁净级别按空气悬浮粒子和微生物动态监测数量分类为A、B、C、D四级。洁净区内空气的微生物数和悬浮粒子要定期监测,监测结果要记录存档。A、B、C、D四个级别空气悬浮粒子的标准规定见表2-1,A、B、C、D四个级别微生物监测的动态标准见表2-2。

表2-1 A、B、C、D四个级别空气悬浮粒子的标准规定

洁净度级别	悬浮粒子最大允许数/立方米			
	静态		动态[(1)]	
	≥0.5μm	≥5.0μm	≥0.5μm	≥5.0μm
A级	3 520	20	3520	20
B级	3 520	29	352 000	2900
C级	352 000	2 900	3 520 000	29 000
D级	3 520 000	29 000	不作规定	不作规定

注:(1)可在常规操作、培养基模拟灌装过程中进行测试,证明达到了动态的级别,但培养基模拟试验要求在"最差状况"下进行动态测试。

表2-2 A、B、C、D四个级别洁净区微生物监测的动态标准[(1)]

洁净度级别	浮游菌 cfu/m³	沉降菌(φ90mm) cfu /4小时[(2)]	表面微生物	
			接触碟(φ55mm) cfu /碟	5指手套 cfu /手套
A级	<1	<1	<1	<1
B级	10	5	5	5
C级	100	50	25	—
D级	200	100	50	—

注:(1)表中各数值均为平均值。

(2)单个沉降碟的暴露时间可以少于4h,同一位置可使用多个沉降碟连续进行监测并累积计数。

产品不同、岗位不同,生产所在的生产区及对洁净级别的要求也不同。一般非无菌制剂的非暴露工序在一般生产区生产操作,药品暴露工序在D级洁净区进行生产操作;无菌制剂则根据岗位的不同分别选择在A、B、C级进行生产操作。

链 接

口服液体和固体、腔道用药(含直肠用药)、表皮外用药品生产的暴露工序区域及其直接接触药品的包装材料最终处理的暴露工序区域,应参照D级洁净区的要求设置,企业可根据产品的标准要求和特性需要采取适宜的微生物监控措施。

中药提取、浓缩、收膏工序,采用密闭系统生产的,其操作环境可在非洁净区。采用敞口方式生产的,其操作环境应与其制剂的配制岗位的洁净度级别相适应。浸膏的配料、粉碎、混合、过筛等操作,其洁净级别应与其制剂的配制岗位的洁净度级别一致。用于直接入药净药材的粉碎、混合、过筛等厂房应能密闭,有良好的通风、除尘等设施。人员、物料进出及生产操作应参照洁净区管理。

(三)气锁间

气锁间也称缓冲间,是设置于两个或数个房间之间(如不同洁净度级别的房间之间)的

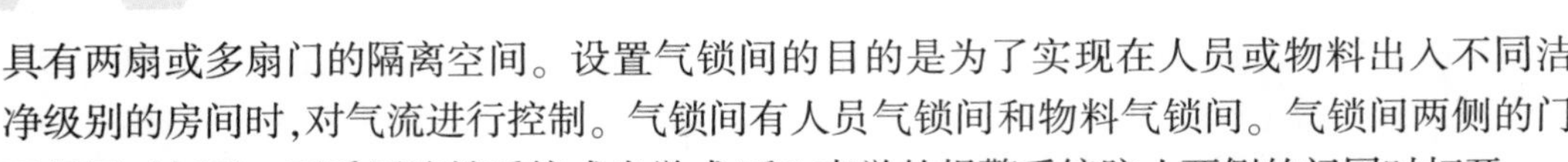

具有两扇或多扇门的隔离空间。设置气锁间的目的是为了实现在人员或物料出入不同洁净级别的房间时,对气流进行控制。气锁间有人员气锁间和物料气锁间。气锁间两侧的门不得同时打开。可采用连锁系统或光学或(和)声学的报警系统防止两侧的门同时打开。

六、污染和交叉污染

(一) 污染

污染是指在生产、取样、包装或重新包装、储存或运输等操作过程中,原辅料、中间产品、待包装产品、成品受到具有化学或微生物特性的杂质或异物的不利影响。

(二) 交叉污染

交叉污染是指不同原料、辅料及产品之间发生的相互污染。防止人流、物流之间交叉污染的发生是GMP的核心之一。具体是指在生产区内由于人员往返、工具运输、物料传递、空气流动、设备清洗与消毒、岗位清场等途径,而将不同品种药品的成分互相干扰、混入而导致污染,或因人为、工器具、物料、空气等不恰当的流向,使洁净度低的区域的污染物传入洁净度高的区域,所造成的污染。

七、QA和QC

(一) QA

QA是quality assurance质量保证的缩写,是药品质量管理人员的简称。QA人员主要是对整个公司生产产品的一个质量保证,包括原辅料、产品等的放行,现场监控等。

(二) QC

QC是quality control质量控制的缩写,是药品质量检验人员的简称。QC人员主要负责对整个公司原辅料、产品等的检验工作。

第2节　GMP概述

药品的质量靠设计赋予、生产过程保障、检验结果体现,药品质量存在的任何风险都会带来生命的风险。我们必须确保药品安全(不能致癌、致畸、致突变及严重损害)、有效(必须满足预防、治疗、诊断的需要)、均一(不能无效或中毒)、稳定。GMP的实施原则可归纳为四个一切,即"一切行为有标准,一切标准可操作,一切操作有记录,一切记录可追溯"。也就是说GMP的法律条文是以固定的文件贯穿在药品生产的全过程中,并要求相关人员必须遵照执行。

案例2-2

混合岗位标准操作程序

目　　的:建立混合岗位标准操作程序,使混合岗位操作标准化、规范化。

应用范围:混合岗位

责 任 人:操作工,QA人员

内　　容:

1.　准备

1.1　岗位操作人员进入生产区

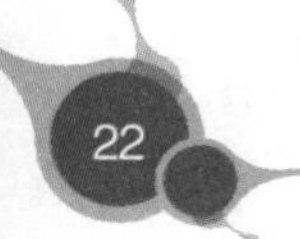

1.1.1　本岗位操作人员按照《人员进出一般生产区标准操作程序》、《人员进出D级洁净区标准操作程序》进行更衣，更衣后方可进入D级洁净生产操作区混合岗位。

1.2　岗位操作人员进行岗位检查

1.2.1　有混合岗位的批生产记录。

1.2.2　检查计量器具的计量范围要与称量范围相符，计量器具上有检验"合格证"，并在规定的有效期内。未在有效期内，严禁使用。

1.2.3　备用盛装容器已清洁并为干燥状态，容器外无原有的任何标记，有"已清洁"标志。

1.2.4　操作间内无上批及其他物料，有清场合格证，并在有效期内，清场不合格或超出有效期的操作间必须重新清场，经QA检查合格后才可使用。

1.3　岗位操作人员进行设备检查

1.3.1　关紧混合机出料口。

1.3.2　设备处于完好状态，与产品接触的各部件已清洁和干燥，有"设备完好"、"已清洁"及"停止运行"的标志。

1.4　质量检查员进行岗位检查

1.4.1　质量检查员确认工作区清洁，没有与生产无关的物品，不存在上批生产中留下残留物，然后向车间下达可以生产的指令。

1.5　操作工更换状态标志

1.5.1　操作工更换操作间状态标志为"正在生产"。

1.5.2　操作工更换设备状态标志为"正在运行"。

2.　领料

2.1　根据生产指令或物料交接单，操作工从暂存室或上一岗位领取待混合物料，检查、核对名称、批号、重量、检验合格报告单，经交接人核对后，双方签字，领入操作间。

3.　混合

3.1　按动按钮，使加料口处于理想的加料位置，切断电源，打开加料口筒盖，将物料投入混合筒内。

3.2　关闭进料口，检查进料口、出料口密闭情况。

3.3　按照《SYH-50型三维运动混合机标准操作程序》进行操作。

3.4　在混合过程中注意远离旋转的混合筒，在离混合筒最大回旋直径50cm内没有任何人员及物品时启动设备，以免造成安全事故。

4.　混合标准

4.1　混合均匀度检验合格。

5.　混合结束

5.1　停止转动、摆动，可点动红色按钮，直至运转到所需位置，缓缓打开出料口后，出料。将物料存放于固定容器中，准确称量混合物料重量，密封，填写物料标签，由操作工填写请验单，由QA检查员取样。请验项目：混合均匀度。

5.2　中间产品检查合格后，操作工填写物料交接单（一式两份），连同产品交给中转站或下一道工序，交接双方在交接单上签字，操作工将一份拿回附于批包装记录上。

6.　操作工计算产品收率、物料平衡，公式如下：

产品收率＝混合后数量/领入物料总量×100%（收率限度≥99%）＝

平衡收率＝（混合后数量＋废料量）/领入物料总量×100%（平衡限度≥99%）＝

7.　操作工填写批生产记录（混合岗位）

8.　清场

8.1　混合结束后，操作工按《岗位清场标准操作程序》、《SYH-50型三维运动混合机清洁标准操作程序》、《容器具清洁标准操作程序》、《操作间清洁标准操作程序》、《地漏清洁标准操作程序》、《生产用小工器具清洁标准操作程序》进行操作间、设备、容器具、地漏、小工器具的清洁。按《洁净区消毒管理规程》对洁净区进行消毒。

8.2 清场结束，操作工按照《清洁用具清洁标准操作程序》对清洁用具清洁。

8.3 清场结束，操作工填写清场记录、设备清洁记录、设备消毒记录、生产区清洁记录等。

8.4 清场结束后，经QA检查员检查合格后，发放“清场合格证”。

问题：

1. 进入生产区的生产及相关人员如何进行标准操作才能符合GMP要求？
2. GMP对进入生产区的生产及相关人员都有哪些禁止事项？
3. 生产岗位的环境及空气达到什么标准才能符合GMP要求？
4. GMP对岗位生产使用的设备设施都有哪些具体要求？
5. GMP对生产用物料的管理是如何要求的？
6. 如何确保岗位生产中的卫生符合GMP要求？
7. 生产过程如何管理才能符合GMP要求？
8. GMP对产品的质量是如何进行管理和控制的？

一、人员进出生产区的标准操作

任何进入生产区的人员均必须按照规定更衣、更鞋。工作装的选材、式样及穿戴方式应当与所从事的工作和空气洁净度级别要求相适应。本生产区的工作装不得穿出本生产区。

（一）人员进出一般生产区的标准操作

1. 换鞋 进入一般生产区的生产人员先进入车间大门，根据工号坐在自己的鞋柜位置上，将鞋脱下放在自己工号的鞋柜内，双脚脱鞋后不得接触地面，抬起双脚，转体180°到鞋柜另一侧，从对应的工号鞋柜里取出工作鞋穿上。

2. 洗手 进入一更更衣室，卷起袖管，用水湿润双手（流动水），使用足量的洗手液，双手揉擦直至产生很多泡沫，清洁手指和手指之间。如有必要重复此项操作，直至两只手均清洁。仔细检查手的各部分，并对可能遗留的污渍重新洗涤，最后将手在烘手机下彻底干燥。

3. 更衣 打开一更的与自己工号对应的更衣柜，脱去外衣，放入衣柜内，取出工作服，检查工作服完好，换上一般生产区工作服。

4. 人员出一般生产区 人员自一般生产区进入更衣室，依次脱去工作服下衣、上衣及帽子，叠好放入与自己工号相符的更衣柜中，穿上自己的服装。再到更鞋处坐在与自己工号对应的更鞋柜上脱去工作鞋，将工作鞋放入自己工号的鞋柜中，转体180°后穿上自己的鞋，走出生产区。

（二）人员进出D级洁净区的标准操作

1. 一次更鞋更衣 按人员进出一般生产区更鞋、更衣后，进入D级洁净区二更室，随手关好门。

2. 二次更鞋更衣 坐在D级洁净区二更室自己工号的鞋柜上，将一般生产区工作鞋脱下，放入鞋柜外侧，身体转180°到内侧，从自己工号鞋柜内取出洁净鞋换上。

在洗手池用洗手液将双手反复清洗干净，用烘手器烘干手，然后进入更衣室，脱去一般生产区的工作服，挂在衣钩上，再从另一侧洁净服衣柜中取出洁净服，按从上至下的顺序更衣，戴口罩、洁净帽→穿上衣→穿裤子。扎好领口、袖口，将头发全包在帽子里，头发、胡须等相关部位均不得外露，上衣塞入裤子里，照镜检查穿戴是否整洁。

3. 手消毒 二次更鞋更衣完成后，进入缓冲间，到消毒器下进行手消毒，然后进入D级洁净区。

4. 出D级洁净区 按进入程序逆向顺序操作即可。

（三）人员进入C级及以上洁净区的标准操作

在一般生产区更鞋处脱下个人的鞋子放置于更鞋柜外侧柜中→转身180°→更换更鞋柜内侧放置的一般生产区鞋→进入一次更衣室洗手→烘手→脱外衣，更换一般生产区服装（包括帽子和口罩）→进入无菌区二更室→脱下一般生产区鞋放更鞋柜外侧柜中→转身180°→更换更鞋柜内侧放置的无菌鞋→脱内、外衣→淋浴或洗手、脸→手消毒→穿无菌内衣→穿无菌外衣（包括帽子和口罩）→再次更换无菌鞋→进入缓冲间，到消毒器下手消毒→进入C级及以上洁净区。

C级洁净区着装，要求将头发、胡须等相关部位遮盖。A、B级洁净区着装，要求将所有头发及胡须等相关部位全部遮盖，必要时戴防护目镜，戴经灭菌且无颗粒物（如滑石粉）散发的橡胶或塑料手套，穿经灭菌或消毒的脚套，裤腿应当塞进脚套内，袖口应当塞进手套内。工作服应为灭菌的连体工作服，不脱落纤维或微粒，并能滞留身体散发的微粒。

操作期间应当经常消毒手套，并在必要时更换口罩和手套。

二、GMP对进入生产区生产及其相关人员的要求

（一）禁止的事项

体表有伤口、患有传染病或其他可能污染药品疾病的人员应避免从事直接接触药品的生产。直接接触药品的生产人员上岗前应当接受健康检查，以后每年至少进行一次健康检查，并建立健康档案。进入洁净生产区的人员不得化妆和佩戴饰物。操作人员应避免裸手直接接触药品及与药品直接接触的包装材料和设备的表面。生产区、仓储区禁止吸烟和饮食，禁止存放食品、饮料、香烟和个人用药品等个人物品。

（二）培训

考点：生产人员禁止的事项

与药品生产、质量有关的所有人员都要经过与岗位的要求相适应的培训，相关法规、相应岗位的职责、技能的培训。高风险操作区（如高活性、高毒性、传染性、高致敏性物料的生产区）的工作人员应当接受专门的培训。

三、GMP对生产区的环境及空气的要求

GMP除了要求制药企业厂区不起尘，不宜种散花粉或对药品生产有不良影响的植物，绿化面积最好在50%以上，尽量减少露土地面，生产、行政、生活和辅助区不得互相妨碍等之外，也明确了生产区的环境和空气要求。

（一）生产厂房

生产厂房仅限于经批准的人员出入。有“五防”（防蝇、防虫、防鼠、防火、防潮）措施，如安装纱窗、电猫、鼠夹器、灭蝇灯、风幕、空调、风机等，以保证能有效防止昆虫或其他动物进入。有消防器材，防火标记或警示牌。

（二）生产区

GMP对生产区的要求主要针对的是洁净区。洁净区应配置空调净化系统，进行通风

和净化过滤空气，控制温度和湿度，保证药品的生产环境。空气净化系统一般由管道、风机、空气过滤装置、空气湿热处理设备等组成。D级洁净区的空气过滤器一般采用三级过滤，第一级使用初效过滤器，第二级使用中效过滤器，第三级使用高效过滤器。C级及以上洁净区在三级过滤的基础上还要增加过滤设施，以期达到控制悬浮粒子和微生物数量的目的。要定期进行高效过滤器的泄露性检查。除初效过滤器可拆洗更换外，中效和高效过滤器一般只换不洗。空调系统通过冷却器、加热器、增湿器和去湿器等空气热湿处理设备来实现温湿度的控制。

图2-9为洁净区一瞥，其棚上有经过空调过滤后的进风口，离地面较近的墙上有回风口。生产工艺对温度和湿度无特殊要求时，空气洁净度A级、B级的医药洁净室（区）温度应为20~24℃，相对湿度应为45%~60%；空气洁净度D级的医药洁净室（区）温度应为18~26℃，相对湿度应为45%~65%。温湿度表如图2-10所示。洁净区的彩钢板墙面、环氧树脂材质的自流平地面和U形接缝均可达到GMP要求的洁净区内表面（墙壁、地面、天棚）应平整光滑，无裂缝，接口严密，无颗粒物脱落，便于清洁和消毒。

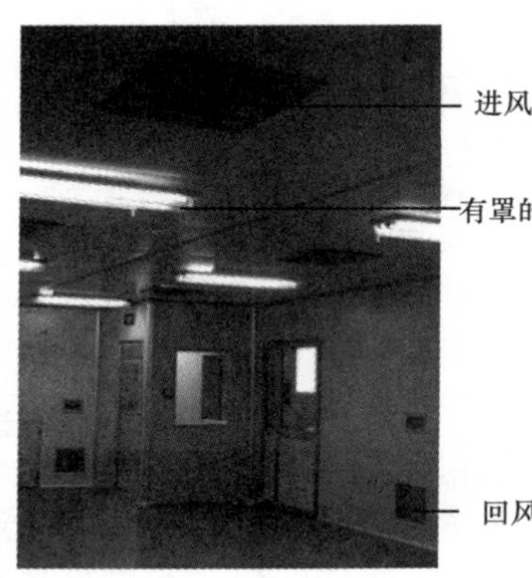

图2-9 洁净区

洁净区通过控制空调系统的送风量，控制空气压差，达到控制洁净区及其生产岗位空气的洁净度。洁净区与非洁净区之间、不同等级洁净区之间的过滤空气压差应不低于10帕斯卡（Pa），相同洁净度等级不同功能的操作间之间，一般静压差应大于5Pa，并应有指示压差的装置，每日进行压差监测，压差表如图2-11所示。产尘操作间应保持相对负压，应采取专门的措施防止尘埃扩散，避免交叉污染，如设置单独的局部除尘和排风装置，并便于清洁。排至室外的废气应当经过净化处理并符合要求，排风口应当远离其他空气净化系统的进风口。洁净室要定期进行风速、换气次数的检测。

图2-10 温湿度表

图2-11 压差表

生产区应有适度的照明。一般情况下，洁净室（区）的照度不低于300勒克斯（lx），洁净区的灯均有罩，且接口严密，光线充足。厂房应有应急照明设施。

排水设施应安装防止倒灌的装置，如图2-12为防倒灌地漏。不用时，下水口由不锈钢碗扣上，并用消毒剂或纯化水或注射用水密封，再将盖盖好，用时再打开，用后要及时清洁干净。生产区应尽可能避免明沟排水。无菌生产的A、B级洁净区内禁止设置水池和地漏。

存放在洁净区内的维修用备件和工具，应当放置在专门的房间或工具柜中。

生产和储存的区域不得用作本区域内工作人员的通道。

四、GMP 对设备的要求

（一）设备的选型

设备选型应根据工艺要求，从设备的技术先进性、生产适用性、经济合理性等方面进行可行性分析，并对设备的节能、配套、维修、操作及寿命周期进行市场调查和综合分析比较，确保选型的正确。与药品直接接触的生产设备表面应光洁、平整、易清洗或消毒、耐腐蚀，不得与药品发生化学反应或吸附药品，或向药品中释放物质。一般均采用不锈钢。

图 2-12　防倒灌地漏

考点：正确的洁净区湿度表、压差表读数及是否符合生产要求的判断

（二）设备的安装

设备的安装应考虑留有适宜的操作空间，符合安全、环保、消防等方面的要求。设备安装应在工程技术人员现场指导下进行。

对生产中发尘设备，设捕尘装置，尾气排放设气体过滤和防止空气倒灌的装置。

产生噪声、振动的设备，采用消声、隔振装置，室内噪声一般控制在 75 分贝（dB）以下。

设备在安装后应进行调试，调试时按技术指标逐项试验，先做空载运行，再做负荷试车运行，记录各项指标。设备调试后，填写设备安装调试验收记录一式两份，验收人签字后供需双方各一份归档保存。

验收合格后的设备可投入正常使用。

图 2-13　计量检定合格证

（三）设备的使用及状态标志

所有设备、仪表等必须登记造册，制定标准操作规程（SOP）。设备操作人员须经培训、考核合格后方可上岗操作设备。

计量装置、计量器具要定期检定，并在有效期内使用。图 2-10、图 2-11 的温湿度表和压差表均属于计量器具，必须经过计量检定合格才能使用，贴在压差表上的计量检定合格证如图 2-13 所示。不得使用未经校准、超过校准有效期、失准的衡器、量具、仪表，以及用于记录和控制的设备、仪器。

设备所需的润滑剂、加热或冷却介质等，应避免与产品直接接触，以免影响产品质量。设备所用的与药品直接接触的润滑剂应尽可能使用食用级。

设备通常应在清洁、干燥的条件下存放。生产设备应有明显的状态标志，标明“设备完好”“等待维修”“维修中”“正在运行”“停止运行”“已清洁”“未清洁”等。

考点：能正确使用计量器具，能正确判断计量器具的有效期；能正确更换设备状态标志

主要固定管道应标明内容物名称和流向。图 2-14 分别是压缩空气、饮用水、纯化水的管道，其管道上均贴有内容物的名称及流向的标志。纯化水管道是 U 形，属于循环管路。

使用设备要填写设备运行记录，内容包括日期、运行时间、运行状态、润滑情况等。设备运行记录样张见附录 7。

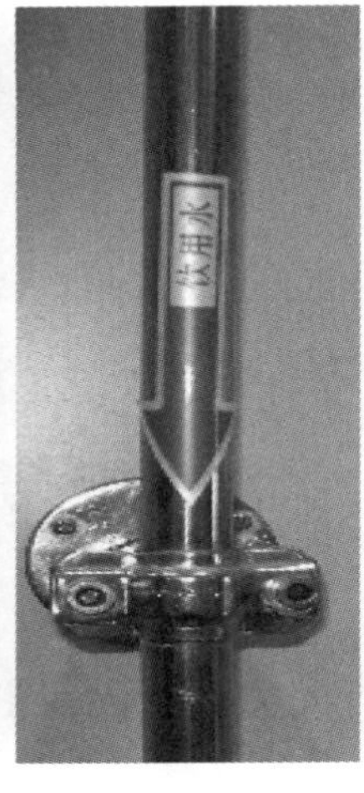

图 2-14　管道内容物名称及流向标志

考点：选择自己拟使用的管道内容物

（四）设备的维护和保养

所有设备必须按规定进行维护和保养，以延长设备使用寿命。设备保养规程和维修保养计划由设备管理部门制定。计划检修分大修、中修、小修。大修是分解整个设备，系统（装置）停机大检修，一般在设备连续运行 5000h 后，停车进行大修。中修是对设备进行部分分解，一般在设备连续运行 2000h 后，停车进行中修。因此设备运行记录中要填写设备运行的累计时间。小修是针对日常检查发现的问题，拆卸部分零部件进行检查、修理、更换。发生问题随时进行小修。维修人员必须做到文明施工，所用工具要摆放整齐。设备的维护和维修不得影响产品质量。

考点：运行记录

设备应根据设备的使用说明要求定期（定量）进行润滑。设备日常润滑由操作工负责，定期拆卸设备进行深部润滑由维修工负责。因未按规定润滑设备而导致设备出现故障，操作工、维修工应负责任。

考点：设备润滑操作

五、GMP 对物料和产品管理的要求

新购入的原料、辅料和包装材料及在生产车间完成全部生产过程的成品均要放在综合仓库中，生产过程中使用的原料、辅料、包装材料和生产过程中的中间产品、待包装品要在生产车间进行暂存。除了以上物料和产品的保存外，一些在待验阶段的、不合格的、退货和召回的物料和产品也要在相应的位置存放，因此车间的暂存室和综合仓库都要有足够的空间。仓库还要有通风和照明设施，以满足物料、成品的储存条件（如温湿度、避光）和安全储存的要求，并按规定进行检查和监控。

（一）外购物料管理

药品生产所用的物料均应当符合相应的质量标准。药品上直接印字所用油墨应当符合食用标准要求。进口原辅料应当符合国家相关的进口管理规定，要有口岸检验所的检验合格报告书。

物料从进厂到使用，整个过程都要有详细的管理记录，包括进厂物料的初验记录、请验单、进厂原辅料总账和分类账、货位卡、称量记录、不合格品销毁单、仓库温湿度记录

等。成品入库也要有成品入库总账和分类账及成品的销售记录等。

物料的管理主要包括采购的管理、储存的管理、发放的管理和物料卫生。

1. 采购的管理 主要是如何选择供应商。质量管理部门负责对供货方进行质量审计，并作出选择。采购人员要做到择优、择廉，就近采购。采购人员应向供应商索要生产许可证、产品质量标准、生产或销售地址等，采购时要与供货方签订“合同”。

2. 储存的管理 包括到货验收、入库、在库养护等。保管员必须明确标志所有物料的质量状态，主要有“待验、合格、不合格、已取样”四种。

（1）到货验收：保管员要对到货进行初步验收，包括审查书面凭证，核对品名、规格、批号、件数、每一件重量等，应与送货单和采购计划一致，票物相符。检查物料外包装无破损、受潮、水渍、霉变、鼠咬等。没有问题后对物料的外包装进行简单清洁，然后将物料放入仓库的待验区，围上黄色围栏，并挂上黄色“待验”标志。保管员填写验收记录，登记“总账”，并于当日填写请验单，通知 QA 取样。

（2）取样：外包装材料、中药饮片等在一般生产区使用的物料在仓库待验区取样即可。洁净区使用的物料，综合仓库通常应当有单独的物料取样区，其取样区的空气洁净度级别应当与物料使用的生产区域要求一致，一般在取样车中取样。例如，淀粉是在 D 级洁净区称量岗位称量、在 D 级洁净区混合岗位混合，就要在能达到 D 级洁净区洁净水平的取样车中取样。如果仓库没有取样车，可按照物料进入 D 级洁净区操作程序将物料从仓库拿至 D 级生产区称量岗位进行取样。QA 取样结束，要在取样处贴上“已取样”标志。根据物料的不同，分别由 QA 或 QC 检验。

考点：取样环境

（3）入库：检验合格物料办理入库，从待验区移入合格区，用绿色围栏，放绿色“合格”标志，放上库存货位卡。标签及说明书类印刷性包装材料应专库存放，上锁保管。不合格物料放不合格区，用红色围栏，放红色“不合格”标志，放上库存货位卡，等待处理。进厂的不合格的印刷文字包装材料，一律办理手续就地销毁，绝对不得返厂处理。不合格、退货或召回的物料或产品应当隔离存放。各类中药材和中药饮片分库储存。易串味的中药材和中药饮片应分别设置专库（柜）存放。

考点：待验、合格、不合格物料都放什么颜色的状态标志，进厂的不合格的印刷文字包装材料如何处理

（4）在库养护：对入库的检验合格的物料，保管员要按要求进行在库养护。所有物料均要定置管理，按品种、规格、批号分开存放。码放应按“五距”规定执行。即垛与墙、棚、行、灯四距至少要 30cm，地距至少 10cm。图 2-15 是某企业的成品仓库，可以看出成品是放在地架上的，没有着地存放；垛与垛、垛与棚、垛与灯之间都有一定的距离，每垛前都放有状态标志牌。

考点：五距

特殊管理的物料如麻醉药品、精神药品、医疗用毒性药品（包括药材）、放射性药品、药品类易制毒化学品及易燃、易爆和其他危险品、贵细药等的验收、储存、管理应当执行国家有关的规定。应双人双锁管理，分别设置专库或专柜。

图 2-15 仓库物品定置管理

对温度、湿度或其他条件有特殊要求的物料，应按规定条件储存。《中国药典》规定常温为 10～30℃，冷处为 2～10 ℃，阴凉处为不超过 20℃。相对湿度一般在 35%～75%，或根据物料特性选择合适的湿度环境。企业应根据库存物料对温湿度的要求，选择合适的库

房。人工降湿可采用生石灰、氯化钙、硅胶等吸湿,也可采用风机排风或除湿机除湿。

考点:根据物料的储藏要求能选择合适的温湿度进行存放

空气过于干燥时,可洒水或以喷雾装置喷水。仓储管理人员要日常检查(清洁、温湿度、安全防火等),并记录。入库的物料要严格管理,防止污染,要保证在库期间包装完好,外观和微生物检验合格。

物料储存执行有效期管理的原则。无有效期的物料企业要制定复验期,且一般不超过3年,到期检验合格方可使用。只有经质量管理部门批准放行并在有效期或复验期内的原辅料方可使用。不合格或超过有效期的物料不得使用。储存期内,如发现对质量有不良影响的特殊情况,应当及时进行复验。

仓库的账、物、卡必须一致。"账"是指保管员记录的总账、分类账等。"物"指物料实物。"卡"指在物料前放的记录物料实物详细信息的卡片。

考点:物料储存原则

3. 物料的发放 应符合先进先出和近效期先出的原则。双人发料,复核。发料人、领料人均在领料单上签字。标签的领用要有专人领取,限额领料,领料人和发料人在料单上签字。

4. 物料卫生 物料进入生产区要严格按程序执行。

物料进入一般生产区的程序一般是在操作间门口进行清外皮,然后进入操作间。

考点:物料发放原则

物料进入D级洁净区程序是在气锁间外间脱去最外层包装,没有外层包装的要将包装物擦拭干净,在气锁间里间75%乙醇擦拭消毒或经紫外线灯照射后(至少30分钟),从洁净区侧取出物料。

物料进入C级及以上洁净区的程序是在气锁间外间脱去最外层包装或将包装物擦拭干净,在气锁间里间经紫外线灯照射后,再用75%药用乙醇逐个擦拭消毒外包装,从洁净区侧取出物料。

考点:物料进入一般生产区、D级洁净区、C级及以上洁净区的标准操作

(二) 制药用水

制药用水是药品生产过程中用作药材的清洗、提取或制剂配制的溶剂、稀释剂及制药器具的洗涤清洁用水。是制药生产中的重要物料。

制药用水包括饮用水、纯化水、注射用水和灭菌注射用水。一般应根据各生产工序或使用目的与要求选用适宜的制药用水。天然水不得用作制药用水。

1. 制药用水的概念及质量标准

(1) 饮用水:为天然水经净化处理所得的水。应符合中华人民共和国生活饮用水卫生标准。

(2) 纯化水:为饮用水经蒸馏法、离子交换法、反渗透法或其他适宜方法制备的制药用水。应符合《中国药典》现行版纯化水项下规定。纯化水不含任何附加剂。

(3) 注射用水:为纯化水经蒸馏所得的制药用水。应符合《中国药典》现行版注射用水项下的规定。

(4) 灭菌注射用水:为注射用水按照注射剂生产工艺制备所得。是经灭菌所得的制药用水。应符合《中国药典》现行版灭菌注射用水项下的规定。

2. 制药用水的制备

(1) GMP对制水设备要求:纯化水、注射用水储罐和输送管道所用材料应无毒、耐腐蚀,不污染水质。设备内外壁表面要求光滑平整、无死角,容易清洗和灭菌。储罐的通气口应安装不脱落纤维的疏水性除菌滤器。纯化水、注射用水的输送管路设计应简洁,应避免盲管和死角。注射用水接触的材料必须是优质低碳不锈钢(如316L不锈钢)。

(2) 纯化水、注射用水的制备

1) 纯化水制备:目前制药企业最常用的制备纯化水的方法是反渗透法。也有在反渗透膜前加离子交换树脂柱或去除离子的化学药物箱,以加强对水中离子的去除能力。

2) 其工艺流程一般为:饮用水→石英砂过滤→活性炭吸附→树脂柱或化学药物箱→过滤器→淡水箱→一级反渗透→二级反渗透→微孔滤膜过滤器→纯化水箱。

制备纯化水生产线如图 2-16,从左向右为石英砂过滤柱→活性炭吸附柱→树脂柱→反渗透过滤组件→储水罐。

3) 注射用水的制备:是将纯化水再蒸馏获得注射用水。

4) 工艺流程为:纯化水→双效或多效蒸馏→注射用水。

制备注射用水的生产线如图 2-17,从右向左为红色蒸汽管路→多效蒸馏→注射用储水罐。

纯化水、注射用水储罐、管道要定期进行清洗消毒,企业要制定定期清洗消毒规程,并对清洗消毒效果进行验证,有相关记录。要对制药用水及制备制药用水的原水的水质进行定期监测,并有相应的记录。

考点: 制药用水的分类、纯化水和注射用水制备工艺流程

图 2-16 制水车间的纯化水生产线

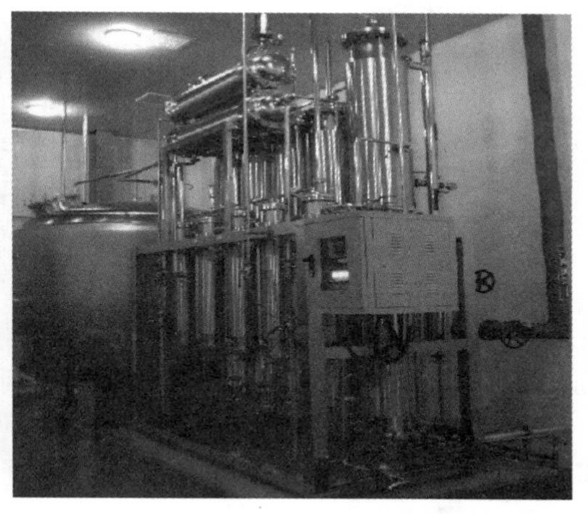

图 2-17 制水车间的注射用水生产线

3. 制药用水的使用 纯化水宜采用循环管路输送,常温循环,纯化水储存周期不宜大于 24h。注射用水采用 70℃以上保温循环,从制备到使用一般不超过 12h。一般在循环管路的起点,即储水罐输出水的前端加上一只紫外灯,对循环水进行灭菌。各用水点在当日第一次用水前,应放水约 1min 对出水部分管路进行冲洗。

考点: 纯化水和注射用水的使用

(三) 工艺用气

与药品直接接触的干燥用空气、压缩空气和惰性气体(如氮气)等应经净化处理。其净化处理一般采用多效过滤的方式。

(四) 产品管理

中间产品和待包装品应在生产区设置的暂存室存放,一般不得拿出生产时所在的生产区,必须拿出时应双层以上密封包装以防污染。中间产品和待包装产品应当有明确的标志,如放置物料标签、货位卡等。中间产品和待包装产品储存应有合理的有效期,不得超期存放。超过储存期再次使用前由暂存室保管员填写请验单交 QA 取样,QC 对所取样品进行检查,合格后使用,否则按不合格品处理。产品的取样在生产车间现场进行。

成品的储存条件应当符合药品注册批准的要求。成品放行前应当待验储存。成品的发放应符合先进先出和近效期先出的原则。

六、GMP 对生产过程管理的要求

药品生产必须有非常周密的计划。生产计划一般按销售部销售计划,并核对仓库的成品库存后,由生产管理部门编制。生产计划经生产管理部门下达至质量管理部门、生产车间、仓库。质量管理部门要准备与该批产品的检验有关的仪器、设备、药品等。仓库要准备好与该批产品生产有关的物料。

生产车间根据生产计划、批生产指令、批包装指令,进行生产前准备、开始生产、生产结束清场等一系列工作,方能完成一个产品的生产过程。生产过程管理的要求如下:

(一) 生产前准备

生产前准备包括准备文件、准备物料、准备生产。所有的准备工作都要依据生产管理部门下发的生产计划和批生产指令。批生产指令、批包装指令由生产管理部门填写,经 QA 人员审核,由生产管理部门提前 1~3 天下发至生产车间。

1. 准备文件 包括准备需要填写的空白文件和需要执行的 SOP 文件。

需要填写的空白文件包括各岗位的批生产记录、批包装记录、清场记录、设备运行记录、物料标签、物料交接单、产品请验单等。生产车间工艺员依据批生产指令,填写批生产/批包装记录中第一道工序的批量、批号等项后,将批生产/批包装记录下发至操作者手中。

需要执行的 SOP 文件包括岗位标准操作程序、清场标准操作程序、设备标准操作程序、设备清洁标准操作程序、设备维护保养标准操作程序、物料管理文件、卫生管理文件、生产管理文件等。这些文件均是质量管理部门已批准的下发至生产车间的文件,使用时由操作工根据岗位生产要求有选择的在本岗位准备好并熟练掌握。

生产操作人员必须严格执行质量部门下发的各种 SOP 文件,不得随意变更,对违反 SOP 文件的指令,操作人员应拒绝执行。

2. 准备物料 车间领料人员从仓库保管员处领料。物料按"物料进入生产区标准操作程序"送入车间原辅料、包装材料暂存室。暂存室要有专人管理。岗位操作工按要求到暂存室领取需要的物料。

3. 准备生产 生产岗位(操作间)有 QA 发给生产岗位的"清场合格证",并在有效期内,如图 2-18 所示。设备有"停止运行"、"设备完好""已清洁"的状态标志。计量器具与称量范围相符,有"检定合格证",并在检定有效期内。所有物料、中间产品均有"检验合格报告单"。经 QA 检查员核对无误,发"生产证"准许生产。

清场合格证

原生产品名: ______ 批号: ______

调换品名:: ______ 批号: ______

清场岗位: ______ QA检查员: ______

责任者: ______ 清场日期: ______

有效期至: ______

图 2-18　清场合格证

(二) 开始生产

生产全过程必须严格执行以下各项要求。

1. 对原辅料的要求 称量配料的各种物料与批生产指令一致无误。装物料的容器外挂物料标签,内容完整,准确无误。

2. 生产过程要求 不同品种、规格的制剂生产或包装不得同时在同一室内进行。

品种、规格相同而批号不同的产品，在同一室内进行生产或包装操作时，必须采取有效的隔离措施。

标签在使用时，只要有可能均要打印“生产日期、批号、有效期至”，如果只能打印一项时应打印批号。

有效期至表示方法有两种，一种是有效期至××××年××月。如 2009 年 12 月 10 日生产，有效期 2 年，则有效期至 2011 年 11 月。一种是有效期至××××年××月××日。如 2009 年 12 月 10 日生产，有效期 2 年，则有效期至 2011 年 12 月 9 日。年、月、日之间可用“.”或“/”代替，如有效期至 2011/12/9。

各工序，每台设备、容器及各种物料、产品都有明显的状态标志，防止混淆和产生差错。

生产过程必须在 QA 检查员的严格监控下进行，QA 检查员要执行各工序生产过程监控标准操作程序。各操作人员要严格执行生产品种的工艺规程及其相应的标准操作程序。

考点：有效期

3. 岗位产品的质量控制 生产车间的产品需按内控质量标准或现行版《中国药典》相关内容进行质量检验，并由班组长或操作工填写产品请验单。必须随时进行在线检测的产品，操作工要及时在线检测，QA 人员也要进行随时的检测，防止出现不合格产品。

4. 产品暂存的管理 暂存间储存的产品要严格管理，防止混淆、差错。产品进出暂存间要严格履行递交手续，认真复核，详细记录。物料、产品储存要有明显的状态标志，放置要整齐、规范。

5. 生产记录填写及偏差处理 生产过程中操作工要真实、详细、准确、及时填写批生产记录，要字迹清晰、易读，不易擦除。批记录应用蓝色或黑色钢笔或水性笔书写，字迹端正；空格无内容填写时应划横线；错误的用横线划去，并能辨认原来的内容，然后写上正确的，并签名和日期，必要时，应当说明更改的理由；内容重复的不得用“…”或“同上”表示；不得前后矛盾；保持页面整洁，签名时应写全名，日期要具体至年、月、日，不得简写。记录应当保持清洁，不得撕毁和任意涂改，如需重新誊写，则原有记录不得销毁，应当作为重新誊写记录的附件保存。批记录样张见图 2-5、图 2-6。

生产过程的各关键工序要严格进行收率、物料平衡计算，符合规定范围的方可递交到下道工序继续操作或放行；超出规定范围，要按偏差处理工作程序进行分析调查，经质量管理部门批准后采取必要措施，在有关人员严格控制下实施。生产过程中产生的需要销毁的不合格品，严格按照“不合格品处理程序”进行处理。

（三）生产结束

生产结束，操作工要按照《清场标准操作程序》对生产现场进行全面的清理，即进行清场。清场主要包括四个方面的内容：清物料、清文件、清卫生、更换状态标志。

1. 清物料 生产结束要严格执行结料和退料程序，认真核对无误，并详细记录。

考点：批记录

所有物料的盛装容器外面都要有物料标签。外包装用的标签要清点数量，使用数、残损数、剩余数和领用数相符，填写记录。标签不得他用或涂改后他用。未用未印批号的标签退回仓库。已印批号剩余的标签及肮脏的、废止不用的标签，销毁，填写销毁记录。各工序移交产品（或工序与中间站之间移交产品）应填写物料交接单，接收双方签字。物料清理要达到操作室无前次产品的遗留物，无生产无关的杂品，各物品按规定位置摆放整齐。

考点：正确计算收率和物料平衡

2. 清文件 生产结束后，操作工要将生产现场的 SOP 文件放在车间指定位置，将填写好的记录交工艺员初审。

3. 清卫生 主要包括操作间、设备、容器具的清洁。

考点：正确填写物料标签、物料交接单

（1）操作间清洁：按《操作间清洁标准操作程序》、《地漏清洁标准操作程序》进行本岗位的卫生清洁。一般生产区操作间用饮用水（必要时用洗衣粉）清洁。洁净区操作间先用饮用水（必要时用洗洁精）清洁，再用纯化水清洁三遍。

清洁地漏，先用饮用水和洗洁精清洁，再将清洁剂冲洗干净，最后用消毒剂进行液封。

操作间清洁顺序为：天花板→墙面→门窗→室内用具、设备及设施（由内向外）→地面→地漏

（2）设备清洁：按各设备的清洁标准操作程序进行清洁。

（3）容器具清洁：按《容器具清洁标准操作程序》进行清洁。一般生产区容器具用饮用水（必要时用清洁剂）清洁。洁净区容器具先用饮用水和清洁剂清洗，用饮用水冲净清洁剂，再用纯化水淋洗三次，倒置于容器具存放室桶架上，晾干备用。若急用容器具时，纯化水淋洗后，用75%乙醇荡洗或擦拭，用压缩空气吹干即可。

考点：操作间、设备、容器具清洁方法

4. 更换状态标志

（1）容器：清洗后挂"已清洁"标志。

（2）操作室：填写"操作间状态标志卡"，并标明"停产，已清洁"。

（3）设备：在清洁并检查合格后，挂上"停止运行"、"设备完好"、"已清洁"的标志。

清场使用的清洁工具要在洁具室清洗，清洗干净后放在洁具室的已清洁区。

考点：更换状态标志

清洁工作结束后，通知班长检查确认，检查不合格则操作者根据实际情况选择清洁方法进行再清洁，直至检查合格。最后通知QA检查，合格后发放"清场合格证"。

操作工填写清场记录、设备清洁记录、操作间卫生清洁记录等。清场记录归入批记录中。清场记录样张见图2-19。

产品名称		产品批号		
工序名称		清场日期		年　月　日
房间名称		房间编号		
清场原因	□更换批号或规格　□更换品种 □停产（或连续生产）超过有效期（一般生产区5天，D级洁净区3天）			
清场项目	清场要求		完成情况	检查情况
文件整理	将结束产品的相关文件整理好、现场无遗留；批生产记录整理好，上交工艺员。		□完成	□合格　□不合格
物料清理	加工后物料转交中间站或下道工序；尾料、剩余物料退中间站或暂存室；废弃物料清离现场，放置到规定地点。操作室无遗留物。		□完成	□合格　□不合格
工器具、器具	送至清洗室清洁，操作室无遗留。		□完成	□合格　□不合格
设备清洁	按各设备清洁SOP清洁。		□完成	□合格　□不合格
卫生清洁	操作室各部位无浮尘，无污迹，无积水，无不洁痕迹；地漏应无味，表面应清洁，无可见异物或污迹，无不洁痕迹。		□完成	□合格　□不合格
更换设备、房间、容器及本批产品使用的状态标志	与更换后的状态相符		□完成	□合格　□不合格
备注:				
操作者	工序班长		QA检查员	

图2-19　清场记录

（四）产品回收和重新加工

考点：谁发清场合格证，清场记录填写正确

不合格的制剂中间产品、待包装产品和成品一般不得进行返工。只有不影响产品质量、符合相应质量标准，且根据预定、经批准的操作规程及对相关风险充分评估后，才允许返工处理。返工应当有相应记录。对返工或重新加工或回收合并后生产的成品，质量管理部门应当考虑需要进行额外相关项目的检验和稳定性考察。

退货时只有经检查、检验和调查后，有证据证明其质量未受影响，且经质量管理部门根据操作规程评价后，方可考虑将退货重新包装、重新发运销售。不符合储存和运输要求的退货，应当在质量管理部门监督下予以销毁。对退货质量存有怀疑时，不得重新发运。退货产品回收应当按照预定的操作规程进行，回收处理后的产品应当按照回收处理中最早批次产品的生产日期确定有效期，退货处理的过程和结果应当有相应记录。回收后的产品应当符合预定的质量标准。

七、GMP对卫生管理的要求

（一）人员

1. 人员培训 所有人员都应当接受卫生要求的培训。

2. 人员卫生 企业要建立健康档案。直接接触药品的生产人员上岗前必须接受健康检查，以后每年至少进行一次健康检查。企业要建立人员卫生操作规程，最大限度地降低人员对药品生产造成污染的风险，如人员进入生产区操作规程、人员在生产区必须禁止的事项等。

3. 对生产区工作人员的要求 人员进入生产区严格按照标准操作程序进行更衣，严格控制洁净室人数，要尽量少，工作服穿着合格，不大声喧哗，不跑动等。

4. 不得进入生产区的人员 参观人员和未经培训的人员不得进入生产区和质量控制区。特殊情况确需进入的，应当事先对个人卫生、更衣等事项进行指导。

（二）设备及容器具卫生

考点：人员卫生管理要求

使用的设备、管道、容器具、工具均应保持清洁，使用后及时进行清洗，必要时进行消毒灭菌，并定期进行微生物检查。设备的清洗原则是每一台设备均应建立清洁操作规程，关键设备清洗和消毒方法要经过验证。设备的清洗方法是能移动的设备、配件，在洗涤间进行清洗，不能移动的应在线清洗。无菌设备清洗后消毒灭菌。

进入无菌操作间的设备零部件、容器经过双菲式灭菌干燥箱灭菌，无菌区侧取出。

（三）物料卫生

考点：设备及容器具卫生要求

原辅料及直接接触药品包装材料微生物检测合格后方可使用。中药材清洗应用饮用水、流动水、单独洗涤。洗后的净饮片不得露天、着地存放，应置洁净容器中专库存放（净料库）。物料进入D级洁净区和C级及以上区必须按照程序进行脱外包、消毒等处理，方可进入。

（四）生产工艺卫生

考点：物料卫生要求

工序连接合理，即相邻工序距离最短和生产时间最短原则。生产前对文件、物料、卫生（超过有效期的应重新进行清洁或消毒）、状态标志四方面进行检查。

操作间要标明“停产”或“生产”状态。

设备要标明“设备完好”或“维修中”或“等待维修”、“正在运行”或“停止运行”等状态标志。

装物料容器应有物料标签，注明内容物及用于生产产品名称、规格、数量、批号、操作工、日期等。

操作间、设备、空容器均应标明卫生状态，如“未清洁”、“已清洁”。

生产结束，及时清洁。

考点：生产工艺卫生要求

（五）洁净室卫生

棚、墙、台面、地面要按要求定期彻底清洁，并用液体消毒剂消毒，环境空气要用灭菌气体定期消毒。

常用清洁剂及其使用范围如下。

洗衣粉：一般生产区卫生工具、工作服的清洗。

液体洗涤剂：去油污及洁净区服装清洗。

饮用水：一般生产区各种用水和洁净区粗洗用水。

纯化水：D 级洁净区的终洗用水和 D 级洁净区制剂用水，C 级及以上区粗洗用水。

注射用水：C 级及以上区的终洗用水和 C 级及以上区制剂用水。

考点：洁净室卫生要求

（六）清洁工具卫生

清洁工具要求不易脱落纤维与微粒。不同生产区清洁工具不得混用。清洁工具用后及时清洁，储藏在本生产区专用室。

考点：清洁工具卫生要求

（七）消毒

消毒剂应无毒，易于清洗至无残留。消毒剂配制要用纯化水或注射用水，有配制记录。配制后的消毒剂和清洁剂应当存放在清洁容器内，在规定时间内使用完毕。A、B 级洁净区使用无菌的或经无菌处理的消毒剂和清洁剂。消毒剂的种类应当多于一种，每月轮换使用，以防止产生耐药菌株。不得用紫外线消毒替代化学消毒。应当定期进行环境监测，及时发现耐受菌株及污染情况。需消毒的物体应先清洁（一般生产区饮用水清洁、D 级洁净区先饮用水再纯化水清洁、C 级及以上洁净区先纯化水清洁再注射用水清洁），洗净以后，再使用消毒剂消毒。消毒时应先擦拭台面、墙面，最后擦地面。消毒后用终洗用水清除消毒剂的残留。

可采用熏蒸的方法降低洁净区内卫生死角的微生物污染，应当验证熏蒸剂的残留水平。空间消毒熏蒸时人员要撤出，熏蒸结束后，应排除消毒的气体，达到消毒空间内基本无气体残留。消毒操作人员工作时要注意劳动保护。

消毒的频次根据具体情况确定。

考点：消毒方法及注意事项

清洁和消毒效果的评价方法有目检法、棉签擦拭取样法、淋洗水法。

目检法是通过肉眼观察，无可见的残留物或残留气味。

棉签擦拭取样法是用浸湿的无菌棉签在清洁消毒后的设备上取样（主要取最难清洗的部位），进行微生物检测。

淋洗水法是用无菌水在清洁消毒后的设备上淋洗，取该淋洗水进行残留物和微生物检测。

八、药品生产的质量控制和质量保证

药品质量管理必须贯穿药品生产的始终，将药品注册的有关安全、有效和质量可控的所有要求，系统地贯彻到药品生产、控制及产品放行、储存、发运的全过程中，确保所生产的药品符合预定用途和注册要求。

企业质量管理部门负责质量管理工作，其工作内容主要包括以下内容：

（一）供户质量审计

对外购的原辅料、包装材料的供户质量进行审计，保证采购和使用的原辅料、包装材料等正确无误。质量管理部门应当对所有生产用物料的供应商进行质量评估，会同有关部门对主要物料供应商（尤其是生产商）的质量体系进行现场质量审计，以全面评估其质量保证系统。并对质量评估不符合要求的供应商行使否决权。必要时对试剂和培养基供应商也进行评估。

（二）质量控制实验室管理

质量控制实验室就是企业的中心化验室。

1. 人员 检验人员至少应当具有相关专业中专或高中以上学历，并经过与所从事的检验操作相关的实践培训且通过考核。

2. 文件 质量控制实验室必须准备的文件包括质量标准、取样 SOP 和记录、所有需要检验项目的检验 SOP 及检验记录和检验报告、必要的检验方法验证报告和记录、仪器校准、设备使用和清洁维护 SOP 及记录等。

3. 取样 应当按照经批准的操作规程取样。外购物料由仓库保管员填写请验单，生产过程中间产品、成品等由生产岗位专人填写请验单，QA 收到请验单后携带好取样容器、取样用具、取样证到仓库或车间取样。取样量应是标准检验量的三倍，并保证所取样品有代表性。

原辅料与内包材取样后，QA 要在取样袋或取样瓶上标记品名、规格、批号、取样日期、取样者等信息，将物料包装封闭，贴上“取样证”，填写取样记录，取样记录样张如图 2-20。需要检验的样品一般送中心化验室检验，少量只检查外观的物料如外包装材料等由 QA 直接取样检验。除外包装材料以外，其他检验剩余样品不得送回原处。QA 取样结束后要及时对取样用具按要求进行清洁。

4. 检验 物料和产品的检验都要有经确认或验证的检验操作 SOP 文件，规定所用方法、仪器和设备等。

原辅料取样记录

年	样品名称	供货厂家	批号	进厂编号	包装规格	数量个(件)	取样件数	取样量	取样人	取样目的
月 日										□ 进厂检验 □复检 □ 留样 □其他
月 日										□ 进厂检验 □复检 □ 留样 □其他
月 日										□ 进厂检验 □复检 □ 留样 □其他
月 日										□ 进厂检验 □复检 □ 留样 □其他

图 2-20 原辅料取样记录

考点：取样工作流程，填写取样记录

检验应当有可追溯的记录并经过复核。GMP 对检验记录也做了详细的规定，图 2-21 是颗粒分装后中间产品检验记录样张。检验结束要给请验部门出具检验报告单，如图 2-22 所示。

**颗粒分装后中间产品检验记录

批　号		检验编号	
数　量		取样日期	年　月　日
生产工序	颗粒分装	检验日期	年　月　日
检验项目	外观、装量差异、密封性	检验依据	**颗粒 中间产品内控质量标准

[外观]本品印字______、切裁______，平整无______变形现象　批号______、

[装量差异]

分析天平：

上限装量(g)		下限装量(g)	
No	药重(g)	No	药重(g)
1		6	
2		7	
3		8	
4		9	
5		10	

平均装量：______g/袋

结论：

[规定每袋6g差异限度为±7%；每袋3g差异限度为±7%]

[密封性]

将真空干燥器的开口用凡士林涂匀，放入10袋药品，注入3L水，向水中加入5ml红墨水，在样品上置挡板，使样品挡板浸在水中，将真空干燥器一端连接真空泵，当真空泵表压为__________MPa时，关阀门，保持1.5min打开空气阀门，取出样品，用滤纸吸干药袋外水，然后用剪刀将每袋药品剪开，观察____________现象。

结论：　　[规定均不得发生渗漏现象]

结论：本品按**颗粒中间产品内控质量标准检验，结果

检验人：　　　　复核人：

图 2-21　颗粒分装后中间产品检验记录

考点：检验记录和检验报告单填写

5. 留样　企业按规定保存的、用于药品质量追溯或调查的物料、产品样品为留样。留样应当能够代表被取样批次的物料或产品。用于产品稳定性考察的样品不属于留样。

(1) 成品的留样：每批药品均应当有留样；每批或每次包装至少应当保留一件最小市售包装的成品；每批药品的留样数量一般至少应当能够确保按照注册批准的质量标准完成 2~3 次全检；留样观察应当有记录，如图 2-23 所示；留样应当按照注册批准的储存条件至少保存至药品有效期后 1 年。

原辅料检验报告单

名　称	淀　粉	报告编号	
原厂批号		数　量	
进厂编号		检验项目	全　检
包装规格		取样日期	年　月　日
供货单位		报告日期	年　月　日
检验依据	《中国药典》2000年版二部		
检验项目	标准规定	检验结果	
【性状】	本品应为白色粉末；无臭，无味		
【鉴别】	(1) 应呈正反应		
	(2) 应呈正反应		
	(3) 应具淀粉的显微特征		
	(4) 应符合规定		
[检查] 酸度	pH为4.5~7.0		
干燥失重	不得超过14.0%		
灰分	不得超过0.2%		
铁盐	应符合规定		
二氧化硫	不得超过1.25ml		
氧化物质	不得超过1.4ml		
微生物限度	应符合规定		
结论：本品按《中国药典》2000年版二部检验，结果			
检验人:	复核人:	QC主管:	

图 2-22　原辅料检验报告单

留样考察记录

品名	留样日期	留样批号	考察项目	各月份考察结果(月)									备注
				0	3	6	9	12	18	24	36	48	

图 2-23　留样考察记录

(2) 物料的留样：制剂生产用每批原辅料和与药品直接接触的包装材料均应当有留样。与药品直接接触的包装材料(如输液瓶)，如成品已有留样，可不必单独留样；物料的留样量应当至少满足鉴别的需要；除稳定性较差的原辅料外，用于制剂生产的原辅料(不包括生产过程中使用的溶剂、气体或制药用水)和与药品直接接触的包装材料的留样应当至少保存至产品放行后 2 年。如果物料的有效期较短，则留样时间可相应缩短；物料的留样应当按照规定的条件储存，必要时还应当适当包装密封。

（三）偏差处理

考点：留样考察记录填写

企业各部门负责人应当确保所有人员正确执行生产工艺、质量标准、检验方法和操作规程，防止偏差的产生。

偏差是指与已经批准的产品质量的标准、规定、工艺条件等不相符，物料平衡超出合格范围、物料异常缺失的任何情况，它包括药品生产的全过程和各种相关影响因素。企业应当采取预防措施有效防止类似偏差的再次发生。

生产车间出现偏差的处理流程：

生产车间及时填写“偏差处理单”──→通知生产管理部调查，在处理单上提出建议、采取的意见及措施──→送质量管理部门，根据出现的偏差决定是否需要送相关部门──→相关部门接到“偏差处理单”后，填写建议处理措施──→送交质量管理部门，填写对建议处理措施的确认，同时填写需要采取的措施──→送交终审人生产管理部门主管、质量管理主管，签署终审意见──→送交 QA，将“偏差处理单”复印一定份数，分送参与处理部门及相关部门。

车间要将偏差处理单附批生产记录中，原件质量管理部门要存档。在“偏差处理单”处理完毕前，生产管理部门有权决定是否停止生产，待“偏差处理单”处理完毕后，按终审意见执行。

质量管理部门要监督检查偏差处理执行全过程，完全按照偏差处理意见执行，必要时安排适当的培训。记录偏差处理执行结果，以便追踪。

考点：偏差判断

（四）变更控制

变更是指为改进的目的而提出的对药品生产和管理全过程中某项内容的变更。

企业应当建立变更控制系统，对所有影响产品质量的变更进行评估和管理。需要经药品监督管理部门批准的变更应当在得到批准后方可实施。

变更审批流程：

申请部门填写“变更审批表”变更内容部分──→交质量管理部门，并根据变更内容决定是否需要送至相关部门──→相关部门填写意见──→送交质量管理部门填写意见，同时确认需要变更的相关内容及是否需要验证，产品是否进行稳定性试验等内容──→送交终审人生产管理部门主管与质量管理部门主管终审──→送交质量管理部门，检查“变更审批表”是否填写完全，终审意见为批准或为在一定条件下批准──→原件送交申请部门进行变更执行（若终审意见不批准，将“变更审批表”退还申请部门），待变更执行后，填写执行结果──→送质量管理部门，对变更执行结果进行确认并记录，将“变更审批表”原件存档，复印件──→送变更申请部门及审批部门或人员。

任何变更必须在变更执行前，对相关人员进行必要的培训。变更实施时，应当确保与变更相关的文件均已修订。质量管理部门应当保存所有变更的文件和记录。

（五）物料和产品放行

1. 原辅料、包装材料放行　经仓库保管员初检合格的原辅料和包装材料，保管员填写请验单交给 QA 取样。需要化验室检验的，QA 将样品交给 QC 依据原辅料、包装材料质量标准和内控标准进行检验和判定，复核人员对原始记录及检验报告单进行复核，必要时重新检测。QC 主管在检验报告单上签字，以示准予放行。QA 检查员审核后转发仓库请验部门，仓库自存一份，一份返给生产管理部门，一份随物料发给生产车间（这一份最终归到生产批记录中）。QA 主管依据原辅料的件数签批合格证，并将合格证随报告单一起发给 QA 检查员，由 QA 检查员转发给仓库保管员，作为每件物料发放时的证明，仓库管理员负责将合格证或不合格证逐件贴挂在物料外包装上。生产车间将合格的检验报告单附入首批《批生产指令》中。其他批次《批生产指令》中填写化验单号。

2. 中间产品放行　中间产品由岗位生产人员填写请验单交 QA 取样，QA 交 QC 检验，QC 应及时检验，并将化验结果开具检验报告单。在生产过程中的中间产品检验一般在生产车间的化验室进行，成品检验在企业的中心化验室进行。产品检验报告单一式两份，一份附入批检验记录中，一份交 QA 检查员作为填写质量监控记录依据，然后转交车间工艺员附入批记录中，做为物料转交下一工序的凭证。

3. 成品放行　成品检验合格后，由 QC 主管在合格成品检验报告单上签字盖章。成品检验报告单一式五份，QC、QA 自存一份与原始记录一起归入批检验记录中存档；一份发给车间工艺员，归到批记录中；仓库留一份存档，一份随成品出库时发到销售部门。

考点：物料和产品的发放和传递依据

批记录的审核：

（1）车间工艺员初审。每道工序生产结束后，工序负责人将批记录上交到车间工艺员初审，内容包括：①原辅材料有合格报告单；②生产过程符合处方、工艺要求，按标准操作程序进行操作；③批生产记录、批包装记录填写正确，完整无误，各项均符合规定要求；④物料平衡在规定的范围之内，如发生偏差，执行偏差处理程序，处理措施正确、无误、手续齐备，符合要求。

（2）车间负责人、生产技术负责人审核。车间工艺员对批生产记录、批包装记录初审无误签字后，上交到车间主任处进行复核。车间主任复核签字后，转交到生产管理部门的技术主管。经技术主管审核无误并签字后上交到生产管理主管，经生产管理主管审核签字的批记录转交到质量管理部门的 QA。

（3）QA 审核。QA 严格按“批记录审核记录”进行复核，复核内容包括：①批生产记录及批包装记录；②中间产品检验合格单是否完整、准确、无误；③物料平衡在规定的范围之内，产生偏差的部分严格执行偏差管理程序，处理措施正确无误，确认可保证产品质量。

QA 将复核无误的批质量监控检查记录、批生产记录及批包装记录上交到 QA 主管。

（4）QC 主管审核。QC 主管将复核无误的批检验记录（原辅料、包材、中间产品及成品）及相应的检验报告单上交到 QA 主管。

（5）QA 主管审核。审核现场监控检查记录完整、准确无误，与批生产记录，批包装记录各项一致无误。审核后，转交总工程师终审。

批记录、批检验记录、批质量监控记录等的层层审核结束后，生产技术主管、QC 主管、QA 主管、总工程师要分别在“成品审核放行单”上签字，样张如图 2-24，并对签字审核的内容负责。

成品放行：“成品审核放行单”一份，原件留存 QA，复印一份，由 QA 连同产品合格证（其数量与合格品件数相符）转交成品仓库，仓库保管员将该批成品贴上产品合格证凭审核放行单即可放行。凡上述各项有误者不准放行。

成品审核放行单

产品名称		规　　格	
批　　号		批　　量	
审核内容	审核人	审核结果	审核时间
批生产记录审核		□合格 □不合格	
批包装记录审核		□合格 □不合格	
批检验记录审核		□合格 □不合格	
批质量监控检查记录		□合格 □不合格	
审核确认		□同意放行 □不同意放行	
备　　注			

图 2-24　成品审核放行单

完整的批记录由质量管理部门存档，至少保存至该产品有效期后 1 年。

（六）其他工作

1. 持续稳定性考察　目的是在有效期内监控已上市药品的质量，以发现药品与生产相关的稳定性问题（如杂质含量或溶出度特性的变化），并确定药品能够在标示的储存条件下，符合质量标准的各项要求。也兼顾待包装产品、储存时间较长的中间产品进行考察。持续稳定性考察应当有考察方案，结果应当有报告。

2. 纠正措施和预防措施　企业应当建立纠正措施和预防措施系统，建立实施纠正和预防措施的操作规程，对投诉、召回、偏差、自检或外部检查结果、工艺性能和质量监测趋势等进行调查并采取纠正和预防措施。

3. 产品质量回顾分析　企业按照操作规程，每年对所有生产的药品按品种进行产品质量回顾分析，以确认工艺稳定可靠，以及原辅料、成品现行质量标准的适用性，及时发现不良趋势，确定产品及工艺改进的方向。

4. 投诉与不良反应报告　建立药品不良反应报告和监测管理制度，所有投诉都应当登记与审核，并进行调查。

九、GMP 对验证要求

验证是指证明任何操作规程（或方法）、生产工艺或系统能够达到预期结果的一系列活动。验证主要包括厂房、空调系统、设备、压缩空气、工艺（包括制备工艺、检验）、清洁（设备、容器具等）、消毒（水系统、空气、设备、容器具等）、水系统（纯化水、注射用水）等的验证。

确认和验证不是一次性的行为。首次确认或验证后，应当根据产品质量回顾分析情况进行再确认或再验证，一般企业进行再验证的时间间隔为 1 年。

（一）必须进行验证的情况

（1）新的厂房、工艺、设备、设施及关键的清洁消毒方法在正式投入使用前，其厂房、空调系统、设备、压缩空气、工艺、清洁、消毒、水系统等均需要进行验证。

(2) 新生产的品种,进行工艺验证。

(3) 关键设备大修或更换,进行设备验证。

(4) 生产工艺变更,进行工艺验证。

(5) 主要原辅材料变更,进行工艺验证。

(6) 批次量数量级的变更,进行工艺验证。

(7) 趋势分析中发现有系统性偏差,属于哪个系统就进行哪个系统的验证。

(8) 生产作业有关规程的变更,变更哪个部分就进行哪个部分的验证。

(9) 程控设备经过一定时间的运行,进行设备验证。

(10) 厂房、空调系统、设备、压缩空气、工艺、清洁、消毒、水系统等运行1年以上,均要进行验证。

(11) 有下列情形之一的,应当对检验方法进行验证:

1) 采用新的检验方法;

2) 检验方法需变更的;

3) 采用《中国药典》及其他法定标准未收载的检验方法;

4) 法规规定的其他需要验证的检验方法。

考点: 验证概念,什么情况下必须验证

(二) 验证工作流程

企业质量管理部门负责制定验证总计划,由生产中的具体实施部门根据确认或验证的对象制定确认或验证方案,并经审核、批准。各相关部门共同根据方案进行验证实施,实施过程要及时填写验证记录,最后根据验证记录写出验证报告。由各实施部门根据验证过程及结果编写或修改工艺规程和SOP文件,审核、批准后由实施部门按照新的工艺规程和SOP进行操作,即完成了整个的验证过程。

十、产品发运与召回

企业应当建立产品召回系统,必要时可迅速、有效地从市场召回任何一批存在安全隐患的产品。因质量原因退货和召回的产品,均应当按照规定监督销毁,有证据证明退货产品质量未受影响的除外。

(一) 发运

每批产品均应当有发运记录。根据发运记录,应当能够追查每批产品的销售情况,必要时应当能够及时全部追回。发运记录应当至少保存至药品有效期后1年。

(二) 召回

应当制定召回操作规程,确保召回工作的有效性。召回应当能够随时启动,并迅速实施。因产品存在安全隐患决定从市场召回的,应当立即向当地药品监督管理部门报告。召回的进展过程应当有记录,并有最终报告。

十一、自　检

质量管理部门要定期组织对企业进行自检,监控GMP的实施情况,评估企业是否符合GMP要求,并提出必要的纠正和预防措施。要有自检计划。自检应当有记录。自检完成后应当有自检报告,内容至少包括自检过程中观察到的所有情况、评价的结论及提出纠正和预防措施的建议。自检情况应当报告企业高层管理人员。

案例 2-2 问题 1 分析:进入生产区的生产及相关人员进入一般生产区、D 级洁净区、C 级及以上洁净区分别按照“人员进入一般生产区标准操作、人员进入 D 级洁净区的标准操作、人员进入 C 级及以上洁净区的标准操作”才能符合 GMP 要求。

案例 2-2 问题 2 分析:GMP 对进入生产区的生产及相关人员禁止事项包括:体表有伤口、患有传染病或其他可能污染药品疾病的人员应避免从事直接接触药品的生产。直接接触药品的生产人员上岗前应当接受健康检查,以后每年至少进行一次健康检查。进入洁净生产区的人员不得化妆和佩戴饰物。操作人员应避免裸手直接接触药品及与药品直接接触的包装材料和设备的表面。生产区、仓储区禁止吸烟和饮食,禁止存放食品、饮料、香烟和个人用药品等个人物品。

案例 2-2 问题 3 分析:生产岗位的环境及空气达到“GMP 对生产区的环境及空气的要求”叙述内容才能符合 GMP 要求。

案例 2-2 问题 4 分析:GMP 对岗位生产使用的设备具体要求包括设备的选型、设备的安装、设备的使用及状态标志、设备的维护和保养四个方面,具体详见“GMP 对设备的要求”叙述内容。

案例 2-2 问题 5 分析:GMP 对生产用物料的管理包括外购物料的管理、制药用水、工艺用气、产品管理四个方面,具体要求见“GMP 对物料和产品管理的要求”叙述内容。

案例 2-2 问题 6 分析:生产过程管理包括生产前准备、开始生产、生产结束、产品回收和重新加工四个方面,具体如何管理才能符合 GMP 要求详见“GMP 对生产过程管理的要求”叙述内容。

案例 2-2 问题 7 分析:岗位生产中的卫生管理包括人员卫生、设备及容器具卫生、物料卫生、生产工艺卫生、洁净室卫生、清洁工具卫生、消毒七个方面,具体如何确保岗位生产中的卫生符合 GMP 要求详见“GMP 对卫生管理的要求”叙述内容。

案例 2-2 问题 8 分析:药品生产的质量控制和质量保证包括供户质量审计、质量控制实验室管理、偏差处理、变更控制、物料和产品放行、持续稳定性考察、纠正措施和预防措施、产品质量回顾分析、投诉与不良反应报告九个方面,药品生产具体如何进行质量控制和质量保证详见“药品生产的质量控制和质量保证”叙述内容。

一、选择题

1. 中药制剂的原料是指(　　)
   A. 中药材
   B. 中药饮片
   C. 中药材、中药饮片和外购中药提取物
   D. 中药材和中药饮片
   E. 外购中药提取物
2. 以下属于辅料的是(　　)
   A. 淀粉　B. 中药饮片
   C. 对乙酰氨基酚　D. 维生素 E
   E. 辅酶 A
3. 以下属于成品的是(　　)
   A. 药材粉末
   B. 未过筛的颗粒
   C. 压片机正在压制的药片
   D. 发往药店的板蓝根颗粒药品
   E. 正在进行外包装的板蓝根颗粒
4. 企业必须按(　　)进行生产
   A. 最低成本原则　B. 适宜成本原则
   C. 生产工艺规程　D. 企业认为正确的方法
   E. 企业研究数据
5. 混合岗位规定产品收率限度≥99%,以下属于出现偏差的是(　　)
   A. 98.9%　B. 99.0%
   C. 99.1%　D. 99.2%
   E. 99.3%
6. 2009 年 10 月 28 日是该月份第 21 批次生产板蓝根颗粒,则该次生产的板蓝根颗粒的批号是(　　)
   A. 20091028　B. 20092821

C. 20092128　　D. 20091021
E. 以上都不对

7. 洁净区洁净级别按(　　)动态监测数量分类为A、B、C、D四级
A. 空气悬浮粒子　　B. 微生物
C. 细菌　　D. 霉菌
E. 空气悬浮粒子和微生物

8. 扑热息痛片生产的压片岗位对应的洁净度级别是(　　)
A. A级　　B. B级
C. C级　　D. D级
E. 以上都不对

9. 直接接触药品的生产人员上岗前应当接受健康检查,以后每(　　)年至少进行一次健康检查
A. 一　　B. 二
C. 三　　D. 四
E. 五

10. 进入洁净生产区的人员不得(　　)
A. 化妆
B. 裸手直接接触与药品直接接触的包装材料和设备的表面
C. 裸手直接接触药品
D. 佩戴饰物
E. 以上都是

11. 洁净室(区)无特殊要求时,温度应控制在(　　)
A. 10~20℃　　B. 20~28℃
C. 22~30℃　　D. 16~24℃
E. 18~26℃

12. 洁净室(区)无特殊要求时,相对湿度应控制在(　　)
A. 40%~60%　　B. 41%~61%
C. 42%~62%　　D. 43%~63%
E. 45%~65%

13. GMP汉语意思正确的是(　　)
A. 中药材生产质量管理规范
B. 药品临床试验管理规范
C. 药品生产质量管理规范
D. 药品经营质量管理规范
E. 药物非临床研究质量管理规范

14. 洁净室(区)应密封,洁净区与非洁净区之间、不同等级洁净区之间的压差应不低于(　　)
A. 7Pa　　B. 8Pa
C. 9Pa　　D. 10Pa
E. 11Pa

15. 相同洁净度等级不同功能的操作间之间应保持适当的压差梯度,一般静压差应大于(　　)
A. 2Pa　　B. 3Pa
C. 4Pa　　D. 5Pa
E. 6Pa

16. 产尘操作间应保持(　　),应采取专门的措施防止尘埃扩散、避免交叉污染并便于清洁
A. 相对正压　　B. 相对负压
C. 没有压差　　D. 没有特殊要求
E. 以上都不对

17. 进入洁净室(区)的空气(　　)
A. 自由进出　　B. 加热进入
C. 冷却进入　　D. 必须净化
E. 以上都不对

18. 空气过滤器一般采用(　　)装置
A. 初效过滤
B. 中效过滤
C. 高效过滤
D. 初效、中效、高效三级过滤
E. 以上都不对

19. 以下不属于设备状态标志的是(　　)
A."设备完好"
B."等待维修"、"维修中"
C."正在运行"、"停止运行"
D."已清洁"、"未清洁"
E."已检测"

20. 设备日常润滑由(　　)负责
A. QC化验员　　B. QA检查员
C. 车间工艺员　　D. 车间主任
E. 设备操作人员

21. 物料质量状态正确的是(　　)
A. 待验、合格、不合格
B. 合格、不合格
C. 待验、合格、不合格、已取样
D. 待验、合格
E. 待验、不合格

22. 对来货进行取样的是(　　)
A. QA人员　　B. QC人员
C. 保管员　　D. 车间主任
E. 工艺员

23. 固体制剂用的淀粉在什么环境下取样(　　)
A. A级洁净区　　B. B级洁净区

C. C级洁净区　　D. D级洁净区
E. 一般生产区

24. 待验物料要放(　　)色待验标志
A. 绿色　　B. 红色
C. 黄色　　D. 蓝色
E. 白色

25. 合格物料放(　　)色合格标志
A. 绿色　　B. 红色
C. 黄色　　D. 蓝色
E. 白色

26. 不合格放(　　)色不合格标志
A. 绿色　　B. 红色
C. 黄色　　D. 蓝色
E. 白色

27. 进厂的不合格的印刷文字包装材料处理正确的是(　　)
A. 返厂处理
B. 退货
C. 办理手续就地销毁
D. 改作他用
E. 以上都不对

28. 物料存放正确的是(　　)
A. 直接放在地上即可
B. 放在铺有塑料布的地上
C. 距离地面5cm以上存放
D. 距离地面10cm以上存放
E. 以上都不对

29. 需要在阴凉库存放的物料,其储藏温度正确的是(　　)
A. 30℃以下　　B. 25℃以下
C. 20℃以下　　D. 15℃以下
E. 10℃以下

30. 仓库的(　　)必须一致
A. 账、物、卡
B. 原料和辅料
C. 原料、辅料、包装材料
D. 各种标签
E. 各种标志

31. 原辅料储存执行(　　)管理原则,不合格或超过有效期的原辅料不得使用
A. 生产日期　　B. 批号
C. 进货日期　　D. 出库日期
E. 有效期

32. 物料发放的管理正确的是(　　)
A. 先进先出
B. 近效期先出
C. 双人发料,复核
D. 发料人、领料人均在收发料凭证上签字
E. 以上都正确

33. 物料进入D级洁净区的一般程序为脱去外包装或将包装物擦拭干净,经紫外线灯照射后,从(　　)区侧取出物料
A. 一般生产区　　B. 洁净区
C. 人流区　　D. 物流区
E. 以上都不对

34. 制药用水不包括(　　)
A. 饮用水　　B. 纯化水
C. 注射用水　　D. 灭菌注射用水
E. 天然水

35. 注射用水为(　　)经蒸馏所得的制药用水
A. 饮用水　　B. 纯化水
C. 天然水　　D. 苏打水
E. 矿物水

36. 纯化水应符合(　　)规定
A. 中华人民共和国生活饮用水卫生标准
B.《中国药典》现行版纯化水项下
C.《中国药典》现行版注射用水项下
D.《中国药典》现行版灭菌注射用水项下
E. 以上都不对

37. 纯化水宜采用常温循环,储存周期不宜大于(　　)h
A. 8　　B. 12
C. 16　　D. 24
E. 48

38. 注射用水采用(　　)保温循环
A. 30℃以上　　B. 40℃以上
C. 50℃以上　　D. 60℃以上
E. 70℃以上

39. 注射用水从制备到使用一般不超过(　　)h
A. 8　　B. 12
C. 16　　D. 24
E. 48

40. 各用水点在当日第一次用水前,应放水(　　)min对出水部分管路进行冲洗
A. 1　　B. 2
C. 3　　D. 4
E. 5

41. 操作间符合什么要求才能达到生产条件

( )

A. 有清场合格证,并在有效期内

B. 设备有"停止运行"、"设备完好""已清洁"的状态标志

C. 计量器具与称量范围相符,有"检定合格证",并在检定有效期内

D. 所有物料、中间产品均有"检验合格报告单"

E. 以上都包括

42. 操作间生产前各项检查结束,做出可以生产决定的部门是( )

A. 生产管理部门　B. 生产车间

C. 质量管理部门　D. 设备管理部门

E. 药品销售部门

43. 2009年10月8日生产,有效期2年,则有效期至( )

A. 2011年10月　B. 2011年9月

C. 2011年10月8日　D. 2010年9月

E. 2012年9月

44. 生产过程必须在( )的监控下

A. QA　B. QC

C. 车间主任　D. 生产厂长

E. 生产部长

45. 以下对压片岗位描述正确的是( )

A. 操作工只负责压片操作,药片是否合格由车间主任负责

B. 操作工只负责压片操作,药片是否合格由QA负责

C. 操作工压出的药片是否合格自己说了算

D. 操作工既要负责压片,也要负责在线检测,同时QA也要抽检

E. 以上描述都不对

46. 以下对生产记录填写描述错误的是( )

A. 操作工要真实、详细、准确、及时填写批生产记录

B. 批记录可以用铅笔、圆珠笔、钢笔等填写

C. 写错的用横线划去,并能辨认原来的内容,再写上正确的,并签名和日期

D. 内容重复的不得用"…"或"同上"表示

E. 日期要具体至年月日,不得简写

47. 操作工填写完成批记录后应交给( )初审

A. 车间主任　B. 工艺员

C. QA　D. QC

E. 生产管理人员

48. 以下对操作间清洁描述正确的是( )

A. 一般生产区操作间用纯化水清洁

B. 洁净区操作间先用饮用水清洁,再用纯化水清洁三遍

C. 洁净区操作间用饮用水清洁

D. 洁净区操作间用洗洁精清洁后不需要除去洗洁精

E. 一般生产区操作间用洗衣粉清洁后,用纯化水除去洗衣粉

49. 操作间清洁顺序正确的是( )

A. 天花板→墙面→门窗→室内用具、设备及设施(由内向外)→地面→地漏

B. 天花板→室内用具、设备及设施(由内向外)→墙面→门窗→地面→地漏

C. 天花板→墙面→地面→门窗→室内用具、设备及设施(由内向外)→地漏

D. 天花板→墙面→门窗→室内用具、设备及设施(由内向外)→地漏→地面

E. 天花板→墙面→室内用具、设备及设施(由内向外)→地面→地漏→门窗

50. 清场结束更换状态标志错误的是( )

A. 容器清洗后挂"已清洁"标志。

B. 操作室要填写"操作间状态标志卡",并标明"停产,已清洁"。

C. 设备在清洁并检查合格后,挂上"停止运行"、"设备完好"、"已清洁"的标志。

D. 如果设备清洁后发现有故障,要挂上"等待维修"标志,并及时通知维修人员。

E. 设备清洁后,无论是否有问题都要将"设备完好"标志挂好。

51. 清场结束经检查合格后,应该发给生产岗位清场合格证,发证人是( )

A. QA　B. QC

C. 工艺员　D. 车间主任

E. 生产管理部门人员

52. 以下对人员卫生叙述错误的是( )

A. 直接接触药品的生产人员上岗前必须接受健康检查

B. 洁净室人数没有限制

C. 未经培训的人员不得进入生产区和质量控制区

D. 洁净区不得大声喧哗和跑动

E. 工作服穿着要符合规程的要求

53. 以下叙述错误的是( )

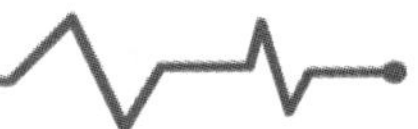

A. 除了无菌间使用的设备外，其余设备使用后只进行清洗，不用灭菌
B. 关键设备清洗和消毒方法要经过验证
C. 能移动的设备要在洗涤间进行清洗，不能移动的在线清洗
D. 无菌设备清洗后消毒灭菌
E. 进入无菌操作间的设备零部件、容器经过双非式灭菌干燥箱干燥灭菌，无菌侧取出

54. 以下叙述错误的是(　　)
A. 原辅料及直接接触药品包装材料微生物检测合格后方可使用
B. 中药材清洗应用饮用水、流动水、单独洗涤
C. 洗后的净饮片如果水分太大，可以露天晾晒
D. 物料进入 D 级洁净区和 C 级及以上区必须按照程序进行脱外包、消毒等处理，方可进入
E. 洗后的净饮片应置洁净容器中专库存放(净料库)

55. 以下对清洁工具叙述错误的是(　　)
A. 清洁工具要求不易脱落纤维与微粒
B. 不同生产区清洁工具可以混用
C. 清洁工具用后及时清洁
D. 清洁工具要放在本生产区专用室
E. 清洁后的清洁工具要放在专用室的已清洁区域

56. 以下对消毒叙述错误的是(　　)
A. 空间消毒熏蒸时人员要撤出，熏蒸结束后，应排除消毒的气体，达到消毒空间内基本无气体残留
B. 消毒剂配制用水为饮用水
C. 消毒剂应每月轮换使用，以防止产生耐药菌株
D. 需消毒的物体应先清洁，再使用消毒剂消毒
E. 消毒后用终洗用水清除消毒剂的残留

57. 以下不需要验证的是(　　)
A. 新生产的品种
B. 关键设备大修或更换
C. 生产工艺的变更
D. 人员进入生产区更衣程序
E. 主要原辅材料变更

58. 物料和产品放行必须有(　　)
A. 清场合格证　　B. 取样证
C. 检验合格报告单　　D. 物料标签
E. 请验单

二、简答题

1. 进入一般生产区程序是什么？
2. 人员进入 D 级洁净区程序是什么？
3. 人员进入 C 级及以上洁净区程序是什么？

(金凤环)

第 3 章 粉碎、筛分、混合

粉碎、筛分与混合是制药工业固体制剂生产环节中比较重要的三个操作单元；对于片剂、胶囊剂、颗粒剂、散剂等固体制剂产品的生产，使用的物料大都需要经过粉碎和过筛的操作（又称前处理）以满足产品质量要求及制备工艺的需要；混合操作对保证药物剂量准确，临床用药“安全、有效、可控”同样发挥着非常重要的作用。本章分别介绍了粉碎、筛分、混合操作的概念、应用目的、意义，重点介绍了三个单元的基本机制、方法，较详细介绍了生产使用的各种设备及其操作原理、特点等。

案例 3-1

某工厂生产一批片剂产品，为复方制剂，批量为 100 万片，分 10 次投料制粒。

【处方】(10 万片/一次投料量)

原料 A 15kg，原料 B 4kg，微晶纤维素 20kg，淀粉 15kg，羟丙甲纤维素 0.4kg，硬脂酸镁 0.54kg。

【制法】

(1) *前处理：①粉碎，原料 A 80 目筛粉碎；原料 B 与等量过筛后淀粉混合，然后 80 目筛粉碎。②过筛，淀粉 100 目振荡筛筛分。

(2) *混合：称取一次投料量(10 万片/次)的原辅料，依次加入湿法混合制粒机中，混合 3min。

(3) 制粒：向湿法混合制粒机中加入黏合剂 2% 羟丙甲纤维素 20kg，继续混合搅拌、制粒，直至制出较均匀颗粒后出料。

(4) 干燥：湿颗粒铺盘，80℃ 箱式干燥箱干燥。

(5) *整粒：干燥后颗粒用粉碎整粒机整制成均匀颗粒。

(6) *总混：将 10 次投料的全部整粒后颗粒与硬脂酸镁加入容器旋转型混合设备内进行总混合(100 万片/批)。

(7) 压片、内包装、外包装。

问题：

1. 该片剂产品处方中原辅料分别采用了哪些前处理方式及方法？
2. 该产品制备工艺中涉及混合和总混两个工艺步骤，分别使用什么类型的混合设备？

第 1 节 粉 碎

一、概 述

粉碎系指借助机械力将固体物料破碎成尺寸更小的固体颗粒或粉末的操作过程。通常把粉碎前的粒度 D 与粉碎后的粒度 d 之比称为粉碎度或粉碎比(i)，它是衡量物料粉碎前后粒度变化程度的一个指标。

$$i = D/d$$

粉碎的主要目的是通过减小物料粒径，增加其比表面积（体积比 cm^2/cm^3 或质量比

cm^2/g)，从而促进固体药物的溶解和吸收。

例如，假设粉碎前固体物料为边长 1cm 的立方体 $1cm^3$，随着物料被逐渐粉碎分割成理想化的更小立方体时，比表面积增长情况见下表(表 3-1)：

表 3-1　$1cm^3$ 立方体被粉碎分割的数量与比表面积的关系

边长 l/m	立方体数	比表面积 cm^2/cm^3
1×10^{-2}	1	6
1×10^{-3}	10^3	6×10^1
1×10^{-5}	10^9	6×10^3
1×10^{-7}	10^{15}	6×10^5
1×10^{-9}	10^{21}	6×10^7

从上表可以看出，当将边长为 1cm(10^{-2}m)的立方体分割成边长为 10^{-9}m 的小立方体时，比表面积增长了 1000 万倍。可见达到纳米级的超细微粒具有巨大的比表面积，因而具有许多独特的表面效应，成为难溶性药物解决溶出度方法的一种手段。

一般而言，物料的粉碎细度需根据制剂的工艺及质量要求确定。《中国药典》2015年版规定，供制备散剂的成分均应粉碎成细粉；口服散剂应为细粉，局部散剂应为最细粉。对于药物制剂的其他剂型，如片剂、胶囊剂、颗粒剂、丸剂、浸出制剂等制备工艺中，物料的粉碎对制剂产品的质量发挥着非常重要的作用。

粉碎的意义主要表现在：①减小药物的粒径，增加其比表面积，从而促进药物的溶解与吸收，有利于提高药物的生物利用度。②有利于提高有效成分从药材中的浸出速度。③有利于提高药物在液体、半固体、气体等制剂中的分散性。④便于各成分物料混合均匀，有利于制备多种剂型。⑤有利于减少药物外用时因颗粒大而带来的刺激性。⑥便于物料的干燥和保存等。

粉碎在对药品质量发挥积极作用的同时，也存在着不良作用，如晶型转变、热分解引起药效下降；表面积增大而使表面吸附空气增加，易氧化药物发生降解；粉尘污染及爆炸等。

考点：粉碎的意义

二、粉碎原理

粉碎过程主要是利用外加机械力破坏物质分子间的内聚力来实现的。被粉碎的物料受到外力作用后在局部产生很大的应力和形变，当应力超过物料本身的分子间力即可产生裂隙并发展成裂缝，最后被破碎。

粉碎过程中常见的外力有：压缩力、剪切力、弯曲力、研磨力、冲击力等(图 3-1)。

被粉碎物料的性质、粉碎程度不同，所加的外力也不同。冲击力、压缩力和研磨力对脆性物料有效；剪切力对纤维状物料更有效；粗碎以冲击力和压缩力为主；细碎以剪切力和研磨力为主；如果需要粉碎的物料能产生自由流动时，用研磨法较好。实际上粉碎过程是上述几种力综合作用的结果。

考点：粉碎的原理及常见的外力形式

三、粉碎的方法

制药工业中根据被粉碎物料性质、产品的粒度要求，以及从降低生产成本考虑为减少物料消耗等而采取不同方式，其选用原则以能达到粉碎效果及便于操作为目的。

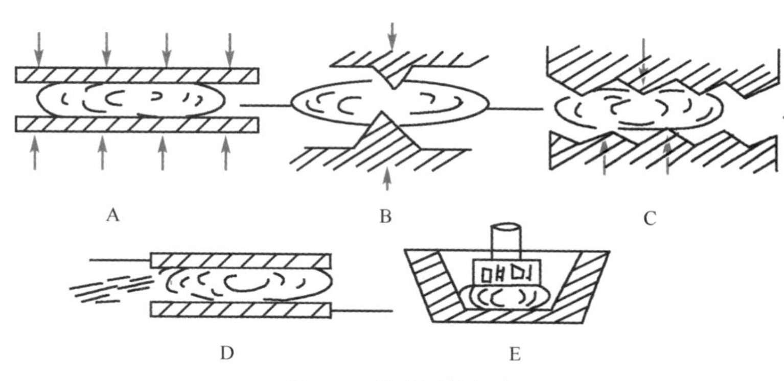

图 3-1 粉碎用外加力

A. 压缩;B. 剪切;C. 弯曲;D 研磨;E. 冲击

（一）干法粉碎和湿法粉碎

1. 干法粉碎 将物料适当干燥,使药物中的水分降低到一定程度(一般少于 5%)再进行粉碎的方法。在药物制剂生产中,干燥且软硬适中物料大多采用此种方法粉碎。

2. 湿法粉碎 是指物料中加入适量液体(水或有机溶剂)后进行研磨粉碎的方法。加入液体的目的是利用液体渗透力,使其渗入到物料的缝隙间,以降低物料颗粒间的相互吸附与聚集,提高粉碎效能。此种粉碎方法可得到极细粉,且能防止药粉飞扬损失,适用于硬度较高、有毒性和刺激性的药物。如硬度较高的矿物质和动物贝壳,以及水杨酸等刺激性较大的药物均选用此种方法粉碎。

湿法粉碎包括水飞法和加液研磨法。水飞法是将朱砂、珍珠、雄黄等不溶于水也不与水发生化学反应的矿物类药材先打成碎块,除去杂质后与水同置于乳钵、电动乳钵或球磨机中研磨,使药物细粉混悬于水中,将混悬液倾出,余下的粗粉继续加水反复研磨,直至全部研完为止。然后将所得的混悬液合并,沉降、离心或过滤后倾去上清液,再将湿粉干燥(不宜受热的药物阴干或使用干燥剂)、研散,即得极细的粉末。

加液研磨法是将药物(樟脑、薄荷脑、冰片)放入乳钵中,加入少量易挥发的液体(如乙醇)研磨,研麝香时加少量水打潮,使药物粉碎成粉,研磨时要轻研冰片,重研麝香。然后将液体挥发尽,得到细粉。

（二）单独粉碎和混合粉碎

1. 单独粉碎 系指将一种药物单独进行粉碎的方法。制药工业生产中,化学药品的粉碎大多采用单独粉碎的方式。

2. 混合粉碎 系指两种或两种以上的物料同时粉碎的操作方法。混合粉碎可避免黏性物料或热塑性物料在单独粉碎时的黏壁或粉粒间聚集,同时还可达到粉碎与混合同时进行的目的。混合粉碎的方法有多种,除普通的药物与辅料或药物与药物按处方比例进行简单的混合后的粉碎方式,还有串料法,即先将其他药物粉碎成粗粉,然后用此粗粉陆续掺入黏性药物,再行粉碎的操作过程。串油法:将含脂肪油较多的药物与已粉碎的其他药物掺研粉碎的操作方法。蒸罐法:经蒸煮后药料再与其他药物掺合,干燥,再进行粉碎。

（三）低温粉碎

低温粉碎系指利用物料在低温状态下的脆性增加、黏性与韧性降低的性质进行粉

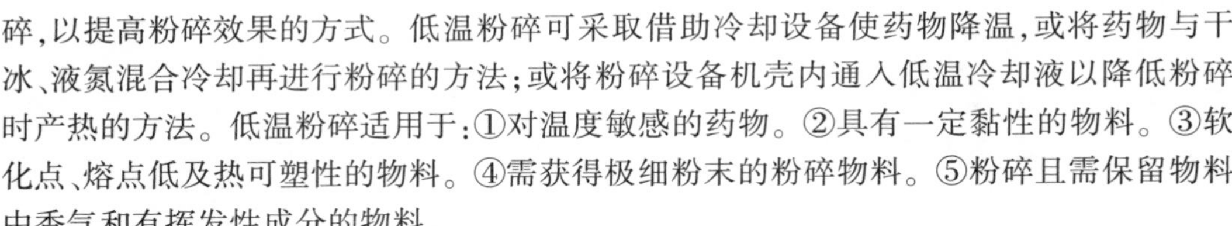

碎，以提高粉碎效果的方式。低温粉碎可采取借助冷却设备使药物降温，或将药物与干冰、液氮混合冷却再进行粉碎的方法；或将粉碎设备机壳内通入低温冷却液以降低粉碎时产热的方法。低温粉碎适用于：①对温度敏感的药物。②具有一定黏性的物料。③软化点、熔点低及热可塑性的物料。④需获得极细粉末的粉碎物料。⑤粉碎且需保留物料中香气和有挥发性成分的物料。

（四）超微粉碎

超微粉碎指利用机械或流体动力的方法将物料粉碎至微米甚至纳米级微粉的过程。如灵芝孢子粉、花粉的破壁。

考点：粉碎的方法

四、粉碎设备

（一）手工研磨粉碎设备

1. 乳钵 是实验室少量物料粉碎时常用的手工粉碎设备（图3-2）。操作时，将已经进行粗粉碎的物料加入乳钵中（加入量一般不超过乳钵容积的1/2），用杵棒压物料在乳钵内沿着顺时针或逆时针方向研磨，使物料得以粉碎。

2. 电动乳钵 是乳钵的改进设备（图3-3）。即将杵棒安装在一个电动装置上，代替人工进行研磨。

图3-2 乳钵

图3-3 电动乳钵

3. 铁研船 是一种传统的研磨设备（图3-4）。目前只在少数药房还有使用。使用时，将药材放入船体内（加入量一般不超过船体容积的1/2），双手或双脚握或蹬手柄带动碾轮前后往复运动使药材得到粉碎。

4. 冲钵 是实验室少量物料粗粉碎时常用的粉碎设备（图3-5）。操作时，将物料加入钵体内（加入量一般不超过钵体容积的1/2），盖好盖，手握杵棒提起下落往复运动，将物料砸碎。

（二）规模生产常用粉碎设备

1. 冲击式粉碎机 对物料的作用力冲击力为主，适用于脆性、韧性物料及中碎、细碎、超碎等，因其应用广泛，具有"万能粉碎机"之称，是制药工业生产中最常用的粉碎设备。其典型粉碎结构有锤击式与冲击柱式。

图 3-4　铁研船

图 3-5　冲钵

(1) 锤击式粉碎机：工作原理是物料由于高速旋转的锤头的冲击力、剪切力及被抛向衬板的撞击力等作用而被粉碎；细料通过底部筛板出料，粗料被继续粉碎，直至全部粉碎物料通过筛板孔被收集。主要部件有圆盘、锤头、衬板、筛板、加料器(图 3-6)。锤式粉碎机的构造相对简单，单位产品能耗较低；由于物料在粉碎室内被多次粉碎，粉碎度较大($i=10\sim50$)，可以获得较细的粉体；适用于中等硬度以下物料的粉碎。

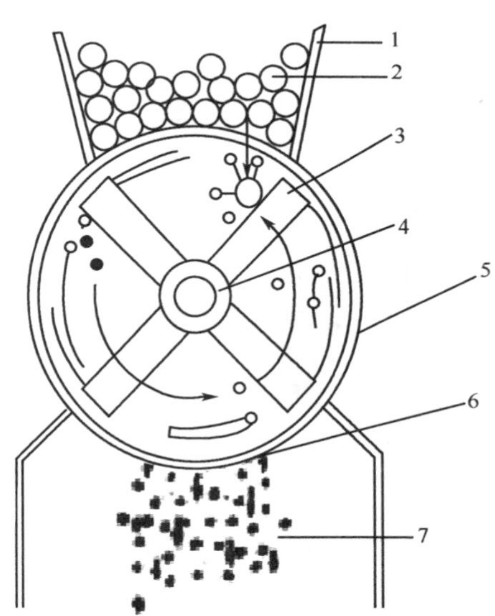

图 3-6　锤击式粉碎机

1. 料斗；2. 原料；3. 锤头；4. 旋转轴；5. 圆盘；6. 筛板；7. 过筛颗粒

(2) 冲击柱式粉碎机(又称齿盘式粉碎机)：工作原理是物料进入粉碎机后，在高速旋转的活动齿盘与固定齿盘间受冲击、剪切、研磨及物料间的相互撞击和摩擦力的作用被粉碎至一定的细度，最后细粒经筛网圈筛选后出料，粗粉在机内重复粉碎直至全部通过筛网圈成为所需的粉料。主要结构包括料斗、进料装置、粉碎室、离心转盘、齿圈板(固定盘)、筛网圈、出料口、传动装置等，部分设备还配有冷却系统(图 3-7)。冲击柱式粉碎机在制药工业中是制剂产品生产应用最广泛的粉碎设备。其特点是适用范围广，药物经多次粉碎，破碎比大，可以获得最细粉；但对高硬度、磨蚀性大的物料不合适。

2. 球磨机　球磨机的结构与粉碎机制简单，由一个水平放置的球磨筒和内装有一定数量和大小的钢球或瓷球构成。当球磨筒运转时，物料在磨球的上下运动撞击和研磨作用下被粉碎(图 3-8)。球磨机的粉碎特点是适应性强，干法粉碎和湿法粉碎都适用；生产能力大，粉碎度大，适合物料的微粉碎，粉碎细度可达到纳米级；由于其粉碎系统密闭，可达到无菌要求，必要时还可充入惰性气体；缺点是粉碎效率低，单位产量能耗大，噪声大。适用于结晶性药物，易融化的树脂、树胶、非组织性的脆性药物等粉碎。

3. 气流粉碎机　气流粉碎机常用于物料的微粉碎，其粉碎动力来源于高速气

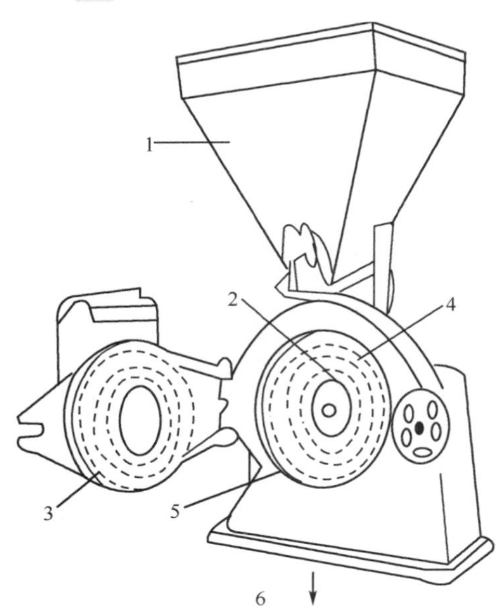

图 3-7　冲击柱式粉碎机

1. 料斗；2. 离心转盘；3. 固定盘；4. 冲击柱；5. 筛网圈；6. 出料口

流。工作机制是通过粉碎室内的喷嘴把压缩空气形成的气流束变成速度能量，使药物颗粒之间相互碰撞、摩擦，以及药物与器壁、冲击板之间的碰撞、摩擦而粉碎（图3-9）。气流粉碎机的类型有多种，最常用的有水平圆盘式气流粉碎机和循环管式气流粉碎机。

气流粉碎机的粉碎特点是①粉碎强度大，适合于不易磨损性、高硬度物料的粉碎。②粉碎效率高，粉碎后颗粒规整、表面光滑，可进行粒度要求为 3～20μm 超微粉碎，且粒度分布范围窄。③由于其粉碎过程温度不升高的特点，特别适用于低熔点、热敏性药物的粉碎。④设备简单，易于对机器及压缩空气进行无菌处理，可用于无菌粉末的粉碎。⑤缺点是动力消耗较大、粉碎费用较高。

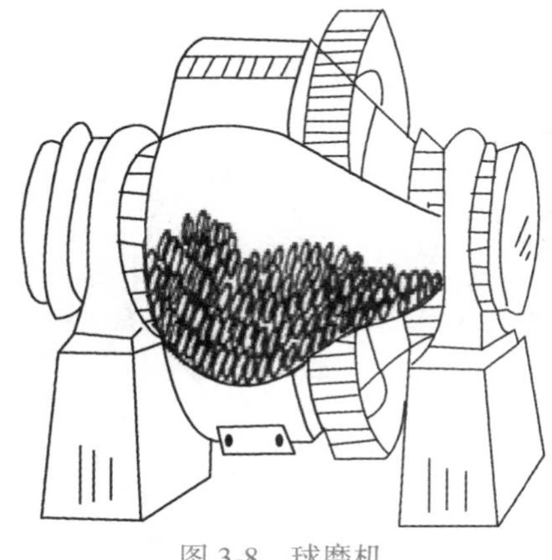
图 3-8　球磨机

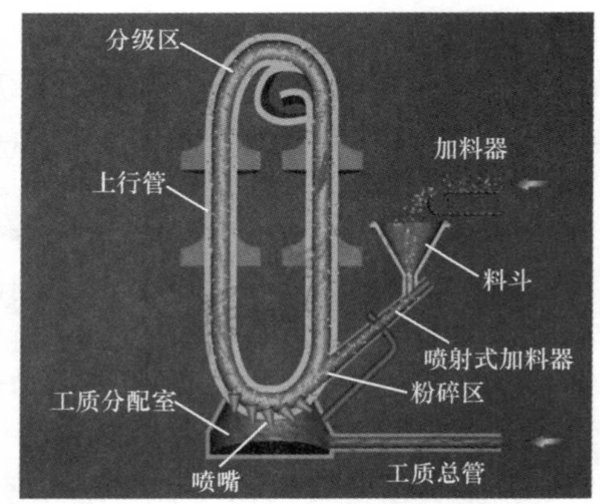

图 3-9　循环管式气流粉碎机

（三）粉碎设备的使用与保养

（1）粉碎机应先空机运转稳定后再加料，否则药物进入粉碎室难以启动，引起发热，烧坏机器。

（2）药物中不得夹杂硬物，以免卡塞，烧坏电机。药材粉碎前要进行拣选。

（3）各种传动机构如轴承、齿轮，必须保持良好润滑性。

（4）电机不应超负荷运转，以免烧坏电机。

（5）电源必须符合电机要求，接有地线，确保安全。

（6）使用后及时清洁，润滑，加罩。

（7）粉碎机的电动机及各种传动机需用防护罩罩好，同时，应注意防尘、清洁与干燥。

五、粉碎操作要点

（1）选择适宜的粉碎设备：应了解粉碎设备的性能特点，根据物料的性质、生产工艺

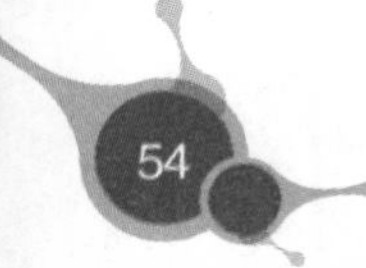

中对物料的粒度要求、粉碎量的多少等来选择粉碎设备。

（2）选用适宜的粉碎方法：干法粉碎对于水分含量较高的物料易引起黏附作用，影响粉碎的进行，故粉碎前应进行干燥。对某些药物采用干法粉碎时，其在空气中有可能引起氧化或爆炸，应选择在惰性气体的保护下或真空状态中进行粉碎。

（3）药品生产用粉碎设备应独立房间，房间应配备防尘、捕尘的装置，避免因粉碎产生粉尘飞扬，对环境及其他产品造成污染。

（4）粉碎操作产生的噪声较大，人员应做好防护，避免造成听力伤害。

第2节　筛　　分

一、概　　述

筛分是借助具有一定孔径的筛网，使物料颗粒在筛面上运动，使粒度不均匀的颗粒在不同孔径的筛孔处落下，分离成两种或两种以上粒级的操作方法。筛分的物料颗粒粒径一般在5.0～0.05mm范围内，0.1mm以下的细粒，筛分效率很低。

筛分的目的从总体上来说是为了获得较均匀的粒子群。根据药物制剂的类型、用途、质量及制备工艺控制的要求，通过筛分选取适宜粒径范围大小的粉末或颗粒。如颗粒剂、散剂等制剂都有药典规定的粒度要求；在物料的混合，片剂的制粒和压片及干混悬剂产品分装等操作单元中对混合均匀度、粒子的流动性、充填性、片剂硬度、可压性、片重（装量）差异等方面具有显著影响。

影响筛分的因素有：①粒径范围适宜，物料的粒度越接近于分界直径时越不易分离。②物料中含湿量增加，黏性增加，易成团或堵塞筛孔。③粒子的形状、表面状态不规则，密度小等物料不易过筛。④筛分装置的参数。

考点：筛分的目的及影响筛分的因素

二、药筛的分类及规格

药筛指《中国药典》规定的全国统一用于药剂生产的筛，也称标准筛。按其制作可分为编织筛和冲眼筛两种。

冲眼筛系在金属板上冲出圆形的筛孔而成（图3-10）。其筛孔坚固，不易变形，多用于粉碎机的筛板和药丸等的筛分。编织筛是由具有一定机械强度的金属丝（如不锈钢丝、铜丝等）或其他非金属丝（如尼龙丝、绢丝等）编织而成（图3-11）。编织筛的优点是单位面积上的筛孔多、筛分效率高，可用于细粉的筛选。尼龙丝对一般药物较稳定，在制剂生产中应用较多，但编织筛的筛线易于移动而使筛孔变形，导致分离效率下降。

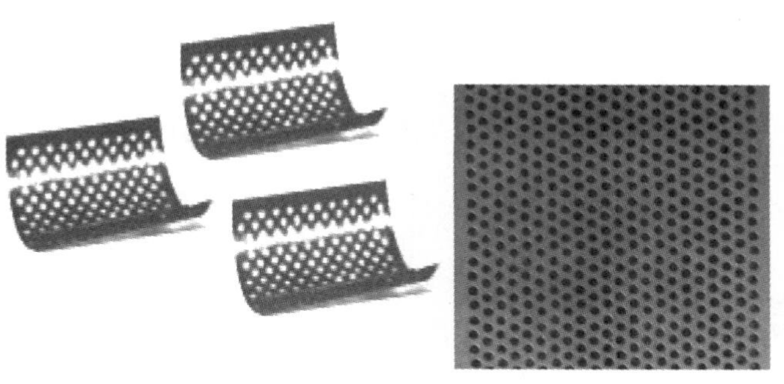

图3-10　冲眼筛

图3-11　编织筛

药筛的孔径大小用筛号表示。筛子的孔径规格各国有自己的标准，我国制药工业用筛的标准是泰勒标准和《中国药典》标准。泰勒标准筛是以每一英寸(25.4mm)长度上的筛孔数目表示，但还没有统一标准的规格。筛目不能精确反映孔径的大小，由于所用筛线的直径不同，筛孔的大小也有所不同，因此必须注明孔径的具体大小，常用 μm 表示。《中国药典》2015 年版所用药筛，选用国家标准的 R40/3 系列，共规定了九种筛号，一号筛的筛孔内径最大，九号筛的筛孔内径最小。分等如下(表 3-2)：

表 3-2 中国药典标准筛规格表

筛号/号	1	2	3	4	5	6	7	8	9
筛孔内径/μm	2000	850	355	250	180	150	125	90	75
	±70	±29	±13	±9.9	±7.6	±6.6	±5.8	±4.6	±4.1
相当的标准筛/目*	10	24	50	65	80	100	120	150	200

*每英寸(25.4mm)筛网长度上的孔数称为目，如每英寸有 100 个孔的标准筛称为 100 目筛。

为了便于区别固体粒子的大小，《中国药典》2015 年版规定把固体粉末分为六级，粉末分级如下(表 3-3)：

表 3-3 中国药典将粉末划分为 6 级

序号	等级	标准
1	最粗粉	能全部通过一号筛，但混有能通过三号筛不超过 20% 的粉末
2	粗粉	能全部通过二号筛，但混有能通过四号筛不超过 40% 的粉末
3	中粉	能全部通过四号筛，但混有能通过五号筛不超过 60% 的粉末
4	细粉	能全部通过五号筛，并含有能通过六号筛不少于 95% 的粉末
5	最细粉	能全部通过六号筛，并含有能通过七号筛不少于 95% 的粉末
6	极细粉	能全部通过八号筛，并含有能通过九号筛不少于 95% 的粉末

考点：《中国药典》中筛的规格及粉末分级

三、常用的筛分设备

制药工业中常用筛分设备的操作要点是将欲分离的物料放在筛网面上，采用几种方法使物料运动并与筛网面接触而分离。根据筛面的运动方式，将筛分设备分为摇动筛和振荡筛。

1. 摇动筛 摇动筛的工作原理是筛面上的物料由于筛的摇动而获得惯性力，克服与筛面间的摩擦力产生与筛面的相对运动，并逐渐向卸料端移动。设备组成包括筛网、机架和曲柄连杆机构，可用马达带动，处理量少时可用手摇动。其特点是可以避免由于给料过多或给料不均匀而降低振幅和堵塞筛孔等现象。常用于小量生产，适用于毒性、刺激性或质轻药粉的筛分，可避免细粉飞扬。

2. 振荡筛 振荡筛的工作原理是采用激振装置(电磁振动或机械振动)使筛箱带动筛面产生振动，促使物料在一层或多层(不同筛号)的筛面上不断运动，经筛分后，筛网上面的粗粉由上部出口排出，筛分出的不同粒度级别的细粉由中、下部出口排出。振荡筛由激振装置、传动装置、支承或吊挂装置、筛箱、筛网组成(图 3-12)。筛网直径一般为 0.4~1.5m，每台可装 1~5 层筛网，根据工艺要求拆调筛箱中的筛网，可得到 12~200 目不同的物料。振荡筛具有分离效率高、维修费用低、占地面积小、重量轻等优点，在制药工业中被广泛使用。

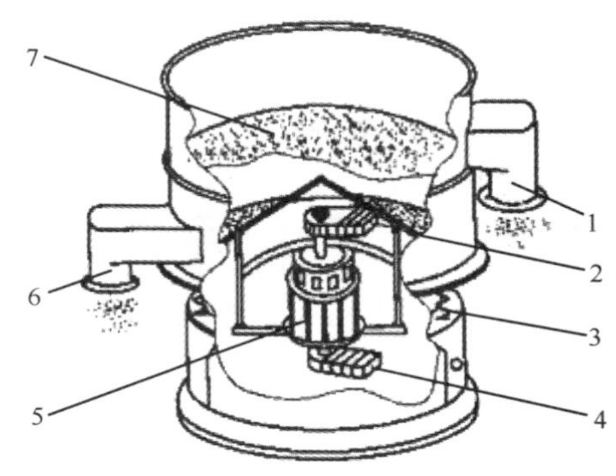

图 3-12　振荡筛

1. 上部出料口；2. 上部重锤；3. 弹簧（支承）；4. 下部重锤；5. 电机（传动装置）；6. 下部出料口；7. 筛网

四、筛分操作要点

（1）要根据所需要粉末细度，选用适当筛号的药筛。

（2）筛分操作时需要不断振动，以防止物料产生聚积；振动时速度不宜过快，以使更多的粉末有落于筛孔的机会，但也不宜过慢，以免影响过筛的效率。

（3）控制物料量：药筛内加入的物料量不宜堆积过多，应使粉末有足够的空间移动而便于过筛，一般加入量以药筛容积的 1/4 为宜，否则会影响过筛效率。

（4）粉末应干燥：粉末含水量较高时应充分干燥后再过筛；易吸潮的粉末应及时过筛或在干燥环境中过筛；富含油脂的药粉易结块而难于过筛，应先行脱脂或掺入其他药粉一起过筛；若含油脂不多时，先将其冷却再过筛。

（5）防止粉尘飞扬，特别是毒剧物或刺激性较强药物过筛时，应在密闭装置中进行，房间应设置捕尘装置，人员需做好防护。

（6）应采取防止因筛网断裂而污染药粉的有效措施，如在筛网使用前后，检查其磨损和破裂情况，发现问题要追查原因并及时更换。

（7）换品种时，要清洗药筛，避免造成药物间的交叉污染。

第 3 节　混　　合

一、概　　述

混合系指把两种或两种以的固体粉末或颗粒在混合设备中相互分散而达到均一状态的操作。在制药工业生产中，混合是片剂、胶囊剂、颗粒剂、散剂、丸剂等固体制剂产品生产中的一个基本操作单元。

混合操作的目的是使药物各组分在制剂中均匀一致，确保药物剂量准确及临床用药安全。在固体制剂产品生产中，如片剂，为满足产品压片成型或崩解时限、溶出度等质量要求，处方中除原料外添加的辅料种类较多，不同种类的物料的粒子形状、大小、密度、附着性、凝聚性等物理性质各不相同，其混合的均匀与否直接影响制剂的外观及内在质量。特别是主药成份含量较低、毒性药物、长期服用药物、有效血药浓度范围和中毒浓度接近药物等，主药的含量不均匀给生物利用度及治疗效果带来极大的影响，甚至带来危险。

因此合理的混合操作是保证制剂产品质量的重要措施之一。

考点：混合的目的

另外，GMP 中对产品批次的解释为："口服或外用的固体、半固体制剂在成型或分装前使用同一台混合设备一次混合所生产的均质产品为一批"。案例 3-1 中总混步骤即为批混合。可见混合是制剂产品操作的一个重要环节，批次划分的目的在于消除间歇生产产品间的质量差异，以保证制剂产品用药的安全、有效。

二、混合方法

常用的混合方法主要有搅拌混合、研磨混合和过筛混合。以搅拌混合效果更好，效率更高。

1. 搅拌混合 系指将物料置于具搅拌浆的混合容器中，通过搅拌浆的高速旋转使物料产生整体或局部移动的对流运动，从而达到混合目的的操作。药物制剂生产中多用高速湿法混合制粒机，可实现混合和制粒一次性完成。

2. 研磨混合 系指将药物粉体置研磨器具中，边研磨边混合的操作。此法适用于实验室对少量或结晶性药物的混合；以及生产中药物成份含量极低时，与部分辅料的预混合。

3. 过筛混合 系指将物料混合在一起，通过适宜孔径的筛网使药物达到均匀混合的方法。此法多用于实验室操作。

考点：混合的方法

在固体制剂的规模生产中，多采用搅拌混合方式，研磨混合和过筛混合可作为搅拌混合前的辅助混合方式。如对于较细、贵重、含剧毒药物或混合比例相差悬殊药物的混合，会先通过研磨混合或过筛混合方法进行预混合物后再与其他辅料混合，达到混合均匀的目的。

三、常用的混合设备

在制药工业生产中，固体制剂常用的混合设备大致分为两大类，即容器旋转型混合机和容器固定型混合机。容器固定型混合机一般用于制剂产品制粒前物料的混合；容器旋转型混合机一般用于制粒后干燥颗粒与外加物料的混合，或用于粉末直接压片产品物料的混合，此工艺步骤又称总混或批混合。

考点：混合设备分类

（一）容器旋转型混合机

容器旋转型混合机是靠容器本身的旋转作用带动物料上下运动而使物料混合的设备。该类型设备多数为间歇式操作，混合速度慢，但最终混合均匀度较高，转速和混合时间对混合效果影响显著。适用于物性差异小，流动性较好的颗粒或粉体间物料的混合，不适合于含水分、附着性强的粉体混合。其形式有水平圆筒形、倾斜圆筒形、V 形、双锥形和立方形等。

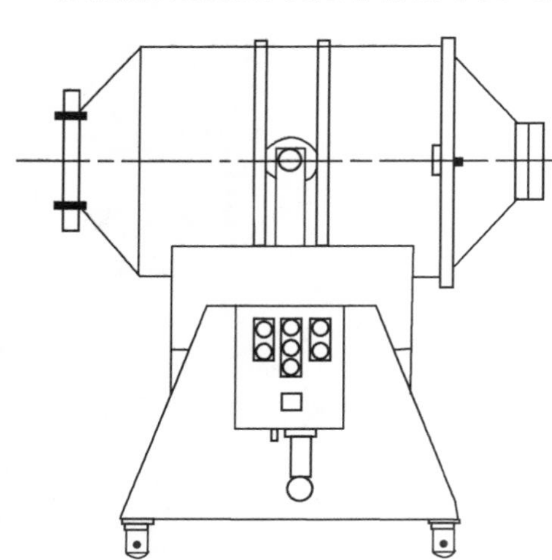

图 3-13　水平圆筒型混合机

1. 水平圆筒型混合机 是筒体在轴向旋转时带动物料向上运动，并在重力作用下往下滑落的反复运动中进行混合（图 3-13）。该混合机结构简单、混合批量大，混合均匀度相对较低。

2. V 型混合机 由两个圆筒成 V 形交

叉结合而成。使用时,打开其中一个圆筒顶盖,加入的物料自然流动汇集在V形交叉部位,当容器围绕转轴旋转时,物料在重力的作用下向下滑落被分成两部分,然后又重新汇合在一起,多次反复循环使物料混合均匀(图3-14)。V型混合机最适宜容量比为30%,可在较短时间内混合均匀,是容器旋转型混合机中混合效果较好的一种设备,在制药工业中被广泛应用。

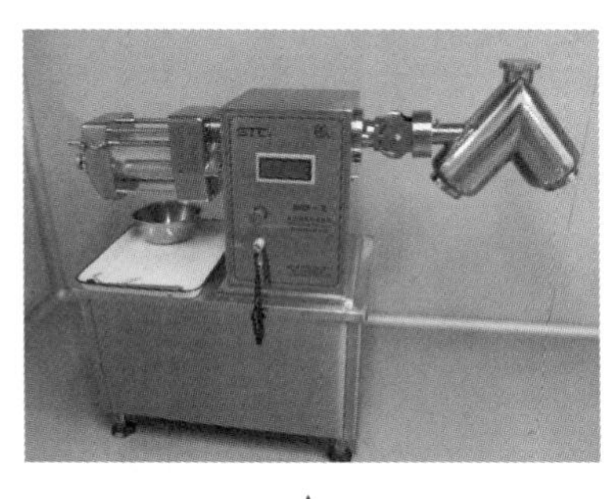

A

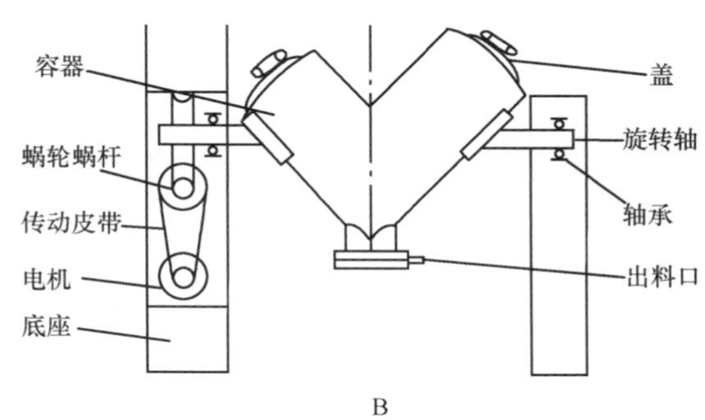

B

图3-14 V型混合机实图及示意图

A. V型混合机;B. V型混合机示意图

3. 三维运动混合机 由筒体和机身两部分组成。装料的筒体在机身主动轴的带动作用下以等速回转时,从动轴则以变速向相反方向旋转,使料筒同时具有平衡、自转和可倒置的翻滚运动,迫使物料沿着筒体作环向、径向和轴向的三向复合运动,物料交替地处于聚集和弥散状态,实现均匀混合的目的(图3-15)。三维运动混合机的特点是混合均匀程度高,物料装载系数大,特别是物料间密度、形状、粒径差异较大时能够得到很好的混合效果。

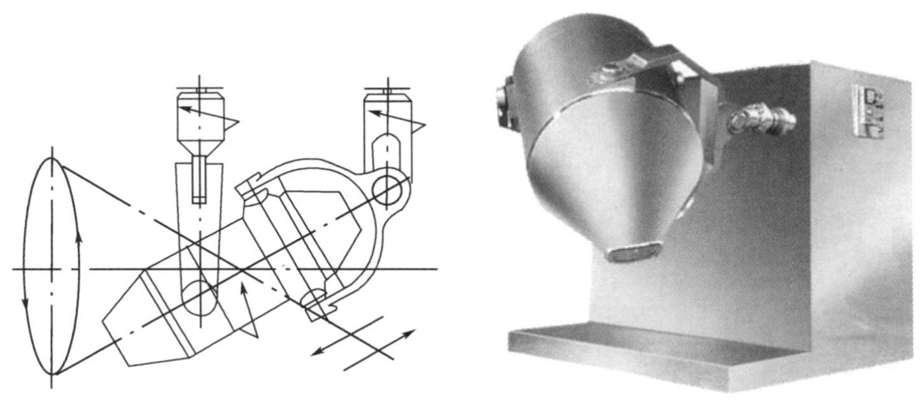

图3-15 三维运动混合机

4. 双臂快夹容器式混合机 由主机架和容器料斗两部分组成,料斗与主机架为两个独立个体,当混合操作时,将装有物料的料斗推入主机架的方型回转臂内,臂内压力传感器在感知有料斗进入后夹紧提升,使料斗离开地面一定距离以便回转,物料在料斗内进行多维混合运动,达到均匀混合目的(图3-16)。

该机的特点是集机、电、液、气一体化高科技产品。采用工业微机控制,工作平稳、操

图 3-16 双臂快夹容器式混合机

作简便、工艺参数调整方便。内置有全自动故障自诊断系统,对故障部位及原因有提示报警功能。单机可配多种规格和数量的料斗,混合后的物料随料斗从回转臂上卸下,可直接转入下道工序。这样不但大大提高了混合机的使用效率,同时也避免了因转料造成物料的污染,符合药品生产 GMP 要求。

(二) 容器固定型混合机

容器固定型混合机是物料在容器内靠叶片、螺旋或气流的搅拌作用进行混合的设备。

1. 搅拌槽式混合机 是由 U 形固定混合槽、螺旋形搅拌桨、水平轴等部分构成(图 3-17)。螺旋形搅拌桨呈 S 形装于槽内轴上,工作时螺旋形搅拌桨推动物料移动,由于物料间相互摩擦作用,使得物料上下翻动,同时一部分物料也沿螺旋方向滚动,形成了部分物料发生螺旋状的轴向移动,而在螺带中心处物料与四周物料的位置发生更换,从而达到混合目的。该机结构简单,操作方便,但其混合强度较小,搅拌效率低,所需混合时间较长。此外当两种密度差异较大的物料进行混合时,密度大的物料容易沉积在混合槽底部。并且混合时搅拌轴两端如果密封不好容易挤出异物,影响产品质量。因此槽式混合机正逐渐被其他新型混合设备取代。其适用于片剂、颗料剂产品制粒前制备软材及软膏剂等混合操作。

2. 双螺旋锥型混合机 由锥型容器和内部的两个螺旋推进器组成(图 3-18)。混合的过程主要由锥体的自转和公转以不断改变物料的空间位置来完成,自转带动物料自下而上提升,公转使螺旋柱体外的物料混入螺旋柱物料内,整个锥体内的物料不断混掺错位,在短时间内达到均匀混合。该设备混合速度快,混合度高,可用于固体间或固体与液体间的混合。由于混合操作时锥体密闭,有利于生产安全和改善劳动环境。

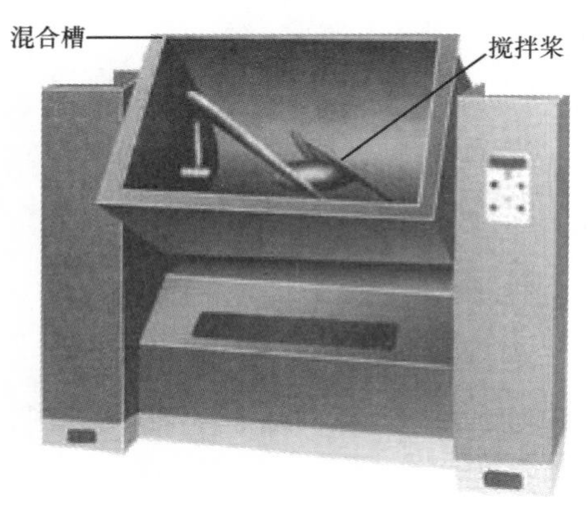

图 3-17 搅拌槽式混合机

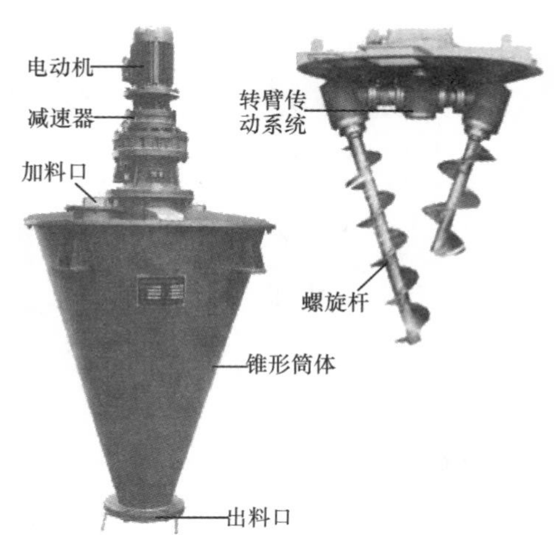

图 3-18 双螺旋锥型混合机

随着制药工业的发展，固体制剂产品生产用设备已实现了一机多能，如湿法混合制粒机和一步制粒机，物料无需在混合设备内先完成混合后再转入制粒设备中，避免因物料的周转而可能造成的污染和混淆的风险，满足了 GMP 的相关要求。由于湿法混合制粒机和一步制粒机是借用高速旋转搅拌浆和气流的作用混合物料，因此使物料混合更加均匀，混合时间也相对缩短，目前正逐渐取代以上两种单一的容器固定型混合设备，成为固体制剂产品应用最广泛的制粒前物料混合设备。

四、混合操作要点

1. 物料的性质　物料的粒径、粒子形态、密度等存在显著差异时，对混合均匀性影响较大，因此待混合的各成份物料粒径不应相差很大；对于密度差较大的待混合物料，应先将密度小的物料装入混合机内再装密度大的物料，这样有利于物料的混合均匀。同时应根据物料性质选择适宜的混合设备。

2. 物料的比例量　处方中物料的物理状态和粉末粒径相近且比例量相等时，易于混合均匀，采用一般的混合方法即可；若组分比例量相差悬殊时，则不易混合均匀，一般采用等量递增法(配研法)混合。即取处方中量小的药物，加入与其等量的量大的药物混合均匀，再加入与混合物等量的量大的药物混合均匀，如此等量递增至量大的药物全部加完。

3. 设备装载量　一次混合物料量应根据产品批量和物料密度来计算以选择合适的装载量的混合设备，装载量是一个范围，超过或低于最大或最小装载量均会影响混合效果。

4. 混合时间　混合时间是制剂产品制备工艺中一个重要参数，不能说混合时间越长，物料混合的就越均匀。根据 GMP 要求，工艺参数需要通过验证确认，因此每个制剂产品一个固定批量的混合时间是经过验证获得，即同一产品、同一批量使用同一设备混合均匀度最高的时间点被确定为该产品物料的混合时间。

第 4 节　除　　尘

粉碎、筛分、混合等操作均可能产生大量粉尘，按 GMP 要求必须采取除尘措施。常用以下方法除尘。

（一）过滤除尘法

过滤除尘法常用的是袋滤器，是在一特制外壳中安装上若干个的滤袋，此类滤袋是用棉布或毛织品制成的圆形袋，上头开口下头密封，各袋平行排列，开口的一头套在进风口上，带有粉尘的空气进入袋中，经滤过除尘方能逸出，达到除尘的目的。过滤除尘法可截留住 94% ~97% 的粉尘，并能截留直径小于 1μm 的细粉，效率较高。如图 3-19 是安装在粉碎机上的袋滤器。

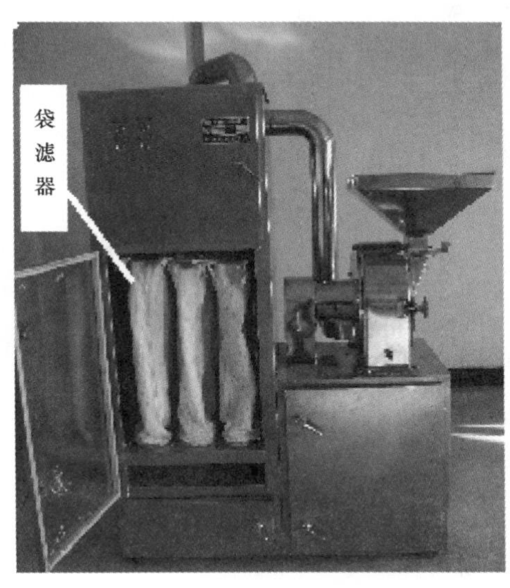

图 3-19　安装有袋滤器的粉碎机

（二）洗涤除尘法

洗涤除尘法是使含尘气体通入液体（水）中或被液体喷淋，尘末吸附或溶解在液体中达到除尘目的。洗涤除尘器构造简单，除尘效率高。缺点是气体所受阻力较大，不能直接得到干燥的尘末。

（三）电力除尘法

电力除尘法是指含尘气体通过高压电场，带电的粉尘被电场电极之一所吸附。此法除尘率高，可达97%～99%，但设备复杂，仅适用于大生产中。

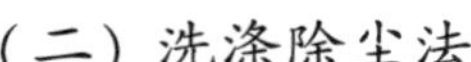

参考解析

案例3-1问题1分析：案例处方中原料A和原料B分别采用的前处理方式为本节介绍的粉碎方式，原料A的粉碎方法为干法粉碎和单独粉碎，原料B的粉碎方法为干法粉碎和混合粉碎。

案例处方中辅料淀粉，采用的前处理方式为本节介绍的筛分方式，使用振荡筛的筛分方法。

案例3-1问题2分析：案例制备工艺中涉及的第一步混合工艺步骤使用的是容器固定型混合设备，用于制粒前原料与辅料的混合，设备内置搅拌桨，通过搅拌桨高速旋转使物料混合均匀；第二步总混工艺步骤使用的是旋转型混合设备，用于制粒后颗粒与外加辅料的混合，通过粒子在混合空间的相对位移实现物料混合。

自测题

一、选择题

1. 下列哪项不是粉碎过程常用的外力（　　）
   A. 压缩力　　B. 剪切力
   C. 弯曲力　　D. 研磨力
   E. 吸引力
2. 干法粉碎一般适用于以下哪种物料的粉碎（　　）
   A. 软硬适中的物料　　B. 硬度较高的物料
   C. 含水量较高的物料　　D. 贝壳、珍珠等
   E. 刺激性较大的物料
3. 下列不属于气流粉碎机特点的是（　　）
   A. 粉碎强度大，可粉碎高硬度物料
   B. 粉碎效率高，可进行超微粉碎
   C. 适用于低熔点、热敏性药物的粉碎
   D. 动力消耗较小
   E. 可用于无菌粉末的粉碎
4. 《中国药典》2015年版共规定了九种筛号，一号筛的筛孔内径最大，九号筛的筛孔内径最小，请选出二号筛所对应的筛目（　　）
   A. 10目　　B. 24目
   C. 50目　　D. 65目
   E. 80目
5. 《中国药典》2015年版中规定把固体粉末分为六级，能全部通过五号筛，并含能通过六号筛不少于95%的粉末为（　　）
   A. 粗粉　　B. 中粉
   C. 细粉　　D. 最细粉
   E. 极细粉
6. 下列不属于容器旋转型混合设备特点的是（　　）
   A. 多数为间歇式操作
   B. 混合速度慢
   C. 混合均匀度较高
   D. 适合含水分粉体混合
   E. 不适合附着性强的粉体混合
7. 三维运动混合机的特点是（　　）
   A. 装载系数大，混合均匀程度较低
   B. 装载系数小，混合均匀程度高
   C. 混合速度慢，混合时间长
   D. 适合物性差异大的多种物料混合
   E. 不适合物性差异大的多种物料混合
8. 下列关于双臂快夹容器式混合机特点的叙述不正确的是（　　）
   A. 集机、电、液、气一体化高科技产品
   B. 用工业微机控制，工作平稳、操作简便、工艺参数调整方便
   C. 易粉尘飞扬，不符合GMP要求

D. 单机可配多种规格和数量的料斗

E. 内置有全自动故障自诊断系统，对故障部位及原因有提示报警功能

9. 下列关于搅拌槽式混合机特点的叙述不正确的是(　　)

A. 结构简单，操作方便

B. 混合强度较大

C. 搅拌效率低，所需混合时间较长

D. 搅拌轴两端如果密封不好容易挤出异物

E. 适用于片剂、冲剂产品制粒前制备软材及软膏剂等混合操作

10. 下列哪项不是影响混合操作的主要因素(　　)

A. 物料性质　　B. 物料比例量

C. 设备装载量　　D. 混合时间

E. 物料质量

二、简答题

1. 常用的粉碎方法有哪些，各有何特点？
2. 简述筛分的操作要点及注意事项。
3. 简述常用混合设备的类型及各类型设备特点。
4. 简述混合操作的要点。

（君　柘）

第 4 章　浸出、浓缩、干燥

天然药物成分复杂，为提高疗效、减小剂量、便于制剂，药材需要经过浸出、浓缩、干燥等处理。浸出是天然药物制剂特有的工艺步骤，浸出技术的合理、正确运用与否，直接关系到药材资源能否充分利用、制剂疗效能否充分发挥。在浸出及其后续的制剂过程中，常有浓缩、干燥等工艺过程，以使药材达到作为制剂原料或半成品的要求。本章就天然药物的浸出、浓缩与干燥的常用方法、原理、工艺与设备等进行简要介绍。

案例 4-1

玉屏风口服液的制法

【处方】　黄芪 600g，防风 200g，白术（炒）200g。

【制法】　以上三味，将防风酌予碎断，提取挥发油，蒸馏后的水溶液另器收集；药渣及其余黄芪等二味加水煎煮二次，第一次 1.5h，第二次 1h，合并煎液，滤过，滤液浓缩至适量，加适量乙醇使沉淀，取上清液减压回收乙醇，加水搅匀，静置，取上清液滤过，滤液浓缩。取蔗糖 400g 制成糖浆，与上述药液合并，再加入挥发油及蒸馏后的水溶液，调整总量至 1000ml，搅匀，滤过，灌装，灭菌，即得。

功能与主治：益气，固表，止汗。用于表虚不固，自汗恶风，面色㿠白，或体虚易感风邪者。

问题：

1. 煎煮法产生的浸出液浓缩后，加入乙醇起什么作用？
2. 提取防风中挥发油使用了什么方法？
3. 浸出结束后，浓缩滤液有什么作用？

第 1 节　浸　　出

一、浸出的概念

浸出是指利用适当的溶剂和方法将药材中的有效成分提取出来。浸出过程系指溶剂进入药材细胞组织，溶解（或分散）可溶性成分后变成浸出液的全部过程。它的实质是溶质由药材固相转移到液相中的传质过程，以扩散原理为基础。

二、浸出过程与影响浸出的因素

（一）浸出过程

对于细胞结构完好的中药材，浸出过程包括以下相互联系的几个阶段。

1. 浸润与渗透阶段　药材与浸出溶剂接触后，溶剂首先附着于药材表面使之湿润，然后通过毛细管或细胞间隙渗透进入细胞组织中。

2. 解吸附与溶解阶段　药材细胞内的各种成分之间以一定的亲和力相互吸附，当溶剂渗入药材时，需解除这种吸附作用，才能使各成分溶解、分散于溶剂。

药材中各成分被溶出的程度取决于溶剂和被溶出成分的性质，通常遵循“相似相溶”

的原则。

3. 扩散阶段 溶剂溶解可溶性成分后，形成的浓溶液具有较高的渗透压，溶解的成分不停地向细胞外侧扩散，这是浸出的动力。同时，细胞外侧溶剂也向细胞内渗透，直至内外浓度相等，渗透压平衡。

4. 置换阶段 用浸出溶剂或稀浸出液随时置换药材粉粒周围的浓浸出液，保持最大的浓度梯度，有利于顺利、完全浸出。

（二）影响浸出的因素

1. 药材结构与粉碎度 药材结构疏松、粒度小，溶剂易于渗入颗粒内部，易于浸出，反之则难以浸出。药材粉碎得越细，越有利于提高溶出速率。但实际生产中药材粒度过细，可能会造成以下问题：

（1）吸附作用增强，使有效成分损失。

（2）破裂的组织细胞多，浸出杂质增多，浸出液黏度增大，造成过滤困难。

（3）提取液与药渣分离困难，如渗漉时易造成堵塞，煎煮时易发生糊化。

链 接

药材浸出时粉碎度的选择

药材的粉碎度应视药材特性和溶剂而定。通常叶、花、草等疏松药材，宜用最粗粉甚至不粉碎；坚硬的根、茎、皮宜粉碎成较细粉。若用水作溶剂时，药材易膨胀，药材可粉碎得粗些，或切成薄片或小段；若用乙醇作溶剂时，因乙醇对药材膨胀作用小，可粉碎成粗粉。

2. 药材成分 药材有效成分大部分是小分子化合物（相对分子质量<1000），在初浸出液中占比例高。一般提取 2～3 次即可。过多次数的提取不但造成高分子杂质溶出增多，而且费工费时。

3. 药材浸润 润湿是浸出的第一阶段。用煎煮法提取时，应先用冷水浸泡 1～2h。直接加热易使蛋白质变性凝固或淀粉糊化，阻碍水分渗透，影响浸出效果。乙醇渗漉提取时，药材也应先润湿再装渗漉筒。

4. 浸出溶剂 溶剂的溶解性能及理化性质对有效成分的浸出影响较大。优良的溶剂应该能最大限度地溶解和浸出有效成分，不与有效成分发生化学变化，不影响其稳定性和药效，比热小，安全无毒，价廉易得。

5. 浸出温度 温度升高，扩散加快，可溶性成分的溶解度加大，有利于加速浸出，一般药材的浸出在溶剂沸点温度下或接近于沸点温度时进行比较有利。同时，温度升高，使蛋白质凝固、酶破坏，有利于提升制剂稳定性。但浸出温度过高，易使热敏性成分破坏且无效成分浸出增加，故浸出温度必须控制在适当范围内。

6. 浓度梯度 不断搅拌、更换新鲜溶剂，或强制循环浸出液，动态提取、连续逆流提取等方式可增大浓度梯度，提高浸出效率。

7. 溶剂用量 溶剂量大，提取时利于有效成分扩散，但过大溶剂量给后续的浓缩等操作带来不便，同时造成浪费。

8. 溶剂 pH 调节溶剂的 pH，利于某些有效成分的提取。如用酸性溶剂提取生物碱，用碱性溶剂提取酸性皂苷等。

9. 浸出压力 提高浸出压力可加速浸润、渗透过程，使药材组织内更快地形成浓溶液，更快地进行溶质扩散；加压可使部分细胞壁破裂，也有利于浸出成分的扩散。但加压对组织疏松、易浸润的药材浸出影响不显著；当药材组织内充满溶剂后，加大压力对扩散速度也无明显影响。

10. 浸出时间 一般浸出时间越长，浸出越完全。但扩散达到平衡后，浸出时间即不起作用，而且长时间的浸出会使杂质增加，易导致有效成分水解及水性浸出液霉败，影响浸出质量。

三、浸出溶剂

浸出溶剂是指用于药材浸出的溶剂。浸出溶剂的选择和应用关系到有效成分的充分浸出，关系到制剂的有效性、安全性、稳定性及经济效益的合理性。在实际工作中，一般首选水，其次是乙醇，对于一些脂溶性成分，需要使用氯仿、乙醚等非极性溶剂，还可以采用混合溶剂或加入适宜的浸出辅助剂。

（一）常用浸出溶剂

1. 水 最常用的极性溶剂，溶解范围较广，能溶解极性大的生物碱盐、黄酮苷、皂苷、有机酸盐、鞣质、蛋白质、糖、多糖类等，也能溶出高分子化合物。缺点是浸出选择性差，易浸出大量无效成分，给制剂带来困难；会引起某些有效成分的水解，易霉变，影响制剂稳定性。

2. 乙醇 半极性溶剂，常根据药材中有效成分的极性，将乙醇与水以任意比例混合使用。90%乙醇适于浸出挥发油、树脂、叶绿素等；70%～90%乙醇适于浸出香豆素、内酯、一些苷类等；50%～70%乙醇适于浸出生物碱、苷类等；50%以下的乙醇可浸出一些极性较大的黄酮类、生物碱及其盐类等；乙醇含量达40%时，能延缓酯类、苷类等成分的水解，增加制剂的稳定性；20%以上乙醇具有防腐作用。乙醇有一定的药理作用，具有挥发性、易燃性，生产中应注意安全防护。

3. 酒 由米、麦等酿制而成，常选用黄酒和白酒。白酒含醇量50%～70%（ml/ml），制剂中多用白酒制备祛风活血，止痛散瘀的药酒。黄酒含醇量12%～15%（ml/ml），制剂中多用黄酒制滋补性药酒和作矫味剂。总的说来，酒性味甘辛大热，有通血脉、行药势、散风寒、矫味矫臭的作用，酒能溶解、浸出多种成分，是一种良好的溶剂。

4. 氯仿 非极性有机溶剂，能溶解生物碱、苷类、挥发油和树脂等，常用于分离生物碱。常用氯仿从碱化了的药材或浸出液中提出较纯净的生物碱或皂苷。氯仿的饱和水溶液有防腐作用。氯仿有强烈的生理作用，对肝脏有明显的损害，生产中应注意安全防护，并完全去除制剂中的氯仿。

5. 乙醚 非极性有机溶剂，微溶于水，能选择性地溶解生物碱、树脂、脂肪油及某些苷类。常用于提取脂溶性成分，也用作脱脂溶剂。乙醚极易挥发，且易燃易爆，具有强烈的生理作用，生产中应注意安全防护，一般情况下应完全去除制剂中的乙醚。

6. 其他溶剂 苯、石油醚等非极性溶剂，可用于浸出脂肪油、挥发油、树脂、蜡质、生物碱和某些苷类。一般多用于有效成分的浸出、精制及药材浸出前的脱脂或脱蜡。此外，丙酮、乙酸乙酯、正丁醇也是较常用的半极性有机溶剂。

（二）浸出辅助剂

浸出辅助剂是指为提高浸出效能，或增加浸出成分的溶解度，去除或减少杂质，以及增加制剂的稳定性,加入浸出溶剂中的物质。常用的浸出辅助剂有酸、碱、甘油及表面活性剂等,在生产中一般只用于单味药材的浸出。

1. 酸 用于增加生物碱的溶解度,游离有机酸,去除酸不溶性杂质,提高生物碱的稳定性。常用的酸有硫酸、盐酸、醋酸、酒石酸、枸橼酸等。

2. 碱 用于增加内酯、蒽醌、黄酮、有机酸、酚类等偏酸性有效成分的溶解度和稳定性。常用的碱是氨水,特殊浸出常选用碳酸钙、氢氧化钙、碳酸钠等。

3. 甘油 用于增加高分子化合物、鞣质的溶解度和稳定性。

4. 表面活性剂 用于降低药材与溶剂间的界面张力,促使药材表面润湿,有利于浸出的顺利进行。常用聚山梨酯等非离子型表面活性剂,具体视药材及溶剂的性质而定。

四、常用浸出方法

(一)煎煮法

煎煮法系指将药材加水煎煮,去渣取汁,提取成分的方法。浸出溶剂多用水。煎煮法适用于有效成分溶于水,对湿、热稳定的药材。

1. 工艺流程 煎煮法工艺流程见图 4-1。

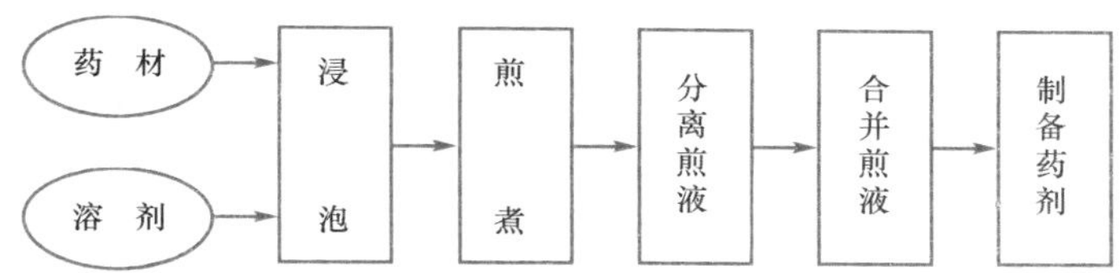

图 4-1 煎煮法工艺流程

2. 操作方法

(1) 药材处理:取药材按处方规定或浸出要求粉碎成粗粉(细而不粉)或直接取用饮片,置适宜容器中。

(2) 药材润湿:中药饮片清洗干净后,放入煮药容器内,加水浸没药面(黄芩等易酶解的药材除外),浸泡 1~2h,使药材充分膨胀。

(3) 煎煮:加热至沸,保持微沸一定时间,分离煎液;药渣依法加水重复煎煮 1~2 次,至药渣味淡为止。

(4) 合并几次煎煮液,静置,过滤后即为浸出液。

3. 注意事项 ①本法能煎出大部分有效成分,但是,煎出液中杂质较多,易霉败,某些热敏成分易被破坏;②煎煮法符合中医用药习惯,对有效成分尚不明确的中药或方剂制备浸出药剂时宜选用本法。

4. 常用设备

(1) 倾斜式夹层锅:一般用于小量生产,也可选用搪瓷玻璃罐、不锈钢罐替代(图 4-2)。

图 4-2 倾斜式夹层锅

(2) 多功能提取罐:目前中药生产中普遍

采用的一类可调节压力、温度的密闭间歇式提取或蒸馏等多功能设备。可进行常压常温提取,也可加压高温提取,或减压低温提取。适用于水提、醇提、提油、蒸馏、回收溶剂等。具有提取时间短,生产效率高,操作方便,安全可靠等特点(图4-3)。

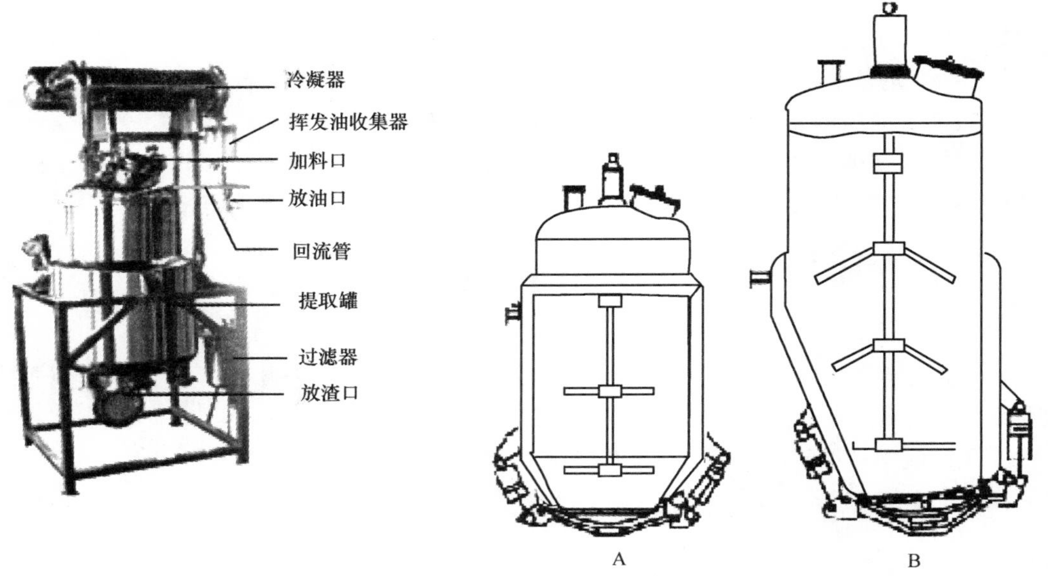

图4-3 多功能提取罐

A. 直锥式;B. 斜锥式

(二)浸渍法

浸渍法系指将药材用适当的溶剂在一定温度下浸泡出成分的方法。适用于黏性无组织、新鲜易膨胀的药材,价格低廉的芳香性药材的浸出。缺点是溶剂用量大、浸出时间长、效率低,不适用于贵重、毒性药材及高浓度的制剂。

1. 工艺流程 浸渍法工艺流程(图4-4)。

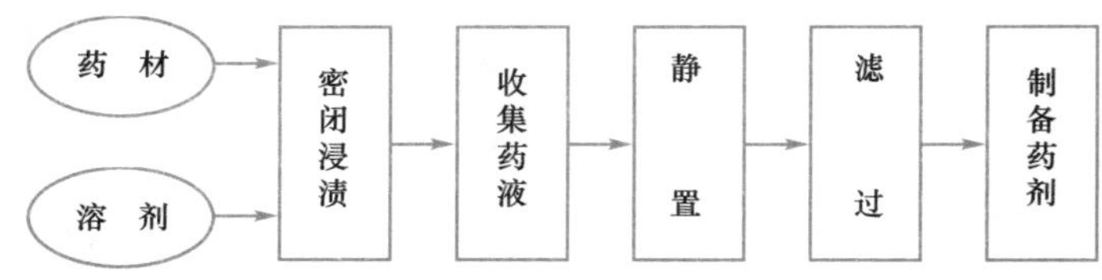

图4-4 浸渍法工艺流程

2. 操作方法 根据浸渍温度与次数的不同,浸渍法可分为冷浸渍法、热浸渍法和重浸渍法。

(1)冷浸渍法:取药材粗颗粒置有盖容器中,加入定量的溶剂(乙醇或白酒),密闭,在室温下浸渍3~5日或至规定时间,经常振摇或搅拌,使有效成分充分浸出,取上清液,滤过,压榨药渣,将压榨液与滤液合并,静置24h后,滤过,即得。此法适用于直接制得酒剂、酊剂,以及浓缩浸出液制备流浸膏。

(2)热浸渍法:取药材粗颗粒置有盖容器中,加定量的溶剂(稀乙醇或白酒),水浴或蒸汽加热至40~60℃进行浸渍，或煮沸后自然冷却进行浸渍，以缩短浸渍时间，余同冷浸渍法操作。浸出液冷却后有沉淀析出，应分离除去。花、叶、全草类药材，多采用煮沸后保温80℃左右温浸提取。

（3）重浸渍法：即多次浸渍法，系将全部浸出溶剂分为几份，先用第一份浸渍后，药渣再用第二份溶剂浸渍，如此重复2~3次，最后将各份浸渍液合并处理，即得。多次浸渍法既有利于提高浸出时浓度梯度，使有效成分尽可能多地浸出，又能大大地降低药渣吸附浸出液所引起的浸出成分的损失。

3. 注意事项 冷浸渍法中压榨药渣易使药材组织细胞破裂，使大量不溶性成分进入浸出液中，给后续工序带来不便；热浸渍法中药渣对浸出液的吸附引起浸出成分损失；因此，实际生产中常采用重浸渍法。

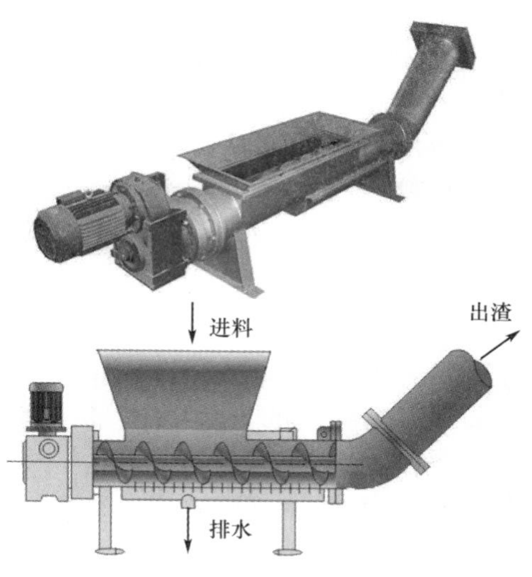

图4-5 螺旋压榨机

4. 常用设备

（1）浸渍器：药材浸渍的盛器，如不锈钢罐、搪瓷罐或陶瓷罐等。

（2）压榨机：用于挤压药渣中残留的浸出液，如螺旋压榨机、水压机（图4-5）。

（三）渗漉法

渗漉法系指将药材粉末置于圆锥形渗漉筒中，由上部连续加入新溶剂（乙醇或白酒），收集渗漉液提取药材成分的方法。渗漉法浸出完全，不经过滤处理可直接收集渗漉液。适用于贵重、毒性药材及高浓度制剂；也可用于有效成分含量较低的药材的提取；黏性无组织、新鲜易膨胀的药材不宜选用。

1. 工艺流程 渗漉法工艺流程见（图4-6）。

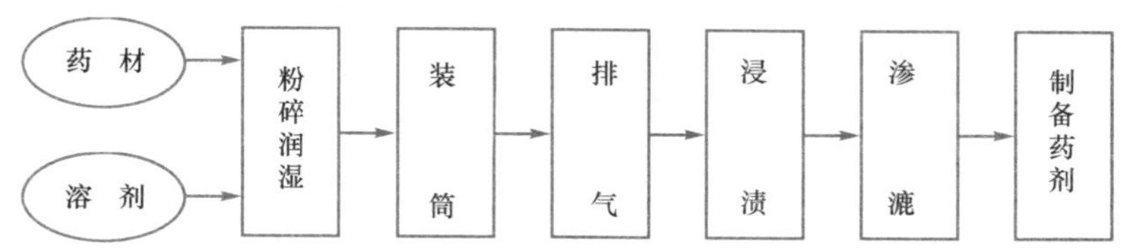

图4-6 渗漉法工艺流程

2. 操作方法

（1）单渗漉法：系指用一个渗漉筒的常压渗漉方法。操作流程如下。

1）粉碎：以粗粉或最粗粉为宜。

2）润湿：装渗漉筒前，药粉先用浸出溶剂润湿，避免在渗漉筒中药粉膨胀造成堵塞。一般每1kg药粉用600~800ml溶剂润湿，放置15min~6h。

3）装筒：筒底部铺垫适量润湿的脱脂棉，已润湿的药粉层层压实装入渗漉筒，松紧一致。装完后，用滤纸或纱布覆盖于药粉上，并压石块等重物，以防药粉漂浮影响渗漉。

4）排气：打开渗漉器活塞，从上部缓缓加入溶剂，排除药材间隙的空气，待气体排尽、漉液自出口流出时，关闭活塞，并将流出液倒回筒内。

5）浸渍：添加溶剂至高出药粉面 2～3cm，加盖放置 24～48h，使溶剂充分渗透扩散。

6）渗漉：渗漉速度一般慢漉为每 1kg 药材流速 1～3ml/min，快漉 3～5ml/min。渗漉过程中，应不断添加溶剂，防止药面干涸，影响有效成分充分浸出。

7）漉液的收集和处理：制剂种类不同，漉出液的收集和处理亦不相同。制备流浸膏时，收集药材量 85% 的初漉液另器保存，续漉液经低温浓缩后与初漉液合并，调整至规定容积；制备浸膏时，全部渗漉液低温浓缩至稠膏状，加稀释剂或继续浓缩至规定的标准；制备酊剂等浓度较低的浸出制剂时，不需要另器保存初漉液，可直接收相当于欲制备量的 3/4 的漉液，即停止渗漉，压榨药渣，压榨液与渗漉液合并，添加乙醇至规定浓度与容量后，静置，滤过即得。

（2）重渗漉法：在实际工作中较常用的方法。将多个渗漉筒串联，渗漉液重复用作新药粉的浸出溶剂，进行多次渗漉以提高渗漉液浓度。重渗漉法溶剂用量少，利用率高，渗漉液中有效成分浓度高，成品质量好，避免了有效成分受热分解或挥发损失，但使用容器较多，操作过程较长。

（3）加压渗漉法：加压式多级渗漉，使浸出液较快地通过药粉柱，使渗漉顺利进行，本法浸出效率高，总提取液浓度大，溶剂消耗量少。

（4）逆流渗漉法：是药材与溶剂在浸出容器中，沿相反方向运动，连续而充分地进行接触浸出的一种方法。

3. 常用设备　实验室一般用渗漉筒（图 4-7）。工业生产中常用多功能提取罐、渗漉罐，以及螺旋式连续逆流提取器，该设备加料和排渣可自动完成，规模大，效率高，渗漉液浓度大（图 4-8）。

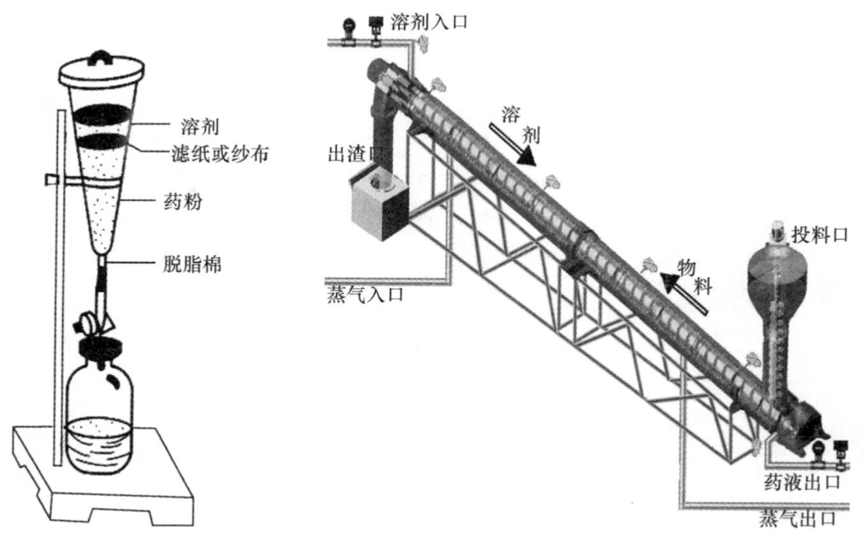

图 4-7　渗漉筒　　图 4-8　螺旋式连续逆流提取器示意图

（四）回流法

回流法系指用挥发性有机溶剂浸出药材成分，加热浸出液，挥发性溶剂馏出后又被冷凝流回浸出器中浸出药材，周而复始，直至有效成分提取完全的方法。该法提取范围广,浸出效果好;但加热回流液易使杂质增多,提取液澄明度较差。适用于有效成分易溶于浸出溶剂且受热不易破坏,以及质地坚硬、有效成分不易浸出的药材。常用的挥发性溶剂如乙醇、乙醚等。

1. 回流热浸法 将药材薄饮片或粗颗粒置提取罐中,加规定量及规定浓度的乙醇,采用夹层蒸汽加热,循环往复,直至提取完成。该法溶剂可循环使用,但不能自动更新溶剂,生产中需要人工更换新溶剂2~3次,溶剂用量较多(图4-9)。

2. 回流冷浸法 将药材薄饮片或粗颗粒置提取罐中,加规定量及规定浓度的乙醇至没过药面并达虹吸管后,将自动虹吸入提取罐中,乙醇受热蒸发至冷却器冷凝,回滴到药材提取罐内浸出药材,至达虹吸管时进入再一次的循环提取,直至完成。该法溶剂既可以循环使用,又能不断自动更新,故溶剂用量较少,且浸出较完全。实验室少量提取采用索式提取器,大量生产采用循环回流冷浸装置(图4-10)。

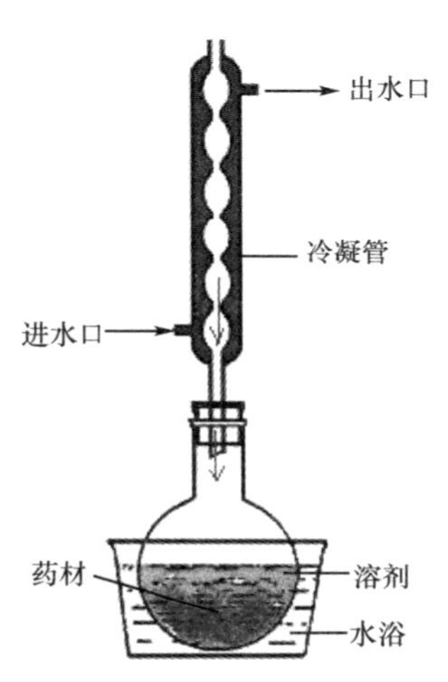

图4-9 回流热浸法示意图

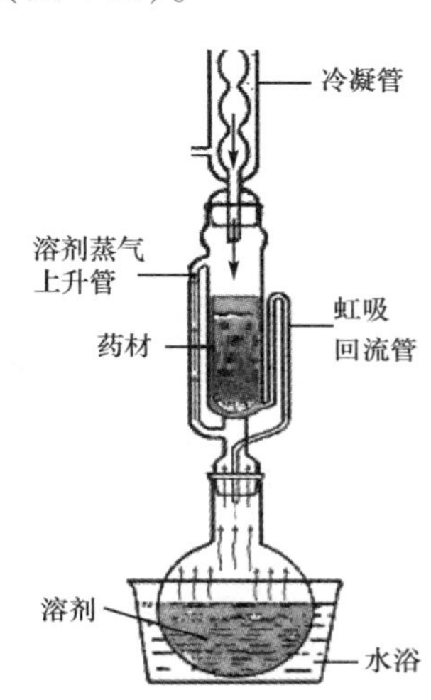

图4-10 回流冷浸法示意图

(五) 水蒸气蒸馏法

水蒸气蒸馏法系指将含有挥发性成分的药材与水或水蒸气共同加热,使挥发性成分随水蒸气一并馏出,并经冷凝分离、提取挥发性成分的方法。该法适用于具有挥发性,能随水蒸气蒸馏而不被破坏,与水不发生反应,又难溶于水的成分的提取,如挥发油、麻黄碱等小分子生物碱、牡丹酚等小分子酚类物质的提取。该法分为共水蒸馏、通水蒸气蒸馏和隔水蒸馏三种方法。其中,共水蒸馏设备简单、成本低、易操作,而通水蒸气蒸馏和隔水蒸馏时间短,出油率高。

1. 共水蒸馏(水中蒸馏) 将药材饮片或粗颗粒置提取罐中,加规定量的水,加热蒸馏,馏出液经冷凝后分离、提取挥发油,含量较低者须经重蒸馏或加盐重蒸馏。需要注意的是应根据挥发油的相对密度合理选择挥发油提取器;相对密度大于1的挥发油使用重油提取器;相对密度小于1的挥发油应使用轻油提取器。此法收油率高,提取少量或进行挥发油含量测定,多用此法。大量生产提取挥发油时使用多功能提取罐。

2. 通水蒸气蒸馏(水气蒸馏) 将用少量水润湿的药材直接通入外源高压蒸汽随水蒸气馏出(图4-11)。

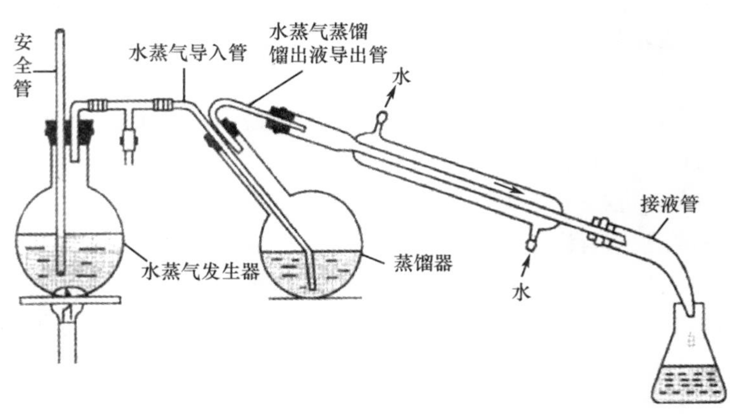

图 4-11 水蒸气蒸馏法(水气蒸馏)示意图

3. 隔水蒸馏(水上蒸馏) 将润湿的药材置有孔隔板上,加热使下面水沸腾产生蒸汽,水蒸气通过药材将挥发油蒸出。

(六) 其他浸出方法

1. 超声波提取技术 利用超声波具有的机械效应、空化效应及热效应,通过增大介质分子的运动速度,增大介质的穿透力以提取药材成分的方法。本法提取过程中不需加热,适于提取热敏性成分;超声波能促使植物细胞破壁,不仅提高药物疗效,而且提取时间短、效率高,溶剂用量少;缺点是超声波提取设备的噪声刺耳。

2. 微波提取技术 利用波长介于 0.1~100cm 的电磁波辅助提取药材成分的方法。微波可被极性物质如水等选择性吸收,从而被加热;而不被玻璃、陶瓷等非极性物质吸收,具穿透性;且能被金属反射,具反射性。药材中的不同成分因吸收微波能力的差异被选择性加热,因此被提取物质能从药材中被分离、提取出来。该法提取效率高,溶剂用量少,提取温度低,生产线简单。

3. 超临界流体提取技术 利用超临界流体(CO_2)对药材中天然产物具有特殊溶解性来达到提取的技术。与传统压榨法、水蒸气蒸馏法相比,超临界 CO_2 提取法具有显著优点,既避免高温破坏,也没有残留溶剂,产品纯度高,操作简单,节能。尤其适用于提取挥发性成分、脂溶性成分、高热敏性成分及贵重药材的有效成分,但设备昂贵,运行成本高。

考点:影响浸出的因素、常用浸出溶剂与浸出方法

第 2 节 浓 缩

中药材经过适当的方法浸出后得到的浸出液通常体积较大、有效成分含量较低,一般不能直接用于制备各种剂型,需经过蒸馏、蒸发或干燥等过程缩小体积、提高有效成分含量或得到固体原料以利于进一步制剂生产。

现有浓缩手段有:蒸发、蒸馏、反渗透浓缩、吸附分离浓缩和超滤浓缩等。

一、蒸 发

蒸发系指通过加热作用使溶液中部分溶剂气化并除去,从而提高溶液浓度的方法。

1. 蒸发的方式及影响因素　蒸发分为自然蒸发、沸腾蒸发两种。后者蒸发速度快、效率高,生产中多采用。

影响蒸发的因素有液面上蒸气浓度、蒸发面积、液体表面的压力、传热温度差、传热系数。为提高蒸发效率,生产中可采用排风或减压设备以减小蒸气浓度、降低液体沸点,采用薄膜蒸发增加蒸发面积等方法。

2. 常用蒸发方法　根据中药提取液的特点,蒸发可在常压、减压条件下进行。

(1) 常压蒸发:溶液在一个大气压下进行的蒸发。适用于有效成分耐热的水浸出液的浓缩。通常采用敞口夹层不锈钢蒸发锅进行常压蒸发浓缩,操作简便,但蒸发效率较低,蒸发温度高、时间长,浓缩物易受污染,环境潮湿。

(2) 减压蒸发:溶液在减压下进行的蒸发。采用密闭蒸发器,在减压下操作,可使溶剂在低于沸点温度下蒸发。通常温度控制在 40~60℃,以避免热敏成分的破坏,蒸发速度快,也可对有机溶剂进行蒸发。

(3) 多效蒸发:将多个减压蒸发器串联,利用前一蒸发器产生的蒸气作为后一蒸发器的加热蒸气,且后一蒸发器的加热室成为前一蒸发器的冷凝器的方法(图 4-12)。多次重复利用热能,能显著降低热能耗用量,有利于大量连续生产流浸膏或浸膏等,也可用于制备注射用水。

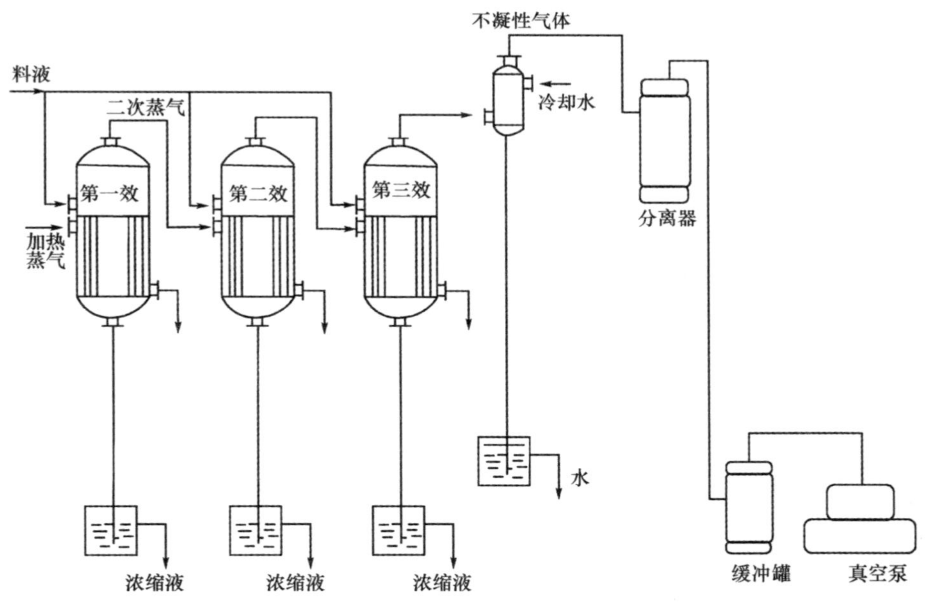

图 4-12　减压三效蒸发装置示意图

(4) 薄膜蒸发:使溶液形成薄膜状态而进行快速蒸发。传热速度快且均匀,药液受热时间短,适合热敏成分的浓缩。形式有两种,一种是使药液剧烈沸腾,产生大量泡沫,以泡沫的内外表面为蒸发面进行蒸发;另一种是使药液以薄膜形式流过加热面时进行蒸发,如升膜式蒸发器、降膜式蒸发器、刮板式蒸发器、离心薄膜蒸发器等(图 4-13~图 4-16)。

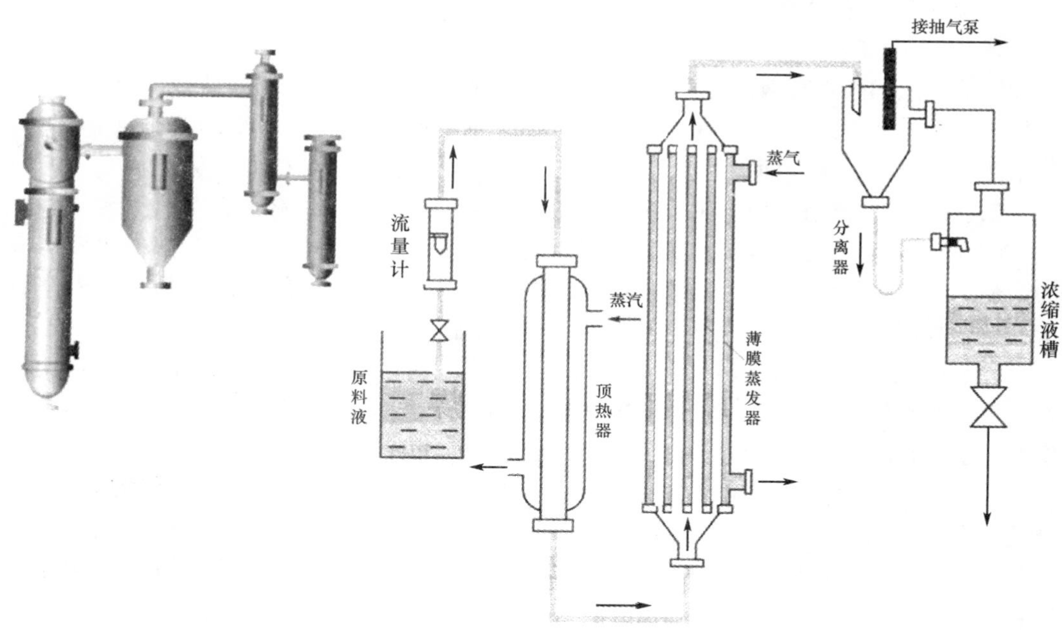

图 4-13　升膜式薄膜蒸发器示意图

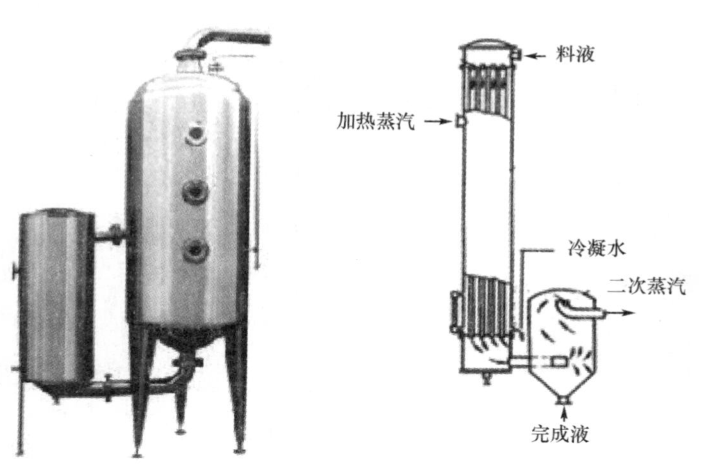

图 4-14　降膜式薄膜蒸发器示意图

二、蒸　馏

蒸馏系指通过加热使液体气化，再冷凝成液体的过程。蒸馏根据各成分沸点不同，从液体混合物中将各成分提取出来。蒸馏对药液进行浓缩的同时可回收溶剂，如乙醇可通过蒸馏被回收。

常用的蒸馏方法有常压蒸馏、减压蒸馏和精馏。

（1）常压蒸馏：在常压下进行的蒸馏，使用设备简单、易于操作。

（2）减压蒸馏：在减压条件下，使蒸馏液在较低的温度下蒸馏的方法。具有温度低、效率高、速率快的特点，在生产中应用较广，尤其适用于有效成分不耐热的浸出液浓缩和溶剂回收(图4-17)。

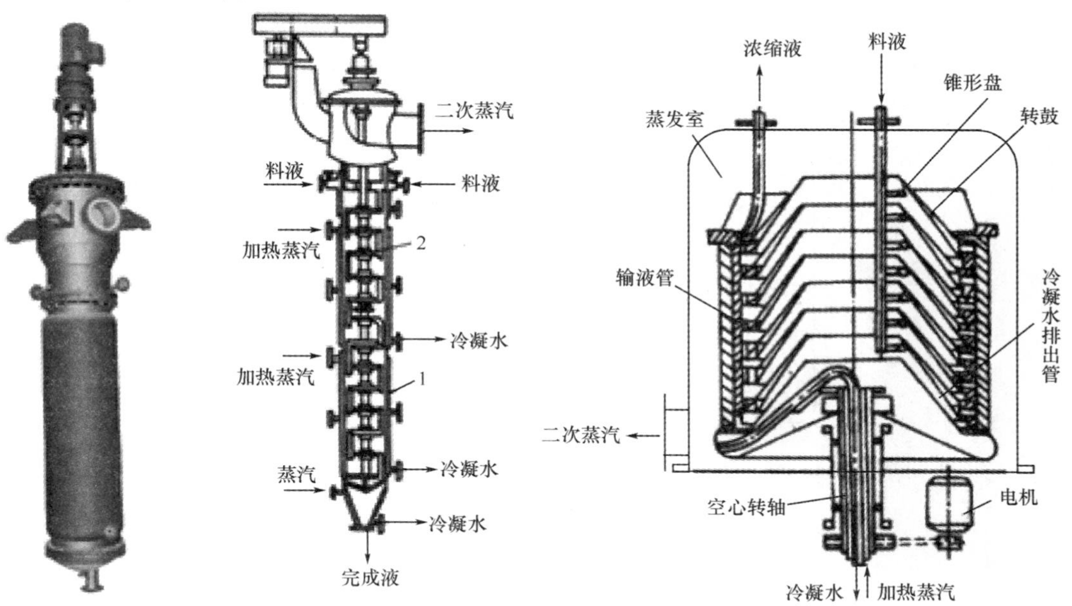

图4-15 刮板式薄膜蒸发器示意图　　图4-16 离心式薄膜蒸发器示意图

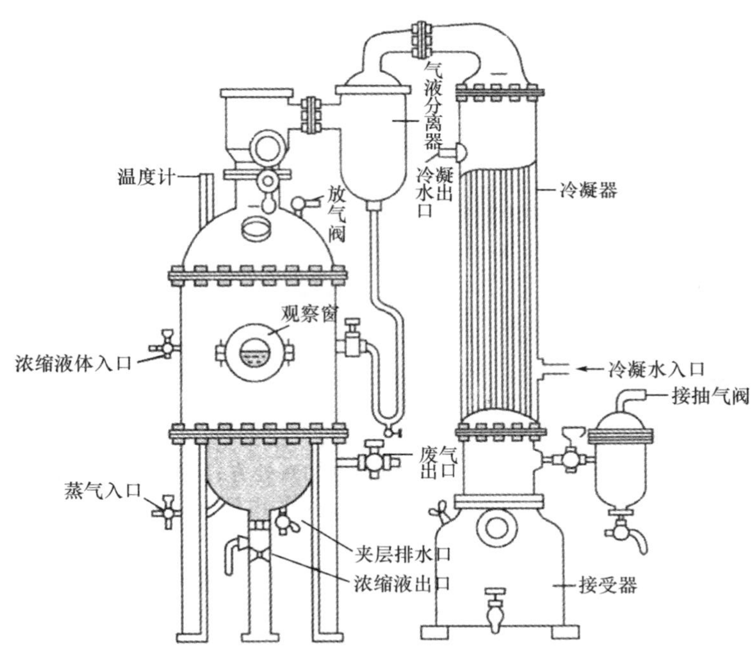

图4-17 减压蒸馏装置示意图

（3）精馏：即分馏，在一个设备内同时进行多次部分汽化和部分冷凝。借助回流技术来实现高纯度和高回收率，是生产中应用最广泛的液体混合物分离方式。根据操作方式，可分为连续精馏和间歇精馏。连续精馏装置包括精馏塔、再沸器、冷凝器等。连续精馏可以连续大规模生产，产品浓度、质量可以保持相对稳定，能源利用率高，操作易于控制。间歇精馏操作灵活，适宜于处理品种和组成经常改变而且批量不大的药液（图4-18、图4-19）。

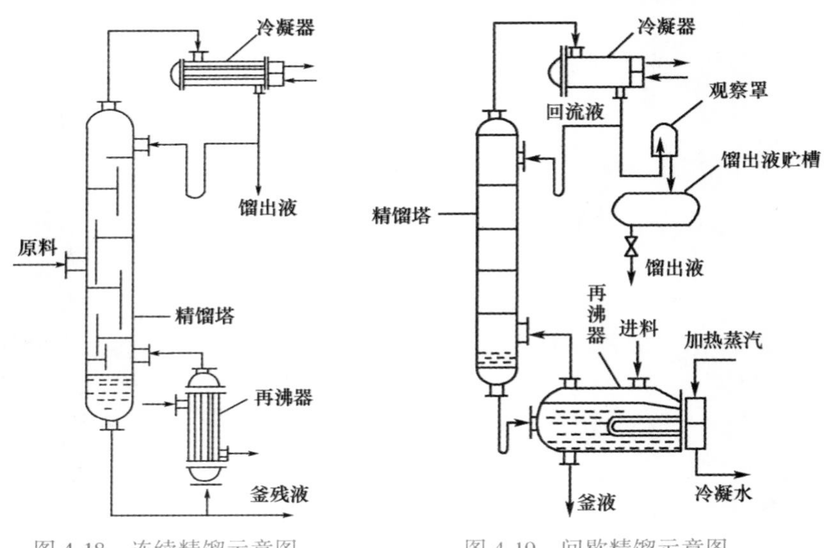

图4-18　连续精馏示意图　　图4-19　间歇精馏示意图

三、其他浓缩方法

1. 反渗透浓缩　一种以压力差为推动力，从溶液中分离出溶剂的膜分离浓缩操作。对膜一侧的药液施加压力，当压力超过它的渗透压时，溶剂会逆着自然渗透的方向作反向渗透。从而在膜的低压侧得到透过的溶剂，即渗透液；高压侧得到浓缩的溶液，即浓缩液。反渗透膜能截留水中的各种无机离子、胶体物质和大分子溶质，可用于大分子有机物溶液的浓缩。目前主要应用于苹果、葡萄及番茄等果蔬汁液浓缩，在链霉素生产中也已成功应用。

2. 吸附分离浓缩　利用大孔吸附树脂对天然药物活性成分具有选择性吸附的能力，使其富集在大孔吸附树脂表面，再用适当的洗脱剂将其解吸从而实现浓缩、分离、纯化的方法。大孔吸附树脂分离浓缩物更适合于制备现代中药或天然药物新制剂，工艺简便易行。

3. 超滤浓缩　中成药成分的分子量在几千以上，采用超滤膜技术进行浓缩，滤除药液中水分和小分子量杂质，可提高药品纯度。某些蛋白质、多肽和多糖等中药有效成分，采用超滤浓缩极有效，能滤除无机盐、单糖等成分。超滤过程一般在常温低压下，适用分离热敏性和易发生化学变化的抗生素。

考点：常用浓缩方法

第3节　干　燥

干燥系指利用热能使湿物料中的湿分（水分或其他溶剂）汽化除去，从而获得干燥物品的方法。干燥是制剂生产中不可缺少的基本操作，如固体原料药及湿法制粒的干燥、新鲜药材的除水、颗粒剂和丸剂的制备均需干燥操作。制剂干燥的目的在于：①增强提取物稳定性，有利于储存；②有利于控制原料及制剂规格；③有利于制剂的制备。

一、影响干燥的因素

影响干燥的因素主要包括物料中水分的性质、物料自身的性质、干燥介质的性质、干燥速率和干燥方法。

（一）物料的性质

1. 平衡水分与自由水分　物料与干燥介质（空气）相接触，以物料中所含水分能否干燥除去来划分平衡水分与自由水分。平衡水分是指在一定空气条件下，物料表面产生的水蒸气压等于该空气中水蒸气分压，此时物料中所含水分为平衡水分，是在该空气条件下不能干燥的水分，不因与干燥介质接触时间的延长而发生变化。物料中多于平衡水分的部分称为自由水分，是能干燥除去的水分。平衡水分与物料的种类、空气状态有关，其含量随空气中相对湿度的增加而增大。通风可以带走干燥器内的湿空气，破坏物料与介质之间水的传质平衡，可提高干燥的速度，故通风是常压条件下加快干燥速度的有效方法之一。

2. 结合水分与非结合水分　物料干燥过程中，以水分干燥除去的难易程度划分为结合水分与非结合水分。结合水分是指借物理化学方式与物料相结合的水分，这种水分与物料的结合力较强，干燥速度缓慢，如结晶水、动植物细胞壁内的水分、物料内毛细管中的水分等。非结合水分是指以机械方式与物料结合的水分，水分与物料结合力较弱，干燥速度较快，如附着在物料表面的水分、物料堆积层中大空隙中的水分等。

3. 其他性质　包括物料本身的结构、形状与大小、料层的厚薄等。通常颗粒状物料比粉末干燥快；有组织细胞的药材比膏状物干燥快；此外物料中湿分的沸点和蒸发面积也是影响干燥的重要因素。

（二）干燥介质的性质

干燥介质的温度越高，相对湿度越低，流速越大，物料越易干燥。同时，蒸发速度与干燥系统压力成反比。因而减压、排风等措施均能加快干燥速率。

（三）干燥速率

干燥首先发生在物料表面，使物料内部和表面产生湿分浓度差，然后内部湿分逐渐扩散至表面而干燥除去。干燥速度不宜过快，否则物料表面湿分很快蒸发，使表面的粉粒彼此黏着，甚至结成硬壳，阻碍内部水分的扩散和蒸发，使干燥不完全，出现外干内湿的现象。

（四）干燥方法

不同的干燥方法产生不同的干燥效果，如物料动态干燥较静态干燥的速度快、效率高。

二、常用干燥方法与设备

1. 常压干燥　系指在常压下进行干燥的方法。该法操作简单，但干燥时间长、温度高，易因过热引起有效成分破坏，干燥品较难粉碎，主要用于耐热物料的干燥。制剂生产中常压干燥的常用设备是厢式干燥器，能用于药材提取物及丸剂、散剂、颗粒等干燥，亦常用于中药材的干燥（图 4-20）。

图 4-20　厢式干燥器

2. 减压干燥　又称真空干燥，系指在密闭的容器中抽真空并加热干燥的方法。该法具有干燥温度低，干燥速度快，设备密闭可防止污染和药物变质，产品疏松易于粉碎等特点。主要适用于热敏性物料，也可用于易受空气氧化、有燃烧危险或含有机溶剂等物料的干燥。但操作、设备复杂(图 4-21)。

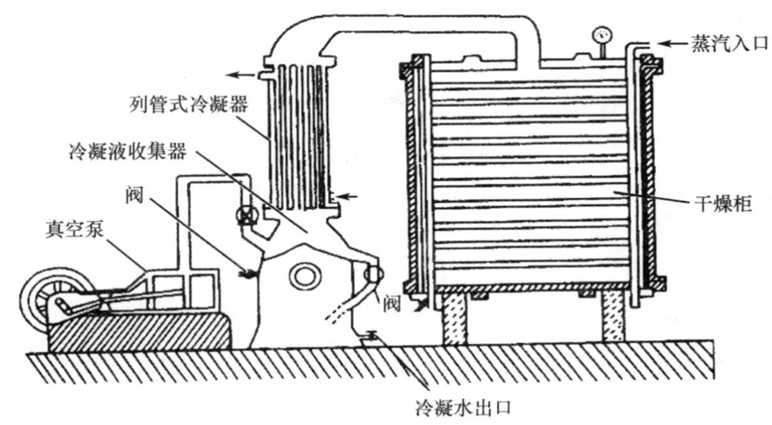

图 4-21　减压干燥示意图

3. 喷雾干燥　系指以热空气作为干燥介质，采用雾化器将液体物料分散成细小雾滴，当与热气流相遇时，水分迅速蒸发进行干燥的方法(图 4-22)。该法的特点有：①干燥速度快、时间短，瞬间干燥；②干燥温度低，特别适用于热敏性物料的干燥；③液态物料可直接得到干燥制品，无需蒸发、粉碎等操作；④产品多为疏松的空心颗粒或粉末，疏松性、分散性和速溶性好；⑤处于密闭系统，可进行无菌操作；⑥操作方便，易自动控制，减轻劳动强度。该法缺点主要有设备庞大，动力消耗多，一次性投资较大，干燥时物料易发生黏壁等。

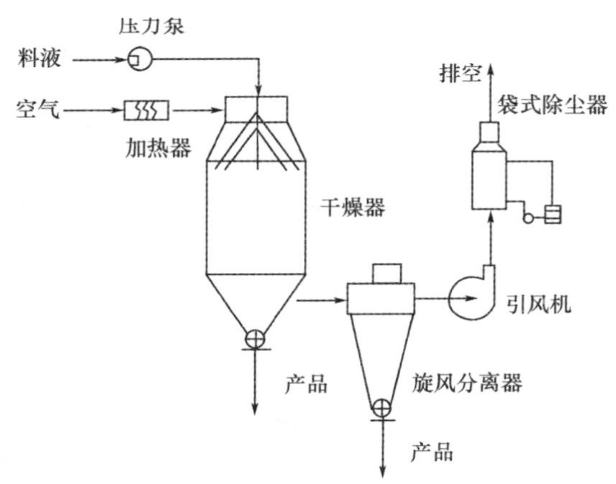

图 4-22　喷雾干燥示意图

4. 沸腾干燥　又称流化床干燥，系指利用流化床底部吹入的热空气流使湿颗粒向上悬浮，翻滚如“沸腾状”，热气流在悬浮的湿粒间通过，在动态下进行热交换，带走水汽，进行干燥的方法。该法具有干燥速度快，干燥产品均匀，干燥器设备简单、高效、造价低，维护方便的特点。该法适用于热敏性物料、湿粒性物料的干燥，如颗粒剂、片剂生产中湿颗粒的干燥等；不适用于含水量高、易黏结成团的物料干燥，干燥后细粉比例较大，干燥室内不易清洗。沸腾干燥的设备为沸腾干燥器(流化床干燥器),有立式和卧式,在制剂工业中常用卧式多室流化床干燥器(图 4-23)。

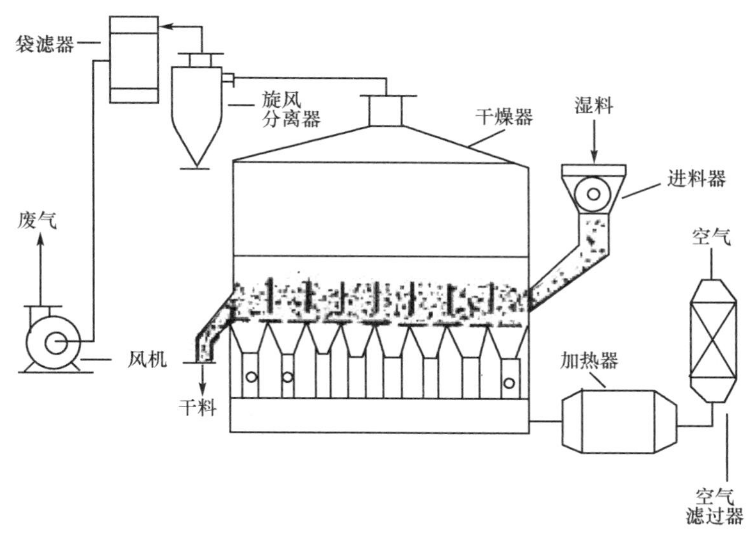

图 4-23　卧式多室流化床干燥器示意图

5. 冷冻干燥　系指在低温、高真空条件下,将药物溶液预先冻结成固体,然后抽气减压,使水分由冻结状态直接升华除去进行干燥的方法。此法可避免有效成分受热分解变质;产品多孔疏松,易于溶解,含水量低,可长期保存;但操作复杂、需特殊设备,生产成本较高;用于生物制品、抗生素及粉针剂制备时的干燥。

6. 红外干燥　系指利用 5.6~1000μm 的远红外线对物料直接照射进行加热干燥的方法。该法受热均匀,干燥快,质量好。缺点是电能消耗大。常用设备是远红外隧道烘箱,广泛用于各种安瓿瓶、西林瓶及其他玻璃容器的干燥灭菌。

7. 微波干燥　系指湿物料中的水分子在微波电场的作用下,迅速转动,产生剧烈的碰撞与摩擦,部分能量转化为热能,物料本身被加热干燥的方法。该法干燥速度快、穿透力强、热效率高,尤其适用于含水物料的干燥。缺点是成本高、对有些物料的稳定性有影响。

8. 吸湿干燥　系指利用干燥剂吸收湿物料水分进行干燥的方法。常用的干燥剂有无水硫酸钠、无水氧化钙、无水氯化钙、硅胶等。吸湿干燥只需在密闭容器中进行,不需特殊设备,常用于含湿量较小及某些含有芳香成分的药材干燥。

考点:常用干燥方法

 **参考解析**

案例 4-1 问题 1 分析:煎煮法浸出液中所含杂质较多,加入乙醇使杂质沉淀,滤过后去除杂质。

案例 4-1 问题 2 分析:防风中挥发油的提取采用水蒸气蒸馏法。

案例 4-1 问题 3 分析:浸出结束后,浓缩滤液,缩小浸出液体积,提高有效成分含量,以利于进一步制剂。

自测题

一、选择题

(一) 单项选择题。每题的备选答案中只有一个最佳答案。

1. 用乙醇加热浸出药材时可以用(　　)
   A. 浸渍法　　B. 煎煮法
   C. 渗漉法　　D. 回流法
   E. 蒸馏法
2. 植物性药材浸出过程中主要动力是(　　)
   A. 时间　　B. 溶剂种类
   C. 浓度差　　D. 浸出温度
   E. 药材颗粒大小
3. 常用渗漉法制备,且需先收集药材量 85% 初漉液的剂型是(　　)
   A. 药剂　　B. 酊剂
   C. 浸膏剂　　D. 流浸膏剂
   E. 煎膏剂
4. 影响浸出效果的决定因素为(　　)
   A. 温度　　B. 浸出时间
   C. 药材粉碎度　　D. 浓度梯度
   E. 溶剂 pH
5. 下列哪项措施不利于提高浸出效率(　　)
   A. 恰当升高温度　　B. 加大浓度差
   C. 选择适宜溶剂　　D. 浸出一定时间
   E. 将药材粉碎成极细粉
6. 利用不同浓度乙醇选择性浸出药材有效成分,下列表述错误的是(　　)
   A. 乙醇含量 10% 以上时具有防腐作用
   B. 乙醇含量大于 40% 时,能延缓酯类、苷类等成分水解
   C. 乙醇含量 50% 以下时,适于浸出极性较大的黄酮类、生物碱及其盐类等
   D. 乙醇含量 50% ~ 70% 时,适于浸出生物碱、苷类等
   E. 乙醇含量 90% 以上时,适于浸出挥发油、树脂、叶绿素等
7. 下列不属于常用浸出方法的是(　　)
   A. 煎煮法　　B. 渗漉法
   C. 浸渍法　　D. 蒸馏法
   E. 醇提水沉淀法
8. 浸出方法中的单渗漉法一般包括 6 个步骤,正确者为(　　)
   A. 药材粉碎　润湿　装筒　排气　浸渍　渗漉
   B. 药材粉碎　装筒　润湿　排气　浸渍　渗漉
   C. 药材粉碎　装筒　润湿　浸渍　排气　渗漉
   D. 药材粉碎　润湿　排气　装筒　浸渍　渗漉
   E. 药材粉碎　润湿　装筒　浸渍　排气　渗漉
9. 下列哪一条不是影响蒸发的因素(　　)
   A. 药液蒸发的面积
   B. 液体表面压力
   C. 搅拌
   D. 加热温度与液体温度的温度差
   E. 液体黏度
10. 下列关于渗漉法优点的叙述中,哪一项是错误的(　　)
   A. 有良好的浓度差
   B. 溶剂的用量较浸渍法少
   C. 操作比浸渍法简单易行
   D. 浸出效果较浸渍法好
   E. 对药材的粗细要求较高

(二) 配伍选择题。备选答案在前,试题在后。每组包括若干题,每组题均对应同一组备选答案。每题只有一个正确答案。每个备选答案可重复选用,也可不选用。

[11~14]
A. 浸渍法　　B. 煎煮法
C. 渗漉法　　D. 回流法
E. 水蒸气蒸馏法

11. 挥发油的浸出用(　　)
12. 含树脂类药材的浸出用(　　)
13. 质地坚硬、有效成分不易浸出的药材的浸出用(　　)
14. 贵重、毒性药材及高浓度制剂(　　)

[15~18]
A. 常压干燥　　B. 减压干燥
C. 沸腾干燥　　D. 喷雾干燥
E. 冷冻干燥

15. 用于生物制品、抗生素及粉针剂制备时的干燥方法是(　　)
16. 用于热敏性物料,易受空气氧化、有燃烧危险或含有机溶剂等物料的干燥方法是(　　)
17. 用于药材提取物及丸剂、散剂、颗粒等干燥方法是(　　)

18. 用于热敏性物料、湿粒性物料，不适用于含水量高、易黏结成团的物料干燥方法是(　　)

（三）多项选择题。每题的备选答案中有 2 个或 2 个以上正确答案。

19. 影响浸出的因素有(　　)
A. 药材粒度　B. 药材成分
C. 浸出温度、时间　D. 浸出压力
E. 溶剂用量

20. 药物浸出过程包括下列哪些阶段(　　)
A. 粉碎　B. 溶解
C. 扩散　D. 浸润
E. 置换

21. 常用的干燥方法有(　　)
A. 薄膜干燥　B. 减压干燥
C. 常压干燥　D. 流化床干燥
E. 加压干燥

22. 提高蒸发效率的方法有(　　)
A. 增大液体体表面积　B. 降低大气压
C. 降低介质蒸汽压　D. 增大传热温度差
E. 减低传热系数

23. 下列能作为浸出辅助剂的是(　　)
A. 酸　B. 碱
C. 盐　D. 甘油
E. 表面活性剂

二、简答题

1. 常用的浸出溶剂及其适用范围是什么？
2. 制剂干燥的目的是什么？

（涂丽华）

第 5 章　灭菌与防腐

制剂不仅要具有确切的疗效,而且必须安全可靠,便于长期保存。但当制剂被微生物污染后,在适宜条件下,微生物就会增长、繁殖,使制剂变质、腐败,疗效降低或失效,甚至有可能产生一些对人体有害的物质。给药后不仅不能起到预期的治疗作用,还可能引起机体发热、感染,甚至中毒等不良反应。

注射剂、眼用制剂和用于创面的制剂,至少应不含有活的微生物。口服制剂至少不能有致病微生物。因此须有针对性地采取综合措施,杀灭或控制药品中微生物数量,以确保用药安全。

第 1 节　概　　述

一、《中国药典》微生物限度检查要求

微生物限度检查项目包括细菌数、霉菌数、酵母菌数及控制菌检查。

微生物限度检查应在环境洁净度 10 000 级下的局部洁净度 100 级的单向流空气区域内进行。检验全过程必须严格遵守无菌操作,防止再污染。除另有规定外,本检查法中细菌及控制菌培养温度为 30~35℃;霉菌、酵母菌培养温度为 23~28℃。

检验时供试品应随机抽样,应从 2 个以上最小包装单位中抽取不少于检验用量的 3 倍量。

《中国药典》制剂通则、品种项下要求无菌的制剂及标示无菌的制剂,用于手术、烧伤及严重创伤的局部给药制剂应符合无菌检查法规定。

不含药材原粉的口服给药制剂,检查细菌数、霉菌数、酵母菌数、控制菌大肠埃希菌。含药材原粉、含豆豉、神曲等发酵原粉的口服给药制剂,除上述项目外,还要检查大肠菌群。

口服和直肠、眼部、鼻及呼吸道给药的制剂不得检出大肠埃希菌。局部给药制剂不得检出金黄色葡萄球菌、铜绿假单胞菌。含动物组织(包括提取物)及动物类原药材粉(蜂蜜、王浆、动物角、阿胶除外)的口服给药制剂还不得检出沙门菌。阴道、尿道给药制剂还不得检出梭菌、白色念珠菌。

霉变、长螨者以不合格论。中药提取物及辅料参照相应制剂的微生物限度标准执行。结果以 1g、1ml、10g、10ml、$10cm^2$ 为单位报告,特殊品种可以最小包装单位报告。

二、微生物限度检查结果判定

非无菌制剂:供试品检查时,细菌培养 3 天,霉菌、酵母菌培养 5 天,逐日观察菌落生长情况,点计菌落数,必要时,可适当延长培养时间至 7 天进行菌落计数并报告。

不同控制菌培养时间不同。供试品检出控制菌或其他致病菌时,按一次检出结果为准,不再复试。

供试品的细菌数、霉菌和酵母菌数及控制菌三项检验结果均符合该品种项下的规定,判供试品符合规定;若其中任何一项不符合该品种项下的规定,判供试品不符合规定。

无菌制剂:无菌性检查,培养14天,应无菌生长。

三、灭菌与防腐常用术语

1. 灭菌和灭菌法

(1) 灭菌(sterilization):采用物理或化学方法杀灭或除去所有致病和非致病微生物繁殖体和芽胞,以获得无菌状态的过程。

(2) 灭菌法(the technique of sterilization):是指用适当的物理或化学手段将物品中活的微生物杀灭或除去,从而使物品残存活微生物的概率下降至预期的无菌保证水平的方法。

链 接

无菌保证水平

一批物品的无菌特性只能相对地通过物品中活的微生物概念低至某个可接受的水平来表述,即无菌保证水平。实际生产过程中,灭菌指将物品中污染的微生物残存概率下降至预期的无菌保证水平。最终灭菌的物品微生物存活概率,即无菌保证水平不得高于10^{-6}。已灭菌物品达到的无菌保证水平可通过验证确定。

2. 无菌和无菌操作法

(1) 无菌(sterility):系指在任一指定物体、介质或环境中,不得存在任何活的微生物。

(2) 无菌操作法(aseptic technique):在整个操作过程中利用或控制一定条件,使产品避免被微生物污染的一种操作方法或技术。

3. 防腐和消毒

(1) 防腐(antisepsis):是指以低温或化学药品防止和抑制微生物生长与繁殖的手段,也称抑菌。对微生物的生长与繁殖具有抑制作用的物质称抑菌剂或防腐剂。

(2) 消毒(disinfection):是指采用物理和化学方法将病原微生物杀死的手段。对病原微生物具有杀灭或除去作用的物质称消毒剂。

第2节 灭菌与防腐

案例 5-1

安徽的"欣弗"染菌案例

2006年8月4日,哈尔滨一名6岁女孩因静脉点滴林霉素磷酸酯葡萄糖注射液(商品名:欣弗)导致死亡,该药为安徽华源生物药业生产。

截至8月5日,该药共导致3例死亡,81例严重不良反应。SFDA对该药厂进行现场检查,发现该公司未按批准的工艺参数灭菌(要求105℃、30min),擅自降低灭菌温度(100~104℃),缩短灭菌时间

(缩短了 1~4min),增加灭菌柜装载量(由 5 层增至 7 层),影响了灭菌效果,导致染菌,无菌检查和热原检查不符合规定。

问题:

1. 该公司可以擅自改变工艺参数吗?
2. 该染菌药品哪些项目不符合规定?

微生物包括细菌、真菌和病毒,细菌的芽胞具有较强的抗热力,不易杀死,因此灭菌效果,应以杀死芽胞为标准。灭菌方法分为两大类:即物理灭菌法、化学灭菌法。物理灭菌法包括湿热灭菌法、干热灭菌法、射线灭菌法和过滤除菌法等。化学灭菌法包括气体灭菌法和化学药剂杀菌法等。其分类见图 5-1。

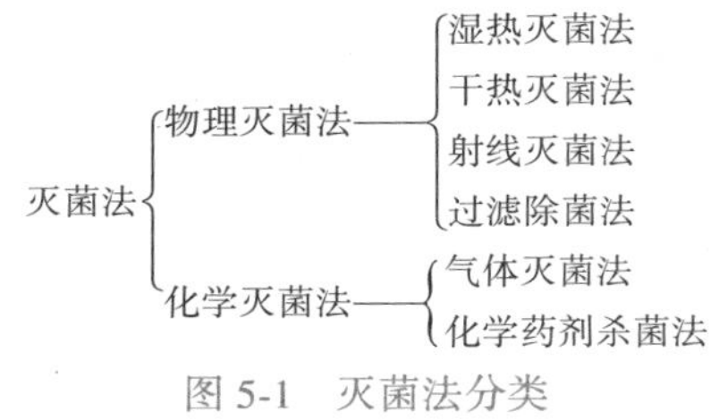

图 5-1 灭菌法分类

考点:灭菌法分类

灭菌产品的无菌保证不能依赖于最终产品的无菌检验,而是取决于生产过程中采用合格的灭菌工艺、严格的 GMP 管理和良好的无菌保证体系。灭菌工艺的确定应综合考虑被灭菌物品的性质,灭菌方法的有效性和经济性、灭菌后物品的完整性等因素。

灭菌程序的验证是无菌保证的必要条件。灭菌程序经验证后,方可交付使用。日常生产中,应对灭菌程序的运行情况进行监控,确认关键参数(如温度、压力、时间、湿度、灭菌气体浓度及吸收的辐照剂量等)均在验证确定的范围内。药品生产中应采取措施防止已灭菌物品被再次污染。

灭菌程序应定期进行再验证。当灭菌设备或程序发生变更(包括灭菌物品装载方式和数量的改变)时,也必须进行再验证。

物品的无菌保证与灭菌工艺、灭菌前产品被污染的程度及污染菌的特性相关。因此,应根据灭菌工艺的特点制定灭菌物品灭菌前的微生物污染水平及污染菌的耐受程度并进行监控,并在生产的各个环节采用各种措施降低污染,确保微生物污染控制在规定的限度内。

一、物理灭菌法

物理灭菌法系指采用加热、干燥、辐射、声波等物理手段达到灭菌目的的方法。常用的物理灭菌法有湿热灭菌法、干热灭菌法、辐射灭菌法和过滤除菌法。

可根据被灭菌物品的特性采用一种或多种方法组合灭菌。只要产品允许,应尽可能选用最终灭菌法灭菌。若产品不适合采用最终灭菌法,可选用过滤除菌法或无菌生产工艺达到无菌保证要求,只要可能,应对非最终灭菌的产品作补充性灭菌处理(如流通蒸汽灭菌)。灭菌冷却阶段,应采取措施防止已灭菌物品被再次污染,任何情况下,都应要求容器及其密封系统确保产品在有效期内符合无菌要求。

(一) 湿热灭菌法

湿热灭菌法系指将物品置于灭菌柜内利用高压饱和蒸汽、过热水喷淋等手段使微生物菌体中的蛋白质、核酸发生变性而杀灭微生物的方法。

灭菌特点是蒸汽潜热大，穿透力强，容易使蛋白质变性或凝固，而且作用可靠，操作简便，是制剂生产中应用最广泛的灭菌方法。药品、容器、培养基、无菌衣、胶塞等遇高温和潮湿不发生变化或损坏的物品，均可采用本法灭菌。本法包括热压灭菌法、流通蒸汽灭菌法、煮沸灭菌法和低温间歇灭菌等方法。

湿热灭菌条件的选择应考虑灭菌物品的热稳定性、热穿透力、微生物污染程度等因素进行选用。

湿热灭菌法时，被灭菌物品应有适当的装载方式，不能排列过密，以保证灭菌的有效性和均一性。

湿热灭菌法应确认灭菌柜内在不同装载时可能存在的冷点，当用生物指示剂进一步确认灭菌效果时，应将其置于冷点处。本法常用的生物指示剂为嗜热脂肪芽胞杆菌孢子。

1. 热压灭菌法（高压蒸汽灭菌） 系指在密闭的热压灭菌器内，以高压饱和蒸汽杀灭微生物的方法。该法灭菌能力强，为热力灭菌中最有效、应用最广泛的灭菌方法。

灭菌条件通常采用121℃×15min、121℃×30min或116℃×40min的程序，也可采用其他温度和时间参数，但必须确保被灭菌产品达到无菌保证要求。

适用范围：凡能耐高压蒸汽的所有药物制剂、玻璃容器、金属容器、瓷器、橡胶塞、滤膜过滤器等均能采用此法。本法是注射剂最可靠的灭菌方法。

常用的热压灭菌器有手提式热压灭菌器、直立式热压灭菌器、卧式热压灭菌器等，图5-2、图5-3为手提式灭菌器及其示意图，图5-4为卧式热压灭菌柜。凡热压灭菌器均应密封耐压，有排气口、安全阀、压力表和温度计等部件。目前国内生产的最新型的热压灭菌器，已实现灭菌温度与时间程序控制，并具有冷却水喷淋装置。

图5-2 手提式热压灭菌器

考点：热压灭菌法适用范围

热压灭菌器的使用操作过程：

（1）先将蒸汽通入夹层中加热10min，当夹层压力上升至所需压力时，将待灭菌物品置于金属编织篮中，排列于格车架上，推入柜室，关闭柜门，并将门闸旋紧。

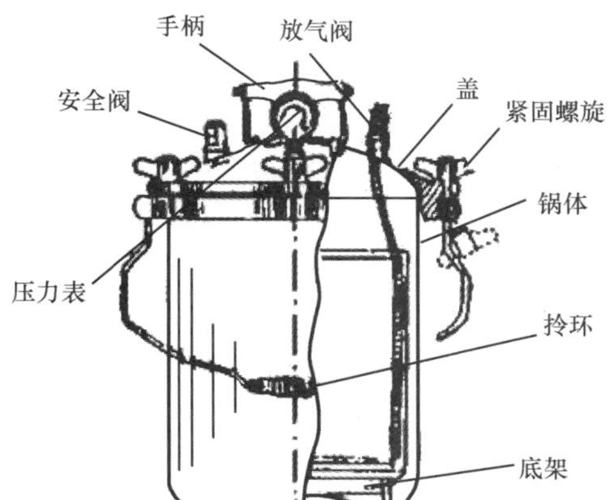

图5-3 手提式热压灭菌器示意图

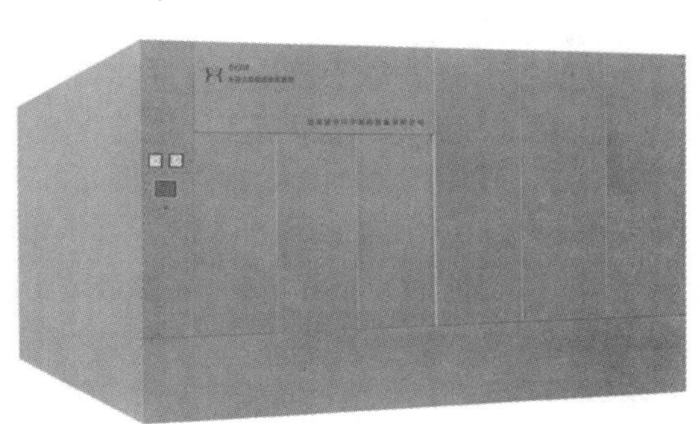
图5-4 卧式热压灭菌柜

(2) 待夹层加热完成后，将加热蒸汽通入柜内，同时打开排气阀排净空气。

(3) 当温度上升至规定温度时，开始计时（此时即为灭菌开始时间），柜内压力表应固定在规定压力。

(4) 灭菌完成后，先关闭蒸汽阀，打开放气阀和安全阀，排气至压力表降至“0”点，缓缓开启柜门，取出灭菌物品。

热压灭菌器的操作注意事项：

(1) 应先进行灭菌条件验证，确保灭菌效果。灭菌器的构造、被灭菌物体积、数量、排布均对灭菌的温度有一定影响。

(2) 必须使用饱和蒸汽。

(3) 必须将灭菌器内的空气排尽。如果灭菌器内有空气存在，则压力表上的压力是蒸汽与空气两者的总压并非纯蒸汽压，温度达不到规定值。

(4) 灭菌时间应以全部药物温度达到要求温度时开始计时，并维持规定时间。一般先预热 15~20min，再升压和升温，达到预定压力和温度后开始计时。

(5) 灭菌完毕后停止加热，必须使压力逐渐降到 0，才能放出锅内蒸汽，使锅内压力和大气压相等后，稍稍打开灭菌锅，等待 10~15min，再全部打开。以免柜内外压力差和温度差太大，造成被灭菌物品冲出、玻璃炸裂而酿成伤害事故。

考点：热压灭菌器的使用操作及操作注意事项

2. 流通蒸汽灭菌法 系在常压条件下，采用 100℃ 流通蒸汽加热杀灭微生物的方法。本法可杀死细菌的营养体，不能保证杀灭所有芽胞，如破伤风等厌气性菌的芽胞，是非可靠的灭菌方法。故制备过程中要尽可能避免污染。

一般可作为不耐热无菌产品的辅助灭菌手段。

3. 煮沸灭菌法 系把待灭菌物品放入沸水中加热灭菌的方法，一般是 100℃，30~60min。此法灭菌效果差，必要时加入抑菌剂，如甲酚、氯甲酚、苯酚、三氯叔丁醇等，以提高灭菌效果。

本法常用于注射器、注射针等器皿的消毒。

4. 低温间歇灭菌法 系将待灭菌的制剂或药品，用 60~80℃ 加热 1h，将其中的细菌繁殖体杀死，然后在室温或 37℃ 恒温箱中放置 24h，让其中的芽胞发育成为繁殖体，再次加热、放置，反复进行 3~5 次，直至消灭芽胞为止的灭菌方法。

本法灭菌时间长，消灭芽孢的效果不够完全。用本法灭菌的制剂或药品，除本身具有抑菌能力者外，须加适量抑菌剂，以增加灭菌效力。

适用范围：适用于必须用加热法灭菌但又不耐高温的制剂的灭菌。

缺点是费时，工效低，且芽胞的灭菌效果往往不理想，必要时加适量的抑菌剂，以提高灭菌效率。美国及英国药典没有收载本法。

考点：湿热灭菌法分类、灭菌特点及适用范围

5. 湿热灭菌的影响因素

(1) 灭菌物中微生物的种类与数量：不同的微生物耐热性差异很大，微生物处于不同发育阶段，所需灭菌的温度与时间也不相同。其耐热性次序为：芽胞>繁殖体>衰老体。

最初微生物数量越少，所需要的灭菌时间越短。最初微生物数量增多也增加了耐热个体出现的概率。即使细菌全部杀灭，而注射液中细菌体过多，亦会引起临床上的不良反应，所以整个生产过程应尽可能避免微生物污染，尽可能缩短生产过程，并力求在灌封后立即灭菌。

(2) 介质的性质：微生物的存活能力因介质的酸碱度差别而不同。一般情况下，在

中性环境中微生物的耐热性最强，碱性环境次之，酸性环境则不利于微生物的生长和发育，即微生物的耐热性：中性>碱性>酸性。

如 pH 为 6~8 时不宜杀灭，pH 小于 6 时，微生物容易被杀灭。所以，一般含生物碱盐类的注射液，因 pH 较低，用流通蒸汽灭菌即可。

加有适当抑菌剂时，药液经 100℃，30min 加热，可杀死抵抗力强芽胞。所用的抑菌剂有甲酚(0.1%~0.3%)、氯甲酚(0.05%~0.1%)、三氯叔丁醇(0.2%~0.5%)、苯酚(0.1%~0.5%)、硝酸苯汞或醋酸苯汞(0.001%~0.002%)。

介质中的营养成分越丰富(如含糖类、蛋白质等)，微生物的耐热性越强，应适当提高灭菌温度和延长灭菌时间。

(3) 药品的稳定性：一般而言，灭菌温度越高，灭菌时间越长，起反应的物质越多，药品被破坏的可能性越大。因此，在设计灭菌温度和灭菌时间时必须考虑药品的稳定性，即在达到有效灭菌的前提下，尽可能降低灭菌温度和缩短灭菌时间。

实践证明在力求避免微生物污染和严格质量控制的条件下，维生素 C 注射液用流通蒸汽灭菌 15min，葡萄糖注射液(5%)用热压灭菌 115℃，30min 是可行的。

(4) 蒸汽的性质：蒸汽有饱和蒸汽、湿饱和蒸汽、过热蒸汽三种。饱和蒸汽热含量较高，热穿透力强，灭菌效率高；湿饱和蒸汽因含有微细水滴，热含量较低，热穿透力较差，灭菌效率较低；过热蒸汽与干热灭菌近似，穿透效率很差、灭菌效率较差，且易引起药品的不稳定性。因此，应尽可能采用饱和蒸汽进行灭菌。

考点：湿热灭菌的影响因素

(二) 干热灭菌法

干热灭菌法是利用火焰或干热空气达到杀灭微生物或消除热原物质的方法。其包括干热空气灭菌法、火焰灭菌法。

采用干热灭菌时，被灭菌物品不能排列过密，以保证灭菌的有效性和均一性；生物指示剂进一步确认灭菌效果时，应将其置于冷点处。常用生物指示剂为枯草芽胞杆菌胞子。在同一温度下湿热灭菌的效果比干热灭菌的效果好。

1. 干热空气灭菌法 系指将物品置于干热灭菌柜、隧道灭菌器等设备中，利用干热空气达到杀灭微生物或消除热原物质的方法。本法适用于耐高温但不宜用湿热灭菌法灭菌的物品灭菌，如玻璃器具、金属制容器、纤维制品、固体试药、液体石蜡等。

采用干热空气灭菌法必须注意玻璃与搪瓷制品操作前应充分干燥，以免灼烧时炸裂。

干热空气灭菌法的灭菌条件一般为 160~170℃×120min 以上、170~180℃×60min 以上或 250℃×45min 以上，也可采用其他温度和时间参数，但必须确保被灭菌产品达到无菌保证要求。250℃×45min 的干热灭菌也可除去无菌产品包装容器及有关生产灌装用具中的热原物质。干热灭菌用于去除热原时，验证应当包括细菌内毒素挑战试验。

链 接

热 原

热原是指能引起恒温动物体温异常升高的致热物质。药剂学上的“热原”通常指细菌性热原，是微生物产生的代谢产物。含有热原的注射剂进入体内即产生“热原反应”，如高热、呕吐、寒战等。

图 5-5、图 5-6 分别是干热灭菌柜和干热隧道式灭菌烘箱。干热灭菌柜为批量式(间歇式)灭菌设备，一侧在一般生产区，一侧在洁净区，用于金属器具、设备部件的灭菌除热

原;干热隧道式灭菌烘箱为连续型灭菌设备,前段与洗瓶机相连,后端设在无菌区,出口至灌装机之间的传送带均在A级层流保护下,用于安瓿或西林瓶的灭菌。

图5-5　干热灭菌柜

图5-6　干热隧道式灭菌烘箱

2. 火焰灭菌法　系直接在火焰中烧灼微生物而达到灭菌的方法。通常是将需灭菌的器具在火焰上往返通过,加热20s以上,或注入少量乙醇摇动使之沾满容器内壁,点火燃烧,即可达到灭菌效果。

该法灭菌迅速、可靠、简便,适用于耐火材质的物品,如金属、玻璃及瓷器等用具的灭菌,不适合药品的灭菌,因为微生物可能被烧至炭化或汽化。

考点:干热空气灭菌法灭菌特点及适用范围

链　接

常用灭菌参数

*F*值为一定温度(*T*)、*Z*值为10℃所产生的灭菌效果与170℃灭菌效果相同时,所相当的时间。为干热灭菌过程的可靠性参数。F_0值为标准的灭菌时间,指灭菌过程赋予待灭菌物品在121℃下的等效灭菌时间。F_0值适用于热压灭菌,是热压灭菌法灭菌可靠性的控制标准。由于F_0值是将不同灭菌温度计算到相当于121℃热压灭菌时的灭菌效力,故F_0值可作为灭菌过程的比较参数,可验证灭菌效果。湿热灭菌的F_0值应不低于8。

考点:了解F值和F_0值适用范围

(三)射线灭菌法

射线灭菌法系采用辐射、微波和紫外线杀死微生物和芽孢的方法。包括辐射灭菌法、微波灭菌法、紫外线灭菌法。

1. 辐射灭菌法　系将物品置于适宜放射源辐射的γ射线或适宜的电子加速器发生的电子束中进行电离辐射而达到杀灭微生物的方法。最常用的为^{60}Co-γ射线辐射灭菌。适用于医疗器械、容器、生产辅助用品、不受辐射破坏的原料药及成品等。

常用的辐射灭菌吸收剂量为25kGy(戈瑞)。

采用辐射灭菌法,灭菌前,应对被灭菌物品微生物污染的数量和抗辐射强度进行测定,以确定辐射应用的最佳剂量和评价灭菌过程赋予该灭菌物品的无菌保证水平。最终产品、原料药、某些医疗器材应尽可能采用低辐射剂量灭菌。某些药物(特别是溶液型)经辐射灭菌后,可能产生药效降低或产生毒性物质和发热物质等,要慎重选择该法灭菌。工作人员要注意安全防护(如穿铅服),以免受到辐射伤害。

2. 微波灭菌法　系采用微波(频率为300～300 000MHz)照射产生的热能杀死微生物和芽孢的方法。微波可穿透到介质的深部,具有升温迅速,加热均匀的特点,灭菌作用可靠,灭菌时间短,仅需几十秒钟。本法适用于有一定含水量的物品灭菌,对固体物料有干燥作用。

微波灭菌机是利用微波的热效应和非热效应(生物效应)相结合实现灭菌目的的设备(图5-7),热效应使微生物体内蛋白质变性而失活,非热效应干扰了微生物正常的新陈代谢,破坏微生物生长条件。该技术在低温(70～80℃)时即可杀灭微生物,而不影响药物的稳定性,对热压灭菌不稳定的药物制剂,采用微波灭菌则较稳定,降解产物减少。

3. 紫外线灭菌法　系用紫外线照射杀灭微生物的方法。

用于紫外线灭菌的波长一般为200～300nm,灭菌力最强的波长为254nm。

紫外灭菌法的设备主要是紫外灭菌灯(图5-8)。由于紫外线是以直线传播,可被不同的表面反射或吸收,穿透力微弱,普通玻璃即可吸收紫外线,因此,装于容器中的药物也不能用紫外线灭菌。该法适合于空气和物体表面灭菌。

图5-7　隧道式微波干燥灭菌机

图5-8　紫外灭菌灯

紫外线对人体有害,照射过久易发生结膜炎、红斑及皮肤烧灼等伤害,故一般在生产操作前开启1～2h,生产操作时关闭;如必须在生产操作过程中照射时,对操作者的皮肤和眼睛应采用适当的防护措施。6～15m^3空间可装30W紫外灯一只,灯距地面2～3m,相对湿度45%～60%,温度10～55℃杀菌效果比较好。

考点: 射线灭菌法分类、灭菌特点及适用范围

(四) 过滤除菌法

过滤除菌法系利用细菌不能通过致密具孔滤材的原理以除去气体或液体中微生物的方法。所用的器械称为除菌过滤器。该法适合于气体、热不稳定的药品溶液或原料的除菌。过滤除菌法常用的生物指示剂为缺陷假单胞菌。

灭菌用过滤器应有较高的过滤效率,能有效地除尽物料中的微生物,过滤器不得对被滤过成分有吸附作用,也不能释放、脱落物质。

除菌过滤器采用孔径分布均匀的微孔滤膜作过滤材料,微孔滤膜分亲水性和疏水性两种。除菌滤膜孔径一般不超过0.22μm。常用的除菌过滤器有:0.22μm或0.3μm的微孔滤膜滤器(图5-9)和G6(号)垂熔玻璃滤器(图5-10)。

滤器和滤膜在使用前应进行清洁处理,并用高压蒸汽进行灭菌或做在线灭菌。更换品种和批次应先清洗滤器,再更换滤芯或滤膜或直接更换滤器。

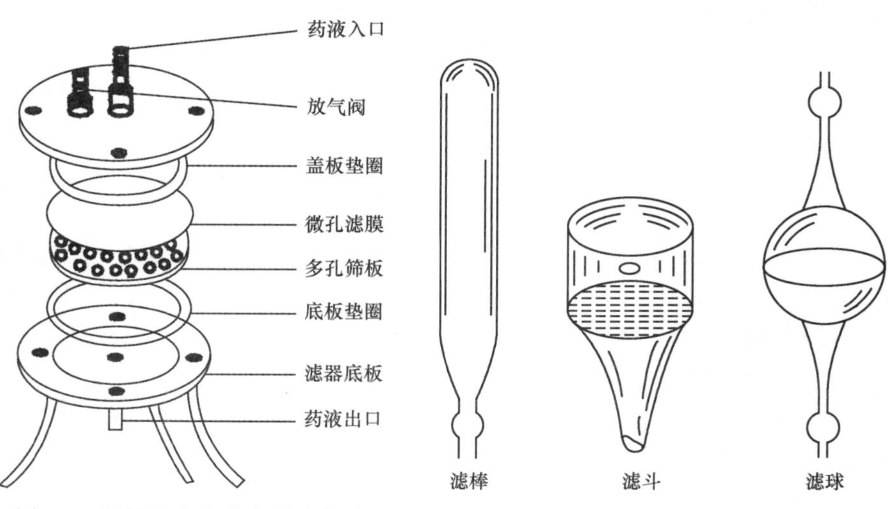

图 5-9　平板微孔滤膜滤器示意图　　图 5-10　各种垂熔玻璃滤器

在每一次过滤除菌前后均应作滤器的完整性试验，即气泡点试验或压力维持试验或气体扩散流量试验，确认滤膜在除菌过滤过程中的有效性和完整性。除菌过滤器的使用时间一般不应超过一个工作日，否则应进行验证。

通过过滤除菌法达到无菌的产品应严密监控其生产环境的洁净度，应在无菌环境下进行过滤操作。相关的设备、包装容器、塞子及其他物品应采用适当的方法进行灭菌，并防止再污染。

考点：过滤除菌法适用范围及常用的除菌过滤器

二、化学灭菌法

化学灭菌法系指用化学药品直接作用于微生物而将其杀灭的方法。其包括气体灭菌法和化学药剂杀菌法。

（一）气体灭菌法

气体灭菌法系指用化学消毒剂形成的气体杀灭微生物的方法。常用的化学消毒剂有环氧乙烷、气态过氧化氢、甲醛蒸气、臭氧（O_3）等。

图 5-11　环氧乙烷灭菌器

本法适用于在气体中稳定的物品的灭菌，采用气体灭菌法时，应注意灭菌气体的可燃可爆性、致畸性和残留毒性。

1. 环氧乙烷　是气体灭菌法中最常用的气体，一般与 80%～90% 的惰性气体混合使用，在充有灭菌气体的高压腔室内进行。可用于医疗器械，塑料制品等不能采用高温灭菌的物品灭菌。含氯的物品及能吸附环氧乙烷的物品则不宜使用本法灭菌。

灭菌设备常用环氧乙烷灭菌器（图 5-11）。灭菌柜内的温度、湿度、灭菌气体浓度、灭菌时间是影响灭菌效果的重要因素。《中国药典》2015 年版推荐的灭菌条件是温度（54±10）℃、相对湿度 60%±10%、灭菌压力 8×10^5Pa、灭菌时间 90min。灭菌条件应予验证。

灭菌前应进行泄露试验，以确认灭菌腔室的密闭性。灭菌时，将灭菌腔室先抽成真空，然后通入蒸汽使腔室内达到设定的温湿度平衡的额定值，再通入经过滤和预热的环氧乙烷气体。灭菌过程中，应严密监控腔室的温度、湿度、压力、环氧乙烷浓度及灭菌时间。必要时使用生物指示剂枯草芽胞杆菌孢子监控灭菌效果。灭菌后，应采取新鲜空气置换，使残留环氧乙烷和其他易挥发性残留物消散。并对灭菌物品中的环氧乙烷残留物和反应产物进行监控，以证明其不超过规定的限度，避免产生毒性。一些塑料、皮革及橡胶与环氧乙烷有强亲和力，故需长达 12～24h 通空气驱除。本法灭菌程序的控制具有一定难度，整个灭菌过程应在技术熟练人员的监督下进行。

2. 甲醛　该方法的灭菌较彻底，是常用的方法之一，但穿透力差，只能用于空气杀菌。一般采用气体发生装置（图 5-12），每立方米空间用 40% 甲醛溶液 30ml。采用蒸气加热夹层锅，加热后产生甲醛蒸气，经蒸气出口送入总进风道，由鼓风机吹入无菌室，连续 3h 后，关闭密熏 12～24h，并应保持室内湿度>60%，温度>25℃，以免低温导致甲醛蒸气聚合而附着于冷表面，从而降低空气中甲醛浓度，影响灭菌效率。密熏完毕后，将 25% 的氨水经加热，按一定流量送入无菌室内，以清除甲醛蒸气，然后开启排风设备，并通入无菌空气直至室内排尽甲醛。

甲醛对黏膜有强刺激性，使用时应注意。

3. 臭氧　是一种氧化剂，不稳定，易分解，被认为是一种高效广谱的杀菌剂，主要用于空气杀菌。臭氧主要通过臭氧发生器制备（图 5-13），采用空气或氧气为原料，利用高频高压放电生产臭氧。灭菌时将臭氧通入灭菌房间，维持通气 1～2h，密闭一定时间，通入新风即可。如果密闭时间较长，臭氧可全部自行分解变成氧气。适用于无菌室内的空气的灭菌。

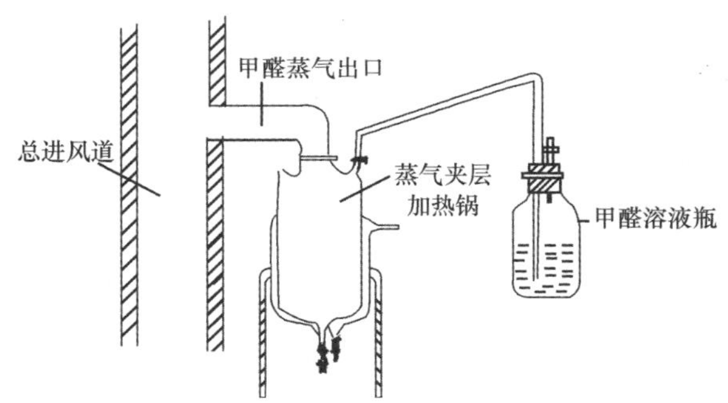

图 5-12　甲醛溶液加热熏蒸气体发生装置

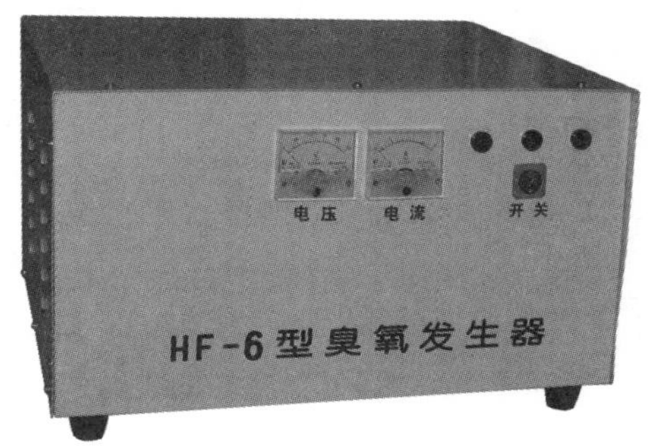

图 5-13　臭氧发生器

4. 其他灭菌气体　丙二醇、乳酸也具有杀菌作用，杀菌力不及甲醛，但安全无害。灭菌时将丙二醇置于蒸发器中，放入无菌操作室内，加热汽化，丙二醇用量为每立方米空间 1ml。乳酸用量为每立方米空间 2ml。

（二）化学药剂杀菌法

化学药剂杀菌法系指采用杀菌剂溶液进行灭菌的方法。

适用于其他灭菌法的辅助措施，适合于皮肤、无菌器具和设备的消毒。

在制药工业上应用化学杀菌剂，其目的在于减少微生物的数目，以控制无菌状况至一定水平。化学杀菌剂并不能杀死芽孢，仅对繁殖体有效。化学杀菌剂的效果，依赖于微生物的种类及数目,物体表面光滑或多孔与否,以及化学杀菌剂的性质。

常用的有 0.1%~0.2%新洁尔灭溶液,75%乙醇等。由于化学杀菌剂常施用于物体表面,也要注意其浓度不要过高,以防其化学腐蚀作用。

考点:化学灭菌法分类及适用范围

三、无菌操作法

无菌操作法在技术上并非灭菌操作,是整个过程控制在无菌条件下进行的一种操作方法。

本法适用于一些不耐热药物的注射剂、眼用制剂、皮试液、海绵剂和创伤制剂的制备。按无菌操作法制备的产品,一般最终不再灭菌,可直接使用。但某些特殊(耐热)品种亦可进行再灭菌(如青霉素 G 等)。只要产品允许,应尽可能选用最终灭菌法灭菌。

无菌操作场所为无菌操作室、层流洁净工作台(图 5-14)、无菌操作柜。小量无菌制剂的制备,普遍采用层流洁净工作台进行无菌操作,该设备具有良好的无菌环境,使用方便,效果可靠。无菌操作柜目前常用于试制阶段。大量生产在无菌室内进行。无菌分装及无菌冻干是最常见的无菌生产工艺。在生产过程中必须采用过滤除菌法。

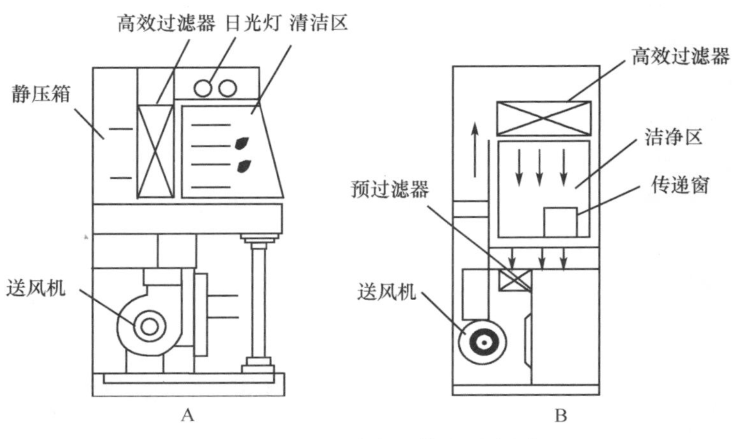

图 5-14　层流洁净工作台示意图
A. 水平层流洁净工作台;B. 垂直层流洁净工作台

链　接

无菌操作柜

无菌操作柜分小型无菌操作与联合无菌操作两种。小型无菌操作柜(图 5-15)又称单人无菌柜。式样有单面式与双面式两种。操作柜的四周配以玻璃,操作台有两个圆孔,孔内密接橡皮手套或袖套。药品及用具等,由侧门送入柜内后关闭。操作时可完全与外界空气隔绝。柜内空气的灭菌,可在柜中央上方装一小型紫外线灯,使用前 1h 启灯灭菌,或用化学杀菌剂喷雾灭菌。联合无菌操作柜是由几个小型操作柜联合制成,以使原料的精制,传递分装及成品暂时存放等工作全部在柜内进行。

图 5-15　无菌操作柜

（一）无菌药品生产过程的环境要求

考点：了解三个无菌操作场所及最常见的无菌生产工艺

无菌药品生产及生产不同阶段对生产环境的要求是不同的，GMP 将无菌药品生产所需的洁净环境分为 A，B，C，D 四个级别，各级别空气悬浮粒子和微生物限度标准详见第 2 章第 1 节。

A 级：高风险操作区，如灌装区、放置胶塞桶和与无菌制剂直接接触的敞口包装容器的区域及无菌装配或连接操作的区域，应当用单向流操作台（罩）维持该区的环境状态（图 5-16）。单向流系统在其工作区域必须均匀送风，应当有数据证明单向流的状态并经过验证。

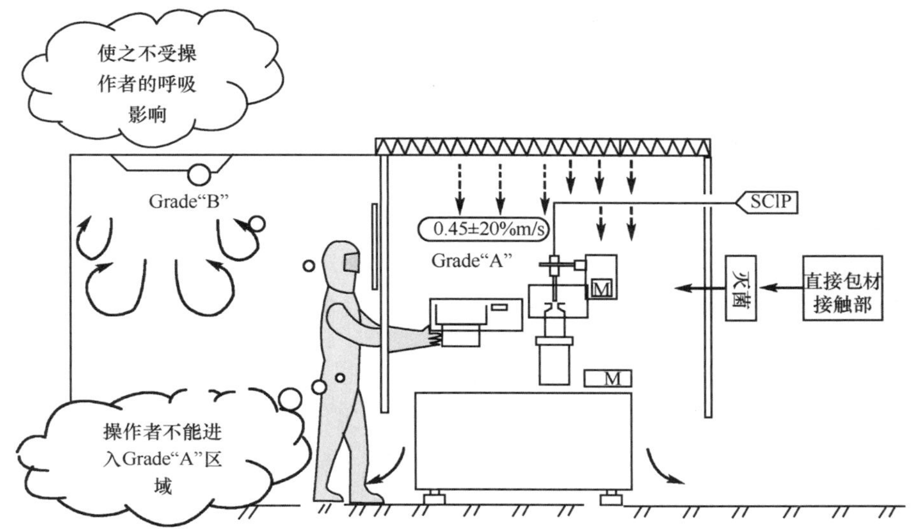

图 5-16　关键操作区气流方向示例

在密闭的隔离操作器或手套箱内，可使用较低的风速。

B 级：指无菌配制和灌装等高风险操作 A 级洁净区所处的背景区域。

C 级和 D 级：指无菌药品生产过程中重要程度较低操作步骤的洁净区。

无菌药品按其最终除去微生物的方法的不同，分为最终灭菌产品和非最终灭菌产品。其生产环境示例见表 5-1、表 5-2。

表 5-1　最终灭菌产品生产操作环境示例

洁净度级别	最终灭菌产品生产操作示例
C 级背景下的 A 级	高污染风险[(1)]的产品灌装（或灌封）
C 级	1. 产品灌装（或灌封） 2. 高污染风险[(2)]产品的配制和过滤 3. 眼用制剂、无菌软膏剂、无菌混悬剂等的配制、灌装（或灌封） 4. 直接接触药品的包装材料和器具最终清洗后的处理
D 级	1. 轧盖 2. 灌装前物料的准备 3. 产品配制（指浓配或采用密闭系统的配制）和过滤直接接触药品的包装材料和器具的最终清洗

注：(1) 此处的高污染风险是指产品容易长菌、灌装速度慢、灌装用容器为广口瓶、容器须暴露数秒后方可密封等状况。
(2) 此处的高污染风险是指产品容易长菌、配制后需等待较长时间方可灭菌或不在密闭系统中配制等状况。

表 5-2 非最终灭菌产品生产操作环境示例

洁净度级别	非最终灭菌产品生产操作示例
B 级背景下的 A 级	1. 处于未完全密封[(1)]状态下产品的操作和转运，如产品灌装（或灌封）、分装、压塞、轧盖[(2)]等 2. 灌装前无法除菌过滤的药液或产品的配制 3. 直接接触药品的包装材料、器具灭菌后的装配，以及处于未完全密封状态下的转运和存放 4. 无菌原料药的粉碎、过筛、混合、分装
B 级	1. 处于未完全密封[(1)]状态下的产品置于完全密封容器内的转运 2. 直接接触药品的包装材料、器具灭菌后处于密闭容器内的转运和存放
C 级	1. 灌装前可除菌过滤的药液或产品的配制 2. 产品的过滤
D 级	直接接触药品的包装材料、器具的最终清洗、装配或包装、灭菌

注：(1) 轧盖前产品视为处于未完全密封状态。

(2) 根据已压塞产品的密封性、轧盖设备的设计、铝盖的特性等因素，轧盖操作可选择在 C 级或 D 级背景下的 A 级送风环境中进行。A 级送风环境应当至少符合 A 级区的静态要求。

考点：了解无菌药品生产环境示例

（二）无菌室空气的净化

空气净化系指以创造洁净空气为目的的空气调节措施，分工业净化（去除尘埃粒子）和生物净化（去除尘埃粒子和微生物）。无菌药品生产的环境空气必须经过生物净化，使室内空气的洁净度达到符合无菌药品生产标准的级别，洁净室的环境及空气净化详见第 2 章第 2 节。

（三）无菌室环境灭菌

常采用紫外线、液体和气体灭菌法对无菌操作室环境进行灭菌。

早晨、中午生产前要用紫外灯照射至少 60min。每日下班后用臭氧气体灭菌，也可用其他灭菌气体，如甲醛、丙二醇、乳酸、三甘醇等。

无菌室墙、地面、用具等的表面每日用消毒剂擦拭、喷洒。

室外进入洁净室的用具应灭菌进入，并定期检测灭菌效果。

（四）无菌操作

无菌操作所用的一切物品、器具及环境，均需按前述灭菌法灭菌。如安瓿应 150～180℃、2～3h 干热灭菌，橡皮塞应 121℃、1h 热压灭菌等。

无菌操作操作人员进入无菌操作室前应淋浴，并更换已灭菌的工作服和鞋帽，不得外露头发和内衣，不得化妆和佩戴饰物，不得裸手接触药品，严格遵守无菌操作规程，以免污染药品。

（五）验证

药品经无菌操作法处理后，需经无菌检验证实已无微生物生存，方能使用。法定的无菌检查法，包括有直接接种法和薄膜过滤法。

无菌检验往往难以检出极微量微生物，为了保证产品无菌，有必要对灭菌方法的可靠性进行验证。

无菌生产工艺的验证应包括培养基模拟灌装试验。

考点：掌握无菌检查法的两种方法

四、防腐技术

液体药剂易被微生物所污染，尤其是含有营养性物质如糖类、蛋白质等的水性液体药剂，更容易引起微生物的滋长和繁殖。抗生素和一些化学合成的消毒防腐药的液体药剂，有时也会染菌生霉。这是因为各种抗菌药物对本身抗菌谱以外的微生物不起抑菌作用所致。液体药剂一旦染菌长霉，会严重影响药剂质量而危害人体健康，不能再供临床应用。在实际生产中，往往不能完全杜绝微生物的污染，制剂中常常因为少量微生物的存在，导致制剂霉败变质，因此在制剂中有针对性的选择应用防腐剂，也是制剂防腐的重要手段。

《中国药典》2015年版对液体药剂的染菌数限量要求和检查方法均有明确规定。液体药剂要达到药品卫生标准，必须采取有力的防腐措施，除防止污染、灭菌外，常常添加防腐剂控制微生物的生长和繁殖。

常用的防腐剂有：

1. 对羟基苯甲酸酯类 对羟基苯甲酸酯类又称尼泊金类，常用的有甲、乙、丙、丁四种酯。此类系一类优良的防腐剂，无毒、无味、无臭，不挥发，性质稳定，普遍应用于软膏、合剂和液体制剂处方中。在酸性溶液中（pH 3～6）作用稳定，中性条件亦可用，在碱性溶液中（pH 8）因水解防腐作用会下降。

对羟基苯甲酸酯类对霉菌的抑菌效能较强，对细菌较弱，在含吐温的药液中不宜选用对羟基苯甲酸酯类作防腐剂。本类防腐剂混合使用有协同作用，几种酯合用效果更佳。通常是乙酯和丙酯（1∶1）或乙酯和丁酯（4∶1）合用，浓度均为0.01%～0.25%。《中国药典》2015年版规定糖浆剂、合剂的羟苯甲酯类的用量不得超过0.05%。

本类防腐剂在水中溶解度较小，配制方法为：先将水加热到80℃左右，再加入尼泊金搅拌使溶解。也可以将尼泊金先溶于少量乙醇中，再进行配制。

2. 苯甲酸与苯甲酸钠 苯甲酸与苯甲酸钠为常用的有效防腐剂，适用于内服和外用制剂作防腐剂，pH4的介质中作用好。一般用量为0.1%～0.25%。《中国药典》2015年版规定糖浆剂、合剂的用量不得超过0.3%（其钠盐的用量按酸计）。苯甲酸在水中的溶解度低，仅为0.29%，而苯甲酸钠则可达到5%（20℃），故常用其钠盐。苯甲酸防霉作用较尼泊金类为弱，而防发酵能力则较尼泊金类强。可与尼泊金类联合应用，特别适用于中药液体制剂。

3. 山梨酸及山梨酸钾 山梨酸及山梨酸钾为常用的有效防腐剂，适用于内服和外用制剂作防腐剂，特别适用于含有吐温的液体药剂防腐。对真菌和细菌的抑制作用均较好，山梨酸的防腐作用是未解离的分子，故在pH为4的水溶液中抑菌效果较好。一般用量为0.15%～0.2%。《中国药典》2015年版规定糖浆剂、合剂的用量不得超过0.3%（其钾盐的用量按酸计）。山梨酸在水中的溶解度低，仅为0.2%，而山梨酸钾则易溶于水，故常用其钾盐。

4. 苯扎溴铵 又称新洁尔灭，为阳离子表面活性剂。本品在酸性和碱性溶液中稳定，耐热压。对金属橡胶、塑料无腐蚀作用。只用于外用药剂中，使用浓度为0.02%～0.2%。

5. 醋酸氯乙定 又称醋酸洗必泰，微溶于水，溶于乙醇、甘油、丙二醇等溶剂中，为广谱杀菌剂，用量为0.02%～0.05%。

6. 其他防腐剂 邻苯基苯酚微溶于水，使用浓度为0.005%～0.2%；桉叶油为

0.01%～0.05%；桂皮油为0.01%；薄荷油为0.05%。

考点：常用防腐剂有哪些、羟苯酯类防腐剂特点

第3节　热　　原

一、概　　述

（一）热原的定义和特点

1. 定义　热原（pyrogen）系指注射后能引起人体和恒温动物体温异常升高的致热性物质。

2. 特点　热原是微生物产生的一种内毒素，由磷脂、脂多糖和蛋白质组成，其中脂多糖是内毒素的主要成分，因而大致可认为热原＝内毒素＝脂多糖。大多数细菌都能产生热原，致热能力最强的是革兰阴性杆菌，分子量一般为1×10^6左右。

3. 热原反应　热原注入人体内，大约0.5h后就能产生发冷、寒战、体温升高、恶心、呕吐等症状，有时体温40℃以上，严重者出现昏迷、虚脱，甚至有生命危险。临床上这种现象称为热原反应。

考点：热原的特点

（二）热原的性质

（1）水溶性：热原溶于水。由于其化学结构上连接有多糖。

（2）不挥发性：热原本身不挥发，但在蒸馏时，可随水蒸气的雾滴夹带入蒸馏水，故蒸馏水器需要设有除沫装置，且防止暴沸。

（3）过滤性：热原体积小，为1～5nm，一般的滤器均可通过，不能截留。

（4）耐热性：热原在60℃加热1h不受影响，100℃加热也不降解，但在180℃、3～4h，200℃、60min，250℃、30～45min可使热原彻底破坏。在通常注射剂的热压灭菌法中热原不能被破坏。

（5）吸附性：热原能被药用炭、硅藻土、白陶土等吸附，也可被离子交换树脂交换吸附而除去。

（6）不耐强酸、强碱、强氧化剂和超声波。

考点：热原的性质

二、污染热原的途径

（1）注射用水：是热原污染的主要来源。蒸馏器结构不合理、操作不当、容器不洁、放置时间过长等都会引入热原污染。配制注射剂必须使用新鲜注射用水。

（2）原辅料：药物和辅料由于原制备不洁、包装不当、储存过久易滋生微生物，特别是含有糖、蛋白质、脂肪、水分等。

（3）容器、用具、管道和设备若未彻底认真清洗处理，常会带来热原污染，故要严格按操作规程处理。

（4）生产过程中洁净度差、时间过长、产品未及时灭菌，均会污染热原。故应严格净化程序，如空气净化、环境净化、人员净化、物料净化等。

（5）输液器具：有时输液本身不含热原，可能由于给药时输液器具、配药器具污染而引起热原反应。

三、除去热原的方法

1. 吸附法 常用的吸附剂为药用炭,药用炭对热原有较强的吸附作用,同时有助滤和脱色作用,广泛应用于注射剂生产中,常用量0.05%~0.5%(W/V)。

2. 酸碱法 玻璃容器、用具可用重铬酸钾硫酸清洗液或稀氢氧化钠液处理,可将热原破坏。

3. 离子交换法 离子交换树脂具有较大表面积和表面电荷,而具有吸附和交换作用。常用弱碱性阴离子交换树脂、弱酸性阳离子交换树脂除去丙种胎盘球蛋白注射液中的热原。

4. 超滤法 用3.0~15nm超滤膜可除去热原。如10%~15%的葡萄糖注射液可用此法除去热原。

5. 高温法 能经受高温加热的容器具,如针头、针筒或其他玻璃器皿,洗净后,于250℃加热30min以上,可破坏热原。

6. 凝胶过滤法 热原是大分子复合物,可用凝胶(分子筛)过滤除去。如用二乙氨基乙基葡聚糖凝胶(分子筛)制备无热原去离子水。

7. 反渗透法 用反渗透法通过三醋酸纤维膜除去热原。

考点:除去热原的几种方法

四、检查热原的方法

1. 热原检查法 系将一定剂量的供试品,静脉注入家兔体内,在规定时间内,观察家兔体温升高的情况,以判定供试品中所含热原的限度是否符合规定。家兔检查结果的准确性和一致性取决于试验动物的状况、试验室条件和操作的规范性。家兔法检测热原的灵敏度为0.001μg/ml(图5-17),试验结果接近人体真实情况,但操作繁琐费时,不能用于注射剂生产过程中的质量监控。目前已采用直肠热电偶(图5-18)代替肛温计。直肠热电偶在整个实验过程中固定在直肠内,其温度可连续记录,免除了肛温计多次插直肠的操作。

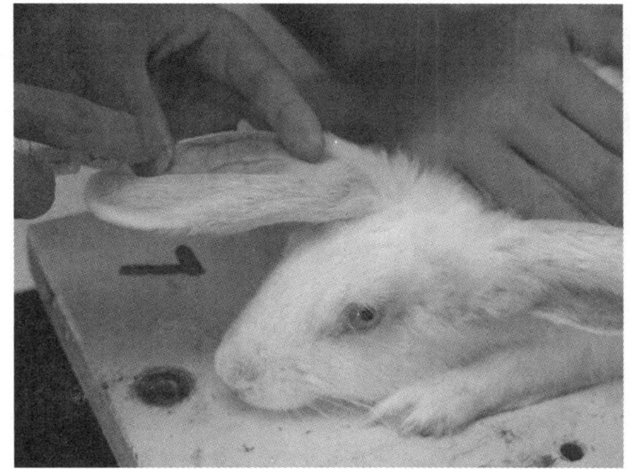
图5-17 操作人员在用家兔作热原测试

图5-18 直肠热电偶

2. 细菌内毒素检查法 又称鲎试验法(所用材料见图 5-19),是利用鲎试剂来检测或量化由革兰阴性菌产生的细菌内毒素,以判断供试品中细菌内毒素的限量是否符合规定的一种方法。细菌内毒素检查包括两种方法,即凝胶法和光度测定法,后者包括浊度法和显色基质法。供试品检测时,可使用其中任何一种方法进行试验。当测定结果有争议时,除另有规定外,以凝胶法结果为准(简要实验步骤见图 5-20)。本试验操作过程应防止微生物和内毒素的污染。

鲎试验法检查内毒素的灵敏度为 0.0001μg/ml,比家兔法灵敏 10 倍,操作简单易行,试验费用低,结果迅速可靠,适用于注射剂生产过程中的热原控制和某些不能用家兔进行的热原检测的品种(如放射性制剂、肿瘤抑制剂等),因为这些制剂具有细胞毒性,并具有一定的生物效应,不适宜用家兔法检测。

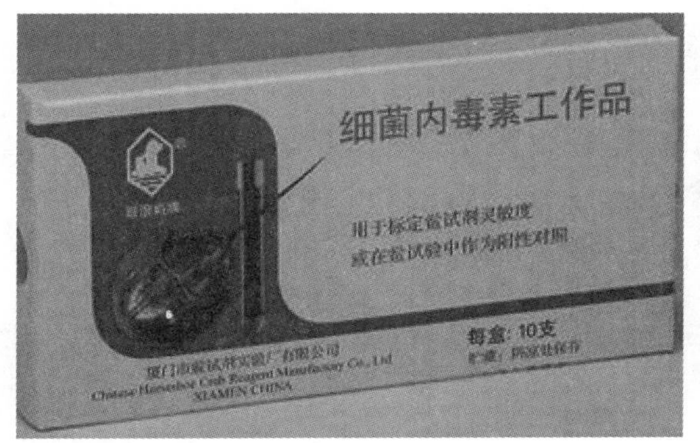

A

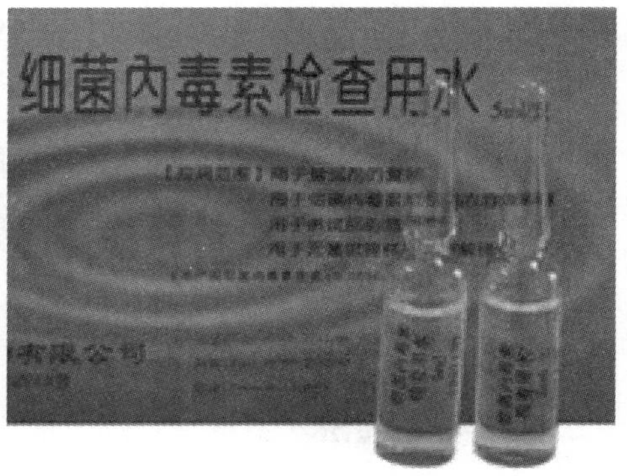

B

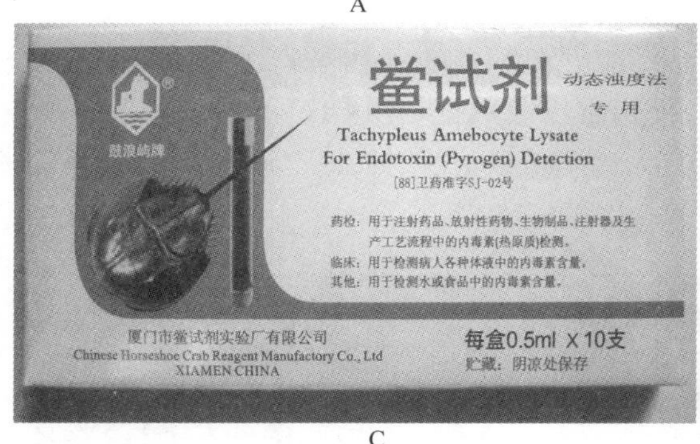

C

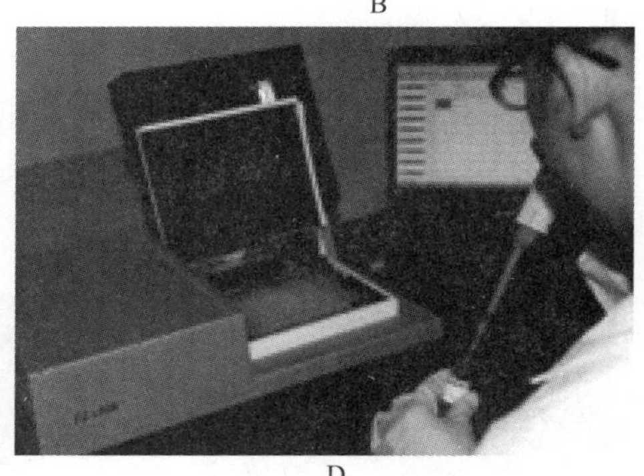

D

图 5-19 细菌内毒素检查法所用材料

A. 细菌内毒素工作品;B. 细菌内毒素检查用水;C. 鲎试剂;D. 细菌内毒素测定仪

1

取出试剂盒中无热原吸管，注意不要触碰吸头尖端和颈部

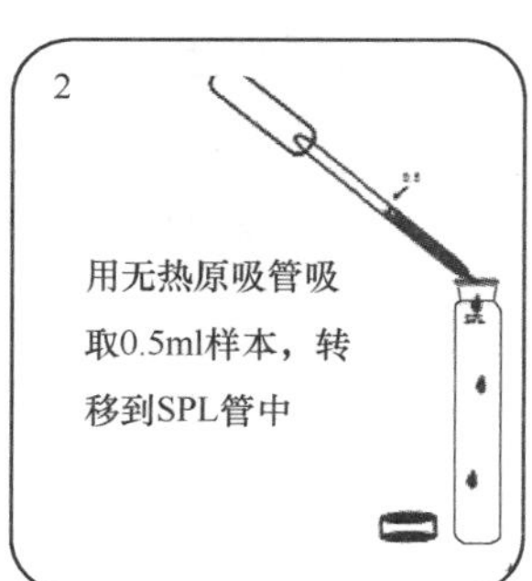

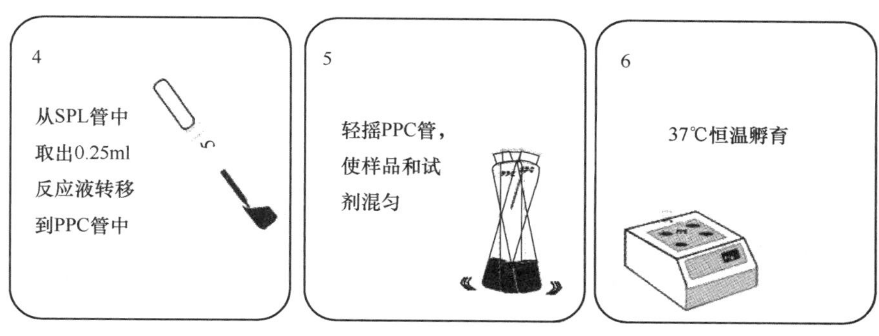

图 5-20　细菌内毒素检查法简要实验步骤(凝胶法)

鲎试验法灵敏度高，操作简单，实验费用少，适用于生产过程中的热原控制，但易出现“假阳性”，因其对革兰阴性菌以外的内毒素不灵敏，故尚不能完全代替家兔法。

考点：热原的检查方法

参考解析

案例 5-1 问题 1 分析：该公司采用的是湿热灭菌法，其工艺参数是综合考虑欣弗的热稳定性、热穿透力、微生物污染程度、装载方式及数量等因素，并且经过灭菌程序的验证，保证无菌才确定下来的。当灭菌温度、时间、装载量发生改变时，必须进行再验证。

案例 5-1 问题 2 分析：该公司擅自改变工艺参数，降低灭菌温度，缩短灭菌时间，增加灭菌柜装载量，影响了灭菌效果，不能确保产品达到无菌要求，所以导致染菌。无菌检查和热原检查不符合规定。

自 测 题

一、选择题

(一) 单项选择题。每题的备选答案中只有一个最佳答案。

1. 关于灭菌法的叙述哪一条是错误的(　　)
   A. 灭菌法是指杀死或除去所有微生物的方法
   B. 微生物只包括细菌、真菌
   C. 细菌的芽胞具有较强的抗热性，不易杀死，因此灭菌效果应以杀死芽胞为准
   D. 在药剂学中选择灭菌法与微生物学上的不尽相同
   E. 物理因素对微生物的化学成分和新陈代谢影响极大，许多物理方法可用于灭菌
2. 油脂性基质的灭菌方法可选用(　　)
   A. 热压灭菌　B. 干热灭菌
   C. 气体灭菌　D. 紫外线灭菌
   E. 流通蒸气灭菌
3. 生产注射剂最可靠的灭菌方法是(　　)
   A. 流通蒸汽灭菌法　B. 滤过灭菌法
   C. 干热空气灭菌法　D. 热压灭菌法
   E. 气体灭菌法
4. 使用热压灭菌器灭菌时所用的蒸汽是(　　)
   A. 过热蒸汽　B. 饱和蒸汽
   C. 不饱和蒸汽　D. 湿饱和蒸汽
   E. 流通蒸汽
5. 影响湿热灭菌的因素不包括(　　)
   A. 灭菌器的大小　B. 细菌的种类和数量
   C. 药物的性质　D. 蒸汽的性质
   E. 介质的性质
6. 作为热压灭菌法灭菌可靠性的控制标准是(　　)
   A. F 值　B. F_0 值
   C. D 值　D. Z 值
7. 灭菌的标准以杀死(　　)为准
   A. 热原　B. 微生物
   C. 细菌　D. 芽胞
8. 滤过除菌用微孔滤膜的孔径应为(　　)
   A. 0.8μm　B. 0.22~0.3μml
   C. 0.1μm　D. 0.8μm
   E. 1.0μm
9. 关于热原污染途径的说法，错误的是(　　)

A. 从注射用水中带入
B. 从原辅料中带入
C. 从容器、管道和设备带入
D. 药物分解产生
E. 制备过程中污染

10. 我国目前法定检查热原的方法是(　　)
A. 家兔法　　B. 狗试验法
C. 鲎试验法　　D. 大鼠法
E. A 和 B

11. 下列有关湿热灭菌法的描述,错误的是(　　)
A. 热压灭菌法指用高压饱和水蒸气加热杀灭微生物的方法
B. 热压灭菌法适用于耐高温和耐高压蒸汽的所有药物制剂
C. 流通蒸汽灭菌法适用于消毒及不耐高热制剂的灭菌
D. 流通蒸汽灭菌法是非可靠的灭菌法
E. 热压灭菌法使用的是过热蒸汽

12. 热原的主要成分是(　　)
A. 蛋白质　　B. 胆固醇
C. 脂多糖　　D. 磷脂
E. 生物激素

(二) 配伍选择题。备选答案在前,试题在后。每组包括若干题,每组题均对应同一组备选答案。每题只有一个正确答案。每个备选答案可重复选用,也可不选用。

[13~16]
A. 辐射灭菌法　　B. 紫外线灭菌法
C. 滤过灭菌法　　D. 干热灭菌法
E. 热压灭菌法

13. 对热不稳定的药物溶液的灭菌应采用的灭菌法是(　　)
14. 金属用具的灭菌应采用的灭菌法是(　　)
15. 输液的灭菌应采用的灭菌法是(　　)
16. 无菌室空气的灭菌应采用的灭菌法是(　　)

[17~21]
请选择适宜的灭菌法:
A. 干热灭菌(160℃,2h)
B. 热压灭菌
C. 流通蒸汽灭菌
D. 紫外线灭菌
E. 过滤除菌

17. 5% 葡萄糖注射液(　　)
18. 胰岛素注射液(　　)
19. 空气和操作台表面(　　)
20. 维生素 C 注射液(　　)
21. 油脂类软膏基质(　　)

[22~25]
A. Z 值　　B. D 值
C. T_0 值　　D. F 值
E. F_0 值

22. 干热灭菌过程可靠性参数是(　　)
23. 灭菌效果相同时灭菌时间减少到原来的 1/10 所需提高灭菌温度的度数是(　　)
24. 在一定温度下杀灭微生物 90% 所需的灭菌时间是(　　)
25. 热压灭菌法灭菌的可靠性控制指标(　　)

(三) 多项选择题。每题的备选答案中有 2 个或 2 个以上正确答案。

26. 对热原性质的正确描述为(　　)
A. 耐热,不挥发
B. 耐热,不溶于水
C. 挥发性,但可被吸附
D. 溶于水,耐热
E. 不挥发性,溶于水

27. 常用的物理灭菌法包括(　　)
A. 湿热灭菌法　　B. 干热灭菌法
C. 辐射灭菌法　　D. 过滤除菌法
E. 环氧乙烷灭菌法

28. 下列对羟苯酯类防腐剂叙述不正确的是(　　)
A. 表面活性剂能增加羟苯酯的溶解度,因而可提其抑菌活性
B. 本类防腐剂混合使用具有协同作用
C. 在碱性溶液中抑菌作用较强
D. 羟苯酯类无毒、无味、化学性质稳定
E. 羟苯丁酯的抑菌能力最差

二、简答题

1. 湿热灭菌的影响因素有哪些?
2. 热原的性质、除去热原的方法有哪些?
3. 常用的灭菌方法有哪些?
4. 简述使用热压灭菌器的注意事项。

(孟淑智)

下　　篇

第 6 章　散剂的制备技术

散剂是我国中药传统剂型之一，目前仍是中医常用的一种剂型，在《中国药典》2015年版一部的成分制剂和单味制剂中收载了散剂47种；而化学药物散剂由于颗粒剂、胶囊剂、片剂等的发展，二部收载散剂仅有5种。散剂除了作为制剂直接使用外，其制备的基本操作粉碎、过筛、混合也是固体制剂生产的主要单元操作，直接影响固体制剂的质量。因此，制备散剂的操作技术与要求在生产上具有重要意义。

第1节　概　　述

一、散剂的概念和特点

散剂系指药物与适宜的辅料经粉碎、均匀混合制成的干燥粉末状制剂，可外用也可以内服(图6-1)。

图6-1　散剂

散剂具有以下特点：①散剂粉碎程度大，比表面积大、易分散、起效快；②外用散的覆盖面积大，可同时发挥保护和收敛等作用；③储存、运输、携带比较方便；④制备工艺简单，剂量易于控制，便于婴幼儿服用。但散剂比表面积大，容易吸潮，某些药物粉碎后的不良臭味和刺激性增加。

考点：散剂的特点

二、散剂的分类和使用方法

散剂的分类可按组成药味的多少分为单散剂和复散剂；按剂量情况分为分剂量散与

不分剂量散；按应用方法与用途分类为溶液散、煮散、内服散、外用散、眼用散等。

口服散剂一般溶于或分散于水或其他液体中服用，也可直接用水送服。局部用散剂可供皮肤、口腔、咽喉、腔道等外应用；专供治疗、预防和滑润皮肤为目的散剂亦可称为撒布剂或撒粉。

三、散剂的质量要求

散剂在生产和储藏期间均应符合下列有关规定：

(1) 供制散剂的成分均应粉碎成细粉。除另有规定外，口服散剂应为细粉，局部用散剂应为极细粉。

(2) 散剂应干燥、松散、混合均匀、色泽一致。制备含有毒性药物或药物剂量小的散剂时，应采用配研法混匀并过筛。

(3) 散剂中可含有或不含辅料，根据需要可加入矫味剂、芳香剂、着色剂等。

(4) 散剂可单剂量包装亦可多剂量包(分)装，多剂量包装者应附分剂量的用具。

(5) 除另有规定外，散剂应避光密闭储存，含挥发性药物或可吸潮药物的散剂及泡腾散剂应密封储存。

第 2 节　散剂的制备

案例 6-1

口服补液盐散剂的制备

【处方】 氯化钠 1750g，碳酸氢钠 1250g，氯化钾 750g，葡萄糖 11 000g，制成 1000 包。

【制法】

(1) 取葡萄糖、氯化钠粉碎成细粉，过 80 目筛，混匀，分装于大袋中。

(2) 将氯化钾、碳酸氢钠粉碎成细粉，过 80 目筛，混匀，分装于小袋中。

(3) 将大小袋同装于一包，即得。

作用与用途：本品为电解质补充药，用于治疗腹泻、呕吐等引起的轻度和中度脱水。临用前将大、小袋同溶于 500ml 凉开水中，口服。小儿每千克体重 50～100ml，成人总量不超过 3000ml，于 4～6h 内服完。

问题：

氯化钠、葡萄糖和氯化钾、碳酸氢钠为何要分开包装？

一、散剂的制备工艺流程

散剂的制备工艺一般按如下流程进行(图 6-2)：

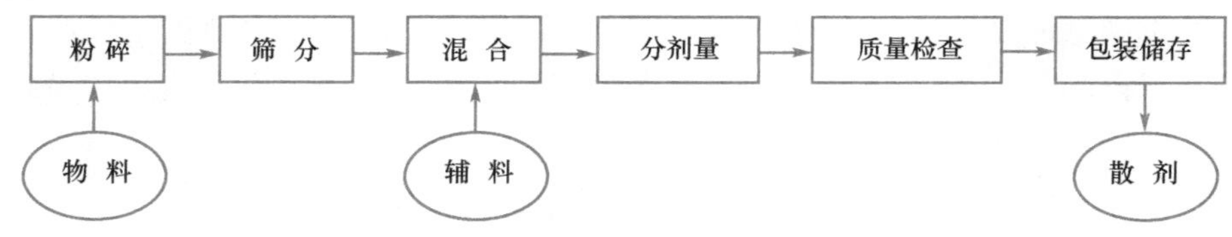

图 6-2　散剂制备的工艺流程图

用于深部组织创伤及溃疡表面的外用散剂，应在清洁避菌的条件下制备。根据《中国药典》2015年版规定，供制散剂的成分均应粉碎成细粉。

在固体剂型中，通常是将药物与辅料总称为物料，一般情况下将固体物料进行粉碎前对物料进行前处理，所谓物料前处理是指将物料加工成符合粉碎所要求的粒度和干燥程度等。

二、粉　　碎

1. 粉碎(crushing)　固体药物的粉碎主要是借助机械力将大块的固体物质粉碎成适用程度的操作过程。

粉碎的目的：①增加药物的有效面积来提高生物利用度；②调节粉末的流动性；③改善不同药物粉末混合的均匀性；④还可以减轻粉末对创面的刺激性。

2. 粉碎机制　药物被粉碎时，受到外加作用力，其内部产生应力，当内应力超过药物本身的分子间力时即可引起药物的破碎，但药物粉碎时其实际破坏程度往往小于理论破坏程度，原因是药物内部存在结构上的缺陷及裂纹，在外力作用下，会在缺陷、裂纹处产生应力集中，当应力超过药物的破坏强度时，即引起药物沿脆弱面破碎。另外，当药物没有小裂纹时，外力首先集中作用于药物的突出点上，产生较大局部应力和较高温度，使药物产生小裂纹，这些裂纹迅速伸展，传播，最终使药物破碎。

考点：粉碎机制

3. 粉碎方法　制药工业中根据被粉碎物料性质、产品粒度、物料量等而采取不同方式的粉碎操作。

(1) 循环粉碎与开路粉碎。

(2) 干法粉碎和湿法粉碎。

(3) 单独粉碎和混合粉碎。

(4) 低温粉碎。

三、筛　　分

筛分是借助网孔大小将不同粒度的物料按粒度大小进行分离的方法。因为任何方法粉碎的粉末，其粒度是不均匀的，可用筛将粗粉和细粉分开。筛分的目的是为了获得粒径较均匀一致的粉末，即或筛除粗粉取细粉，或筛除细粉取粗粉，或筛除粗、细粉取中粉等。通过筛分可除去药材中的杂质，对药品质量及制剂生产具有重要意义。

1. 药筛的种类和标准

(1) 药筛的种类：药筛按其制作可分为编织筛和冲眼筛两种。冲眼筛系在金属板上冲出圆形的筛孔而成。其筛孔坚固，不易变形，多用于高速旋转粉碎机的筛板和药丸等粗颗粒的筛分。编织筛是指具有一定机械强度的金属丝(低碳钢、黄铜、不锈钢)或其他非金属丝(尼龙、涤纶、绢丝)等编织而成。编织筛的优点是单位面积上的筛孔多、筛分效率高，可用于细粉的筛选。尼龙丝对一般药物较稳定，在制剂生产中应用较多，但编织筛的筛线易于移动而使筛孔变形，分离效率下降。

(2) 药筛的标准：药筛的直径大小用筛号表示。筛网的规格各国不同，中国国家标准对金属丝以网孔尺寸为基本尺寸，用筛孔内径大小(μm)表示，另一种工业用筛常用"目"表示，目是表示一英寸(25.4mm)长度上所含筛孔数目的多少。

关于粉碎粒度的规定：中国药典对各种剂型的粒度也作了规定，如制备丸剂的药粉应通过六号筛；外用散剂应通过七号筛，颗粒剂的颗粒一般应通过一至三号筛，通过四号筛者不应超过全量的5%。固体制剂的生产过程对原辅料及颗粒的粒度各厂均有成熟经验，如片剂的原辅料经80~100目筛网筛除粗粒，软材经14~16目筛网制颗粒，干燥颗粒经12~14目筛网整粒，并经40~60目筛网去除细粉。

2. 筛分方法 医药工业中常用筛分设备的操作要点是将欲分离的物料放在筛网面上，采用几种方法使粒子运动，并与筛网面接触，小于筛孔的粒子漏到筛下，振动筛是常用的筛，可根据运动方式分为摇动筛及振荡筛等。

四、混　合

把两种以上组分的物料相互掺和而达到均匀状态的操作称为混合。混合操作使处方中各成分含量均一，以保证用药剂量准确、安全有效，保证制剂产品中各成分的均匀分布。

1. 混合机制 混合机制有对流混合、剪切混合和扩散混合等。

对流混合是使药物颗粒在设备中翻转，或靠设备内搅拌器的作用进行着粒子群的较大位置移动，使药物从一处转移到另一处，经过多次转移使药物在对流作用下而达到混合。

剪切混合是由于药物粉末不同组分的界面发生剪切，平行于界面的剪切力可使相似层进一步稀释，垂直于界面的剪切力可加强不同相似层稀释程度，从而降低粉末的分离度，达到混合均匀。

扩散混合是由于药粉的紊乱运动而改变其彼此间的相对位置发生的混合现象。扩散混合在不同剪切层的界面处发生，由于颗粒间的位置互换，使分离程度降低，达到扩散均匀的混合程度。

考点：混合机制

上述三种混合机制在实际的混合设备内一般同时发生，只不过表现程度随混合器类型而异。

2. 混合方法 常用的混合方法主要有搅拌混合、研磨混合和过筛混合。

（1）搅拌混合：系将药物细粉置一定量容器中，用适当的器具搅拌混合的方法。此法混合效率低，多为初步混合之用。

（2）研磨混合：系将药物粉体置研磨器具中，在研磨粉粒的同时进行混合的方法。此法适用于小剂量结晶性药物的混合，但不适用于引湿性和易爆炸性成分的混合。

（3）过筛混合：系将散剂各组分混在一起，通过适宜孔径的筛网使药物达到混合均匀的方法。但由于药粉的粒径、比重不同，过筛后的混合物仍需适当搅拌才能混合均匀，常用于散剂的大批量生产。

在实际工作中，小量散剂的配制常用搅拌和研磨混合；大量生产过程中常用搅拌和过筛混合，特殊品种亦采用研磨和过筛相结合的方法。

3. 混合操作要点 多种固体物料在混合机中进行混合时，固体粒子的混合与离析同时进行。使已混合好的物料分层，降低混合均匀度。散剂的混合除与混合设备、混合时间有关外，还应根据物料的因素选用适宜的操作方法。在混合操作中应注意以下操作要点。

（1）固体物料：固体物料粒子的粒度分布、形状、密度、表面能等较大影响混合均匀度。

各组分密度差较大时，先装密度小物料再装密度大的物料，避免质重者沉于底部，质轻者浮于上部，并且混合时间要适当。当药物色泽相差较大时，先加色深的再加色浅的药物，习称“套色法”。粒子的形状有圆柱形、球形、粒状等，形状差异越大越难混合均匀，在混合时由于粒子摩擦产生表面电荷而阻碍粉末混匀，尤其在长时间混合时易引起粉粒的排斥或形成团块现象，所以应控制混合时间。

（2）混合比例：两种物理状态和粉末粗细相近的等量药物混合时，一般容易混合均匀；若组分比例量相差悬殊时，则不易混合均匀。此时应采用等量递加法（习称配研法）混合。

等量递加法即将量大的药物研细，以饱和乳钵的内壁，倒出，加入量小的药物研细后，加入等量其他细粉混匀，如此倍量递增混合至全部混匀，再过筛混合即成。这类操作在倍散的调配中显得尤为重要，在制备含有毒性药物或药物剂量小的散剂时，常制成倍散。

链　接

倍　散

“倍散”系指在小剂量的毒剧药中添加一定量的稀释剂制成的稀释散。常加入的稀释剂有乳糖、淀粉、蔗糖、糊精、葡萄糖及其他无机物如沉降碳酸钙、沉降磷酸钙、白陶土等，其中以乳糖较为适宜；稀释倍数由药物剂量而定：如剂量在0.01～0.1g可配成10倍散（即1份药物与9份稀释剂混合），剂量在0.001～0.01g可配成100倍散，剂量在0.001g以下应配成1000倍散。为了保证混合均匀性，常加入一定着色剂如胭脂红、亚甲蓝等，将不同倍数的倍散染成不同的颜色。配制倍散时应采用逐级稀释法，一般采用等量递加法配制，称量时应正确选择天平。

（3）混合中的液化或润湿：药物与药物之间或药物与辅料之间在混合过程中可能出现低共熔、吸湿或失水而导致混合物出现液化或润湿。主要有：①低共熔系指两种或更多药物按一定比例混合后，可形成低共熔混合物而在室温条件下出现润湿或液化现象。药剂调配中可发生低共熔现象的常见药物有水合氯醛、樟脑、麝香草酚等，以一定比例研磨时极易润湿、液化，此时尽量避免形成低共熔的混合比。②当处方中含有少量的液体成分时，如挥发油、酊剂、流浸膏等，可用处方中其他固体组分或吸收剂吸收该液体至不显润湿为止。常用的吸收剂有磷酸钙、白陶土、蔗糖或葡萄糖等。③若是含结晶水的药物（如硫酸钠等）在研磨时释放出结晶水，可用等摩尔无水物代替；若是吸湿性很强药物（如胃蛋白酶等）在配制时吸潮，应在低于其临界相对湿度以下的环境下配制，迅速混合，密封防潮；若混合后引起吸湿性增强，则可分别包装。

临界相对湿度：水溶性药物的粉末当相对湿度增加到某一定值时，吸湿量迅速增加，把吸湿量开始迅速增加时的相对湿度称为临界相对湿度（critical relative humidity，CRH）。空气的相对湿度是空气中水蒸气分压与同温下饱和空气水蒸气分压之比，是反映空气状态的重要参数。

CRH是水溶性药物的特征参数，空气的相对湿度高于物料的临界相对湿度时极易吸潮。几种水溶性药物混合后，其吸湿性有如下特点：混合后的CRH约等于各组分的CRH乘积，而与各组分无关。例如葡萄糖和抗坏血酸的CRH分别为82%和71%，按上述计算，两者混合物的CRH值为58.3%，此值提示我们混合与保存必须在低于混合物CRH

(58.0%)的环境下进行才能有效的防潮。CRH 值越高,则越不易吸湿。

五、分 剂 量

分剂量系指将混合均匀的散剂,按需要的剂量分成等重份数的过程。常用的方法有目测法、容量法、重量法。重量法较准确,但效率低,难以机械化。机械化生产多用容量法分剂量,如散剂的自动分包机、分量机,但要进行试验考察保证装量的准确性。

分剂量的常用方法:

(1) 目测法:将一定重量的散剂,根据目力分成所需的若干等份。此法简便,适合于药房小量调配,但误差大(20%),对含有细料或毒药的散剂不宜使用,亦不适用于大量生产。

(2) 容量法:根据每一剂量要求,采用适宜体积量具逐一分装。采用容量法时,散剂的粒度和流动性是分剂量是否准确的关键因素。

(3) 重量法:根据每一剂量要求,采用适宜称量器具(如天平),逐一称量后包装。它可有效地避免容量法由于每批散剂粒度和流动性差异造成的误差,该法必需严格控制散剂的含水量,否则亦造成误差。

六、包装与储存

散剂的分散度大,其吸湿和风化是影响散剂质量的重要因素,散剂吸湿后可发生很多变化,如润湿、失去流动性、结块等物理变化;变色、分解或效价降低等化学变化或微生物污染等生物学变化。所以散剂的防潮是保证散剂质量的重要措施,应选用适宜的包装材料和储存条件有效的延缓散剂吸湿。

散剂的吸湿是指固体表面吸附水气分子的现象。散剂的风化是指失去或部分失去结晶水。药物的吸湿性与空气状态有关,药物在较大湿度的空气中容易发生吸湿,在干空气中容易发生干燥,直至物料的吸湿与干燥达到动态平衡。

1. 包装 散剂的包装应根据其吸湿性强弱采用不同的包装材料,包装材料的透湿性将直接影响散剂在储存期的物理和化学稳定性、生物稳定性。

(1) 包装材料:散剂的包装用纸有包装纸(单面光和双面光两种)、蜡纸和玻璃纸,塑料袋、玻璃管和玻璃瓶等。

(2) 包装材料的选择:包装纸适用于性质较稳定的中西药散剂,蜡纸具有防潮、防止气味渗透的特性,多用作防潮纸;适用于包装易引湿、风化及二氧化碳作用下易变质的散剂,不适用于包装含冰片、樟脑、薄荷脑等挥发性成分的散剂;玻璃纸具有质地紧密、无色透明的特性,适用于含挥发性成分及油脂类的散剂,不适用于包装易引湿、风化及二氧化碳作用下易变质的散剂。

塑料袋的透气、透湿问题没有完全解决,而且低温和长时间存放易老化,只适宜包装性质稳定的中西药散剂。

铝塑袋一般由塑料薄膜涂以铝层而制成,具有密封性好、美观、方便、性质稳定,并避光等特点,已较广泛地用于各种散剂的包装,是散剂包装材料的主要发展趋势。

玻璃容器密封性好,性质稳定,适用于包装各种散剂。特别适用于芳香,挥发性散剂及引湿性,细料及毒、贵重药散剂,但易破碎、携带不便,成本较高。

(3) 包装方法:散剂可单剂量包装,也可多剂量包(分)装,多剂量包装者应附分剂量用具。分剂量散剂可用纸袋或塑料袋分装,不分剂量的外用散剂或非单剂量的散剂,可用塑料盒、纸盒、玻璃瓶或玻璃管包装。

药品在运输过程中,不可避免的振动会导致密度不同的组分分层,包装时瓶装散剂应装满,袋装散剂封口应牢固。

2. 储存　散剂应密闭储存,含挥发性及吸湿性药物的散剂,应密封储存。还应考虑温度、湿度、微生物及光照对散剂的质量的影响。

储藏项下的规定是对药品储藏与保管的基本要求,除矿物药应置干燥洁净处不作具体规定外,一般以下列名词表示。

避光:系指用不透光的容器包装,例如棕色容器、黑色包装材料包裹的无色透明或半透明容器。

密闭:系指将容器密闭,以防止尘土及异物进入。

密封:系指将容器密封,以防止风化、吸潮、挥发或异物进入。

熔封或严封:系指将容器熔封或用适宜的材料严封,以防止空气与水分的侵入并防止污染。

阴凉处:系指不超过 20℃。

凉暗处:系指避光并不超过 20℃。

冷处:系指 2~10℃。

常温:系指 10~30℃。

凡储藏项未规定储存温度的系指常温。

第 3 节　散剂的质量检查

一、外观均匀度

取供试品适量,置光滑纸上,平铺约 5cm^2,将其表面压平,在亮处观察,应呈现均匀色泽,无花纹和色斑。

二、粒　　度

取供试品 10g,精密称定,置七号筛,筛上加盖,并在筛下配有密合的接收容器,按照《中国药典》2015 年版粒度和粒度分布测定法检查,精密称定通过筛网的粉末重量,应不低于 95%。

三、干燥失重

除另有规定外,取供试品,照干燥失重测定法测定,在 105℃干燥至恒重,减失重量不得超过 2%。

四、装量差异

单剂量包装的散剂照下述方法检查,应符合规定。

取散剂 10 包(瓶),除去包装,分别精密称定每包(瓶)内容物的重量,求出内容物的装量与平均装量。每包装量与平均装量(凡无含量测定的散剂,每包装量应与标示装量

表 6-1 平均装量差异限度

平均装量或标示装量	装量差异限度
≤0.1g	±15%
0.1~0.5g	±10%
0.5g~1.5g	±8%
1.5g~6.0g	±7%
>6.0g	±5%

比较)相比应符合规定。超出装量差异限度的散剂不得多于2包(瓶),并不得有1包(瓶)超出装量差异限度1倍(表6-1)。

凡规定检查含量均匀度的散剂,一般不再进行装量差异的检查。

五、装　量

多剂量包装的散剂,参照最低装量检查法(《中国药典》2015年版四部)检查,应符合规定。

六、无　菌

用于外伤或创伤的局部用散剂,照无菌检查法检查应符合无菌规定。

七、微生物限度

除另有规定外,照微生物限度检查法检查,应符合规定。

干燥失重测定法:取供试品,混合均匀(如为较大的结晶,应先迅速捣碎使成2mm以下的小粒)。取约1g或各药品项下规定的重量,置与供试品同样条件下干燥至恒重的扁形称瓶中,精密称定,除另有规定外,在105℃干燥至恒重。从减失的重量和取样量计算供试品的干燥失重。

供试品干燥时,应平铺在扁形称量瓶中,厚度不可超过5mm,如为疏松物质,厚度不可超过10mm。放入烘箱或干燥器进行干燥时,应将瓶盖取下,置称量瓶旁,或将瓶盖半开进行干燥,取出时,须将称量瓶盖好。置烘箱内干燥的供试品,应在干燥后取出置干燥器中放冷至室温,然后称定重量。

供试品如未达规定的干燥温度即融化时,应先将供试品于较低的温度下干燥至大部分水分除去后,再按规定条件干燥。

考点:装量差异

当用减压干燥器或恒温减压干燥器时,除另有规定外,压力应在2.67kPa(20mmHg)以下;干燥器中常用的干燥剂为无水氯化钙、硅胶或五氧化二磷,恒温减压干燥器中常用的干燥剂为五氧化二磷,除另有规定外,温度为60℃。干燥剂应保持在有效状态。

参考解析

案例6-1问题分析:将氯化钠、葡萄糖和氯化钾、碳酸氢钠粉碎后分开包装,因氯化钠、葡萄糖易吸湿,若混合包装,易造成碳酸氢钠水解,碱性增大。

自 测 题

一、选择题

1. 有关散剂特点叙述错误的是(　　)
   A. 粉碎程度大,比表面积大、易于分散、起效快
   B. 外用覆盖面积大,可以同时发挥保护和收敛作用
   C. 储存、运输、携带比较方便
   D. 粉碎程度大,比表面积大较其他固体制剂更稳定
2. 比重不同的药物在制备散剂时,采用何种混合方法最佳(　　)

A. 等量递加混合法
B. 多次过筛
C. 将比重轻者加在重者上面
D. 将比重重者加在轻者上面

3. 散剂制备的一般工艺流程是(　　)
A. 物料前准备→粉碎→过筛→混合→分剂量→质量检查→包装储存
B. 物料前准备→过筛→粉碎→混合→分剂量→质量检查→包装储存
C. 物料前准备→混合→过筛→粉碎→分剂量→质量检查→包装储存
D. 物料前准备→粉碎→过筛→分剂量→混合→质量检查→包装储存

4. 某药师欲制备含有剧毒药物的散剂,但药物的剂量仅为0.0005g,故应先制成(　　)
A. 10倍散　　B. 50倍散
C. 500倍散　　D. 1000倍散

5. 一般应制成倍散的是(　　)
A. 含毒性药物的散剂
B. 眼用散剂
C. 外用散剂
D. 含液体成分的散剂

6. 中药散剂不具备以下哪个特点(　　)
A. 制备简单,适用于医院制剂
B. 奏效特快
C. 刺激性小
D. 适用于口腔给药

7. 一般配置眼用制剂的药物需通过几号筛(　　)
A. 六号筛　　B. 七号筛
C. 八号筛　　D. 九号筛

8. 下列剂型药物溶出速度最快的是(　　)
A. 散剂　　B. 颗粒剂
C. 胶囊剂　　D. 片剂

二、简答题

1. 何为配研法?
2. 如何检测散剂的装量差异(举例说明)?

(边　栋)

第 7 章　颗粒剂制备技术

颗粒剂是在汤剂、散剂和糖浆剂等传统剂型的基础上发展起来的一种剂型，主要供口服。其体积小，服用方便，与散剂相比，分散性、吸湿性等均较小，分剂量易控制；据需要可加入适宜的矫味剂，尤适合小儿用药。通过颗粒包衣，改变药物的释放速度和药物的吸收位置，其性质稳定，运输、携带、储存方便，生产工艺简单，容易实现机械化生产。

第 1 节　颗粒剂概述

一、颗粒剂定义

颗粒剂是指药物和适宜的辅料制成具有一定粒度的干燥颗粒状剂型，主要供口服用。(图 7-1)。其中粒径范围在 105～500μm 的颗粒剂又称细粒剂。

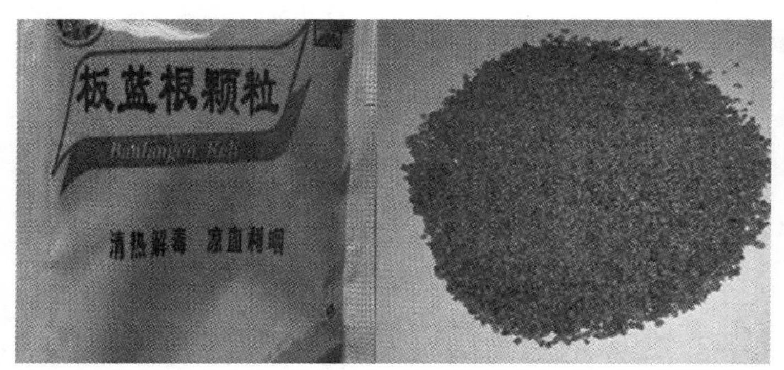

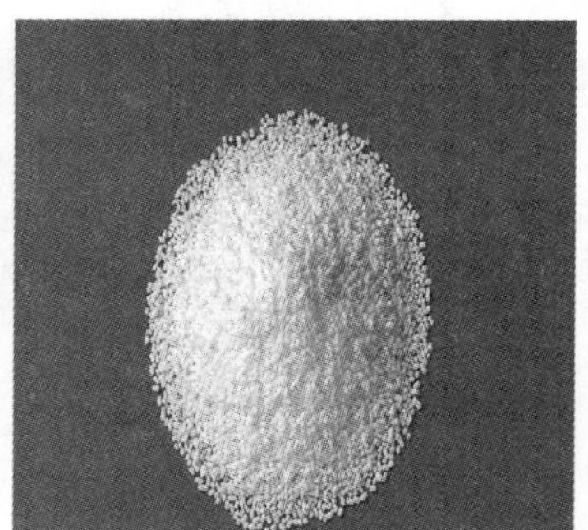

图 7-1　颗粒剂示意图

二、颗粒剂特点

（1）体积小，服用方便，含糖颗粒剂具有糖浆剂的某些特性。

（2）分散性、附着性、团聚性、吸湿性等均较散剂小，分剂量比散剂易控制。但多种颗粒在混合时，由于颗粒的大小不同、颗粒密度差异较大易产生离析现象，因而导致剂量不准确。

（3）可加入适宜的矫味剂，以掩盖某些药物的苦味，尤其适合小儿用药。

（4）通过颗粒包衣，使颗粒具有防潮性、缓释性或肠溶性等，改变药物的释放速度和药物的吸收位置。

考点：颗粒剂的特点

（5）颗粒剂性质稳定，运输、携带、储存方便。

（6）颗粒剂生产工艺简单，容易实现机械化生产。

三、颗粒剂的分类

根据颗粒剂在水中的溶解情况可分类为可溶性颗粒(通称为颗粒)、混悬颗粒、泡腾颗粒、肠溶颗粒、缓释颗粒和控释颗粒等。

可溶性颗粒剂绝大多数为水溶性颗粒剂,如感冒退热颗粒剂、板蓝根颗粒剂等。有些颗粒剂辅料单用蔗糖粉的水溶性颗粒称"干糖浆"。另外,还有酒溶性颗粒剂,如养血愈风酒冲剂,每包颗粒剂加一定量饮用酒,溶解后即成药酒。

泡腾颗粒指含有碳酸氢钠和有机酸,遇水放出大量气体呈泡腾状的颗粒剂。

肠溶颗粒指采用肠溶材料包裹颗粒或其他适宜方法制成的颗粒剂。肠溶颗粒耐胃酸而在肠液中释放活性成分,可防止药物在胃内分解失效,避免对胃的刺激或控制药物在肠道内定位释放。

链 接

混悬颗粒、缓释颗粒、控释颗粒简介

混悬颗粒指难溶性固体药物与适宜辅料制成的具有一定粒度的干燥颗粒剂。临用前加水振摇即可分散成混悬液,供口服。

缓释颗粒指在规定释放介质中缓慢地非恒速释放药物的颗粒剂。

控释颗粒指在规定释放介质中缓慢地恒速释放药物的颗粒剂。

四、颗粒剂的质量要求

颗粒剂在生产与储藏期间应符合下列有关规定:

(1) 药物与辅料应均匀混合;凡属挥发性药物或遇热不稳定的药物在制备过程中应控制适宜的温度条件,凡遇光不稳定的药物应遮光操作。挥发油应均匀喷入干颗粒中,密闭一定时间或用β-环糊精包合后加入。

(2) 颗粒应干燥、均匀、色泽一致,无吸潮、软化、结块、潮解等现象。

(3) 根据需要可加入适宜的矫味剂、芳香剂、着色剂、分散剂和防腐剂等添加剂。对中药颗粒,一般辅料不超过干膏量的2倍。

(4) 颗粒剂的溶出度、释放度、含量均匀度、微生物限度等应符合要求,必要时,包衣颗粒应检查残留溶剂。

(5) 颗粒剂应密封,置于干燥处储存,防止受潮。包装的标签要标明颗粒中活性成分的名称与重量。

第2节 颗粒剂的制备

案例 7-1

感冒止咳颗粒的制备

按《中国药典》2015年版规定,本品每袋含黄芩以黄芩苷计,不得少于20.0mg。规格:每袋装①10g;②3g(无蔗糖型)。

【处方】 柴胡100g,金银花75g,葛根100g,青蒿75g,连翘75g,黄芩75g,桔梗50g,苦杏仁50g,薄荷脑15g。

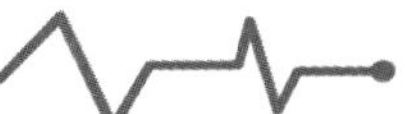

【制法】 将以上九味,除薄荷脑外,其余柴胡等八味,加水煮两次,每次4h,煎液滤过,滤液合并,浓缩合并,浓缩至适量。①加入蔗糖,制成颗粒,干燥,薄荷脑加乙醇适量溶解后,喷入颗粒。混匀,制成1000g。②将清膏喷雾干燥成细粉,加糊精适量及薄荷脑(用β-环糊精适量包合),混匀,干法制粒,制成。

问题:

加入蔗糖的作用是什么?薄荷脑为何要制粒后喷入?

一、制备工艺流程

颗粒剂的生产较多采用湿法制粒,一般工艺流程如下(图7-2):

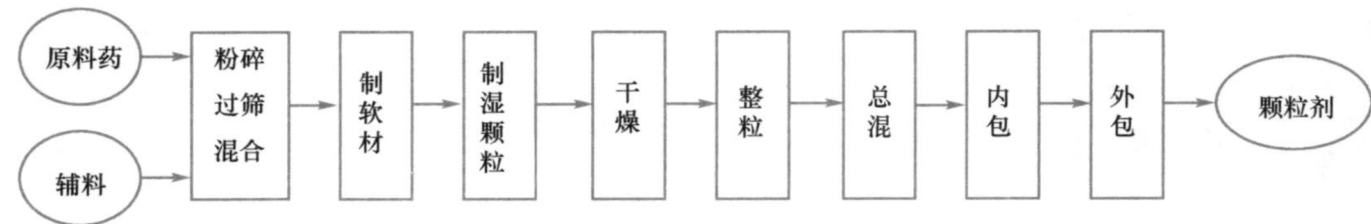

图7-2 颗粒剂的生产工艺流程示意图

考点:颗粒剂的生产工艺流程

二、制备操作要点

颗粒剂制备工艺流程中的粉碎、过筛、混合、制软材、制粒、干燥操作与片剂的制备过程相同,主要制备操作要点如下。

1. 制软材 是传统湿法制粒的关键技术,选择适宜的黏合剂和适宜用量对制备软材非常重要。将药物与适当的稀释剂(如淀粉、蔗糖或乳糖等)、崩解剂(如淀粉、纤维素衍生物等)充分混匀,加入适量的水或其他黏合剂制软材,黏合剂的加入量可根据经验,以"手握成团,触压即散"为准。影响软材松紧的因素一般有:

(1) 黏合剂浓度与用量:黏合剂浓度越大,黏性越大,黏合剂用量多则制备出的颗粒黏性越大而紧。中药清膏做黏合剂和粉料比例一般为1∶(2.5~4)。

(2) 混合时间:一般湿混时间越长,颗粒越紧,时间短,颗粒松,但时间太短可能混合不均匀,因此混合时间要适宜。

(3) 原辅料性质:原辅料粒度、晶型、黏性等均影响颗粒的成型与质量。

2. 制颗粒 制备颗粒的方法有:挤压制粒法、高速搅拌制粒法、流化床制粒法、喷雾干燥制粒法。

(1) 挤压制粒法:先将药物粉末与处方中的辅料混合均匀后加入黏合剂制软材,然后将软材用强制或机械挤压的方式通过具有一定大小的筛孔而制粒的方法。这类制粒设备有螺旋挤压制粒机、旋转挤压制粒机、摇摆式制粒机等。

摇摆式制粒机(图7-3)结构简单、操作容易,广泛应用于制药生产中,但其生产能力低,筛网易破损。操作注意事项:要检查筛网是否松动、破坏;检查颗粒是否被油泥污染;在机器转动时切忌伸手触摸,注意安全。

(2) 高速搅拌制粒法:高速搅拌制粒机又称为三相制粒机,是20世纪80年代发展起来的集混合与制粒于一体的设备。在高速搅拌制粒机上制备一批颗粒所需时间8~10min,且制得颗粒粒径范围为20~80目,烘干后可以直接用压片。设备主要由制粒筒、

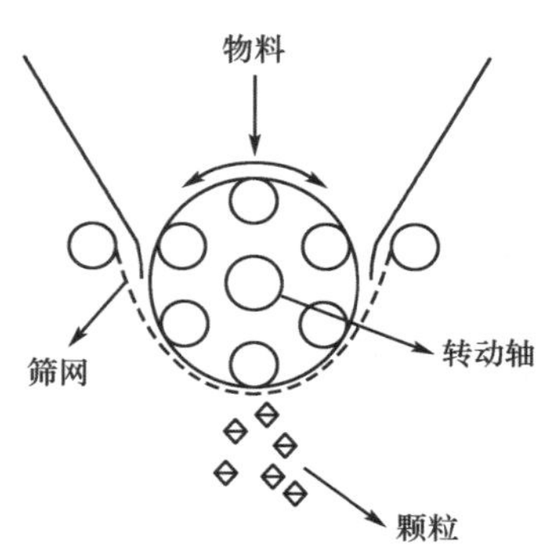

图 7-3 摇摆式制粒机

搅拌桨、切割刀和动力系统组成。当原料、辅料和黏合剂进入制粒筒并盖封后，启动电源，大搅拌桨的小切割刀就按各自的轴进行旋转运动，大搅拌桨主要使物料上下左右翻动并进行均匀混合。小切割刀则将物料切割成粒均匀的颗粒。由于高效混合制粒机制粒速度迅速且准确，只需将电流表或电压表与小切割刀连接，根据电流或决压读数即能精确控制粒终点。它与传统的制粒工艺相比黏合剂用量可节约 15%～25%。高速搅拌制粒机采用全封闭操作，在同一容器内混合制粒，工艺缩减，无粉尘飞扬，符合 GMP 工艺要求。和传统的挤压制粒相比，具有省工序、操作简单、快速等优点；可制备致密、高强度的适于胶囊剂的颗粒，也可制备松软的适合压片的颗粒，因此在制药工业中的应用非常广泛。

（3）流化制粒法：除了这种传统的挤压过筛制粒方法以外，近年来开发了许多新的制粒方法和设备应用于生产实践，其中最典型的就是流化制粒，可在一台机器内完成混合、制粒、干燥，因此称为“一步制粒法”。该法简化了工序和设备，又节省了人力，制得的颗粒大小均匀，外观圆整，流动性好，是一种较为先进的制粒方法（图 7-4 流化制粒机示意图）。

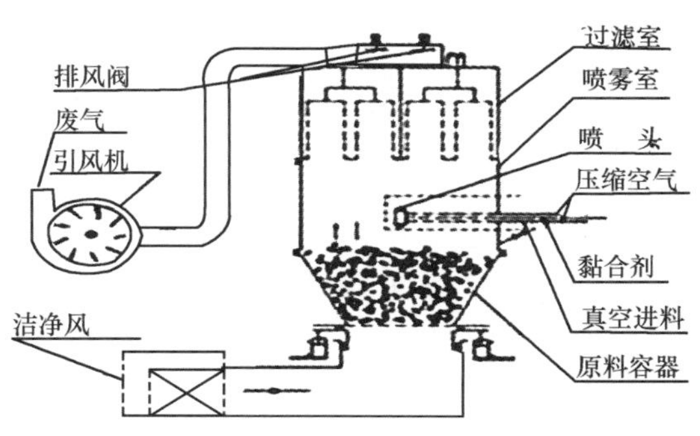

图 7-4 流化制粒机示意图

（4）喷雾干燥制粒法：用喷雾的方法将物料喷成雾滴分散在热空气中，物料与热空气呈并流、逆流或混流的方式互相接触，使水分迅速蒸发，达到干燥目的。采用这种干燥方法，可以省去浓缩、过滤、粉碎等单元操作，可以获得 500μm 以下的细颗粒产品。一般干燥时间为 5～30s，干燥时间短、效率高。喷雾干燥适用于高热敏性物料和料液浓缩过程

中易分散的物料的干燥，产品颗粒流动性和速溶性较好。

3. 颗粒干燥 除了流化（或喷雾制粒法）制得的颗粒已被干燥以外，其他方法制得的湿颗粒必须再用适宜的方法加以干燥，以除去水分、防止结块或受压变形。常用的方法有箱式干燥法、流化干燥法、红外线干燥等。

（1）箱式干燥器（图7-5）：箱内设有加热器、热风整流板和进出风口。通过加热空气降低空气中的饱和度，热空气通过物料表面，经过传热传质过程带走物料中的水分，实现干燥过程。箱式干燥器适用小规模生产，物料允许在干燥器内停留时间长，而不影响产品质量；可同时干燥几种品种。应用范围广，除了药品还可干燥颜料、催化剂、铁酸盐、树脂、食品等。

（2）流化干燥器（图7-6）：又称沸腾床干燥器，流化干燥是指干燥介质使固体颗粒在流化状态下进行干燥的过程。散粒状固体物料由加料器加入流化床干燥器中，过滤后的洁净空气加热后由鼓风机送入流化床底部经分布板与固体物料接触，形成流化态达到气固的热质交换。物料干燥后由排料口排出，废气由沸腾床顶部排出经旋风除尘器组和布袋除尘器回收固体粉料后排空。它适用于散粒状物料的干燥，如医药药品中的原料药、压片颗粒、中药、化工原料中的塑料树脂、其他粉状颗粒状物料的干燥除湿，还用于食品、粮食加工、饲料等干燥，以及矿粉、金属粉等物料。

图7-5 箱式干燥器

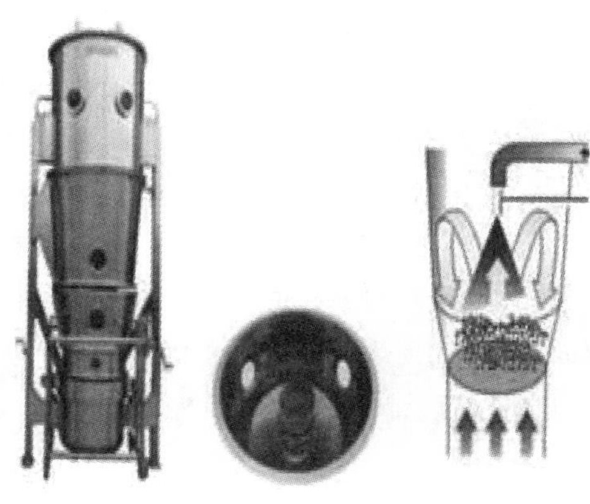

图7-6 流化干燥器及原理示意图

4. 整粒 在干燥过程中，某些颗粒可能发生粘连，甚至结块。因此，要对干燥后的颗粒给予适当的整理，以使结块、粘连的颗粒分开，获得具有一定粒度的均匀颗粒，这就是整粒的过程。整粒采用过筛分级的办法，将干颗粒用一号药筛除去粘结成块的颗粒，将筛过的颗粒再用五号药筛除去过细颗粒，以使颗粒均匀，符合颗粒剂对粒度的要求。筛出的细粉可用于下批生产中调节软材的松紧。

5. 总混 为保证颗粒的均匀性，将几次制得的颗粒置于同一混合筒中混合得到一批均匀的物料的过程称总混。一些挥发性的物料也可在总混时加入，挥发成分一般先溶于适量乙醇溶液中，喷洒入干颗粒中，混合后密闭一定时间。

6. 分剂量包装 将制得的颗粒进行含量检查与粒度测定等检查，合格后使用自动颗粒分装机进行分剂量。颗粒剂易吸潮，可选用质地较厚的塑料薄膜袋包装或铝塑复合膜袋包装。也可以先包衣后包装，解决颗粒剂易吸潮的问题。

第 3 节　颗粒剂的质量检查

颗粒剂的质量检查，除主药含量外，《中国药典》2015 年版还规定了粒度、干燥失重、溶化性及重量差异等检查项目。

1. 粒度　除另有规定外，一般取单剂量包装颗粒剂 5 包或多剂量包装颗粒剂 1 包，称重，置药筛内，保持水平状态过筛，左右往返，边筛动边拍打 3min，不能通过一号筛和能通过五号筛的颗粒和粉末总和不得超过供试量的 15%。

2. 干燥失重　除另有特殊规定外，一般照干燥失重测定法测定，于 105℃ 干燥至恒重，含糖颗粒应在 80℃ 减压干燥，化学药物颗粒减失重量不得超过 2.0%，中药颗粒减失重量不得超过 6.0%。

3. 溶化性　除另有规定外，可溶颗粒和泡腾颗粒照下述方法检查，溶化性应符合规定。

可溶颗粒检查法：取供试颗粒 10g，加热水 200ml，搅拌 5min，可溶性颗粒应全部溶化或可有轻微浑浊，但不得有异物。

泡腾颗粒检查法：取单剂量装的泡腾颗粒 3 袋，分别置盛有 200ml 水的烧杯中，水温为 15~25℃，应迅速产生气体而呈泡腾状，5min 内颗粒均应完全分散或溶解在水中，不得有焦屑等异物。

混悬颗粒或已规定检查溶出度或释放度的颗粒剂，可不进行溶化性检查。

4. 装量差异　单剂量包装的颗粒剂按下述方法检查，应符合规定。

检查法：取供试品 10 袋（瓶），除去包装，分别精密称定每袋（瓶）内容物的重量，求出平均装量，每袋（瓶）装量与平均装量相比较（凡无含量测定的颗粒剂，每袋装量应与标示装量进行比较），应符合规定，超出装量差异限度的颗粒剂不能多于 2 袋（瓶），并不得有 1 袋（瓶）超出装量差异限度 1 倍。装量差异限度的规定见表 7-1。

表 7-1　单剂量包装颗粒剂装量差异限度

平均装量或标示装量（g）	装量差异限度（%）
≤1.0	±10
1.0~1.5	±8
1.5~6.0	±7
>6.0	±5

凡规定检查含量均匀度的颗粒剂，一般不再进行装量差异检查。

多剂量包装的颗粒剂，应求出每个容器内容物的装量和平均装量，均应符合规定，如有一个容器装量不符合规定，则另取 5 个（50 g 以上者取 3 个）复试，应全部符合规定。

5. 微生物限度　除另有规定外，照微生物限度检查法（《中国药典》2015 年版）检查，应符合规定。

考点：颗粒剂的质量检查项目

第 4 节　颗粒剂的包装和储存

颗粒剂的包装和储存重点在于防潮，颗粒剂的比表面积较大，其吸湿性与风化性都比较显著,若由于包装与储存不当而吸湿,则极易出现潮解、结块、变色、分解、霉变等一系列不稳定现象,严重影响制剂的质量及用药的安全性。包装时应注意选择包装材料和方法,储存中应注意选择适宜的储存条件;另外应注意保持其均匀性。宜密封包装,并保存于干燥处,防止受潮变质。

参考解析

案例 7-1 问题分析:加入蔗糖的作用是矫味、改善颗粒剂的口感;薄荷脑主要含挥发油成分,在颗粒干燥时易挥发损失,而制粒后喷入再混合就减少了挥发。

自测题

一、选择题

(一) 单项选择题。每题的备选答案中只有一个最佳答案。

1. 以下对颗粒剂表述错误的是(　　)
   A. 携带、储存方便
   B. 可掩盖某些药物的不良臭味
   C. 颗粒剂可包衣或制成缓释制剂
   D. 颗粒剂的含水量不得超过 9%
   E. 包装不严密时,易潮解、结块
2. 在湿法制粒中制备软材很关键,软材的判断方法为(　　)
   A. 手握成团,重压即散
   B. 手握成团,轻压即散
   C. 手握成团,重压不散
   D. 手握成团,轻压不散
   E. 手搓成团
3. 颗粒剂质量检查不包括(　　)
   A. 干燥失重　　B. 粒度
   C. 溶化性　　D. 热原检查
   E. 装量差异
4. 有关湿颗粒干燥的说法不正确的是(　　)
   A. 湿颗粒应立即干燥
   B. 一般干燥温度为 50~60℃
   C. 干燥后,含水量越少越好
   D. 逐渐升高温度
   E. 定时翻动物料,不能过勤
5. 颗粒剂生产的工艺流程为(　　)
   A. 原辅料→粉碎、过筛、混合→制软材→制粒→干燥→整粒→质检→分剂量包装
   B. 原辅料→粉碎、过筛、混合→制软材→干燥→制粒→整粒→质检→分剂量包装
   C. 原辅料→粉碎、过筛、混合→制软材→制粒→整粒→干燥→质检→分剂量包装
   D. 原辅料→粉碎、过筛、混合→干燥→制软材→制粒→整粒→质检→分剂量包装
   E. 原辅料→粉碎、过筛、混合→制粒→整粒→干燥→制软材→质检→分剂量包装
6. 泡腾颗粒剂遇水能产生大量气泡,是由于颗粒剂中酸与碱发生反应产生气体,此气体是(　　)
   A. 氢气　　B. 二氧化碳
   C. 氧气　　D. 氮气
   E. 其他气体
7. 关于颗粒剂质量的叙述,正确的是(　　)
   A. 化学药品干燥失重为不超过 6.0%
   B. 能通过一号筛的颗粒应大于 15%
   C. 能通过五号筛的颗粒大于 15%
   D. 中药颗粒剂水分不超过 6.0%
   E. 能通过四号筛的颗粒大于 8.0%
8. 下列对各剂型生物利用度的比较,一般来说正确的是(　　)
   A. 散剂>颗粒剂>胶囊剂
   B. 胶囊剂>颗粒剂>散剂
   C. 颗粒剂>胶囊剂>散剂
   D. 散剂=颗粒剂=胶囊剂
   E. 无法比较

(二) 配伍选择题。备选答案在前,试题在后。每组题均对应同一组备选答案。每题只有一个正确答案。每个备选答案可重复选用,也可不选用。

[9~10]

A. 溶化性　　B. 融变时限
C. 溶解度　　D. 崩解度
E. 卫生学检查

9. 颗粒剂需检查,散剂不用检查的项目(　　)

10. 颗粒剂．散剂均需检查的项目(　　)

(三) 多项选择题。每题的备选答案中有2个或2个以上正确答案。

11. 颗粒剂按溶解性常分为(　　)
   A. 可溶性颗粒剂
   B. 混悬性颗粒剂
   C. 泡腾颗粒剂
   D. 肠溶、缓释和控释颗粒剂
   E. 乳浊性颗粒剂

12. 制颗粒剂时，影响软材松紧的因素包括(　　)
   A. 黏合剂用量　　B. 黏合剂浓度
   C. 混合时间　　D. 投料量多少
   E. 辅料黏性

二、简答题

1. 颗粒剂的类型及特点有哪些？
2. 在颗粒剂的生产过程中，应如何保证装量差异符合《中国药典》的规定？

(张志勇)

第 8 章 胶囊剂制备技术

胶囊剂是将药物按剂量装入胶囊中而成的制剂。胶囊一般以明胶为主要原料,有时为改变其溶解性或达到肠溶等目的,也采用甲基纤维素、海藻酸钙、变性明胶、PVA 及其他高分子材料。胶囊剂可掩盖药物的不良气味,易于吞服;能提高药物的稳定性及生物利用度;还能定时定位释放药物,并能弥补其他固体剂型的不足,应用广泛。凡药物易溶解囊材、易风化、刺激性强者,均不宜制成胶囊剂。

第 1 节 胶囊剂概述

一、胶囊剂的概念和分类

(一) 胶囊剂的概念

胶囊剂系指药物或加有辅料充填于空心胶囊或密封于软质囊材中的固体制剂。硬质胶囊壳和软质胶囊壳的材料(囊材)都由明胶、甘油、水及其他的药用材料如增塑剂、增稠剂、着色剂和防腐剂等组成,但各组成的比例不尽相同,制备的方法也不同。

(二) 胶囊剂的分类

胶囊剂分硬胶囊、软胶囊(胶丸)、缓释胶囊、控释胶囊和肠溶胶囊,主要供口服用。

1. 硬胶囊(通称为胶囊) 系采用适宜的制剂技术,将药物或加适宜辅料制成粉末、颗粒、小片或小丸等充填于空心胶囊中的胶囊剂(图 8-1)。

2. 软胶囊 系指将一定量的液体药物直接包封,或将固体药物溶解或分散在适宜的赋形剂中制备成溶液、混悬液、乳状液或半固体,密封于球形或椭圆形的软质囊材中的胶囊剂。可用滴制法或压制法制备。软质囊材是由胶囊用明胶、甘油或其他适宜的药用材料单独或混合制成(图 8-2)。

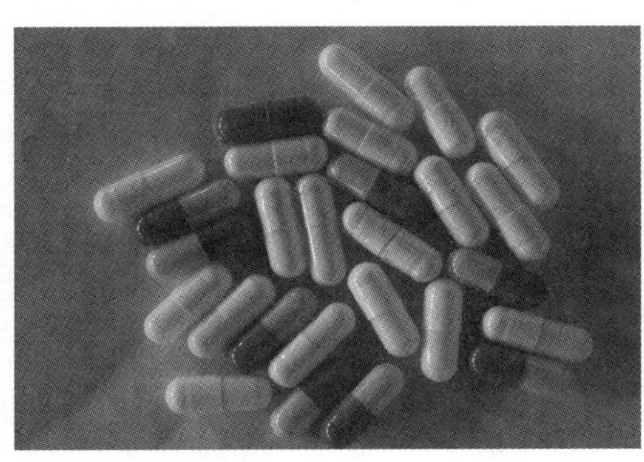

图 8-1 硬胶囊

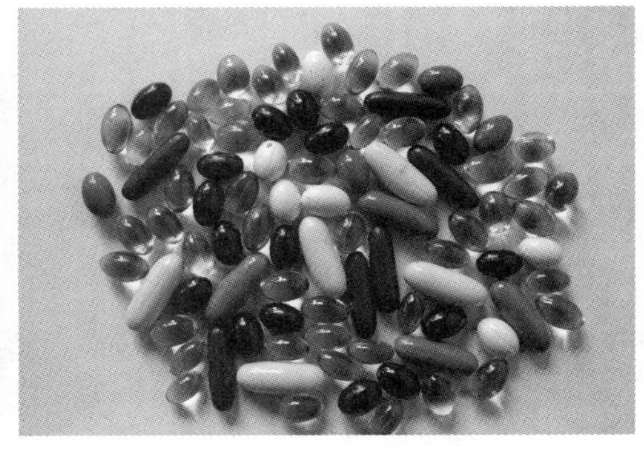

图 8-2 软胶囊

3. 肠溶胶囊 系指硬胶囊或软胶囊用适宜的肠溶材料制备而得,或用经肠溶材料包衣的颗粒或小丸充填胶囊而制成的胶囊剂。肠溶胶囊不溶于胃液,但能在肠液中崩解而释放活性成分。

4. 缓释胶囊　系指在水中或规定的释放介质中缓慢地非恒速释放药物的胶囊剂。缓释胶囊应符合缓释制剂的有关要求并应进行释放度检查。

5. 控释胶囊　系指在水中或规定的释放介质中缓慢地恒速或接近恒速释放药物的胶囊剂。控释胶囊应符合控释制剂的有关要求并应进行释放度检查。

二、胶囊剂的特点

胶囊剂一般供口服使用,具有如下特点:

(1)能掩盖药物不良嗅味或提高药物稳定性:因药物在胶囊壳中与外界隔离,避开了水分、空气、光线的影响,对具不良臭味或不稳定的药物在一定程度具有遮掩、保护与稳定作用。

(2)药物的生物利用度较高:胶囊剂中的药物是以粉末或颗粒状态直接填装于囊壳中,不受压力等因素的影响,所以在胃肠道中迅速分散、溶出和吸收,其生物利用度将高于丸剂、片剂等剂型。

(3)可弥补其他固体剂型的不足:含油量高的药物或液态药物难以制成丸剂、片剂等,但可制成软胶囊剂。

(4)可延缓药物的释放和定位释放。利用制剂新技术将难溶性药物制成固体分散体发挥速效作用,可制成缓释、控释、肠溶胶囊。生产工艺简单,服用方便,色泽鲜艳。

考点:胶囊剂的特点

第2节　胶囊剂的制备

案例 8-1

一清胶囊的制备

1. 按《中国药典》2015年版规定,本品每粒含黄芩以黄芩苷($C_{21}H_{18}O_{11}$)计,不得少于300mg;每粒以含大黄($C_{15}H_{10}O_5$)和大黄酚($C_{15}H_{10}O_4$)的总量计,不得少于70mg。

2. 制备

【处方】　黄连660g,大黄2000g,黄芩1000g。

【制法】　以上三味,分别加水煎煮两次,第一次5h,第二次1h,合并滤液,滤液分别减压浓缩,喷雾干燥,制得黄芩浸膏粉及大黄和黄连的混合浸膏粉。两种浸膏粉分别制颗粒,干燥,粉碎,加入淀粉、滑石粉和硬脂酸镁适量,混匀,转入胶囊。制成1000粒,即得。

问题:

加入淀粉、滑石粉和硬脂酸镁的作用是什么?

一、硬胶囊剂的制备

(一)胶囊剂的制备工艺

硬胶囊剂的制备分为空胶囊的制备和填充物的制备、填充、封口等工艺工程(图8-3)。

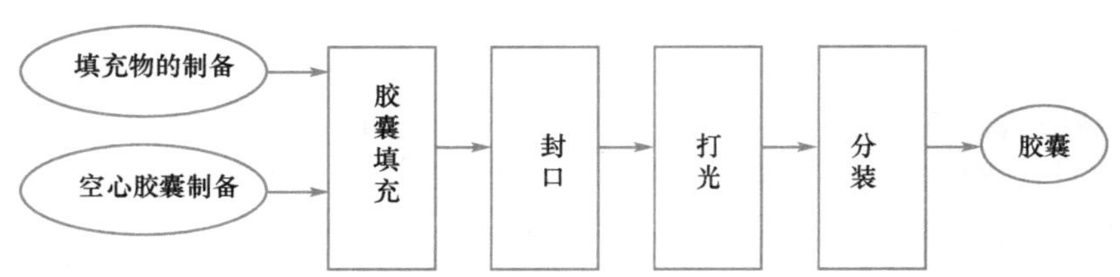

图 8-3 胶囊剂的生产工艺流程示意图

考点：胶囊剂的制备工艺

（二）空心硬胶囊的制备工艺

空心硬胶囊呈圆筒形，由大小不同的囊体和囊帽两节密切套合而成，是以明胶为主要原料另加入适量的增塑剂、食用色素和遮光剂、防腐剂等制成，空心硬胶囊一般由专门的工厂生产。其制备工艺分溶胶、蘸胶（制坯）、干燥 、拔壳、切割、整理几个步骤。

链 接

囊壳材料

明胶是生产胶囊剂的主要原料，是由大型哺乳动物的皮、骨或腱加工出胶原，经水解后浸出的一种复杂蛋白质。明胶是与氨基酸相似的两性化合物，它在酸性溶液中以阳离子形式存在，在碱性溶液中以阴离子形式存在，在等电点时则带数量相等的正负电荷。

明胶液在冷水中不溶解，久浸后吸水膨胀软化，其重量可增加 5～10 倍；在温水（40℃）中溶成溶液，呈胶体状态而具有较大黏度，该溶液冷却后即凝成胶冻。

（三）空胶囊大小的选择

目前生产的空胶囊有普通型和锁口型两种。锁口型的囊帽、囊体有闭合用的槽圈，套合后不易分开，以保证在生产、运输、储存时不泄漏药粉。

国内外生产的空胶囊的规格已经标准化，我国药用明胶硬胶囊标准共分 8 个型号，分别是 000、00、0、1、2、3、4、5 号，其号数越大，容积越小。常用规格是 0～5 号。胶囊填充药物多用容积来控制其剂量，而药物的密度、结晶、粒度不同，所占的体积不同，故应按药物剂量所占的容积来选用适宜大小的空胶囊。

（四）硬胶囊的内容物

胶囊剂的内容物不论其活性成分或辅料，均不应造成胶囊壳的变质。硬胶囊可根据下列制剂技术制备不同形式内容物充填于空心胶囊中。

（1）将药物加适宜的辅料如稀释剂、助流剂、崩解剂等制成均匀的粉末、颗粒或小片，改善物料的流动性，避免分层，保证含量准确性。

（2）将药物粉末直接填充。

（3）将药物制成包含物、固体分散体、微囊或微球。

（4）溶液、混悬液、乳状液等也可采用特制灌囊机填充于空心胶囊中，必要时密封。

考点：硬胶囊内容物的几种形式

（5）对于小剂量药物粉末，为了增加体积，处方中常加入稀释剂，如乳糖、甘露醇、碳酸钙、淀粉等。

（五）药物的填充

生产应在温度为 25℃左右和相对湿度为 35%～45% 的环境中进行，以保持胶囊壳中含水量不致有大的变化。常用各号空硬胶囊的容积与填充几种不同密度药物粉末的重量关系见表 8-1。

表 8-1　各种空胶囊的容积(ml)和填充不同密度药物的重量(mg)

空胶囊号	空胶囊近似体积	药物粉末堆密度(g/ml)						
		0.3	0.5	0.7	0.9	1.1	1.3	1.5
0	0.75	225	375	525	675	825	975	1125
1	0.55	165	275	385	495	605	715	825
2	0.40	120	200	280	360	440	520	600
3	0.30	90	150	210	270	330	390	450
4	0.25	75	125	175	225	275	325	75
5	0.15	45	75	105	135	165	195	225

1. 小量制备　一般小量制备时,可用手工胶囊填充板(图 8-4)填充药物。将药物平铺在适当的平面上,厚度为囊体的 1/4～1/3,然后带指套持囊体,口朝下插进药粉层,使粉末嵌入胶囊内,如此压装数次至胶囊被填满。称重,如重量合适将囊帽套上。在填充过程所施压力均匀,并随时校准使重量准确。在填充毒剧药物时,可在纸上按剂量一一称取后再装入胶囊中。

2. 大量生产　企业大量生产时常用全自动胶囊填充机(图 8-5)。将药物与辅料混合均匀,然后放入饲料器用填充器进行填充。要求此混合物料应具有适宜的流动性,并在输送和填充过程中不分层。

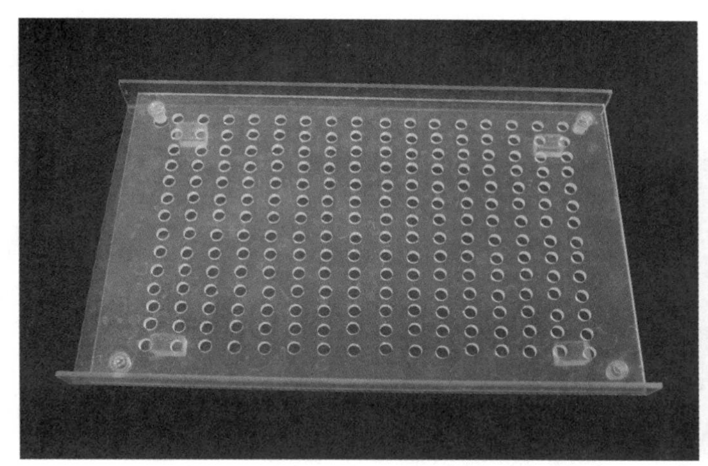

图 8-4　手工胶囊填充板

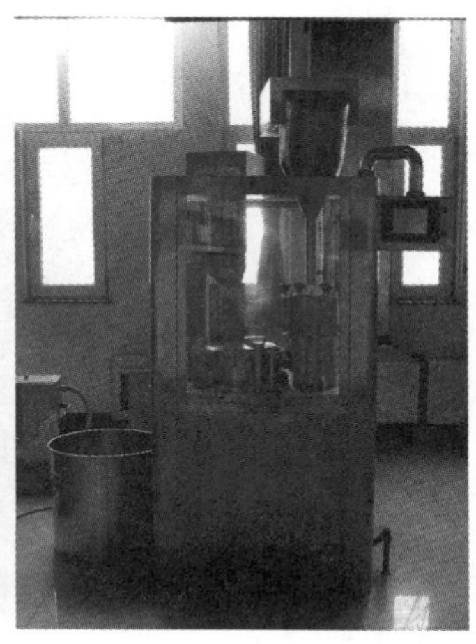

图 8-5　全自动胶囊填充机

(六) 封口与打光

1. 封口　胶囊囊体和囊帽套合的方式有平口和锁口两种(图 8-6),锁口式胶囊密封性良好,不必封口;平口式胶囊需封口,封口材料常用不同浓度的明胶液,如 20% 明胶、40% 水、40% 乙醇的混合液等,保持胶液 50℃,旋转时带上定量液,于胶囊帽与体套合处封上一条胶液,烘干,即得。

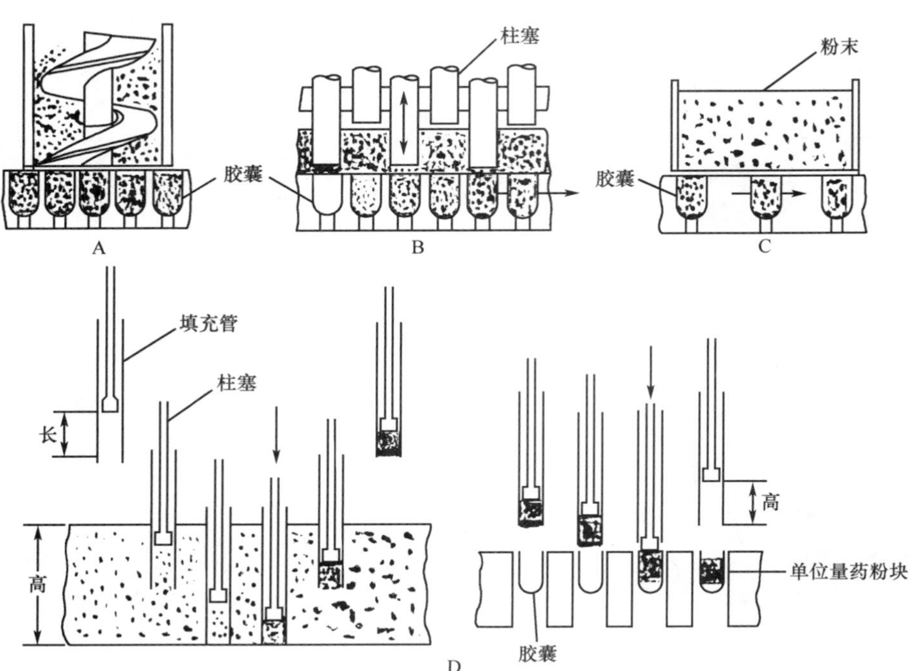

图 8-6　胶囊囊体、囊帽的套合方式

各种填充机附有检验装置，能够剔除空囊或装量不合格的废品。成品应进行质量检查。

2. 打光　已填装好的胶囊应及时除粉打光，胶囊剂的抛光常用胶囊抛光机（图 8-7），可除去附着于胶囊上的粉尘，以提高药品表面上的光洁度，达到制药工业生产卫生标准。

图 8-7　胶囊抛光机

二、软胶囊的制备

成套的软胶囊生产设备包括明胶液溶制设备、药液配制设备、软胶囊压（滴）制设备、软胶囊干燥设备、回收设备等。

（一）软胶囊囊壳的组成

软胶囊的囊壳也是由明胶、增塑剂、防腐剂、着色剂等组成，但囊壁具有可塑性和弹性的特点。要求明胶、增塑剂、水三者比例要适宜，通常是干明胶：增塑剂：水=1：(0.4~0.6)：1。若增塑剂用量少，则囊壁过硬；反之，则囊壁过软。软胶囊有圆柱形、球形、椭圆形、管形、栓形、鱼形等多种形状，球形和椭圆形可包制5.5~7.8ml。

（二）软胶囊剂大小的选择

考点：软胶囊囊壳的组成

填充的药物一般为一个剂量。为便于服用与成型，容积要求尽可能小。液体药物包囊时按剂量和比重计算囊核大小。混悬液制成软胶囊时，所需软胶囊的大小可用“基质吸附率”来计算介质的量。基质吸附率系指将1g固体药物制成填充胶囊的混悬液时所需液体基质的克数。

（三）软胶囊的内容物

软胶囊内可填充各种油类或对明胶无溶解作用的液体药物（含水量不超过5%）、药物溶液或混悬液，也可填充固体药物。

1. 软胶囊内容物　软胶囊多充填固态药物粉末的混悬液。分散介质常用植物油或PEG400，助悬剂常用氢化大豆油1份、黄蜡1份、熔点33~38℃的短链植物油、4份的油蜡混合物。为了提高软胶囊剂的稳定性与生物利用度，可酌情添加抗氧剂、表面活性剂。

2. 不宜制成软胶囊剂的药物　充填O/W型乳剂时可使乳剂失水破坏；充填药物溶液含水分超过50%，或含低相对分子质量的水溶性或挥发性的有机化合物如乙醇、丙酮、酸、胺及酯等，均能使软胶囊软化；醛类可使明胶变性，因此，均不能制成软胶囊剂。

考点：不宜制成软胶囊的药物

（四）软胶囊的制备

软胶囊常用滴制法和压制法制备。生产软胶囊时，成型与充填药物是同时进行的。

1. 滴制法　生产工艺流程（图8-8）。用滴制法制成的软胶囊称为无缝软胶囊。滴制法由具双层滴头的滴丸机完成。滴丸机的结构主要由贮液槽、定量控制器、滴头、冷却器等部分组成（图8-9）。常用的冷却剂是液体石蜡。

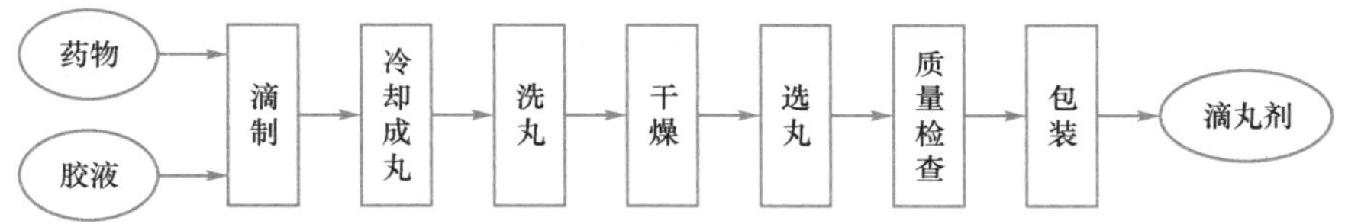

图8-8　滴制法制备软胶囊的生产工艺流程图

考点：滴制法制备软胶囊的生产工艺流程

将胶液（以明胶为软质囊材）与油状药液分别盛装于贮液槽中，通过滴丸机滴头使两相按不同速度流出，使定量的明胶液将定量药液包裹后，滴入一种不相混溶的液体冷却剂中（常用液体石蜡），由于表面张力作用收缩成球形，并逐渐凝固成软胶囊，如常见的鱼肝油胶丸等。

2. 压制法　是将胶液制成厚薄均匀的胶片，再将药液置于两个胶片之间，用钢板模或旋转模压制成软胶囊的一种方法。目前生产上主要采用旋转模压法，其制囊机及模压过程见图8-10。

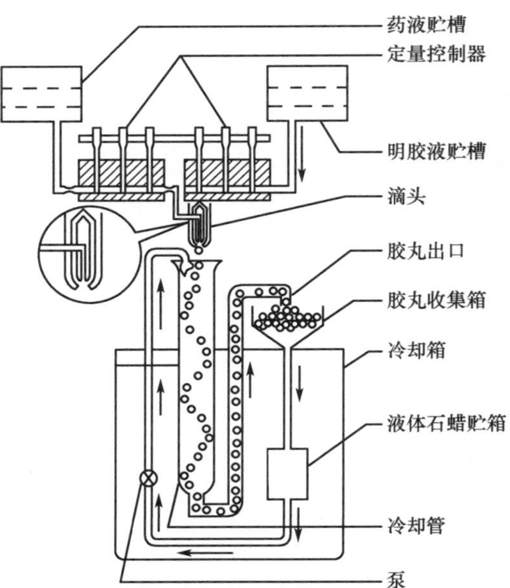

图 8-9　滴制法制备软胶囊工作流程

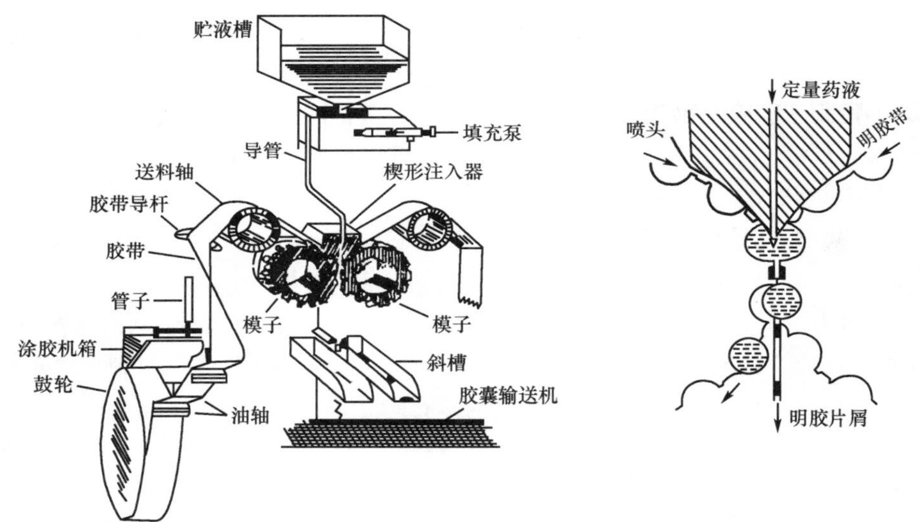

图 8-10　自动旋转轧囊机旋转模压工作原理示意图

第 3 节　胶囊剂的质量检查

按照 2015 年版《中国药典》检查项目进行下列检查。

一、外　观

胶囊剂外观应整洁，不得有黏结、变形或破裂现象，并应无异臭。硬胶囊剂的内容物应干燥、松紧适度、混合均匀。

二、装量差异

除另有规定外，取供试品 20 粒，分别精密称定重量后，倾出内容物（不得损失囊壳），硬胶囊用小刷或其他适宜的用具拭净，软胶囊用乙醚等易挥发溶剂洗净，置通风处使溶剂自然挥尽，再分别精密称定囊壳重量，求出每粒内容物的装量与平均装量。每粒装量与平均装量相比较，超出装量差异限度的不得多于2粒，并不得有1粒超出限度1倍(表8-2)。

但凡规定检查含量均匀度的胶囊剂，一般不再进行装量差异检查。

表8-2　平均装量差异限度

平均装量	装量差异限度
<0.3g	±10.0%
≥0.3g	±7.5%

三、崩解时限

除另有规定外，按照《中国药典》2015年版崩解时限检查法检查，均应符合规定。

但凡规定检查溶出度或释放度的胶囊剂，可不进行崩解时限的检查。

(一) 硬胶囊剂或软胶囊剂

除另有规定外，取供试品6粒，按片剂的装置与方法(如胶囊漂浮于液面，可加挡板)检查。硬胶囊应在30min内全部崩解，软胶囊应在1h内全部崩解。软胶囊可改在人工胃液中进行检查。如有1粒不能完全崩解，应另取6粒复试，均应符合规定。

(二) 肠溶胶囊剂

除另有规定外，取供试品6粒，按上述装置与方法，先在盐酸溶液(9→1000)中检查2h，每粒的囊壳均不得有裂缝或崩解现象；继将吊篮取出，用少量水洗涤后，每管各加入挡板一块，再按上述方法，改在人工肠液中进行检查，1h内应全部崩解。如有1粒不能完全崩解，应另取6粒复试，均应符合规定。

考点：胶囊剂的质量检查项目

第4节　胶囊剂的包装和储存

胶囊剂中的明胶原材料在高温、高湿环境下不稳定，胶囊可吸湿、软化、发黏、膨胀，甚至熔合或溶化，并有利于微生物的生长；长期储存胶囊剂时，其崩解时限会明显延长，溶出度也会有很大的变化。当环境过于干燥时，胶囊易失去水分而变脆。

胶囊剂的包装通常采用玻璃瓶、塑料瓶、泡罩式和窄条式包装。

除另有规定外，胶囊剂应密封储存。其存放的环境温度不高于30℃，湿度应适宜，防止受潮、发霉、变质。

参考解析

案例8-1问题分析：处方中加入淀粉、滑石粉和硬脂酸镁的目的是为了改善物料的流动性，避免分层，保证含量准确性。

自测题

一、选择题

(一) 单项选择题。每题的备选答案中只有一个最佳答案。

1. 胶囊剂不检查的项目是(　　)
   A. 装量差异　B. 硬度　C. 外观　D. 崩解时限　E. 水分

2. 一般胶囊剂包装储存的环境湿度、温度是(　　)
   A. 温度<30℃、相对湿度<60%

B. 温度 < 25℃、相对湿度 < 75%

C. 温度<30℃、相对湿度<75%

D. 温度 < 25℃、相对湿度 < 60%

E. 温度<20℃、相对湿度<80%

3. 在制剂生产中，适合制成胶囊的药物是(　　)

A. 药物的水溶液

B. 易风化药物

C. 吸湿性很强的药物

D. 性质相对稳定的药物

E. 药物的稀乙醇溶液

4. 软胶囊囊壁由干明胶、干增塑剂、水三者构成，其重量比例通常是(　　)

A. 1∶(0.2~0.4)∶1　B. 1∶(0.2~0.4)∶2

C. 1∶(0.4~0.6)∶1　D. 1∶(0.4~0.6)∶2

E. 1∶(0.4~0.6)∶3

(二) 配伍选择题。备选答案在前，试题在后。每组包括若干题，每组题均对应同一组备选答案。每题只有一个正确答案。每个备选答案可重复选用，也可不选用。

[5~7]

A. 二氧化硅　B. 二氧化钛

C. 二氯甲烷　D. PEG400

E. 聚乙烯吡咯烷酮

5. 常用于空胶囊壳中的遮光剂是(　　)

6. 常用于硬胶囊内容物中的助流剂是(　　)

7. 可用于软胶囊中的分散介质是(　　)

(三) 多项选择题。每题的备选答案中有 2 个或 2 个以上正确答案。

8. 胶囊剂具有如下哪些特点(　　)

A. 能掩盖药物不良臭味、提高稳定性

B. 可弥补其他固体剂型的不足

C. 可将药物水溶液密封于软胶囊中，提高生物利用度

D. 可延缓药物的释放后定位释药

E. 生产自动化程度较片剂高，成本低

9. 胶囊剂的质量要求包括(　　)

A. 外观　B. 水分

C. 崩解度或溶出度　D. 装量差异

E. 囊壳重量差异

10. 下列关于胶囊剂正确叙述是(　　)

A. 空胶囊共有 8 种规格，但常用的为 0~5 号

B. 空胶囊随着号数由小到大，容积由小到大

C. 若纯药物粉碎至适宜粒度就能满足硬胶囊剂的填充要求，即可直接填充

D. C 型胶囊剂填充机是自由流入物料型

E. 应按药物规定剂量所占容积来选择最小空胶囊

二、简答题

1. 胶囊剂的类型及特点有哪些？

2. 在填充胶囊的过程中，应如何保证装量差异符合《中国药典》2015 年版的规定？

(栾淑华)

第 9 章　片剂制备技术

片剂是在丸剂使用基础上发展起来的,1843 年英国人卜罗克(W. Brockedon)用模圈和杵将药物压成片形,产生了最早的片剂。到 19 世纪末随着压片机械的出现和不断改进,片剂的生产和应用得到了迅速发展。片剂在中国及其他许多国家的药典收载的制剂中,均占1/3 以上,可见应用之广。片剂从50 年代开始研究和生产,随着中药化学、药理、制剂与临床药学等学科的发展,中药片剂的品种、数量也不断增加,工艺技术日益改进,片剂的质量逐渐提高。

第 1 节　概　　述

一、片剂的概念和特点

(一) 片剂的概念

片剂(tablets)是指药物和适宜的辅料混匀压制而成的圆片状或异形片状的固体制剂。

从 19 世纪 40 年代片剂发明创造以来,尤其是近 40 年以来,国内外药学工作者对片剂成型理论、崩解溶出机制、各种新型辅料进行了深入研究,先进的生产技术和现代化的生产设备如全粉末直接压片、流化喷雾制粒、全自动高速压片机、全自动高效包衣机等广泛的应用于片剂的生产实践,片剂的品种不断增多,质量不断提高,是现代药物制剂中应用最为广泛的剂型之一(图 9-1)。

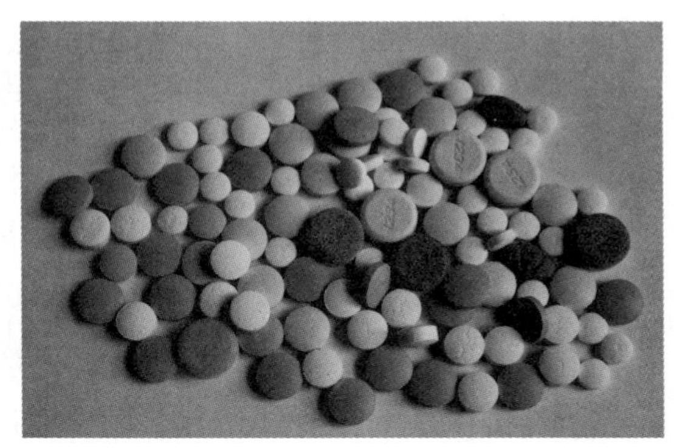

图 9-1　各种片剂

(二) 片剂的特点

1. 片剂的优点　①便于机械化生产,产量高、成本低;②质量稳定,分剂量准确、含量均匀;③体积小,携带、使用方便;④可适用于多种治疗用药的需要等。

2. 片剂亦有不足之处　①幼儿及昏迷患者不易吞服;②储存过程往往使片剂变硬,崩解时间延长;③有些片剂的溶出度和生物利用度相对较低等。如含有挥发性成分,久贮含量会有所下降。

二、片剂的分类

片剂以口服普通片为主,也有含片、舌下片、口腔贴片、咀嚼片、分散片、可溶片、泡腾片、阴道片、阴道泡腾片、缓释片、控释片与肠溶片等。

1. 含片 系指含于口腔中，药物缓慢溶解产生局部或全身作用的片剂。

含片中的药物应是易溶性的，主要起局部消炎、杀菌、收敛、止痛或局部麻醉作用。含片在局部药物浓度较高，能达到较好的治疗效果，如草珊瑚含片。含片按照崩解时限检查法检查，除另有规定外，10min 内不应全部崩解或溶化。

考点：片剂的特点

2. 舌下片 系指置于舌下能迅速溶化，药物经舌下黏膜吸收发挥全身作用的片剂。

舌下片中的药物与辅料应是易溶性的，主要适用于急症的治疗，如硝酸甘油片。舌下片按崩解时限检查法检查，除另有规定外，应在 5min 内全部溶化。

3. 口腔贴片 系指黏贴于口腔，经黏膜吸收后起局部或全身作用的片剂。如氨来呫诺口腔贴片、口腔溃疡贴片。

口腔贴片应进行溶出度或释放度检查。

4. 咀嚼片 系指于口腔中咀嚼后吞服的片剂。如碳酸钙咀嚼片。

咀嚼片一般应选择甘露醇、山梨醇、蔗糖等水溶性辅料作填充剂和黏合剂。咀嚼片的硬度应适宜。

5. 分散片 系指在水中能迅速崩解并均匀分散的片剂。如罗红霉素分散片。

分散片中的药物应是难溶性的。分散片可加水分散后口服，也可将分散片含于口中吮服或吞服。分散片应进行溶出度和分散均匀性检查。

6. 可溶片 系指临用前能溶解于水的非包衣片或薄膜包衣片剂。

可溶片应溶解于水中，溶液可呈轻微乳光。可供口服、外用、含漱等用，如阿莫西林可溶片。

7. 泡腾片 系指含有碳酸氢钠和有机酸，遇水可产生气体而呈泡腾状的片剂。

泡腾片中的药物应是易溶性的。加水产生气泡后应能溶解。有机酸一般用枸橼酸、酒石酸、富马酸等，如维生素 C 泡腾片、阿司匹林泡腾片等。

8. 阴道片与阴道泡腾片 系指置于阴道内应用的片剂。阴道片和阴道泡腾片的形状应易置于阴道内，可借助器具将阴道片送入阴道，如克霉唑阴道片、保妇康阴道泡腾片。

阴道片为普通片，在阴道内应易溶化、溶散或融化、崩解并释放药物，主要起局部消炎杀菌作用，也可给予性激素类药物。具有局部刺激性的药物，不得制成阴道片。阴道片按照融变时限检查法检查，应符合规定。阴道泡腾片照发泡量检查，应符合规定。

9. 缓释片 系指在规定的释放介质中缓慢地非恒速释放药物的片剂。缓释片应符合缓释制剂的有关要求并应进行释放度检查，如硝苯地平缓释片。

10. 控释片 系指在规定的释放介质中缓慢地恒速释放药物的片剂。控释片应符合控释制剂的有关要求并应进行释放度检查，如硝苯地平控释片、吲哚美辛控释片。

11. 肠溶片 系指用肠溶性包衣材料进行包衣的片剂。如阿司匹林肠溶片。

为防止药物在胃内分解失效、对胃的刺激或控制药物在肠道内定位释放，可对片剂包肠溶衣；为治疗结肠部位疾病等，可对片剂包结肠定位肠溶衣。肠溶片除另有规定外，应进行释放度检查。

考点：片剂的分类

三、片剂的质量要求

片剂在生产与储藏期间均应符合下列规定(《中国药典》2015 年版)。

(1) 原料药与辅料混合均匀。含药量小或含毒、剧药物的片剂，应采用适宜方法使药物分散均匀。

(2) 凡属挥发性或对光、热不稳定的药物，在制片过程中应遮光、避热，以避免成分损失或失效。

(3) 压片前的物料或颗粒应适当地控制水分，以适应制片工艺的需要，防止片剂在储藏期间发霉、变质。

(4) 含片、口腔贴片、咀嚼片、分散片、泡腾片等根据需要可加入矫味剂、芳香剂和着色剂等附加剂。

(5) 为增加稳定性、掩盖药物不良臭味、改善片剂外观等，可对片剂进行包衣。必要时，薄膜包衣片剂应检查残留溶剂。

(6) 片剂的外观应完整光洁，色泽均匀，有适宜的硬度和耐磨性，以免包装、运输过程中发生磨损或破碎，除另有规定外，对于非包衣片，应符合片剂脆碎度检查法的要求。

(7) 片剂的溶出度、释放度、含量均匀度、微生物限度等应符合要求。

(8) 除另有规定外，片剂应密封储存。

第2节　片剂的辅料

一、辅料的作用

片剂是由药物和辅料构成。辅料(excipients 或 adjuvants)系指片剂内除药物外的一切附加物料的总称，亦称赋形剂。它们所起的作用主要包括：填充作用、黏合作用、崩解作用和润滑作用，有时还起到着色作用、矫味作用及美观作用等。

链　接

药用辅料在生产、储存和应用中应符合以下规定

根据《中国药典》2015 年版规定：

(1) 生产药品所用的药用辅料必须符合药用要求；

(2) 药用辅料应经安全性评估对人体无毒害作用；

(3) 化学性质稳定，不易受温度、pH、保存时间等的影响；

(4) 与药物成分之间无配伍禁忌，不影响制剂的检验，或可按允许的方法除去对制剂检验的影响，且尽可能用较小的用量发挥较大的作用。

考点：片剂辅料的作用

二、辅料的分类和常用辅料

(一) 填充剂或稀释剂

填充剂是指用来增加片剂的重量或体积，以利于片剂成型或分剂量的辅料，又称为稀释剂。由压片工艺、制剂设备等因素所决定，片剂的直径一般不能小于 6mm、片重多在 100mg 以上，如果片剂中的主药只有几毫克或几十毫克时，将无法压制成片。加入适当的填充剂，能增加体积和重量，助其成型，而且可改善药物的流动性和减少主药的剂量偏差等。常用填充剂见表 9-1。

表 9-1 常用填充剂

种类	主要特点	应用
淀粉	稳定，吸水膨胀、不溶于水，可压性较差，色泽好	最常用辅料，常与糖粉、糊精合用
糖粉	黏合和矫味作用，用量不能超过 20%，否则吸湿性较强，长期储存，会使片剂的硬度过大	含片或可溶性片剂，不单独使用与糊精、淀粉配合使用
糊精	较强的黏结性，造成片剂崩解或溶出迟缓	干黏合剂，常与糖粉、淀粉配合使用
乳糖	稳定、可压性、流动性好、药物溶出度好，价格稍贵	粉末直接压片
预胶化淀粉	流动性、可压性、崩解性好，自身润滑性和干黏合性良好	多功能辅料，粉末直接压片
甘露醇	稳定，无吸湿性，易溶于水，美观，价格稍贵，有凉爽感	咀嚼片，常与蔗糖配合使用
微晶纤维素	可压性好，有较强的结合力，硬度、崩解较好	粉末直接压片
硫酸钙	稳定，硬度、崩解均好。对四环素类药物的吸收有干扰	

考点：常用填充剂的种类与特点

（二）润湿剂与黏合剂

润湿剂系指本身没有黏性，但能诱发待制粒物料的黏性，以利于制粒的液体。常用的润湿剂见表 9-2。

表 9-2 常用润湿剂

种类	主要特点	应用
乙醇	干燥温度低、速度快，制粒时宜迅速搅拌、立即制粒，避免乙醇挥发	适用于遇水易分解、遇水黏性太大的物料。一般浓度为 30% ~70%
纯化水	干燥温度高，可被物料吸收，易发生湿润不均现象，压片易出现花斑、水印	常用于中药片剂包衣锅中转动制粒，常与淀粉浆或乙醇合用

黏合剂系指本身具有黏性，能对无黏性或黏性不足的物料给予黏性，从而使物料聚结成粒的辅料，干燥黏合剂是指以固体状态直接应用其黏合作用的物质，常用的黏合剂见表 9-3。

考点：常用润湿剂种类与特点

表 9-3 常用黏合剂

种类	主要特点	应用
淀粉浆	有润湿和黏合作用，片剂崩解性好	适用于对湿热稳定的药物制粒，常用浓度为 8% ~15%，并以 10% 淀粉浆最为常用
糊精	黏性较糖粉弱	常与淀粉浆合用作黏合剂，做干燥黏合剂
糖粉与糖浆	黏性较强，可增加片剂硬度和片面的光洁度	用于质地疏松、纤维多的中药材和易失结晶水的药物制粒。常用浓度为 50% ~70%（g/g）
胶浆（明胶溶液、阿拉伯胶浆）	黏性很强	适用于质地疏松又不宜用淀粉浆作黏合剂的药物制粒
羧甲基纤维素钠（CMC-Na）	黏性较强，可溶于水，几乎不溶于乙醇	常用于可压性较差的药物，常用浓度 2% ~10%
羟丙基甲基纤维素（HPMC）	常溶于冷水，不溶于热水和乙醇	常用浓度 2% ~10%，可做干燥黏合剂

续表

种类	主要特点	应用
羟丙基纤维素(HPC)	可溶于乙醇、丙二醇	可做湿法制粒的黏合剂,也可作为粉末直接压片的干燥黏合剂
聚维酮(PVP)	溶于水和乙醇,吸湿性强,制成片剂久贮变硬	可用于水溶性和水不溶性物料的制粒,可做干燥黏合剂,常做泡腾片和咀嚼片的制粒
微晶纤维素(MCC)	良好的流动性和崩解性	可做干燥黏合剂,多用于粉末直接压片
乙基纤维素(EC)	不溶于水,溶于乙醇,黏性较强	常用浓度2%～10%,常做缓释、控释制剂的包衣材料
甲基纤维素(MC)	溶于冷水,可形成黏稠的胶体溶液,黏度较强,制成颗粒可压缩性好	可用于水溶性和水不溶性物料的制粒
聚乙二醇(PEG)	溶于水和乙醇,制成颗粒压缩成型好,片剂不变硬	适用于水溶性和水不溶性物料的制粒

考点:常用黏合剂种类与特点

(三)崩解剂

1. 崩解剂　系指促使片剂在胃肠液中迅速碎裂成细小颗粒的辅料。崩解剂的作用是消除因黏合剂或高度压缩而产生的结合力,能够瓦解片剂的结合力,有利于片剂中主药的溶出。除了缓(控)释片、口含片、咀嚼片、舌下片、植入片等有特殊要求的片剂外,一般的片剂中都应加入崩解剂。常用崩解剂见表9-4。

表9-4　常用崩解剂

种类	主要特点	应用
干淀粉	经典的崩解剂,吸水性较强且有一定的膨胀性,用前在100～105℃条件下干燥	常用量5%～20%,适用于水不溶性或微溶性药物的片剂,但对易溶性药物的崩解作用较差
羧甲基淀粉钠(CMS-Na)	优良的崩解剂,吸水膨胀作用极强,吸水膨胀至原体积的300倍	常用量1%～6%,适用于湿法制粒压片,又适用于粉末直接压片
低取代羟丙基纤维素(L-HPC)	吸水膨胀率在500%～700%,崩解后的颗粒也较细小,有利于药物溶出	常用量为2%～5%,是良好的快速崩解剂
交联羧甲基纤维素钠(CCNa)	水中溶胀而不溶于水,有较强的引湿性,崩解作用较好	当与羧甲基淀粉钠合用时,崩解效果更好
交联聚乙烯吡咯烷酮(PVPP)	水中迅速溶胀,不溶解,无黏性,但吸湿性大	新型优良的崩解剂,其崩解性能十分优越,用量少
泡腾崩解剂	遇水产生二氧化碳气体,使片剂迅速崩解	最常用的是碳酸氢钠与枸橼酸组成的混合物,常用于泡腾片
表面活性剂(聚山梨酯,十二烷基硫酸钠)	能增加疏水性片剂的润湿性,使水分易于渗入	常与淀粉合用于疏水性药物

2. 崩解剂的加入方法

考点：常用崩解剂种类与特点

(1) 内加法：在制粒前加入崩解剂，片剂崩解发生在颗粒内部，有利于颗粒迅速崩解成粉末。

(2) 外加法：在压片前加入崩解剂，片剂崩解发生在颗粒之间，崩解迅速。

(3) 内外加入法：系将崩解剂分成两份，占崩解剂总量的50% ~75% 按内加法加入、剩余25% ~50% 按外加法加入，此法体现了前两种加入法的优点，可使片剂崩解既发生在颗粒之间也发生在颗粒内部，取得良好的崩解效果。

因此，在相同用量下，崩解速度快慢顺序为：外加法 > 内外加入法 > 内加法；溶出速率为：内外加入法 > 内加法 > 外加法。

考点：崩解剂不同加入法崩解速度快慢的比较

链 接

崩解剂作用机制

(1) 膨胀作用：有些崩解剂自身具有很强的吸水膨胀性，从而瓦解片剂的结合力。如羧甲基淀粉钠，吸水膨胀作用极强，可使片剂迅速崩解。

(2) 毛细管作用：有些崩解剂在片剂中能够保持压制片的孔隙结构，形成易于润湿的毛细管道，当片剂置于水中时，水能迅速的随毛细管道进入片剂内部，使片剂润湿而崩解。如淀粉及其衍生物、纤维素类衍生物等均有此作用。

(3) 产气作用：某些崩解剂是通过化学反应产生气体而使片剂崩解的。如泡腾片中的崩解剂枸橼酸与碳酸氢钠遇水反应产生二氧化碳，借助气体的膨胀而使片剂崩解。

(四) 润滑剂

考点：润滑剂的作用

1. 润滑剂的作用 润滑剂在片剂制备过程中起助流、抗黏和润滑作用：①助流作用，能降低颗粒间、粉末间和颗粒与粉末间的摩擦力，改善流动性，有利于定量填充到模孔中，保证片剂恒重；②抗黏作用，减轻物料对冲模的黏附性，使片剂表面光洁；③润滑作用，降低颗粒间及颗粒与冲头和模孔壁间的摩擦力，改变力的传递与分布，利于出片。

2. 常用润滑剂 见表9-5。

表9-5 常用润滑剂

种类	主要特点	应用
硬脂酸镁	疏水性、附着性好，助流性差，量大时，会造成片剂的崩解迟缓	常用量为0.3% ~1%，广泛应用，不宜用于乙酰水杨酸、某些抗生素及多数有机碱盐类药物
微粉硅胶	亲水性强，具有很好流动性和可压性	常用量为0.1% ~0.3%，优良的助流剂，作粉末直接压片的助流剂
滑石粉	不溶于水，有亲水性，助流性好，抗黏作用好，价格便宜	常用量为0.1% ~3%，最多不要超过5%，主要作为助流剂，常与硬脂酸镁合用
氢化植物油	良好的润滑剂	应用时，先溶于轻质液体石蜡或己烷中，此溶液喷入颗粒中，以保证分布均匀

续表

种类	主要特点	应用
液体石蜡	单独使用不易分布均匀	常用量0.5%～1%，常与滑石粉合用
聚乙二醇(PEG)	水溶性的润滑剂，制得的片剂崩解好且得到澄明的溶液	常用于溶液片、泡腾片、分散片
十二烷基硫酸钠	水溶性润滑剂，并有崩解作用	常与硬脂酸镁合用改善片剂润湿性

除了上述四大辅料以外，片剂中还常加入着色剂、矫味剂等辅料以改善口味和外观，常加入的着色剂和矫味剂参见液体药剂。

加入的辅料都应符合药用的要求，都不能与主药发生反应，也不应妨碍主药的溶出和吸收。目前已知乳糖能降低戊巴比妥、安体舒通的吸收，淀粉能延缓水杨酸钠的吸收，碳酸钙能影响四环素类药物的吸收。因此，应当根据主药的理化性质和生物学性质，结合具体的生产工艺，通过体内外实验，选用适当的辅料。

考点：润滑剂的种类与特点

第3节 片剂的制备

片剂的制备方法按制备工艺分为两大类四小类：

- 制粒
  - 制粒压片法
    - 湿性制粒压片法
    - 干法制粒压片法
  - 直接压片法
    - 药物粉末(结晶)直接压片法
    - 空白颗粒压片法

一、湿法制粒压片

湿法制粒压片是将药物与辅料混合均匀后加入液体黏合剂制备颗粒再压片的方法。湿法制粒压片适用于对湿热稳定的药物。

(一) 片剂的生产环境及湿法制粒压片工艺流程

1. 片剂的生产环境 片剂生产环境的空气洁净度为300 000级。室内相对室外正压，温度18～26℃、相对湿度45%～65%。

2. 湿法制粒压片工艺流程 见图9-2。

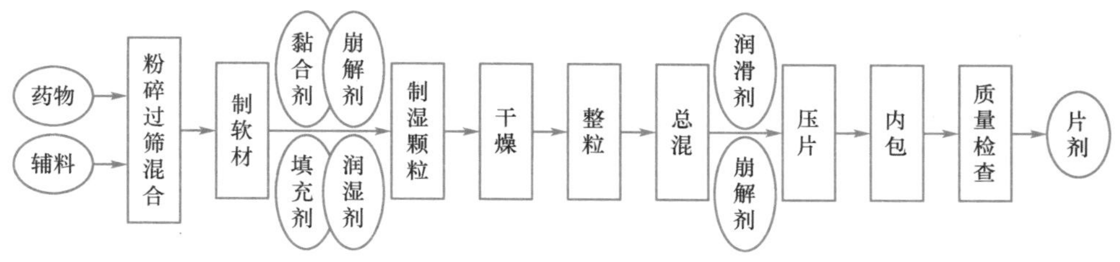

图9-2 湿法制粒压片工艺流程示意图

考点：湿法制粒压片工艺流程

链 接

湿法制粒的优点

湿法制粒的优点主要是：①通过制粒，可以使流动性、可压性差的药物获得较好的流动性；②防止已经混匀的各种成分因粒度、密度的差异在压片过程中产生分层；③避免或减少粉尘；④剂量小的药物可通过制粒达到含量准确、分散性良好、色泽均匀；⑤加入黏合剂制粒，增

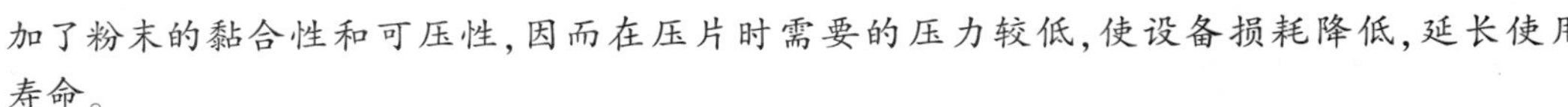

加了粉末的黏合性和可压性，因而在压片时需要的压力较低，使设备损耗降低，延长使用寿命。

（二）湿法制粒压片过程

1. 物料前处理 物料前处理是指将物料经过含量测定，处理到符合粉碎要求的程度，并混合均匀。

（1）原、辅料的质量控制：处方中的原辅料应符合国家药品标准。片剂的疗效与药物的溶出有关，药物的溶出与药物的粒径、溶解度和晶形有关，与辅料和制备工艺等有关，所以必要时应鉴定药物晶形，控制药物粉碎度；辅料应选择规定的型号和规格，对粒度大小和分布等加以选择。

（2）原、辅料的预处理：原、辅料应按制剂批准工艺经粉碎、过筛、干燥等加工处理后再混合。

原、辅料的粉碎细度以通过80～100目筛为宜，毒性药品、贵重药品和有色原辅料粉碎得更细些，以便混合均匀，有利于药物溶出。对于溶解度很小的，必要时经微粉化处理使粒径减小（如 $<5\mu m$）以提高溶出度。处方各组分用量比例悬殊时，要采用等量递加法或溶剂分散法以保证混合均匀。粉碎、过筛、混合的方法和设备参见第3章。

2. 湿法制粒 湿法制粒系指物料加入润湿剂或黏合剂进行制粒的方法，是目前国内医药企业应用最广泛的方法。根据制粒时采用的设备不同，湿法制粒方法有以下几种。

（1）挤压制粒方法：挤压制粒方法系指先将处方中原辅料混合均匀后加入黏合剂制软材，然后将软材用强制挤压方式通过具有一定大小的筛孔而制粒的方法。

制软材：将原、辅料置于混合机中，加入适量的润湿剂、黏合剂，搅拌均匀制成软材。软材的质量往往靠经验来控制，即“握之成团，轻压即散”。应根据物料的性质来选择润湿剂和黏合剂的用量，以能制成适宜软材最小用量为原则，如粉末较细、质地疏松、干燥、黏性差的物料，用量应稍多些。反之，用量应减少。一般黏合剂用量多、混合强度大、时间长，制得的颗粒硬度较大。

近年来，已有人采用仪表测量混合机内颗粒的动量扭矩，自动控制软材的制备终点，从而保证了软材的质量，加强了生产的科学性。

筛网的孔径可根据片剂直径选择，见表9-6，数据可供参考。

表9-6 片剂的直径、重量、筛目关系

片径(mm)	片重(mg)	湿粒筛目数	干粒筛目数
5.5～6.5	50	18	16～20
6～6.5	100	16	14～20
7～8	150	16	14～20
8～8.5	200	14	12～16
9～10.5	300	12	10～16
12	500	10	10～12

链　接

制粒筛网的选择

筛网有尼龙筛网、镀锌筛网、不锈钢筛网，可以根据生产需要加以选择。镀锌网有金属屑脱落，影响药物稳定性；尼龙筛网不会影响药物稳定性，但有弹性，软材黏度大时，过筛较慢，颗粒硬度较大时，易耗损；不锈钢筛网较好。

（2）流化床制粒方法：利用气流作用，容器内物料粉末保持悬浮状态时，润湿剂或液体黏合剂向流化床喷入，使粉末聚结成颗粒的方法。常用设备是流化床制粒机，其结构见示意图（图 9-3）。

图 9-3　流化床制粒机示意图

（3）高速混合制粒方法：先将物料加入高速混合制粒机的容器内，搅拌混匀后加入黏合剂或润湿剂高速搅拌制粒方法。常用设备为高速混合制粒机，分为卧式和立式两种，其结构见示意图（图 9-4）。

（4）喷雾干燥制粒方法：是将物料溶液或混悬液喷雾于干燥室内，在热气流的作用下使雾滴中的水分迅速蒸发以直接获得球状干燥细颗粒的方法。该法可在数秒内完成药液的浓缩与干燥，原料液含水量可达 70% ~80%。如以干燥为目的时称为喷雾干燥，以制粒为目的时称为喷雾制粒。常用设备为喷雾干燥制粒机，其结构见示意图（图 9-5）。

图 9-4　高速搅拌制粒机示意图

图 9-5　喷雾干燥制粒机示意图

（5）转动制粒方法：在药物粉末中加入一定量的黏合剂，将在转动、摇动、搅拌等作用下使粉末结聚成具有一定强度的球形粒子的方法。这种转动制粒多用于药丸的生产，可制备2～3mm以上大小的药丸，但由于粒度分布较宽，在使用中受到一定的限制。

（6）复合制粒方法：复合型制粒机是搅拌制粒、转动制粒、流化床制粒法等各种制粒技能结合在一起，使混合、捏合、制粒、干燥、包衣等多个单元操作在一个机器内进行的新型设备。

考点：湿法制粒方法的几种方法

3. 干燥 湿颗粒制成后应立即干燥，以免堆压变形或结块。干燥温度应根据药物的性质而定。一般以40～60℃为宜，个别对湿热稳定的药物可适当放宽到70～80℃，甚至可提高到80～100℃。含结晶水的药物，注意温度不要太高，否则会失去过多的结晶水使得颗粒松脆而影响压片及崩解。干燥温度要逐渐升高，以免颗粒表面结膜影响内部水分蒸发。

颗粒的干燥程度可根据药物稳定性质适当控制含水量，含水量过多，易发生黏冲，含水量过少也不利于压片。

图9-6　GR系列热风循环烘箱

常用干燥设备有热风循环烘箱（图9-6），流化干燥床、喷雾干燥器等。

4. 压片

（1）整粒：在制粒和干燥过程中，可能存在某些颗粒发生粘连结块，整粒的目的是得到大小均匀颗粒，一般采用过筛的方法进行整粒，整粒筛网目数通常为12～20目，整粒筛网比制粒时的筛网稍细一些，整粒筛网选择可以参考表9-6。整粒设备常用快速整粒机（图9-7）。

（2）压片前物料混合——总混：整粒完成后，将各种成分混匀，准备压片。

1）加入润滑剂和崩解剂：润滑剂、外加崩解剂在整粒后加入到干颗粒中，置混合器中进行总混。

2）加入挥发油和挥发性成分、处方中剂量很少或对湿热不稳定的药物：可先溶于适量乙醇，再喷入干颗粒中混和均匀，密闭数小时，使挥发性药物在颗粒中渗透均匀，室温干燥。常用设备为三维混合机（图9-8）。

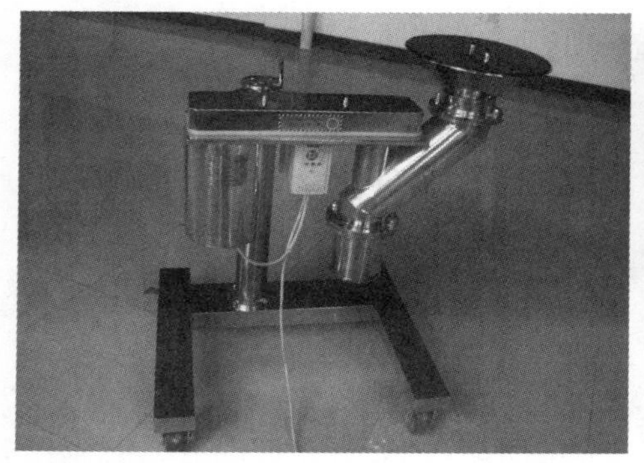

图9-7　LKZ-180型快速整粒机

图9-8　HS-50型三维混合机

（3）片重的计算：片重的计算方法有以下两种。

考点：按颗粒中主药实际含量计算片重

1）按颗粒中主药实际含量计算片重：药物制成干颗粒须经一系列操作，主辅料必将有一定损失，故压片前应对干颗粒中主药的实际含量进行测定，然后根据下列公式计算片重。

$$片重=\frac{每片主药(标示量)}{干颗粒中主药百分含量(实测量)}\times主药含量允许误差\%+压片前每片加入的平均辅助量$$

案例 9-1

制备复方磺胺甲噁唑片，每片含磺胺甲噁唑（SMZ）0.4g，制成颗粒后，测得颗粒中含磺胺甲噁唑75%，本品含磺胺甲噁唑应为标示量的90.0%~110%。压片前平均每片加入的辅料量为0.026g。请计算该片的片重范围。

解：按片重计算公式

片重范围=0.4/75%×(90%～110%)+0.026=0.48g～0.59g

答：该药片的片重范围为：0.48～0.59g。

2）按干颗粒重量计算片重：在大量生产时，根据生产中主辅料的损耗，适当增加了投量，片重按下列公式计算。

$$片重=\frac{干颗粒重+压片前加入的辅料量}{应压总片数}$$

案例 9-2

欲制备每片含维生素C 0.25g的片剂，现投料10万片，共制得干颗粒34.5kg，在压片前，又加入硬脂酸镁和滑石粉1.7kg。计算片重应是多少？

解：片重=(34.5+1.7)×1000/100000=0.36g

答：维生素C每片重应为0.36g。

考点：按干颗粒重量计算片重

（4）压片机和压片过程：目前常用的压片机按结构分为撞击式单冲压片机和旋转式多冲压片机，此外还有一次压制压片机、二次（三次）压制压片机、多层片压片机和压制包衣机等。压片过程基本相同。

链　接

压片机的冲和模

冲模是压片机的重要部件，由上冲、下冲、模圈组成，需用优质钢材制成，应耐磨而有较大的强度，冲头与模孔径的差不超过0.06mm。压片机的冲头端面通常是圆形的，但有各种凹形弧度。此外还有三角形、方形、椭圆形、条形和环形等各种异型冲。冲头凹面上可以刻有片剂的名称、片重、等分线、四等分线等，方便识别和分剂量。冲头的直径有多种规格，一般为5～12mm，可供不同片重的片剂压片时选用。常见冲头的形状见图（图9-9）。

1）单冲压片机：主要介绍单冲压片机的结构和压片过程。

A. 单冲压片机的结构：主要有加料器、调节装置、压缩部件三部分组成（图9-10）。

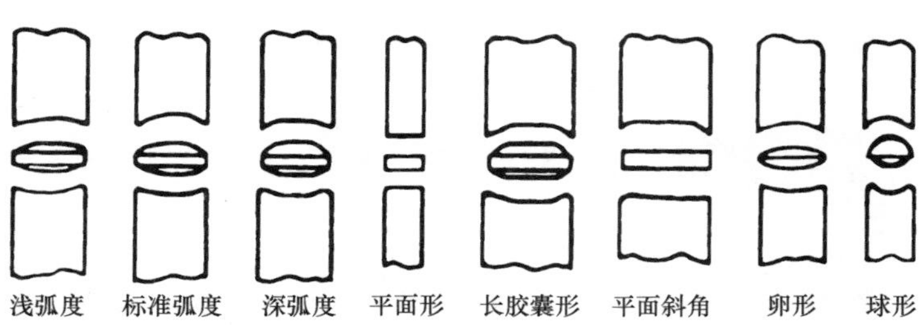

图 9-9　不同弧度的冲头与不同形状的片剂

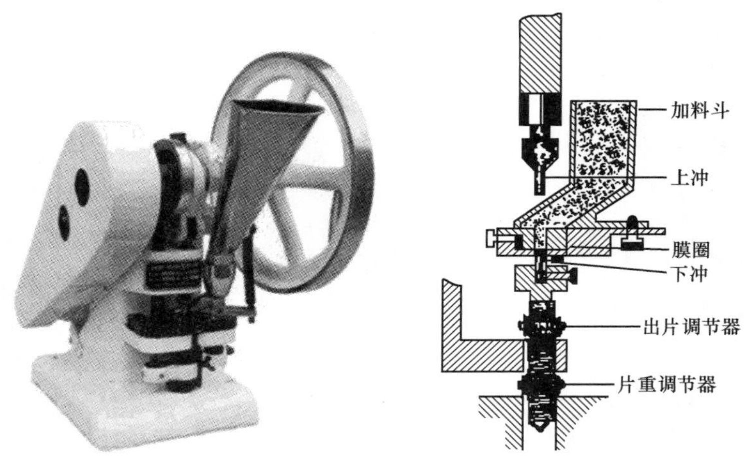

图 9-10　单冲压片机结构示意图

①加料器:由加料斗和饲粉器组成。②调节装置:压力调节器用于调节上冲下降深度,上冲下降越低,上下冲头距离越近,则压力越大,因而片剂越硬;反之,片剂则越松;片重调节器用于调节下冲的下降深度,以调节模孔的容积而控制片重;出片调节器用以调节下冲推片时抬起的高度,使下冲头端恰与模圈的上缘相平,使压出片剂顺利顶出模孔。③压缩部分:由上冲、下冲、模圈构成,是片剂的成型部分,并决定了片剂的大小和形状。

B. 单冲压片机的压片过程:由填料、压片和出片三个步骤构成(图 9-11)。①填料:上冲抬起,饲粉器移动到模孔之上,下冲下降到适宜深度,饲粉器在模孔上面移动,颗粒填满模孔。②压片:饲粉器由模孔上移开,使模孔中的颗粒与模孔的上缘相平,上冲下降并将颗粒压缩成片,此时下冲不动。③出片:上冲抬起,下冲随之上升至与模孔上缘相平,将药片由模孔中顶出;饲粉器再次移动到模孔之上,将模孔上的药片推开并落入接收器,并进行第二次填料,如此反复进行。

考点:单冲压片机的结构

单冲压片机的产量约为 80 片/分钟。一般用于新产品试制或少量生产。压片时是单侧加压(由上冲加压),所以压力分布不够均匀,易出现裂片;噪声较大。

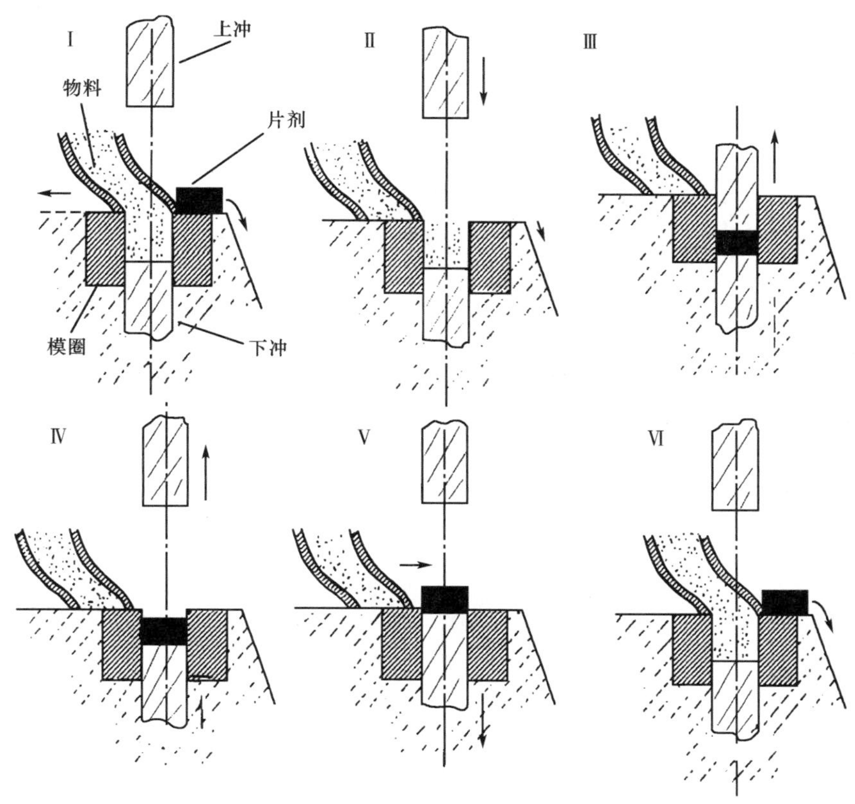

图 9-11　单冲压片机压片过程示意图

2）旋转式压片机：是目前生产中广泛使用的压片机。

A. 旋转式压片机的结构：主要工作部分由动力部分、传动部分及工作部分组成。旋转式压片机的工作部分中有绕轴而转动的机台，机台分三层，机台的上层装着上冲，中层装模圈，下层装着下冲。另有固定不动的上下压力盘、片重调节器、压力调节器、饲粉器、刮粉器、出片调节器及吸尘器和防护装置等。上冲与下冲随机台转动并沿固定的轨道有规律地上、下运动；在上冲之上及下冲下面的适当位置装着上压力盘和下压力盘，在上冲和下冲转动并经过各自的压力盘时，被压力盘推动使上冲向下、下冲向上运动并对模孔中的物料加压；机台中层上装有固定不动的刮粉器，饲粉器的出口对准刮粉器，颗粒可源源不断地流入刮粉器中，由此流入模孔；片重调节器装于下冲轨道上，调节下冲经过刮粉器时的下降的深度，以调节模孔的容积。压力调节器用以调节下压力盘的高度，下压力盘的位置高，则压缩时下冲抬起得高，上、下冲间的距离近，压力大，反之压力小。

B. 旋转式压片机工作过程（图 9-12）：旋转式压片机的压片过程与单冲压片机相同，分为填料、压片、出片三个步骤。①填料：下冲转到饲粉器下面时，颗粒填入模孔，当下冲继续运行到片重调节器时略有上升，经刮粉器将多余的颗粒刮去；②压片：当上冲和下冲分别运行到上、下压力盘之间时，两冲间的距离最小，将颗粒压缩成片；③出片：上冲和下冲依次抬起，下冲将模孔内的片剂顶出，药片经刮粉器推开并落入接收器中，如此反复进行。

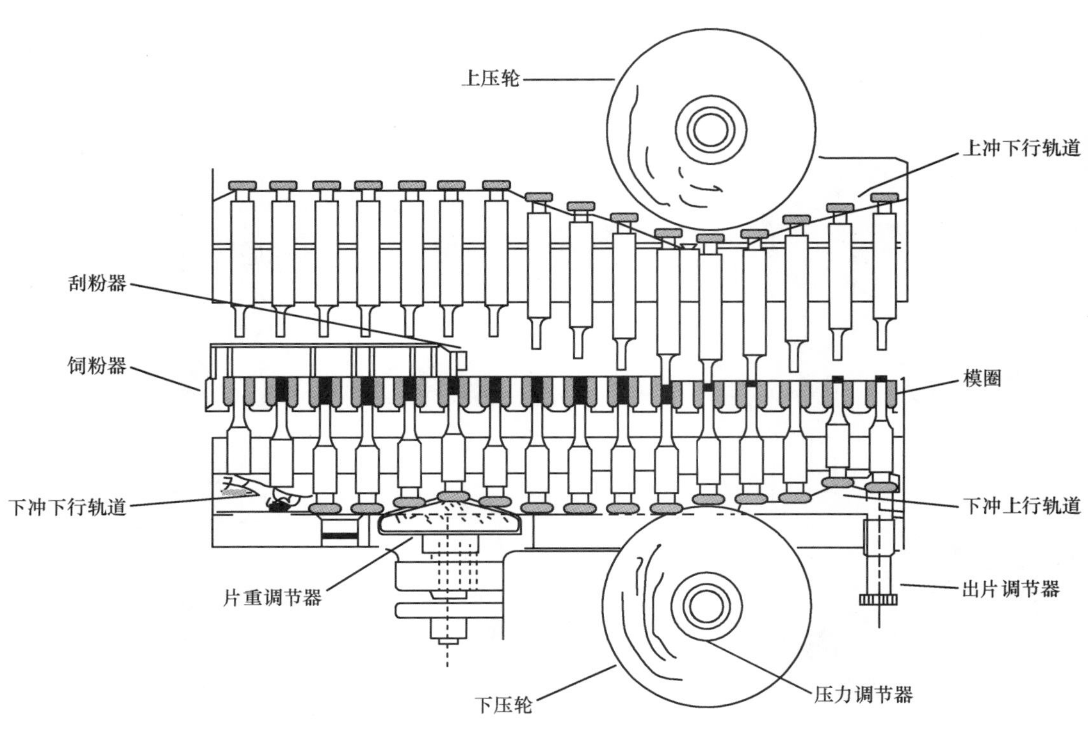

图 9-12　旋转式压片机工作过程示意图

考点：冲头和冲模的拆装顺序

C. 旋转式压片机的类型：旋转式压片机有多种型号，按冲头数量来说有 5 冲、8 冲、19 冲、33 冲及 55 冲等；按流程来说有单流程和双流程等。单流程型是指转盘旋转一周每副冲仅压制出一个药片；双流程型是指转盘旋转一周每副冲压制出两个药片。双流程压片机的能量利用更合理，生产力较高。较适合于中药片剂生产的为 ZP_{19}、ZP_{33} 和 ZP_{35} 型压片机。

旋转式压片机的饲料方式合理，片重差异较小；由上、下两侧加压，压力分布均匀；生产力较高。

5. 压片操作　压片操作工艺流程见图（图 9-13）。

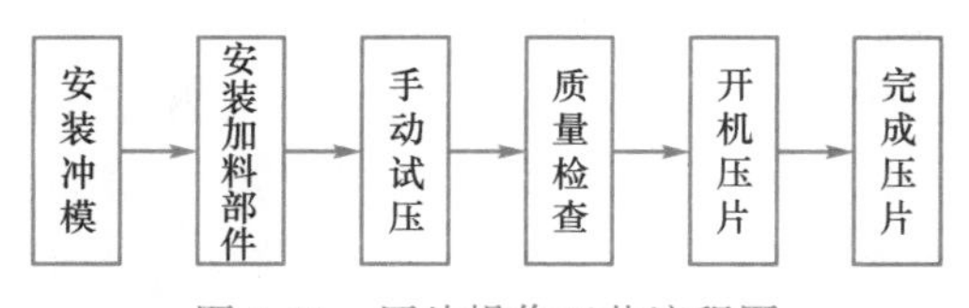

图 9-13　压片操作工艺流程图

（1）冲模安装。冲头和冲模的安装顺序为：

中模⟶上冲⟶下冲

冲头和冲模的拆卸顺序为：

下冲⟶上冲⟶中模

（2）安装加料部件：先装加料器，再安装加料斗。

（3）手动试压：转动手轮，确认无异常后，合上手柄，关闭玻璃门，手动试压。试压过程调节充填调节按钮、片厚调节按钮，检查片重及片重差异、崩解时限、硬度，检查结果符合要求，并经 QA 人员确认合格。

（4）开机压片：开机正常压片，在出片槽下方放洁净中转筒接收片剂。在压片过程中，因加料斗中物料量及流动情况不断变化和机械振动，常使填入模孔中物料量产生改变，每隔 15min 检查一次片重，随时检查片剂外观，及时做好记录。一般加料斗中颗粒量要保持在加料斗容积的 1/3 以上。

(5) 压片完毕,将中转筒加盖密封后,交中间站;并称量贴签,填写好请验单,由化验室检测。

冲模应取出擦净,外涂润滑油保存。片剂大生产的药厂(车间)专门设立冲模室,专人检查保管,并建立冲模使用卡制度,发现问题及时解决。

链　接

压片过程中生产工艺管理、压片操作与质量控制

1. 生产工艺管理

(1)压片操作室按300000级洁净度要求。

(2)压片过程中应定时检测片重、经常检查片剂外观。

(3)生产过程中的物料应有标示。

(4)按设备要求进行清洁。

2. 质量控制点　压片过程中质量控制点有:外观、片重差异、硬度和脆碎度、崩解度、溶出度、含量均匀度等按规定方法检查,应符合规定。

随着技术的不断更新,压片机结构与性能也不断改进,如封闭式、高精度、带有除尘设备,增加预压、自动剔废功能等。如高速旋转式压片机(图9-14)。

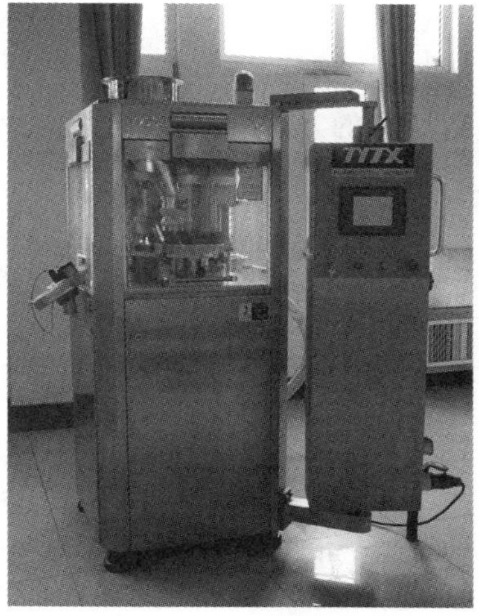

图9-14　高速旋转式压片机

二、干法制粒压片

干法制粒法是将药物和粉末状辅料混合均匀,采用滚压法或重压法使之成块状或大片状,然后再将其粉碎成所需大小颗粒的方法。干法制粒压片法常用于热敏性物料及遇水易分解、有吸湿性、流动性差、不能直接压片的物料,方法简单易操作。其工艺流程见示意图(图9-15)。

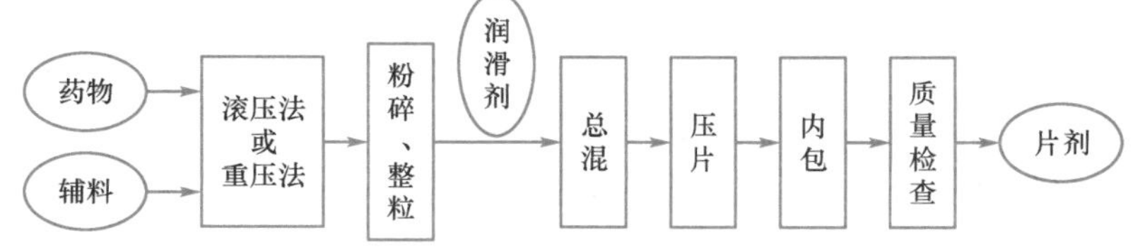

图9-15　干法制粒压片法工艺流程示意图

考点:干法制粒压片的工艺流程

1. 滚压法　利用转速相同的两个滚动圆筒之间的缝隙,将药物和辅料混合均匀后滚压成所需硬度的薄片,然后破碎成一定大小颗粒,加入润滑剂混匀后即可压片。

2. 重压法　又称大片法,利用重型压片机将物料粉末压制成直径20~25mm的胚片,然后破碎成适宜大小的颗粒再压片的法。

链　接

滚压法与重压法制片特点

滚压法的优点,能大面积而缓慢地加料,粉层厚薄易于控制,薄片的硬度较均匀,而且加压缓慢,粉末间空气可从容逸出,故此种颗粒压成的片剂没有松片现象。但由于滚筒间的摩擦常使温度上升,有时制的颗粒过硬,片剂不易崩解。重压法的大片不易制好,大片击碎时的细粉多,需反复重压、击碎,耗费时间多,原料亦有损耗,且需有巨大压力的压片机。故目前应用较少。

考点:粉末直接压片工艺流程

三、直接压片法

(一)粉末(结晶)直接压片法

粉末(结晶)直接压片法是指不经过制粒过程直接把药物细粉(结晶)与辅料混匀后进行压片的方法。粉末直接压片法适用于湿热不稳定的药物。粉末(结晶)直接压片工艺流程(图9-16)。

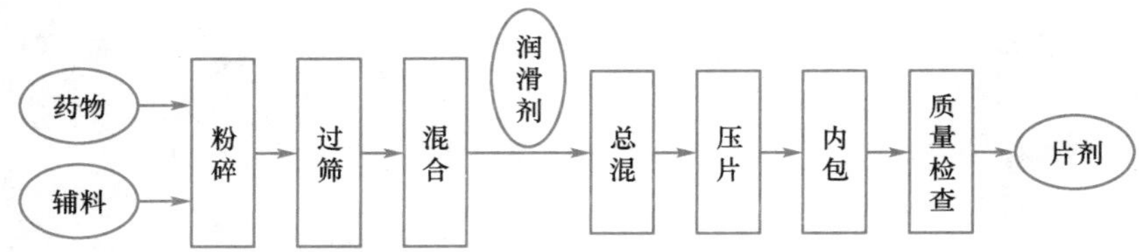

图9-16 粉末(结晶)直接压片工艺流程示意图

粉末直接压片法的优点:避开了制粒过程,省时节能、工艺简便、工序少,但粉末流动性差、片重差异大,易造成裂片,因此该工艺的应用受到了一定的限制。

用于粉末直接压片的辅料:微晶纤维素、无水乳糖、羧甲基纤维素钠、可压性淀粉、微粉硅胶(优良的助流剂)等。这些辅料应具备以下特点:具有很好的流动性和可压性,与一定量的药物混合后,仍能保持这种较好的性能。

链 接

粉末直接压片对压片机的要求

压片机的饲粉器应有振荡装置,施行强制饲粉,保证填料均匀;应有吸粉器吸收过多的粉尘;应设有预压机构,可以增加受压时间,克服可压性不足的困难,同时有利于排除粉末中的空气,避免裂片,增加片剂的硬度。

考点:用于粉末直接压片的辅料及特点

某些结晶性或颗粒性的药物,具有适宜的流动性和可压性,只需经粉碎、过筛,选用适宜大小的颗粒,再加入适量干燥黏合剂、崩解剂、润滑剂混合均匀,即可直接压片。如硫酸亚铁、氯化钾、溴化钾等无机盐和维生素C等有机物,均可直接压片。

(二)空白颗粒压片法

案例9-3

乙酸氢化可的松片制备

【处方】 乙酸氢化可的松20.0g,乳糖48.0g,淀粉110.0g,淀粉浆(7%),30.0g,硬脂酸镁1.6g,共制1000片。

【制法】 (1)制空白颗粒:取淀粉、乳糖混合均匀后,过20目筛,加入淀粉浆(7%)制成软材,过16目筛制粒,70~80℃干燥,干粒过16目筛整粒。

(2)把乙酸氢化可的松与硬脂酸镁混合均匀,过60目筛,然后加入到干燥的空白颗粒中,混匀,压片,即得。

问题:

1. 分析处方中各成分作用。

2. 本片剂制备采用哪种压片法？为什么？

空白颗粒压片法是指将药物粉末和预先制好的辅料颗粒(即空白颗粒)混合进行压片的方法。主要适用于对湿热敏感、不宜制粒且压缩成形性差或主药含量小的药物。空白颗粒压片法工艺流程见图9-17。

考点：空白颗粒压片法工艺流程

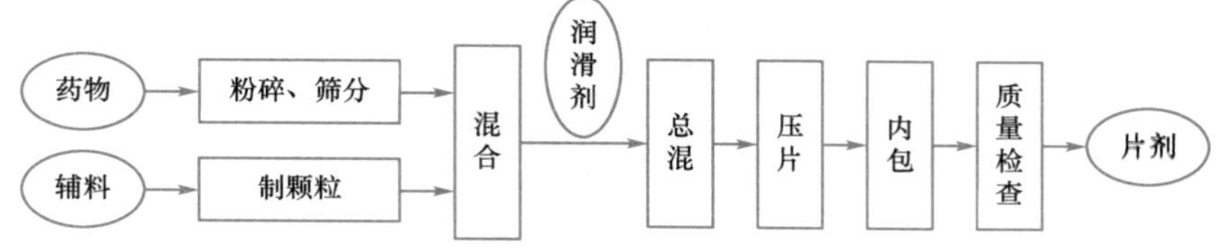

图9-17　空白颗粒压片法工艺流程

四、片剂制备过程中可能出现的问题及解决办法

片剂制备过程中可能出现的问题及解决办法见表9-7。

表9-7　片剂制备过程中可能出现的问题及解决办法

出现问题	原因	解决办法
松片	片剂的硬度不够	需调整压力或添加黏合剂
裂片	黏合剂不当、细粉多、压力大、冲头与模圈不符等	更换黏合剂，调整压力、调换冲头或模圈
黏冲	颗粒含水量多、润滑剂不当、冲头表面粗糙、工作场所湿度高	应查找原因，及时处理解决
崩解迟缓	崩解剂量少、润滑剂量多、黏合剂黏性强、压力大或片剂硬度大	应查找原因，及时处理解决
片重差异过大	颗粒大小不均、或细粉多、下冲升降不灵活、颗粒流动性不好，加料斗装量时多时少	针对原因除去过多的细粉、重新制粒、更换冲头、模圈、或加入较好的助流剂
变色和色斑	颗粒过硬、混料不匀、接触金属离子、污染压片机的油污等	应查找原因，及时处理解决
迭片	出片调节器调节不当、上冲黏片、加料斗故障	立即停机检修，针对原因分别处理
卷边	冲头与模圈碰撞，使冲头卷边	立即停车，更换冲头和重新调节机器
麻点	润滑剂和黏合剂用量不当、颗粒受潮、颗粒大小不匀、冲头表面粗糙或刻字太深、有棱角及机器异常发热等	针对原因及时处理解决

考点：片剂制备过程中可能出现的问题及解决办法

第4节　片剂的包衣

一、概　述

包衣系指片剂(称片芯或素片)表面上包裹上适宜的材料衣层的操作。包衣技术在制药工业中占有非常重要的地位，各种包衣片剂(图9-18)。

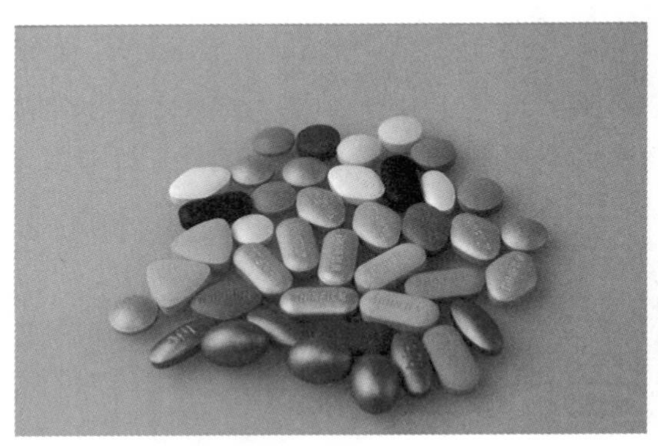

图 9-18　各种包衣片剂

(一) 包衣的目的

1. 掩盖药物的不良气味,增加患者顺应性。如具有苦味、腥味的药物盐酸黄连素片、氯霉素片等。

2. 可以提高药物的稳定性。如多酶片、硫酸亚铁片和大多数中药片等易吸潮、怕光、易氧化,包衣后可以防潮、避光、隔离空气。

3. 控制药物释放的部位及速度,如胃溶、肠溶、缓控释片等。

4. 保护药物免受胃酸或胃酶破坏,或避免对胃的刺激。如胰酶片、阿司匹林肠溶片等。

5. 避免药物配伍变化。把有配伍变化的两种药物进行隔离,可将一种成份至于片芯,另一成分置于包衣层。

6. 可使片剂外观光洁美观,便于识别,增加用药的安全性。

考点:包衣的目的

(二) 包衣的类型

根据包衣材料不同,片剂包衣可以分为糖衣、薄膜衣、半薄膜衣三种。由于糖衣片包衣工序多、时间长,辅料用量多等缺点,已逐渐被薄膜衣所代替。

二、 片剂包衣方法及设备

常用的包衣方法有滚转包衣法、流化床包衣法及压制包衣法。

(一) 滚转包衣法

滚转包衣法亦称锅包衣法,是经典且广泛使用的包衣方法,可用于包糖衣、包薄膜衣及半薄膜衣等,包括普通滚转包衣法和埋管包衣法。

1. 普通滚转包衣法　主要采用倾斜式包衣机,其主要结构见所示图(图 9-19)。

包衣锅一般是用紫铜或不锈钢等稳定且导热性良好的材料制成,有荸荠形和莲蓬形等,倾斜 30 °~45 °,转动速度一般为 20 ~40r/min,转速可使药片在锅中随着锅的转动而上升到一定的高度,然后做弧线运动落下为度,使药片与包衣材料充分混匀,提高包衣效果。动力部分主要由电机及调速装置组成;加热鼓风装置,可促进包衣液溶剂的蒸发;吸粉排风装置在锅的上方,用于加速水蒸气的排除和吸去粉尘。本法包衣的缺点是干燥速度慢、气路不密封,有机溶剂污染环境等。

2. 埋管包衣法　主要采用埋管式包衣机,是在包衣锅的内底装有输送包衣材料溶液、压缩空气和热空气的埋管，埋管喷头插入物料层内，包衣溶液在压缩空气的带动下，由下向上喷至锅内的片剂表面，并由下部上来的热空气干燥，加快了物料运动速度和干燥速度。埋管包衣机是为了克服普通包衣机的缺点而进行改良的设备（图9-20）。

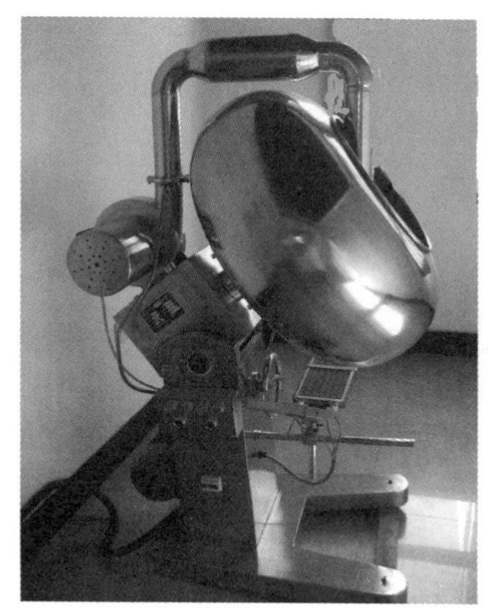

图 9-19　BQ-800 倾斜式糖衣机

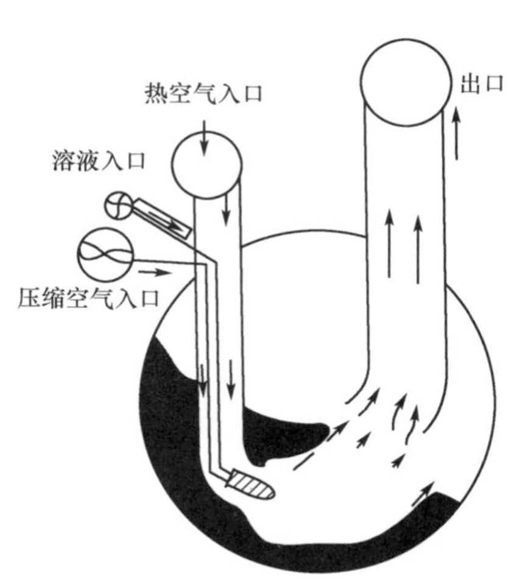

图 9-20　埋管包衣机结构示意图

（二）流化包衣法

流化包衣与流化制粒原理基本相似，是将片芯置于流化床中，通入气流，借急速上升气流的动力使片芯悬浮于包衣室，上下翻动处于流化（沸腾）状态，同时喷入雾化的包衣材料的溶液或混悬液，使片芯表面黏附一层包衣材料，并继续用热空气干燥，如此反复包衣，直至达到规定要求。与滚转包衣相比，具有干燥能力强、包衣速度快、自动化程度高等优点。

（三）压制包衣法

压制包衣法是将两台旋转式压片机用单传动轴连接配套使用。包衣时，先用一台压片机将物料压成片芯后，由传递装置将片芯传递至另一台压片机的模孔中（此模孔已填入了部分包衣物料作为底层），在传递过程中由吸气泵将片外的细粉除去，然后在片芯上再加入适宜包衣物料填满模孔，加压制成包衣片。

此法可以避免水分、高温对药物的不良影响，生产流程短、自动化程度高、劳动条件好，但对压片机械的精度要求较高。

三、包糖衣的方法

考点：片剂的包衣方法

（一）包糖衣的概念及特点

包糖衣是指以蔗糖为主要材料的包衣。糖衣可以掩盖药物的不良气味，具有防潮、隔绝空气的作用，并能改善片剂外观、易于吞服。糖衣层能迅速溶解，对片剂崩解影响不大，是常用的一种片剂包衣材料。

(二) 糖包衣的生产工艺流程及操作要点

1. 包糖衣的生产工艺流程 见图 9-21。

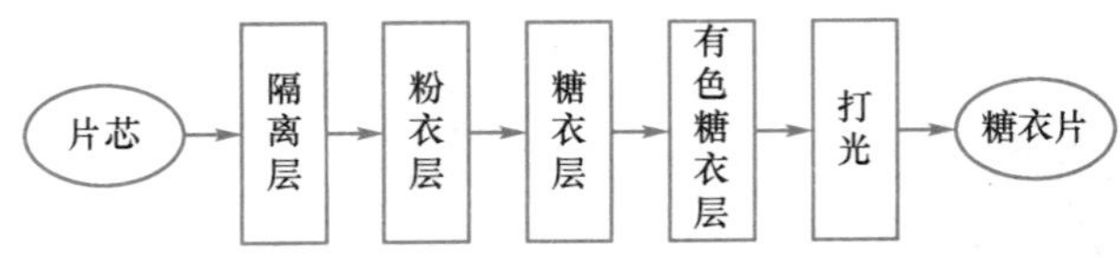

图 9-21 糖包衣的制备工艺流程图

考点：包糖衣的生产工艺流程

2. 包糖衣常用材料及操作要点 见表 9-8。

表 9-8 包糖衣常用材料及操作要点

包衣工序	包衣目的	包衣材料	操作要点
隔离层	防止在包衣过程中水分浸入片芯	玉米朊乙醇溶液、虫胶乙醇溶液、CAP 乙醇溶液、胶浆	干燥温度 30～35℃，一般包 3～5 层
粉衣层	消除片剂的棱角	85%（g/ml）糖浆、滑石粉	干燥温度 40～55℃，包 15～18 层
糖衣层	使片面光滑平整，细腻坚实	85%（g/ml）糖浆	干燥温度<40℃，包 10～15 层
有色糖衣层	便于识别、美观	85%（g/ml）的糖浆和食用色素	干燥温度<70℃，包 8～15 层
打光	增加片剂的光泽和表面的疏水性	川蜡	均匀涂布片剂表面，干燥 12h 以上

考点：包糖衣常用材料及操作要点

链 接

包衣过程注意事项

包衣过程中，每次加入液体或粉衣料均应充分使其分布均匀；每次加入液体并分布均匀后，应彻底干燥，才能再一次加入溶液或粉衣料；溶液黏度不易太大，否则不易分布均匀；生产中包粉衣层等经常采用混浆法，即将粉衣料混悬于黏合剂溶液，再加入片剂中，可减少粉尘，简化工序。

（三）包糖衣过程中可能出现的问题及解决办法

包糖衣过程中可能出现的问题及解决办法见表 9-9。

表 9-9 包糖衣过程中可能出现的问题及解决办法

出现问题	原因	解决办法
黏锅	加糖浆过多，黏性大，搅拌不匀	保持糖浆含量恒定，一次用量不宜过多，锅温不宜过低
糖浆不黏锅	锅壁上蜡未除尽	洗净锅壁或再涂一层热糖浆，撒一层滑石粉
片面不平	撒粉太多、温度过高、衣层未干又包第二层	改进操作方法，低温干燥，勤加料，多搅拌
色泽不匀	片面粗糙、有色糖浆用量过少且未搅匀、温度过高、干燥太快、糖浆在片面上析出过快，衣层未干就加蜡打光	采用浅色糖浆，增加所包层数，“勤加少上”，控制温度，情况严重时洗去衣层，重新包衣

续表

出现问题	原因	解决办法
露边与麻面	衣料用量不当,温度过高或吹风过早	糖浆均匀润湿片芯,粉料以能在片面均匀黏附一层为宜,片面不见水分和产生光亮时再吹风
龟裂与爆裂	糖浆与滑石粉用量不当、芯片太松、温度太高、干燥太快、析出粗糖晶体,使片面留有裂缝	控制糖浆和滑石粉用量;注意干燥温度和速度;更换片芯
膨胀磨片或剥落	片芯层与糖衣层未充分干燥,崩解剂用量多	注意干燥,控制胶浆或糖浆的用量

考点:包糖衣过程中可能出现的问题及解决办法

四、包薄膜衣的方法

(一)薄膜衣的概念及特点

包薄膜衣系指在片芯外包一层高分子聚合物的衣料,形成薄膜,故名包薄膜衣。

薄膜衣具有以下优点:①操作简单、工序少,便于生产工艺的自动化;②利于制成胃溶、肠溶或长效缓释制剂;③薄膜衣层很薄,压在片芯上的标志在包薄膜衣后依然清晰,片重仅增加2% ~4% ,包装、储存、运输方便。

考点:薄膜衣具有的优点

(二)包薄膜衣所用材料

包薄膜衣常用的材料有成膜材料、增塑剂、溶剂、着色剂与避光剂等。

1. 成膜材料　包括两类:一类是胃溶性成膜材料(即一般成膜材料),指在胃液或水中能溶解的材料,见表9-10;另一类是肠溶性成膜材料,指在胃液中不溶解,在pH较高的水中及肠液中溶解的成膜材料(以此类材料包成的片剂即为肠溶衣片),见表9-11。

表9-10　常用的成膜材料

类型	成膜材料	主要特点	应用
普通型	羟丙基甲基纤维素(HPMC)	成膜性能好,衣膜透明坚韧,无黏结现象	广泛使用的纤维素包衣材料
普通型	羟丙基纤维素(HPC)	与HPMC相似,可溶于胃肠液中,有较强的黏性	常和其他成膜材料一起应用
普通型	聚乙二醇(PEG)	溶于水和胃肠液,分子量在4000～6000者可成膜,形成的衣层热敏性高,高温时易熔融	多与其他薄膜衣材料混用。如CAP等
普通型	聚乙烯吡咯烷酮(PVP)	性质稳定,形成的膜比较坚固,有吸湿软化现象	可做胃溶性薄膜衣材料
普通型	聚丙稀酸树脂Ⅳ	不溶于水,成膜性能好,在胃液中快速崩解,防潮性能好	最为常用胃溶性薄膜衣材料
缓释型	乙基纤维素(EC)	不溶于水,成膜性能好	它的水分散体现在应用广泛
缓释型	醋酸纤维素(CA)	不溶于水,成膜性能好,形成膜具有半透性	制备渗透泵片或控释片最常用的包衣材料

表 9-11 常用的肠溶性成膜材料

成膜材料	主要特点	应用
醋酸纤维素酞酸酯(CAP)	成膜性能好,胃中不溶,并且胰酶能促进其消化,但有吸湿性	包衣用 8% ~12% 的乙醇丙酮混合液
羟丙基甲基纤维素酞酸酯(HPMCP)	成膜性能好,不溶于酸液,比 CAP 稳定	优良肠溶性材料
聚丙烯酸树脂	Ⅰ是水分散体,形成衣层光滑,有一定的硬度;Ⅱ、Ⅲ号均不溶于水和酸,成膜性能好,但脆性较强,应添加适宜的增塑剂	实际生产中Ⅱ、Ⅲ号常混合使用
聚乙烯醇酯酞酸酯(PVAP)	比CAP 透湿性低,其肠溶性不受膜的厚度影响	

考点:包薄膜衣常用的成膜材料

考点:包薄膜衣常用增塑剂

2. 增塑剂 增塑剂指用来改变高分子薄膜的物理机械性质,使其更具柔顺性,增加可塑性的物质。常用有水溶性的有丙二醇、甘油、聚乙二醇;非水溶性的有蓖麻油、甘油三醋酸酯、乙酰化甘油酸酯、邻苯二甲酸酯、硅油等。

3. 释放速度调节剂 在薄膜衣材料中加入蔗糖、氯化钠、表面活性剂、PEG 等水溶性物质时,一旦遇到水,水溶性材料迅速溶解,留下一个多孔膜作为扩散屏障,这些水溶性物质就是释放速度调节剂,又称释放速度促进剂或致孔剂。薄膜衣的材料不同,调节剂的选择也不同,如吐温、司盘、HPMC 作为乙基纤维素薄膜衣的致孔剂;黄原胶作为甲基丙烯酸酯薄膜衣的致孔剂。

4. 着色剂与蔽光剂 应用着色剂目的是易于识别不同类型的片剂,改善片剂外观,并可遮盖有色斑的片芯或不同批号片芯间色调的差异。常用着色剂的有水溶性、水不溶性和色淀(lakes)等三类。蔽光剂可提高片芯内药物对光的稳定性,一般选用散射率、折射率较大的无机染料,应用最多的是二氧化钛。

链 接

色淀颜料的概念

色淀颜料是指可溶性染料在无机碱中沉淀而生成的颜料,它不溶于水。相对色素本身,即水不溶性色素称为颜料色素。色淀的应用主要是为了便于鉴别、防止假冒,并且满足产品美观的要求,也有遮光作用,但色淀的加入有时具有降低薄膜的拉伸强度,增加弹性膜量和减弱薄膜柔韧性的作用。

5. 溶剂 指能溶解成膜材料和增塑剂并将其均匀分散到片剂表面的物质。常用的溶剂有乙醇、甲醇、异丙醇、丙酮、氯仿等。

包薄膜衣时,溶剂的蒸发和干燥速率对包衣膜的质量有很大影响,速率太快,成膜材料不均匀分布致使片面粗糙;太慢又能使包上的衣层被溶解而脱落。

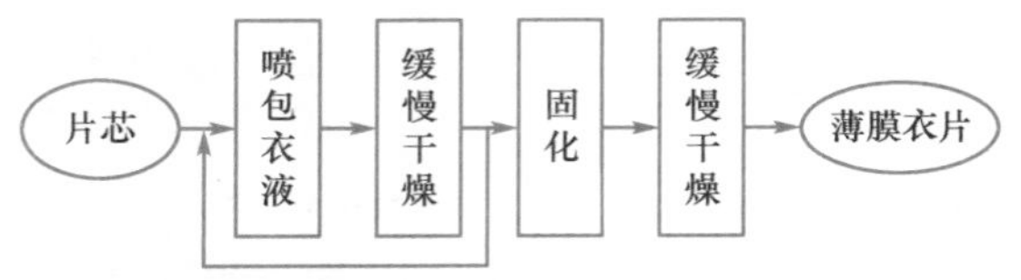

图 9-22 包薄膜衣工艺流程图

(三) 包薄膜衣的工艺流程

1. 包薄膜衣的工艺流程 见图 9-22。

2. 包衣工艺各环节操作要点 见表 9-12。

表 9-12　包薄膜衣操作要点

包衣工序	操作要点
准备	在包衣锅内装入适当挡板，利于片芯的转动与翻转
润湿	片芯至于锅内，以喷雾或细流加入的薄膜衣材料，使片芯表面均匀润湿
缓慢干燥	吹入温度≤40℃热风使溶剂蒸发干燥，重复以上操作，直至适当厚度
固化	在室温或略高于室温的条件下，自然放置6～8h使之固化完全
缓慢干燥	温度≤50℃，干燥12～24h，使残余的有机溶剂完全除尽

链　接

薄膜包衣技术发展史

薄膜包衣是一种新型的包衣工艺，自20世纪30年代以来就陆续出现了有关薄膜包衣的研究指导，但由于当时薄膜材料、包衣工艺和设备等条件尚不能适应生产要求，实际应用受到一定的限制。到了20世纪50年代，美国雅培药厂（Abbott Lab）首先生产出新型的薄膜片剂，并用"Filmtab"商标取得专利。经过近40年的研究发展，生产设备和工艺的不断改进和完善，高分子薄膜材料的相继问世，使薄膜包衣技术得到了迅速发展，尤以日本的薄膜包衣技术发展得最快，已有80%片剂改为薄膜包衣。薄膜包衣工艺可广泛用于片剂、丸剂、颗粒剂，特别对吸湿性强、易开裂、易退色的中药片剂更显示其优越性。

（四）包薄膜衣过程中可能出现的问题和解决办法

包薄膜衣过程中可能出现的问题和解决办法见表9-13。

考点：包薄膜衣过程中可能出现的问题和解决办法

表 9-13　包薄膜衣过程中可能出现的问题和解决办法

出现问题	原因	解决办法
起泡	固化条件不当，干燥速度快	控制成膜条件，降低干燥温度和速度
皱皮	选择衣料、干燥条件不当	更换衣料，改变成膜温度
剥落	选择衣料不当，两次包衣间隔时间太短	更换衣料，延长包衣间隔时间，调节干燥温度和降低包衣溶液的浓度
花斑	增塑剂、色素等不当，干燥时溶剂将可溶性成分带到衣膜表面	改变包衣处方，调节空气温度和流量，减慢干燥速度
包肠溶衣不能安全通过胃部	衣料选择不当，衣层太薄，衣层机械强度不够	选择适宜衣料，重新调整包衣处方
肠溶衣片肠内不溶解（排片）	选择衣料不当，衣层太厚，储存变质	查找原因，合理解决
片面不平，色泽不匀，龟裂和衣层剥落	同糖衣	同糖衣

链　接

半薄膜衣片

半薄膜衣是糖衣片与薄膜衣片两种工艺的结合，即先在片芯上包裹几层粉衣层和糖衣层（糖衣层数减少），再包上2～3层薄膜衣层。这样既能克服薄膜衣片不易掩盖片芯原有颜色和不易包没片剂棱角的缺点，又不过多地增大片剂的体积，具有衣层牢固、保护性能好、没有

糖衣片易吸湿发霉及包衣操作复杂等优点。

第5节　片剂的质量检查

一、外观性状

片剂的外观应完整光洁,片形一致,色泽均匀。

检查法:取样品100片,平铺于白纸(白瓷板)上,置于75W白炽灯或自然光源下60cm处,视力在0.9以上的眼睛距离待检品30cm处,观察30s。结果应符合以下规定:片形一致,片面光洁,边缘整齐,色泽均匀,杂色点(100目以下)不超过3%,中药全粉末片不超过10%,不得有严重花斑和异物,包衣片中的畸形片不得超过0.3%。

二、重量差异

按照《中国药典》2015年版规定方法检查,应符合规定,见表9-14。

检查法:取供试品20片,精密称定总重量,求得平均片重后,再分别精密称定每片的重量,每片重量与平均片重相比较(凡无含量测定的片剂,每片重量应与标示片重比较),按表中的规定,超出重量差异限度的不得多于2片,并不得有1片超出限度1倍。

表9-14　片剂的重量差异限度

平均片重或标示片重	重量差异限度
<0.3g	±7.5%
≥0.3g	±5%

糖衣片的片芯应检查重量差异并符合规定,包糖衣后不再检查重量差异。薄膜衣片应在包薄膜衣后检查重量差异并符合规定。

凡规定检查含量均匀度的片剂,一般不再进行重量差异的检查。

三、硬度与脆碎度

硬度和脆碎度反映药物的压缩成形性,给片剂的生产、运输和储存带来直接影响,对片剂的崩解,溶出度都有直接影响。在生产中检查硬度的常用指压法,将片剂置于中指与食指之间,以拇指轻压,根据片剂的抗压能力,判断它的硬度。用于测定片剂硬度和脆碎度的仪器有:孟山都(Monsanto)硬度计、片剂四用测定仪、罗许(Roche)脆碎仪等。具体测定方法详见《中国药典》2015年版。

四、崩解时限

崩解系指口服固体制剂在规定条件下全部崩解溶散或成碎粒,除不溶性包衣材料或破碎的胶囊壳外,应全部通过筛网。如有少量不能通过筛网,但已软化或轻质上漂且无硬心者,可做符合规定论。

按照《中国药典》2015年版崩解时限检查法检查,应符合规定(表9-15)。

阴道片照融变时限检查法检查，应符合规定。

咀嚼片不进行崩解时限检查。

凡规定检查溶出度、释放度、融变时限或分散均匀性的制剂，不再进行崩解时限检查。

表9-15　各种片剂崩解时限标准（《中国药典》2015年版）

片剂种类	条件		时间
	温度	溶剂	
压制片	37 °C±1 °C	水	15min内全部崩解
薄膜衣片	37 °C±1 °C	盐酸溶液（9→1000）	30min内全部崩解
糖衣片	37 °C±1 °C	水	1h内全部崩解
肠溶衣片	37 °C±1 °C		
		（1）盐酸溶液（9→1000）	2 h内不得有裂缝、崩解、软化现象
		（2）pH为6.8的磷酸盐缓冲液	1h内全部崩解
含片	37 °C±1 °C	水	各片均不应在10min内崩解或溶化
舌下片	37 °C±1 °C	水	5min内全部崩解并溶化
可溶片	15～25 °C	水	3min内全部崩解并溶化
结肠定位肠溶片	37 °C±1 °C	pH7.5～8.0的磷酸盐缓冲液	1 h全部崩解[盐酸溶液（9→1000）及pH为6.8的磷酸盐缓冲液均不释放或崩解]
泡腾片	15～25 °C	水	5min内崩解

五、溶出度测定

溶出度系指药物从片剂、胶囊剂或颗粒剂等固体制剂在规定条件下溶出的速率和程度。凡检查溶出度的制剂，不再进行崩解时限的检查。

难溶性药物的溶出是其吸收的限制过程。实践证明，很多药物的片剂体外溶出与吸收有相关性，因此溶出度测定法作为反映或模拟体内吸收情况的试验方法，在评定片剂质量上有着重要意义。在片剂中除规定有崩解时限外，对以下情况还要进行溶出度测定以控制或评定其质量：①含有在消化液中难溶的药物。②与其他成分容易发生相互作用的药物。③久贮后溶解度降低的药物。④剂量小，药效强，副作用大的药物片剂。

溶出度测定三种检测方法有转篮法、浆法、小杯法，操作过程有所不同，但操作结果的判断方法相同，具体测定方法详见《中国药典》2015年版。

六、含量均匀度

含量均匀度系指小剂量或单剂量的固体制剂、半固体制剂和非均相液体制剂的每片（个）含量符合标示量的程度。

除另有规定外，①片剂、胶囊剂或注射用无菌粉末，每片（个）标示量不大于25mg或主药含量小于每片（个）重量25%；②内容物非均一溶液的软胶囊、单剂量包装的口服混悬液、透皮贴剂、吸入剂和栓剂，均应检查含量均匀度。复方制剂仅检查符合上述条件的组分。

凡检查含量均匀度的制剂，一般不再检查重（装）量差异。

具体测定方法详见《中国药典》2015 年版。

七、释放度测定

释放度系指药物从缓释制剂、控释制剂、肠溶制剂及透皮贴剂等在规定条件下释放的速率和程度。凡检查释放度的制剂，不再进行崩解时限的检查。释放度测定方法有三种：第一法用于缓释制剂或控释制剂；第二法用于肠溶制剂；第三法用于透皮贴剂。具体测定方法详见《中国药典》2015 年版。

八、其　他

1. 发泡量　阴道泡腾片应检查，检查方法见《中国药典》2015 年版。

2. 分散均匀性　分散片照下述方法检查，应符合规定。取供试品 6 片，置 250ml 的烧杯中，加 15～25℃的水 100ml，振摇 3min，应全部崩解并通过二号筛。

3. 微生物限度　口腔贴片、阴道片、阴道泡腾片和外用可溶片等局部用片剂照微生物限度检查法检查，应符合规定。

考点：片剂的质量检查项目

第 6 节　片剂的包装与储存

一、片剂的包装

片剂的包装应密封、防潮、避光，注意卫生条件、使用方便等。片剂包装通常采用两种形式。

（一）多剂量包装

图 9-23　多剂量包装

几片至几百片包装在一个容器中，常用的容器多为玻璃瓶或塑料瓶，也有用软性薄膜、纸塑复合膜、金属箔复合膜等制成的药袋。应用最多的是玻璃瓶，其密封性好，不透水汽和空气，化学惰性好，不易变质，价格低廉，有色玻璃瓶有一定的避光作用。但重量较大、易于破损。塑料瓶质轻、不易破碎、容易制成各种形状等，但在高温及高湿下可能会发生变形等，常用的有聚乙烯、聚苯乙烯、聚氯乙烯做成的容器（图 9-23）。

（二）单剂量包装

将片剂单个隔开分别包装，每片均处于密封状态，为单剂量包装。可提高对产品的保护作用，使每个药片均处于密封状态，也可避免交叉污染。

1. 泡罩式包装 采用无毒铝箔(PT 箔)和无毒聚氯乙烯硬模(PVC 硬模)作为包装材料,在平板泡罩包装机、滚筒式包装机或辊板式包装机上,经热压形成泡窝,药片装入然后封合包装(图 9-24)。

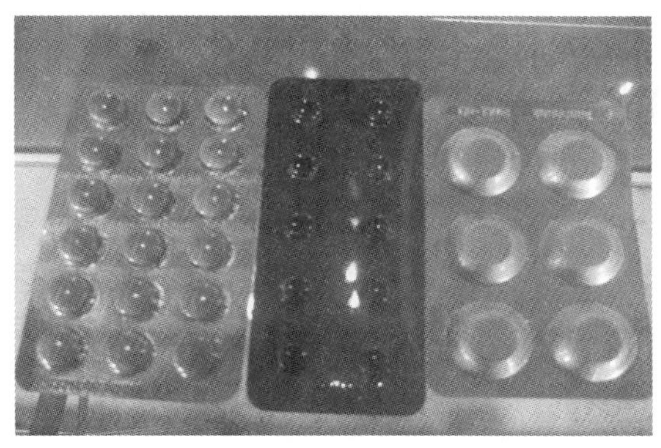

图 9-24 片剂的单剂量泡罩式包装

链 接

辊板式铝塑泡罩包装机

目前国内用于药品包装的泡罩包装机以辊板式为好,此种包装机结合了平板式、辊式包装机的优点,板式正压吹塑成型,辊式封合,既节约了包材,又提高了包装效率(图 9-25)。

2. 窄条式包装 是由两层膜片(铝塑复合膜、双纸塑料复合膜等)经过黏合或热压形成的带状包装,比泡罩式简便,成本较低(图 9-26)。

图 9-25 辊板式铝塑泡罩包装机

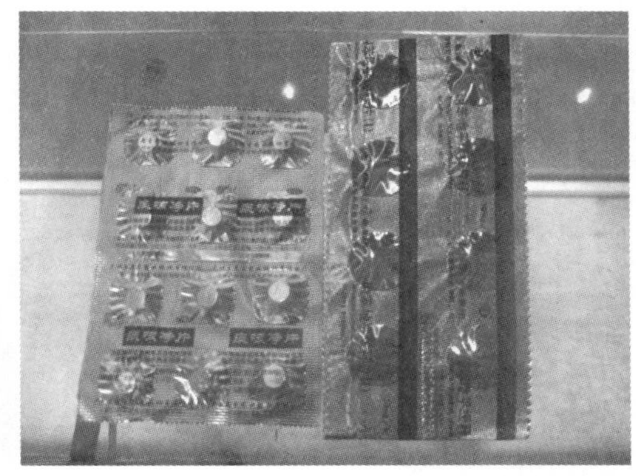

图 9-26 片剂的单剂量条袋式包装

二、 片剂的储藏

片剂应密封储存,防止受潮、发霉、变质。除另有规定外,一般应将包装好的片剂放在阴凉(20℃以下)、通风、干燥处储藏。对光敏感的片剂,应避光保存(宜采用棕色瓶包装)。受潮后易分解变质的片剂,应在包装容器内放干燥剂(如干燥硅胶)。

片剂是一种比较稳定的固体制剂,包装和储存适宜,一般可储存较长时间,但不同片剂的药物性质不同,片剂质量也不同。比如糖衣片易有外观的变化,有些片剂久贮后硬度变大,含挥发性药物的片剂久贮久存易有含量的变化等,应予以注意。

参考解析

案例9-3问题1分析：本处方各成分作用：醋酸氢化可的松为主药，乳糖为填充剂，淀粉为填充剂和崩解剂，淀粉浆为黏合剂，硬脂酸镁为润滑剂。

案例9-3问题2分析：本片剂制法采用空白颗粒压片法。本片剂每片含醋酸氢化可的松20mg，剂量很小，故应先将辅料（淀粉、乳糖、淀粉浆）制成空白颗粒，然后将主药与硬脂酸镁混合后加入到空白颗粒中混匀后压片，以减少主药在制粒时的损失。

自测题

一、选择题

（一）单项选择题。每题的备选答案中只有一个最佳答案。

1. 旋转压片机调节片子硬度的正确方法是（　　）
   A. 调节皮带轮旋转速度
   B. 调节下冲轨道
   C. 改变上压轮的直径
   D. 调节加料斗的口径
   E. 调节下压轮的位置

2. 羧甲基淀粉钠一般可作片剂的哪类辅料（　　）
   A. 填充剂　B. 崩解剂
   C. 黏合剂　D. 抗黏着剂
   E. 润滑剂

3. 以下哪一项不是片剂处方中润滑剂的作用（　　）
   A. 增加颗粒的流动性
   B. 防止颗粒黏附在冲头上
   C. 促进片剂在胃中的润湿
   D. 减少冲头、冲模的磨损
   E. 使片剂易于从冲模中推出

4. 片剂中制粒目的的叙述错误的是（　　）
   A. 改善原辅料的流动性
   B. 增大物料的松密度，使空气易逸出
   C. 减小片剂与模孔间的摩擦力
   D. 避免粉末因比重不同分层
   E. 避免细粉飞扬

5. 可作片剂辅料中的崩解剂的是（　　）
   A. 乙基纤维素
   B. 交联聚乙烯吡咯烷酮（PVPP）
   C. 微粉硅胶
   D. 甲基纤维素
   E. 甘露醇

6. 有关片剂包衣错误的叙述是（　　）
   A. 可以控制药物在胃肠道的释放速度
   B. 滚转包衣法适用于包薄膜衣
   C. 包隔离层是为了形成一道不透水的障碍，防止水分浸入片芯
   D. 用聚乙烯吡咯烷酮包肠溶衣，具有包衣容易，抗胃酸性强的特点
   E. 乙基纤维素水分散体为薄膜包衣材料

7. 压片时造成黏冲原因的错误表述是（　　）
   A. 压力过大　B. 颗粒含水量过多
   C. 冲表面粗糙　D. 颗粒吸湿
   E. 润滑剂用量不当

8. 在片剂的薄膜包衣液中加入蓖麻油作为（　　）
   A. 增塑剂　B. 致孔剂
   C. 助悬剂　D. 乳化剂
   E. 成膜剂

9. 适用于包胃溶性薄膜衣片的材料是（　　）
   A. 羟丙基纤维素
   B. 虫胶
   C. 邻苯二甲酸羟丙基甲基纤维素
   D. Ⅱ号丙烯酸树脂
   E. 邻苯二甲酸醋纤维素

10. 不影响片剂成型的原、辅料的理化性质是（　　）
   A. 可压性　B. 熔点
   C. 粒度　D. 颜色
   E. 结晶形态与结晶水

11. 中国药典（2010年版）规定薄膜衣片在盐酸溶液（9→1000）中进行检查，应在几分钟内全部崩解（　　）
   A. 5min内　B. 15min内
   C. 30min内　D. 60min内
   E. 120min内

12. 乙醇作为片剂的润湿剂一般浓度为（　　）
   A. 30%～70%　B. 1%～10%
   C. 10%～20%　D. 75%～95%

E. 100%

13. 关于片剂的特点叙述错误的是( )

A. 质量稳定

B. 分剂量准确

C. 适宜用机械大量生产

D. 不便服用

14. 下列片剂应进行含量均匀度检查的是( )

A. 主药含量小于10mg

B. 主药含量小于20mg

C. 主药含量小于30mg

D. 主药含量小于40mg

E. 主药含量小于50mg

15. 每片药物含量在多少毫克以下时,必须加入填充剂方能成形( )

A. 30　B. 50

C. 80　D. 100

E. 120

16. 淀粉浆作黏合剂的常用浓度为( )

A. 5%以下　B. 5% ~10%

C. 8% ~15%　D. 20% ~40%

E. 50%

17. 可作为粉末直接压片,有"干黏合剂"之称的是( )

A. 淀粉　B. 微晶纤维素

C. 乳糖　D. 无机盐类

E. 微粉硅胶

(二) 配伍选择题。备选答案在前,试题在后。每组若干题。每组题均对应同一组备选答案。每题只有一个正确答案。每个备选答案可重复选用,也可不选用。

[18 ~22]

A. 羧甲基淀粉钠

B. 硬酯酸镁

C. 乳糖

D. 羟丙基甲基纤维素溶液

E. 水

18. 黏合剂( )

19. 崩解剂( )

20. 润湿剂( )

21. 填充剂( )

22. 润滑剂( )

[23 ~27]

包衣过程应选择的材料

A. 丙烯酸树酯Ⅱ号　B. 羟丙基甲基纤维素

C. 玉米朊　D. 滑石粉

E. 川蜡

23. 隔离层( )

24. 薄膜衣( )

25. 粉衣层( )

26. 肠溶衣( )

27. 打光( )

[28 ~32]

A. HPC　B. HPMC

C. PVP　D. EC

E. CAP

28. 羟丙基甲基纤维素( )

29. 邻苯二甲酸醋纤维素( )

30. 羟丙基纤维素( )

31. 聚乙烯吡咯烷酮( )

32. 乙基纤维素( )

[33 ~36]

A. 糖浆　B. 微晶纤维素

C. 微粉硅胶　D. PEG

E. 硬脂酸镁

33. 粉末直接压片常选用的助流剂是( )

34. 溶液片中可以作为润滑剂的是( )

35. 可作片剂黏合剂的是( )

36. 粉末直接压片常选用的填充剂是( )

[37 ~41]

A. 湿法制粒压片　B. 干法制粒压片

C. 结晶直接压片　D. 粉末直接压片

E. 空白颗粒压片

37. 药物为立方结晶型,其可压性尚可适于( )

38. 药物较为稳定,遇湿热不起变化,但可压性和流动性较差适合于( )

39. 药物不稳定,遇湿热分解,其粉末流动性尚可,适于( )

40. 药物较不稳定,遇湿热分解,可压性、流动性均不好,量较大适于( )

41. 为液体状态易挥发的小剂量药物适于( )

(三) 多项选择题。每题的备选答案中有2个或2个以上正确答案。少选或多选均不得分。

42. 可用于粉末直接压片的辅料是( )

A. 羧甲基纤维素钠

B. 微粉硅胶

C. 可压性淀粉

D. 微晶纤维素

E. 乳糖

43. 造成片重差异超限的原因是(　　)

A. 颗粒大小不匀

B. 加料斗中颗粒过多或过少

C. 下冲升降不灵活

D. 颗粒的流动性不好

E. 颗粒过硬

44. 需要做释放度检查的片剂类型是(　　)

A. 咀嚼片　　B. 口腔贴片

C. 含片　　D. 控释片

E. 泡腾片

45. 湿法制备乙酰水杨酸片的工艺哪些叙述是正确的(　　)

A. 黏合剂中应加入乙酰水杨酸量1%的酒石酸

B. 可用硬脂酸镁为润

C 应选用尼龙筛网制粒

D. 颗粒的干燥温度应在50℃左右

E. 可加适量的淀粉做崩解剂

46. 片剂质量的要求是(　　)

A. 含量准确,重量差异小

B. 压制片中药物很稳定,故无保存期规定

C. 崩解时限或溶出度符合规定

D. 色泽均匀,完整光洁,硬度符合要求

E. 片剂大部分经口服,不进行微生物检查

47. 影响片剂成型的因素有(　　)

A. 原辅料性质　　B. 颗粒色泽

C. 压片机冲的多少　　D. 黏合剂与润滑剂

E. 水分

二、处方分析题

复方乙酰水杨酸片的处方：

乙酰水杨酸(阿司匹林)	268g
对乙酰氨基酚(扑热息痛)	136g
咖啡因	33.4g
淀粉	266 g
淀粉浆(15%～17%)	85g
滑石粉	25g(5%)
轻质液体石蜡	2.5g
酒石酸	2.7g
制成	1000 片

(1) 指出本处方中填充剂、崩解剂、黏合剂、润滑剂各是什么？

(2) 本方中能否用硬脂酸镁作润滑剂？为什么？

(3) 三种主药为什么采取分别制粒的方法？

(4) 写出湿法制粒压片法的工艺流程？

(5) 在处方中加入乙酰水杨酸量1%的酒石酸的作用是什么？

(栾淑华)

第10章 丸剂制备技术

丸剂俗称药丸,是我国古代在汤剂基础上发展起来的,既保持了汤剂多效性的特色,又克服了汤剂不便应用的缺点,是我国传统剂型之一。我国最早的医药文献《黄帝内经》中已有丸剂的记载。近年来随着社会的进步和科学技术的发展,中药丸剂已从传统手工作坊式的少量制作迈向了现代工业化规模生产,众多品种的质量管理、检测实现了规范化和标准化,目前已成为品种繁多、制备方便、应用广泛的一大剂型。

第1节 概 述

一、含 义

丸剂系指药材细粉或提取物加适宜的黏合剂或其他辅料制成的球形或类球形制剂,主要供内服,个别可供外用(图10-1 ~图10-3)。

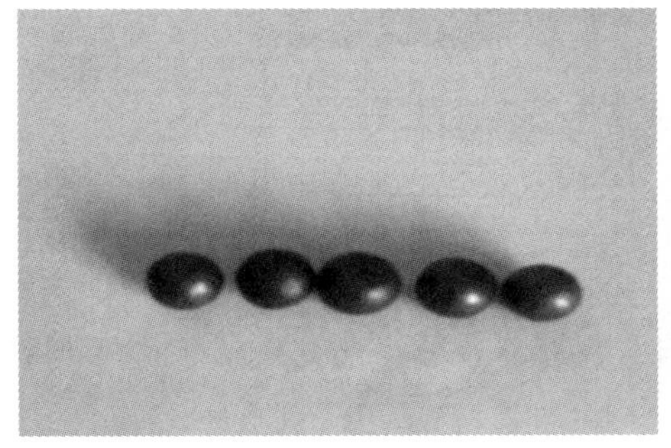

图10-1 水泛丸

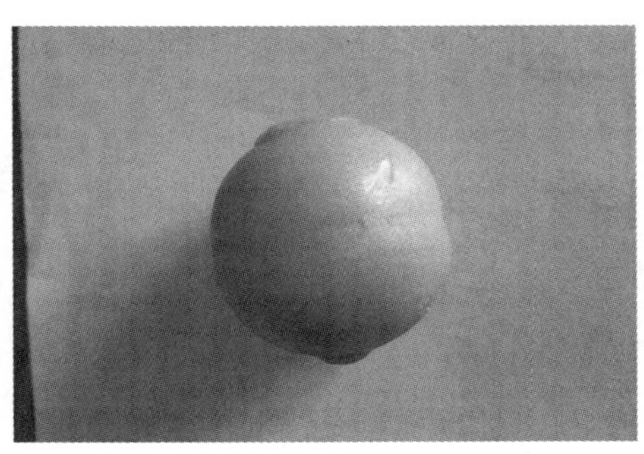

图10-2 蜜丸

二、特 点

(1) 药物容纳性强。相对于其他固体剂型,中药丸剂的体积较大或剂量较大,特别是其含有大量质地疏松的饮片细粉,可填充、吸附和吸收较多的固体、半固体或液体药物。

(2) 制备较简便。如果用传统手工方式制备中药丸剂,设备及操作要比其他固体剂型来的简便,成本也较低。

(3) 药效发挥具综合性且作用缓和持久,毒副作用较轻。同其他以中医治病原理指导用药的中药制剂一样,中药丸剂在临床治疗中

图10-3 蜜丸

能发挥多种成分的综合作用和多效性，由于各种成分的相互影响，药效也比较缓和持久，毒副作用较轻。以上可见，中药丸剂表现出的这种临床综合作用、长效及减弱毒性和不良反应的缓和持久特性，在临床上特别适用于慢性病的治疗和调理，同时也适用于含毒性或刺激性中药处方的临床应用。当然也有个别中药丸剂可起速效，如麝香保心丸，用于救治心绞痛、心肌梗死患者。

(4) 中药丸剂经由饮片粉碎或提取、浓缩等步骤加工而成，工艺流程长，易受微生物污染而发生霉变。

(5) 用药剂量大，儿童和昏迷患者无法吞服，生物利用度差。对于需通过嚼碎吞服的体积较大的中药丸剂，某些药物的不良气味常常令用药者望而生畏。另外，由于丸粒内药物在体内释放缓慢且不完全，生物利用度也较差。这些可以说是中药丸剂突出的缺点。

三、 丸剂常用的辅料

中药丸剂是可由药材细粉加适宜的辅料制成的球形药剂，其中丸剂的粉末除另有规定外，供制丸剂用的药粉，应通过六号筛或五号筛，才能使得丸剂表面光滑和细腻；而丸剂的辅料主要有润湿剂和黏合剂等。

(一) 润湿剂

当药材细粉本身具有黏性时，只需加润湿剂诱发其黏性以便于制成丸剂。常用的润湿剂有水、水蜜、药汁、酒、醋等。

1. 水 一般指纯化水，能诱发药材中的糖、胶、黏液质类等成分的黏性。

2. 酒 常用的是黄酒和白酒。由于酒润湿药粉产生的黏性较水弱，故当水作润湿剂黏性太强时，可以酒代替。酒可活血通经、引药上行及降低药物寒性，常用于制备舒筋活血等功效的丸剂。

3. 醋 常用米醋，既能润湿药粉，又有利于碱性成分的溶出。醋能散瘀活血，消肿止痛，常用于制备散瘀止痛等功效的丸剂。

4. 水蜜 系指以炼蜜 1 份加水 3 份稀释而成，具有润湿与黏合作用。

5. 药汁 指将处方中难以粉碎或体积过大的药物，用水煎煮取汁，当作润湿剂或黏合剂使用，一来保留了原药材的有效成分，又不必添加其他的润湿剂或黏合剂。

(二) 黏合剂

当药材细粉本身不具有黏性时，需加黏合剂以便于制成丸剂。常用的黏合剂有蜂蜜、米糊、面糊、药材清膏、糖浆等。这类辅料有较强的黏性，适用于含纤维、油脂较多的粉末性原料制丸。

1. 蜂蜜 蜂蜜炼制后具有很强的黏合作用，并兼有润肺止咳、润肠通便、解毒调味等功效。

2. 米糊或面糊 一般以黄米、糯米、小麦及神曲等的细粉制成的糊。

3. 药材清膏 中药材采用煎煮、渗漉等方法，取煎液、漉液浓缩制成的清膏具有很强的黏性，也可作为丸剂的黏合剂，如此既能减少服用剂量，又能保留原药材的有效成分。

4. 糖浆 常用蔗糖或葡萄糖糖浆,黏性强且具有还原性,适用于黏性不大且易氧化的药物。

（三）稀释剂或吸收剂

中药丸剂中,一般是将处方中部分饮片制成细粉,用作饮片浓缩液、挥发油的吸收剂,外加其他稀释剂或吸收剂的情况较少。将处方中部分饮片制成细粉作为稀释剂或吸收剂使用,除可减免其他辅料外,更重要的是能保持和发挥原有药效。

四、丸剂的类型

（一）按辅料不同来分

1. 蜜丸 为药物细粉用炼制后的蜂蜜作为黏合剂制成的丸剂。根据药丸的大小不同,可分为大蜜丸(即每丸在0.5g以上的丸),小蜜丸(即每丸在0.5g以下的丸)。这类丸剂所用的蜂蜜有甜味,便于入口,又由于有一定黏合性,具有滋润、解毒功效,在胃肠道中释药缓慢,对慢性疾病和调理气血能发挥较好功效。如银翘解毒丸、安宫牛黄丸、六味地黄丸等。

2. 水丸 也叫水泛丸,是指将药物细粉用水、药汁或其他液体(如黄酒、醋或糖液)为黏合剂制成的丸剂。由于其黏合剂为水溶性的,黏结性不牢,服用后在胃肠道中易润湿崩解,奏效迅速。同时,酒、醋等对丸药也能起一定的增效作用。如藿香正气丸、保济丸等。

3. 水蜜丸 是指药物细粉以蜂蜜和水按照一定比例(1∶3)稀释后作为黏合剂制成的丸剂。这类丸剂兼有蜜丸和水丸的一些特点。如乌鸡白凤丸。

4. 糊丸 是指药物细粉以米糊或面糊等为黏合剂,制得的丸剂质地坚硬,崩解较慢,常用于毒性药物、刺激性药物或需延效的药物。

5. 浓缩丸 也叫"膏药丸",是指将部分中药材的提取液浓缩成清膏与其余药物的细粉,以水、蜂蜜或蜂蜜和水为黏合剂制成的丸剂。特点主要有体积小,剂量小,有效成分含量高,但吸湿较强等。

6. 蜡丸 是指药物细粉以蜂蜡为黏合剂制成的丸剂。由于蜂蜡只由棕榈酸蜂蜡醇酯组成,成丸后在体内不溶散,其药物通过蜡丸内部的细孔缓慢地释放,因此蜡丸具有长效、缓释的功能。凡丸剂处方中含毒性、刺激性较强的药物,以及需要延效或需在肠内发挥定位作用的药物,都可制成蜡丸。如三黄宝蜡丸。

7. 微丸 是指药物粉末和辅料制成的直径小于2.5mm的圆球状小丸,是在传统中药丸的基础上发展起来的现代丸剂。具有以下特点:微丸在胃肠道表面分布面积大,刺激性小,生物利用度高,可制成缓控释微丸,同时还可以增加药物稳定性,掩盖不良味道。

（二）按制备方法分类

1. 塑制丸 系指将饮片的细粉或提取物与适宜辅料以塑制法制成的丸剂。如蜜丸、蜡丸、糊丸等属于这类丸剂。

2. 泛制丸 系指将饮片的细粉或提取物与适宜辅料以泛制法制成的丸剂。如水丸、水蜜丸、糊丸、浓缩丸等属于这类丸剂。

第2节　丸剂的制备

中药丸剂的制备方法主要有塑制法和泛制法。

一、塑 制 法

塑制法:是指将药材细粉与适宜的辅料混合制成可塑性较大的丸块后,再经制丸条、分粒、搓圆而成丸粒的方法,又称搓丸法。主要用于蜜丸、糊丸、浓缩丸和蜡丸的制备。下面以蜜丸为例,介绍塑制法的操作步骤(图10-4)。

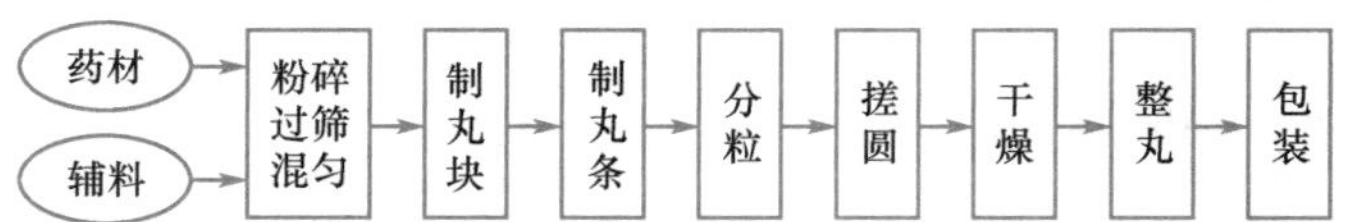

图10-4　塑制法制备丸剂工艺流程图

考点:丸剂塑制法的制备工艺

案例10-1

乌鸡白凤丸

【处方】　乌鸡(去毛、爪、肠)640g,鹿角胶128g,鳖甲(制)64g,牡蛎(煅)48g,桑螵蛸48g,人参128g,黄芪32g,当归144g,白芍128g,香附(醋制)128g,天冬64g,甘草32g,地黄256g,熟地黄256g,川芎64g,银柴胡26g,丹参128g,山药128g,芡实(炒)64g,鹿角霜48g。

【制法】　以上20味,熟地黄、地黄、川芎、鹿角霜、银柴胡、芡实、山药、丹参8味粉碎成粗粉,其余乌鸡等12味,分别酌予碎断,置罐中,另加黄酒1500g,加盖封闭,隔水炖至酒尽,取出,与上述粗粉掺匀,低温干燥,再粉碎成细粉,过筛,混匀。每100g粉末加炼蜜30~40g与适量的水,泛丸,干燥,制成水蜜丸;或加炼蜜90~120g制成小蜜丸或大蜜丸,即得。

问题:

加入的炼蜜与水的比例是多少才能制成水蜜丸?

(一)药材的处理

药材洗净、干燥、粉碎、过筛、混合成均匀细粉。

(二)蜂蜜的炼制

生蜂蜜含有较多的杂质、酶、微生物等,同时黏性可能达不到制丸要求,因此在使用前需炼制,炼制的目的是降低水分含量、调节黏合力、除去杂质、破坏酶类和杀死微生物。按炼蜜程度分为嫩蜜、中蜜或老蜜。制备蜜丸时可根据品种、气候等具体情况选用。各种炼蜜规格见表10-1。判断炼蜜程度的标准见表10-2。

表10-1　各种规格炼蜜的炼制

规格	加热温度	含水量	相对密度	选用
嫩蜜	105~115℃	18%~20%	1.34	用于黏性较强的药物
中蜜	116~118℃	10%~13%	1.37	用于黏性适中的药物
老蜜	19~122℃	10%以下	1.4	用于黏性较差的药物

表 10-2 判断炼蜜程度的标准

规格	色泽变化	两指捻搓
嫩蜜	不明显	稍有黏性
中蜜	淡黄色	有黏性,两指突然分开无长白丝出现
老蜜	红棕色	黏性强,两指突然分开有长白丝出现

(三)制丸块

制丸块又称“和药”,系将混匀的药粉与适宜的炼蜜混合成软硬适宜、可塑性较大的丸块的操作,是塑制蜜丸的关键工序。少量和药可在盆或搪瓷盘中手工进行,大量生产则采用捏合机和药。丸块的软硬度及黏稠度直接影响丸剂的成型和在储存过程中是否变形。一般要求色泽一致、软硬适度、不黏附器壁、不黏手为宜。影响丸块质量的因素有以下几个方面。

1. 炼蜜程度 需根据处方中药材的性质、粉末的粗细与含水量的高低、当时气候等,确定所需黏合剂黏性来炼制蜂蜜,否则,蜜过老则制成的丸块过硬,难以搓丸;而蜜过嫩则丸粒不易搓光滑。

2. 下蜜温度 应根据处方中药物性质而定,除另有规定外,用搓丸法制备大、小蜜丸时,炼蜜应趁热加入药粉中,混合均匀;处方中有树脂、胶质、糖、油脂类药物时,由于黏性较强且易熔化、易烊化,难以成型,不利于制丸,故以60~80℃的温蜜加入混匀;处方中含挥发性成分的药物时,也应采用温蜜加入以免温度过高造成挥发性成分散失;处方中含有大量叶、茎、全草和矿物类药物等黏性差的药物时,则需用老蜜趁热加入。

3. 用蜜量 一般情况下,蜜和粉的比例为1∶(1~1.5),但是具体情况主要取决于下列三方面的因素。

(1) 药物性质:如果药物的黏性较强则用嫩蜜,且用量较少,一般为1∶(0.5~1);如果药物黏性较差则用老蜜,且用量较多,一般为1∶(1~1.5)。

(2) 气候季节:夏季用蜜量宜少,而冬季用蜜量宜多。

(3) 和药方法:手工和药用蜜量较多,而机械和药用蜜量较少。

(四) 制丸条

丸块制好后,应放置一定时间,使炼蜜充分润湿药粉后即可搓成粗细适当的丸条,丸条要求粗细均匀一致,表面光滑,内部充实而无空隙。

少量制备时,一般采用手工搓丸条。手工搓丸条也就是用搓条板上下两块平板,将规定量的丸块置于两板之间,两板对合前后搓动,施加适当压力使丸块搓成粗细均匀,长度一致,两端平整的丸条。

(五) 分粒、搓圆

少量生产时,可将丸条等量割切后用搓丸板作圆周运动使丸剂搓圆。大量生产时,采用滚筒式制丸机、中药自动制丸机(图10-5)、光电自动制丸机等,可以直接将丸块制成丸粒。

图 10-5　中药自动制丸机

（六）干燥、整丸

用塑制法所制得的蜜丸，由于所使用的蜂蜜已经加热炼制，水分也已控制在一定范围内，一般制成丸后可立即分装无需干燥，以保持丸剂的滋润性。而水蜜丸因将炼蜜加水稀释了，所制得的丸剂含水量高，必须干燥，否则容易发霉。

丸剂在制备过程中，由于多种原因造成丸粒出现大小不均和畸形的情况，必须在成丸后或干燥后进行筛选，去除过大、过小或畸形的丸粒，以求均匀一致，确保用药剂量准确。

二、泛　制　法

案例 10-2

藿香正气丸

【处方】　广藿香 150g，紫苏叶 50g，白芷 50g，白术（炒）100g，陈皮 100g，半夏（制）100g，茯苓 50g，厚朴（姜制）100g，桔梗 100g，大腹皮 50g，甘草 100g

【制法】以上 11 味，除大腹皮外，其余广藿香等 10 味粉碎成细粉，过筛，混匀。另取大枣 25g、生姜 15g 与大腹皮加水煎煮 2 次，滤过，合并滤液用作润湿剂，按照泛制法泛丸，晒干或低温干燥，即得。

问题：

如按辅料来区分丸剂，该藿香正气丸属于哪种类型？

泛制法是指在转动的适宜容器或机械中将药材细粉与润湿剂交替润湿、撒布、不断翻滚、逐渐增大的一种制丸方法。泛制法主要用于水丸、水蜜丸、糊丸、浓缩丸等的制备。小量生产可以用竹皮编织而成的圆形匾泛制，内表面需用桐油或漆涂抹，阴干后要求后匾面光滑而不漏水。大量生产一般用包衣锅泛制。

泛制方法有手工泛丸和机械泛丸两种，其操作原理相同，主要有原料加工粉碎、起模、成丸、盖面、干燥、包衣、打光、质量检查（图 10-6）。其中起模是关键的一步。

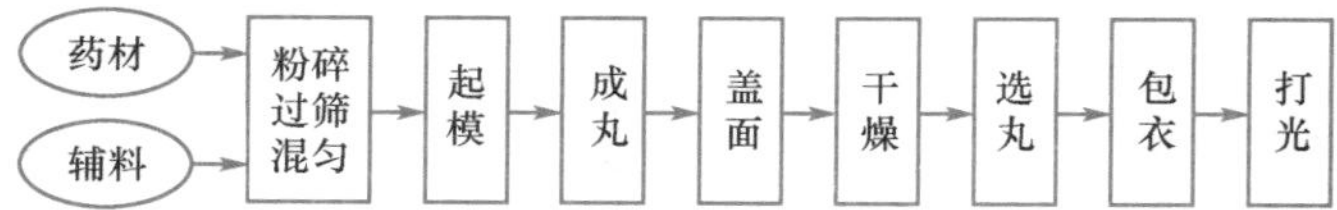

图 10-6　泛制法的工艺流程图

（一）原料的加工粉碎

将处方中各种药材按要求加工炮制合格后进行粉碎，过五号筛或六号筛，并混合均匀，备用；需制成药汁的药材应按规定处理。

考点：丸剂泛制法的制备工艺

（二）起模

起模是将部分药粉制成大小适宜的丸模的操作过程，是制备水丸的关键步骤。有手工起模和机械起模两种方法。

1. 手工起模 在干净干燥的竹匾1/4处，用刷子沾少许水或其他润湿剂涂布均匀使匾面湿润，撒少量粉于湿匾面上，用双手持匾，转动竹匾，使药物全部湿润，然后用刷子顺次轻轻刷下，转动竹匾，将被湿润的小颗粒移至另一边（干匾处），撒上少许细粉，并摇动竹匾，使小颗粒全部均匀地沾上药粉并摇至另一处，又于原涂水处上少量水，再将沾粉颗粒移至涂水处滚动，将水全部沾上，再转至另一干匾处，撒上细粉，再转动竹匾，使湿颗粒全部滚上药粉，这样如此反复操作多次，使小颗粒逐步增大直至形成坚实致密小圆粒（直径为0.5～1mm），不沾匾时，即得丸模，选均匀后再加大成型。

2. 机械起模 将药粉撒布于包衣锅内，在包衣锅转动下将水喷入，使药粉全部变成湿润的小颗粒时，再加入少量细粉，继续滚动一定时间，使小颗粒坚实、致密，再喷水撒粉，如此反复进行操作，即成规则的丸模，经筛选后再继续成型，或先将适量的水倾于锅内，再加入适量药粉，均匀撒布于整个锅内，然后用刷子自相反方向轻轻刷下，即得疏松的块状物，用手轻轻揉搓，使大的破碎继续反复操作即可成丸模。

（三）成丸

将已经筛选均匀的球形丸模继续转动，并交替加水加粉，不断地转动药匾或包衣机，整个基本动作即是揉、撞、翻交替进行，以加强丸粒硬度与圆整度，直至丸粒逐渐增大，直到形成坚实致密、大小适合的丸剂。

（四）盖面

盖面的目的是使丸粒表面圆整致密、光洁，色泽一致。其操作是将筛选好的丸粒置于包衣锅内转动，加入留出的药材细粉（过六号筛）或清水或清浆继续滚动至丸模光洁、色泽一致、外形圆整，常用的方法有干粉盖面、清水盖面和清浆盖面三种。

（五）干燥

因水丸含水量较大，易发霉，应及时干燥。干燥时应注意：

（1）逐渐升温，并不断翻动，以免产生阴阳面。

（2）一般干燥温度为80℃，当含有芳香挥发性成分或热敏成分时，应不超过60℃。

（六）选丸

泛制丸的大小通常有差异，干燥后需经筛选，取形状圆整，大小均匀的包装，以确保用药剂量准确。手工筛选的工具一般用手摇选丸筛，大量生产时用振动筛、滚筒筛、检丸筛等。

（七）包衣

在丸剂的表面包裹一层物质使其与外界相隔绝的过程叫做包衣。包衣后的丸剂称为包衣丸剂。

1. 包衣的目的 ①防止丸剂中的某些药物遇到空气、水分、光线易氧化、水解、

变质,或某些药物易吸潮而生虫、发霉,或有某些药物成分易挥发,因此,增加了药物的稳定性。②掩盖药物的不良臭味,并减少药物对黏膜组织的刺激性。③控制丸剂崩解的位置及速度,如胃溶、肠溶、缓释、控释等。④改善丸剂的外观,便于识别,提高患者的顺应性。

2. 包衣的种类

(1) 药物衣:药物衣的包衣材料是丸剂处方的组成部分,有明显的药理作用,用以包衣既能发挥药效,又可保护丸粒,增加美观。中成药丸剂包衣多属药物衣,常用的有以下几种(表10-3)。

表10-3 常见药物衣包衣材料

种类	用量	药理作用	用于
朱砂衣	5% ~17%	镇静安神	用于镇静、安神、养心类的丸剂,如朱砂安神丸
黄柏衣	10%	清热燥湿、泻火解毒、退热除蒸	用于利湿、渗水、清下焦湿热的丸剂
雄黄衣	6% ~7%	燥湿、杀虫、解毒、镇惊	用于清热解毒、清肠止痢类的丸剂,如化虫丸
青黛衣	4%	清热解毒、先行吸收	用于清热解毒类的丸剂,如千金止带丸
百草霜衣	5% ~20%	清热	用于清热解毒类丸剂,如六神丸

(2) 保护衣:丸剂包衣除了可以选用丸剂处方中的组成部分作为包衣材料以外,还可以选用不具有明显药理作用且性质稳定的物质作为包衣材料,如糖衣、滑石衣、薄膜衣等,不但使主药与外界隔绝而起到保护作用,还具有协同作用。

(3) 肠溶衣:常用虫胶衣、苯二甲醋酸纤维素(CAP)衣、十六醇虫胶衣等,中成药的肠溶丸剂主要使用虫胶衣、苯二甲醋酸纤维素衣。

3. 包衣的方法 主要采用包衣锅包衣。详情见有关章节。

(八) 打光

将包衣好的丸粒放入转动的包衣锅内,不断滚动,让丸粒互相撞击摩擦,并加入适量的虫蜡粉,继续转动30min,使丸粒表面打磨得光且亮,即可。

第3节 丸剂的质量检查

除另有规定外,丸剂应进行外观、水分、重量差异、溶散差异、装量或装量差异、微生物限度的检查。

一、外 观

按照《中国药典》2015年版,丸剂外观应圆整均匀、色泽一致,蜜丸应细腻滋润、软硬适中,无可见的纤维和变色点,包衣丸的衣料必须包裹全丸(包半金衣者除外)。蜡丸表面应光滑无裂纹,丸内不得有蜡点和颗粒。

二、水 分

取供试品照《中国药典》2015年版四部水分测定法测定。除另有规定外,大蜜丸、小蜜丸、浓缩蜜丸中所含水分不得过15.0%;水蜜丸、浓缩水蜜丸不得过12.0%;水丸、糊丸和浓缩水丸不得过9.0%；微丸按其所属丸剂类型的规定判定。

三、重量差异

每次按丸数服用的丸剂照第一法检查，每次按丸重量服用的丸剂照第二法检查。

第一法：以一次用量最高丸数为1份（丸重1.5g以上的丸剂以1丸为1份），取供试品10份，分别称出重量，再与标示总量比较（一次服用最高丸数×每丸标示量），应符合以下表（表10-4）规定，其中超出重量差异限度的不得多于2份，且不得有1份超出重量差异限度1倍。

表10-4　按丸数服用的丸剂重量差异限度表

每丸的标示重量(g)	重量差异限度
≤0.05	±12%
0.05～0.1	±11%
0.1～0.3	±10%
0.3～1.5	±9%
1.5～3.0	±8%
3～6	±7%
6～9	±6%
>9	±5%

第二法：取供试品10丸为1份，共取10份，分别称出重量，求得平均重量，每份重量与平均重量相比较，应符合下表（表10-5）规定。超出重量差异限度的不得多于2份，并不得有1份超出限度1倍。

需包糖衣的丸剂应在包衣前检查丸芯的重量差异，符合上表规定后，方可包糖衣。包糖衣后不再检查重量差异。

表10-5　按重量服用的丸剂重量差异限度表

每份的平均重量或标示量(g)	重量差异限度
≤0.05	±12%
0.05～0.1	±11%
0.1～0.3	±10%
0.3～1	±8%
1～2	±7%
>2	±6%

四、装量差异限度

按1次（或1日）服用剂量分装的丸剂装量差异限度应符合相关（表10-6）规定。

表 10-6　丸剂装量差异限度表

每丸的标示重量(g)	重量差异限度
≤0.05	±12%
0.05～1	±11%
1～2	±10%
2～3	±8%
3～6	±6%
6～9	±5%
>9	±4%

检查法：取供试品 10 袋(瓶)，分别称定每袋(瓶)内容物的重量，每袋(瓶)装量与标示装量相比较，应符合上表规定。超出装量差异限度的不得多于 2 袋(瓶)，并不得有 1 袋(瓶)超出装量差异限度 1 倍。

五、溶散时限

除另有规定外，取供试品 6 丸，选择适当孔径筛网的吊篮(丸剂直径在 2.5mm 以下的用直径约 0.42mm 的筛网，在 2.5～3.5mm 的用直径 1.0mm 的筛网，在 3.5mm 以上的用直径约 2.0mm 的筛网)，按照《中国药典》2015 年版四部崩解时限检查法加档板检查。除另有规定外，小蜜丸、水蜜丸和水丸应在 1h 内全部溶散；浓缩丸和糊丸应在 2h 内全部溶散。如操作过程中丸剂黏附档板妨碍检查时，应另取供试品 6 丸，不加档板按规定检查，在规定时间内应全部溶散。

上述检查应在规定时间内全部通过筛网，如有细小颗粒状物未通过筛网，但已软化无硬芯者可作合格论处。

蜡丸按照崩解时限检查法项下的肠溶衣片检查法检查，应符合规定。

除另有规定外，大蜜丸及需研碎、嚼碎等或用开水、黄酒等分散后服用的丸剂不检查溶散时限。

六、主药含量

由于中药丸剂处方组成较多，所含成分极其复杂，难以确定其主要成分的药物，因此一般丸剂没有明确的测定项目和方法，只有少数品种可以某药或某种成分作为指示，作为测定标准。其测定方法一般有化学分析法、薄层分析法、显微化学法等。

七、微生物限度

按照《中国药典》2015 年版四部微生物限度检查法项目下的方法检查，应符合规定。

考点：丸剂的质量检查项目

第 4 节　丸剂的包装和储存

丸剂制成后，若包装储存条件不当，常引起丸剂的霉烂、虫蛀及挥发性成分散失。各类丸剂的性质不同，包装储存方法也不同。

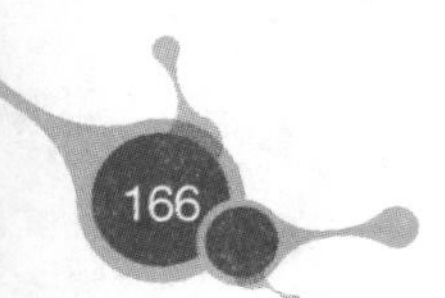

一、包　装

（一）大蜜丸的包装

目前凡含芳香性药物或名贵药物、疗效好、受气候影响大的大蜜丸一般多选用蜡壳包封来包装。因为蜡性质稳定，不与主药发生作用，同时蜡壳的通透性差，可隔绝丸粒与空气、水分、光线接触，能防止丸剂吸潮、虫蛀和挥发性成分挥发，所以用蜡皮包封的大蜜丸一般可以保持十几年不变色、不干枯、不生虫、不发霉。

传统制蜡壳是以蜂蜡为主要原料，随着石油工业的发展，现在多用固体石蜡为主要原料，以降低成本。石蜡性脆，夏季硬度差，常加适量蜂蜡和石蜡加以调节。蜂蜡能增加韧性，而石蜡能增加硬度，两者的比例一般为 2∶3。加蜂蜡和石蜡的量，因地区季节而异，一般来说，在北方或冬季主要加蜂蜡，少加或不加石蜡。吊壳装丸的方法是：将蜂蜡、石蜡置锅内，再加适量水加热熔融混合均匀，保温 70～74℃，温度不得过高或过低，过高蜡壳太薄易变形，过低蜡壳厚表面不平整，浪费材料；取已在水中浸透的木制小圆球，擦净表面上的水分，插于铁签上，立即浸入熔融的蜡液中 1～2s，取出，待小圆球上蜡凝固，多余蜡液流尽后，再浸入蜡液，如此反复数次，至蜡壳厚薄适中，即浸于 18～25℃的冷水中，凝固后，从铁签上取出蜡球，用布吸去表面水珠，用小刀将蜡皮割成两个相连的半球形，取出小圆球，装入大蜜丸后使两半球相对吻合，用封口钳将切口烫严，再插回铁签上，浸入蜡液中 1～2 次，使切口彻底封严为止。取下用封口钳或电烙铁将插铁签的小孔封严；然后在封口处蜡壳较厚的地方印上药名，即可进行外包装。

由于蜡壳包装操作复杂，生产效率低下，成本高，而且易污染药物，影响药物质量。目前，大量生产中多采用塑料小盒封装蜜丸。塑料小盒是用硬质无毒塑料制成的两半圆形螺口壳，螺口相嵌形成球形，其大小以能装入蜜丸为宜，外面蘸取蜡衣，封口严密，防潮效果良好，操作简便，价廉，可以代替蜡壳包装。除此以外大蜜丸还可选用泡罩式铝塑材料包装。

（二）小丸的包装

小蜜丸、水丸、糊丸、浓缩丸及水蜜丸等，如为按粒服用的，应按数量分装；如为按重量服用的，应按重量分装。水丸、糊丸可用纸袋、塑料袋包装；小蜜丸及易变质失效的药物应采用玻璃瓶或玻璃管密封；含芳香挥发药物或含贵重药物的微丸可采用瓷制的小瓶密封。

二、储　存

除另有规定外，丸剂应密封储存于阴凉、通风、干燥处，以防止吸潮、微生物污染及丸剂中所含的挥发性成分损失。

参考解析

案例 10-1 问题分析：制水蜜丸时，加入的炼蜜与水的比例通常是 1∶3。

参考解析

案例 10-2 问题分析：由于藿香正气丸的润湿剂采用的是部分药物熬成的药汁，所以是属于水丸。

自测题

一、选择题

(一) 单项选择题　每题的备选答案中只有一个最佳答案。

1. 含有大量纤维素和矿物性药粉制丸时应选用的辅料是(　　)
   A. 嫩蜜　　B. 中蜜
   C. 老蜜　　D. 水
   E. 酒
2. 哪一项是丸剂的优点(　　)
   A. 生物利用度高　　B. 含量准确
   C. 服用量大　　D. 适用于不宜口服的患者
   E. 作用缓和而持久
3. 以下不属炼蜜目的的是(　　)
   A. 增加黏性
   B. 除去杂质
   C. 杀灭微生物及破坏酶
   D. 使色泽变浅
   E. 减少水分
4. 水蜜丸中的黏合剂蜜和水的比例是(　　)
   A. 1∶1　　B. 1∶2
   C. 1∶3　　D. 1∶4
   E. 1∶5
5. 丸剂中奏效最快的是(　　)
   A. 水丸　　B. 蜜丸
   C. 糊丸　　D. 蜡丸
   E. 水蜜丸

(二) 配伍选择题。备选答案在前，试题在后。每组包括若干题，每组题均对应同一组备选答案。每题只有一个正确答案。每个备选答案可重复选用，也可不选用。

[6～10]
A. 15%　　B. 12%
C. 9%　　D. 7%
E. 5%

6. 蜜丸不得超过(　　)
7. 水蜜丸不得超过(　　)
8. 浓缩丸不得超过(　　)
9. 水丸不得超过(　　)
10. 糊丸不得超过(　　)

(三) 多项选择题　每题的备选答案中有2个或2个以上正确答案。

11. 塑制法制备丸剂的工艺流程主要包括(　　)
    A. 和药　　B. 成丸
    C. 制丸块　　D. 搓丸条
    E. 分割、搓圆
12. 泛制法主要用于(　　)的制备
    A. 蜜丸　　B. 水蜜丸
    C. 水丸　　D. 浓缩丸
    E. 糊丸
13. 炼蜜程度可分为(　　)
    A. 小蜜　　B. 嫩蜜
    C. 中蜜　　D. 大蜜
    E. 老蜜
14. 丸剂的粉末除另有规定外，供制丸剂用的药粉，应通过(　　)
    A. 四号筛　　B. 五号筛
    C. 六号筛　　D. 七号筛
    E. 九号筛
15. 关于丸剂的叙述正确的是(　　)
    A. 起效缓慢、但作用持久，适合于慢性病的治疗与调理
    B. 由于丸剂服用后，能在胃肠道中缓慢溶解，可减少某些药物的毒性、刺激性
    C. 药材细粉可以直接与黏合剂制成丸，能容纳较多的固态、半固态、液态等多种形态的药物
    D. 服用量大、儿童和昏迷者应用不方便
    E. 生产技术和设备比较简单，生产成本较低

二、简答题

1. 丸剂的类型及特点有哪些？
2. 塑制法制备丸剂时，影响和药的因素有哪些？

(孙格娜)

第 11 章　常用中药浸出制剂

中药浸出制剂是一种最常用的中药制剂，有着悠久的历史。随着科学技术的不断发展，越来越多的新技术不断地融入到传统的中药制剂技术中，形成了更为先进的中药浸出技术，并在中药的生产和使用中有着广泛的应用。

第 1 节　常用的浸出制剂

常用的浸出制剂种类很多，既包括传统的汤剂，也包括由汤剂演化而来的中药合剂、口服液、酊剂、流浸膏剂与浸膏剂、煎膏剂等。

一、汤　剂

案例 11-1

羚羊钩藤汤

【处方】 羚羊角 3g，钩藤 9g，桑叶 6g，川贝母 12g，竹茹 15g，生地 15g，菊花 9g，白芍 9g，茯神 9g，甘草 3g。

【功能与主治】 平肝息风，清热止痉。治肝经热盛，热极动风所致的高热不退，烦闷躁扰，手足抽搐、甚至神昏、惊厥等症。

问题：

该处方中哪些药物在煎煮时需特殊处理？

汤剂系指中药材或饮片加水煎煮，去渣取汁制成的液体剂型。

汤剂属于液体复合分散体系，药物以离子、分子或液滴、不溶性固体微粒等多种形式存在于汤剂中。汤剂应具有处方中药物的特殊气味，无焦糊味，且无残渣、沉淀和结块。

链　接

汤剂的产生和发展

汤剂又称“汤液”，主要供内服，也有煮汤供洗浴、熏蒸、含漱等外用者，分别称为洗剂、熏剂及含漱剂等。汤剂是我国应用最早、最广泛的一种剂型。相传是由商代伊尹所创制。伊尹，商初人，既精烹任，又兼通医学。晋·皇甫谧《针灸甲乙经》序中谓：“伊尹以亚圣之才，撰用神农本草，以为汤液”。

汤液的出现，不但服用方便，提高了疗效，且降低了药物的毒副作用，同时也促进了复方药剂的发展。因此汤剂也就作为中药最常用的剂型之一得以流传，并得到不断的发展。现代中医临床也以汤剂应用数量最多，汤剂处方数为整个中药处方数的 50% 左右。

汤剂是中医应用最早、最多的一种剂型，目前在中医临床中仍然广泛使用，主要供内服，少数外用作洗浴、熏蒸、含漱用。

（一）汤剂的特点

（1）适应中医辨证论治的需要，处方组成、用量可根据病情变化适当加减。

（2）多为复方，成分复杂，成分之间相互促进、相互抑制，可增强药效，缓和药性，有利于发挥成分的多效性和综合作用。

（3）易于吸收，起效迅速。

（4）制备简单易行，但汤剂需临用另煎，不利于抢救危重患者；服用量大，味苦；易霉变。

（二）制备方法

汤剂的制备采用煎煮法。

1. 制备要点

（1）煎煮器具：应选用化学性质稳定、不与药材中化学成分反应的器具，包括砂锅、搪瓷器皿、不锈钢锅、铝锅等。砂锅导热均匀，热力缓和，锅周保温性强，水分蒸发量小。但砂锅的空隙和纹理多，易吸附各种药物成分而“串味”，且易破碎。搪瓷器皿和不锈钢锅具有抗酸耐碱的性能，可以避免与中药成分发生化学变化，大量制备时多选用。铝锅不耐强酸和强碱，从 pH＝1～2 或 pH＝10 的煎液中可检出铝离子，故对酸碱性不很强的复方汤剂仍可选用，但不是理想的煎煮用具。

铁质煎器虽传热快，但其化学性质不稳定，易氧化，并能在煎煮时与中药所含的多种成分发生化学反应，如与鞣质生成鞣酸铁，使汤液色泽加深，与黄酮类成分生成难溶性络合物，与有机酸生成盐类等，均可影响汤液的质量，故在汤剂煎煮过程中应禁用。

目前医院和药房多采用自动煎药机（图 11-1），在药厂大规模生产中多采用夹层蒸汽锅（图 11-2）、多能提取罐等。

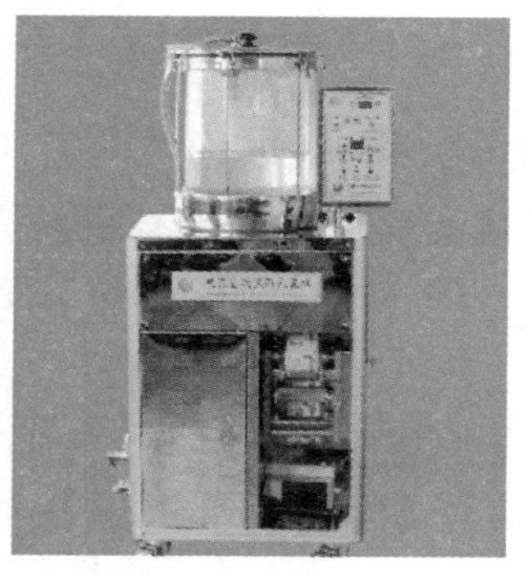

图 11-1　自动煎药机

图 11-2　夹层蒸汽锅

（2）煎煮用水：煎煮用水最好采用经过净化和软化的饮用水，以减少杂质混入，防止水中钙、镁等离子与药材成分发生沉淀反应。水的用量也应适当，一般为药材量的 5～8 倍，或加水浸过药面 2～10cm。

（3）煎煮火候：沸前用武火，沸后用文火。

（4）煎煮时间：除特殊品种外，药材在煎煮前应加冷水浸泡 15～30min，以利于溶剂渗透和有效成分浸出；煎煮时间应根据药材成分的性质，药材质地，投料量的多少，以及煎煮工艺与设备等适当增减。一般说来，解表药头煎 10～15min，二煎 10min；滋补药头煎

30～40min，二煎30min；一般性药头煎20～25min，二煎15～20min。汤剂煎得后，应趁热过滤，尽量减少药渣中煎液的残留量。

（5）煎煮次数：应根据药材性质、剂量大小确定，如解表药煎煮时间宜短，滋补药煎煮时间宜长，一般需煎煮2～3次，保证药用成分完全浸出。煎煮次数太多，不仅耗费工时和燃料，而且使煎出液中的杂质增多。

（6）为保证汤剂疗效，在制备时需根据药材特性进行特殊处理。

2. 汤剂制备时药材的特殊入药处理

（1）先煎：某些药材先煎煮10～20min后再加其他药材共同煎煮。例如：①矿石类、贝壳类、角甲类中药，因质地坚硬，有效成分不易煎出，故可打碎先煎40min至1h，如石膏、磁石、自然铜、牡蛎、石决明、瓦楞子、生龙骨、生龟鳖甲、穿山甲等；②有毒的中药如乌头、附子、生半夏、商陆等要先煎1～2h，以达到减毒或去毒的目的；③火麻仁、竹黄、石斛等药材久煎后才有效。

链　接

乌头类中药在煎煮中的成分变化

乌头类中药，因含乌头碱而有毒，久煎可使乌头碱分解为乌头次碱，进而分解为乌头原碱，其毒性只为原来的1/2000。附子久煎不仅能降低毒性，还能增强强心作用。因为附子酯酸钙遇热产生钙离子，有协同其去甲基乌药碱的强心作用。

（2）后下：是指将某种药物在其他药物第一煎滤出前10min加入共煎。例如：①气味芳香，含挥发油多的中药，如薄荷、藿香、豆蔻、砂仁、细辛、菊花等一般在汤剂煎好前5～10min入煎即可；②不易久煎的中药，如钩藤、苦杏仁、大黄、番泻叶等，杏仁含苦杏仁苷，久煎能部分水解产生氢氰酸而随水蒸气逸散，减弱止咳作用；钩藤含钩藤碱，煎20min以上其含量降低，降压作用减弱；大黄含大黄苷，久煎易水解为苷元，使泻下作用减弱，故一般在煎好前15～20min入煎。

（3）包煎：把某些饮片装入纱布袋中，扎紧袋口后与其他药材共同煎煮。例如：①某些花类、叶类药物，如旋复花、枇杷叶等，包煎可防止其冠毛或绒毛脱落，混入汤液中刺激咽喉，引起咳嗽；②细小的果实种子类中药，如车前子、葶苈子、苏子等，在煎煮的过程中易黏结锅底焦糊，故需包煎；③质地轻松的粉末药物，如青黛、蒲黄等，这些药物疏水性强，易浮于液面，不利服用；④质地沉重的药物，如灶心土等，煎煮时易沉降结底，不利于制备。

（4）另煎：单独煎煮取汁，再与其他药材煎煮所得煎液混合。例如，鹿茸、西红花、人参、西洋参、羚羊角等贵重中药。

（5）冲服：制成细粉，用其他药材煎煮所得煎液冲服。为防止其与其他药物共煎时部分煎液被药渣吸附，不易滤出，造成损耗。例如，三七、羚羊角、鹿茸、珍珠、雄黄、沉香等不溶性、挥发性极强或贵重药材。

（6）烊化：溶化后，与其他药材煎煮所得煎液混合。例如：①阿胶、鹿角胶、鳖甲胶等胶类药材；②糖、蜂蜜及芒硝等易溶性矿物药。

二、中药合剂与口服液

案例 11-2

小建中合剂

【处方】 桂枝 111g，白芍 222g，炙甘草 74g，生姜 111g，大枣 111g。

【功能与主治】 温中补虚，缓急止痛。用于脾胃虚寒、脘腹疼痛、喜温喜按、嘈杂吞酸、食少、心悸、胃及十二指肠溃疡。

问题：

1. 说出处方中各成分的作用。
2. 本处方应如何制备？

（一）中药合剂的含义和特点

1. 含义 中药合剂系指中药饮片用水或其他溶剂，采用适宜方法提取、纯化、浓缩制成的口服液体制剂。其单剂量灌装者称为口服液。

2. 特点 合剂是对汤剂的改进和发展，既保留了汤剂的多效性、综合性；又可选择不同的提取方法制备，浸出效果好；能批量生产，省去了临时煎煮的麻烦；经浓缩后灌装，并经灭菌，可加入防腐剂、矫味剂等，服用量少、质量稳定、口感好。但合剂不像汤剂一样可随症加减，故不能代替汤剂。但是中药合剂不能随证加减，工艺过程中常用乙醇等精制处理，必要时成品中亦可含有适量的乙醇，故不能代替汤剂。同时制备时生产设备、工艺条件要求高，如配制环境应清洁灭菌，灌装容器应无菌、洁净、干燥等。成品在储存期间只允许有微量轻摇易散的沉淀。

（二）中药合剂的制备

1. 中药合剂的生产环境及工艺流程

（1）生产环境：配液、灌封等岗位操作室的空气洁净度为 300 000 级。

（2）中药合剂的制备工艺流程（图 11-3）：

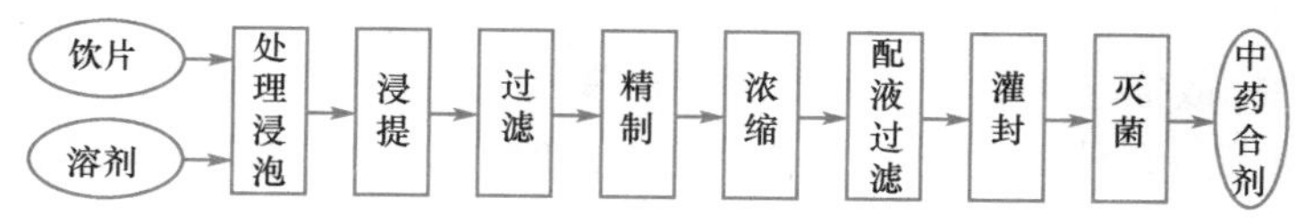

图 11-3　中药合剂的制备工艺流程

2. 中药合剂的制法

（1）浸提：将药材洗净，适当加工成片、段或粗粉，一般按汤剂的煎煮方法进行浸提，煎煮时间每次为 1～2h，通常煎 2～3 次，过滤，合并滤液备用。

含有芳香挥发性成分的药材如薄荷、荆芥、菊花、柴胡等，可先用水蒸气蒸馏法提取挥发性成分，药渣再与处方中其他药材一起加水煎煮。也可根据药材有效成分的特点，选用不同浓度的乙醇或其他溶剂，采用渗漉、回流等方法提取。

（2）纯化：为进一步去除杂质，药材浸提液，尚需纯化处理。

1）乙醇沉淀法：该方法为最常用的一种，但乙醇用量大，某些活性成分可能因醇沉损失而影响疗效，故也不能一味盲目应用。

2）高速离心法：系借助高速离心作用，将浸提液中悬浮的细小粒子与药液分离澄清，在提高成品澄清度的同时，对多糖的影响较小。

3）絮凝沉淀法：系将絮凝剂如葡糖胺聚糖等加入浸提液中，吸附药液中的蛋白质、淀粉、树胶、果胶等高分子杂质而形成絮状物，使其从药液中沉降出来。该方法不仅对有效成分吸附较少，制得的产品澄清度较好，而且操作简便，可节约大量乙醇，成本低。

（3）浓缩：对净化后的提取液进行适当的浓缩。浓缩时应考虑药物有效成分的热稳定性，常选用减压浓缩或薄膜浓缩等方法。其浓缩程度，一般以每次服用量在 30～60ml 为宜。经过乙醇沉淀法纯化处理的合剂或口服液，应先回收乙醇，再浓缩，每日服用量控制在 20～40ml。汤剂处方经剂型改进，制成中药合剂或口服液，其浓缩的计算方法，原则上为汤剂 1 日量改制成口服液量在 1 日内用完。

合剂和口服液可根据需要合理选加矫味剂和防腐剂。常用的甜味剂有蜂蜜、单糖浆等；防腐剂有山梨酸、苯甲酸等。

（4）分装：对所得浸提液进行纯化、浓缩，必要时加矫味剂与防腐剂，分装于灭菌的容器内，加盖，贴签，即得。

（5）灭菌：中药合剂和口服液分装后，一般采用煮沸灭菌法或流通蒸汽灭菌法或热压灭菌法进行灭菌。也有在严格避菌操作条件下，灌装后不经灭菌，直接包装的。

3. 中药合剂的质量要求 根据《中国药典》2015 年版规定，中药合剂在生产和储藏期间应符合下列有关规定。

（1）饮片应按各品种项下规定的方法提取、纯化、浓缩至一定体积；除另有规定外，含有挥发性成分的饮片宜先提取挥发性成分，再与余药共同煎煮。

（2）根据需要可加入适宜的附加剂。如需加入防腐剂，山梨酸和苯甲酸的用量不得超过 0.3%（其钾盐、钠盐的用量分别按酸计），羟苯酯类的用量不得超过 0.05%，如加入其他附加剂，其品种与用量应符合国家标准的有关规定，不影响成品的稳定性，并应避免对检验产生干扰。必要时可加入适量的乙醇。

（3）合剂若加蔗糖，除另有规定外，含蔗糖量应不高于 20%（g/ml）。

（三）中药合剂的质量检查

中药合剂一般应检查相对密度、pH 等。除另有规定外，还应进行装量、微生物限度检查。

1. 装量 单剂量灌装的合剂，照下述方法检查应符合规定。

检查法：取供试品 5 支，将内容物分别倒入经标化的量入式量筒内，在室温下检视，每支装量与标示装量相比较，少于标示装量的不得多于 1 支，并不得少于标示装量的 95%。

多剂量灌装的合剂，照最低装量检查法检查，应符合规定。

2. 微生物限度 除另有规定外，照非无菌产品微生物限度检查，微生物计数法和控制菌检查及非无菌药品微生物限度标准检查，应符合规定。

（四）中药合剂的储藏

除另有规定外，合剂应澄清。在储存期间不得有发霉、酸败、异物、变色、产生气体或其他变质现象，允许有少量摇之易散的沉淀。合剂应密封，置阴凉处储存。

三、酒　剂

酒剂系指饮片用蒸馏酒提取制成的澄清液体制剂。酒剂多供内服(如三两半药酒),少数作外用,也有的兼供内服和外用(如冯了性风湿跌打药酒)。

1. 特点　酒甘辛大热,能通血脉,行药势,散寒,具有行血活络的功效,易于吸收和发散,故酒剂多用于风寒湿痹,具祛风活血、止痛散瘀之功效。但小儿、孕妇、心脏病及高血压患者不宜用。

2. 常用药酒的分类　所谓药酒是以白酒、黄酒、米酒浸泡或煎煮具有治疗和滋补性质的各种中药,去掉药渣后所得到的口服酒剂。根据所用药物的不同,可以将药酒分为以下两类。

(1) 治疗类:以治疗疾病为主,发挥的功能有祛风散寒、养血活血、舒筋活络,如用于骨筋损伤的跌打损伤酒,用于风湿性关节炎及风湿所致肌肉酸痛的风湿药酒、追风药酒、风湿骨痛酒、五加皮酒、木瓜酒、三蛇酒等。

(2) 补益类:以滋补强壮为主,其作用是滋补气血、温肾壮阳、益肾生津、强心安神等,如人参酒、人参北芪酒、参桂养荣酒、山茱萸矿泉酒、麦冬酒、当归酒、杞圆酒、蛤蚧酒、参茸酒、三鞭酒、五味子酒等。

链　接

常用于配制药酒的中药有:党参、人参、当归、茯苓、川芎、白芍、白术、甘草、黄芪、熟地、肉桂、鹿茸、杜仲、石斛、五味子、龙眼肉、鸡血藤、玉竹、何首乌、冬虫夏草、灵芝、黄精、红花、淫羊藿、五加皮、砂仁、补骨脂、木香、菊花、牛膝、丁香、地骨皮、肉苁蓉、苍术、豆蔻、阿胶、麦冬、山茱萸、芡实、菟丝子、覆盆子等。

3. 制备方法　酒剂可用浸渍法、渗漉法或其他适宜方法制备。生产内服酒剂应以谷类酒为原料,处方中可加入适量的糖或蜂蜜调味。

(1) 冷浸法:将药材切碎,置适宜容器中,加规定量白酒,密闭浸渍,每日搅拌 1 ~ 2 次,一周后每周搅拌一次,共浸 30 日,滤过静置,压榨药渣,榨出液与上清液合并,加适量糖或蜂蜜,搅拌溶解,密封,静置至少 14 日以上,滤清灌装即得,如人参天麻酒。以上,每日搅拌 1 ~ 2 次,滤过,压榨药渣,榨出液与滤液合并,加入糖或炼蜜,搅拌溶解,静置数天,滤过,即得。如枸杞酒。

(2) 热浸法:是一种传统的药酒制备方法,系将药材切碎或粉碎后,置于有盖容器中,加入处方规定量的白酒,用水浴或蒸汽加热,待酒微沸后,立即取下,倾入另一有盖容器中,浸泡 30 日。

(3) 渗漉法:将药物粉成粗粉,放在密闭的容器中,用白酒(或黄酒)浸泡 1 ~ 2 天,然后装入渗漉筒中,从上不断添加新溶剂,浸出成分从渗漉筒的下口收集,合并收集液,混合过滤,静置,即得成品。

4. 质量要求

(1) 配制后的酒剂须静置澄清,滤过后分装于洁净的容器中。在储存期间允许有少量摇之易散的沉淀。除另有规定外,酒剂应密封,置阴凉处储藏。

(2) 除另有规定外,酒剂应进行乙醇量、总固体、甲醇量、装量、微生物限度检查。

四、酊　剂

酊剂系指饮片用规定浓度的乙醇提取或溶解而制成的澄清液体制剂，也可用流浸膏稀释制成。其可供口服或外用。

除另有规定外，每100ml相当于原饮片20g。含有剧毒药品的中药酊剂，每100ml应相当于原饮片10g；其有效成分明确者，应根据其半成品的含量加以调整，使符合各酊剂项下的规定。

1. 特点　由于不同浓度的乙醇可选择性溶解药材中不同成分，故酊剂成分较为纯净，有效成分含量较高，用药剂量较小，服用方便。同时因乙醇具有防腐作用，酊剂不易霉变。但乙醇本身具有一定的生理活性，在应用时有一定的局限。

2. 制备方法　酊剂可用溶解法、稀释法、浸渍法或渗漉法制备。

（1）溶解法：将处方中的药物直接加入规定浓度的乙醇溶解至需要量，即得。此法适用于化学药物及中药有效部位或提纯品酊的制备，如复方樟脑酊等。

（2）稀释法：以药物的流浸膏或浸膏为原料，加入规定浓度的乙醇稀释至需要量，混合后，静置至澄清，虹吸上清液，残渣滤过，合并上清液及滤液，即得。如远志酊等。

（3）浸渍法：取适当粉碎的饮片，置有盖容器中，加入溶剂适量，密盖，搅拌或振摇，浸渍3～5日或规定的时间，倾取上清液，再加入溶剂适量，依法浸渍至有效成分充分浸出，合并浸出液，加溶剂至规定量后，静置24h，过滤，即得。

（4）渗漉法：此法是制备酊剂较常用的方法。取药材，照流浸膏剂项下的方法，用溶剂适量渗漉，至流出液达到规定量后，静置，滤过，即得。如颠茄酊等。

3. 质量要求　酊剂应检查乙醇量。除另有规定外，酊剂应进行装量、微生物限度检查。口服酊剂甲醇量检查应符合规定。酊剂久置产生沉淀时，在乙醇和有效成分含量符合各该品种项下规定的情况下，可过滤除去沉淀。酊剂应遮光密封，置阴凉处储存。

五、流浸膏剂与浸膏剂

（一）流浸膏剂与浸膏剂的含义和特点

1. 含义　流浸膏剂、浸膏剂系指饮片用适宜的溶剂提取，蒸去部分或全部溶剂，调整至规定浓度而成的制剂。

除另有规定外，流浸膏剂系指每1ml相当于饮片1g；浸膏剂分为稠浸膏（含水量为15%～20%）和干浸膏（含水量为5%）两种，每1g相当于饮片或天然药物2～5g。

2. 特点　流浸膏剂、浸膏剂有效成分含量均较酊剂高，体积小，疗效好。但因蒸去溶剂需加热较长时间，不适用于有效成分受热易破坏、挥发的药材。流浸膏剂、浸膏剂除少数品种直接用于临床外，绝大多数用作配制其他制剂的原料。如流浸膏剂可用作合剂、酊剂、糖浆剂等的原料，浸膏剂可用作散剂、颗粒剂、胶囊剂、片剂、丸剂等的原料。

(二) 流浸膏剂的制备

1. 流浸膏剂的制备工艺流程(图 11-4)

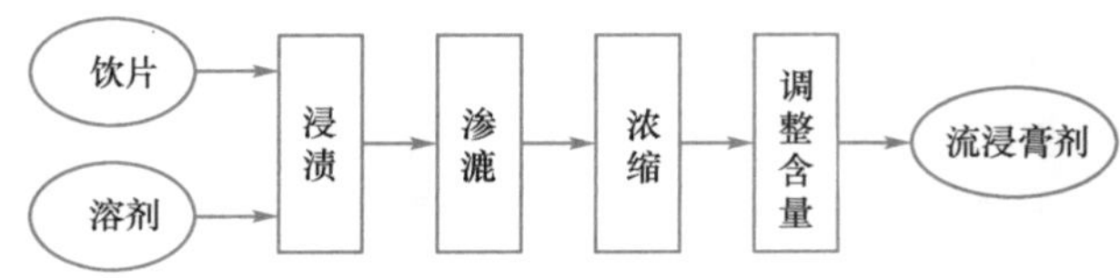

图 11-4　流浸膏剂的制备工艺流程图

2. 制备方法　除另有规定外,流浸膏剂用渗漉法制备,也可用浸膏剂稀释制成。渗漉时应先收集药材量 85% 的初漉液,另器保存,续漉液用低温浓缩成稠膏状与初漉液合并,搅匀。对有效成分已明确者,需作含量测定及含乙醇量测定;有效成分不明者只作含乙醇量测定,然后按测定结果将浸出浓缩液加适量溶媒稀释,或低温浓缩使其符合规定标准,静置 24h 以上,滤过,即得。

3. 渗漉法的要点如下

(1) 根据饮片的性质可选用圆柱形或圆锥形的渗漉器。

(2) 多以不同浓度的乙醇为提取溶剂,少数以水为溶剂,但在成品中应加适量乙醇作防腐剂。

(3) 饮片须适当粉碎后,加规定的溶剂均匀湿润,密闭放置一定时间,再装入渗漉器内。

(4) 饮片装入渗漉器时应均匀,松紧一致,加入溶剂时应尽量排除药材间隙中的空气,溶剂应高出药面,浸渍适当时间后进行渗漉。

(5) 渗漉速度应符合各品种项下的规定。

(6) 收集 85% 饮片量的初漉液,另器保存,续漉液经低温浓缩后与初漉液合并,调整至规定量,静置,取上清液分装。

(三) 浸膏剂的制备

(1) 浸膏剂的制备工艺流程(图 11-5):

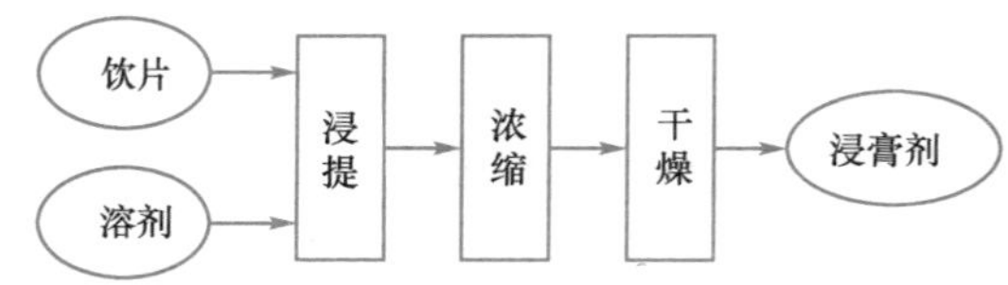

图 11-5　浸膏剂的制备工艺流程图

(2) 浸膏剂的制备除另有规定外,浸膏剂用煎煮法或渗漉法制备,全部煎煮液或漉液应低温浓缩至稠膏状,加稀释剂或继续浓缩至规定的量。常用的稀释剂有淀粉、乳糖、蔗糖、氧化锌、碳酸钙、药材细粉等。

(四) 流浸膏剂与浸膏剂的质量检查

(1) 流浸膏剂一般应检查乙醇量。久置若产生沉淀时,在乙醇和有效成分含量符合各品种项下规定的情况下,可过滤除去沉淀。

(2) 除另有规定外,流浸膏剂、浸膏剂应进行装量(照最低装量检查法)检查、微生物限度检查,应符合规定。

（五）流浸膏剂与浸膏剂的储藏

除另有规定外，应置遮光容器内密封，流浸膏剂应置阴凉处储存。

六、糖浆剂

（一）糖浆剂的含义、特点

1. 含义　糖浆剂系指含有药物、药材提取物的浓蔗糖水溶液。除另有规定外，中药糖浆剂含蔗糖量应不低于45%（g/L）。

2. 特点　糖浆剂具有味甜量小，服用方便，吸收较快等特点。糖浆剂中的蔗糖及香料能掩盖药物的不良气味，尤其适用于儿童。接近饱和浓度的蔗糖溶液，因其含糖量高，渗透压大，微生物不易生长，故本身有防腐作用。但浓度过高，储存时易析出糖的结晶，致使糖浆变成糊状甚至变成硬块，因此，配制糖浆剂放置时间不宜过长。浓度低的蔗糖溶液易繁殖微生物，故应添加防腐剂。

（二）糖浆剂的分类

根据其组成及用途，糖浆剂可分为：

1. 单糖浆　不含任何药物，系蔗糖的饱和水溶液，浓度为85%（g/ml）或64.74%（g/g）。单糖浆既可用于配制药用糖浆，又可用作其他口服液体制剂的矫味剂、助悬剂，还可作为丸剂、片剂的黏合剂以及包糖衣的物料等。

2. 芳香糖浆　为含芳香性物质或果汁的浓蔗糖水溶液。如橙皮糖浆、姜糖浆等，主要用作矫味剂。

3. 药用糖浆　系指含药物或药材提取物的浓蔗糖水溶液，具有相应的治疗作用，如川贝枇杷糖浆、养阴清肺糖浆等。

（三）糖浆剂的制备

生产环境：糖浆剂应在灭菌的环境中制备，各种用具、容器应进行洁净或灭菌处理，及时灌装；应选用药用白糖；生产中宜用蒸汽夹层锅加热，温度和时间应严格控制。制备方法有溶解法和混合法。

1. 溶解法　又分热溶法和冷溶法。

（1）热溶法：将蔗糖加入沸蒸馏水中，加热溶解后，再加可溶性药物，混合、溶解、过滤，自滤器上加适量蒸馏水至规定量，即得。本法适于对热稳定的药物和有色糖浆的制备。其特点是蔗糖溶解速度快，易过滤，微生物容易杀灭，糖内一些高分子杂质（如蛋白质等）可被加热凝固而滤除。但加热过久或超过100℃时转化糖的含量即增加，糖浆易发霉变质且制品的颜色变深。趁热用3～4层纱布过滤。

（2）冷溶法：在室温下将蔗糖溶于蒸馏水或含药物的溶液中，待完全溶解后，过滤，即得。此法适用于主要成分对热不稳定的糖浆，其特点是可制得色泽较浅或无色的糖浆，转化糖较少。但蔗糖溶解慢，用时较长，卫生条件要求严格，以免染菌。

2. 混合法　是将药物与糖浆均匀混合制备而成。此法适用于制备含药糖浆，一般含药糖浆的含糖量较低，要注意防腐。

药物的加入方法：

（1）药物如为水溶性固体，可先用少量蒸馏水制成浓溶液。

（2）水中溶解度较小的药物可加少量其他适宜的溶剂使之溶解，然后加入单糖浆中搅匀。

(3) 药物如为可溶性液体或液体制剂,可直接加入单糖浆中,搅匀,必要时过滤。

(4) 药物如为含乙醇的制剂,当与糖浆混合时,往往发生浑浊,可加适量甘油助溶或加滑石粉作助滤剂。

(5) 药物如为水浸出制剂,因其中含蛋白质易致发霉变质,因此,应先加热至沸,使蛋白质凝固滤去,滤液加入单糖浆中。

(6) 如药物为中草药,须先浸出精制浓缩至适量;加入单糖浆内搅匀,或加蔗糖加热溶解、搅匀,即得。

(四) 糖浆剂的质量要求

《中国药典》2015 年版糖浆剂在生产与储藏期间应符合如下规定:

(1) 含蔗糖量应不低于 45% (g/ml)。

(2) 除另有规定外,一般将药物用刚煮沸过的水溶解,加入单糖浆;如直接加入蔗糖配制,则需煮沸,必要时滤过,在自滤器上添加适量刚煮沸过的水至处方规定量。

(3) 根据需要可加入附加剂。如需加入防腐剂,山梨酸和苯甲酸的用量不得超过 0.3% (其钾盐、钠盐的用量分别按酸计),羟苯酯类的用量不得超过 0.05%;如需加入其他附加剂,其品种与用量应符合国家标准的有关规定,不影响产品的稳定性,对检验不产生干扰,必要时可加入适量的乙醇、甘油或其他多元醇。

(4) 除另有规定外,糖浆剂应澄清。在储存期间不得有发霉、酸败、产生气体或其他变质现象。

(5) 一般应检查相对密度、pH 等。

(6) 糖浆剂应密封,在不超过 30℃ 处储存。

除另有规定外,糖浆剂应进行装量、微生物限度的检查。

七、煎膏剂

(一) 煎膏剂的含义和特点

煎膏剂系指饮片用水煎煮,取煎煮液浓缩,加炼蜜或糖(或转化糖)制成的半流体制剂。煎膏剂俗称膏滋,主要供内服。

煎膏剂,味甜、可口,利于服用;以滋补为主,兼有缓慢的治疗作用,多用于慢性疾病、体质虚弱者或小儿患者。止咳、活血通经、滋补性及抗衰老性方剂常制成膏滋。

(二) 煎膏剂的制备

1. 辅料的选择与处理

(1) 蜂蜜:制备煎膏剂所用的蜂蜜须经炼制处理。

(2) 蔗糖:制备煎膏所用的糖,除另有规定外,应使用药典收载的蔗糖,由于糖的品质不同,对于制成的煎膏剂的质量及效用也有差异。

链 接

煎膏剂中常用的糖

煎膏剂中常采用的糖有冰糖、白糖、红糖、饴糖等。

冰糖系结晶型的蔗糖,质量优于白砂糖;白糖又有白砂糖与白绵糖之分,后者由于含有部分的果糖,故味较甜,但有一定的吸湿性。白糖味甘,性寒,有润肺生津、和中益肺、舒缓肝气的功效。红糖又称红砂糖、黄糖,是一种未经提纯的糖,其营养价值比白糖高,每100g红糖中,含钙90mg、铁4mg,为白糖的3倍,此外尚含有维生素A、维生素B_1、维生素B_2等多种维生素及锰、锌、铬等微量元素。红糖具有补血、破瘀、舒肝、祛寒等功效,尤其适于产妇、儿童、及贫血者食用,具有矫味、营养和辅助治疗的作用,故中医常以红糖制煎膏剂。饴糖也称麦芽糖,系由淀粉或谷物经大麦芽作催化剂,使淀粉水解、转化、浓缩后而制得的一种稠厚的液态糖。

(3)炼糖或炼蜜:制备煎膏剂用的糖、蜂蜜必须经过炼制,以减少水分、杂质,防止破坏酶类,并起到灭菌、增加黏性的作用。而且糖经过炼制后,大部分转变成转化糖,可避免煎膏剂储存时析出结晶(返砂)。

1)炼糖:炼糖的方法一般可按糖的种类及质量加适量的水炼制。如白砂糖可加水50%左右,用高压蒸汽或直火加热熬炼,并不断搅拌至糖液开始显金黄色糖泡发亮光及微有青烟发生时,停止加热,以免烧焦。为促使糖转化,可加入适量的枸橼酸或酒石酸(一般为糖量的0.1%~0.3%),至糖转化率达40%~50%时,取出,冷却至70℃时,加碳酸氢钠中和后备用。红糖含杂质较多,转化后一般加糖量2倍的水稀释,静置适当时间,除去沉淀备用。

2)炼蜜:传统的炼制法多采用常压炼制,即在蜂蜜中加入沸水(或蜂蜜中加水煮沸),使溶化并适当稀释,并不断去沫、搅拌,至需要的程度。

炼蜜由于炼制的程度不同可分成三种规格,及嫩蜜、中蜜、老蜜(表11-1),可根据处方中药材的性质选用。

表11-1 炼蜜的种类

种类	炼制温度	含水量	相对密度	黏性
嫩蜜	105~115℃	8%~20%	1.34左右	小
中蜜	116~118℃	14%~16%	1.37左右	较强
老蜜	119~122℃	10%以下	1.40左右	强

2. 煎膏剂的生产环境及工艺流程

(1)煎膏剂的生产环境:煎煮、浓缩等操作在一般生产区进行,收膏、分装等岗位操作室的空气洁净度为300 000级。

(2)制备工艺流程(图11-6)

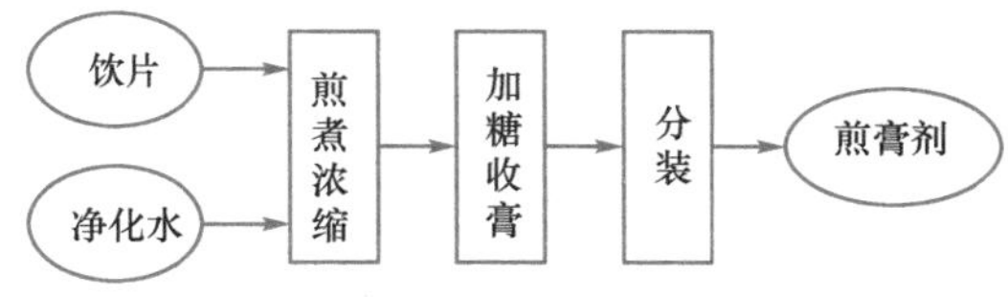

图11-6 煎膏剂的制备工艺流程图

3. 煎膏剂的制备

(1)煎煮:药材饮片按各品种项下规定的方法煎煮,煎煮2~3次,每次2~3h,滤取煎液,压榨药渣,将压榨液与滤液合并,静置。

(2)浓缩:将上述滤液加热浓缩至规定的相对密度,或以搅棒趁热蘸取浓缩液滴于桑皮纸上,以液滴的周围无渗出水迹时为度滤过,即得清膏。

(3)收膏:清膏按规定量加入炼蜜或炼糖(或转化糖)收膏;若需加饮片细粉,待冷却后加入,搅拌混匀。除另有规定外,加炼蜜或糖(或转化糖)的量,一般不超过清膏量的3倍。收膏时随着稠度的增加,加热温度可相应降低,并需不断搅拌和掠去液面上的浮沫。收膏稠度视品种而定,一般相对密度在1.4左右。

4. 煎膏剂的质量要求 应无焦臭、异味,无糖的结晶析出。

(三) 煎膏剂的质量检查

除另有规定外,煎膏剂应进行相对密度、不溶物、装量、微生物限度的检查。

1. 相对密度 除另有规定外,取供试品适量,精密称定,加水约2倍,精密称定,混匀,作为供试品溶液。按照相对密度测定法测定,应符合各品种项下的有关规定。

2. 不溶物 取供试品5g,加热水200ml,搅拌使溶化,放置3min后观察,不得有焦屑等异物。加饮片细粉的煎膏剂,应在未加入药粉前检查,符合规定后方可加入药粉。加入药粉后则应对其微粒粒度进行检查。

(四) 煎膏剂的储藏

除另有规定外,煎膏剂应密封储存,置阴凉处储存。

第2节 浸出药剂的质量控制

浸出药剂一方面可直接用于临床,如汤剂、煎膏剂等,另一方面还可作为制备片剂、胶囊剂、注射剂等的原料;因此,浸出药剂的质量不仅影响其临床有效性、安全性,还影响以其为原料的其他制剂的质量和稳定性。目前主要从四个方面控制浸出制剂的质量。

一、药材的来源、品种与规格

我国幅员辽阔,中药材品种繁多,而药用动植物的不同种质,不同生态环境,不同栽培、养殖技术以及采收时间、饮片炮制方法均会影响药材质量。严格遵循国家药品标准加以检查,检查合格后方可投料生产。

二、制法规范

为确保浸出药剂的质量,应根据药材、药用成分的性质和浸出制剂的种类,优选出最佳生产工艺。

提取过程中要选择最适宜的提取方法,使有效成分充分浸出;如对解表方剂,先用蒸馏法提取挥发性成分,再用煎煮法浸出,能提高疗效。对同一制剂品种,必须严格控制提取工艺条件的一致性,如溶剂的种类和用量、提取的时间、蒸发浓缩的温度,精制时所用乙醇的浓度等,以保证每一批提取物都具有相同的质量和药效。

三、理化标准

1. 含量控制 是保证药效的最重要手段,包括以下方法

(1)药材比量法:系指浸出药剂若干容量或重量相当于原药材多少重量的测定方法。其适用于药材的有效成分不明确,无适宜的方法测定含量的药剂。由于很多药材成分复杂且不明确,故绝大多数酊剂、流浸膏、浸膏剂等以此法控制质量。

（2）化学测定法：适用于有效成分已经明确而且能通过化学方法进行定量测定的药材。

（3）生物测定法：利用药材浸出成分对动物机体或离体组织所发生的反应，来确定浸出药剂含量（效价）标准的方法。本法适用于尚无适当化学或仪器测定方法的毒性药材的制剂，如乌头属药材的含量（效价）测定。

（4）仪器分析测定法：利用现代分析仪器、技术测定含量的方法，如应用高效液相色谱仪测定甘草流浸膏中甘草酸的含量。

2. 鉴别　有些浸出制剂无含量测定方法，可用无干扰、专属性强、灵敏快速、简便的特殊反应进行鉴别，以控制浸出制剂的质量。目前多采用薄层色谱法鉴别。

3. 含醇量　许多浸出药剂制备时需使用不同浓度的乙醇，而成品的乙醇含量对药用成分的溶解度影响较大，为保持含醇液体制剂的稳定性，应控制含醇量。如酒剂、酊剂均应检查乙醇含量。

4. 其他检查　如澄清度检查、异物检查、水分检查及固体物、灰分和相对密度、装量检查等。

四、卫生学标准

卫生学标准是指微生物限度标准。非无菌药品的微生物限度标准是基于药品的给药途径和对患者健康潜在的危害而制定的，具体依照《中国药典》2015年版第四部的微生物限度检查法进行检查，应符合规定。

《中国药典》2015年版的微生物限度标准。

口服给药制剂：①不含药材原粉的制剂：细菌数每克不得超过1000CFU，每毫升不得超过100CFU；真菌和酵母菌数每克或每毫升不得超过100CFU；大肠埃希菌每克或每毫升不得检出；②含药材原粉的制剂：细菌数每克不得超过10 000CFU（丸剂每克不得过30 000CFU），每毫升不得超过500CFU；霉菌数和酵母菌数每克或毫升不得超过100CFU；大肠埃希菌每克或毫升不得检出；大肠菌群每克应小于100CFU，每毫升应小于10CFU。

附注：国际药物学会联合会规定，植物药提取物在大多数情况下，属于口服的药品。CFU（colony forming units）即菌落形成单位。

参考解析

案例11-1问题分析：处方中需特殊处理的药材有：羚羊角（先煎），钩藤（后下），菊花（后下）。制法：煎煮时应先将羚羊角置煎煮容器内，加水350ml，煎煮40min；加入桑叶、川贝母、竹茹、生地、白芍、茯神、甘草，煎煮20min；再加入钩藤、菊花煎煮10min，滤取药液。再加水250ml煎煮20min，滤取药液。将两次煎出液合并，即得。

参考解析

案例11-2问题1分析：桂枝、白芍、炙甘草、生姜、大枣为浸出用中药材，水、稀乙醇为浸出溶剂，饴糖为矫味剂，苯甲酸钠为防腐剂。桂枝中挥发油应采用水蒸气蒸馏法浸出，炙甘草、大枣采用了煎煮法浸出，白芍、生姜采用渗漉法浸出。

案例11-2问题2分析：以上五味，桂枝蒸馏提取挥发油，蒸馏后的水溶液另器收集；药渣与炙甘草、大枣加水煎煮两次，每次2h，合并煎液，滤过，滤液与蒸馏后的水溶液合并，浓缩至约560ml；白芍、生姜

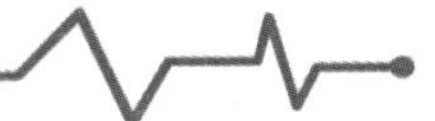

用稀乙醇作溶剂，浸渍24h后进行渗漉，收集渗漉液，回收乙醇后与上述药液合并，静置，滤过；另加饴糖370g，再浓缩至近1000ml，加入苯甲酸钠3g与桂枝挥发油，加水至1000ml，搅匀，即得。

自测题

一、选择题

（一）单项选择题。每题的备选答案中只有一个最佳答案。

1. 汤剂煎煮时，最宜使用的器皿是（　　）
   A. 铝锅　　B. 铜锅
   C. 砂锅　　D. 不锈钢锅
   E. 搪瓷锅
2. 烊化冲服的药物是（　　）
   A. 滑石　　B. 炉甘石
   C. 杏仁　　D. 旋覆花
   E. 阿胶
3. 下列属于含糖浸出剂型的是（　　）
   A. 浸膏剂　　B. 流浸膏剂
   C. 煎膏剂　　D. 酊剂
   E. 酒剂
4. 除另有规定外，含有毒性药的酊剂，每100ml应相当于原饮片（　　）
   A. 10g　　B. 20g
   C. 30g　　D. 40g
   E. 40g
5. 糖浆剂的含糖量不低于（　　）
   A. 55%（g/ml）　　B. 45%（g/ml）
   C. 85%（g/ml）　　D. 60%（g/ml）
   E. 65%（g/ml）
6. 用中药流浸膏剂作原料制备酊剂，应采用（　　）
   A. 溶解法　　B. 回流法
   C. 稀释法　　D. 浸渍法
   E. 渗漉法
7. 益母草膏属于（　　）
   A. 混悬剂　　B. 煎膏剂
   C. 流浸膏剂　　D. 浸膏剂
   E. 糖浆剂
8. 旋覆代赭汤的制备工艺中采用包煎的药物是（　　）
   A. 生姜　　B. 代赭石
   C. 制半夏　　D. 旋覆花
   E. 党参
9. 小建中合剂在制备时，采用下列哪种方法提取桂枝中的挥发油成分（　　）
   A. 回流提取法　　B. 索氏提取法
   C. 水蒸气蒸馏法　　D. 浸渍法
   E. 减压蒸馏法
10. 当归流浸膏的制备采用了下列哪种方法（　　）
    A. 回流提取法　　B. 煎煮法
    C. 渗漉法　　D. 浸渍法
    E. 减压蒸馏法
11. 将中药材用规定浓度的乙醇浸出或溶解而制得的澄明液体制剂称为（　　）
    A. 酒剂　　B. 膏滋
    C. 合剂　　D. 酊剂
    E. 汤剂
12. 药材用水或其他溶剂，采用适宜的提取、浓缩方法制成的单剂量包装的内服液体制剂称为（　　）
    A. 合剂　　B. 浸膏剂
    C. 口服液　　D. 流浸膏剂
    E. 糖浆剂
13. 关于汤剂的特点叙述错误的是（　　）
    A. 服用量较大，味苦
    B. 吸收快，药效迅速
    C. 制备方法简单
    D. 适应中医辨证论治的需要
    E. 携带不方便，不易霉败
14. 蔗糖的饱和水溶液称为（　　）
    A. 芳香糖浆　　B. 药用糖浆
    C. 单糖浆　　D. 矫味糖浆
    E. 糖浆剂
15. 关于煎膏剂的质量要求叙述错误的是（　　）
    A. 外观质地细腻，稠度适宜，有光泽
    B. 微生物限度应符合药典规定
    C. 无浮沫，无焦臭、异味，无返砂
    D. 相对密度、不溶物应符合药典规定
    E. 加入糖或炼蜜的量一般不超过清膏量的5倍
16. 煎膏剂收膏时的稠度一般控制相对密度在（　　）

A. 1.20 左右　　B. 1.18 左右
C. 1.10 左右　　D. 1.40 左右
E. 1.30 左右

17. 煎膏剂在储藏时出现糖的结晶析出的现象称为(　　)
A. 晶形转变　　B. 返砂
C. 火毒　　D. 转化糖
E. 冰点

18. 浸膏剂中的干浸膏控制水分含量约为(　　)
A. 8%　　B. 3%
C. 5%　　D. 12%
E. 8%

(二) 配伍选择题。备选答案在前,试题在后。每组若干题,每组题均对应同一组备选答案。每题只有一个正确答案。每个备选答案可重复选用,也可不选用。

[19~22]
A. 煎膏剂　　B. 酊剂
C. 糖浆剂　　D. 酒剂
E. 口服液

19. 饮片用蒸馏酒提取制成的澄清液体制剂是(　　)
20. 饮片用水煎煮、取煎煮液浓缩,加炼蜜或糖(或转化糖)制成的半流体制剂是(　　)
21. 单剂量包装的合剂是(　　)
22. 饮片用规定浓度乙醇提取或溶解而制成的澄清液体制剂是(　　)

[23~26]
A. 流浸膏剂　　B. 煎膏剂
C. 浸膏剂　　D. 口服液剂
E. 汤剂

23. 每克制剂相当于原药材 2~5g 是(　　)
24. 处方组成、用量可根据病情变化适当加减的剂型是(　　)
25. 除另有规定外,应进行相对密度、不溶物检查的制剂是(　　)
26. 每毫升相当于原药材 1g 是(　　)

(三) 多项选择题。每题的备选答案中有 2 个或 2 个以上正确答案。

27. 包煎的药材有哪些(　　)
A. 大黄　　B. 车前子
C. 阿胶　　D. 旋覆花
E. 蒲黄

28. 下列属于酒剂质量检查项目的是(　　)
A. 总固体量　　B. 乙醇量
C. 不溶物　　D. 甲醇量
E. 含水量

29. 酒剂的制备方法有(　　)
A. 冷浸法　　B. 热浸法
C. 渗漉法　　D. 煎煮法
E. 回流法

30. 糖浆剂的质量要求有(　　)
A. 糖浆剂含蔗糖应不低于 45% (g/m)
B. 糖浆剂应澄清,储藏期间允许有少量轻摇易散的沉淀
C. 在储存中不得有酸败、异臭、产生气体等变质现象
D. 具有一定的 pH 和乙醇含量
E. 相对密度、装量以及微生物限度均应符合规定要求

31. 煎膏剂中炼糖的目的是(　　)
A. 去除杂质　　B. 杀灭微生物
C. 防止晶形转变　　D. 减少水分
E. 防止"返砂"

二、简答题

1. 糖浆剂的种类有哪些?在生产的过程中易出现哪些问题?
2. 何为流浸膏剂与浸膏剂?比较其异同。
3. 何为煎膏剂?煎膏剂蜂蜜(糖)炼制的目的是什么?

(董　欣)

第12章 栓剂的制备技术

栓剂作为一种腔道给药的剂型，在国内外的使用已有很悠久的历史。常用的有直肠栓、阴道栓、尿道栓、鼻用栓、耳用栓等。

栓剂最初只在局部发挥作用，随着解剖学等医学科学的发展，发现栓剂还能通过直肠吸收产生全身治疗作用，故其应用范围日渐扩大。近年来，相继开发了中空栓剂、双层栓剂、缓释栓剂、微囊栓剂等多种新型栓剂。

第1节 栓剂概述

一、栓剂的概念

栓剂系指药物与适宜基质制成供腔道给药的固状外用制剂。栓剂在常温下为固体，塞入腔道后，在体温下能迅速软化、熔融或溶解于分泌液中，逐渐释放药物而产生局部或全身作用。

二、栓剂的分类

栓剂因施用腔道不同可分为直肠栓、阴道栓、尿道栓、鼻用栓、耳用栓等，最常用的是直肠栓和阴道栓；根据药物释放速度不同分为普通栓和持续释药的缓释栓。为适应机体的应用部位，栓剂的形状各不相同，直肠栓形状有鱼雷形、圆锥形、圆柱形等；阴道栓形状有鸭嘴形、球形、卵形等；尿道栓一般为笔状。

第2节 栓剂的基质

栓剂基质应符合下列要求：①室温时应有适当的硬度，当塞入腔道时不变形、不碎裂，在体温下易软化、熔化或溶解，熔点和凝点之差要小；②不与主药起反应，不影响主药的含量测定；③对黏膜无刺激性、无毒性、无过敏性，释药速度符合治疗要求；④具有润湿及乳化的性质，能混入较多的水；⑤理化性质稳定，在储藏过程中不易霉变，不影响生物利用度等。

栓剂的基质按物理性质可分为两类：脂溶性（油脂性）基质和水溶性（亲水性）基质。

一、油脂性基质

1. 可可豆脂 是从梧桐科植物可可树种仁中得到的一种固体脂肪，主要含硬脂酸、棕榈酸、油酸、亚油酸和月桂酸的甘油酯。可可豆脂为白色或淡黄色脆性蜡状固体，可塑性好。有α、β、β′、γ 4种晶型，其中以β型最稳定，熔点为30～35℃。通常加热到25℃时开始软化，缓慢加温待熔化至2/3时停止加热，利用余热使其全部熔化，以避免晶型转变。

2. 半合成或全合成脂肪酸甘油酯　此类基质多为白色或类白色的块状物，由于含不饱和碳链较少，其化学性质稳定，成型性能好，具有保湿性和适宜熔点（35～40℃），不易酸败。因此，逐渐替代天然的油脂成为较理想的栓剂的基质。目前国内常用的品种有椰油酯、棕榈油酯、硬脂酸丙二醇酯等。

二、水溶性或亲水性基质

1. 甘油明胶　系将明胶、甘油、水按一定的比例制得的基质。具有较好弹性、不易折断、在体温下不熔化但能软化，缓慢溶于分泌液中，并缓慢释放药物等特点。常用水：明胶：甘油=10：20：70的配比，甘油与水的含量越高则越容易溶解。甘油能防止栓剂干燥变硬，水分过多则成品变软。以甘油明胶为基质制备的栓剂需加入抑菌剂，如羟苯烷酯类，避免储藏中霉菌污染。本品多用作阴道栓的基质。明胶是胶原的水解产物，不能与鞣酸、重金属盐等接触。

链　接

甘油明胶基质的制备

【处方】　明胶9.0g，甘油2.7g，甘露醇60g，聚乙二醇适量，β-环糊精适量，尿素适量，蒸馏水适量。

【制法】　称取处方量的明胶于适宜的容器中，加入适量的蒸馏水（与明胶的比例为1：1）浸泡，待其充分溶胀后加入甘油，置水浴中加热使溶解。继续加热蒸去水分适量使重量减少至12～13g（约为甘油和明胶的投料之和），放冷，待其凝结，切成小块供使用。

2. 聚乙二醇类　PEG为结晶性载体，易溶于水，熔点较低，多用熔融法制备，为难溶性药物的常用载体。在体温时不熔化，但能缓缓溶于体液中，释放药物作用持久，常作为阴道栓的基质。本品吸湿性强，加入约20%的水，可减轻对黏膜的刺激性。不宜与鞣酸、乙酰水杨酸苯佐卡因、银盐等药物配伍。

3. 聚氧乙烯(40)单硬脂酸酯类　能溶于水、乙醇、丙酮等，不溶于液体石蜡。商品代号为“S-40”，商品名为Myri52，可与PEG混合使用，制得崩解和释放性能都较好的栓剂。

考点：常用栓剂基质的分类和特点

油脂性基质如可可豆脂在阴道内不能被吸收而形成残留物，故不宜作阴道栓用基质。常用水溶性或水能混溶的基质制备阴道栓。根据需要可加入表面活性剂、稀释剂、吸收剂、润滑剂和防腐剂等。

第3节　栓剂的制备

案例12-1

阿司匹林栓剂的制备

1. 按《中国药典》2015年版规定，本品含阿司匹林（$C_9H_8O_4$）应为标示量的90.0%～110.0%。

2. 制备　制直肠栓8粒

【处方】　阿司匹林0.5g，半合成脂肪酸酯1g，酒石酸或枸橼酸（处方总量的1.0%～1.5%）。

【制法】 取半合成脂肪酸酯适量，置于蒸发皿中，在水浴上加热熔融后，加入0.5g阿司匹林细粉，搅匀，倾倒入涂有肥皂醑的栓模中，待冷却后削平，取出包装即得。

问题：

1. 处方中各成分的作用是什么？
2. 制备中为何选用肥皂醑？
3. 阿司匹林为何需要成细粉加入？

栓剂的基本制备方法有两种，即热熔法和冷压法。

一、热熔法

取适量基质置水浴上加热熔化，将药物溶解或均匀分散于基质中后，倾倒入涂有润滑剂的栓剂模具（图12-1）中至稍有溢出模口为度，冷却，待完全凝固后，用刀削去溢出部分，开启模具，推出栓剂即得。

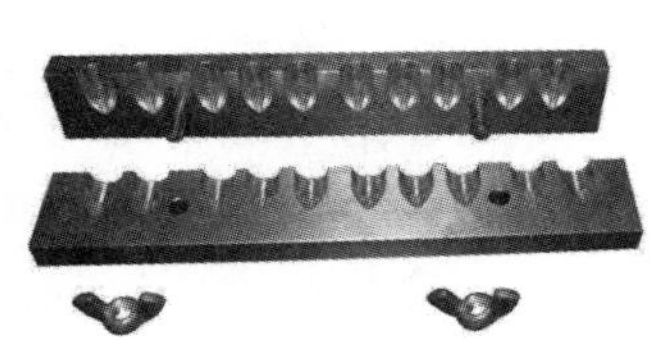

图12-1　栓剂的模具

热熔法应用较广泛，可可豆脂、甘油明胶、聚乙二醇等大多数栓剂基质都适宜热熔法制备栓剂。工厂生产一般均采用机械自动化操作完成。

（一）热熔法制备栓剂的工艺流程。

热熔法制备栓剂的工艺流程见图12-2

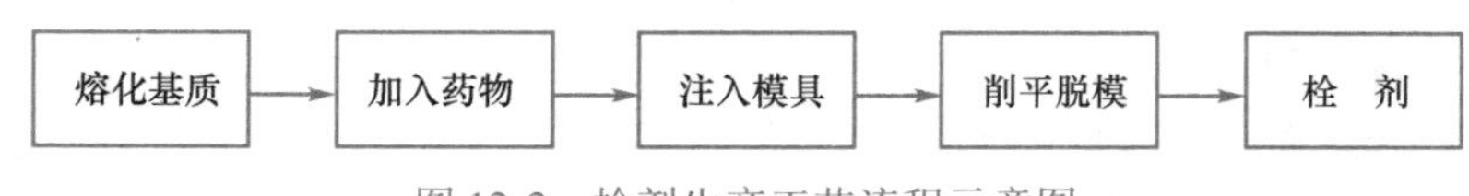

图12-2　栓剂生产工艺流程示意图

（二）制备要点

1. 熔化基质　宜将计算量的基质在水浴上加热熔化，避免局部过热。

2. 固体药物　除另有规定外，应预先用适宜方法制成细粉并全部通过六号筛，再根据施用腔道和使用目的不同，制成各种适宜形状。

3. 加入药物　将药物粉末与等量的已熔融的基质混合，溶解或分散于基质中。油溶性药物可直接加入油脂性基质溶解，加入量过大时宜加入适量蜂蜡、石蜡等调节熔距；水溶性药物可加少量水制成浓溶液，以适量羊毛脂吸收后再与其他基质混合。

4. 润滑剂　为了使栓剂冷却后易从模型中推出，灌模前模型应先涂润滑剂。常用的润滑剂有两类：①水溶性基质涂油溶性润滑剂，如液体石蜡、植物油等；②油溶性基质涂水溶性润滑剂，如由软肥皂、甘油各一份与95%乙醇五份混合而成的肥皂醑。有的基质不粘模，如可可豆脂或聚乙二醇，不需涂润滑剂。

5. 成型　将药物与基质的混合物温度降至40℃左右，一次倾倒入模具至稍溢出模孔。冷却，削去溢出部分，开模，取栓，质量检查，包装。

二、冷压法

冷压法主要适用于油脂性基质。先将药物与基质锉末置于容器内混合均匀，然后手工搓捏成型或装入制栓模型机内压成一定形状的栓剂。机压模型成型较美观。

此法避免了加热对药物与基质稳定性的影响，不溶性药物也不会在基质中沉降，但易夹带空气，使基质和主药产生氧化作用，并且不易控制栓剂的重量，现在已较少使用这种方法。

考点：栓剂的制备方法及制备要点

第4节　栓剂的质量检查

《中国药典》2015年版规定：栓剂中的药物与基质应混合均匀，栓剂外形要完整光滑；塞入腔道后应无刺激性，应能熔化、软化或溶化，并与分泌液混合。除另有规定外，栓剂应进行以下项目检查。

一、融变时限

取栓剂3粒，按《中国药典》2015年版规定融变时限的检查装置和检查方法进行检查。除另有规定外，脂溶性基质的栓剂均应在30min内全部熔化、软化或触压时无硬心；水溶性基质的栓剂均应在60min内全部溶解。如有1粒不合格应另取3粒复试，均应符合规定。

缓释栓剂应进行释放度检查，不再进行融变时限检查。

二、重量差异

取供试品10粒，精密称定总重量，求得平均粒重后，再分别精密称定各粒的重量。每粒重量与平均粒重相比较，超出重量差异限度的药粒不得多于1粒，并不得超出限度1倍。重量差异限度标准见表12-1。

表12-1　平均差异限度装量

平均重量	重量差异限度
1.0g及1.0g以下	±10.0%
1.0g以上至3.0g	±7.5%
3.0g以上	±5%

凡规定检查含量均匀度的栓剂，可不进行重量差异检查。

三、溶出度实验

目前还没有标准的检测方法，可用药典转篮法，或将待测样品放入透析袋或微孔滤膜，浸入溶出设备中，于37℃定时取样测定。

考点：栓剂的质量检查项目

第5节 栓剂的治疗作用和临床应用

栓剂最初的应用是作为直肠、阴道等部位的用药，主要以局部润滑、收敛、抗菌、杀虫、局麻等作用为目的。后来发现通过直肠给药还可以避免肝脏首关效应和不受胃肠道的影响，并且适合于使用口服制剂困难的患者用药，因此，栓剂的全身治疗作用越来越受到重视。

一、栓剂的全身作用

全身作用的栓剂一般要求能迅速释放药物，特别是解热镇痛类药物宜迅速释放和吸收。为加强药物的释放和吸收，常根据药物性质选择与药物溶解性相反的基质，如药物是脂溶性的，则选用水溶性基质；药物是水溶性的，则选择脂溶性基质。因为药物和基质的性质相反，使药物和基质的亲和力下降，便于药物溶出速度快，体内峰值高，达峰时间短。

（一）栓剂经直肠给药后的吸收途径

（1）药物经直肠上静脉—门静脉—肝，代谢后，再由肝进入体循环。

（2）药物经直肠中、下静脉和肛门静脉—下腔大静脉，再进入体循环。

（3）药物经直肠淋巴系统吸收—胸导管后进入体循环。对大分子药物可能是重要的吸收途径。

因此，栓剂在直肠的吸收因塞入深度不同而不同。一般塞入距肛门2cm处，约有用药总量的50% ~70%的药物可不经肝而直接进入体循环，从而避免药物的首关效应影响。

（二）具全身作用的栓剂与口服制剂比较的特点

（1）药物可不受胃肠pH或酶的影响而失去活性。

（2）药物对胃黏膜的刺激可减少。

（3）使用得当，可避免药物的肝脏首关效应影响。

（4）婴幼儿和口服片剂、胶囊、散剂等较为困难的患者，以及伴有呕吐的患者适用此法给药。

（5）栓剂给药的缺点主要是使用不如口服方便；生产成本比片剂、胶囊剂高；生产效率较低。

二、栓剂的局部作用

栓剂的局部作用一般不需要吸收，只在用药部位发挥局部作用，如痔疮药、局麻药、抗菌药等，故应选择熔化或溶解、释药速度慢的栓剂基质。水溶性基质制成的栓剂因腔道中的体液有限，使其溶解速度受限，释放药物缓慢，比脂溶性基质更有利于发挥局部作用。局部作用通常在0.5h内开始，最少能持续4h。

考点：栓剂的治疗作用特点

第6节 栓剂的包装和储存

栓剂所用包装材料或容器应无毒性，并不得与药物或基质发生理化作用。原则上要求每个栓剂都要包裹，不得外露，以防栓剂互相挤压变形。常用的包装材料有铝箔和塑料等。

除另有规定外，应在30℃以下密闭储存，既要防止因受热、受潮而软化变形、发霉变质，又要避免因干燥而失水变硬。油脂性基质的栓剂应避免高温，最好放在冰箱中（-2～2℃）保存；甘油明胶类水溶性基质的栓剂，应密闭，低温储存。

参考解析

案例12-1问题1分析：酒石酸或枸橼酸作稳定剂，防止阿司匹林析出游离水杨酸。

案例12-1问题2分析：半合成脂肪酸酯为油溶性基质，需涂水溶性润滑剂。

案例12-1问题3分析：阿司匹林不溶于水，必须磨成极细粉末，过100目筛成细粉。

自 测 题

选择题

1. 关于可可豆脂的错误表述是（　　）
   A. 可可豆脂具同质多晶性质
   B. β晶型最稳定
   C. 制备时熔融温度应高于40℃
   D. 为公认的优良栓剂基质
   E. 可塑性好
2. 制备栓剂时，选用润滑剂的原则是（　　）
   A. 任何基质都可采用水溶性润滑剂
   B. 水溶性基质采用水溶性润滑剂
   C. 油溶性基质采用水溶性润滑剂，水溶性基质采用油脂性润滑剂
   D. 无需用润滑剂
   E. 油脂性基质采用油脂性润滑剂
3. 直肠栓常见的形状是（　　）
   A. 鱼雷形　　B. 球形
   C. 片形　　D. 鸭嘴形
   E. 笔形
4. 下列关于栓剂的表述中，错误的是（　　）
   A. 栓剂是供人体腔道给药的固体制剂
   B. 栓剂应能在腔道内熔化或软化，并逐渐释放药物
   C. 栓剂的形状因使用的腔道不同而异
   D. 不宜口服的药物可以制成栓剂
   E. 栓剂只能发挥局部作用
5. 下列属于栓剂油脂性基质的是（　　）
   A. 聚乙二醇类　B. 甘油明胶
   C. S-40　　D. 硬脂酸丙二醇酯
   E. 泊洛沙姆
6. 制备可可豆脂栓剂的时候，应该到基质熔化多少时，停止加热，利用余温使剩余基质全部熔化（　　）
   A. 1/3　　B. 2/3
   C. 1/2　　D. 2/5
   E. 3/4
7. 常用甘油明胶的组成是（　　）
   A. 甘油∶明胶∶水=7∶2∶1
   B. 甘油∶明胶∶乙醇=2∶7∶1
   C. 明胶∶甘油∶乙醇=2∶5∶1
   D. 明胶∶甘油∶聚乙二醇600=1∶7∶2
   E. 明胶∶甘油∶水=5∶2∶2
8. 在栓剂生产过程中，模孔中需涂肥皂醑的是那种基质（　　）
   A. 聚乙二醇类
   B. 聚氧乙烯(40)单硬脂酸酯类
   C. 甘油明胶
   D. 半合成棕榈油酯
   E. 凡士林
9. 可用于油脂性基质栓剂生产的润滑剂是（　　）
   A. 液体石蜡　B. 植物油
   C. 可可豆脂　D. 肥皂醑
   E. 95%乙醇溶液
10. 关于栓剂基质聚乙二醇的叙述，错误的是（　　）
    A. 聚合度不同，其物理性状也不同
    B. 遇体温不熔化，但能缓缓溶于体液中
    C. 为水溶性基质，仅能释放水溶性药物
    D. 不能与水杨酸类药物配伍
    E. 为避免对直肠黏膜的刺激，可加入约20%的水

11. 水溶性和油脂性性基质制备栓剂都适用的方法是(　　)

A. 乳化法　　B. 压制法

C. 冷压法　　D. 热熔法

E. 滴制法

12. 不属于栓剂质量检查项目的是(　　)

A. 刺激性　　B. 密度

C. 融变时限　　D. 重量差异

E. 溶出度

13. 全身作用的直肠栓应用时的适宜部位是(　　)

A. 距肛门 5cm 处

B. 肛门处

C. 距肛门越远越好

D. 距肛门 2cm 处

E. 最好靠近直肠上静脉

(张　曦)

第 13 章　膏剂制备技术

膏剂是药物与适宜基质制成的半固体外用制剂，包括软膏剂、眼膏剂、糊剂、凝胶剂等。最常用的膏剂是软膏剂，主要起保护、润滑和局部治疗作用。基质是软膏剂形成和发挥药效的重要组成部分，分为油脂性基质、水溶性基质和乳剂型基质，并各有其作用特点。软膏剂有研合法、熔合法和乳化法三种制备方法，并适用于不同基质。软膏剂的粒度、装量、无菌和微生物限度、刺激性等是评价其质量的重要检查项目。

第 1 节　软　膏　剂

一、概　述

(一) 软膏剂的含义和特点

软膏剂系指药物与适宜基质混合制成的均匀的具有一定稠度的半固体外用制剂。其是临床上常用的外用制剂之一，其中以乳膏剂最为常用。糊剂系指大量的固体药物粉末(一般 25% 以上)均匀地分散在适宜的基质中所组成的半固体外用制剂，稠度大于软膏剂，所含大量固体多为吸水性粉末，具收敛、止痒、消炎、吸收分泌物等作用。

软膏剂具有热敏性和触变性的特点。热敏性是指遇热熔化而流动；触变性是指施加外力时黏度下降，静止时黏度增加，从而使其能长时间的紧贴、黏附或铺展在用药部位从而发挥治疗作用。

软膏剂主要起保护创面、润滑皮肤和局部治疗作用，如抗感染、消毒、止痒、止痛和麻醉等，如红霉素软膏作用于表皮起抗感染作用。也有少数软膏剂可发挥全身治疗作用，软膏剂中的药物通过皮肤吸收进入体循环，如硝酸异山梨酯乳膏。

(二) 软膏剂的分类

(1) 软膏剂按分散系统不同分为溶液型软膏剂、混悬型软膏剂和乳剂型软膏剂三类。

1) 溶液型软膏剂：系指药物溶解(或共熔)于基质或基质组分中制成的软膏剂，如冻疮膏系苯酚、樟脑、薄荷脑、间苯二酚的共熔混合物溶于羊毛脂、凡士林所得的软膏。

2) 混悬型软膏剂：系指药物细粉均匀分散于基质中制成的软膏剂，如硫磺软膏系硫磺分散在凡士林中所得。

3) 乳剂型软膏剂：系指药物溶解或分散于乳状液型基质中形成的均匀的半固体外用制剂，如醋酸氟轻松软膏。

(2) 软膏剂按药物所起作用可分为局部作用和全身治疗作用的软膏剂。

(三) 软膏剂的质量要求

(1) 基质应均匀、细腻，涂于皮肤或黏膜上应无刺激性。

(2) 应具有适当的黏稠度，易涂布于皮肤或黏膜上，不熔化，黏稠度随季节变化应很小。

(3) 应无酸败、异臭、变色、变硬,乳膏剂不得有油水分离及胀气现象。

(4) 微生物限度检查应符合要求,用于烧伤或严重创伤时无菌检查应符合要求。

考点:软膏剂的概念分类和质量要求

二、软膏基质

软膏基质是软膏剂形成和发挥药效的重要组成部分,它不仅起赋形剂的作用,而且还能保持药物与用药部位的良好接触,对软膏剂的质量及药物的释放与吸收都有重要影响。

理想的软膏剂基质应该是:①润滑无刺激性,稠度适宜,易于涂布;②性质稳定,与主药和其他基质混合不发生配伍变化,久贮稳定;③具有吸水性,能吸收伤口分泌物;④不影响皮肤的正常功能及伤口愈合,具有良好的释药性能;⑤易洗除,不污染衣物。但目前还没有一种基质能同时满足上述所有要求,在实际应用中往往采用几种基质混合或添加附加剂等手段,获得较理想的软膏基质。

常用的基质可分为油脂性基质、水溶性基质和乳剂型基质三类。

(一) 油脂性基质

油脂性基质主要包括烃类、类脂类、油脂类等疏水性物质。此类基质的特点是润滑、无刺激性,涂于皮肤能形成封闭性油膜,减少水分蒸发,促进皮肤水合作用,对表皮增厚、皲裂有软化保护作用,不易长菌;性质较稳定,可与多种药物配伍。油腻性及疏水性强,释药性能差,不易用水洗除,不适用于有渗出液的创面,主要用于遇水不稳定的药物制备软膏剂。

1. 烃类 为石油蒸馏后得到的多种烃的混合物,其中大部分属于饱和烃。

(1)凡士林:又称软石蜡,是由多种烃类组成的的半固体状物,有黄、白两种,后者由前者漂白而得,熔点为 38 ~ 60℃。有适宜的黏稠性和涂布性,可单独用作软膏基质。化学性质稳定,无毒、无刺激性,能与多数药物配伍使用,特别适用于遇水不稳定的药物(如抗生素类)。但其释药性和对皮肤的穿透性能较差,仅适用于皮肤表面病变,吸水性差,仅能吸收其重量 5% 左右的水分,故不适用于急性炎症和有多量渗出液的患处。常加入适量羊毛脂、胆固醇等或表面活性剂等物质改善其吸水性。如在凡士林中加入 15% 的羊毛脂可吸收水分达 50% 。

考点:烃类基质的分类及特点

(2) 石蜡和液体石蜡:石蜡为固体饱和烃混合物,是无色或白色半透明块状物,无臭无味,熔点为 50 ~ 65℃。液体石蜡为液状烃混合物,为无色澄清油状液体,这两种基质主要用于调节其他基质的稠度。液体石蜡还可在油脂性基质或 W/O 型软膏中用以研磨分散药物粉末,有利于药物与基质混匀。

(3) 二甲基硅油:俗称硅油或硅酮,系有机硅氧化物的聚合物,是一系列不同分子量的聚二甲基硅氧烷的总称。本品化学性质稳定,疏水性强,对皮肤无毒性、无刺激性,润滑且易于涂布,不妨碍皮肤的正常功能,不污染衣物,为较理想的疏水性基质。常与油脂性基质合用制成防护性软膏,用于防止水性物质如酸、碱液等对皮肤的刺激或腐蚀,也可制成乳剂型基质应用。但本品成本较高、对眼睛有刺激性,故不宜在眼膏基质中使用。

2. 类脂类 为高级脂肪酸与高级脂肪醇化合而成的酯及其混合物,有类似脂肪的物理性质,但化学性质比脂肪稳定,具有一定的表面活性作用和吸水性能。其多与其他油脂性基质合用。

（1）羊毛脂：一般系指无水羊毛脂，为淡棕黄色黏稠半固体，微有异臭，熔点为36～42℃，其主要成分为胆固醇类棕榈酸酯及游离的胆固醇类。羊毛脂吸水性强，可吸收约2倍其重量的水分，不易酸败，其性质接近皮脂，有利于药物的透皮吸收，为优良的软膏基质。因黏稠性大，故不宜单独用作基质，常与凡士林合用，增加凡士林的吸水性与穿透性，而凡士林亦可改善羊毛脂的黏稠性和涂展性。含水30%的羊毛脂为W/O型乳型基质，称含水羊毛脂，黏性低，便于取用。

（2）蜂蜡与鲸蜡：蜂蜡有黄、白之分，后者由前者精制而成，其熔点为62～67℃，主要成分是棕榈酸蜂蜡醇酯。鲸蜡熔点为42～50℃，主要成分是棕榈酸鲸蜡醇酯。两者均为弱的W/O型乳化剂，在O/W型乳剂基质中起增加稳定性与调节稠度的作用。

3. 油脂类 为来源于动、植物的高级脂肪酸甘油酯及其混合物，因分子结构中存在不饱和键，故稳定性不如烃类，储存中易氧化和酸败，可适当加入抗氧剂和防腐剂以增加基质稳定性。

考点：类脂类基质的分类及特点

（1）植物油：常用植物油如花生油、麻油、大豆油、橄榄油、棉籽油等。由于存在不饱和键，常温下为液体，常与类脂类合用，也可作为乳剂型基质的油相。

（2）氢化植物油：将植物油在催化作用下加氢而成的饱和或近饱和脂肪酸甘油酯称氢化植物油。较植物油稳定，不易酸败。

案例13-1

含PEG的水溶性基质的制备

【处方】 PEG 4000 400g，PEG 400 600g。

【制法】 取两种聚乙二醇混合，在水浴上加热至65℃，搅拌至冷凝，即得。

问题：

如果想制得稠度较大的软膏基质，该怎么做？

油脂性基质中以烃类基质凡士林为常用，固体石蜡与液体石蜡用以调节基质稠度，类脂中以羊毛脂与蜂蜡应用较多，羊毛脂可增加基质吸水性及穿透性。

（二）水溶性基质

水溶性基质是由天然或合成的水溶性高分子物质胶溶在水中所形成的基质。该类基质释药速度快，无刺激性和油腻感，易涂布，能与水溶液混合吸收组织渗出液，多用于湿润、糜烂创面及腔道黏膜，以利于分泌物的排出。但其润滑性较差，基质中的水分易蒸发且易霉败，故应加保湿剂与防腐剂。

1. 聚乙二醇(PEG)类 为环氧乙烷与水的高分子聚合物，其常用的平均分子量在300～6000，PEG随分子量的增大，其物理性状可由液态转变为半固态直至固态。实际应用时，常将不同分子量的聚乙二醇按适当比例混合，可得到稠度适宜的基质。本类基质化学性质稳定，易溶于水，能与渗出液混合并易于洗除，但对皮肤的润滑、保护作用较差，长期使用可引起皮肤干燥。苯甲酸、鞣酸、苯酚等药物可使其过度软化，并能降低酚类防腐剂的活性。

2. 甘油明胶 由10%～30%的甘油、1%～3%的明胶与水加热制成。本品温热后易涂布，涂后形成一层保护膜，因具有弹性，故使用时较舒适，特别适合于含维生素类的营养性软膏。

3. 淀粉甘油 由7%～10%的淀粉、70%的甘油与水加热制成。本品能与铜、锌等金属盐类配伍，可用作眼膏基质，因甘油含量高，故能抑制微生物生长而较稳定。

4. 纤维素衍生物类 常用的有甲基纤维素(MC)和羧甲基纤维素钠(CMC-Na)，前者溶于冷水，后者在冷、热水中均溶，浓度较高时呈凝胶状，以后者较常用。羧甲基纤维素钠是阴离子型化合物，遇强酸及汞、铁、锌等重金属离子可生成不溶物，与阳离子型药物合用也可产生沉淀并使药效下降。

考点：水溶性基质的分类及特点

(三) 乳剂型基质

乳剂型基质系指将油相和水相在乳化剂的作用下混合乳化形成的半固体基质。由油相、水相和乳化剂三部分组成，分为O/W型和W/O型乳剂基质。

乳剂型基质的特点是不阻碍皮肤表面分泌物的分泌和水分蒸发，对皮肤正常功能影响小，较油脂易洗除和涂布；药物的释放、穿透作用均比油脂性基质强。不适合如红霉素、四环素、金霉素等遇水不稳定的药物；一般适用于亚急性、慢性、无渗出液的皮损和皮肤瘙痒症；禁用于糜烂、溃疡、水疱和脓疱症。O/W型基质用于分泌物较多的皮肤病(如湿疹)时，可"反向吸收"，其所吸收的分泌物可重新进入皮肤而使炎症恶化。

1. 油相 乳剂型基质中油相多为固体物质，主要有硬脂酸、石蜡、蜂蜡、高级醇(如十六醇、十八醇)等，有时可加入液体石蜡、凡士林或植物油等调节稠度。

2. 水相 乳剂型基质中水相多为纯化水或药物的水溶液。O/W型乳剂基质因外相水分易蒸发失散而使乳膏变硬，故常需加入丙二醇、山梨醇、甘油等保湿剂，用量为5%～20%。并因外相水分多在储存过程中也易霉变，故还需加入羟苯乙酯类等防腐剂。

案例 13-2

硬脂酸三乙醇胺为乳化剂制成的基质

【处方】 硬脂酸120g，白凡士林10g，单硬脂酸甘油酯35g，液体石蜡60g，羊毛脂50g，甘油50g，三乙醇胺4g，羟苯乙酯5g，纯化水加至1000g。

【制法】 ①取油相成分硬脂酸、单硬脂酸甘油酯、液体石蜡、凡士林和羊毛脂混合，水浴加热熔化(75～80℃)；②取水相成分三乙醇胺、羟苯乙酯、甘油和纯化水混合，加热至75～80℃；③将水相缓缓加入油相，边加边沿同一方向搅拌至乳化完全，室温下继续搅拌至冷凝，即得。

问题：

1. 分析处方中各成分的作用。
2. 分析乳剂基质的类型。

3. 乳化剂 是乳剂型基质的重要组成部分，在其形成、稳定性及发挥药效等方面起重要作用。

(1) 肥皂类

1) 一价皂：系用一价金属离子钠、钾的氢氧化物或三乙醇胺等有机碱与脂肪酸(如硬脂酸或油酸等)作用生成的新生皂。其HLB值在15～18，亲水性强于亲油性，多形成O/W型乳剂基质。

硬脂酸是最常用的脂肪酸，其用量常为基质总量的10%～25%，其中一部分与碱反应形成新生皂，未皂化反应的硬脂酸在油相中被分散成乳粒，并可增加基质稠度。用硬脂酸制成的乳剂型基质，水分蒸发后留有一层硬脂酸薄膜而具有保护作用。但单用硬脂酸为油相制成的基质润滑作用小，故常加入适量的油脂性物质如凡士林、液体石蜡等进行调节。硬脂酸钠为乳化剂制成的乳剂型基质较硬，硬酯酸钾有软肥皂之称，制得的基质较为柔软，而新生有机胺皂为乳化剂制成的基质较为细腻、光亮美观。

此类基质易被酸、碱、钙、镁、铝等离子或电解质破坏，不宜与酸性或强碱性药物配伍，忌与阳离子型表面活性剂及阳离子药物如醋酸氯己定、硫酸庆大霉素等配伍。

案例 13-3

多价皂为乳化剂制成的基质

【处方】 单硬脂酸甘油酯 17g，蜂蜡 5g，石蜡 75g，液体石蜡 410ml，硬脂酸 3g，白凡士林 35g，双硬脂酸铝 10g，氢氧化钙 1g，羟苯乙酯 1g，纯化水加至 1000g。

【制法】 ①取油相成分单硬脂酸甘油酯、蜂蜡、石蜡、硬脂酸混合，水浴加热熔化，再加入白凡士林、液体石蜡、双硬脂酸铝，加热至 75～80℃；②另取水相成分氢氧化钙、羟苯乙酯溶于纯化水中，加热至 75～80℃或略高于油相；③将水相缓缓加入油相，边加边沿同一方向搅拌至乳化完全，室温下继续搅拌至冷凝，即得。

问题：

1. 出处方中的乳化剂及其性质。
2. 分析乳剂基质的类型。

2）多价皂：为 W/O 型乳剂的乳化剂，由二、三价的金属（钙、镁、铝、锌）的氧化物或氢氧化物与脂肪酸作用形成的新生皂。这类新生多价皂较容易生成，且油相的比例大，黏度高，故其稳定性也比用一价皂为乳化剂制成的乳基质要高。如硬脂酸钙、硬脂酸镁、硬脂酸铝等。

（2）高级脂肪酸及多元醇酯类

1）十六醇及十八醇：十六醇也称鲸蜡醇，熔点为 45～50℃，十八醇也称硬脂醇，熔点为 56～60℃，均不溶于水，但有一定的吸水能力，吸水后可形成 W/O 型乳剂型基质，主要起辅助乳化作用，可增加乳膏剂的稳定性和稠度。

2）硬脂酸甘油酯：是单、双硬脂酸甘油酯的混合物，为白色固体，不溶于水，溶于热乙醇，是一种较弱的 W/O 型乳化剂，与较强的 O/W 型乳化剂合用所制得乳剂型基质稳定且细腻光亮。

案例 13-4

十二烷基硫酸钠为乳化剂制成的基质

【处方】 硬脂醇 220g，十二烷基硫酸钠 15g，白凡士林 250g，丙二醇 120g，羟苯甲酯 0.25g，羟苯丙酯 0.15g，纯化水加至 1000g。

【制法】 ①取油相成分取硬脂醇与白凡士林混合均匀，水浴加热熔化，加热至 75～80℃；②取水相成分十二烷基硫酸钠、羟苯甲酯、羟苯丙酯溶于水中，水浴加热并保温至 75～80℃；③将水相缓缓加入油相，边加边沿同一方向搅拌至乳化完全，室温下继续搅拌至冷凝，即得。

问题：

1. 说出处方中的乳化剂及其性质。
2. 分析乳剂基质的类型。

3）脂肪酸山梨坦与聚山梨酯类：两者均为非离子型表面活性剂，脂肪酸山梨坦类为 W/O 型乳化剂；聚山梨酯类为 O/W 型乳化剂。它们对黏膜、皮肤刺激性小，均可单独作软膏的乳化剂，也可用于调节 HLB 值而与其他乳化剂合用而增加乳剂型基质的稳定性。

（3）脂肪醇硫酸（酯）钠类：常用十二烷基硫酸钠（亦称月桂醇硫酸钠）为阴离子型表

面活性剂,为O/W型乳化剂。常与W/O型乳化剂如单硬脂酸甘油酯、脂肪酸山梨坦等合用,使其达到油相所需范围。

(4) 聚氧乙烯醚的衍生物类:主要有平平加O和乳化剂OP,均为O/W型乳化剂。

考点:乳剂型基质的组成、特点

(四) 软膏基质的选择

软膏剂的基质有多种,其特点也各不相同,选择时应从以下两个方面进行综合考虑。

1. 根据疾病治疗要求选择基质

(1) 润湿、有渗出液的皮肤患处,宜选择水溶性基质或糊剂,有利于渗出物的排出。若选用O/W型乳剂型基质,可使渗出液反向吸收促使病情恶化;选用油脂性基质,不利于渗出物的排出和局部散热,并使病情加重。

(2) 干燥脱屑性皮肤患处,应选择油脂性基质或W/O型乳剂基质。如选用水溶性基质,因其较强的吸水性而刺激局部加重病情。

(3) 脂溢性皮肤病若选用油脂性基质,会影响皮脂腺分泌,堵塞毛孔,加重病情。此时应选择水溶性基质,如卡波普。

(4) 用于深部皮肤患处或需发挥全身作用的软膏,应选择穿透力强O/W型乳剂基质。

2. 根据药物性质来选择基质

(1) 遇水不稳定的固体药物、刺激性或油溶性药物,应选择油脂性基质。

(2) 电解质类药物常能破坏凝胶,不宜选择水溶性基质。

(3) 主药含药量较低,并在水中稳定的水溶性、油溶性或水及油中均不溶解的药物,可选择乳剂型基质。

三、 软膏剂的制备

软膏剂的制备方法有研合法、熔合法、乳化法三种,应根据软膏剂的类型、制备量及设备条件来选择不同方法。一般来说,溶液型或混悬型软膏剂多采用研合法和熔合法,乳膏剂采用乳化法。

(一) 基质的处理

主要针对油脂性基质,如质地纯净可直接取用,若混有异物,或工厂大量生产时,都要进行加热、滤过及灭菌的处理。具体方法为先加热熔融后用数层细布或7号筛趁热滤过,除去杂质。继续加热至150℃约1h进行灭菌,并除去水分。

(二) 药物加入的一般方法

为了减少软膏对皮肤的刺激性,提高疗效,制剂必须均匀细腻,不含固体粗粒。药物的加入方法主要由药物的性质而定,以分散均匀为目的。

1. 可溶性药物的加入 先用适宜的溶剂溶解,再与相应的基质混匀;若药物能溶于基质,可用熔化基质将药物溶解。

2. 不溶性固体药物的加入 不溶性药物及糊剂的固体成分,均应预先用适宜的方法粉碎成细粉,使粒度符合规定。若用研合法制备,通常将药物粉末与适宜液体成分如液体石蜡、植物油、甘油等研匀至糊状,再逐渐递加其余基质并研匀。

3. 中药提取液的加入 中药提取液可浓缩至稠浸膏,再与基质混合。如为固体浸膏,则可加少量水或稀醇等研成糊状后,再与基质混匀。

4. 共熔成分的加入　共熔成分如樟脑、薄荷脑、麝香草酚等并存时，可先研磨使共熔后，再与冷却至40℃左右的基质混匀。

5. 挥发性或热敏性药物的加入　挥发性或热敏性药物应在熔融基质冷却降温至40℃左右再混合。

6. 半固体黏稠性药物的加入　半固体黏稠性药物如鱼石脂等有一定极性，不易与凡士林混匀，可先与等量蓖麻油或羊毛脂混合后，再加入到凡士林等油脂性基质中。

（三）制备方法

案例 13-5

乙酸氟轻松乳膏的制备

【处方】　乙酸氟轻松0.25g，白凡士林250g，三乙醇胺12g，硬脂酸150g，甘油50g，羊毛脂20g，羟苯乙酯1g，纯化水加至1000g。

【制法】　取三乙醇胺、甘油、羟苯乙酯溶于水中，并在水浴上加热至70～80℃左右作为水相；另取硬脂酸、羊毛脂和白凡士林，在水浴中加热熔化并保持在70～80℃作为油相。两相混合，搅拌至凝固呈膏状，最后将研细的醋酸氟轻松加入基质中，混合均匀即得。

【作用与用途】　治疗皮肤过敏引起瘙痒、黏膜炎症、神经性皮炎、接触性皮炎、日光性皮炎、银屑病等。

问题：

1. 该乳膏制备的方法是什么？
2. 指出醋酸氟轻松乳膏的基质类型。

软膏剂生产环境的空气洁净度为300 000级。

1. 研合法　指将药物的各组分与基质在常温下均匀混合的方法。适用的基质主要是半固体的油脂性基质。此法适用于小量软膏及不耐热的药物制备，可在软膏板上或乳钵中进行。制备时先取药物与少量基质研磨成糊状，再按等量递加法与其余基质研匀。大量生产用研磨机或电动研钵进行。

2. 熔合法　将软膏中部分或全部组分熔化混合，在不断搅拌下冷却至凝结。适用于大量生产油脂性软膏基质，特别适用于基质熔点不同，基质各组分及药物在常温下不能均匀混合的软膏基质。

制备时先将熔点高的基质加热熔化，再按熔点高低顺序逐步加入其余基质，全部熔化后，再将药物细粉加入基质中，搅拌至冷凝成膏状即得。

采用该法制备软膏剂应注意：①为防止基质过热，基质大部分熔化后停止加热，利用余热将全部基质熔化；②冷凝速度不可过快，以防基质中高熔点组分呈块状析出；冷凝成膏状后应立即停止搅拌，防止带入过多的气泡。

3. 乳化法　用于制备乳剂型基质软膏剂的方法。

（1）制备方法：①将处方中油脂性或油溶性成分加热至75～80℃使其熔化，作为油相；②另将水溶性成分溶于水，作为水相，加热至与油相相同温度，或略高于油相温度；③将油、水两相混合，边加边搅，直至乳化完成并冷凝成膏状物即可；④在油、水两相中均不溶解的药物，最后加入并混合均匀。

（2）工艺流程见图13-1：

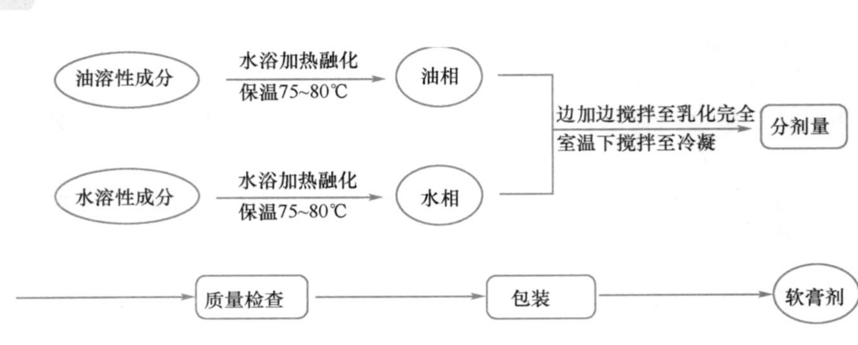

图 13-1 乳膏剂制备的工艺流程图

(3) 乳化法中油、水两相的混合方法:①两相同时混合,适用于连续的或大批量的操作;②分散相加到连续相中,适用于含少量分散相的乳剂系统;③连续相加到分散相中,适用于多数乳剂系统,在混合过程中可引起乳剂的转型,从而产生更为细小的分散相粒子。

考点:软膏剂的制备方法

四、 软膏剂的质量检查与储藏

(一) 质量检查项目和方法

《中国药典》2015 年版规定,软膏剂应作粒度、装量、微生物和无菌等项目检查。另外,软膏剂的质量评价还包括软膏剂的主药含量、物理性质、刺激性、稳定性的检测和软膏剂中药物的释放、穿透及吸收等项目的评定。

1. 粒度检查 软膏剂应均匀、细腻,涂于皮肤或黏膜上无刺激性。除另有规定外,混悬型软膏剂取适量的供试品,涂成薄层,薄层面积相当于盖玻片面积,共涂三片,按照《中国药典》2015 年版检查,均不得检出大于 180μm 的粒子。

2. 装量检查 按照最低装量检查法(《中国药典》2015 年版)检查,应符合规定。

3. 微生物限度检查 除另有规定外,按照微生物限度检查法(《中国药典》2015 年版)检查,应符合规定。

4. 无菌检查 除另有规定外,软膏剂用于大面积烧伤及严重损伤的皮肤时,按照无菌检查法(《中国药典》2015 年版)检查,应符合规定。

5. 主药含量测定 多采用适宜溶媒将药物从基质中溶解提取,再进行含量测定。对于药品标准中收载的品种,按照《中国药典》2015 年版有关规定进行。由于基质特别是油脂性基质和乳剂型基质的存在,对药物的含量测定造成一定的干扰,必须选择简便准确的定量分析方法对该类进行质量控制。

6. 物理性质的测定

(1) 熔点:软膏剂的熔点以接近凡士林的熔程为宜;②通常采用《中国药典》2015 年版规定的熔点测定法测定。

考点:软膏剂的质量检查项目

(2) 黏度与稠度:属牛顿流体的液体石蜡、硅酮应测定其黏度;软膏剂多属非牛顿流体,除黏度外,常需测定塑变值、塑性黏度、触变指数等流变性指标,这些因素总和称为稠度,用插度计测定。

(3) 酸碱度:常用的软膏基质如凡士林、羊毛脂、液体石蜡等需用酸碱处理进行精制,为此应检查酸碱度以避免产生刺激。按照《中国药典》2015 年版规定检查酸碱度。测定方法为取样品加适宜溶剂(如水或乙醇)振摇,所得溶液用 pH 计测定,一般软膏的酸碱度以中性为宜。

(二) 包装储存

一般多采用软管包装,常用的有锡管、铝管或塑料管等。除另有规定外,软膏剂、糊剂一般在常温下避光、密闭条件储存,乳膏剂应避光密封,宜置于25℃以下保存,不得冷冻。

第2节 眼 膏 剂

一、概 述

(一) 眼膏剂的概念、特点

眼膏剂系指药物与适宜基质均匀混合,制成无菌溶液型、混悬型或乳剂型膏状的眼用半固体制剂。眼膏剂较一般滴眼剂在眼中滞留时间长,疗效持久,能减轻眼睑对眼球的摩擦,有助于角膜损伤的愈合。但使用后有油腻感,可造成视物模糊,故多以睡觉前使用为主。

(二) 常用基质

考点:眼膏剂的特点

常用的眼膏剂基质为黄凡士林、液体石蜡和羊毛脂的混合物,其用量比例为8∶1∶1,可根据气温适当增减液体石蜡的用量,以调节黏稠度。羊毛脂有一定的表面活性作用,具有较强的吸水性和黏附性,使眼膏易与泪液混合,并易于附着于眼黏膜上,有利于药物的渗透。眼膏基质应加热熔化后用适当的滤材保温滤过,并在150℃干热灭菌1~2h,放冷备用,也可各组分分别灭菌后再混合。保证基质纯净、细腻、对眼部无刺激性。

案例 13-6

考点:眼膏基质的组成

红霉素眼膏的制备

【处方】 红霉素50万IU,灭菌液体石蜡眼膏基质适量加至100g。

【制法】 取红霉素加少量灭菌液体石蜡研成细腻的糊状物,然后加少量灭菌眼膏基质研匀,再分次递加剩余的基质,研匀,无菌分装即得。

问题:

处方中灭菌液体石蜡的作用?

二、 眼膏剂的制备

眼膏剂的制备与软膏剂的制备基本相同,但必须在净化的条件下进行,防止微生物的污染。所用基质、药物、容器与包装材料等均应采用安全可靠的灭菌方法灭菌后再用。配制用具可用70%~75%乙醇擦洗,或用水洗净后再经150℃干热灭菌至少1h。包装材料如软膏管洗净后用75%乙醇或1%~2%苯酚浸泡,临用前再用纯化水冲洗干净,烘干即可。

考点:眼膏剂与软膏剂制备有何不同

眼膏剂中所用的药物,能溶于基质或基质组分者可制成溶液型眼膏剂,不溶性药物应预先粉碎成极细粉末,并通过九号筛,将药粉与少量基质或液体石蜡研成糊状,再与基质混合制成混悬型眼膏剂。

三、 眼膏剂的质量检查与储藏

(一)眼膏剂质量检查

眼用软膏应均匀、细腻、易于涂布眼部,便于药物分散和吸收,对眼部无刺激性。

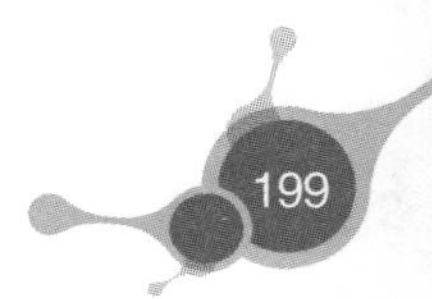

1. 金属性异物检查 所取10个供试品中每个内含金属性异物超过8粒者，不得超过1个，且其总数不得超过50粒。

2. 粒度检查 涂片中大于50μm粒子不得超过2个，不得检出大于90μm的粒子。

3. 无菌检查 用于眼部创伤及手术的眼膏剂应进行无菌检查。

4. 装量检查、微生物限度检查具体要求和检测方法见《中国药典》2015年版。

（二）眼膏剂储藏

眼膏剂应遮光密封储存，眼用制剂在启用后最多可使用4周。

链 接

凝胶剂简介

凝胶剂系指药物与适宜辅料制成溶液、混悬或乳状液型的稠厚液体或半固体制剂。有单相凝胶和双相凝胶之分，单相凝胶一般是指由有机化合物形成的凝胶剂，又分为水性凝胶和油性凝胶。水性凝胶基质一般由水、甘油或丙二醇与纤维素衍生物、卡波姆、海藻酸钠、西黄蓍胶、明胶、淀粉等构成；油性凝胶基质由液体石蜡与聚氧乙烯或脂肪油与胶体硅或铝皂、锌皂等构成。临床以水性凝胶剂应用比较多。其涂布性好、不油腻、易洗除；能吸收组织渗出液，不妨碍皮肤正常功能；黏度小，有利于药物尤其是水溶性药物的释放；但润滑性差，容易失水，易发霉，常需加入防腐剂和保湿剂。

参考解析

案例13-1问题分析：想制得稠度较大的软膏基质可酌情增加PEG4000的用量。

案例13-2问题1分析：处方中部分硬脂酸与三乙醇胺生成硬脂酸三乙醇胺皂，为O/W型乳化剂，未皂化的硬脂酸在油相中被分散成乳粒，可增加基质的稠度；白凡士林可改善羊毛脂的黏稠性和涂展性，有润滑作用；单硬脂酸甘油酯可增加油相的吸水能力，起辅助乳化和稳定增稠的作用；液状石蜡起调节基质稠度的作用；羊毛脂用于增加油相的吸水性和药物的渗透性；甘油为保湿剂；羟苯乙酯为抑菌剂。

案例13-2问题2分析：该基质为O/W型乳剂基质。

案例13-3问题1分析：氢氧化钙与部分硬脂酸反应生成硬脂酸钙，及处方中的铝皂均为W/O型乳化剂。单硬脂酸甘油酯和蜂蜡为弱的W/O型乳化剂，起辅助乳化和稳定增稠的作用。

案例13-3问题2分析：该基质为W/O型乳剂基质。

案例13-4问题1分析：十二烷基硫酸钠为主要乳化剂，为O/W型乳化剂；硬脂醇为辅助乳化剂，为W/O型乳化剂，起辅助乳化和稳定增稠的作用。

案例13-4问题2分析：该基质为O/W型乳剂基质。

案例13-5问题1分析：该乳膏的制备方法为乳化法。

案例13-5问题2分析：该乳膏基质为O/W型乳剂基质。

案例13-6问题分析：灭菌液状石蜡作为加液研磨的液体和用于调节眼膏剂的稠度。

自测题

一、选择题

（一）单项选择。题每题的备选答案中只有一个最佳答案。

1. 下列关于软膏剂概念的正确叙述是（　　）

A. 软膏剂系指药物与适宜基质混合制成的固体外用制剂

B. 软膏剂系指药物与适宜基质混合制成的半固体外用制剂

C. 软膏剂系指药物与适宜基质混合制成的半固体内服和外用制剂
D. 软膏剂系指药物制成的半固体外用制剂
E. 软膏剂系指药物与适宜基质混合制成的半固体内服制剂

2. 可单独作软膏基质的是(　　)
A. 植物油　　B. 液体石蜡
C. 固体石蜡　　D. 鲸蜡
E. 凡士林

3. 下列哪种物料可改善凡士林吸水性(　　)
A. 植物油　　B. 液体石蜡
C. 鲸蜡　　D. 羊毛脂
E. 海藻酸钠

4. 可用于 O/W 型乳剂型基质乳化剂是(　　)
A. 硬脂酸钙　　B. 羊毛脂
C. 月桂醇硫酸钠　　D. 十八醇
E. 单硬脂酸甘油酯

5. 可用于 W/O 型乳剂型基质乳化剂是(　　)
A. 脂肪酸山梨坦类　　B. 聚山梨酸酯类
C. 月桂醇硫酸钠　　D. 卖泽类
E. 泊洛沙姆

6. 乳剂型软膏基质中常加入羟苯酯类(尼泊金类),其作用为(　　)
A. 增稠剂　　B. 稳定剂
C. 防腐剂　　D. 吸收促进剂
E. 乳化剂

7. 常用于 O/W 型乳剂型基质乳化剂是(　　)
A. 三乙醇胺皂　　B. 羊毛脂
C. 硬脂酸钙　　D. 脂肪酸山梨坦类
E. 胆固醇

8. 眼膏剂的叙述中错误的是(　　)
A. 色泽均匀一致,质地细腻,无粗糙感,无污物
B. 对眼部无刺激,无微生物污染
C. 眼用软膏剂不得检出任何微生物
D. 眼膏剂的稠度适宜,易于涂抹
E. 眼膏剂的基质主要是黄凡士林 8 份、液体石蜡 1 份和羊毛脂 1 份

9. 不溶性药物应通过(　　)号筛,才能用其制备混悬型眼膏剂
A. 一号筛　　B. 三号筛
C. 五号筛　　D. 七号筛
E. 九号筛

10. 指出哪项不是一般眼膏剂的质量检查项目(　　)
A. 装量　　B. 无菌
C. 粒度　　D. 金属性异物
E. 微生物限度

11. 哪种物质不宜作为眼膏基质成分(　　)
A. 液体石蜡　　B. 羊毛脂
C. 白凡士林　　D. 甘油
E. 卡波普

12. 下列关于软膏基质的叙述中错误的是(　　)
A. 液体石蜡主要用于调节软膏稠度
B. 水溶性基质释药快,无刺激性
C. 水溶性基质由水溶性高分子物质加水组成,需加防腐剂,而不需加保湿剂
D. 凡士林中加入羊毛脂可增加吸水性
E. 硬脂醇是 W/O 型乳化剂,但常用在 O/W 型乳剂基质中

13. 对软膏剂的质量要求,错误的叙述是(　　)
A. 均匀细腻、无粗糙感
B. 软膏剂是半固体制剂,药物与基质必须是互溶的
C. 软膏剂稠度应适宜,易于涂布
D. 应符合微生物限度检查要求
E. 无不良刺激性

14. 糊剂一般含固体粉末在多少以上(　　)
A. 5%　　B. 10%
C. 15%　　D. 20%
E. 25%

15. 药物在以下基质中穿透性最强的是(　　)
A. 液体石蜡　　B. 羊毛脂
C. O/W 型乳剂基质　　D. W/O 型乳剂基质
E. 聚乙二醇

(二)配伍选择题。备选答案在前,试题在后。每组包括若干题,每组题均对应同一组备选答案。每题只有一个正确答案。每个备选答案可重复选用,也可不选用。

[16～19]
A. 单硬脂酸甘油酯　　B. 甘油
C. 白凡士林　　D. 十二烷基硫酸钠
E. 羟苯乙酯

上述辅料在软膏中的作用

16. 辅助乳化剂(　　)
17. 保湿剂(　　)
18. 油性基质(　　)
19. 乳化剂(　　)

[20～23]

A. 羊毛脂　　B. 卡波姆
C. 硅酮　　D. 石蜡
E. 十二烷基硫酸钠

20. 软膏固体烃类基质(　　)
21. 软膏类脂类基质(　　)
22. 软膏水性凝胶基质(　　)
23. O/W 型乳剂型基质乳化剂(　　)

[24～28]
分析下列乳剂基质的处方
A. 白凡士林 300g　　B. 十二烷基硫酸钠 10g
C. 尼泊金乙酯 1g　　D. 甘油 120g
E. 纯化水加之 1000g

24. 油相(　　)
25. 水相(　　)
26. 乳化剂(　　)
27. 保湿剂(　　)
28. 防腐剂(　　)

(三) 多项选择题。每题的备选答案中有 2 个或 2 个以上正确答案。

29. 有关软膏剂基质的正确叙述是(　　)
A. 软膏剂的基质都应无菌
B. O/W 型乳剂基质应加入适当的防腐剂和保湿剂
C. 乳剂型基质可分为 O/W 型和 W/O 型两种
D. 乳剂型基质由于存在表面活性剂,可促进药物与皮肤的接触
E. 水溶性基质稳定性都较好

30. 软膏剂的制备方法有(　　)
A. 乳化法　　B. 溶解法
C. 研合法　　D. 熔合法
E. 复凝聚法

31. 下列是软膏烃类基质的是(　　)
A. 硅酮　　B. 蜂蜡
C. 羊毛脂　　D. 凡士林
E. 石蜡

32. 常用于 W/O 型乳剂型基质乳化剂(　　)
A. 脂肪酸山梨坦类　B. 聚山梨酸酯类
C. 月桂醇硫酸钠　　D. 硬脂酸钙
E. 泊洛沙姆

33. 下列是软膏水溶性基质的是(　　)
A. 植物油　　B. 甲基纤维素
C. 西黄蓍胶　　D. 羧甲基纤维素钠
E. 聚乙二醇

34. 下列叙述中正确的为(　　)
A. 卡波姆在水中溶胀后可作凝胶基质
B. 十二烷基硫酸钠为 W/O 型乳化剂,常与其他 O/W 型乳化剂合用调节 HLB 值
C. O/W 型乳剂基质含较多的水分,无须加入保湿剂
D. 凡士林中加入羊毛脂可增加吸水性
E. 硬脂醇是 W/O 型乳化剂,但常用于 O/W 型乳剂基质中起稳定、增稠作用

35. 下列关于软膏基质的叙述中错误的是(　　)
A. 凡士林中加入羊毛脂可增加吸水性
B. 液体石蜡主要用于调节软膏稠度
C. 乳剂型基质中因含有表面活性剂,对药物的释放和穿透均较油质性基质差
D. 基质主要作为药物载体,对药物释放影响不大
E. 水溶性基质能吸收组织渗出液,释放药物较快,无刺激

二、分析题

盐酸达克罗宁乳膏

【处方】　盐酸达克罗宁 10g,单硬脂酸甘油酯 60g,聚山梨酯 8030g,硬脂酸 150g,羟苯乙酯 1g,甘油 75g,白凡士林 150g,纯化水加至 1000g。

(1) 分析处方中各组分的作用。
(2) 分析该乳剂基质的类型。
(3) 写出制备过程。

(蒲世平)

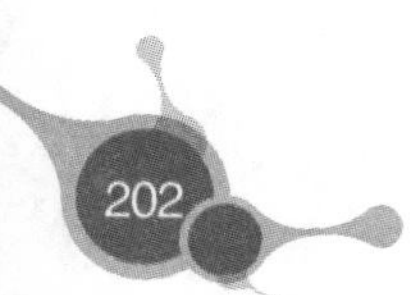

第 14 章　液体药剂制备技术

液体药剂系指药物分散在适宜的分散介质中制成的液体形态的药剂。可供内服或外用。液体药剂与固体制剂相比具有许多优点：如分散度大，吸收快，能较迅速地发挥药效，生物利用度较高，给药途径多，便于分取剂量，用药方便，特别适用于婴幼儿和老年患者。但液体药剂也有以下不足：如物理、化学稳定性较差，水性液体药剂易霉败，体积较大，携带、运输、储存不方便等。

第 1 节　药物制剂基本理论

一、表面活性剂

（一）表面活性剂的相关概念

1. 相与界面（或表面）　相是指体系中物理和化学性质均匀的部分。物质有气、液、固三相。界面是指物质的相与相之间的交界面。一般有气-液、气-固、液-液、液-固、固-固等界面。通常将有气相组成的气-固、气-液等界面称为表面。

2. 表面现象　表面现象是指物质在相与相之间的界面（表面）所产生的物理化学现象。表面现象是自然界普遍存在的基本现象，如荷叶上的露珠、彩虹、泡沫等（图 14-1）。药物制剂的研究和生产实践中广泛存在着界面或表面现象。例如，乳剂、混悬剂、气雾剂制备过程中产生的表面能、吸附性能、带电情况、稳定时间等均为界面或表面现象。

图 14-1　荷叶上的露珠

3. 表面张力　表面张力是指一种使表面分子具有向内运动的趋势，并使表面自动收缩至最小面积的力。这就是在外力影响不大或没有时，液体趋于球形的原因。表面张力的产生，从简单分子引力观点来看，是由于液体内部分子与液体表面层分子的处境不同。液体内部分子所受到的周围相邻分子的作用力是对称的，互相抵消，而液体表面层分子所受到的周围相邻分子的作用力是不对称的，其受到垂直于表面向内的吸引力更大（图 14-2），这个力即为表面张力。

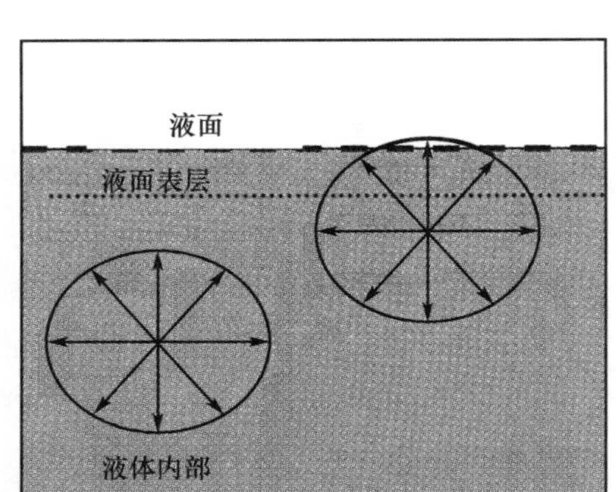

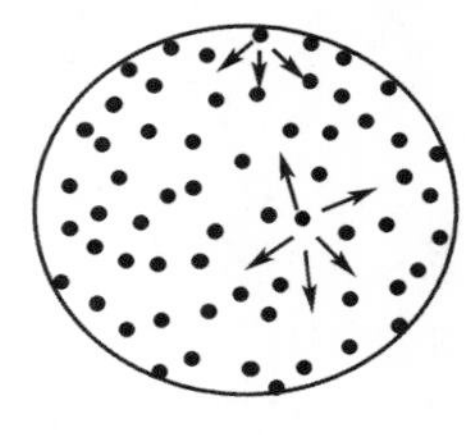

图 14-2　表面张力的起因

4. 表面活性剂　表面活性剂是指具有很强表面活性，加入少量就能使液体表面张力显著下降的物质。表面活性剂应有增溶、乳化、润湿、去污、杀菌、消泡和起泡等作用性质。

表面活性

任何纯液体在一定条件下都具有表面张力，在20°C时，水的表面张力为72.75mN/m。当水中溶入溶质时，溶液的表面张力因加入溶质而发生变化，如一些无机盐可使水的表面张力略有增加，一些低级醇则使水的表面张力略有下降。而高级脂肪酸盐可使水的表面张力显著下降。使液体表面张力下降的性质称之为表面活性。

（二）表面活性剂的结构特征

表面活性剂之所以能降低表面张力，是由于这些物质分子在结构上具有其特有的特点：分子中同时具有极性的亲水基团和非极性的亲油基团，且分别处于分子的两端，造成分子的不对称性。它们大都是长链的有机化合物，烃链长度一般不少于8个碳原子，亲油基团一般是非极性烃链，亲水基团为一个以上的极性基团。极性基团可以是解离的，也可以是不解离的。羧酸、磺酸、硫酸酯和它们的可溶性盐，以及磷酸基与磷酸酯基、氨基或胺及其盐酸盐，羟基、巯基、酰胺基、醚键、羧酸酯基等均可成为亲水基团。如肥皂是脂肪酸类表面活性剂，其结构中亲水基团是羧基，亲油基团是脂肪酸碳链（图 14-3）。

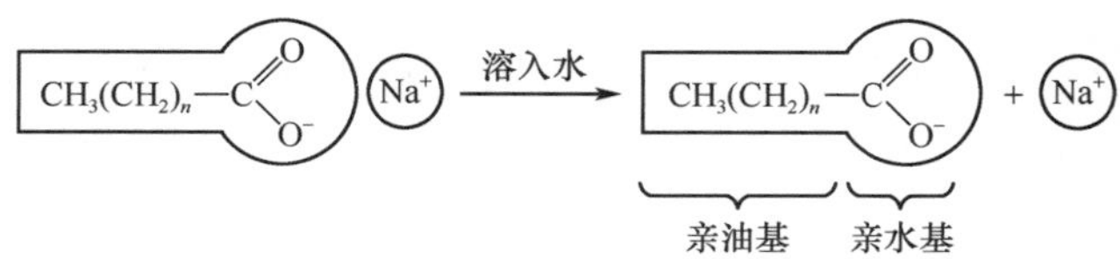

图 14-3　表面活性剂结构示意图

考点：表面活性剂的概念、结构特征与分类

（三）表面活性剂的分类

表面活性剂根据其分子能否解离成离子，分为离子型和非离子型两大类。离子型又分为阴离子型、阳离子型和两性离子型三类（图 14-4）。

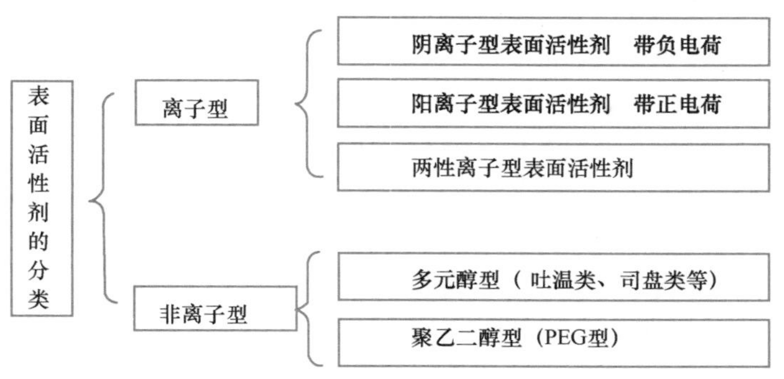

图 14-4　表面活性剂的类型

1. 阴离子型表面活性剂　解离后带负电荷，起表面活性作用的是阴离子。

（1）肥皂类：为高级脂肪酸盐，通式为$(RCOO^-)_n M^{n+}$，主要有月桂酸、油酸、硬脂酸等。根据M的不同，又分为一价碱金属皂、碱土金属皂或多价皂、有机胺皂等。本类都具有良好的乳化能力，但易被酸破坏。碱金属皂还可被钙、镁盐破坏。一般用在外用制剂中。

（2）硫酸化物：系硫酸化油和高级脂肪醇硫酸酯类，通式为$R \cdot O \cdot SO_3^- M^+$。主要有硫酸化蓖麻油（俗称土耳其红油）、十二烷基硫酸钠（月桂醇硫酸钠）、十六烷基硫酸钠（鲸蜡醇硫酸钠）、十八烷基硫酸钠（硬脂醇硫酸钠）等。本类表面活性剂有较强的乳化能力，较耐酸和钙、镁盐。对黏膜有刺激性，主要作为外用软膏的乳化剂。有时作为片剂等固体制剂的润湿剂或增溶剂。

（3）磺酸化物：系脂肪族磺酸化物、烷基芳基磺酸化物、烷基萘磺酸化物等，通式为$R \cdot SO_3^- M^+$。本类表面活性剂在酸性水溶液中稳定，但水溶性及耐酸和钙、镁盐性比硫酸化物稍差，渗透力强，易起泡和消泡。如十二烷基苯磺酸钠为目前广泛应用的洗涤剂。

2. 阳离子表面活性剂　解离后带正电荷，起表面活性作用的是阳离子，又称阳性皂。其分子结构的主要部分是一个五价的氮原子，为季铵类化合物。主要有苯扎氯铵（洁尔灭）、苯扎溴铵（新洁尔灭）、氯化苯甲烃铵等。它们水溶性好，有良好的表面活性作用，且在酸性和碱性溶液中均较稳定。但此类表面活性剂毒性较大，只能外用。因有很强的杀菌作用，故主要用于皮肤、黏膜、手术器械等的消毒。

3. 两性离子表面活性剂　分子结构中同时具有正、负电荷基团，因介质的pH不同而呈现阴离子或阳离子表面活性剂的性质。

卵磷脂是天然的两性离子表面活性剂。主要来源于大豆和蛋黄。卵磷脂对热非常敏感，在酸性、碱性和酯酶作用下易水解，不溶于水，溶于氯仿、乙醚、石油醚等有机溶剂，是制备注射用乳剂和脂质微粒的主要辅料。

氨基酸型和甜菜碱型两性离子表面活性剂为合成化合物。其阴离子部分主要是羧酸盐，其阳离子部分为胺盐或季铵盐，由胺盐构成者即为氨基酸型，由季铵盐构成都即为甜菜碱型。

4. 非离子表面活性剂　这类表面活性剂在水中不解离，分子中构成亲水基团的是甘油、聚乙二醇和山梨醇等多元醇，构成亲油基团的是长链脂肪酸或长链脂肪醇以及烷基或芳基等，它们以酯键或醚键与亲水基团结合，品种很多，广泛用于外用、口服制剂和注射剂，个别品种也用于静脉注射剂。

（1）脂肪酸山梨坦：系脱水山梨醇脂肪酸酯。由脱水山梨醇及其酐与脂肪酸反应而得的酯类化合物的混合物（图 14-5），商品名为司盘（Spans），如司盘 20、司盘 40、司盘 60 和司盘 80 等。本类表面活性剂由于其亲油性较强，常作 W/O 型乳化剂，HLB 为 1.8～3.8，多用于搽剂和软膏中。

（2）聚山梨酯：系聚氧乙烯脱水山梨醇脂肪酸酯。在司盘类剩余的—OH 上，再结合上聚氧乙烯基而得的醚类化合物（图 14-6），商品名为吐温（Tweens）。本类由于增加了亲水性的聚氧乙烯基，大大增加了亲水性，成为水溶性的表面活性剂。HLB 值为 9.6～16.7，常作增溶剂、O/W 型乳化剂等。

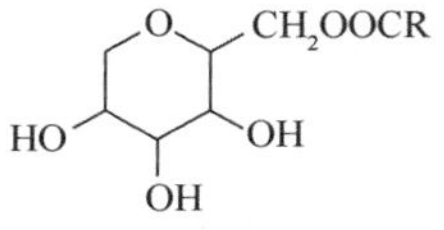

CH_2OOCR；HO；OH；OH

$RCOO^-$为脂肪酸根

图 14-5 脂肪酸山梨坦结构图

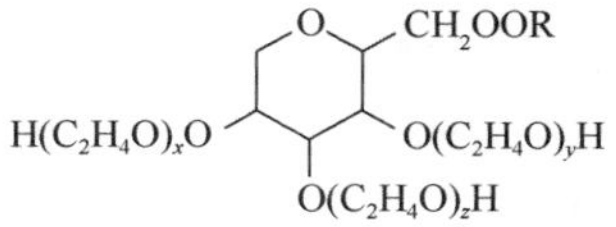

CH_2OOR；$H(C_2H_4O)_xO$；$O(C_2H_4O)_yH$；$O(C_2H_4O)_zH$

图 14-6 聚山梨酯结构图

（3）聚氧乙烯脂肪酸酯：系聚乙烯二醇和长链脂肪酸缩合生成的酯，商品卖泽（Myrij）为其中的一类。本类为水溶性的，乳化性能强，常作 O/W 型乳化剂和增溶剂。

（4）聚氧乙烯-聚氧丙烯聚合物：系聚氧乙烯与聚氧丙烯聚合而成，又称泊洛沙姆（poloxamer），商品名普兰尼克（pluronic）。本类对皮肤、黏膜几乎无刺激和过敏性，毒性小，有优良的乳化、润湿、分散、起泡、消泡性能，可用作静脉乳剂的 O/W 型乳化剂。

（5）脂肪酸甘油酯：主要是脂肪酸单甘油酯和脂肪酸二甘油酯，如单硬脂酸甘油酯等。不溶于水，易水解成甘油和脂肪酸，表面活性不强，HLB 值为 3～4，常作 W/O 型辅助乳化剂。

（6）聚氧乙烯脂肪醇醚：系聚乙烯二醇和脂肪酸缩合生成的醚类，商品苄泽（Brij）是其中的一类。常作 O/W 型乳化剂和增溶剂。

（四）表面活性剂的基本性质

1. 胶束的形成 表面活性剂溶于水后，首先在溶液表面层聚集形成正吸附，达到饱和后，溶液表面不能再吸附，表面活性剂分子即转入溶液内部。因其分子结构具备两亲性，致使表面活性剂分子亲油基团之间相互吸引，即亲油基团朝内，亲水基团朝外，缔合形成大小不超过胶体粒子范围（1～100nm），且在水中稳定分散的胶束（图 14-7）。在一定温度和一定的浓度范围内，表面活性剂胶束有一定的分子缔合数，但不同表面活性剂胶束的分子缔合数各不相同，离子表面活性剂的缔合数在 10～100，少数大于 1000。非离子表面活性剂的缔合数一般较大，例如月桂醇聚氧乙烯醚在 25℃的缔合数为 5000。

（1）临界胶束浓度：表面活性剂分子缔合形成胶束的最低浓度称为临界胶束浓度（critical micell concentration，CMC）。到达临界胶束浓度时，分散系统由真溶液变成胶体溶液，同时会发生表面张力降低，增溶作用增强，起泡性能和去污力加大，渗透压、导电度、密度和黏度等的突变。形成胶束的临界浓度通常在 0.02%～0.5%。在

CMC 到达后的一定范围内，单位体积内胶束数量几乎与表面活性剂的总浓度成正比。

（2）胶束的结构：当表面活性剂在一定浓度范围内时，胶束呈球状结构，其表面为亲水基团，与亲水基团相邻的一些次甲基排列整齐形成栅状层，而亲油基团则紊乱缠绕形成内核。随着表面活性剂浓度的增大，胶束结构可以从球状到棒状，再到六角束状，直至板状或层状。与此同时，溶液由液态转变为液晶态，亲油基团也由分布紊乱转变为排列规整（图 14-7）。

在非极性溶剂中油溶性表面活性剂亦可形成相似的反向胶束。

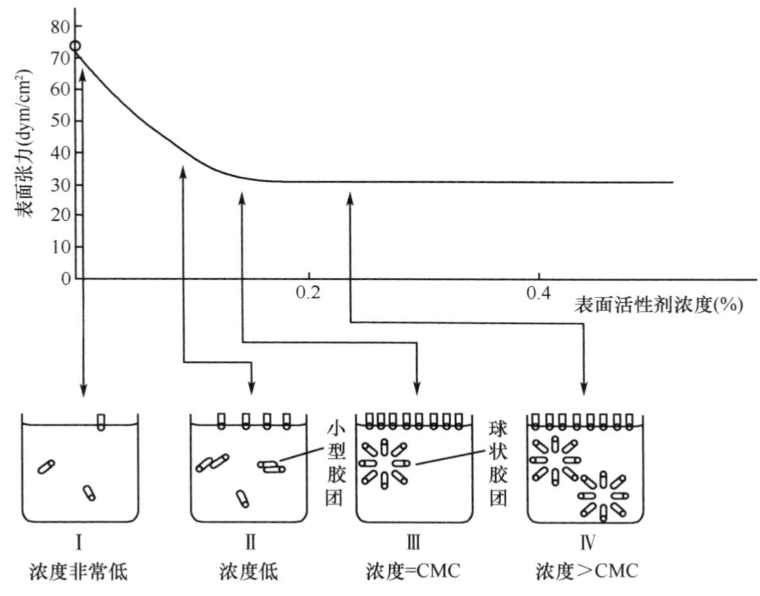

图 14-7　表面活性剂在水中排列形式

2. HLB 值　表面活性剂分子中亲水和亲油基团对油或水的综合亲和力称为亲水亲油平衡值（hydrophile-lipophile balance，HLB），是用来表示表面活性剂亲水或亲油能力大小的值。将非离子表面活性剂的 HLB 值的范围定为 0～20，将疏水性最大的完全由饱和烷烃基组成的石蜡的 HLB 值定为 0，将亲水性最大的完全由亲水性的氧乙烯基组成的聚氧乙烯的 HLB 值定为 20，其他的表面活性剂的 HLB 值则介于 0～20。HLB 值越大，其亲水性越强，HLB 值越小，其亲油性越强。随着新型表面活性剂的不断问世，已有亲水性更强的品种应用于实际，如月桂醇硫酸钠的 HLB 值为 40 。

表面活性剂由于在油-水界面上的定向排列而具有降低界面张力的作用，所以其亲水与亲油能力应适当平衡。如果亲水或亲油能力过大，则表面活性剂就会完全溶于水相或油相中，很少存在于界面上，难以达到降低界面张力的作用。常用表面活性剂的 HLB 值见表 14-1 。

表 14-1 常用表面活性剂的 HLB 值

表面活性剂	HLB 值	表面活性剂	HLB 值
阿拉伯胶	8.0	吐温 20	16.7
西黄蓍胶	13.0	吐温 21	13.3
明胶	9.8	吐温 40	15.6
单硬脂酸丙二酯	3.4	吐温 60	14.9
单硬脂酸甘油酯	3.8	吐温 61	9.6
二硬脂酸乙二酯	1.5	吐温 65	10.5
单油酸二甘酯	6.1	吐温 80	15.0
十二烷基硫酸钠	40.0	吐温 81	10.0
司盘 20	8.6	吐温 85	11.0
司盘 40	6.7	卖泽 45	11.1
司盘 60	4.7	卖泽 49	15.0
司盘 65	2.1	卖泽 51	16.0
司盘 80	4.3	卖泽 52	16.9
司盘 83	3.7	聚氧乙烯 400 单月桂酸酯	13.1
司盘 85	1.8	聚氧乙烯 400 单硬脂酸酯	11.6
油酸钾	20.0	聚氧乙烯 400 单油酸酯	11.4
油酸钠	18.0	苄泽 35	16.9
油酸三乙醇胺	12.0	苄泽 30	9.5
卵磷脂	3.0	西土马哥	16.4
蔗糖酯	5~13	聚氧乙烯氢化蓖麻油	12~18
泊洛沙姆 188	16.0	聚氧乙烯烷基酚	12.8
阿特拉斯 G-263	25~30	聚氧乙烯壬烷基酚醚	15.0

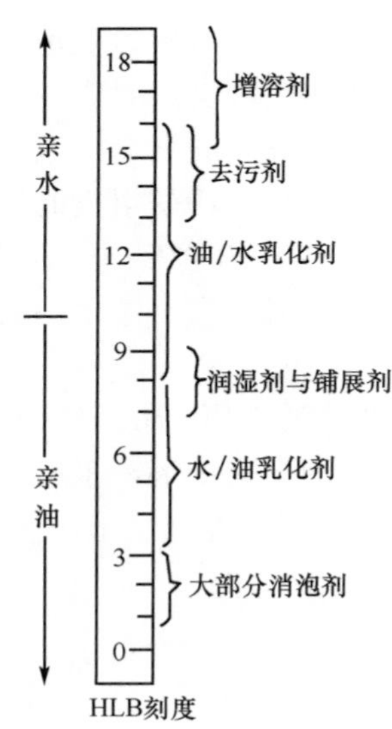

图 14-8 不同 HLB 值表面活性剂的适用范围

表面活性剂的 HLB 值不同,其用途也不同(图 14-8)。

非离子表面活性剂的 HLB 值具有加和性,因而可利用以下公式来计算两种和两种以上表面活性剂混合后的 HLB 值:

$$HLB_{BA}=\frac{HLB_A\times W_A+HLB_B\times W}{W_A+W_B}$$

式中 W_A 和 W_B 分别表示表面活性剂 A 和 B 的量,HLB_A 和 HLB_B 则分别是 A 和 B 的 HLB 值,HLB_{AB} 为混合后的表面活性剂 HLB 值。

3. 克氏点 一般温度升高,表面活性剂的溶解度增大,当上升到某温度后,溶解度急剧上升,此温度称为克氏点(Kraff point,Kt)。克氏点是离子表面活性剂的特征值,也是表面活性剂应用温度的下限。只有在温度高于克氏点时表面活性剂才能更大程度地发挥作用。例如十二烷基硫酸钠和十二烷基磺酸钠的克氏点分别约为 8℃和 70℃,显然,后者在室温的表面活性不够理想。

案例 14-1

HLB 值的计算

某处方中有吐温 80(HLB 值 15.0)10g,和司盘 65(HLB 值 2.1)5g。问,两者混合后的 HLB 值为多少?

解:根据上述公式

混合后的 HLB 值=(15.0×10+2.1×5)÷(10+5)=10.7

4. 起昙与昙点　对于聚氧乙烯型非离子表面活性剂,温度升高可导致聚氧乙烯链与水之间的氢键断裂,当温度上升到一定程度时,聚氧乙烯链可发生强烈脱水和收缩,表面活性剂溶解度急剧下降和析出,溶液出现混浊,这种因加热聚氧乙烯型非离子表面活性剂溶液而发生混浊的现象称为起昙,此时的温度称为浊点或昙点(cloud point)。

如果制剂中含有能起昙的表面活性剂,当温度达昙点后,会析出表面活性剂,其增溶作用及乳化性能均下降,还可能使被增溶物析出,或使乳剂破坏,这类制剂在加热或灭菌时应特别注意。

链　接

表面活性剂的复配

几种表面活性剂配合应用,或表面活性剂和其他化合物配合应用称复配。适宜的复配可使表面活性剂的增溶能力增大,用量减少。常见的复配主要是表面活性剂与中性无机盐、有机添加剂、水溶性高分子等的配伍。还有就是表面活性剂间的混合使用,如非离子型与离子型表面活性剂的配合使用等。

考点:表面活性剂的基本性质、HLB 值的计算

(五) 表面活性剂在药剂学上的应用

1. 增溶　是指一些水不溶或微溶性的物质,由于表面活性剂胶束的作用,溶解度显著增加的过程。起增溶作用的表面活性剂称为增溶剂,被增溶的物质称为增溶质。在临界胶束浓度以上时,胶束数量和增溶量都随增溶剂用量的增加而增加。

(1) 增溶的原理:表面活性剂之所以能增加难溶性药物的溶解度,是由于表面活性剂在水中形成胶束的结果。胶束内部是非概括性的,外部为极性的。难溶性药物被胶束包藏或者吸附后使溶解度增加。难溶性药物根据其自身性质,以不同方式与胶束相互作用,使药物分散在胶束中(图 14-9)。

依据相似相溶的原则,在增溶溶液中,极性药物主要分布在胶束的亲水基之间,非极性药物则集中在胶束的非极性中心区域,而半极性药物则在胶束中定向排列,其分子中的非极性部分插入胶束的非极性中心区,其极性部分伸入胶束中的亲水基方向,定向吸附在胶束中。

(2) 影响增溶的因素:许多因素能影响表面活性剂对药物的增溶作用。主要有:①增溶剂的性质,包括增溶剂的种类、碳链的长短、CMC 等;②药物的性质,一般而言,药物的极性愈小,碳氢链愈长,则增溶程度愈低;③加入顺序,一般应先将药物与增溶剂混合,使之完全溶解,然后再加水稀释则能很好溶解;④ 增溶剂的用量,在一个增溶体系中,增溶剂、增溶质和水应该有一个适宜的配比,才能得到澄清溶液。其配比可以通过实验来确定;⑤溶液的 pH,解离药物和非离子表面活性剂混合一般不产生不溶性复合物,但

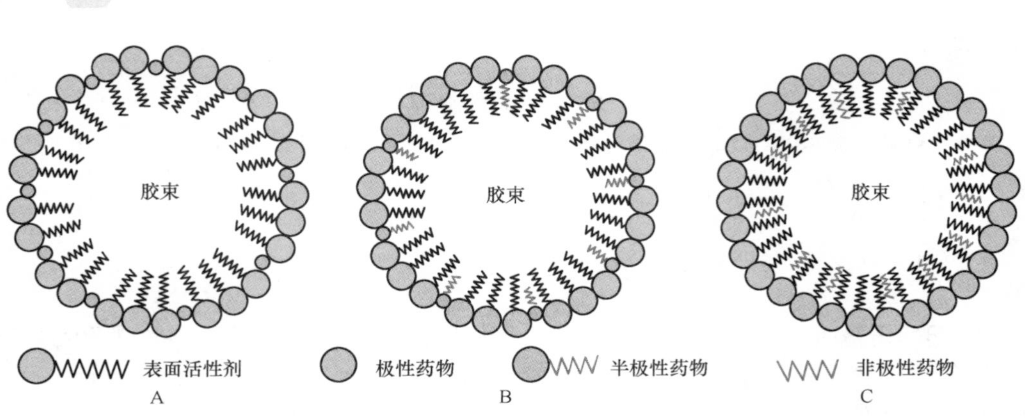

图 14-9　增溶剂对不同药物的增溶

其增溶量受 pH 影响较大。弱酸性和弱碱性药物分别在偏酸性和偏碱性条件下有较多的增溶，两性离子的增溶量在等电点时最大；⑥其他，如增溶剂的 HLB 值、温度、有机物添加剂、电解质等也能影响药物被增溶的效果。

考点：增溶剂的概念

2. 其他应用　表面活性剂除可作增溶剂外，还常用作乳化剂、助悬剂、润湿剂、去污剂、起泡剂、消泡剂、消毒剂和杀菌剂等。其中乳化剂、助悬剂和润湿剂将在以后的相关剂型中叙述。

（1）起泡剂和消泡剂：泡沫为很薄的液膜包裹着气体，属气体分散在液体中的分散系统。起泡剂是指可使溶液产生泡沫的表面活性剂。其一般具有较强的亲水性和较高的 HLB 值，能降低液体的表面张力使产生稳定的泡沫。起泡剂一般用于皮肤、腔道黏膜给药的剂型中。泡沫的形成易使药物在用药部位分散均匀而不易流失。消泡剂是指用来破坏消除泡沫的表面活性剂。其通常具有较强的亲油性，HLB 值为 1～3，能吸附在泡沫液膜表面上，取代原有的起泡剂，而因其本身并不形成稳定的液膜而致泡沫消除。在药剂生产中，常常由于某些中药材浸出液或高分子化合物溶液本身含有表面活性剂或表面活性物质，在剧烈搅拌或蒸发浓缩时，会产生大量而稳定的泡沫，阻碍操作的进行，这时可以加入消泡剂加以克服。

（2）去污剂：是指可以除去污垢的表面活性剂，又称洗涤剂。HLB 值为 13～16。常用的有油酸钠及其他脂肪酸钠皂和钾皂、十二烷基硫酸钠、烷基磺酸钠等。去污是润湿、增溶、乳化、分散、起泡等综合作用的结果。

（3）消毒剂和杀菌剂：表面活性剂可与细菌生物膜蛋白质发生强烈作用而使之变性和破坏。甲酚皂、苯扎溴铵、甲酚磺酸钠等大部分阳离子表面活性剂和少部分阴离子表面活性剂可作消毒剂使用。使用不同的浓度，可用于伤口、皮肤、黏膜、器械，环境等的消毒。

（六）表面活性剂的生物学性质

1. 表面活性剂对药物吸收的影响　表面活性剂可促进固体制剂中药物的吸收，这是由于增加了固体药物在胃肠道体液中的润湿性，加速药物的溶解和吸收。表面活性剂还有溶解生物膜脂质的作用，增加上皮细胞的通透性，从而改善吸收。

但当表面活性剂的浓度增加到临界胶束浓度以上时，药物被包裹在胶束内而不易释放，或因胶束太大，不能透过生物膜，则会降低药物的吸收。

2. 表面活性剂与蛋白质的相互作用 蛋白质在碱性介质中羧基解离使其带负电荷，会与阳离子表面活性剂结合；在酸性介质中，其碱性基团则带正电荷，会与阴离子表面活性剂结合。另外表面活性剂还可使蛋白质产生变性。

3. 表面活性剂的毒性 一般是阳离子型>阴离子型>非离子型。离子型表面活性剂还具有较强的溶血作用，故一般仅限于外用。非离子型表面活性剂有的也有溶血作用，但一般较弱。表面活性剂对皮肤和黏膜的刺激性，也是非离子型最小；表面活性剂的使用浓度越大，刺激性越大；聚氧乙烯基的聚合度越大，亲水性越强，刺激性则越低。

4. 表面活性剂的刺激性 表面活性剂均可用于外用制剂，但应注意避免因高浓度或长期作用可能带来的皮肤或黏膜损伤。

链 接

表面活性剂对药物稳定性的影响

表面活性剂对药物氧化和水解的影响，可因表面活性剂的类型的不同，胶束表面性质和结构的不同，环境的 pH 和离子强度的不同而有明显的差异。例如，维生素 A 极易氧化，用非离子表面活性剂增溶后，被包裹在增溶剂胶束中，得到了保护，氧化失效速率变得很慢。但苯佐卡因则由于使用聚氧乙烯脂肪醇醚作为增溶剂，非常容易氧化变黄，这是因为聚氧乙烯基自身发生部分水解和氧化，其过氧化物产物会促进增溶质的氧化降解。

二、 药物溶液的形成理论

药物溶液的形成是制备液体制剂的基础，以溶液状态使用的制剂有注射剂、合剂、芳香水剂、糖浆剂、溶液剂、酊剂、洗剂、搽剂、灌肠剂、含漱剂、滴耳剂、滴鼻剂等。制备药物溶液首先要涉及药物在溶剂中的溶解度问题。

（一） 药用溶剂的种类

药用溶剂按介电常数大小分为极性溶剂、半极性溶剂和非极性溶剂三大类。

1. 极性溶剂 常用的极性溶剂除水外，还有甘油、二甲基亚砜剂等，它们的特性与应用见表 14-2。

表 14-2 常用极性溶剂的特性与应用

溶剂品种	主要特性	应用及注意事项
水	可与乙醇、甘油、丙二醇等以任意比例混合，并能溶解大多数无机盐、生物碱类、糖类、蛋白质等多种极性有机物	最常用。易水解、霉变，不宜久贮
甘油	味甜。能与乙醇、丙二醇、水以任意比例混合。对皮肤有保湿、滋润、延长药效等作用。含水 10% 则无刺激性，且可缓解药物的刺激性；30% 以上可防腐	可供内服，但常用于外用液体制剂
二甲亚砜（DMSO）	无色澄清液体，具大蒜臭味。能与水、乙醇、丙二醇等以任意比例混合。溶解范围广，有万能溶剂之称。可促进药物在皮肤上的渗透	用于皮肤科药剂，但对皮肤有轻度刺激性。孕妇禁用

2. 非极性溶剂 常用的非极性溶剂有氯仿、苯、液体石蜡、植物油、乙醚等。它们的特性与应用见表 14-3。

表 14-3 常用非极性溶剂的特性与应用

品种	主要特性	应用及注意事项
脂肪油	常用非极性溶剂，如花生油、麻油、豆油等植物油。能溶解固醇类激素、油溶性维生素、游离生物碱、有机碱、挥发油和许多芳香族药物	多用于外用液体制剂，如洗剂、搽剂等。易氧化、酸败
液状石蜡	饱和烷烃化合物，化学性质稳定，分为轻质(0.828～0.860g/ml)与重质(0.860～0.960g/ml)两种	轻质液状石蜡多用于外用液体制剂，重质液状石蜡多用于软膏剂及糊剂
乙酸乙酯	无色微臭油状液体，可溶解挥发油、甾体药物及其他油溶性药物，具有挥发性和可燃性	常作为搽剂的溶剂。易氧化，需加入抗氧剂

3. 半极性溶剂 一些有一定极性的溶剂，如乙醇、丙二醇、聚乙二醇和丙酮等，能诱导某些非极性分子产生一定程度的极性而溶解，这类溶剂称为半极性溶剂。半极性溶剂可作为中间溶剂，使极性溶剂和非极性溶剂混溶或增加非极性药物在极性溶剂(水)中的溶解度。它们的特性与应用见表 14-4。

表 14-4 常用半极性溶剂的特性与应用

品种	主要特性	应用及注意事项
乙醇	可与水、甘油、丙二醇以任意比例混合，可溶解大部分有机药物和药材中的有效成分。20%以上具有防腐作用，40%以上能抑制某些药物的水解	常用溶剂。具有一定药理作用，与水混合时产生热效应和体积效应
丙二醇	药用为 1,2-丙二醇，性质同甘油相似，但黏度小。可与水、乙醇、甘油以任意比例混合，能溶解许多有机药物，同时可抑制某些药物的水解	内服及肌内注射用药的溶剂。价格较贵
聚乙二醇类	常用低聚合度的 PEG 300～600 等。可与水、乙醇等以任意比例混合，并能溶解许多水溶性无机盐及水不溶性药物。对易水解的药物具有一定的稳定作用，兼具保湿作用	常用于外用液体制剂，如搽剂等

链 接

溶质溶解机制

溶质的溶解能力与溶质与溶剂间的相互作用力有关，主要表现在它们的极性、介电常数、溶剂化、缔合、形成氢键等，溶剂的介电常数表示在溶液中将相反电荷分开的能力，它反映溶质分子极性大小。极性溶剂的介电常数比较大，能减弱电解质中带相反电荷的离子间的吸引力，产生“离子-偶极子结合”，使离子溶剂化(或水化)而分散进入溶剂中。而水对有机酸、糖类、低级醇类、醛类、低级酮、酰胺等的溶解，是通过这些物质分子的极性基团与水形成氢键缔合，即水合作用，形成水合离子而溶于水中。

考点：溶剂的分类、常用溶剂的特性

(二) 药物的溶解度与溶出速度的概念

1. 药物的溶解度 溶解度是指在一定温度下(气体在一定压力下)，一定量溶剂的饱和溶液中能溶解溶质的量。它是制备药物制剂是首先要掌握的必要信息，也直接影响

到药物制剂在体内的吸收和生物利用度。

2. 药物的溶解速度　药物的溶解速度是指在某一溶剂中单位时间内溶解溶质的量。溶解速度的快慢，取决于溶剂与溶质之间的吸引力胜过固体溶质中结合力的程度及溶质的扩散速度。固体药物的溶出（溶解）过程包括两个连续的阶段：先是溶质分子从固体表面释放进入溶液中，再是在扩散或对流的作用下将溶解的分子从固液界面转送到溶液中。有些药物虽然有较大的溶解度，但要达到溶解平衡却需要较长时间，即溶解速度较小，直接影响到药物的吸收与疗效，这就需要设法增加其溶解速度。药物的溶解过程，实为溶解扩散过程；一旦扩散达平衡，溶解就无法进行。

（三）影响溶解度的因素

药物的溶解度受药物分子结构、温度、粒子大小、晶型与溶剂化物、pH 与同离子效应等多种因素的影响。

（1）药物与溶剂的分子结构：药物的结构则决定着药物极性的大小，根据“相似相溶”，极性溶剂可使盐类药物及极性药物产生溶剂化而溶解；极性较弱的药物分子中的极性基团与水形成氢键而溶解。通常，药物的溶剂化会影响药物在溶剂中的溶解度。

（2）温度：温度对溶解度的影响取决于溶解过程是吸热还是放热。如果固体药物溶解时，需要吸收热量，则其溶解度通常随着温度的升高而增加。绝大多数药物的溶解是一吸热过程，故其溶解度随温度的升高而增大。但氢氧化钙、MC 等物质的溶解正相反。

（3）粒子大小：对于难溶性药物来说，一定温度下，其溶解度与溶解速度与其表面积成正比。即小粒子有较大的溶解度，而大粒子有较小的溶解度。

（4）晶型与溶剂化物：药物的晶型不同，导致晶格能不同，其熔点、溶解速度、溶解度等也不同。多晶型药物溶解度和溶解速度由小到大顺序为：稳定型<亚稳定型<无定型，水合物<无水物<有机化物。

链　接

药物的多晶型与溶剂化物

同一化学结构的药物，因为结晶条件如溶剂、温度、冷却速度等的不同，而得到不同晶格排列的结晶，称为多晶型。多晶型现象在有机药物中广泛存在。具有最小晶格能的晶型最稳定，称为稳定型，其有着较小的溶解度和溶解速度；其他晶型的晶格能较稳定型大，称为亚稳定型，它们的熔点及密度较低，溶解度和溶解速度较稳定型的大。无结晶结构的药物通称无定型。与结晶型相比，由于无晶格束缚，自由能大，因此溶解度和溶解速度均较结晶型大。

药物在结晶过程中，因溶剂分子加入而使结晶的晶格发生改变，得到的结晶称为溶剂化物。如溶剂是水，则称为水化物。溶剂化物和非溶剂化物的熔点、溶解度和溶解速度等不同。

（5）pH 与同离子效应：大多数药物为有机弱酸、弱碱及其盐类。这些药物在水中溶解度受 pH 影响很大。有弱酸性药物随着溶液 pH 升高，其溶解度增大；弱碱性药物的溶解度随着溶液的 pH 下降而升高。一般向难溶性盐类的饱和溶液中，加入含有相同离子的化合物时，其溶解度降低，这就是同离子效应。如许多盐酸盐类药物在生理盐水或稀盐酸中的溶解度比在水中低。

考点：溶解度、溶出速度的概念及其影响因素

（四）增加药物溶解度的方法

有些药物由于溶解度较小，即使制成饱和溶液也达不到治疗的有效浓度。例如碘在

水中的溶解度为 1∶2950，而复方碘溶液中碘的含量需达到 5%。因此，将难溶性药物制成符合治疗浓度的液体制剂，就必须增加其溶解度。增加难溶性药物的溶解度是药剂工作的一个重要问题，常用的方法主要有以下几种。

1. 制成可溶性盐类 一些难溶性的弱酸或弱碱药物，其极性小，在水中溶解度很小或不溶。若加入适当的碱或酸，将它们制成盐类，使之成为离子型极性化合物，从而增加其溶解度。

2. 加入增溶剂 加入适量表面活性剂而增加某些难溶性药物的溶解度是药剂学上常用的方法。

3. 加入助溶剂 助溶系指难溶性药物与加入的第三种物质在溶剂中形成可溶性的络合物、复盐、缔合物等，而增加药物溶解度的现象。这加入的第三种物质称为助溶剂。助溶剂可溶于水，多为低分子化合物（不是表面活性剂）。常用助溶剂主要有有机酸及其盐、酰胺类、无机盐类等三类（表 14-5）。

表 14-5 常见的难溶性药物及其应用的助溶剂

药物	助溶剂
碘	碘化钾
咖啡因	苯甲酸钠，水杨酸钠，对氨基苯甲酸钠，枸橼酸钠，烟酰胺
可可豆碱	水杨酸钠，苯甲酸钠，烟酰胺
茶碱	二乙胺，其他脂肪族胺，烟酰胺，苯甲酸钠
盐酸奎宁	乌拉坦，尿素
核黄素	苯甲酸钠，水杨酸钠，烟酰胺，尿素，乙酰胺，乌拉坦
安络血	水杨酸钠，烟酰胺，乙酰胺
氢化可的松	苯甲酸钠，邻、对、间羟苯甲酸钠，二乙胺，烟酰胺
链霉素	蛋氨酸，甘草酸
红霉素	乙酰琥珀酸酯，维生素 C
新霉素	精氨酸

4. 改变溶媒或使用混合溶剂 某些分子质量较大，极性较小而在水中溶解度较小的药物，如果更换半极性或非极性溶剂，可使其溶解度增大。为提高难溶性药物在水中的溶解度还可以使用混合溶剂。

混合溶剂是指能与水任意比例混合，与水分子能以氢键结合，能增加难溶性药物溶解度的那些溶剂。如乙醇、甘油、丙二醇、聚乙二醇等。当混合溶剂中各溶剂的量达到一定比例时，难溶性药物的溶解度出现极大值，这种现象称为潜溶。这种混合溶剂称为潜溶剂。如：甲硝达唑在水中溶解度为 10%（W/V），但在水-乙醇中，溶解度提高 5 倍。

5. 引入亲水基团 将亲水基团引入难溶性药物分子中，可增加其在水中的溶解度。引入的亲水基团有磺酸钠基（$—SO_3Na$）、羧酸钠基（—COONa）、醇基（—OH）、氨基（$—NH_2$）及多元醇或糖基等。如维生素 K_3（甲萘醌）在水中不溶，引入亚硫酸氢钠（$—NaHSO_3$），制成亚硫酸氢钠甲萘醌后，溶解度增大为 1∶2。

考点：增加药物溶解度的方法

三、微粒分散体系的基础理论

（一）微粒分散体系的概念

分散体系是一种或几种物质高度分散在某种介质中所形成的体系。被分散的物质称为分散相，而连续的介质称为分散介质。分散体系按分散相粒子的直径大小可分为小分子真溶液（直径<10^{-9}m）、胶体分散体系（直径在 10^{-9}～10^{-7}m 范围）和粗分散体系（直径>10^{-7}m）。将微粒直径在 10^{-4}～10^{-9}m 范围的分散相统称为微粒，由微粒构成的分散体系则统称为微粒分散体系。

微粒分散体系在药剂学中分为二种微粒给药系统（表 14-6）。

表 14-6　微粒给药系统

微粒给药系统	微粒粒径	常见剂型
粗分散体系	500nm～100μm	混悬剂、乳剂、微囊、微球等
胶体分散体系	<1000nm	纳米微乳、脂质体、纳米粒、纳米胶束等

（二）微粒分散体系特性

微粒分散体系由于高度分散而具有一些特殊的性能，包括其热力学性质、动力学性质、光学性质和电学性质等。

1. 热力学不稳定性　微粒分散体系是典型的多相分散体系，存在大量的相界面。粒比表面积显著增大，具有较高的表面自由能，是典型的热力学不稳定体系，而且微粒越小，聚结趋势就越大。聚结的结果是粒径变大，分散度下降。在微粒分散体系的溶液中，可能出现小晶粒溶解，大晶粒长大的现象。

2. 动力学稳定性　粒径更小的分散体系还具有明显的布朗运动。1827 年，Brown 在显微镜下对水中悬浮的花粉进行了观察，发现花粉微粒在不停地无规则移动和转动，并将这种现象命名为布朗运动。

布朗运动是微粒扩散的微观基础，而扩散现象又是布朗运动的宏观表现。正是由于布朗运动使很小的微粒具有了动力学的稳定性。

3. 光学特性　如果有一束光线在暗室内通过微粒分散体系，在其侧面可以观察到明显的乳光，这就是 Tyndall 现象（图 14-10）。当微粒大小适当时，光的散射现象十分明显。丁达尔现象正是微粒散射光的宏观表现。这是判断纳米体系的最简单的方法。因为同样条件下，粗分散体系由于反射光为主，不能观察到丁达尔现象；而低分子的真溶液则是透射光为主，同样也观察不到乳光。

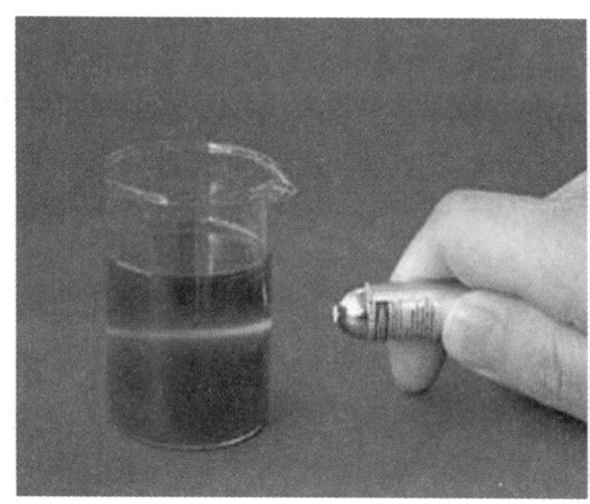

图 14-10　丁达尔现象

4. 电学性质 微粒的表面可因电离、吸附或摩擦等而带有电荷。

(1) 电泳:如果将两个电极插入微粒分散体系的溶液中,再通以电流,则分散于溶液中的微粒可向阴极或阳极移动,这种在电场作用下微粒的定向移动就是电泳。微粒在电场作用下移动的速度与其粒径大小成反比,其他条件相同时,微粒越小,移动越快。

(2) 微粒的双电层结构:在微粒分散体系的溶液中,微粒表面带有同种离子,通过静电引力,形成了微粒的吸附层;同时由于扩散作用,形成带有相反电荷的扩散层,共同构成微粒的双电层结构,带电荷相反吸附层与扩散层之间形成的电位差叫动电位,即 ζ 电位。

(3) 絮凝与反絮凝:同种微粒表面带有同种电荷,在一定条件下因相互排斥而稳定。双电层的厚度越大,则相互排斥的作用力就越大,微粒就越稳定。如在体系中加入一定量的某种电解质,可能中和微粒表面的电荷,降低双电层的厚度,使微粒间的斥力下降,微粒的物理稳定性就会下降,出现絮凝状态,这种作用叫做絮凝作用,这时加入的电解质叫絮凝剂。当絮凝剂的加入使 ζ 电位降至 20~25mv 时,形成的絮凝物疏松、不易结块,而且易于分散。电解质的离子价数和浓度对絮凝的影响很大,一般离子价数越高,絮凝作用越强,如化合价为 2、3 价的离子,其絮凝作用分别为 1 价离子的大约 10 倍与 100 倍。

如果在微粒体系中加入某种电解质使微粒表面的 ζ 电位升高,静电排斥力阻碍了微粒之间的碰撞聚集,这个过程称为反絮凝,加入的电解质称为反絮凝剂。对粒径较大的微粒体系,如果出现反絮凝,就不能形成疏松的纤维状结构,微粒之间没有支撑,沉降后易产生严重结块,不能再分散,对物理稳定性是不利的。

同一电解质可因加入量的不同,在微粒分散体系中起絮凝作用(降低 ζ 电位)或反絮凝作用(升高 ζ 电位)。如枸橼酸盐或枸橼酸的酸式盐、酒石酸盐或酸式酒石酸盐、磷酸盐和一些氯化物(如三氯化铝)等,既可作絮凝剂又可作反絮凝剂。

(三) 微粒分散体系在药剂学中的的意义

微粒分散体系具有很多优良的性能,在缓控释、靶向制剂等方面发挥着重要的作用。

(1) 由于粒径小,有助于提高药物的溶解速度及溶解度,有利于提高难溶性药物的生物利用度。

(2) 有利于提高药物微粒在分散介质中的分散性与稳定性。

(3) 具有不同大小的微粒分散体系在体内分布上具有一定的选择性,如一定大小的微粒给药后容易被网状内皮系统吞噬。

(4) 微囊、微球等微粒分散体系一般具有明显的缓释作用,可以延长药物在体内的作用时间,减少剂量,降低毒副作用。

(5) 有利于改善药物在体内外的稳定性。

(四) 微粒大小与测定方法

微粒大小是微粒分散体系的重要参数,对其体内外的性能有十分重要的影响。微粒大小完全均一的体系称为单分散体系;微粒大小不均一的体系称为多分散体系。除极少数情况外,绝大多数微粒分散体系为多分散体系。由于每个粒子的大小不同,存在粒度分布,所以常用平均粒径来描述粒子大小。

微粒分散系中常用的粒径表示方法有几何学粒径、比表面粒径、有效粒径等。这些微粒大小的测定方法有光学显微镜法、电子显微镜法、激光散射法、库尔特计数法、Stoke's沉降法、吸附法等。

第2节　液体药剂概述

液体药剂系指药物分散在适宜的分散介质中制成的液体形态的药剂。可供内服或外用。液体药剂中的药物可以以分子状态或微粒状态分散在介质中，从而形成均相的液体药剂或非均相的液体药剂。液体药剂中药物粒子分散的程度与药剂的药效、稳定性和毒副作用密切相关。不同分散状态的液体药剂，要用到不同的制备方法。

一、液体药剂的特点

液体药剂与固体制剂相比具有以下优点：

（1）药物以分子或微粒状态分散在介质中，分散度大，吸收快，能较迅速地发挥药效，生物利用度较高。

（2）可避免局部药物浓度过高，从而减少某些药物对人体的刺激性。

（3）给药途径多，既可用于内服，亦可外用于皮肤、黏膜和人体腔道。

（4）便于分取剂量，用药方便，特别适用于婴幼儿和老年患者。

但液体药剂也有以下不足：

考点：液体药剂的概念与特点

（1）药物分散度大，同时受分散介质的影响，化学稳定性较差，易引起药物的分解失效。

（2）水性液体药剂易霉败，需加入防腐剂。

（3）非均相液体药剂药物的分散度大，分散粒子具有很大的比表面积，易产生一系列的物理稳定性问题。

（4）体积较大，携带、运输、储存不方便。

二、液体药剂的质量要求

均匀相液体制剂应是澄清溶液；非均匀相液体制剂的药物粒子应分散均匀，液体制剂浓度应准确；口服的液体制剂应外观良好，口感适宜；外用的液体制剂应无刺激性；液体制剂应有一定的防腐能力，保存和使用过程不应发生霉变；包装容器应适宜，方便患者携带和使用。

三、液体药剂分类

1. 按分散系统分类　可分为均相与非均相液体药剂两大类，按分散相微粒特性分，可分为低分子溶液剂、高分子溶液剂、溶胶剂、乳剂、混悬剂等（表14-7）。

表 14-7　按分散系统分类的液体药剂的类型与特征

液体类型	微粒大小	相系	特征与制备方法
低分子溶液剂	<1 nm	均相	药物以小分子或离子状态分散在分散介质中形成的澄明液体药剂,体系稳定,溶解法制备
高分子溶液剂	1~100nm	均相	由高分子化合物以分子状态分散在分散介质中形成的液体药剂,体系稳定,溶解法制备
溶胶剂	1~100nm	多相	由多分子聚合形成的胶体微粒分散于介质中形成的液体药剂,有聚结不稳定性,用胶溶法制备
乳剂	>100nm	多相	由不溶性液体药物以液滴分散于液体介质中形成的液体药剂,有聚结和重力不稳定性,用分散法制备
混悬剂	>500nm	多相	由难溶性固体药物以微粒的形式分散于液体介质中形成的液体药剂,多相体系,有聚结和重力不稳定性,用分散法和凝聚法制备

2. 按给药途径与应用方法分类

(1) 内服液体药剂:如合剂、糖浆剂、混悬剂、乳剂、滴剂等。

(2) 外用液体药剂:①皮肤用液体药剂,如洗剂、搽剂。②腔道用液体药剂:包括耳道、鼻腔、口腔、直肠、阴道、尿道用液体药剂。如洗耳剂、滴耳剂、洗鼻剂、滴鼻剂、含漱剂、搽剂、滴牙剂、灌肠剂、灌洗剂等。

第3节　液体药剂的溶剂和附加剂

一、液体药剂的常用溶剂

液体制剂的溶剂,对溶液剂来说可称为溶剂。对溶胶剂、混悬剂、乳剂来说药物并不溶解而是分散,因此称作分散介质或分散媒。溶剂对液体制剂的性质和质量影响很大。

优良溶剂的条件是:①对药物应具有较好的溶解性和分散性;②化学性质应稳定,不与药物或附加剂发生反应;③不应影响药效的发挥和含量测定;④毒性小、无刺激性、无不适的臭味;⑤具有防腐性;⑥便于安全生产,且成本低。

水是最常用的极性溶剂,其理化性质稳定,有很好的生理相溶性,根据制剂的需要可制成注射用水、纯化水与制药用水来使用。药物在水中溶解度过小时可选用适当的非水溶剂或使用混合溶剂,可以增大药物的溶解度,以制成溶液。乙醇、丙二醇、聚乙二醇、甘油等也是常用的液体药剂的溶剂(详见本章第一节药用溶剂)。

二、液体药剂常用的附加剂

为了保证液体药剂的质量和方便制剂,根据需要还需加入某些附加剂。如增溶剂、助溶剂、乳化剂、助悬剂等。为了增加药物的稳定性,有时需要加入抗氧剂如焦亚硫酸钠、亚硫酸氢钠等,pH 调节剂如枸橼酸、氢氧化钠等,金属离子络合剂如依地酸二钠等。它们在相关章节中介绍,这里重点介绍液体药剂的防腐剂。

(一) 防腐的重要性

液体制剂特别是以水为溶剂的液体制剂,易被微生物污染而发霉变质,尤其是含有糖类、蛋白质等营养物质的液体制剂,更容易引起微生物的滋长和繁殖。抗菌药的液体制剂也能生长微生物,因为抗菌药物都有一定的抗菌谱。污染微生物的液体制剂会引起理化性质的变化,严重影响制剂质量,有时会产生细菌毒素有害于人体。

(二) 防腐措施

1. 防止污染　防止微生物污染是防腐的重要措施,包括加强生产环境的管理,清除周围环境的污染源,加强操作人员个人卫生管理等有利于防止污染。

2. 液体制剂中添加防腐剂　在液体制剂的制备过程中完全避免微生物污染是很困难的,有少量的微生物污染时可加入防腐剂,抑制其生长繁殖,以达到有效的防腐目的。

(1) 优良防腐剂的条件:①在抑菌浓度范围内对人体无害、无刺激性、内服者应无特殊臭味;②水中有较大的溶解度,能达到防腐需要的浓度;③不影响制剂的理化性质和药理作用;④防腐剂也不受制剂中药物的影响;⑤对大多数微生物有较强的抑制作用;⑥防腐剂本身的理化性质和抗微生物性质应稳定,不易受热和 pH 的影响;⑦长期储存应稳定,不与包装材料起作用。

(2) 常用防腐剂:防腐剂品种较多,药剂中常用的防腐剂见表 14-8。

表 14-8　液体药剂中常用防腐剂

品种	特点、应用及注意事项
羟苯酯类 尼泊金类	常用的有甲酯、乙酯、丙酯和丁酯。在酸性、中性溶液中均有效,对大肠杆菌作用最强。在弱碱性溶液中作用减弱。抑菌作用随碳原子数增加而增加,但溶解度则减少,通常混合使用,其浓度均为 0.01%~0.25%。广泛用于内服液体制剂中
苯甲酸与苯甲酸钠	苯甲酸在水中难溶,在乙醇中易溶,通常配成 20% 的醇溶液备用。一般用量为 0.03%~0.1%。在酸性溶液中抑菌效果较好,最适 pH 是 4。防霉作用比羟苯酯类弱,防发酵能力则比羟苯酯类强苯甲酸钠易溶于水,在酸性溶液中的防腐作用与苯甲酸相当
山梨酸及其盐	对真菌和酵母菌作用强,毒性较苯甲酸为低,常用浓度为 0.05%~0.3%,在酸性溶液中抑菌效果好。山梨酸钾、山梨酸钙作用与山梨酸相同,需在酸性溶液中使用
苯扎溴铵	毒性低,作用快,刺激性甚微。供外用,常用浓度为 0.02%~0.2%
其他 防腐剂	醋酸氯己定(醋酸洗必泰)0.02%~0.05%;邻苯基苯酚 0.005%~0.2%; 桉油 0.01%;薄荷油 0.05%

三、液体药剂的矫味和着色

(一) 矫味剂与矫臭剂

为掩盖和矫正药剂的不良嗅味而加入药剂中的物质称为矫味、矫臭剂。味觉器官是舌上的味蕾,嗅觉器官是鼻腔中的嗅觉细胞,矫味、矫臭与人的味觉和嗅觉有密切关系,从生理学角度看,矫味也应能矫臭。

1. 甜味剂　能掩盖药物的咸、涩和苦味,包括天然和合成二类(表 14-9)。

2. 芳香剂　在药剂中用以改善药剂的气味的香料和香精称为芳香剂。香料由于来源不同,分为天然香料和人造香料两类。天然香料有从植物中提取的芳香挥发性物质,如柠檬、茴香、薄荷油等,以及此类挥发性物质制成的芳香水剂、酊剂、醑剂等。人造香料亦称香精,是在人工香料中添加适量溶剂调配而成,如苹果香精、桔子香精、香蕉香精等。

表 14-9 常用甜味剂

天然甜味剂	特点、常用量及应用	合成甜味剂	特点、常用量及应用
蔗糖	常用单糖浆或芳香糖浆(如橙皮糖浆、桂皮糖浆),应用广泛。芳香糖浆兼具矫臭作用	糖精钠	甜度为蔗糖的 200~700 倍,常用量为 0.03%,常与单糖浆或甜菊苷合用,作咸味药物的矫味剂
甜菊苷	有清凉甜味,甜度比蔗糖大约 300 倍,常用量为 0.025%~0.05%,但甜中带苦,故常与蔗糖或糖精钠合用	阿司帕坦(蛋白糖)	甜度为蔗糖的 150~200 倍,无后苦味,不致龋齿,可以有效地降低热量。适用于糖尿病、肥胖症患者

3. 胶浆剂 具有黏稠缓和的性质,可干扰味蕾的味觉而具有矫味的作用。常用的有海藻酸钠、阿拉伯胶、明胶、甲基纤维素、羧甲基纤维素钠等。常于胶浆中加入甜味剂,增加其矫味作用。

4. 泡腾剂 系利用有机酸(如枸橼酸、酒石酸)与碳酸氢钠混合,遇水后产生大量二氧化碳,由于二氧化碳溶于水呈酸性,能麻痹味蕾而矫味。

(二) 着色剂

着色剂又称色素,可分为天然色素和人工合成色素两大类。应用着色剂可以改变药剂的外观颜色,用以识别药剂的浓度或区分应用方法,同时可改善药剂的外观。特别是选用的颜色与所加的矫味剂配合协调,更容易被患者所接受,如薄荷味用绿色,橙皮味用橙黄色。可供食用的色素称为食用色素,只有食用色素才可用作内服药剂的着色剂。

1. 天然色素 有植物性和矿物性色素二类。常用的无毒天然植物性色素有焦糖、叶绿素、胡萝卜素和甜菜红等;矿物性的有氧化铁(外用使药剂呈肤色)。

2. 合成色素 人工合成色素的特点是色泽鲜艳,价格低廉,但大多数毒性较大,用量不宜过多。我国准予使用的食用色素主要有以下几种:苋菜红、柠檬黄、胭脂红、胭脂蓝和日落黄,其用量不得超过万分之一。外用色素有伊红、品红、美蓝等。

使用着色剂时应注意溶剂和溶液的 pH 对色调产生的有影响。大多数色素会受到光照、氧化剂和还原剂的影响而退色。

第 4 节 低分子溶液剂

低分子溶液剂系指小分子药物分散在溶剂中制成的均匀分散的液体制剂。包括溶液剂、芳香水剂、糖浆剂、酊剂、醑剂、甘油剂等。

一、溶 液 剂

溶液剂系指药物溶解于适宜溶剂中制成的澄清液体制剂。溶液剂的溶质一般为非挥发性的低分子化学药物。溶剂多为水,也可为乙醇或油。供内服或外用。溶液剂应澄清,不得有沉淀、浑浊、异物等。根据需要溶液剂中可加入助溶剂、抗氧剂、矫味剂、着色剂等附加剂。药物制成溶液剂后,以量取替代了称取,使取量更方便,更准确,特别是对小剂量药物或毒性较大的药物更适宜;服用方便;某些药物只能以溶液形式发出,如过氧化氢溶液、氨溶液等。

(一)溶液剂的制备方法

案例 14-2

复方碘溶液的制备

【处方】 碘 50g,碘化钾 100g,纯化水　加至 1000ml。

【制备】 取碘化钾加纯化水适量溶解后,加入碘搅拌溶解,再加适量纯化水使成 1000ml,搅均,即得。

【作用与用途】 本品具有调节甲状腺功能,主要用于甲状腺功能亢进的辅助治疗。外用作黏膜消毒。

注:本品具有刺激性,口服时宜用冷开水稀释后服用。

问题:

碘是难溶性药物,为什么加碘化钾后,就能配制成 5% 的溶液? 简述其制备原理和操作注意事项。

1. 溶解法　溶液剂多采用溶解法制备。制备过程工艺流程(图 14-11):

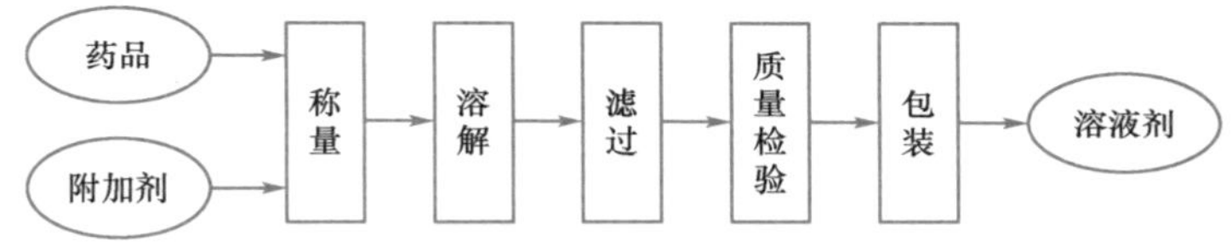

图 14-11　溶解法制备工艺流程图

具体制备方法:取处方总量 1/2~3/4 量的溶剂,加入称好的药物,搅拌使其溶解,过滤,并通过滤器加溶剂至全量。过滤后的药液应进行质量检查。制得的药物溶液应及时分装、密封、贴标签及进行外包装。

2. 稀释法　先将药物制成高浓度溶液,再用溶剂稀释至所需浓度即得。用稀释法制备溶液剂时应注意浓度换算,挥发性药物浓溶液稀释过程中应注意挥发损失,以免影响浓度的准确性。

3. 制备溶液剂时应注意的问题　①一般先取总量 1/2~3/4 的溶剂加入药物搅拌溶解;②小量药物(如毒药)或附加剂(如助溶剂、抗氧剂等)或溶解度小的药物应先溶解;③难溶性药物采用适当方法增加溶解度,溶解缓慢的药物采用粉碎、搅拌或加热等措施加快溶解;④易氧化的药物溶解时,宜将溶剂加热放冷后再溶解药物,同时应加适量抗氧剂,以减少药物氧化损失;⑤液体药物及挥发性药物应最后加入;⑥用干燥的容器量取有机溶剂;⑦量取黏稠液体后应加少量水稀释搅均后再倾出;⑧溶剂应通过滤器加至全量。

考点:溶液剂的制备方法

二、芳香水剂

芳香水剂系指芳香挥发性药物的饱和或近饱和的水溶液。用乙醇和水混合溶剂制成的含大量挥发油的溶液,称为浓芳香水剂。芳香挥发性药物多数为挥发油。

芳香水剂应澄清,必须具有与原有药物相同的气味,不得有异臭、沉淀和杂质。芳香水剂浓度一般都很低,可矫味、矫臭和分散剂使用。

芳香水剂的制备方法:以挥发油和化学药物作原料时多用溶解法和稀释法,以药材作原料时多用水蒸气蒸馏法提取挥发油。芳香水剂多数易分解、变质甚至霉变,所以不宜大量配制和久贮。

三、糖 浆 剂

糖浆剂系指含药物或芳香物质的浓蔗糖水溶液。纯蔗糖的近饱和水溶液称为单糖浆或糖浆,浓度为85%(g/ml)或64.7%(g/g)。糖浆剂中的药物可以是化学药物也可以是药材的提取物。

(一) 糖浆剂的特点与质量要求

1. 糖浆剂的特点 蔗糖和芳香剂能掩盖某些药物的苦味、咸味及其他不适臭味,容易服用,尤其受儿童欢迎。糖浆剂易被真菌、酵母菌和其他微生物污染,使糖浆剂混浊或变质。糖浆剂中含蔗糖浓度高时,渗透压大,微生物的生长繁殖受到抑制。低浓度的糖浆剂应添加防腐剂。

2. 糖浆剂的质量要求 糖浆剂含糖量应不低于65%(g/ml);糖浆剂应澄清,在储存期间不得有酸败、异臭、产生气体或其他变质现象。含药材提取物的糖浆剂,允许含少量轻摇即散的沉淀。糖浆剂中必要时可添加适量的乙醇、甘油和其他多元醇作稳定剂;如需加入防腐剂,羟苯甲酯的用量不得超过0.05%,苯甲酸的用量不得超过0.3%;必要时可加入色素。

(二) 糖浆剂的分类

按用途不同糖浆剂可分为三类(表14-10)。

表14-10 糖浆剂的分类

分类	特点和应用	举例
单糖浆	不含药物,供制备含药糖浆及作为矫味剂、助悬剂使用	单糖浆
芳香糖浆	含芳香挥发性物质,用作矫味剂	橙皮糖浆、姜糖浆
药用糖浆	含有药物,用于疾病的预防和治疗	磷酸可待因糖浆

(三) 糖浆剂的制备方法

糖浆剂的制备可分为溶解法和混合法两种。

1. 溶解法 又分为热溶法和冷溶法。

(1) 热溶法:制备工艺流程(图14-12)。

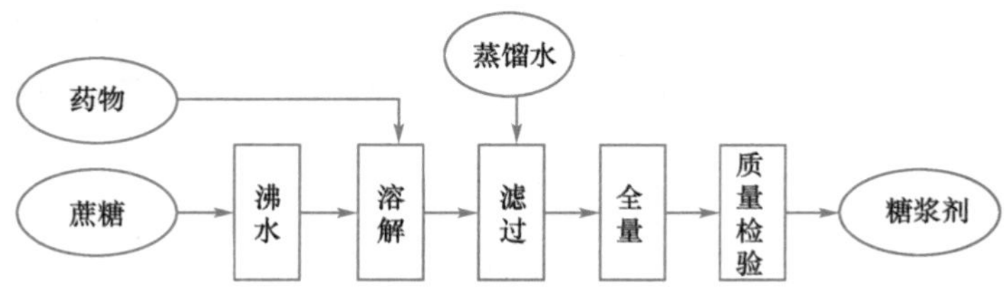

图14-12 热溶法制备糖浆剂工艺流程图

具体制备过程:将蔗糖溶于沸蒸馏水中,加热使其全溶,降温后加入其他药物,搅拌溶解、过滤,再通过滤器加蒸馏水至全量,分装,即得。

(2) 冷溶法:将蔗糖溶于冷蒸馏水或含药的溶液中制备糖浆剂的方法。本法适用于对热不稳定或挥发性药物，制备的糖浆剂颜色较浅。但制备所需时间较长并容易污染微生物。

2. 混合法　将含药溶液与单糖浆均匀混合制备糖浆剂的方法。这种方法适合于制备含药糖浆剂。本法的优点是方法简便、灵活，可大量配制，也可小量配制。一般含药糖浆的含糖量较低，要注意防腐。

链　接

糖浆剂中药物加入的方法

1. 水溶性固体药物　可先用少量蒸馏水使其溶解再与单糖浆混合。

2. 溶解度较小的药物　可酌加少量其他适宜的溶剂使药物溶解，然后加入单糖浆中，搅匀，即得。

3. 可溶性液体或药物的液体制剂　可将其直接加入单糖浆中，必要时过滤。

4. 含醇的液体制剂　与单浆糖混合时常发生混浊，为此可加入适量甘油助溶或加滑石粉作助滤剂。

5. 药物为水性浸出制剂　因含多种杂质，需纯化后再加到单糖浆中。

（四）糖浆剂制备注意事项

应在避菌环境中制备，各种用具、容器应进行洁净或灭菌处理，并及时灌装；应选择药用白砂糖；生产中宜用蒸气夹层锅加热，温度和时间应严格控制。糖浆剂应在30℃以下密闭储存。

考点：糖浆剂的特点和制备方法

四、其他溶液型液体制剂

（一）甘油剂

1. 甘油剂的概念　系指药物溶于甘油中制成的专供外用的溶液剂。甘油剂用于口腔、耳鼻喉科疾病。甘油吸湿性较大，应密闭保存。常用的有硼酸甘油、苯酚甘油、碘甘油等。

案例 14-3

碘甘油的制备

【处方】　碘10g，碘化钾10g，水10ml，甘油适量。

【制法】　取碘化钾加水溶解后，加碘搅拌使溶解，再加甘油使成1000ml，搅均，即得。

【作用与用途】　本品为消毒防腐药。用于口腔黏膜感染、牙龈炎等。

问题：

1. 甘油剂有什么特点?
2. 本处方中选用甘油除作为溶剂外，还有什么作用?
3. 为什么要加碘化钾? 水起什么作用?

2. 甘油剂的制备方法　有溶解法（如苯酚甘油的制备）和化学反应法（如硼酸甘油的制备）两种。

（二）醑剂

醑剂系指挥发性药物的浓乙醇溶液。可供内服或外用。凡用于制备芳香水剂的药

物一般都可制成酊剂。酊剂中的药物浓度一般为5%～10%，乙醇浓度一般为60%～90%。酊剂中的挥发油容易氧化、挥发，长期储存会变色等。酊剂应储存于密闭容器中，但不宜长期储存。酊剂可用溶解法和蒸馏法制备。

第5节　高分子溶液剂

一、概　　述

高分子溶液剂系指高分子化合物溶解于溶剂中形成的均匀分散的液体药剂。以水为溶剂时，称为亲水性高分子溶液，又称为亲水胶体溶液或称胶浆剂。以非水溶剂制成的称为非水性高分子溶液剂。亲水性分子溶液在药剂中应用较多，如混悬剂中的助悬剂、乳剂中的乳化剂、片剂的粘合剂与包衣材料、血浆代用品、微囊、缓释制剂等都涉及高分子溶液。故这里主要介绍亲水性高分子溶液的性质与制备。

二、高分子溶液剂的性质

（一）高分子化合物的带电性

高分子化合物在溶液中一般带有电荷（表14-11），是因为高分子化合物结构中的某些基团电离所致。由于高分子化合物在溶液的荷电，所以具有电泳现象。通过电泳法可测定高分子溶液所带电荷的种类。

表14-11　高分子溶液的带电性

溶液电性	高分子化合物种类
带正电荷	琼脂、血红蛋白、碱性染料（亚甲蓝、甲基紫）、明胶、血浆蛋白等
带负电荷	淀粉、阿拉伯胶、西黄蓍胶、鞣酸、树脂、磷脂、酸性染料（伊红、靛蓝）、海藻酸钠、纤维素及其衍生物等
两性电荷	蛋白质分子含有羧基和氨基在水溶液中随pH不同而带正电或负电。pH等于等电点时不带电，此时溶液的黏度、渗透压、电导性、溶解度都变得最小。pH小于等电点时，蛋白质带正电荷；pH大于等电点，蛋白质带负电荷

（二）高分子化合物的稳定性

高分子溶液的稳定性主要取决于高分子化合物的水化作用以及其所带相同电荷的相斥力。

1. 水化作用　亲水性高分子化合物结构中有大量的亲水基团，能与水形成牢固的水化膜，水化膜能阻止高分子化合物分子之间的相互凝聚，而使之稳定。水化膜愈厚，稳定性愈大。

2. 盐析作用　凡能破坏高分子化合物水化作用的因素，均能使高分子溶液不稳定。当向溶液中加入大量电解质时，由于电解质具有比高分子化合物更强的水化作用，结合了大量的水分子而使高分子化合物的水化膜被破坏，使高分子化合物凝结而沉淀，此过程称为盐析。起盐析作用的主要是电解质的阴离子。盐析法可用于制备生化制剂和中药制剂。

3. 脱水作用　破坏水化膜的另一种方法是加入大量脱水剂（如乙醇、丙酮）。通过控制所加入脱水剂的浓度，可分离出不同分子量的高分子化合物，如羧甲基淀粉钠、右旋糖酐代血浆等的制备。

4. 凝聚作用　带相反电荷的两种高分子溶液混合时，由于相反电荷中和作用会产生凝结沉淀。

5. 陈化现象　高分子溶液久置也会自发地凝结而沉淀，称为陈化现象。

6. 絮凝作用　在其他如光、热、pH、射线、絮凝剂等因素的影响下，高分子化合物可凝结成沉淀，称为絮凝现象。

（三）高分子溶液的其他性质

1. 胶凝性　一些亲水性高分子溶液，如明胶水溶液、琼脂水溶液，在温热条件下为黏稠性流动液体，当温度降低时，高分子溶液就形成网状结构，分散介质水被全部包含在网状结构中，形成了不流动的半固体状物，称为凝胶，如软胶囊的囊壳就是这种凝胶。形成凝胶的过程称为胶凝。凝胶失去网状结构中的水分时，体积缩小，形成干燥固体，称干胶。

2. 渗透压与黏度　亲水性高分子溶液具有较高的渗透压，渗透压的大小与高分子溶液的浓度有关。高分子溶液是黏稠性流动液体，常用作助悬剂。

三、高分子溶液剂的制备

高分子溶液通常采用溶解法制备。但由于其分子量特别大，其溶解过程不同于小分子化合物，一般要经过有限溶胀与无限溶胀两个阶段。

案例 14-4

胃蛋白酶合剂的制备

【处方】　胃蛋白酶 20g，稀盐酸 20ml，单糖浆 100ml，橙皮酊 20ml，5% 尼泊金乙酯醇液 10ml，蒸馏水加至 1000ml。

【制法】

(1) 取稀盐酸、单糖浆加水约 800ml，搅匀；

(2) 缓缓加入橙皮酊、5% 尼泊金乙酯醇液，随加随搅拌；

(3) 将胃蛋白酶均匀撒于液面上，让其自然膨胀、溶解；

(4) 再加蒸馏水至全量，搅均即得。

问题：

处方中各组分的作用是什么？配制时应注意哪些问题？

1. 有限溶胀　可溶性高分子刚刚与溶剂水接触时，首先是水分子渗入到高分子化合物的分子间的空隙中，与高分子中的亲水基团发生水化作用而使其体积膨胀，这一过程称为有限溶胀。

2. 无限溶胀　由于高分子空隙间水分子的存在，降低了高分子分子间的作用力（范德华力），溶胀过程继续进行，最后高分子化合物完全分散在水中形成高分子溶液，这一过程称为无限溶胀。无限溶胀的过程也就是高分子化合物逐渐溶解的过程。无限溶胀常需加以搅拌或加热才能完成。形成高分于溶液的这一过程称为胶溶。

高分子化合物的种类甚多，亲水性高分子溶液的制备因原料的状态不同而有所区别。根据实验和经验，总结出了一些高分子化合物的制备方法（表 14-12）。

表 14-12　高分子溶液的制备方法

原料状态	代表品种	制备方法
粉末状	胃蛋白酶 CMC-Na	（1）溶解法：取所需水量的 1/2~4/5，将其粉末分次撒在液面上或浸泡于水中，使其充分吸水膨胀胶溶，必要时略加搅拌
	西黄蓍胶等	（2）醇分散法：取粉末状高分子原料置于干燥容器内，先加少量乙醇或甘油使其均匀润湿，然后加大量水振摇或搅拌使溶解
片、颗粒或块状	明胶、琼脂等	热熔法：先加少量冷水放置浸泡一定时间，使其充分吸水膨胀，然后加足量的热水并加热使其胶溶
其他	甲基纤维素、淀粉等	淀粉遇水立即膨胀，但无限溶胀过程必须加热至 60~70℃ 才能完成。甲基纤维素的有限溶胀和无限溶胀过程需在冷水中完成

考点：高分子溶液剂的性质和制备方法

第 6 节　溶　胶　剂

一、概　述

溶胶剂系指固体药物的微细粒子分散在水中形成的非均相分散的液体药剂，又称为疏水胶体溶液。分散质点的大小在 1~100nm 范围。属于热力学不稳定系统。将药物制成溶胶分散体系，可改善药物的吸收，使药效增大或异常，对药物的刺激性也会产生影响。如粉末状的硫不被肠道吸收，但制成胶体则极易吸收，可产生毒性反应甚至中毒死亡。具有特殊刺激性的银盐制成具有杀菌的胶体蛋白银、氧化银、碘化银则刺激性降低。目前溶胶剂应用很少，但其性质对药剂学却有着重要意义。

考点：溶胶剂的概念

二、溶胶剂的结构和性质

溶胶剂的外观与溶液剂相似，透明无沉淀，能透过滤纸、棉花，而不能透过半透膜。由于分散相是多分子聚集体，因此具有与一般溶液剂不同的性质。

（一）布朗运动

溶胶的质点小，分散度大，在分散介质中存在不规则的运动，这种运动称为布朗运动。布朗运动能克服重力的作用而阻止胶粒沉降。

（二）丁达尔效应

溶胶剂的中胶粒具有丁达尔效应，这种性质在高分子溶液中表现不明显，溶胶剂的颜色与胶粒对光线的吸收和散射有关，不同溶胶剂对不同波长的光线有特定的吸收作用，使溶胶剂产生不同的颜色。利用这种性质可用于鉴别溶胶和粒子大小的变化，如碘化银溶胶呈黄色，蛋白银溶胶呈棕色，氧化金溶胶则呈深红色。

（三）胶粒带电

胶粒具有双电层结构。由于胶粒可带正电或带负电，在电场作用下产生电泳现象。电位愈高，电泳速度就愈快。

（四）稳定性

溶胶剂的稳定性主要取决于胶粒所带的电荷，由于胶粒表面所带相反电荷的排斥作

用，阻碍胶粒的合并，这是溶胶剂稳定的主要原因。胶粒双电层中离子的水化作用以及胶粒具有的布朗运动，也增加了溶胶剂的稳定性。

溶胶剂对电解质及相反电荷的溶胶剂极其敏感。加入少量电解质或相反电荷的溶胶剂，中和胶粒的电荷，使电位降低，同时也因电荷的减弱而使水化层变薄，使溶胶剂产生凝聚而沉淀。向溶胶剂加入亲水性高分子溶液，使溶胶剂具有亲水胶体的性质而增加稳定性，加入的亲水胶体称为保护胶体。如制备氧化银胶体时，加入血浆蛋白作为保护胶体而制成稳定的蛋白银溶液。

三、溶胶剂的制备

溶胶的制备有分散法和凝聚法两种。分散法系将药物的粗粒子分散达到溶胶粒子范围（1～100nm）之间的制备过程。包括机械分散法和超声波分散法。凝聚法系利用化学反应或改变物理条件，使均相分散的物质（分子或离子）聚集成胶粒的方法。其包括物理凝聚法和化学凝聚法。

第7节　混　悬　剂

一、概　述

（一）混悬剂的概念

混悬剂系指难溶性固体药物以微粒状态分散于分散介质中形成的非均匀液体制剂。它属于粗分散体系，分散相微粒的大小一般在0.1～10μm，有的可达50μm或更大，属于热力学不稳定的粗分散体系（图14-13）。混悬剂的分散介质大多为水，也可用植物油。

干混悬剂是将难溶性药物与适宜辅料制成粉末状或颗粒状药剂，临用前加水振摇即可分散成混悬液。制成干混悬剂有利于解决混悬剂在保存过程中的稳定性问题，并可简化包装，便于储藏和携带。如罗红霉素干混悬剂。

图14-13　复方硫洗剂

（二）制备混悬剂的条件

以下情况可把药物制成混悬剂：

（1）凡难溶性药物需制成液体药剂应用时。

（2）药物的剂量超过了溶解度而不能以溶液剂应用时。

（3）两种溶液混合由于药物的溶解度降低而析出固体药物或产生难溶性化合物。

（4）与溶液剂比较，为了使药物具有缓释作用时。

（5）与固体剂型比较，为加快药物的吸收速度、提高药物生物利用度时。

对于毒剧药物或剂量太小的药物，为了保证用药的安全性，则不宜制成混悬剂。混悬剂应在标签上应注明“用前摇匀”，以保证能准确的分取剂量。

考点：混悬剂的概念与制备条件

二、混悬剂的物理稳定性

混悬剂分散相（药物）的微粒大于胶粒，容易聚集，是热力学不稳定体系。混悬剂的稳定性主要与下列因素有关。

(一) 混悬微粒的沉降

1. 混悬微粒的沉降速度 混悬剂中微粒受重力作用发生沉降时，其沉降速度符合斯托克斯(Stokes)定律：

$$V=2r^2(\rho_1-\rho_2)g/9\eta$$

式中，V：微粒沉降速度(cm/s)；r：微粒半径(cm)；ρ_1：微粒的密度(g/ml)；ρ_2：分散介质的密度(g/ml)；g：重力加速度(cm/s^2)；η：分散介质的黏度(Pa・s)。

由上式可以看出，微粒沉降速度 V 与微粒半径 r^2、微粒的密度与分散介质的密度差($\rho_1-\rho_2$)成正比，与分散介质的黏度 η 成反比，沉降速度越大，混悬剂的稳定性越小。

2. 增加混悬剂稳定性的办法有 ①减小混悬微粒的半径；②降低微粒与分散介质之间的密度差；③增大分散介质的黏度；其中尤以减小混悬微粒的半径最为有效，在条件一定时，r 减小 1 倍，沉降速度可降低 4 倍。

(二) 混悬微粒的电荷与水化

与胶体微粒相似，微粒表面的电荷与介质中相反离子之间可构成双电层，产生 ξ 电位。由于微粒表面带有电荷，水分子便在微粒周围定向排列形成水化膜，微粒的电荷与水化膜均能阻碍微粒的合并，增加了混悬剂的聚结稳定性。

(三) 絮凝与反絮凝

如果向混悬剂中加入适量电解质(絮凝剂)，混悬微粒就会变成疏松的絮状沉淀而絮凝。向絮凝状态的混悬剂中再加入电解质(反絮凝剂)，可使絮凝状态转变为非絮凝状态，这时的混悬剂流动性好，易于倾倒。

(四) 混悬微粒的润湿

固体药物能否被润湿，与混悬液制备的难易、质量好坏及稳定性大小关系很大。混悬微粒若为亲水性药物，即能被水润湿，润湿的混悬微粒，可与水形成水化膜，阻碍微粒合并、凝聚与沉降。而疏水性药物如硫，不能被水润湿，故不能均匀分散于水中，需加入润湿剂(表面活性剂)以降低了固液间的界面张力，改善其润湿性，增加混悬液的稳定性。

(五) 微粒的增长与晶型的转变

(1) 微粒的增长制备混悬剂时，不仅要考虑粒子大小，还应考虑粒子大小的一致性。混悬剂在放置过程中，微粒的大小与数量不断变化。小的微粒数目不断减少，大的微粒不断长大，使微粒的沉降速度加快。

(2) 晶型的转变许多结晶性药物，都可能有几种晶型存在，在同一药物的多晶型中，有稳定型晶型和亚稳定型晶型。而亚稳定晶型常有较大的溶解度和较高的溶解速度，在体内吸收也较快，所以在药剂中常选用亚稳定晶型，以提高疗效。但在药剂的储存或制备过程中，亚稳定型必然要向稳定型转变，对此一般可增加分散介质的黏度，如混悬剂中添加亲水性高分子化合物甲基纤维素、聚乙烯吡咯烷酮、阿拉伯胶等或添加表面活性剂，如吐温等，被微粒表面吸附可有效地延缓晶型的转变。

(六) 其他

考点：混悬剂的物理稳定性

分散相的浓度和温度等对混悬剂的稳定性也有影响。一般分散相浓度升高，混悬剂稳定性下降。温度改变可影响分散介质黏度，微粒的沉降速度、絮凝速度、沉降容积比；冷冻也可破坏混悬剂的网状结构，从而改变混悬剂的稳定性。

案例 14-5

炉甘石洗剂制备

【处方】 炉甘石 150g,氧化锌 50g,甘油 50ml,羧甲基纤维素钠 2.5g,纯化水适量。

【制法】 取炉甘石、氧化锌研细过筛后,加甘油及适量纯化水研磨成糊状,另取羧甲基纤维素钠加纯化水溶解后,分次加入上述糊状液中,随加随研磨,再加纯化水使成 1000ml,搅匀,即得。

【作用和用途】 具有保护皮肤、收敛、消炎作用。用于皮肤炎症、湿疹、荨麻疹等。用前摇匀,涂抹于皮肤患处。

问题:

为什么要加入水、甘油和羧甲基纤维素钠?

三、 混悬剂的稳定剂

混悬剂为不稳定分散体系,为了增加其稳定性,以适应临床需要,可加入适当的稳定剂,常用的稳定剂有助悬剂、润湿剂、絮凝剂与反絮凝剂。

(一) 润湿剂

润湿剂系指能增加疏水性药物微粒被水润湿的附加剂。用疏水性药物,如硫黄、甾醇类等制备混悬剂时,必须加入润湿剂。润湿剂吸附在药物表面,增加了其亲水性,产生较好的分散效果。常用润湿剂 HLB 值一般在 7~9 的表面活性剂,外用润湿剂可用肥皂、月桂醇硫酸钠、司盘类,内服可用吐温类等。

(二) 助悬剂

助悬剂系指能增加分散介质的黏度、降低药物微粒的沉降速度或增加微粒亲水性的附加剂。常用助悬剂有:

(1) 低分子助悬剂如甘油、糖浆等。

(2) 高分子助悬剂分天然的和合成的两类。常用的天然高分子助悬剂有阿拉伯胶、西黄蓍胶、琼脂、淀粉浆、海藻酸钠、白芨胶或桃胶等。使用天然高分子助悬剂的同时,应加入防腐剂。常用的合成高分子助悬剂有甲基纤维素、羧甲基纤维素钠、羟乙基纤维素、羟丙基甲基纤维素、聚乙烯吡咯烷酮、聚乙烯醇等。

(3) 硅酸类常用的有胶体二氧化硅、硅酸铝、硅皂土等。

(4) 触变胶可使混悬微粒稳定的分散于介质中而不易聚集沉降。

(三) 絮凝剂与反絮凝剂

絮凝剂是使混悬剂产生絮凝作用的附加剂,而产生反絮凝作用的附加剂称为反絮凝剂。同一电解质由于用量不同,可是絮凝剂或反絮凝剂。常用的絮凝剂和反絮凝剂有枸橼酸盐(酸式盐或正盐)、酒石酸盐(酸式盐或正盐)、磷酸盐及一些氯化物等。

考点:混悬剂常用的稳定剂

四、 混悬剂的制备

(一) 分散法

分散法就是将固体药物粉碎成符合混悬剂微粒要求的分散程度,再分散于分散介质中的制备混悬剂的方法。

1. 制备流程 药物称量与粉碎→药物润湿与分散→混悬剂(图 14-14)。

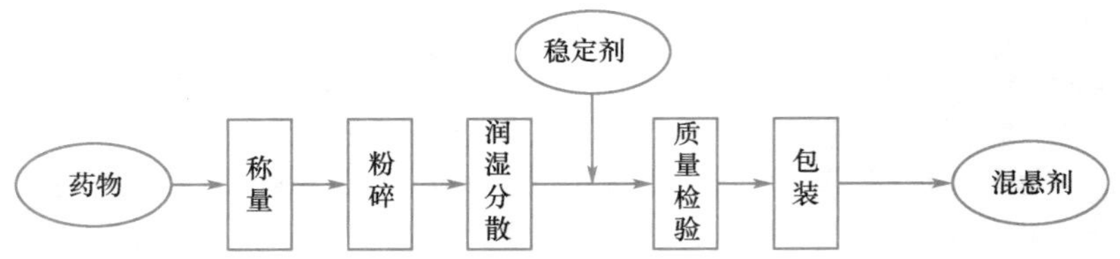

图 14-14 分散法的制备工艺流程图

2. 制法

(1) 亲水性药物:如氧化锌、炉甘石、碱性碳酸铋、碳酸钙、磺胺药等,一般应先将药物粉碎到一定细度,再采用加液研磨法制备,即一份药物 0.4~0.6 份液体研磨,研磨至适宜的分散度,最后加入处方中的剩余液体使成全量。加液研磨可使用处方中的液体,如水、芳香水、糖浆、甘油等。此法可使药物更容易粉碎,得到的混悬微粒可达到 0.1~0.5μm,制成微粒细微均匀的混悬剂。

(2) 疏水性药物:将疏水性药物加润湿剂共研,改善疏水性药物的润湿性,同时加入适宜的助悬剂,可制得稳定的混悬剂。

(3) 对于质重、硬度大的药物:可采用水飞法制备。水飞法可使药物粉碎成极细的程度有助于混悬剂的稳定。

(4) 小量制备可用乳钵,大量生产可用乳匀机、胶体磨等机械。投药瓶不宜盛装太满,以留出适当空间便于用前摇匀。

(二) 凝聚法

(1) 物理凝聚法系指将分子或离子分散状态分散的药物加入另一分散介质中凝聚成混悬液的方法。物理凝聚法又包括溶剂改变法和温度改变法。如醋酸可的松滴眼剂的制备就是采用物理凝聚法制备。

(2) 化学凝聚法系指利用化学反应法使两种药物生成难溶性药物微粒,再混悬于分散介质中制成混悬剂。为使微粒细微均匀。反应在稀溶液、低温下混合。如用于胃肠道透视的 $BaSO_4$ 就是用此法制成。化学凝聚法现已少用。

考点:混悬剂的制备方法

图 14-15 胶体磨

(三) 制备混悬剂的常用器械

(1) 乳钵实验室少量制备时使用。

(2) 胶体磨适合于制备混悬液、乳浊液。将分散相、介质及稳定剂加于胶体磨中,分散相受强大剪切力作用而粉碎,可得直径 1μm 以下的微粒,形成均匀混悬液(图 14-15)。

五、 混悬剂的质量检查

口服混悬剂的混悬物应分散均匀,放置后有沉降物经振摇应易再分散,并应检查沉降体积比。单剂量包装的干混悬剂应检查重量差异。单剂量包装、多剂量包装的口服混悬剂应按规定检查装量。

（一）微粒大小的测定

混悬剂中微粒的大小与混悬剂的质量密切相关，是评定混悬剂质量的重要指标。微粒大小及其分布根据《中国药典》2015年版“粒度和粒度分布测定法”中显微镜法、筛分法、光散射法测定，应符合规定。

（二）沉降体积比的测定

沉降体积比系指沉降物的体积与沉降前混悬剂的体积之比，可用来评价混悬剂的稳定性及稳定剂的效果。口服混悬剂照下述方法检查，沉降体积比应不低于0.90。

检查法：除另有规定外，用带塞量筒量取50ml混悬剂样品，密塞，用力振摇1min，记录混悬物的开始高度 H_0，静置3h，记录混悬物沉降后的最终高度 H，则其沉降体积比 F 为：

$$F=H/H_0$$

F 在0~1之间。F 愈大，表示沉降物的高度愈接近混悬剂高度，混悬剂愈稳定。

干混悬剂按各品种项下规定的比例加水振摇，应均匀分散，并照上法检查沉降体积比，应符合规定。

（三）重新分散试验

优良的混悬剂经过储存后再振摇，沉降物应能很快重新分散。试验方法：将混悬剂置于100ml带塞量筒内，以20r/min的速度转动一定时间，量筒底部的沉降物应重新均匀分散。重新分散所需转动次数越少，说明混悬剂再分散性能良好。

（四）絮凝度的测定

絮凝度系指比较混悬剂絮凝程度的重要参数，用絮凝度评价絮凝剂的效果、预测混悬剂的稳定性，有重要价值。用下式表示：

$$\beta=F/F_\infty$$

式中，F 为絮凝混悬剂的沉降体积比；F_∞ 为去絮凝混悬剂的沉降体积比；β 表示由絮凝所引起的沉降物容积增加的倍数。β 值越大，絮凝效果越好。

（五）微生物限度

按照《中国药典》2015年版“微生物限度检查法”检查，应符合规定。

考点：混悬剂的质量评定方法

第8节　乳　　剂

案例14-6

鱼肝油乳

【处方】　鱼肝油500ml，阿拉伯胶（细粉）125g，西黄蓍胶（细粉）7g，挥发杏仁油1ml，糖精钠0.1g，尼泊金乙酯0.5g，蒸馏水加至1000ml。

【制法】　将阿拉伯胶与鱼肝油研匀，一次加入蒸馏水250ml，研磨制成初乳，加糖精钠水溶液、挥发杏仁油、尼泊金乙酯醇液，再缓缓加入西黄蓍胶胶浆，加蒸馏水至全量，搅匀，即得。

问题：

1. 本处方制得的鱼肝油乳所采用的是什么方法？
2. 属于什么类型的乳剂？

一、概　述

乳剂系指两种互不相溶的液体混合，其中一种液体以小液滴状态分散在另一种液体中所形成的非均相液体分散体系，也称乳浊液。乳剂中的水或水溶液称为水相，用 W 表示，另一种液体则是与水不相溶的有机液体统称为油相，用 O 表示。分散成液滴的一相称为分散相、内相或不连续相；而包在液滴外面的一相则称为分散介质、外相或连续相。分散相液滴的直径一般在 0.1～10μm 范围内。乳剂可供内服（如鱼肝油乳）和外用（如液体石蜡乳），也可供注射用，如静脉脂肪乳。

（一）乳剂基本组成

乳剂属于热力学不稳定体系，需加入乳化剂使其容易形成和稳定，故乳剂是由水相、油相和乳化剂三者组成的液体制剂。

（二）乳剂类型

1. 根据内、外相不同分类　乳剂可分为水包油型（简写为 O/W 型）和油包水型（简写为 W/O 型）及复合型乳剂（或称多重乳剂）（表 14-13）。

表 14-13　乳剂按照内、外相不同分类

类型	内相	外相
O/W	油相	水相
W/O	水相	油相
O/W/O	O/W 型乳滴	油相
W/O/W	W/O 型乳滴	水相

O/W 型和 W/O 型乳剂的主要区别方法如下（表 14-14）。

表 14-14　O/W 型和 W/O 型乳剂的区别

项目	O/W 型乳剂	W/O 型乳剂
稀释法	能与水混溶	不能与水混溶，能与油混溶
外相染色	能被水溶性染料（如亚甲蓝）染色	能被油溶性染料（如苏丹红）染色

2. 按照液滴粒径大小分类　乳剂可分成普通乳、亚微乳和微乳（纳米乳）。普通乳粒径大小在 1～100μm；亚微乳粒径大小在 0.1～0.5μm；微乳粒径大小在0.25～0.4μm。

（三）乳剂的特点

（1）油类制成乳剂后，分剂量准确，应用也较方便。

（2）乳剂能使药物较快的被吸收并发挥药效，有利于提高生物利用度。

（3）水包油型乳剂能掩盖油的不良嗅味，还可加入矫味剂，使其易于服用。

（4）外用乳剂能改善药物对皮肤、黏膜的渗透性，减少刺激性。

（5）静脉注射乳剂不但作用快，药效高，而且有一定的靶向性。

（6）静脉营养乳剂，是高能营养输液的重要组成部分。

考点：乳剂的概念、类型及特点

二、乳　化　剂

乳化剂系指可阻止分散相聚集而使乳剂稳定的物质。其在乳剂的形成、稳定性以及药效发挥等方面起重要作用。

（一）乳化剂的基本要求

理想的乳化剂应具备下列条件：

（1）具有较强的乳化能力，乳化能力系指乳化剂能显著降低油水两相之间的表面张力，并能在乳滴周围形成牢固的乳化膜的能力。

（2）有一定的生理适应能力，无毒，无刺激性，可以口服、外用或注射给药。

（3）化学性质稳定，不与处方中药物、其他成分发生反应，不影响药物吸收和含量测定。

（二）乳化剂的种类

根据来源和性质不同，乳化剂可以分为天然乳化剂、表面活性剂类、固体粉末乳化剂和辅助乳化剂（表 14-15）。

表 14-15　常见乳化剂分类

按来源类型	按性质类型	常见乳化剂
天然乳化剂	O/W 型	阿拉伯胶、西黄蓍胶、磷脂、明胶、海藻酸钠等
	W/O 型	胆固醇
表面活性剂	O/W 型	HLB 值在 3~6 的表面活性剂：如司盘类
	W/O 型	HLB 值在 8~16 的表面活性剂：如吐温类
固体粉末乳化剂	O/W 型	氢氧化镁、氢氧化铝、二氧化硅、硅皂土
	W/O 型	氢氧化钙、氢氧化锌、硬脂酸镁

（三）乳化剂的选用原则

乳化剂的种类很多，应根据乳剂的使用目的、药物的性质、处方的组成、制备乳剂的类型、乳化方法等综合考虑，适当选择。

（1）根据乳剂的类型选择处方设计中乳剂的类型若为 O/W 型乳剂，应选择 O/W 型乳化剂；W/O 型乳剂则选择 W/O 型乳化剂。

（2）根据乳剂的给药途径选择主要考虑乳化剂的毒性、刺激性。口服乳剂应选择无毒性的天然乳化剂或某些亲水性高分子乳化剂。外用乳剂应选择无刺激性、长期应用无毒性的乳化剂。注射用乳剂则应选择磷脂、泊洛沙姆等乳化剂。

（3）根据乳化剂性能选择应选择乳化能力强、性质稳定、受外界因素影响小、无毒、无刺激性的乳化剂。

(4) 混合乳化剂的选择乳化剂混合使用可获得适宜的 HLB 值,使乳化剂有更大的适应性,形成更为牢固的乳化膜,并增加乳剂的黏度,从而增加乳剂的稳定性。乳化剂混合使用时,必须符合油相对 HLB 值的要求。

考点:乳剂常用的乳化剂

三、乳剂的形成理论

乳剂的形成与乳化剂性质有很重要的关系,乳剂形成的理论有下列几种。

(一) 降低表面张力

乳剂形成时,一种液体被分散成细小液滴,均匀分布于另一液体中。液滴越小,系统增加的总表面积越大,表面自由能也就越大。如果降低系统的表面张力,有利于乳剂的形成和稳定。降低表面张力最有效的方法是加入表面活性剂。加入适宜的乳化剂,乳化剂被吸附于乳滴的界面,使乳滴在形成过程中有效地降低表面张力和表面自由能,有利于形成和扩大新的界面。所以选择适宜的乳化剂,是形成稳定乳剂的必要条件。

(二) 形成牢固的乳化膜

乳化剂具有极性亲水基团和非极性亲油基团,当乳化剂与油、水混合时,乳化剂被吸附在油、水界面上定向排列,亲水基团转向水层,亲油基团转向油层,形成乳化膜。乳化膜越牢固,乳剂也越稳定。

(三) 乳化剂对乳剂的类型的影响

决定乳剂类型的因素很多,最主要是乳化剂的性质和乳化剂的 HLB 值,其次是形成乳化膜的牢固性、相容积比、温度、制备方法等。

(四) 具有适宜的相比

乳剂中油、水两相的容积比称为相比。制备乳剂时分散相浓度一般在 10%~50%,相容积比在 25%~50%时乳剂稳定性好。如分散相浓度超过 50%,乳滴之间的距离很近,乳滴易发生碰撞而合并或转相,从而使乳剂不稳定。故制备乳剂时,应有适宜的相比。

四、乳剂的制备

乳剂的制备方法有胶溶法、新生皂法、机械法和油水交替加入法。

(一) 胶溶法

胶溶法是以阿拉伯胶(简称为胶)为乳化剂(也可用阿拉伯胶和西黄蓍胶的混合物作为乳化剂),利用研磨的方法制备 O/W 型乳剂的方法。胶溶法又包括干胶法和湿胶法。

1. 干胶法的制备流程(图 14-16) 制备时先将胶粉(乳化剂)与油混合均匀,加入约处方总量 1/4 的水,研磨乳化成初乳,再逐渐加剩下的水稀释至全量。

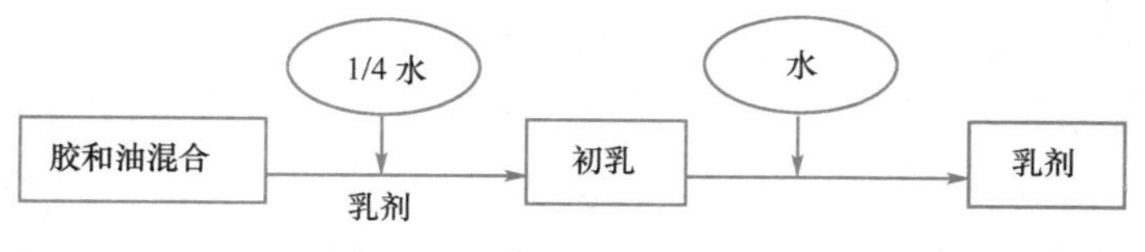

图 14-16 干胶法的制备流程

2. 湿胶法的制备流程(图 14-17)　制备时将胶先溶于大约处方总量的 1/4 的水中，制成胶浆作为水相，再将油相慢慢加入水相中，研磨成初乳，再加水至全量。

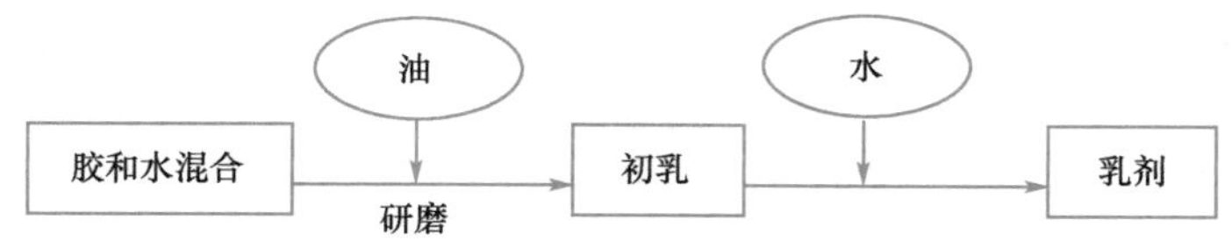

图 14-17　湿胶法的制备流程

在初乳中油、水、胶的比例是：植物油为 4 ∶ 2 ∶ 1，挥发油是 2 ∶ 2 ∶ 1，液状石蜡是3 ∶ 2 ∶ 1。

案例 14-7

石灰搽剂

【处方】　氢氧化钙溶液 50ml，花生油 50ml。

【制法】　取氢氧化钙溶液与植物油置带塞三角烧瓶中，用力振摇，使成乳状液，即得。

【作用和用途】　收敛、保护、润滑、止痛，用于轻度烫伤等。

问题：

1. 本品是采用什么方法制备的？
2. 本品的乳化剂是什么？
3. 本处方所制的的乳剂是什么类型的？

（二）新生皂法

新生皂法（也称振摇法）在油、水两相混合时，两相界面上生成的新生皂类产生乳化的方法。其工艺流程（图 14-18）。

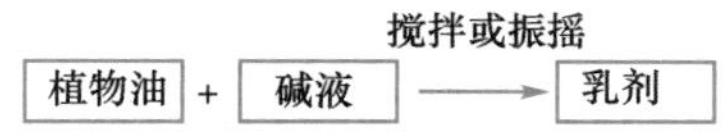

图 14-18　新生皂法的制备流程

利用植物油所含的游离油酸等有机酸与加入的氢氧化钠、氢氧化钙水溶液经搅拌或振摇生成肥皂作乳化剂制成乳剂。若生成钠皂为 O/W 型乳剂，若生成钙皂为 W/O 型乳剂。

（三）机械法

机械法是将油相、水相、乳化剂混合后用乳化机械制备成乳剂。此法可不考虑各相加入的先后顺序，适合大量配制乳剂。其制备工艺流程图（图 14-19）。

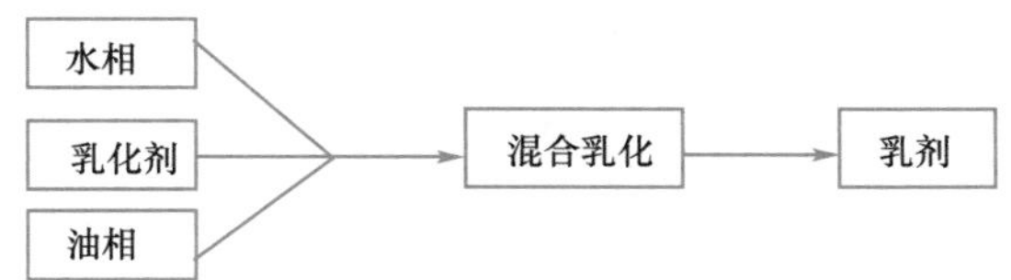

图 14-19　机械法的制备工艺流程

(四) 油水交替加入法

向乳化剂溶液中少量多次地交替加入水或油,同时边加边研磨或搅拌制备乳剂的方法。

链 接

乳剂中药物的加入方法

乳剂中油相和水相本身很少有医疗作用,但乳剂作为药物的载体可以加入各种药物。

(1) 水溶性药物先溶于水相,油溶性药物先溶于油相,然后再用此水或油制备乳剂。

(2) 若需制成初乳,可将溶于外相的药物溶解后再用以稀释初乳。

(3) 油、水中都不能溶解的药物,可用亲和性大的液相研磨,再制成初乳;也可将药物研成极细粉后加入乳剂中,使其吸附于乳滴周围而达均匀分布。

(4) 有的成分(如浓醇或大量电解质)可使胶类脱水,影响乳剂形成,应先将这些成分稀释,然后逐渐加入。

五、 乳剂的稳定性

乳剂属于热力学不稳定体系,不稳定性主要有分层、絮凝、转相、破裂、酸败等现象。

(1) 分层系指乳剂放置后出现的分散相粒子上浮或下沉的现象,又称乳析。分层的主要原因是由于分散相与分散介质之间密度差造成的,也与分散相容积比有关,相容积比低于 25%乳剂很快分层,达到 50%就能明显减少分层速度。分层是一种可逆变化,经振摇后可恢复成均匀乳剂。通过减小分散相与分散介质之间的密度差,增加分散介质的黏度,都可以减慢分层速度。

(2) 絮凝系指分散相的液滴发生可逆的聚集现象。絮凝状态仍保持液滴及乳化膜的完整性,絮凝是一种可逆变化。絮凝的产生与分散相液滴表面电荷的减少有关,乳剂中加入电解质或离子型乳化剂均可能影响液滴带电荷情况。同时,絮凝与乳剂的黏度、流变性等因素也有密切关系。

(3) 转相由于某些条件的变化而引起乳剂类型的改变称为转相。如由 O/W 型转变为 W/O 型或由 W/O 型转变为 O/W 型。转相主要是由于乳化剂的性质改变而引起,造成转相的主要原因是乳化剂性质的改变。此外,油水两相的比例量(或体积比)的变化也可引起转相。

(4) 合并与破裂乳剂中液滴周围的乳化膜被破坏导致液滴变大,称为合并,合并的液滴进一步分成油、水两层称为破裂。破裂是不可逆的变化。影响乳剂稳定性各种因素中,最重要的是形成乳化膜的乳化剂的理化性质,单一或混合使用的乳化剂形成的乳化膜越牢固,就越能防止乳滴的合并与破裂。

(5) 酸败系指乳剂受外界因素(光、热、空气等)或微生物作用,使油相或乳化剂发生变化而引起变质的现象。通常可加入抗氧剂以防止氧化变质,加入防腐剂抑制微生物生长。

考点:乳剂的稳定性

六、 乳剂的质量检查

乳剂给药途径不同,其质量要求也不同,很难制定统一的质量标准。但对所制备的乳剂的质量必须有最基本的评定。

（一）乳剂粒径大小的测定

乳剂粒径大小是衡量乳剂质量的重要指标。不同途径的乳剂对粒径大小要求不同，如静脉注射乳剂的粒径应在 5μm 以下。

（二）分层现象的观察

乳剂经长时间放置，粒径变大，进而产生分层现象。这一过程的快慢是衡量乳剂稳定性的重要指标。《中国药典》2015 年版采用“离心加速法”进行测定。

此外，乳滴合并速度的测定、稳定常数的测定都可评价乳剂稳定性的大小。

第 9 节　不同给药途径用液体制剂

一、合　剂

合剂系指主要以水为分散介质，含一种或一种以上药物的内服液体制剂（滴剂除外）。合剂可以是溶液剂、混悬剂、乳剂型的液体药剂。合剂中的药物可以是化学药物也可以是中药材提取物。根据药物性质可酌加适量的抗氧化剂、防腐剂、矫味剂和着色剂，以调节其色、香、味。常用制剂有硫酸锌合剂、复方甘草合剂、葡萄糖酸钙口服溶液等。

二、洗　剂

洗剂系指专供涂敷皮肤或冲洗用的外用液体药剂。其有溶液型、混悬型、乳剂型，以及它们的混合液，其中以混悬液为多。洗剂的分散介质多为水和乙醇。应用时一般轻涂或用纱布蘸取湿敷于皮肤上，亦可用于冲洗皮肤伤患处或腔道等。洗剂一般具有清洁、消毒、消炎、止痒、收敛和保护等局部作用。常用洗剂有炉甘石薄荷脑洗剂、水杨酸复合洗剂、苯甲酸苄酯洗剂等。

三、搽　剂

搽剂系指专供揉搽皮肤表面用的液体药剂。搽剂常用的分散剂有水、乙醇、液体石蜡、植物油和甘油等。搽剂有溶液型、乳浊液型及混悬液型。乳剂型搽剂用肥皂为乳化剂，可乳化皮脂，有利于药物的穿透。搽剂具有镇痛、收敛、保护、消炎、防腐、发红（或引赤）及抗刺激作用。搽剂涂于敷料上贴于患处，但一般不用于破损的皮肤。常用搽剂有吲哚美辛搽剂、复方鞣酸搽剂（止痒搽剂）等。

四、滴鼻剂

滴鼻剂系指专供滴入鼻腔内使用的液体制剂。滴鼻剂常以水、丙二醇、液体石蜡和植物油为溶剂。多制成溶液剂，也有制成乳剂和混悬剂使用者。主要供局部消毒、消炎、收缩血管和麻醉之用。

为促进吸收并防止黏膜水肿，应适当调节其渗透压、pH 及黏稠度。正常人鼻腔液 pH 一般为 5.5～6.5，炎症病变时，呈碱性，易使细菌繁殖，影响鼻腔内分泌物溶菌作用，以及纤毛的正常运动。所以滴鼻剂 pH 应为 5.5～7.5，与鼻黏液等渗，不改变鼻黏液的正常黏度，不影响纤毛运动和分泌液离子组成。常用滴鼻剂如利巴韦林滴鼻液、盐酸麻黄碱滴鼻液、复方薄荷脑滴鼻液等。

五、滴 耳 剂

滴耳剂系指供滴入耳腔内的外用液体制剂。一般以水、乙醇和甘油为溶剂；也有以丙二醇、聚乙二醇等为溶剂。滴耳剂有消毒、止痒、收敛、消炎、润滑等作用。外耳道有炎症时，其 pH 多在 7. 1～7. 8，故外耳道所用滴耳剂最好为弱酸性。滴耳剂如为混悬液，其最大颗粒不得超过 50μm。用于耳部伤口，尤其耳膜穿孔或手术前的滴耳剂，应灭菌，并不得添加抑菌剂，且密封于单剂量包装容器中。多剂量包装的滴耳剂，除另有规定外，应不超过 10ml。常用滴耳剂有复方诺氟沙星滴耳剂、氯霉素滴耳剂、复方硼酸滴耳剂等。

六、含 漱 剂

含漱剂系指专用于咽喉、口腔清洗的液体药剂，用于口腔的清洗、去臭、防腐、收敛和消炎。多为药物的水溶液，也可含少量甘油和乙醇。溶液中常加适量着色剂，以示外用漱口，不可咽下。含漱剂要求微碱性，以利于除去口腔的微酸性的分泌物与溶解黏液蛋白。常用的含漱剂，如葡萄糖酸氯己定含漱剂、甲硝唑漱口液。

七、滴 牙 剂

滴牙剂系指专用于局部牙孔的液体药剂。其特点是药物浓度大，往往不用溶剂或仅用很少量溶剂稀释。因其刺激性和毒性很大，应用时不能接触黏膜。滴牙剂一般不发给患者，由医护人员直接用于患者的牙病治疗。常用的滴牙剂如牙痛水、硝酸铵银溶液等。

八、灌 肠 剂

灌肠剂系指以灌肠器从肛门将药液灌注于直肠的一类液体制剂。多以水为溶媒，按其用途可分为清除灌肠剂和保留灌肠剂两类。

九、灌 洗 剂

灌洗剂系指灌洗阴道、尿道的液体药剂。洗胃用的液体药剂亦属灌洗剂。灌洗剂多为具有防腐、收敛、清洁等作用药物的水溶液。用量一般在 1000～2000ml，通常为临用前新鲜配制或用浓溶液稀释，施用时应热至体温。其主要目的是清洗或洗除黏膜部位某些病理异物。

第 10 节　液体药剂的包装与储藏

一、液体药剂的包装

液体药剂的包装与成品的质量、运输和储藏密切相关。包装材料应符合药用要求，对人体安全、无害、无毒；不与药物发生作用，不改变药物的理化性质和疗效，不影响药物的含量测定；能防止和杜绝外界不利因素的影响；坚固耐用、质轻、形状适宜、美观，便于运输、携带和使用；不吸收、不沾留药物。液体药剂的包装材料包括：容器（玻璃瓶、塑料瓶等）、瓶塞（橡胶塞、塑料塞、软木塞等）、瓶盖（塑料盖、金属盖等）、标签、说明书、塑料盒、纸盒、硬纸盒、纸箱、木箱等。

二、 液体药剂的储藏

液体药剂大部分以水为溶剂,易发生化学反应和污染微生物而变质。除另有规定外,应密封,遮光储存。储藏期不宜过长。

参考解析

案例 14-2 问题分析:在复方碘溶液的制备中,碘在水中溶解度为 1∶2950,加碘化钾作助溶剂,生成络合物易溶于水中,并能使溶液稳定,其反应式为:$KI+I_2=KI_3$。先将碘化钾加适量蒸馏水配成浓溶液,有助于加快碘的溶解速度。

碘具有强氧化性、腐蚀性和挥发性,称取时可用玻璃器皿,不宜用称量纸称取,更不能直接置于天平托盘上称量。称取后不宜长期暴露在空气中,切勿接触皮肤和黏膜。碘溶液为氧化剂,储贮于密闭玻璃塞瓶内,不得直接与木塞、橡皮塞及金属塞接触。为避免被碘腐蚀,可加一层玻璃纸衬垫。

案例 14-3 问题 1 分析:甘油剂的特点:甘油具有黏稠性、吸湿性和防腐性,对皮肤、黏膜有滋润和保护作用,黏附于皮肤、黏膜能使药物滞留患处而延长药物局部疗效。对刺激性药物有一定的缓和作用,制成的甘油剂也较稳定。

案例 14-3 问题 2 分析:在甘油剂中,甘油作为碘的溶剂可缓和碘对黏膜的刺激性,甘油易附着于皮肤或黏膜上,使药物滞留患处而起延长药效的作用。

案例 14-3 问题 3 分析:碘在甘油中溶解度约 1%(g/g),加碘化钾起助溶作用,并可增加碘的稳定性。配制时应控制水量,以免增加对黏膜的刺激性。

案例 14-4 问题分析:胃蛋白酶主药,稀盐酸调 pH 至 1.5~2.0,这时胃蛋白酶活性最强,单糖浆、橙皮酊为调味剂,5%尼泊金乙酯醇液为防腐剂,蒸馏水为溶剂。胃蛋白酶是粉末状原料且极易吸潮,采用溶解法制备,称量时应迅速。制备时将其粉末分次撒在液面上,让其自然膨胀、溶解。强力搅拌或用棉花、滤纸过滤等,都会影响本品的活性和稳定性。

案例 14-5 问题 1 分析:复方硫洗剂属于混悬剂。

案例 14-5 问题 2 分析:属于混悬剂的药物还有炉甘石洗剂、布洛芬混悬剂等。

案例 14-6 问题 1 分析:本品系用干胶法制备的。

案例 14-6 问题 2 分析:本品属于 O/W 型乳剂。

自 测 题

一、选择题

(一)单项选择题。每题的备选答案中只有一个最佳答案

1. 胃蛋白酶合剂中加稀盐酸的目的是(　　)
   A. 防腐　B. 提高澄清度
   C. 矫味　D. 增加胃蛋白酶的活性
   E. 加速溶解
2. 以下属于亲水性高分子溶液剂的是(　　)
   A. 芳香水剂　B. 糖浆剂
   C. 酊剂　D. 胃蛋白酶合剂
   E. 甘油剂
3. 属于胶体溶液型液体药剂的是(　　)
   A. 心电图导胶　B. 炉甘石洗剂
   C. 樟脑酯　D. 单糖浆
   E. 胃蛋白酶合剂
4. 以下说法正确的是(　　)
   A. 高分子溶液剂为均相液体药剂
   B. 高分子溶液剂为非均相液体药剂
   C. 高分子溶液剂会产生丁达尔效应
   D. 溶胶剂为均相液体药剂
   E. 溶胶剂能透过滤纸和半透膜
5. 乳剂不稳定现象,不包括(　　)
   A. 分层　B. 转相
   C. 合并　D. 沉淀

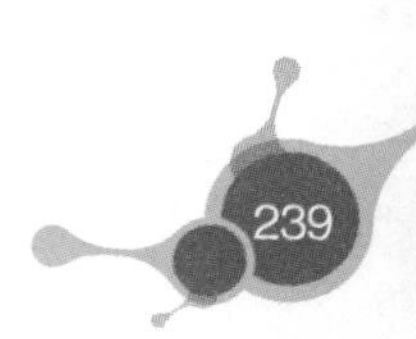

E. 乳裂

6. 能形成 W/O 型乳剂的乳化剂是(　　)

A. 阿拉伯胶　　B. 聚山梨酯 80

C. 胆固醇　　D. 十二烷基硫酸钠

E. 泊洛沙姆

7. 乳剂特点的错误表述是(　　)

A. 乳剂液滴的分散度大

B. 乳剂中药物吸收快

C. 乳剂的生物利用度高

D. 一般 W/O 型乳剂专供静脉注射用

E. 静脉注射乳剂注射后分布较快,有靶向性

8. 能形成 W/O 型乳剂的乳化剂是(　　)

A. 硬脂酸钠　　B. 硬脂酸钙

C. 聚山梨酯 80　　D. 十二烷基硫酸钠

E. 阿拉伯胶

9. 制备 O/W 或 W/O 型乳剂的关键因素是(　　)

A. 乳化剂的 HLB

B. 乳化剂的量

C. 乳化剂的 HLB 和两相的量比

D. 制备工艺

E. 两相的量比

10. 乳剂的制备方法中水相加至含乳化剂的油相中的方法(　　)

A. 中和法　　B. 干胶法

C. 湿胶法　　D. 直接混合法

E. 机械法

11. 关于干胶法制备乳剂叙述错误(　　)

A. 水相加至含乳化剂的油相中

B. 油相加至含乳化剂的水相中

C. 油是植物油时,初乳中油、水、胶比例是4∶2∶1

D. 油是挥发油时,初乳中油、水、胶比例是2∶2∶1

E. 本法适用于阿拉伯胶或阿拉伯胶与西黄耆胶的混合胶作为乳化剂制备乳剂

12. 乳剂中分散的乳滴聚集形成疏松的聚集体,经振摇即能恢复成均匀乳剂的现象称为乳剂的(　　)

A. 分层　　B. 絮凝

C. 转相　　D. 合并

E. 破裂

13. 乳剂放置后出现分散相粒子上浮或下沉的现象,这种现象是乳剂的(　　)

A. 分层　　B. 絮凝

C. 转相　　D. 合并

E. 破裂

14. 根据 Stokes 定律,混悬微粒沉降速度与下列哪个因素成正比(　　)

A. 混悬微粒半径　B. 混悬微粒粒速

C. 混悬微粒半径平方

D. 混悬微粒粉碎度

E. 混悬微粒直径

15. 不宜制成混悬剂的药物是(　　)

A. 毒性药物或剂量小的药物

B. 难溶性药物

C. 需产生长效作用的药物

D. 为提高在水溶液中稳定性的药物

E. 味道不适、难于吞服的口服药物

16. 混悬剂的质量评价不包括(　　)

A. 粒子大小的测定

B. 絮凝度的测定

C. 溶出度的测定

D. 流变学测定

E. 重新分散试验

17. 下列哪种物质不能作混悬剂的助悬剂的是(　　)

A. 西黄蓍胶　　B. 海藻酸钠

C. 硬脂酸钠　　D. 羧甲基纤维素钠

E. 聚维酮

18. 制备混悬液时,加入亲水高分子材料,增加体系的黏度,称为(　　)

A. 助悬剂　　B. 润湿剂

C. 增溶剂　　D. 絮凝剂

E. 乳化剂

19. 混悬剂的质量评定的说法正确的有(　　)

A. 沉降容积比越大混悬剂越稳定

B. 沉降容积比越小混悬剂越稳定

C. 重新分散试验中,使混悬剂重新分散所需次数越多,混悬剂越稳定

D. 絮凝度越大混悬剂越稳定

E. 絮凝度越小混悬剂越稳定

20. 下述对含漱剂叙述错误的是(　　)

A. 多为药物水溶液

B. 溶液常制成红色,以示外用

C. 专用于喉咙口腔清洗的液体药剂

D. 多配成酸性溶液

E. 可配成浓溶液供临用前稀释后使用

21. 外耳道有炎症时,所用滴耳剂最好为(　　)

A. 弱酸性　　B. 强酸性
C. 弱碱性　　D. 强碱性
E. 中性

22. pH 一般为 5.5～7.5，并要调节等渗的是(　　)
A. 洗剂　　B. 含漱剂
C. 滴鼻剂　　D. 滴牙剂
E. 灌肠剂

23. 多剂量滴眼剂在开启最多可用(　　)周。
A. 2　　B. 3
C. 4　　D. 5
E. 6

(二)配伍选择题。备选答案在前，试题在后。每组包括若干题，每组题均对应同一组备选答案。每题只有一个正确答案。每个备选答案可重复选用，也可不选用。

[24～27]
A. 盐析作用　　B. 脱水作用
C. 凝聚作用　　D. 絮凝作用
E. 酸败

24. 带相反电荷的两种高分子溶液混合时产生凝聚沉淀(　　)
25. 向高分子溶液中加入大量电解质而产生聚结沉淀(　　)
26. 向高分子溶液中加入大量脱水剂而产生聚结沉淀(　　)
27. 高分子溶液由于光、热、絮凝剂等的影响而产生聚集沉淀(　　)

[28～32]
请选择乳剂不稳定的原因：
A. 分层　　B. 絮凝
C. 转相　　D. 破裂
E. 酸败

28. 乳剂受外界因素作用，使体系中油或乳化剂发生变质现象(　　)
29. 分散相乳滴合并且与连续相分离成不相混容的两层液体(　　)
30. O/W 型乳剂转化成 W/O 型乳剂或者相反的变化(　　)
31. 乳滴聚集成团但仍保持单个乳滴的完整分散个体而不合并(　　)
32. 乳剂放置时体系中分散相逐渐集中在顶部和底部(　　)

[33～37]
请选填炉甘石洗剂处方各组分的作用：
A. 主药　　B. 助悬剂
C. 润湿剂　　D. 分散介质
E. 絮凝剂

33. 炉甘石(　　)
34. 氧化锌(　　)
35. 甘油(　　)
36. 羧甲基纤维素钠(　　)
37. 纯化水(　　)

[38～42]
A. 洗剂　　B. 搽剂
C. 涂剂　　D. 合剂
E. 含漱剂

38. 含药的水性或油性溶液、乳状液、混悬液，供临用前用纱布或棉花蘸取涂于皮肤或口腔与盐步黏膜的液体药剂(　　)
39. 药物用乙醇、油或适宜的溶剂制成的溶液、乳状液、混悬液，供无破损皮肤揉搽用的液体药剂(　　)
40. 主要以水为溶剂，含一种或一种以上药物的内服液体药剂(　　)
41. 专用于咽喉、口腔清洗的液体药剂(　　)
42. 含药的溶液、乳状液、混悬液，供清洗或涂抹无破损皮肤用的液体药剂(　　)

(三)多项选择题。每题的备选答案只有 2 个或 2 个以上正确答案。

43. 溶胶剂的制备方法有(　　)
A. 机械分散法　　B. 超声波分散法
C. 物理凝聚法　　D. 化学凝聚法
E. 溶解法

44. 以下属于溶胶剂的性质的是(　　)
A. 布朗运动　　B. 丁达尔效应
C. 胶粒带电性　　D. 能透过半透膜
E. 能透过滤纸

45. 乳剂的组成包括(　　)
A. 内相　　B. 外相
C. 药物　　D. 乳化剂
E. 助溶剂

46. 以下可供注射剂中使用的表活性剂有(　　)
A. 大豆磷脂　　B. 聚山梨酯 80
C. 卵磷脂　　D. 泊洛沙姆
E. 十二烷基硫酸钠

47. 乳剂形成的必要条件包括(　　)

A. 机械做功　B. 聚山梨酯 80
C. 乳化剂　D. 适宜相比
E. 药物

48. 乳剂不稳定的现象有(　　)
A. 絮凝　B. 分层
C. 合并和乳裂　D. 酸败
E. 转相

49. 减少混悬微粒沉降速度的方法有(　　)
A. 减少微粒半径　B. 提高分散介质黏度
C. 增大微粒密度　D. 加入助悬剂
E. 提高分散介质密度

50. 药剂中需配成混悬剂的药物有(　　)
A. 处方中含有毒性药
B. 处方中有不溶性药物
C. 处方中药物剂量超过其溶解度
D. 处方中药物混合时会产生不溶性物
E. 为使药物作用延长

51. 以下说法正确的是(　　)
A. 含漱剂是指专用于咽喉、口腔清洗的液体药剂
B. 多剂量滴鼻剂开启后最多能使用 4 周
C. 灌洗剂指用于灌洗阴道、尿道和洗胃用的液体药剂
D. 灌肠剂可以是油溶性溶液
E. 滴牙剂指专用于局部牙孔的液体药剂

52. 搽剂和涂剂的质量要求正确的是(　　)
A. 搽剂和涂剂应无毒、无局部刺激性
B. 涂剂和搽剂可根据需要加入防腐剂和抗氧剂
C. 涂剂和搽剂不可添加着色剂
D. 涂剂和搽剂不需要进行微生物限度检查
E. 涂剂和搽剂可以是油性溶液,也可以是混悬液

二、简答题

1. 说出乳剂制备时乳化剂的作用有哪些?
2. 如何减慢混悬微粒的沉降速度?

(刘跃进　卢楚霞)

第 15 章　无菌制剂

无菌制剂是指直接注入体内或直接用于创面、黏膜等的一类药剂。由于这类制剂直接作用于人体血液系统或敏感器官，使用前必须保证处于无菌状态，因此，生产、储存和使用该类制剂时，对设备、人员及环境均有特定要求。常用的无菌制剂种类很多，包括注射剂、输液、注射用无菌粉末、眼用液体制剂等。

第 1 节　注　射　剂

一、注射剂概述

（一）注射剂的含义与特点

1. 注射剂含义　注射剂系指药物与适宜的溶剂或分散介质制成的供注入体内的灭菌溶液、乳状液或混悬液，以及供临用前配制或稀释成溶液或混悬液的粉末或浓溶液的无菌制剂。

2. 注射剂特点　注射剂是目前临床应用最广泛的剂型之一，其主要特点有以下几点。

（1）药效迅速、剂量准确、作用可靠：注射剂直接注入体内，吸收快，作用迅速。不经胃肠道，不受消化液、食物的影响，作用可靠，剂量准确。尤其是静脉注射，药物直接进入血管，更适于抢救危重病患者。如氯解磷定静脉注射可用于解救有机磷农药中毒。

（2）适用于不能口服给药的患者：用于昏迷、不能吞咽、严重呕吐、术后禁食等不能口服给药的患者。通过注射给药，给予治疗药物或提供营养成分。

（3）适用于不宜口服的药物：某些药物不易被胃肠道吸收，具有刺激性或易被消化液破坏而不能口服给药，只能制成注射剂，才能发挥应有的疗效。如青霉素、胰岛素、酶类药物、庆大霉素等。

（4）可以产生局部作用：通过局部注射可产生局部定位作用，如局部麻醉药、注射封闭疗法等。

注射剂存在的缺点：①不如口服给药安全，注入人体后作用快，不良反应发生快且严重；②用药不方便，需专业护理技术人员给药，注射时疼痛；③制备过程复杂，质量控制严格，成本费用较高。

考点：注射剂的特点

（二）注射剂的分类和给药途径

1. 注射剂的分类

（1）溶液型注射剂：包括水溶液和油溶液，对于易溶于水而且在水溶液中稳定存在的药物，则制成溶液型注射剂。如葡萄糖注射液、黄体酮注射液等。

（2）乳剂型注射剂：难溶于水的液体药物可按需要制成乳剂型注射剂，如静脉注射脂肪乳剂等。

(3) 混悬型注射剂:水难溶性药物或注射后要求延长药效作用的药物,可制成水或油的混悬液,如醋酸可的松注射液。这类注射剂一般仅供肌内注射。

(4) 注射用无菌粉末:又称粉针,是将供注射用的无菌粉末状药物装入安瓿或其他适宜容器中,临用前用适当的溶剂溶解或使混悬而成的制剂。例如,青霉素、α-糜蛋白酶等。

2. 注射剂的给药途径

(1) 皮内注射(id):注射于表皮与真皮之间,一次剂量在0.2ml以下,常用于过敏性试验或疾病诊断,如青霉素皮试。

(2) 皮下注射(ih):注射于真皮与肌肉之间的软组织内,一般用量为1~2ml。皮下注射剂主要是水溶液,药物吸收速度稍慢。

(3) 肌内注射(im):注射部位大多为臀肌及上臂三角肌的肌肉组织中,一次剂量为1~5ml。水溶液、油溶液、混悬液及乳浊液均可作肌内注射。

(4) 静脉注射(iv):分静脉推注和静脉滴注,前者一般用量5~50ml,后者可多达数千毫升。静脉注射多为水溶液,乳浊液也可用于静脉注射,但油溶液和混悬液易引起毛细血管栓塞,不宜静脉注射。凡能导致红细胞溶解或使蛋白质沉淀的药物,均不宜静脉给药。

(5) 椎管注射:每次注射量不得超过10ml,且由于椎管神经比较敏感,脊椎液循环慢,故此类注射剂必须与脊椎液等渗,pH应与脊椎液相当。不得添加抑菌剂。

考点:注射剂有几种类型

二、注射剂的溶剂

注射剂的溶剂有水性溶剂和非水性溶剂两大类。水性溶剂主要为注射用水,非水性溶剂又分为注射用植物油及其他非水性溶剂。制药用水因其使用范围不同而分为饮用水、纯化水、注射用水及灭菌注射用水。

(一) 注射用水

1. 注射用水的质量要求 注射用水为纯化水经蒸馏所得的水,其pH为5.0~7.0,氨、硝酸盐、亚硝酸盐、不挥发物、重金属、电导率和总有机碳、细菌内毒素、微生物限度等应符合《中国药典》规定。

2. 注射用水的制备 饮用水经过电渗析法、反渗透法或离子交换法等综合法制得纯化水,再经蒸馏制成注射用水。

(1) 纯化水的制备方法

1) 电渗析法:是根据电场作用下离子定向迁移及交换膜的选择透过性而设计的。原水在直流电场的作用下,使其中的离子定向迁移,离子交换膜选择性允许不同电荷的离子透过进行分离而获得纯水。在原水中含盐量最高时可用本法除去较多的盐分。

2) 反渗透法:是渗透的逆过程。U形管内的盐溶液和纯水用半透膜隔开,由于存在渗透压差,纯水一侧的水分子通过半透膜向盐溶液一侧转移,此为渗透过程。若在盐溶液上施加一个大于该盐溶液渗透压的压力,则盐溶液中的水分子向纯水一侧渗透,达到盐、水分离,此过程为反渗透。

3) 离子交换法:通过离子交换树脂可以除去大部分阴离子和阳离子,也可除去部分细菌和热原。最常用的阳离子交换树脂,如732型苯乙烯强酸性阳离子交换树脂;阴离子交换树脂,如717型苯乙烯强碱性阴离子交换树脂。

（2）蒸馏法制备注射用水：蒸馏法是制备注射用水最经典的方法，主要设备有塔式蒸馏水器、多效蒸馏水器和气压式蒸馏水器。塔式蒸馏水器目前已很少用。

1）多效蒸馏水器：多效蒸馏水器结构主要由蒸馏塔、冷凝器及控制元件组成，其结构见图 15-1。最后得到的蒸馏水（70℃）均汇集于收集器，即成为注射用水。本法的优点是耗能低，质量优，产量高，可自动控制。

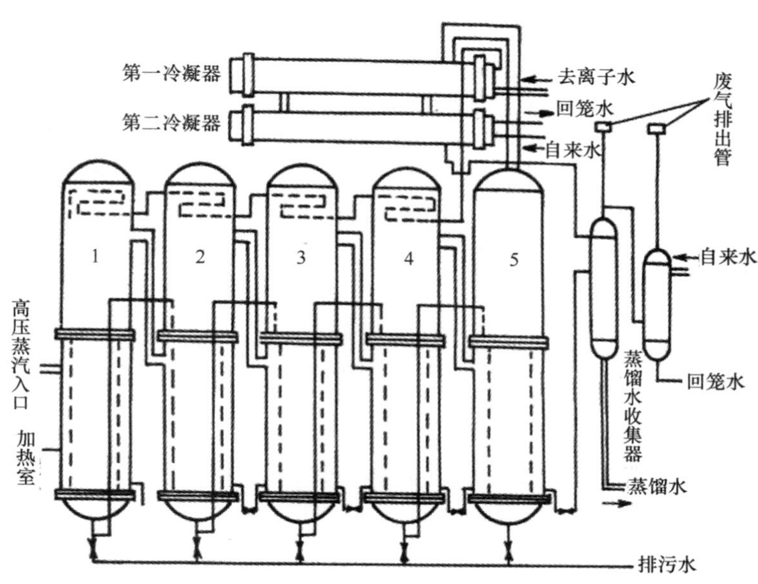

图 15-1 多效蒸馏水器示意图

2）气压式蒸馏水器：主要由自动进水器、热交换器、加热室、蒸发室、冷凝器及蒸汽压缩机等组成。通过蒸汽压缩机使热能得到充分利用，但电能消耗较大。

3. 注射用水的收集和储存 收集蒸馏水时，应弃去初馏液，检查合格后，采用带有无菌过滤装置的密闭收集系统收集。注射用水通常需新鲜制备，在 70℃以上保温循环储存，储存时间不得超过 12h 内。

（二）注射用油

注射用油系指精制的植物油，主要有大豆油、麻油、茶油、花生油、棉籽油等。其质量应符合注射用油的要求：应无臭或几乎无臭、无酸败味；碘值为 126～140；皂化值为 188～195；酸值应不大于 0.1，并检查过氧化物、不皂化物、重金属、水分、碱性杂质、脂肪酸组成、微生物限度等。

（三）其他注射用溶剂

1. 乙醇 本品与水、甘油等可任意混合，可供静脉注射或肌内注射。采用乙醇为注射溶剂浓度可达 50%，如氢化可的松注射液。但乙醇浓度超过 10%时可能会有溶血作用或疼痛感。

2. 丙二醇 供注射用的为 1，2-丙二醇，本品可与水、乙醇、甘油混溶，溶解范围极广。可供静脉注射或肌内注射。如用 40%丙二醇制备苯妥英钠注射液。与其溶解能力性质相似的二甘醇不能作药用溶剂，因二甘醇有较强的肾毒性。

链　接

"齐药二厂"的二甘醇事件

2006 年 4 月 30 日，广州某医院发现多位患者应用齐齐哈尔某制药厂生产的亮菌甲素注射液，出现肾衰竭、尿少，甚至死亡的现象。国家食品药品监督管理局调查得知其所用辅料为假的丙二醇，"用二甘醇代替了丙二醇"，二甘醇有肾毒性，导致患者急性肾衰竭死亡。假丙二醇是由江苏省泰兴市失河镇的王某供货，他承认销售假冒丙二醇给该药厂的事实，这种行为，必将得到法律和道德的严厉惩罚。

3. 聚乙二醇(PEG)　本品能与水、乙醇混合，为无色黏稠液体。一般常用 PEG400。

4. 甘油　本品与水、乙醇可任意混合。对许多药物有较大溶解度，由于黏度大、刺激性强，常与乙醇、丙二醇、水等混合应用，常用浓度为 1%～50%。

5. 二甲基乙酰胺(DMA)　能与水、乙醇混溶，连续使用时，注意慢性毒性。常用浓度为 0.01%。

考点：纯化水和注射用水的制备方法

三、注射剂的附加剂

案例 15-1

维生素 C 注射液制备

1. 按《中国药典》2015 年版规定，本品为维生素 C 灭菌水溶液，含维生素 C 应为标示量的93.0%～107.0%。

2. 制备维生素 C 注射液

【处方】　维生素 C104g，碳酸氢钠 49g，依地酸二钠 0.05g，亚硫酸氢钠 2g，注射用水加至 1000ml。

【制法】　在配制容器中，加注射用水约 800ml，通二氧化碳至饱和，加维生素 C 溶解后，分次缓缓加入碳酸氢钠，搅拌使完全溶解；另将依地酸二钠溶液和亚硫酸氢钠溶于适量注射用水中；将两溶液合并，搅拌均匀，调节药液 pH 至 6.0～6.2，加二氧化碳饱和的注射用水至足量，测定含量；用垂熔玻璃滤器与膜滤器过滤，并在二氧化碳或氮气气流下灌封，用 100℃流通蒸汽灭菌 15min。

问题：

1. 简述维生素 C 注射液处方中碳酸氢钠的作用。
2. 简述维生素 C 注射液处方中亚硫酸氢钠的作用。
3. 简述维生素 C 注射液处方中依地酸二钠的作用。

配制注射剂时，可根据药物的性质加入适宜的附加剂。常用的附加剂有：pH 调节剂、渗透压调节剂、抑菌剂、抗氧剂、增溶剂、助溶剂、局部止痛剂、乳化剂、助悬剂等。所用附加剂应不影响药物疗效，避免对检验产生干扰，使用浓度不得引起毒性或过度的刺激。

（一）pH 调节剂

注射剂需调节 pH 在适宜范围，使药物稳定，保证用药安全。一般注射剂的 pH 应控制在 4～9，大剂量注射剂应尽量接近人体血液的 pH。

常用 pH 调节剂有盐酸、枸橼酸及其盐、氢氧化钠、碳酸氢钠、磷酸氢二钠、磷酸二氢钠等。

（二）渗透压调节剂

1. 等渗溶液的含义　药剂学中的等渗溶液是指与血浆、泪液等具有相等渗透压的溶液。注射液的渗透压应调整与血浆渗透压相等。例如，0.9% 的氯化钠溶液、5% 的葡萄糖溶液与血浆具有相同的渗透压，属于等渗溶液。

若大量静脉注射低渗溶液，水分子通过细胞膜进入红细胞内，使之膨胀破裂，造成溶血现象，甚至危及生命。反之，若静脉注射大量高渗溶液时，红细胞内水分渗出，使红细胞呈现萎缩。一般来说，人的机体对渗透压有一定的调节功能。

案例 15-2

配制 2% 盐酸普鲁卡因溶液 300ml，需加入多少克氯化钠，使之成为等渗溶液？（用冰点降低数据法计算）

2. 调节等渗的计算方法 常用的等渗调节剂有氯化钠、葡萄糖等。常用的计算方法有冰点降低数据法和氯化钠等渗当量法。

（1）根据物理化学原理，冰点相同的稀溶液具有相等的渗透压。通常人血浆和泪液的冰点值为-0.52℃，因此只要将溶液的冰点调节至-0.52℃，即与体液等渗。

表 15-1 列出了常用药物 1% 水溶液的冰点降低数据。根据公式可以计算所需要加入渗透压调节剂的量，计算公式如下：

$$W=\frac{0.52-a}{b}$$

式中，W：配制 100ml 等渗溶液需加入的等渗调节剂的克数；a：药物溶液的冰点下降值；b：1%（g/ml）等渗调节剂的冰点降低值。

表 15-1 一些药物水溶液的冰点降低值与氯化钠等渗当量

药物名称	1%（g/ml）水溶液的冰点降低值	1g 药物的氯化钠等渗当量（E）
硼酸	0.28	0.47
盐酸乙基吗啡	0.19	0.16
硫酸阿托品	0.08	0.10
盐酸可待因	0.09	0.14
氯霉素	0.06	—
依地酸钙钠	0.15	0.21
盐酸麻黄碱	0.16	0.28
无水葡萄糖	0.10	0.18
葡萄糖（H_2O）	0.091	0.16
氢溴酸后马托品	0.097	0.17
盐酸吗啡	0.086	0.15
碳酸氢钠	0.381	—
氯化钠	0.578	—
青霉素钾	—	0.16
硝酸毛果芸香碱	0.133	0.22
聚山梨酯-80	0.01	0.02
盐酸普鲁卡因	0.122	0.18
盐酸丁卡因	0.109	0.18

续表

药物名称	1%(g/ml)水溶液的冰点降低值	1g药物的氯化钠等渗当量(E)
尿素	0.341	0.55
维生素C	0.105	0.18
枸橼酸钠	0.185	0.30
苯甲酸钠咖啡因	0.15	0.27
甘露醇	0.10	0.18
硫酸锌	0.085	0.12

(2) 氯化钠等渗当量是指能与1g药物呈等渗效应的氯化钠质量。计算公式如下：

$$X=0.009V-EW$$

式中，X：配成体积V(ml)等渗溶液需加入的氯化钠克数；V：欲配制溶液的体积(ml)；E：药物的氯化钠等渗当量(可由表查得或测定)；W：药物的克数；0.009：每1ml等渗氯化钠溶液中所含氯化钠的克数。

(三) 抑菌剂

凡采用低温灭菌、滤过除菌或无菌操作法制备的注射剂和多剂量装的注射剂，均应加入适宜的抑菌剂，以确保使用安全。加有抑菌剂的注射剂，仍要用适宜的方法灭菌，并在标签或说明书上注明抑菌剂的名称和用量。常用的抑菌剂见表15-2。

表15-2 常用抑菌剂

抑菌剂	应用范围
苯酚	适用于偏酸性药液
甲酚	适用于偏酸性药液
三氯叔丁醇	适用于偏酸性药液
羟苯酯类	在酸性药液中作用强，在碱性药液中作用弱

供静脉输液与脑池内、硬膜外、椎管内用的注射剂，均不得加抑菌剂。除另有规定外，一次注射量超过5ml的注射剂也不得添加抑菌剂。

(四) 其他附加剂

1. 抗氧剂、金属络合剂与惰性气体 抗氧剂、金属络合剂及惰性气体均可防止或延缓注射剂中药物的氧化。根据药物性质，三者可单独使用，也可联合使用。

(1) 抗氧剂：是极易氧化的物质，当其与药物共存时，首先自身被氧化，保护了药物不易被氧化。使用时应注意氧化产物的影响。常用的抗氧剂见表15-3。

表15-3 常用抗氧剂

抗氧剂名称	应用范围
亚硫酸钠	适用于偏碱性药液
焦亚硫酸钠	适用于偏酸性药液
亚硫酸氢钠	适用于偏酸性药液

续表

抗氧剂名称	应用范围
硫代硫酸钠	适用于偏碱性药液
维生素 C	适用于 pH4.5~7.0 药液
焦性没食子酸	适用于油性药物的注射剂
硫脲	水溶液呈中性

（2）金属络合剂：可与从原辅料、溶剂、容器及生产过程中引入注射液中的微量金属离子形成稳定的络合物，从而消除金属离子对药物氧化的催化作用。常用的金属络合剂有依地酸钙钠、依地酸二钠，其浓度为 0.01%~0.05%。也可用枸橼酸盐或酒石酸盐。一般可与抗氧剂合用。

（3）惰性气体：注射剂中通入惰性气体可驱除注射用水中溶解的氧和容器空间的氧，防止药物氧化。常用惰性气体有 N_2 和 CO_2，使用 CO_2 时应注意可能改变某些药液的 pH，并易使安瓿破裂。惰性气体须净化后使用。

2. 增溶剂和助溶剂　注射剂中常用的增溶剂有聚山梨酯 80，主要用于小剂量注射剂和中药注射剂中，用于静脉注射剂的增溶剂有卵磷脂、泊洛沙姆等。助溶剂可与溶解度小的药物形成可溶性复合物。例如，苯甲酸钠咖啡因注射液，其中苯甲酸钠为助溶剂。

3. 局部止痛剂　有些注射剂在皮下和肌内注射时，对组织产生刺激而引起疼痛，可考虑加入适量的局部止痛剂。常用的局部止痛剂有三氯叔丁醇、苯甲醇、盐酸普鲁卡因和利多卡因等。

4. 乳化剂与助悬剂　注射剂中常用的乳化剂有卵磷脂、豆磷脂和泊洛沙姆等。常用的混悬剂有羟丙甲基纤维素。

考点： 注射剂的附加剂有哪些？调节等渗的计算方法

四、注射剂的制备

注射剂的一般生产过程包括：原辅料和容器的处理、称量、配制、过滤、灌封、灭菌、质量检查、包装等步骤。注射剂的生产工艺流程（图 15-2）。

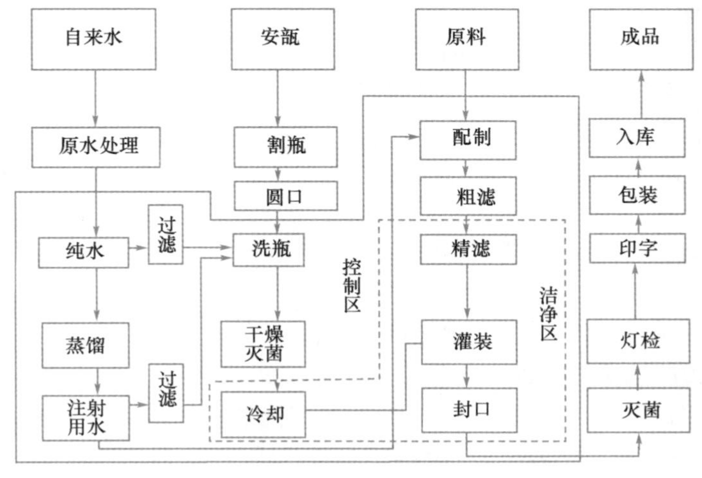

图 15-2　注射剂的生产工艺流程示意图

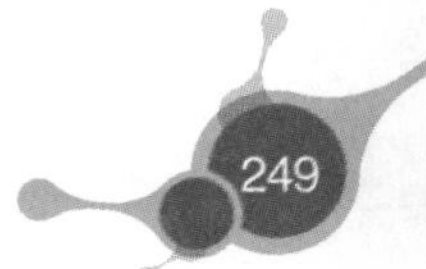

（一）注射剂的容器和处理方法

1. 注射剂容器的种类和式样 注射剂常用容器有玻璃安瓿、玻璃输液瓶、塑料输液瓶(袋)等。容器的密封性,需用适宜的方法测试。除另有规定外,容器应符合有关注射用玻璃容器和塑料容器的国家标准规定。

(1)玻璃安瓿:安瓿的容积通常有 1ml、2ml、5ml、10ml、20ml 等几种规格。规定使用曲颈易折安瓿,即在安瓿曲颈上方涂有色点、色环或刻痕,使用时不用锉刀就能折断,可避免玻璃屑对药液的污染。目前使用的安瓿多为无色,有利于检查药液的澄清度。对需要遮光的药物,可采用琥珀色玻璃安瓿。

(2)抗生素瓶(又称西林瓶):常用容积为 10ml、20ml 两种,配有丁基胶塞,外加铝塑盖压紧。

2. 安瓿的洗涤 安瓿要求保证清洁无菌,安瓿的洁净程度直接关系到注射剂的质量和安全。

目前国内药厂使用的安瓿洗涤方法有:①甩水洗涤法;②加压喷射气水洗涤法;③超声波洗涤法。甩水洗涤法适用于 5ml 以下的安瓿的清洗;加压喷射气水洗涤法特别适于大安瓿和曲颈安瓿的洗涤,是目前注射剂上常用的洗涤方法。所有洗涤方法中的最后一次洗涤用水,必须是通过微孔滤膜滤过的注射用水。

3. 安瓿的干燥与灭菌 安瓿洗涤后,一般置于烘箱内 120~140℃ 干燥 2h 以上。需无菌操作或低温灭菌的安瓿在 180℃ 干热灭菌 1.5h 以上。生产中多采用隧道式烘箱,主要由红外线发射装置和安瓿自动传送装置两部分组成,隧道内温度为 200℃ 左右,有利于安瓿的烘干、灭菌连续化。灭菌后的安瓿应存放于有净化空气保护的存放柜中,安瓿存放时间不能超过 24h。

（二）注射剂的配制

1. 原辅料的准备 所有原料药必须达到注射用规格,符合《中国药典》2015 年版所规定的各项杂质检查与含量限度。辅料也应符合药典规定的药用标准,并应选用注射用规格。药用炭必须使用注射剂用炭。

称量时应细心准确无误,两人核对签名。配制前,应按处方正确计算原辅料的用量,若原料与处方规定的药物规格不同时,如含量不同,含有结晶水等,要进行换算。原辅料经精确称量,并应经过两人核对后,才能投料。

投料量的计算公式如下:

$$原料实际用量=\frac{原料理论用量\times成品标示量}{原料实际含量}$$

原料理论用量=实际配液量×成品含量

实际配液量=实际灌装量+灌注时损耗量

实际灌装量=(每支装量+装量增加量)×灌注支数

2. 配制用具的选择与处理 大量生产常用不锈钢夹层配液锅,配有搅拌器以便溶解药物,夹层锅可通蒸汽加热或也可通冷水冷却。配制前用新鲜注射用水荡洗或灭菌后备用。每次配液后,一定立即将所有配制用具清洗干净,干燥灭菌后供下次使用。常用配制用具的材料有玻璃、不锈钢、耐酸碱搪瓷、聚乙烯等。配制浓的盐溶液时不宜选用不锈钢容器。

3. 注射液的配制　配制药液的方法有浓配法和稀配法。配制注射液时应在洁净环境中进行,以减少污染。

（1）浓配法:系指将全部原料药物加入部分溶剂中配成浓溶液,滤过后再稀释至所需浓度灌装的方法。此法可滤除溶解度小的杂质。对于不易澄清的药液,可加 0.1%～0.3%药用炭处理,有吸附、助滤作用。但要注意药用炭可能对药物有吸附作用使含量下降。药用炭在酸性条件下吸附能力强。

（2）稀配法:系将原料药加入全量溶剂中一次配成所需浓度,滤过后灌装的方法。稀配法适用于优质原料或不易带来可见异物的原料。

配液所用的注射用水储存时间不能超过 12h。配制油性注射液,其器具必须充分干燥,一般先将注射用油在 150～160℃、灭菌 1～2h,冷却至适宜温度,趁热配制,温度不宜过低,否则黏度增大,不易过滤。

（三）注射液的过滤

过滤是借助多孔材料把固体微粒拦截阻留而使液体通过,将固体微粒与液体分离的过程。

1. 过滤机制　过滤的机制有机械过筛和深层过滤两种。机械过筛是利用滤材的孔径小于固体微粒,过滤时固体颗粒被截留在滤材表面,所用滤材有滤纸、微孔滤膜和分子筛等。此类滤材过滤效果可靠,不易吸附药液,无交叉污染。另一种是深层过滤或架桥现象,滤材为有一定厚度的不规则的多孔性结构,形成弯曲的孔道,易将小于孔径的微粒截留。如垂熔玻璃滤器、板框式压滤器、砂滤棒等。此类滤材过滤速度快,但易吸附药液而产生交叉污染,不易清洗。

2. 滤器的种类与选择　常用的滤器有板框式压滤器、砂滤棒、垂熔玻璃滤器、微孔滤膜滤器等。

（1）板框式压滤器:由多个中空滤框和实心滤板交替排列在支架上组成,在加压下间歇操作的过滤设备。板框式压滤器的优点是过滤面积大,截留的固体量多,经济耐用。适用于黏性大、滤饼可压缩的过滤。缺点是装配和清洗麻烦,容易漏滤。在注射剂生产中,可用于预滤和粗滤。

（2）砂滤棒:主要有两种,一种是硅藻土滤棒,另一种是多孔素瓷滤棒。根据其自然滤速快慢可分为粗号(500ml/min 以上)、中号(300n～500ml/min)、细号(300ml/min 以下)。注射剂生产常用中号。砂滤棒价廉易得,滤速快。但砂滤棒易于脱砂,对药液吸附性强,难清洗,且有改变药液 pH 现象。

（3）垂熔玻璃滤器:是用硬质中性玻璃细粉烧结而成。常用的有垂熔玻璃漏斗、垂熔玻璃滤球及垂熔玻璃滤棒三种(图 15-3),按滤板的孔径分为 1～6 号,1～2 号多用于常压滤过,3～4 号可用于减压或加压滤过,6 号作无菌滤过。垂熔玻璃滤器在注射剂生产中,常用作精滤或膜滤器前的预滤。

（4）微孔滤膜滤器:是用高分子材料制成薄膜过滤介质。常用醋酸纤维膜、硝酸纤维膜、醋酸纤维和硝酸纤维混合酯膜、聚碳酸酯膜等。在薄膜上分布有大量的穿透性微孔,孔径从 0.025～14.000μm,分成多种规格。0.45 ～0.80μm 的滤膜用于注射液的精滤,0.22μm 的滤膜常用于除菌。

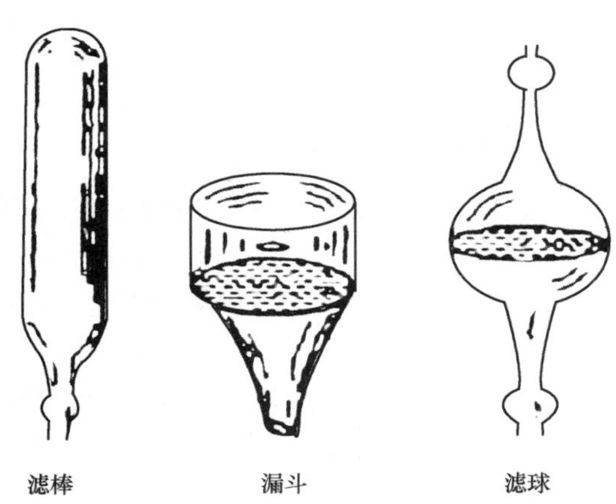

图 15-3　垂熔玻璃滤棒、垂熔玻璃漏斗和垂熔玻璃滤球

微孔滤膜滤器常用的有圆盘形膜滤器和圆筒形膜滤器两种。微孔滤膜滤器由底盘、底盘垫圈、多孔筛板、微孔滤膜、盖板垫圈及盖板等部件组成。滤膜安放时，反面朝向被滤过液体，有利于防止膜的堵塞。安装前，滤膜应放注射用水中浸润 12h 以上。

3. 滤过的方法　注射剂生产中的滤过，一般采用先粗滤（预滤）再精滤相结合的方法，如板框压滤机→垂熔玻璃滤器→微孔滤膜滤器。常用的滤过方法有以下几种。

（1）高位静压滤过法：利用液压差产生压力而过滤的方法。此法压力稳定，滤过质量好，但流速稍慢。

（2）加压滤过法：利用泵使药液压过滤器而滤过的方法。此法滤过速度快，压力稳定，质量好，适于药厂大量生产。

（3）减压滤过法：利用真空泵在过滤系统形成负压抽滤药液的方法。

（四）注射液的灌封

注射剂灌注后立即封口，以免污染。灌封包括灌注药液和封口两步，即灌装和熔封，应在一台设备完成，在同一房间内进行。我国使用较多的安瓿自动灌封机（图 15-4）。

图 15-4　安瓿自动灌封机

（1）灌装药液时应注意：剂量准确，可按《中国药典》2015 年版第四部要求适当增加药液量，以抵偿在给药时由于瓶壁黏附、注射器及针头的吸留而造成的损失，保证注射用量不少于标示量。注射剂增加装量见表 15-4。为使灌注体积准确，在每次灌注前，必须用精确的小量筒校正注射器的吸液量，试装若干支安瓿，经检查合格后再行灌装。

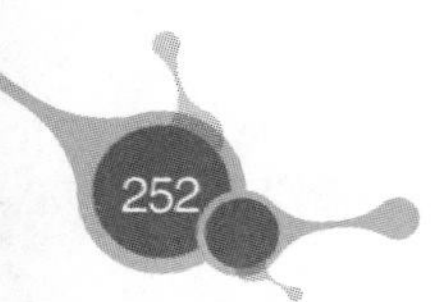

表 15-4 注射剂增加装量表

标示装量(ml)		0.5	1.0	2.0	5.0	10.0	20.0	50.0
增加量（ml）	易流动液体	0.10	0.10	0.15	0.30	0.50	0.60	1.0
	黏稠液体	0.12	0.15	0.25	0.50	0.70	0.90	1.5

(2) 通入惰性气体:对接触空气易氧化变质的药物,在灌装过程中,应排除容器内的空气,可通入氮气和二氧化碳等气体,立即熔封或严封。碱性药液或钙制剂不能使用二氧化碳。

(3) 安瓿封口:安瓿封口要求不漏气、颈端圆整光滑,无尖头和小泡。封口的方法有拉封和顶封两种。目前规定安瓿拉丝灌封机必须采用直立(或倾斜)拉封封口方法。

安瓿灌封过程中可能出现的 2 主要有剂量不准确、封口不严、泡头(鼓泡)、瘪头、尖头、焦头等,应分析原因及时解决。焦头是经常遇到的问题,产生焦头的主要原因:①安瓿颈部沾有药液,熔封时溶质炭化而致;②灌药时给药太急,会使药液溅起挂在安瓿瓶壁上;③针头注药后不能立即缩水回药,尖端还带有药液水珠,也会产生焦头;④针头安装不正;⑤压药与针头注药行程配合不好,造成针头刚进瓶口就注药或针头临出瓶口时才注完药液;⑥升降轴不够润滑,针头起落迟缓等都会造成焦头。

(五) 注射剂的灭菌与检漏

1. 注射剂的灭菌 注射剂在灌封后应立即灭菌,以保证产品的无菌,从配液到灭菌不得超过 8h。根据具体药物性质,选择不同的灭菌方法和时间。原则是既要保证成品无菌,又要不影响注射剂的稳定性与疗效。对热不稳定的注射剂,一般 1~5ml 安瓿可采用流通蒸汽 100℃,30min 灭菌,10~20ml 安瓿采用 100℃,45min 灭菌;几能耐热的产品,宜采用 115℃,30min 热压灭菌。灭菌时间可根据具体情况延长或缩短。

2. 注射剂的检漏 灭菌完毕立即进行检漏。检漏一般应用灭菌检漏两用灭菌器。灭菌完毕后,待温度稍降,抽气减压至真空达到 85.3~90.6 kPa 后,停止抽气,将有色溶液(一般用亚甲蓝)吸入灭菌锅中至浸没安瓿后,放入空气,有色溶液便可进入安瓿内;也可在灭菌后,趁热立即于灭菌锅内放入有色水,安瓿遇冷内部压力收缩,有色水即从漏气的毛细孔进入而被检出。

考点: 注射液的配制方法;注射剂滤器的种类与选择

五、注射剂的质量要求

1. 无菌 注射剂成品中不得含有任何活的微生物和芽孢,必须符合《中国药典》2015 年版的无菌检查要求。

2. 无热原 对于注射量大、供静脉注射和脊椎腔注射的注射剂必须符合无热原的质量要求,按照《中国药典》2015 年版细菌内毒检查法或热原检查法检查,应符合规定。

3. 可见异物 不得有肉眼可见的浑浊或异物。微粒注入人体后,较大的可造成局部血管堵塞引起血栓,以致供血不足或因缺氧而产生水肿或静脉炎,异物微粒侵入组织也可引起肉芽肿,还有可能引起过敏和热原样反应。因此严格控制注射剂的可见异物十分重要。

4. 安全性 注射剂所用的原辅料应从来源及工艺等生产环节进行严格控制并应符合注射用的质量要求。注射剂所用溶剂和附加剂必须安全无害,不得影响疗效和质量。

5. 渗透压 注射剂要有一定的渗透压。供静脉注射和脊椎腔注射的注射剂应当与血浆渗透压相等或接近。否则,低渗溶液会造成红细胞胀破、溶血;高渗溶液会使红细胞萎缩。

6. pH 注射剂的 pH 要求与血液相等或接近,一般应控制在 pH4~9 的范围内。

7. 稳定性 注射剂按要求具有一定的物理稳定性、化学稳定性与生物学稳定性。

8. 其他 应符合规定,确保用药安全。

六、注射剂的质量检查

(一)可见异物检查

除另有规定外,具体方法依照《中国药典》2015 年版第四部检查。可见异物的检查方法有灯检法和光散射法,一般采用灯检法。对灯检法不适用的品种,如用深色透明容器包装或液体色泽较深的品种可选用光散射法。

(二)细菌内毒素或热原检查

根据具体品种要求进行检查,具体方法参照《中国药典》2015 年版第四部。

(三)无菌检查

注射剂在灭菌后,均应抽取一定数量的样品进行无菌检查,通过无菌操作制备的成品更应检查其无菌情况。具体方法参照《中国药典》2015 年版第四部。

(四)其他检查

1. 不溶性微粒检查 本法是在可见异物检查符合规定后,用于检查静脉用注射剂,包括溶液型注射液、注射用无菌粉末和注射用浓溶液,以及供静脉注射用无菌原料中不溶性微粒的大小及数量。除另有规定外,依照不溶性微粒检查法(《中国药典》2015 年版第四部)检查,应符合规定。药典规定的不溶性微粒检查法包括光阻法和显微计数法。

2. 装量检查 注射液和注射用浓溶液的装量检查,注射用无菌粉末装量差异检查可参阅《中国药典》2015 年版第四部。

此外,有的注射剂还需进行渗透压摩尔浓度、有关物质、降压物质检查、异常毒性检查、pH 测定、刺激性、过敏试验及抽针试验等。

考点: 注射剂的质量检查项目

第 2 节 输　液

一、概　述

(一)输液的定义

输液系指由静脉滴注输入人体的大剂量注射剂(除另有规定外,一般不小于 100ml),又称静脉输液。通常包装在玻璃或塑料的输液瓶或袋中,不含防腐剂或抑菌剂。使用时通过输液器调整滴速,持续而稳定地进入静脉,以补充体液、电解质或提供营养物质。由于输液用量大而且直接进入血液,故质量要求高,生产工艺等亦与小容量注射剂有一定差异。

（二）输液的种类

1. 电解质输液 用以补充体内水分、电解质，纠正体内酸碱平衡等，如氯化钠注射液、碳酸氢钠注射液、乳酸钠注射液等。

2. 营养输液 用于不能口服吸收营养的患者，为患者提供营养成分。营养输液有糖类输液、氨基酸输液、脂肪乳输液等。糖类输液最常用的为葡萄糖注射液。

3. 胶体输液 用于调节体内渗透压。胶体输液有多糖类、明胶类、高分子聚合物等，如右旋糖酐注射液、羟乙基淀粉注射液等。

4. 含药输液 含有药物的输液，如甲硝唑注射液、环丙沙星注射液等。

考点：输液的种类有哪些？

二、输液的制备

（一）输液的生产工艺

输液的生产工艺流程（图 15-5）。

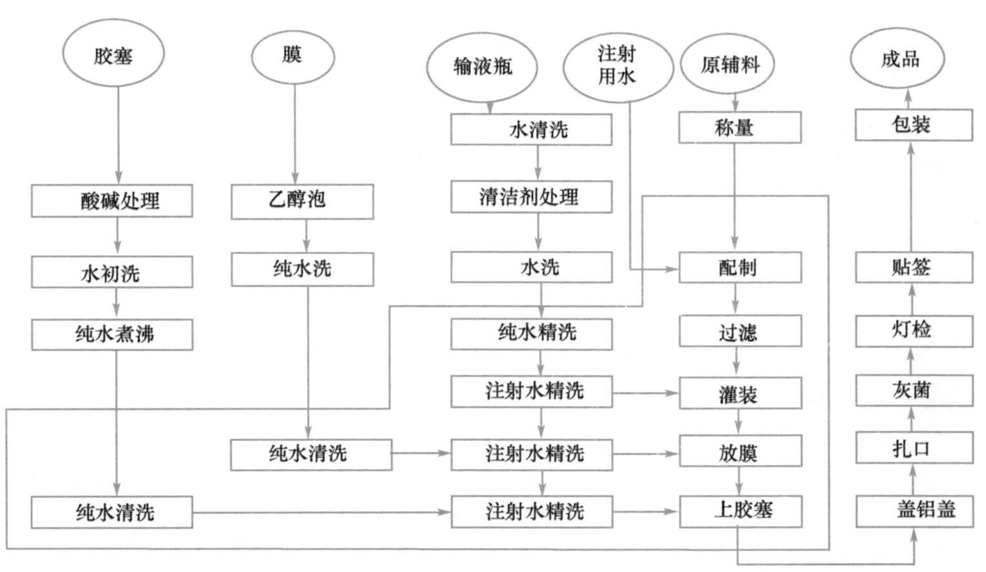

图 15-5 输液的生产工艺流程

（二）输液剂包装材料

1. 输液的容器 常用的有塑料输液瓶、塑料输液袋、玻璃输液瓶等。塑料输液瓶具有体积小、重量轻、破损率低、便于运输保管等优点，目前已逐渐代替玻璃输液瓶。

（1）输液瓶：由硬质中性玻璃制成，物理化学性质稳定，其外观、规格、理化性能、外观质量、清洁度均应符合国家标准。输液瓶处理常用碱洗法。碱洗法是用 2% 氢氧化钠溶液（50~60℃）冲洗，也可用 1%~3% 碳酸钠溶液冲洗。由于碱对玻璃有腐蚀作用，故碱液与玻璃接触时间不宜过长（数秒钟内）。

（2）塑料输液瓶：常用的为聚丙烯塑料瓶，具有耐水耐腐蚀、机械强度高、化学稳定性强、耐热性好等优点。缺点是透明度差，不利于灯检；高温灭菌时瓶子会变形，只能用中、低温灭菌；水氧透过率高，不适合灌装氨基酸类大输液药品。

（3）塑料输液袋：主要采用无毒的聚氯乙烯塑料袋，具有重量轻、耐压、运输方便、制造简便等优点。但在临床使用中也常常发生一些问题,如湿气和空气可透过塑料袋,影响储存期的质量;透明性和耐热性较差,强烈振荡可产生轻度乳光等。

2. 丁基胶塞 丁基胶塞的主要原料为溴(氯)化丁基橡胶,为便于成形并赋予一定的理化性质,加入了填充剂、防老剂、着色剂等。

丁基胶塞的质量要求:①富于弹性及柔软性;针头刺入和拔出后应立即闭合,能耐受多次穿刺而无碎屑脱落;②具耐溶性,不增加药液中的杂质;③可耐受高温灭菌,有高度的化学稳定性;④对药液中的药物或附加剂的作用应达最低限度;⑤无毒,无溶血作用。清洗方法:在符合 GMP 要求的洁净度环境下,在清洗容器中,用注射用水溢流漂洗 2~3 次,每次 10~15min,均匀搅动,至漂洗水可见异物检查合格,放置备用。

(三) 输液剂的制备

案例 15-3

葡萄糖注射液

【处方】 葡萄糖 50g,注射用水加至 1000ml。

【制法】 取注射用水适量,加热煮沸,加入葡萄糖搅拌溶解,使其成为 50%~70% 浓溶液;用 1% 盐酸调节 pH 至 3.8~4.0;加入 0.1%~1%(g/ml)的药用炭,搅匀,煮沸约 30min,趁热过滤脱炭;滤液加注射用水至全量,测 pH 及含量,合格后精滤至澄清,灌封;116℃、40min 热压灭菌。

问题:

1. 为什么用 1% 盐酸调节 pH 至 3.8~4.0?
2. 加入药用炭的目的是什么?

1. 输液的配制 原辅料质量的好坏,对输液成品的质量影响很大。原辅料质量好的,可用稀配法,但多用浓配法。配液必须用新鲜注射用水,并严格控制热原、pH 和铵盐。

配制输液时,通常加入符合《中国药典》标准的药用炭,调 pH 至 3~5(在酸性溶液中药用炭吸附力强),加热煮沸后冷至 45~50℃(临界吸附温度)时再进行滤过除炭,吸附时间为 20~30min 为宜。一般分次吸附比一次吸附效果好。

2. 输液的滤过 输液的滤过方法、装置与注射剂基本相同,生产时常用加压过滤法。常用滤器有板框式压滤器、砂滤棒、垂熔玻璃滤器、微孔滤膜等。

输液的滤过常采用加压三级滤过装置,先用板框式过滤器(或砂滤棒)进行预滤或初滤、再用微孔滤膜(孔径 0.65μm 或 0.8μm)进行精滤。加压滤过既可以提高滤过速度,又可以防止滤过过程中产生的杂质或碎屑污染滤液。对高黏度药液可采用较高温滤过。滤过后,进行半成品检查,应符合规定。

3. 输液的灌封 输液剂灌封区的洁净度应在 C 级或 C 级背景下的局部 A 级。玻璃瓶输液的灌封由药液灌注、压丁基胶塞、轧铝盖三步连续完成。目前药厂多采用回转式自动灌封机、自动压塞机、自动落盖轧口机完成整个灌封过程;灌封后应进行检查,剔除轧口松动的产品再进行灭菌处理。

4. 输液的灭菌 输液灌封后应立即灭菌,从配制到灭菌的时间,以不超过 4h 为宜。输液瓶一般容量为 500ml 或 250ml,且玻璃瓶壁较厚,因此,灭菌时需要较长预热时间(一般遇热 20~30min),以保证瓶的内外均达到灭菌温度,也不会因骤然升温而使输液瓶炸裂。玻璃包装的输液剂灭菌条件为 115℃、30min。对于塑料输液袋,灭菌条件为 109℃、45min,

并应有加压措施防止输液袋膨胀破裂。由于灭菌温度较低,生产过程更应注意防止污染。

三、输液存在的问题及解决方法

目前输液剂主要存在以下三个问题。

(一)可见异物与不溶性微粒

大量可见或不可见的微粒可造成局部循环障碍、血管栓塞、组织缺氧可产生水肿和静脉炎,引起肉芽肿等。输液中常出现的微粒有炭黑、碳酸钙、氧化锌、纤维、纸屑、玻璃屑、细菌和结晶等。为了保证质量《中国药典》2015 年版对微粒大小和允许限度做了规定。

输液中微粒的主要来源:

1. 原辅料 原料药存在着天然低分子量胶体,在过滤时未能被滤除,导致在储藏时聚集成可见或不可见的不溶性微粒。如葡萄糖输液可能含有少量蛋白质、水解不完全的糊精,灭菌析出不溶性微粒;氯化钠、碳酸氢钠中常含有较高的钙盐、镁盐和硫酸盐;氯化钙中含有较多的碱性物质。这些杂质的存在,会使输液产生乳光、小白点、浑浊等现象。活性炭含量较多时,会影响输液的澄清度和药液的稳定性。因此应严格控制原辅料的质量,国内已制定了输液用的原辅料质量标准。

2. 输液容器与附件 输液容器在高温灭菌以及储藏过程中会产生新的微粒,输液中发现的小白点主要是钙、镁、铁、硅酸盐等物质,这些物质主要来自丁基胶塞和玻璃容器。

3. 生产工艺和操作 车间洁净度差,容器及附件洗涤不净,滤器的选择不恰当,过滤与灌封操作不符合要求,工序安排不合理等都会增加澄清度的不合格率。因此,生产过程中应严格遵循标准操作规程(SOP)。

4. 医院输液操作和静脉滴注装置的问题 输液时加入的药物发生配伍变化,静脉滴注装置不洁净、针刺胶塞时产生新的微粒污染等。因此,合理配伍用药,采用 0.8μm 孔径的薄膜做终端过滤的一次性输液器,是解决使用过程中微粒污染的重要措施。

(二)细菌污染

输液染菌后出现霉团、云雾状、浑浊、产气等现象,也有一些外观并无变化。如果使用这些输液,将会造成脓毒症、败血症、内毒素中毒甚至死亡。染菌主要原因是生产过程污染严重、灭菌不彻底、瓶塞松动密封不严等,这些应特别注意。当输液为营养物质受污染时,细菌易生长繁殖,即使经过灭菌,仍有大量尸体的存在,也会引起致热反应。最根本的办法就是尽量减少制备生产过程中的污染,严格控制灭菌条件,严密包装。

(三)热原污染

微生物污染越严重,热原反应越严重。产品经灭菌可杀灭微生物,但不能除去热原,故需要尽量减少制备时的细菌污染。

四、输液的质量检查

1. 澄清度与微粒检查 输液澄清度按《中国药典》2015 版规定的方法,用目检视,应符合判断标准的规定。由于肉眼只能检出 50μm 以上的粒子,为了提高输液产品的质量,药典规定了采用光阴法和显微计数法检查注射液中不溶性微粒检查方法,《中国药典》2015 年版第四部中规定:100ml 或 100ml 以上的静脉注射液,用显微计数法测定,除另有规定外,每1ml中含10μm及10μm以上微粒不得超过12粒,含25μm及25μm以上微粒不得超过2粒;用光阻法测定,除另有规定外,每1ml中含10μm及10μm以上微粒不得超过25粒,含25μm及25μm以上微粒不得超过3粒。

2. 其他 热原、无菌检查、含量、pH及渗透压的具体检查方法同注射剂。

五、营养输液

人体需要的三大营养物质是糖、脂肪、蛋白质。当患者病情危重又不能口服时,为挽救其生命,可将患者所需营养通过静脉途径输入体内,因为完全由非胃肠道供给,故称为完全胃肠外营养,这些营养液称为营养输液。营养输液主要有糖及多元醇类注射液、静脉注射脂肪乳剂、复方氨基酸注射液等,还需加以适量的电解质、维生素和微量元素,才能保证患者所需全部营养物质。

案例15-4

静脉注射脂肪乳剂

【处方】 精制大豆油100g,甘油(注射用)22.5g,大豆磷脂12g,注射用水加至1000ml。

【制法】 将处方成分采用二步高压乳匀机,在氮气流下乳化,至乳滴直径达1μm以下时,调节pH至5.0~7.0;用4号垂熔玻璃漏斗减压滤过,并在氮气流下灌封;预热后在121℃热压灭菌15min,即得。

问题:

1. 处方中的油相是什么?
2. 处方中大豆磷脂的作用?

1. 复方氨基酸注射液 氨基酸是构成蛋白质的成分,也是生物合成激素和酶的原料,在生命体内具有重要而特殊的生理功能。

2. 静脉注射脂肪乳 静脉注射脂肪乳是以植物油为主要成分,加乳化剂、注射用水制成的O/W型的无菌乳剂,是一种浓缩的高能量肠外营养液,可供静脉注射。静脉注射脂肪乳常用的植物油为注射用大豆油;常用的乳化剂有卵磷脂、豆磷脂、泊洛沙姆等,其中,以卵磷脂应用最多。

注射用乳剂除应符合注射剂的质量要求外,还必须符合下列条件:乳滴大小均匀,直径小于1μm以下,允许有少量达5μm;成品耐受高压灭菌,稳定。成品用显微镜检查,测定油滴分散度,并进行热原试验、溶血试验、降压物质试验、油及甘油含量、过氧化值、酸值、pH等各项质量检查。

六、血浆代用液

血浆代用液是一类高分子化合物的胶体溶液,静脉滴注后由于胶体溶液中的高分子不易透过血管壁而使水分可较长时间保持在循环系统内,能暂时维持血压或增加血液循环的血容量,可用于治疗大出血、外伤等引起的出血和休克,不能代替全血。

1. 右旋糖酐 右旋糖酐其通式为$(C_6H_{10}O_5)n$。右旋糖酐按分子量不同分为中分子质量(4.5万~7万)、低分子质量(2.5万~4.5万)和小分子质量(1万~2.5万)三种。分子量愈大,排泄愈慢。一般中分子右旋糖酐24h排出50%左右,而低分子则排出70%。中分子右旋糖酐与血浆有相似的胶体特性,可提高血浆渗透压,增加血容量,维持血压。用于治疗低血容量性休克,如外伤出血性休克。低分子右旋糖酐有扩容作用,但维持时间短。它能使红细胞带负电荷，由于同性电荷相斥，故可防止红细胞相互黏着，同时也可防止红细胞与毛细管的黏附。因此，可避免血管内红细胞凝聚，减少血栓形成，改善微循环。

2. 羟乙基淀粉注射液　本品又名 706 代血浆，主药羟乙基淀粉是将淀粉经酸水解后，再在碱性条件下与环氧乙烷反应（羟乙基化）而成。引入羟乙基使水解淀粉在输入血管后不易被水解，在血液循环中以原型保持较长时间。本品在体内不能完全代谢，故长期大量使用，会增加单核-巨噬细胞系统的负担，临床上常发生持续性的瘙痒症。

第 3 节　注射用无菌粉末

一、概　述

（一）注射用无菌粉末概念

注射用无菌粉末又称粉针剂，系指药物制成的供临用前用适宜的无菌溶液配置成澄清溶液或均匀混悬液的无菌粉末或无菌块状物。可用适宜的注射用溶剂配制后注射，也可用静脉输液配制后静脉滴注。注射用无菌粉末在标签中应标明所用溶剂。适用于在水溶液中不稳定的药物，特别是一些对湿热非常敏感的抗生素类药物及酶或血浆等生物制品，如青霉素 G 的钾盐和钠盐及一些医用酶制剂（胰蛋白酶、辅酶 A），适宜制成注射用无菌粉末，以保证其稳定性。

（二）注射用无菌粉末分类

注射用无菌粉末依据生产工艺不同，可分为注射用无菌分装制品和注射用冻干制品两种。注射用无菌分装制品是将原料药精制成无菌药物粉末，在无菌条件下直接分装制得，常见于抗生素。

案例 15-5

注射用普鲁卡因青霉素

【处方】　普鲁卡因青霉素 30 万单位，青霉素 G 钾（钠）10 万单位。磷酸二氢钠 0.0036g，磷酸氢二钠 0.0036g，助悬剂适量。

【制法】　取磷酸二氢钠与磷酸氢二钠分别加水溶解，过滤至澄清、浓缩，烘干，120℃灭菌 1h，无菌条件下粉碎备用。按处方用量将灭菌的普鲁卡因青霉素、青霉素 G 钾（钠）盐、磷酸二氢钠与磷酸氢二钠等混合均匀，分装于灭菌小瓶中，加塞、轧盖，即得。

问题：

应用仅限于青霉素高度敏感病原体所致的轻、中度感染。本品尚可用于治疗钩端螺旋体病、回归热和早期梅毒。

注：本品为白色粉末，临用前，加灭菌注射用水成混悬液使用。

【问题】　为什么将普鲁卡因青霉素制成无菌粉末？采用何种灭菌方法？

液无菌灌装至安瓿，再进行冷冻干燥后，在无菌生产条件下封口而得，常见于生物制品，如辅酶类。

（三）注射用无菌粉末的质量要求

注射用无菌粉末属于非最终灭菌产品，其生产工艺必须严格控制。除应符合《中国

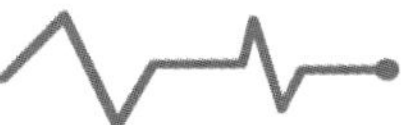

药典》2015 年版的规定外，还应符合下列要求：①粉末无异物，配成溶液或混悬液后澄清度检查合格；②粉末细度或结晶度应适宜，便于分装；③无菌、无热原。

考点：注射用无菌粉末分类

二、注射用无菌分装制品

（一）注射用无菌分装制品的工艺流程图

注射用无菌分装制品的工艺流程（图 15-6）。

图 15-6　注射用无菌分装制品的工艺流程图

（二）制备工艺

1. 原料准备　为确定合理的生产工艺，应首先了解药物的理化性质，主要测定物料的热稳定性、物料的临界相对湿度、物料的粉末晶型与松密度等，使之适于分装。无菌原料可用灭菌结晶法或喷雾干燥法制备，必要时需进行粉碎、过筛等操作，在无菌条件下制得符合注射用的无菌粉末。

2. 容器的处理　容器有抗生素瓶（西林瓶）、安瓿等。把抗生素瓶（西林瓶）和丁基胶塞先用纯化水冲洗，然后用新鲜的注射用水冲洗，再干燥灭菌，抗生素瓶 180℃，1. 5h 和丁基胶塞 125℃，2. 5h。灭菌空瓶的存放柜应有净化空气保护，存放时间不超过 24h。

3. 分装　分装必须在高度洁净的无菌室中按无菌操作法进行，分装后小瓶应立即加塞轧铝盖密封（图 15-7）。药物的分装、压塞及安瓿的封口宜在局部 A 级层流下进行。目前分装的机械设备有插管分装机、螺旋自动分装机（图 15-8）、真空吸粉分装机等。此外，青霉素分装车间不得与其他抗生素分装车间轮换生产，以防止交叉污染。

图 15-7　滚压式抗生素玻璃瓶轧盖机

图 15-8　单头高速螺杆分装机

4. 灭菌及异物检查　对于耐热的品种，如青霉素，可进行补充灭菌，保证用药安全。对于不耐热品种，必须严格无菌操作。异物检查一般在传送带上目检。

5. 印字包装

（三）无菌分装工艺中存在的问题及解决办法

1. 装量差异 物料流动性是影响装量差异的主要因素。物料的物理性质如吸潮性以及药物的晶型、粒度、比容以及机械设备性能等均会影响流动性，进而影响装量，应根据具体情况采取措施，特别是分装环境的相对湿度。

2. 澄清度问题 由于制备药物粉末的工艺步骤多，致使污染机会增加，易使药物粉末溶解后出现纤毛、小点等，以至于澄清度检查不符合要求。因此应从原料处理开始，严格环境洁净度控制，防止污染。

3. 无菌度问题 由于产品系无菌操作制备，稍有不慎就有可能使局部受到污染，而且微生物在固体粉末中的繁殖较慢，不易被肉眼所见，危险性大。为保证安全用药，一般都采用层流净化装置。

4. 吸潮变质 对于瓶装无菌粉末时有发生吸潮变质，通常由于胶塞透气性所致，或轧铝盖封不严所致。因此，一方面要进行橡胶塞密封性能的测定，选择性能符合规定的胶塞；另一方面，铝盖压紧后瓶口应烫蜡，以防水气透入。

考点：注射用无菌分装制品工艺流程及工艺中存在问题及解决方法

三、 注射用冻干制品

案例 15-6

注射用辅酶 A 粉针剂制备

【处方】 辅酶 A56.1 单位，半胱氨酸 0.5mg，甘露醇 10mg，葡萄糖酸钙 1mg，水解明胶 5mg。

【制法】 将上述各成分用适量注射水溶解后，无菌过滤，分装于安瓿中，每支 0.5ml，冷冻干燥后封口，检查漏气即得。

作用和用途：本品为体内乙酰化反应的辅酶，有利于糖、脂肪以及蛋白质的代谢。用于白细胞减少症、原发性血小板减少性紫癜及功能性低热。

注：本品为静脉滴注，临用前用 5% 葡萄糖注射液 500ml 溶解后滴注；肌内注射，临用前用生理盐水 2ml 溶解后注射。

问题：

为什么要在制剂中加入稳定剂及填充剂？

（一）注射用冻干制品的生产工艺流程图

注射用冻干制品的生产工艺流程（图 15-9）。

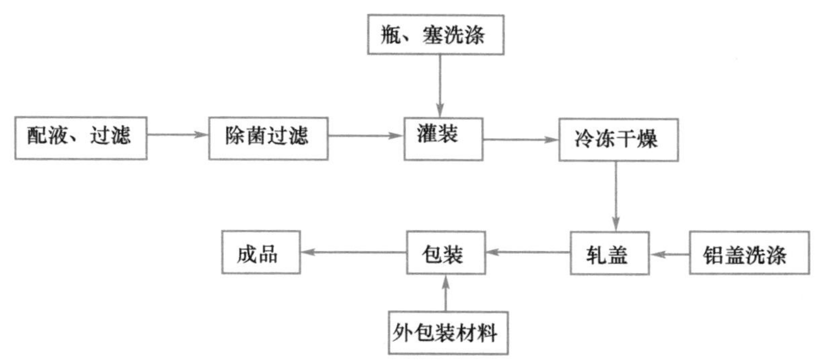

图 15-9 注射用冻干制品的生产工艺流程图

（二）制备工艺

1. 原材料准备 冻干前的原辅料、安瓿瓶等按适宜的方法处理，然后进行配液、过滤和灌装等操作，将无菌溶液灌注入安瓿后，进行下列操作。

当药物剂量和体积较小时，需加适宜稀释剂（甘露醇、乳糖、山梨醇、右旋糖酐、牛白蛋白、明胶、氯化钠和磷酸钠等）以增加容积。溶液经无菌滤过（0.22μm 微孔滤膜）后分装在灭菌的宽口安瓿或玻璃瓶内，一般分装容器的液面深度为 1~2cm，最深不超过容器深度的 1/2。

2. 预冻 制品在干燥前必须先预冻成固体，预冻是恒压降温过程，随着温度下降药液形成固体，预冻温度应低于产品低共熔点 10~20℃以下，以保证彻底冷冻，否则在减压过程中产生沸腾而使制品表面凹凸不平。

3. 升华干燥 首先是恒温减压过程，然后是在抽气条件下，恒压升温，使固态水升华逸去。升华干燥法分为两种，一种是一次升华法，适用于共熔点为-10~-20℃的制品，且溶液黏度不大。另一种是反复冷冻升华法，该法的减压和加热升华过程与一次升华法相同，只是预冻过程须在共熔点与共熔点以下 20℃之间反复升降预冻，而不是一次降温完成。本法常用于结构较复杂、稠度大及熔点较低的制品，如蜂蜜、蜂王浆等。

4. 再干燥 升华完成后，在减压条件下，温度继续升高至 0℃或 25℃，并保持一定的时间，使已升华的水蒸气或残留的水分被抽尽。再干燥可保证冻干制品含水量<1%，并有防止回潮作用。

5. 封口 冷冻干燥完毕应立即加塞封口。国外有些设备已设计自动加塞装置，广口小玻璃瓶从冻干机中取出之前，能自动压塞，避免污染。

（三）冷冻干燥中存在的问题及解决办法

冷冻干燥中存在的问题及解决办法见表 15-5。

表 15-5 冷冻干燥中存在的问题及解决办法

存在问题	原因	解决办法
含水量偏高	装入容器的药液过厚；升华干燥过程中供热不足；冷凝器温度偏高；真空度不够	采用旋转冷冻机
喷瓶	供热太快，受热不匀或预冻不完全	控制预冻温度在共熔点以下 10~20℃；同时加热升华，温度不宜超过共熔点
产品外形不饱满或萎缩	药液结构致密，冻干过程中内部水蒸气逸出不完全，冻干结束后制品会因潮解而萎缩	处方中加入适量甘露醇、氯化钠等填充剂，并采取反复预冻法，以改善制品的通气性，产品外观即可得到改善

（四）冷冻干燥的特点

冷冻干燥的优点：

考点：注射用冻干制品工艺流程、制备及特点

（1）药物不被热破坏，不改变性质，适用于热敏性的药物，如酶、激素、核酸、血液和免疫产品，不会发生变性或失去生物活力。

（2）产品质地疏松多孔，呈海绵状，加水后溶解迅速而完全。

（3）药液经过除菌过滤，杂质微粒少。

（4）含水量低，经真空干燥、密封，稳定性好。

（5）通过液体定量分装，剂量准确。

冷冻干燥的缺点：生产设备贵、能源消耗大、生产时间、工艺控制要求高。

第4节 眼用液体制剂

一、概 述

（一）眼用液体制剂概念

眼用液体制剂系指供洗眼、滴眼或眼内注射用以治疗或诊断眼部疾病的液体制剂。它们大部分属于真溶液或胶体溶液，少数为混悬液或油溶液。近年来，一些新的眼用制剂，如眼用膜剂、眼胶以及接触眼镜等也逐步应用于临床。

（二）眼用液体制剂分类

眼用液体制剂分为滴眼剂、洗眼剂和眼内注射溶液三类。

滴眼剂系指由药物与适宜辅料制成的无菌水性或油性澄清溶液、混悬液或乳状液，供滴入的眼用液体制剂。通常以水为溶剂，极少用油。滴眼剂可发挥消炎杀菌、散瞳缩瞳、降低眼内压、治疗白内障、诊断以及局部麻醉等作用，有的还可作滑润或代替泪液之用。

洗眼剂系指由药物制成的无菌澄清水溶液，供冲洗眼部异物或分泌液、中和外来化学物质的眼用液体制剂，如生理盐水、2%硼酸溶液等。

眼内注射溶液系指由药物与适宜辅料制成的无菌澄清溶液，供眼周围组织（包括球结膜下、筋膜下及球后）或眼内注射（包括前房注射、前房冲洗、玻璃体内注射、玻璃体内灌注等）的无菌眼用液体制剂。

考点：眼用液体制剂分类

二、滴眼剂的附加剂

滴眼剂中可加入调节渗透压、pH、黏度以及增加药物溶解度和制剂稳定的辅料，并可加入适宜的抑菌剂和抗氧剂。所用辅料不应降低药效或产生局部刺激性。常用附加剂主要有以下几种。

（一）pH调整剂

滴眼剂pH不当可引起刺激流泪，甚至损伤角膜。正常眼可耐受pH范围在5.0~9.0之间，pH6~8无不适感，pH<5.0或>11.4有明显不适感觉。碱性更易损伤角膜。结合药物的溶解度、稳定性和刺激性等多方面因素考虑，为避免刺激性和使药物稳定，常选用适当的缓冲液作为溶剂，使pH稳定在一定的范围内。常用缓冲溶液有以下几种。

（1）磷酸盐缓冲液：pH5.9~8.0，pH6.8最常用。

（2）硼酸盐缓冲液：pH6.7~9.1。

（3）硼酸缓冲液：pH5。

（二）渗透压调整剂

滴眼剂要与泪液等渗，渗透压过高或过低对眼睛都有刺激性。眼球能适应的渗透压范围相当于浓度为0.6%~1.5%的氯化钠溶液，超过耐受范围就有明显的不适。常用的渗透压调整剂有氯化钠、硼砂、葡萄糖、硼酸。

（三）抑菌剂

滴眼剂是一种多剂量制剂，使用过程中无法始终保持无菌，因此必须添加适当的抑菌剂。一般滴眼剂的抑菌剂要求作用迅速(即在1~2h内达到无菌)。眼内注射液、眼内插入剂、供外科手术用和急救用的眼用制剂要求绝对无菌,均不得添加抑菌剂,且应包装于无菌容器内供一次性使用。常用的抑菌剂有:

(1) 尼泊金类:国内滴眼剂中使用最广泛的是尼泊金乙酯,即对羟基苯甲酸乙酯,另外还有对羟基苯甲酸甲酯,对羟基苯甲酸丙酯;

(2) 醇类:苯甲醇,乙醇,苯乙醇,三氯叔丁醇等;

(3) 有机酸类:苯甲酸,山梨酸,脱氢醋酸等;

(4) 季铵盐类:新洁而灭(苯扎溴铵),洁而灭(苯扎氯铵)等;

(5)有机汞类:硝酸苯汞等。

(四) 黏度调节剂

适当增加滴眼剂的黏度,既可以延长药物与作用部位的接触时间,又能降低药物对眼睛的刺激性,有利于发挥药物的作用,合适的黏度在4.0~5.0cPa.s之间。常用的有甲基纤维素、聚乙烯醇、聚维酮、聚乙二醇等 。

(五) 其他附加剂

根据滴眼剂中主药的性质,对于不稳定药物可加入抗氧剂;溶解度小的药物可加入增溶剂或助溶剂。

考点:滴眼剂的附加剂

三、 滴眼剂的制备

(一) 滴眼剂的生产工艺流程及质量控制点

滴眼剂的生产工艺流程及质量控制点(图15-10)。

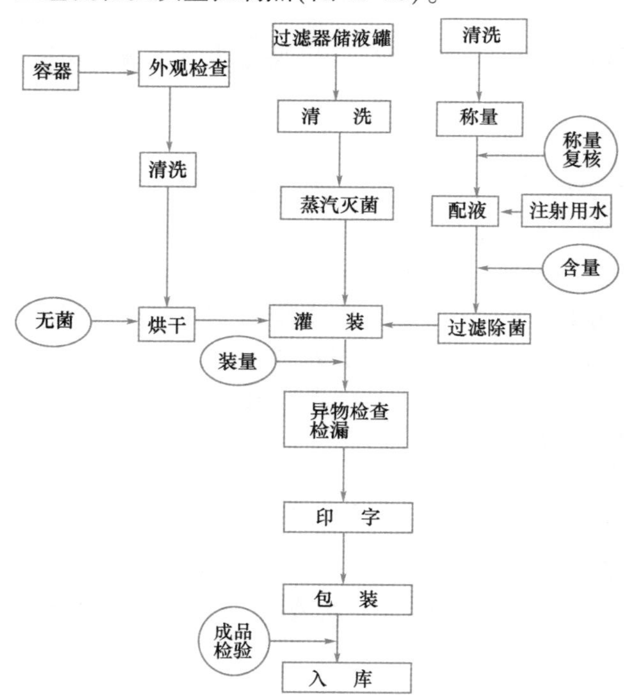

图15-10　滴眼剂的生产工艺流程及质量控制点

此滴眼剂的生产工艺适用于药物性质稳定者，对于不耐热的主药，全部制备过程需采用无菌法操作。用于眼外伤或眼部手术的制剂，需制成单剂量包装，保证完全无菌。洗眼液用输液瓶包装，按输液工艺处理。

（二）滴眼剂的制备

1. 容器洗涤与灭菌 滴眼剂的容器有玻璃瓶与塑料瓶两种，中性玻璃对药液的影响小，配有滴管并封以铝盖的小瓶，可使滴眼剂保存较长时间，故对氧敏感药物多用玻璃瓶。遇光不稳定药物可选用茶色瓶。塑料瓶由聚烯烃吹塑制成，不易污染且价廉、质轻、不易碎裂，较常用，但塑料瓶有一定的透气性，不适宜盛装对氧敏感的药物溶液。无论哪种容器选用时要注意瓶与药液之间是否存在物质交换反应。采用洗涤方法与注射剂容器同，玻璃瓶可用干热灭菌，塑料瓶可用气体灭菌。

2. 配液 称取药物和附加剂，用适量溶剂溶解，必要时加活性炭（0.05%～0.3%）处理。

3. 过滤 可用微孔滤膜、垂熔滤球或砂滤棒过滤至澄清。进行半成品检查。

4. 灌装 目前生产上普遍采用减压灌装法，灌装方法随瓶的类型和生产量的大小而改变。

5. 灯检 逐瓶目检，再抽检。操作时拿得稳、翻的轻、不重放、不夹双排。

6. 其他 经质量检验合格后，印字包装。

考点：滴眼剂的工艺流程及制备

四、滴眼剂的质量检查

按照2015年版《中国药典》检查项目进行下列检查。

（一）可见异物

除另有规定外，滴眼剂按照可见异物检查法中滴眼剂项下的方法检查，应符合规定。

（二）粒度

混悬型滴眼剂的粒度取供试品强烈振摇，立即量取适量（相当于含主药10μg）置于载玻片上，按照粒度和粒度分布测定法检查，大于50μm的粒子不得过2个，且不得检出大于90μm的粒子。

（三）沉降体积比

混悬型滴眼剂应作沉降容积比检查，应不低于0.90。

（四）装量

按照最低装量检查法检查，应符合规定。

（五）渗透压摩尔浓度

除另有规定外，按照渗透压摩尔浓度测定法检查，应符合规定。

（六）无菌

按照无菌检查法检查，应符合规定。

滴眼剂除了要做上述质量检查外，还要求每个容器装量不超过10ml，应遮光密封储存，开启后最多可使用4周。

考点：滴眼剂的质量检查

五、眼用药物的吸收途径及影响吸收的因素

（一）滴眼剂中药物的吸收途径

眼是视觉器官，由眼球、眼内容物、眼的附属器三部分组成。用于眼部的药物，多数情况下以局部作用为主，亦有眼部用药发挥全身治疗作用的报道。眼用药物有的作用于眼球外部，有的作用于眼球内部。作用于眼球内部的，要求药物能透入眼球内。

眼的药物吸收途径主要有两条，即药物溶液滴入结膜囊内主要经角膜和结膜吸收。一般认为，滴入眼中的药物首先进入角膜内，药物透过角膜至前房，进而到达虹膜。药物经结膜吸收时，通过巩膜可达眼球后部，由于结膜含有大量的血管，吸收药物进入体液循环，降低眼部药物的量。也可将药物注射入结膜下或眼角后的眼球囊，药物可通过巩膜进入眼内，对睫状体、脉络膜和视网膜发挥作用。若将药物注射于眼球后，药物则以简单扩散方式进入眼后段，可对眼球后神经及其他结构发挥作用。

（二）影响眼用药物吸收的因素

药物在眼的吸收与其疗效有直接的关系。影响药物眼部吸收的主要因素如下：

1. 药物从眼睑缝隙的损失 人正常泪液容量约7μl，若不眨眼最多可容纳30μl左右的药液，若眨眼则有90%的药液损失，加之泪液对药液还有稀释，损失更大，因而应增加滴药次数，有利于提高主药的利用率。

2. 药物经外周血管消除 药物在进入眼睑和眼结膜的同时，也通过外周血管从眼组织消除。眼结膜含有很多血管和淋巴管，当有外来物引起刺激时，血管扩张，进而透入结膜的药物将有很大比例进入血液。

3. 药物的脂溶性与解离度 药物的脂溶性角膜上皮层和内皮层均有丰富的类脂物，因而脂溶性药物易渗入，水溶性药物则较易渗入角膜的水性基质层，两相都能溶解的药物容易通过角膜，完全解离的药物难以透过完整的角膜。

4. 刺激性 眼用制剂的刺激性较大时，可以使结膜的血管和淋巴管扩张，不但增加药物从外周血管的消除，而且能使泪腺分泌增多。泪液分泌过多，不仅将药物浓度稀释，更增加了药物的损失，溢出眼睛或进入鼻腔和口腔，从而影响药物的吸收作用，降低药效。

5. 表面张力 滴眼剂的表面张力对泪液混合及对角膜的透过均有影响。滴眼剂表面张力愈小，愈有利于泪液与滴眼剂的充分混合，也有利于药物与角膜上皮接触，使药物容易渗入。适量的表面活性剂有促进吸收的作用。

6. 黏度 增加黏度可使滴眼剂中药物与角膜接触时间延长，有利于药物的吸收，可以减少药物的刺激。

> **考点：**滴眼剂中药物的吸收途径、影响因素

参考解析

案例15-1问题1分析：处方中碳酸氢钠是pH调节剂。维生素C注射液中加入碳酸氢钠既可防止碱性过强而影响药液稳定性，又可产生CO_2，驱除药液中的氧，有利于药物稳定。

案例15-1问题2分析：处方中亚硫酸氢钠是抗氧剂。

案例15-1问题3分析：处方中依地酸二钠是金属络合剂。

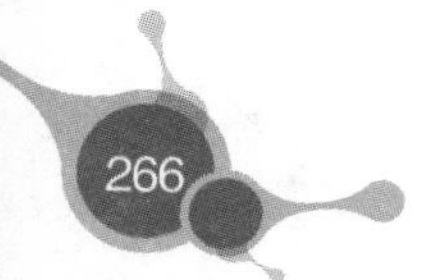

案例15-2问题分析:查表15-1,得 $b=0.58$(1%氯化钠溶液的冰点降低值),$a=0.122\times2$(1%盐酸普鲁卡因溶液的冰点降低值为0.122),代入公式。

$$W=\frac{0.52-0.122\times2}{0.58}=0.48$$

总量=0.48×3=1.44g

即配制2%盐酸普鲁卡因溶液300ml需加入氯化钠1.44g。

案例15-3问题1分析:药用炭在酸性溶液(pH 3~5)吸附力强。

案例15-3问题2分析:药用炭有吸附热原、杂质、脱色和助滤作用。

案例15-4问题1分析:处方中的油相是精制大豆油。

案例15-4问题2分析:大豆磷脂属于乳化剂。

案例15-5问题分析:普鲁卡因青霉素对热不稳定,故制成无菌粉末,再经10%~20%的环氧乙烷和80%~90%二氧化碳混合气体灭菌,即得无菌普鲁卡因青霉素粉末。

案例15-6问题分析:辅酶A为白色或微黄色粉末,有吸湿性,易溶于水,不溶于丙酮、乙醚、乙醇,易被空气、过氧化氢、碘、高锰酸盐等氧化成无活性二硫化物,故在制剂中加入稳定剂填充剂。故在制剂中加入稳定剂及填充剂。

自测题

一、选择题

(一)单项选择题。每题的备选答案中只有一个最佳答案。

1. 关于注射剂特点描述错误的是( )
   A. 药效迅速作用可靠
   B. 适用于不宜口服的药物
   C. 适用于不宜口服给药的病人
   D. 可以产生局部定位作用
   E. 使用方便
2. 注射剂的pH一般控制的范围是( )
   A. 35~11 B. 4~9
   C. 5~10 D. 3~7
   E. 6~8
3. 注射用水应于制备后几小时内使用( )
   A. 4小时 B. 8小时
   C. 12小时 D. 16小时
   E. 24小时
4. 输液剂配制常用( )
   A. 浓配法 B. 稀配法
   C. 等量递加法 D. 化学反应法
   E. 浸出法
5. 不属于注射剂质量检查的项目是( )
   A. 溶化性 B. 装量
   C. 可见异物 D. 无菌
   E. 热原
6. 配制0.5%硫酸阿托品注射液10 000ml,需加多少克氯化钠才能调成等渗溶液?(已知硫酸阿托品的E=0.1)( )
   A. 90 B. 75
   C. 85 D. 100
   E. 95
7. 以下不能作为注射剂的抑菌剂的是( )
   A. 甲酚 B. 羟苯乙酯
   C. 苯甲醇 D. 三氯叔丁醇
   E. 高锰酸钾
8. 滴眼剂的抑菌剂不宜选用下列哪个品种( )
   A. 尼泊金类 B. 三氯叔丁醇
   C. 碘仿 D. 山梨酸
   E. 苯氧乙醇
9. 有关滴眼剂错误的叙述是( )
   A. 滴眼剂是直接用于眼部的外用液体制剂
   B. 正常眼可耐受的pH为5.0~9.0
   C. 混悬型滴眼剂的沉降容积比检查,应不低于0.90
   D. 滴入眼中的药物首先进入角膜内,通过角膜至前房再进入虹膜
   E. 增加滴眼剂的黏度,使药物扩散速度减小,不利于药物的吸收
10. 有关滴眼剂的正确表述是( )
    A. 滴眼剂不得含有铜绿假单胞菌和金黄色葡

葡球菌

B. 滴眼剂通常要求进行热原检查

C. 滴眼剂不得加尼泊金、三氯叔丁醇之类抑菌剂

D. 黏度可适当减小,使药物在眼内停留时间延长

E. 药物只能通过角膜吸收

11. 滤过除菌用微孔滤膜的孔径应为(　　)

A. 0.8μm　　B. 0.22~0.3μm

C. 0.1μm　　D. 0.8μm

E. 1.0μm

12. 冷冻干燥制品的正确制备过程是(　　)

A. 预冻→测定产品共熔点→升华干燥→再干燥

B. 预冻→升华干燥→测定产品共熔点→再干燥

C. 测定产品共熔点→预冻→升华干燥→再干燥

D. 测定产品共熔点→升华干燥→预冻→再干燥

E. 测定产品共熔点→干燥→预冻→升华再干燥

13. 滴眼剂的质量要求,哪一条与注射剂的质量要求不同(　　)

A. 无菌　　B. 有一定的 pH

C. 与泪液等渗　　D. 澄清度符合要求

E. 无热源

14. 一般滴眼剂的 pH 为(　　)

A. 3~8　　B. 4~9

C. 5~9　　D. 5~11

E. 4~11

15. 氯霉素滴眼液中加入硼酸的主要作用是(　　)

A. 增溶　　B. 调节 pH

C. 防腐　　D. 增强疗效

E. 以上都不是

16. 关于滴眼剂中药物吸收的影响因素叙述错误的是(　　)

A. 70%的药液从眼睑缝溢出而损失

B. 药物从外周血管消除

C. 具有一定的脂溶性和水溶性的药物可以透过角膜

D. 刺激性大的药物会使泪腺分泌增加,降低药效

E. 表面张力大有利于药物与角膜的接触,增加吸收

17. 滴眼剂中通常不加入哪种附加剂(　　)

A. 缓冲剂　　B. 增稠剂

C. 抑菌剂　　D. 着色剂

E. 渗透压调节剂

(二)配伍选择题。备选答案在前,试题在后。每组包括若干题,每组题均对应同一组备选答案。每题只有一个正确答案。每个备选答案可重复选用,也可不选用。

[18~22]

A. 复方氯化钠注射液　　B. 脂肪乳注射液

C. 甘露醇注射液　　D. 羟乙基淀粉注射液

E. 葡萄糖注射液

18. 属于糖类输液的是(　　)

19. 属于电解质输液的是(　　)

20. 属于多元醇输液的是(　　)

21. 属于代血浆输液的是(　　)

22. 属于乳剂型输液的是(　　)

[23~27]

A. EDTA 钠盐　　B. 氯化钠

C. 甲酚　　D. 亚硫酸钠

E. 吐温 80

23. 可作抑菌剂的是(　　)

24. 可作抗氧剂的是(　　)

25. 可作增溶剂的是(　　)

26. 可作等渗调节剂的是(　　)

27. 可作金属络合剂的是(　　)

(三)多项选择题。每题的备选答案中有 2 个或 2 个以上正确答案。

28. 下列药品既能做抑菌剂又能做止痛剂的是(　　)

A. 苯甲醇　　B. 苯氧乙醇

C. 乙醇　　D. 三氯叔丁醇

E. 吐温

29. 输液剂的包装材料有(　　)

A. 玻璃输液瓶　　B. 塑料输液瓶

C. 塑料输液袋　　D. 丁基胶塞

E. 铝塑盖

30. 关于青霉素粉针剂的说法正确的是(　　)

A. 为注射用无菌分装产品

B. 干燥状态下可经过补充灭菌

C. 临用前用灭菌注射用水溶解

D. 分装应在 A 级洁净条件下进行

E. 控制环境湿度在青霉素钠临界相对湿度

以上

31. 冷冻干燥的特点是(　　)
    A. 可避免药品因高热而分解变质
    B. 可随意选择溶剂以制备某种特殊的晶型
    C. 含水量低
    D. 产品剂量不易准确,外观不佳
    E. 所得产品质地疏松,加水后迅速溶解恢复药液原有特性
32. 滴眼剂中常用的缓冲剂有(　　)
    A. 磷酸盐缓冲溶液　B. 碳酸盐缓冲溶液
    C. 醋酸盐缓冲溶液　D. 硼酸盐缓冲溶液
    E. 枸橼酸盐缓冲溶液
33. 注射用无菌粉末物理化学性质的测定项目包括(　　)
    A. 物料的热稳定性　B. 临界相对湿度
    C. 流变学的测定　D. 粉末晶型
    E. 粉末松密度
34. 冷冻干燥中的异常现象有(　　)
    A. 含水量偏高　B. 喷瓶
    C. 染菌　D. 颗粒不饱满
    E. 颗粒萎缩成团粒
35. 无菌分装工艺中存在的问题包括(　　)
    A. 渗透压问题　B. 装量差异
    C. 无菌度问题　D. 澄清度问题
    E. 储存过程中吸潮变质

二、简答题

1. 眼用药物的吸收途径及影响因素?
2. 注射用无菌分装制品工艺中存在问题?
3. 眼用液体制剂分类?
4. 注射用冻干制品制备工艺?
5. 注射用无菌分装制品的制备工艺?

(蒋宏雁　闫丽丽)

第 16 章　药物制剂稳定性和药物相互作用

药物制剂稳定性指药物在体外的稳定性,是评价药物制剂质量的重要指标之一,是确定药物制剂有效期的主要依据。通过研究药物制剂的稳定性,寻找避免或延缓药物制剂降解的措施。药物相互作用是指两种或两种以上的药物合并或先后序贯使用,所引起的药物作用和效应的变化。根据药物制剂的物理化学性质和药理作用,预测可能发生的配伍变化,分析配伍变化的原因,设计合理的处方,保证用药的安全有效。

第 1 节　药物制剂稳定性

案例 16-1

患者,女,43 岁,诊断为大叶性肺炎,医生给予以下处方。

【处方】　注射用青霉素钠 2.4g(400 万单位),10% 葡萄糖注射液 100ml,sig:iv. gtt qd。

问题:

1. 青霉素为什么现用现配? 能否口服?
2. 以上处方是否合理,如不合理怎样处理?

一、概　　述

(一) 研究药物制剂稳定性的意义和任务

1. 研究药物制剂稳定性的意义　药物制剂稳定性系指药物制剂从制备到使用期间质量发生变化的速度和程度。药物制剂稳定性通常是指药物在体外的稳定性,是评价药物制剂质量的重要指标之一,是确定药物制剂使用期限的主要依据。

药物制剂的基本要求是安全、有效、稳定。如果药物制剂在体外不具备一定的稳定性,发生分解变质,不仅降低疗效,甚至还可能出现毒副作用,难以保证用药的安全性和有效性。另一方面在药物制剂生产中,若产品不稳定发生变质,不仅给生产企业造成严重的经济损失,而且可能造成严重的社会危害,因此必须重视药物制剂稳定性的研究。

2. 研究药物制剂稳定性的任务　药物制剂稳定性内容一般包括物理、化学、生物学三个方面。本章重点讨论药物制剂化学稳定性问题。

(1) 物理稳定性:指药物制剂的物理性质发生变化,如混悬剂的结块及结晶生长、乳剂的分层、片剂崩解度和溶出速度的改变等。

(2) 化学稳定性:指药物由于发生水解、氧化、脱羧等化学反应,使药物含量(或效价)降低,色泽产生变化。

(3) 生物学稳定性:指药物制剂受到微生物污染而发生变质、腐败。

研究药物制剂稳定性的任务是提高产品的质量。为了给临床提供安全、有效、稳定的药物制剂,我国食品药品监督管理部门规定,在新药研究与开发过程中,必须考察外界因素和处方因素对药物稳定性的影响，新药申报必须呈报有关稳定性的资料。

考点：药物制剂稳定性的内容

（二）药物制剂稳定性的主要考察项目

稳定性重点考察项目见表16-1。

表16-1　原料药及药物制剂稳定性重点考察项目

剂型	稳定性重点考察项目
原料药	性状、熔点、含量、有关物质、吸湿性以及根据品种性质选定的考察项目
片剂	性状、含量、有关物质、崩解时限或溶出度或释放度
胶囊剂	外观、含量、有关物质、崩解时限或溶出度或释放度、水分，软胶囊要检查内容物有无沉淀
注射剂	性状、含量、pH、可见异物、有关物质，应考察无菌
栓剂	性状、含量、融变时限、有关物质
软膏剂	性状、均匀性、含量、粒度、有关物质
乳膏剂	性状、均匀性、含量、粒度、有关物质、分层现象
丸剂	性状、含量、有关物质、溶散时限
糖浆剂	性状、含量、澄清度、相对密度、有关物质、pH
滴眼剂	如为溶液，应考察性状、澄明度、含量、pH、有关物质。如为混悬型，还应考察粒度、再分散性
口服溶液剂	性状、含量、澄清度、有关物质
口服乳剂	性状、含量、分层现象、有关物质
口服混悬剂	性状、含量、沉降体积比、有关物质、再分散性
散剂	性状、含量、粒度、有关物质、外观均匀度
气雾剂	泄漏率、每瓶主药含量、有关物质、每瓶总揿次、每揿主药含量、雾滴分布
喷雾剂	每瓶总吸次、每吸喷量、每吸主药含量、有关物质、雾滴分布
颗粒剂	性状、含量、粒度、有关物质、溶化性或溶出度或释放度
贴剂（透皮贴剂）	性状、含量、有关物质、释放度、黏附力
耳用制剂	性状、含量、有关物质、耳用散剂、喷雾剂与半固体制剂分别按相关剂型要求检查
鼻用制剂	性状、pH、含量、有关物质、鼻用散剂、喷雾剂与半固体制剂分别按相关剂型要求检查

注：有关物质（含降解产物及其他变化所生成的产物）应说明其生成产物的数目及量的变化。如有可能应说明有关物质中何者为原料中的中间体，何者为降解产物。稳定性试验重点考察降解产物。

二、制剂中药物的化学降解的途径

药物由于化学结构不同，降解反应的途径也不尽相同。药物降解的途径有水解、氧化、异构化、聚合、脱羧等，主要途径是水解和氧化。有时一种药物可能同时产生两种或两种以上的降解反应。

考点：药物的降解途径

（一）水解反应

水解是药物降解的主要途径之一，易发生水解的药物有，酯类（包括内酯）、酰胺类

（包括内酰胺）、苷类等。

1. 酯类药物的水解 含有酯键的药物在水溶液中或吸收水分后很易发生水解，生成相应的酸和醇，如乙酰水杨酸、盐酸普鲁卡因、三硝酸甘油酯、盐酸可卡因、硫酸阿托品、红霉素、硝酸毛果芸香碱、华法林等酯类药物均具有一定的水解性。

2. 酰胺类药物的水解 酰胺类药物一般情况下比酯类药物稳定。水解后生成相应的胺和酸，有内酰胺结构的药物，水解后易开环而失效。

酰胺类药物如氯霉素、青霉素类、头孢菌素类、巴比妥类、利多卡因、对乙酰氨基酚等都具有一定的水解性。

3. 其他药物的水解 如链霉素、地西泮、碘苷、阿糖胞苷等药物的降解，主要是水解反应。

考点：易发生水解的药物

（二）氧化反应

氧化反应也是药物降解的一种主要途径。失去电子为氧化，在有机化学中常把脱氢称为氧化。药物的氧化通常是自氧化，即在大气中氧的影响下自动发生缓慢的氧化过程。

药物的氧化过程与化学结构有关。药物氧化后，可能会引起药物颜色加深、产生沉淀、不良气味，影响药品质量，使药效下降，甚至成为废品。所以对易氧化药物应特别注意光、氧、金属离子等的影响，以保证质量。也有些药物氧化反应复杂，可同时发生氧化、水解、聚合等反应。

常见易发生氧化的药物有：

1. 酚类 肾上腺素、左旋多巴、吗啡、水杨酸钠等均有酚羟基，易被氧化。如肾上腺素氧化后生成棕红色聚合物或黑色物质。左旋多巴氧化后生成黑色物质。

2. 烯醇类 维生素 C 分子结构中有含有烯醇基，易被氧化，在有氧条件下，先氧化为去氢抗坏血酸，然后水解成 2,3-二酮古罗糖酸，还可被氧化生成草酸和 1-丁糖酸。因此维生素 C 片易被氧化而变黄。

3. 其他类 芳胺类的磺胺嘧啶钠等；吡唑酮类的氨基比林、安乃近等；噻嗪类的盐酸氯丙嗪、盐酸异丙嗪等。

链 接

乙酰水杨酸

乙酰水杨酸具有酚酯结构，干燥空气中稳定，但遇水酯键可发生缓慢水解，其水解产物为水杨酸和醋酸。水杨酸不仅对胃肠有刺激，且较易氧化，在空气中逐渐变为淡黄色、红棕色、甚至深棕色。因此乙酰水杨酸应置阴凉干燥处、密闭保存。

考点：易发生氧化的药物

（三）其他反应

1. 异构化 异构化常见的有光学异构化和几何异构化两种，异构化可能会使药物生理活性降低甚至消失。

（1）光学异构化：又分为外消旋化和差向异构化。左旋肾上腺素水溶液在 pH 为 4 时发生外消旋化，生理活性降低 50%。毛果芸香碱在碱性环境下发生差向异构化，生成的异毛果芸香碱活性降低。

（2）几何异构化：几何异构化有时也会降低药物的生理活性，如维生素 A 的活性形式为全反式，如果发生几何异构化，转化为 2,6-顺式异构体，生理活性降低。

2. 聚合 聚合是两个或多个分子结合在一起形成复杂分子的反应。如氨苄西林浓水溶液在储存过程中可发生聚合反应形成二聚物,此过程继续下去会形成高聚物,据报道此高聚物能诱发过敏反应。

3. 脱羧 羧酸分子失去羧基放出二氧化碳的反应叫作脱羧反应。普鲁卡因水解产物对氨基苯甲酸,可脱羧生成苯胺,苯胺在光的影响下,氧化生成有色物质,这是普鲁卡因注射液变黄的原因。对氨基水杨酸钠在光、热和水分存在的条件下,会脱羧生成间氨基酚,进一步可氧化变色。

三、 影响药物制剂降解的因素及稳定化方法

(一)处方因素

制备任何一种制剂,首先要进行处方设计。药物制剂的处方组成比较复杂,除主药外,还需加入各种辅料,处方组成对制剂的稳定性影响很大。pH、广义酸碱催化、溶剂、表面活性剂、离子强度、处方中辅料等都可能影响药物的稳定性。

1. pH 的影响 许多酯类、酰胺类药物常受 H^+或 OH^-的催化水解,这种催化作用也称为专属酸碱催化或特殊酸碱催化,此类药物的水解速度主要由 pH 决定。当 pH 较低时,主要是酸催化;当 pH 较高时,主要是碱催化。

药物降解反应速度最慢时溶液的 pH,称为最稳定 pH,以 pHm 表示。如吗啡的最稳定 pH 为 4,盐酸普鲁卡因的最稳定 pH 为 3.5 左右。确定最稳定 pH 是溶液型制剂处方设计时首先要解决的问题。

调节 pH 要同时考虑制剂的稳定性、药物的溶解度、药效、人体适应性四方面的因素。《中国药典》2010 年版规定盐酸普鲁卡因注射液的 pH 为 3.5~6.0,实际生产常控制在 4.0~4.5。如大部分生物碱在偏酸性溶液中稳定,故注射剂常调节在偏酸范围,但将其制成滴眼剂就应调节在偏中性范围,这样可以减少刺激性、提高疗效。

常用 pH 调节剂:盐酸、氢氧化钠,缓冲溶液(如用磷酸、枸橼酸、醋酸及其盐类组成的缓冲系统)、与药物本身相同的酸或碱(如苯巴比妥钠用氢氧化钠,硫酸卡那霉素用硫酸),但是使用这些酸时要考虑广义酸碱催化剂的影响。

2. 广义酸碱催化 按照 Bronsted-Lowry(布朗斯特-劳里)酸碱理论,给出质子的物质为广义的酸,接受质子的物质为广义的碱。受广义酸碱催化的反应称为广义酸碱催化或一般酸碱催化。许多药物处方中,常加入缓冲剂增加制剂稳定性。

常用的缓冲剂磷酸盐、醋酸盐、硼酸盐、枸橼酸盐等均为广义的酸碱,对某些药物的水解有催化作用。在实际生产中,若药物分解速度随缓冲剂浓度增加而增加,则应选择尽可能低的浓度或没有催化作用的缓冲剂。

3. 溶剂的影响 溶剂对制剂稳定性的影响比较复杂。易水解的药物制备液体剂型时,可采用非水溶剂(甘油、乙醇、丙二醇等),增加其稳定性。如地西泮注射液含 40% 丙二醇、10% 乙醇;苯巴比妥钠注射液常用 60% 丙二醇作溶剂。

4. 表面活性剂的影响 一些易水解的药物加入表面活性剂可提高其稳定性,如苯佐卡因溶液加入 5% 月桂醇硫酸钠,30℃时的半衰期由原来的 64min 增加到 1150min。但有时表面活性剂会加快药物的降解,如聚山梨酯 80 可以降低维生素 D 的稳定性。所以应在实验的基础上,选用适宜的表面活性剂。

5. 离子强度的影响 制剂处方中常加入一些无机盐,如加入电解质调节等渗,加入缓冲剂调节 pH、加入抗氧剂防止氧化等。这些物质的加入使离子强度发生改变,从而影

响药物的降解速度。

相同电荷离子之间的反应（如药物离子带负电，受 OH^- 催化降解），加入盐使溶液离子强度增加，导致降解反应速度增加；相反电荷离子之间的反应（如药物离子带负电，受 H^+ 催化降解），加入盐会使溶液离子强度增加，降解反应速度降低；如药物为中性分子，离子强度增加对降解反应没有影响。

6. 处方中辅料的影响 一些制剂处方中的辅料对药物的稳定性影响很大，要选择不与主药发生反应的辅料，如润滑剂硬脂酸镁能促进乙酰水杨酸的水解，制备片剂时只能使用对其影响较小的滑石粉或硬脂酸作为润滑剂。一些半固体制剂，如软膏剂中药物的稳定性与制剂处方的基质有关，如用聚乙二醇做氢化可的松软膏的基质，可加速药物的降解，有效期只有 6 个月。

（二）外界因素

外界因素即环境因素，主要包括温度、空气（氧）、光线、金属离子、湿度和水分、包装材料等。这些因素均可影响药物的稳定性。其中空气（氧）、光线、金属离子对易氧化药物影响大；湿度、水分主要影响固体制剂和易水解药物的稳定性；温度、包装材料是各种产品均应考虑的普遍问题。

1. 温度的影响 一般温度升高，反应速度加快。根据 Van't Hoff（范特霍夫）规则，温度每升高 10℃，反应速度约增加 2～4 倍，这只是粗略估计温度对反应速度的影响，不同的反应倍数可能不同。

药物制剂在制备过程中，常需要加热、溶解、灭菌、干燥等操作，此时应考虑温度对药物稳定性的影响，制定合理的工艺条件。有些产品在保证完全灭菌、干燥等的前提下，可以降低灭菌温度，缩短灭菌时间；有些对热特别敏感的药物，如抗生素、生物制品等要根据药物的性质来设计合适的剂型（如固体剂型），采取特殊的生产工艺，如冷冻干燥、无菌操作等，在储存时要采取低温保存，以确保质量。

2. 光线的影响 光是一种辐射能，光线波长越短，能量越大，故波长较短的紫外线更易激发药物的氧化反应，加速药物的降解。有些药物分子受光辐射作用，使分子活化而降解，这种反应称为光化降解，易被光降解的物质称光敏感物质。其光解速度与系统温度无关。

药物结构与光敏感性有一定关系，一般酚类和分子中有双键的药物对光比较敏感。光敏感的药物制剂，在生产与储存过程中应考虑光线的影响。在制备过程中要避光操作，选择适宜的包装材料，如可用棕色玻璃瓶或容器内衬垫黑纸，并且避光储存。

常见对光敏感的药物有：硝普钠、氯丙嗪、异丙嗪、维生素 B_2、氢化可的松、泼尼松、叶酸、维生素 A 等。

链　接

硝普钠的光化降解

硝普钠是治疗高血压急症及急性心衰的常用药物。别名亚硝基铁氰化钠，为鲜红色透明粉末状结晶，口服不吸收，需静脉滴注给药。硝普钠对光极其敏感，在室内光线下，半衰期仅为 4h，因此需现用现配，配制和滴注时间不宜超过 4h，使用时应用黑纸或黑布等不透光材料包裹输液瓶及管。新配溶液为淡棕色，光照分解，使 Fe^{3+} 变为 Fe^{2+}，液体变为蓝色。

3. 空气(氧)的影响　空气中的氧是引起药物制剂氧化的主要因素。各种制剂几乎都有和氧接触的机会,只要有少量的氧存在,药物制剂就有可能发生氧化反应。

防止药物制剂氧化的方法有以下几种。

(1) 减少与空气的接触:除去氧气是防止其氧化的根本措施。对于易氧化的药物来说,在生产中,可在溶液中或容器空间通入惰性气体二氧化碳或氮气,以置换其中的氧;对于固体药物,可采用真空包装等。

(2) 避光:制备中要避光操作,选择有滤过紫外线功能的棕色玻璃瓶,或包装容器内衬垫黑纸,避光储存。

(3) 调节 pH:通过实验确定能使药物稳定的 pH。

(4) 添加抗氧剂和金属络合剂。

常用的抗氧剂有两类。

(1) 水溶性抗氧剂:如亚硫酸钠、焦亚硫酸钠、硫代硫酸钠、硫脲、维生素 C、硫代乙酸、半胱氨酸、甲硫氨酸、硫代甘油等。

(2) 油溶性抗氧剂:如叔丁基对羟基茴香醚(BHA)、二丁甲苯酚(BHT)、维生素 E 等。酒石酸、枸橼酸、磷酸等能显著增强抗氧剂的效果,通常称为协同剂。

4. 金属离子的影响　制剂中微量金属离子主要来自原辅料、溶剂、容器及操作过程中使用的工具等。微量的金属离子对药物的氧化有显著的催化作用,可缩短氧化作用的诱导期。

要避免金属离子的影响,应选用纯度较高的原辅料,操作过程中不要选择金属器具,同时还可以加入金属络合剂,如依地酸二钠、酒石酸、枸橼酸等,来提高药物制剂的稳定性。

5. 湿度和水分的影响　空气的湿度和物料中的水分对固体药物制剂的稳定性影响很大。水是化学反应的媒介,固体药物吸附了水分后,在其表面形成了一层液膜,分解反应就在液膜中进行。无论氧化反应还是水解反应,微量的水都可以加速乙酰水杨酸、青霉素钠等药物的分解。

药物是否容易吸湿,取决于其临界相对湿度(CRH)的大小,一般临界相对湿度越大,越不易吸湿。原料药的水分含量需特别注意,一般水分含量在 1% 左右比较稳定。在制备过程中干燥原辅料,选择密闭性好的包装材料可以防止药物潮解。

6. 包装材料的影响　药物储藏于室温环境中,主要受热、光、湿气及空气(氧)的影响,药品包装设计的目的是要排除这些因素的干扰,同时要注意包装材料与药物制剂的相互作用。

常用的包装材料有:玻璃、塑料、橡胶及金属等。不同的包装材料材质不同,常含不同的附加剂,可能会影响到制剂的稳定性。在产品的试制过程中要进行"装样试验",对各种包装材料进行认真选择。

> **考点**:影响药物制剂降解的处方因素和外界因素

(三) 制剂稳定化的其他方法

1. 改进剂型和生产工艺

(1) 制成固体制剂:在水溶液中不稳定的药物,一般可以制成固体制剂。供口服的可以制成片剂、胶囊剂、颗粒剂等。供注射用的可制成粉针剂(如青霉素类、头孢菌素类)。

(2) 制成微囊或包合物:某些药物制成微囊后可增加其稳定性,如维生素 A、维生素

C、硫酸亚铁、β-胡萝卜素等制成微囊，提高了稳定性。苯佐卡因制成环糊精包合物后，减少了水解而使其稳定性明显提高。

（3）采用直接压片或包衣工艺：一些对湿热不稳定的药物，可采用粉末直接压片或干法制粒压片。包衣也可改善药物对光、湿、热等的稳定性，是解决片剂稳定性的常规方法之一。如氯丙嗪、对氨基水杨酸钠、红霉素等均可做成包衣片。

链　接

为何将红霉素制成肠溶衣片

包肠溶衣片的原因是由药物的性质和使用目的所决定。红霉素是碱性药物，在酸中不稳定，易被胃酸破坏，所以常将其制成肠溶衣片，使其能安全通过胃部而到肠道崩解或溶解。

2. 制成稳定衍生物　对不稳定的药物可进行结构改造。一般药物水溶性越小，稳定性越好，因此可将药物制成难溶性盐、酯类、酰胺等。如青霉素可以制成溶解度小的普鲁卡因青霉素，稳定性显著提高。

3. 加入干燥剂及改善包装　加入干燥剂吸收水分，可提高易水解或易吸湿药物的稳定性，如用3%二氧化硅作干燥剂可提高阿司匹林的稳定性。

考点：药物制剂稳定化的其他方法

四、 药物稳定性试验方法

稳定性实验的目的是考察原料药或药物制剂在温度、湿度、光线的影响下随时间变化的规律，为药品生产、包装、储存、运输条件提供科学依据，同时通过试验确定药品的有效期。

（一）影响因素试验

影响因素试验又称强化试验，是在比加速试验更为剧烈的条件下进行的试验。原料药及制剂处方研究要求进行此项试验，其目的是探讨药物的固有稳定性、了解影响其稳定性的因素、可能的降解途径及分解产物，为制剂生产工艺、包装、储存条件提供科学依据。

供试品可以用一批未包装的样品进行，将供试品放在适宜的开口容器里（如称量瓶或培养皿），摊成≤5mm厚的薄层，疏松原料药摊成≤10mm厚的薄层进行以下试验。

1. 高温试验　供试品开口置适宜洁净容器中，60℃放置10天，于第5天和第10天取样，按稳定性重点考察项目检测。若供试品低于规定限度，则在40℃条件下同法试验。若60℃无明显变化，不再进行40℃试验。

2. 高湿度试验　供试品开口置恒湿密闭容器中，在25℃，相对湿度为(90±5)%条件下放置10天，于第5天和第10天取样，按稳定性重点考察项目检测，同时精确称定试验前后供试品的重量，考察供试品的吸湿潮解性能。若吸湿增重5%以上，则在相对湿度(75±1)%条件下，同法进行试验。若吸湿增重5%以下，则不再进行此项试验。恒湿条件下可在密闭容器如干燥器下放置饱和盐溶液，根据不同相对湿度的要求，可以选择氯化钠饱和溶液（相对湿度75%±1%，15.5～60℃），硝酸钾饱和溶液（相对湿度92.5%，25℃）。

3. 强光照射试验　供试品开口放在装有日光灯的光照装置内，在照度为(4500±500)lx的条件下放置10天，于第5天和第10天取样，按稳定性重点考察项目检测，特别注意供试品的外观变化。

（二）加速试验

加速试验是在加速条件下进行，其目的是通过加速药物的化学或物理变化来预测药物的稳定性，为新药申报临床研究与生产提供必要的资料。原料药与药物制剂均需进行此项试验。3个月资料可用于新药申报临床试验，6个月资料可用于申报生产。

供试品要求3批，按市售包装，在温度（40±2）℃，相对湿度（75±5）%的条件下放置6个月。所用设备应能控制温度±2℃，相对湿度±5%。试验期间第1、2、3、6个月末分别取样一次，按稳定性重点考察项目检测。在上述条件下，如6个月内供试品检测不符合制定的质量标准，则应在中间条件下，即在温度（30±2）℃、相对湿度（65±5）%情况下进行加速试验，时间仍为6个月。

对温度特别敏感的药物，预计只能在冰箱（4~8℃）中保存，可在温度（25±2）℃，相对湿度（60±10）%的条件下进行试验，时间为6个月。

乳剂、混悬剂、软膏剂、糊剂、凝胶剂、眼膏剂、栓剂、气雾剂、泡腾片及泡腾颗粒宜直接采用温度（30±2）℃，相对湿度（65±5）%的条件下进行试验。

对于包装在半透明容器中的药物制剂，例如低密度聚乙烯制备的输液袋、塑料安瓿、眼用制剂容器等，则应在温度（40±2）℃、相对湿度（25±5）%的条件下进行试验。

（三）长期试验

长期试验是在接近药品的实际储存条件下进行，其目的是为制定药物的有效期提供依据。原料药及药物制剂均需进行长期试验。取供试品3批，市售包装，在温度（25±2）℃，相对湿度为（60±10）%的条件下放置12个月，或在温度（30±2）℃，相对湿度为（65±5）%的条件下放置12个月，这是从我国南方和北方气候的差异考虑的，至于上述两种条件选择哪一种由研究者确定。每3个月取样一次，分别于0、3、6、9、12个月取样，按稳定性重点考察项目进行检测。12个月后，仍需继续考察，分别于18、24、36个月取样进行检测，将结果与0个月比较，以确定药物的有效期。由于试验数据的分散性，一般应按95%可信区间进行统计分析，得出合理有效期。

对温度特别敏感的药品，长期试验可在温度（6±2）℃的条件下放置12个月，按上述时间要求检测，12个月后，仍需按规定继续考察，制定在低温条件下的有效期。

（四）稳定性重点考察项目

原料药及药物制剂稳定性重点考察项目见表16-1。

（五）有效期统计分析

按国家规定，药品的包装标签上必须标明有效期。在确定有效期统计分析的过程中，一般选择可以定量的指标进行处理，通常根据药物含量变化计算，按照长期试验测定数值，以标示量%对时间进行线性回归，获得回归方程，通过计算、作图求出有效期 $t_{0.9}$。根据情况也可以拟合为二次、三次方程或对数函数方程。

（六）经典恒温法

前述试验方法主要用于新药申请，在实际研究工作中，也常采用经典恒温法，特别对于水溶液型的药物制剂，预测结果有一定的参考价值。

经典恒温法的理论依据是 Arrhenius 公式：

$$K=Ae^{-E/RT}$$

其对数形式为：

$$igK=\frac{E}{2.303RT}+igA$$

K 为速率常数，R 为摩尔气体常量，T 为热力学温度，E 为表观活化能，A 为频率因子。以 $\log K$ 对 $1/T$ 作图为一条直线，直线斜率为 $-E/2.303R$，由此计算出活化能 E，然后将直线外推至室温，就可以求出室温时的降解反应速度常数 K_{25}，由 K_{25} 可求出药物降解 10% 所需的时间，即有效期 $t_{0.9}$。除采用作图法求反应速度常数和室温有效期外，还可以应用线性回归法，结果更准确合理。

（七）固体制剂稳定性试验的特殊要求和方法

前面所述的加速试验方法，一般适用于固体制剂，但根据固体药物稳定性的特点，还有一些特殊要求，需引起试验者的注意：

(1) 若水分对固体药物稳定性影响很大，则每个样品必须测定水分，加速试验过程中也要测定。

(2) 样品必须用密封容器，但为了考察材料的影响，可用开口容器与密封容器同时进行试验，以便比较。

(3) 测定含量和水分的药品，都要分别单次包装。

(4) 固体剂型要使样品含量尽量均匀，以避免测定结果的分散性。

(5) 样品要用一定规格的筛号过筛，并测定其粒度，必要时可用比表面积检测法(BET)测定。

(6) 试验温度不宜过高，以 60℃以下为宜。

此外还要注意辅料对药物稳定性的影响。在药厂生产中，也要按实际处方中的主药与辅料用量进行配合试验，或制成成品后再在热、光、湿气等情况下进行加速试验。药物与辅料有无相互作用，比较适合的试验方法有热分析法、漫反射光谱法和薄层分析法。

第 2 节　药物相互作用

案例 16-2

某患者，男，29 岁，诊断为流行性脑膜炎，医生给予以下处方：

【处方】10% 磺胺嘧啶钠注射液 5g，硫酸链霉素注射液 1g，10% 葡萄糖注射液 500ml，sig：iv. gtt qd。

问题：

分析上述配伍是否合理？属于哪种配伍变化？

药物相互作用是指两种或两种以上的药物合并或先后序贯使用，所引起的药物作用和效应的变化。药物相互作用是双向的，既可能产生对患者有益的结果，使疗效协同或毒性降低；也可能产生对患者有害的结果，使疗效降低或毒性增强，有时会产生严重的后果，甚至危及生命。

一、药物配伍变化

（一）概述

在药物制剂临床应用中，为了针对不同的症状和病情，达到更好的治疗目的，常常采用联合用药的方式。联合用药常应用于恶性肿瘤、结核病及混合感染。治疗原发性高血压及心功能不全也常采用2~3种药物联合应用。

多种药物配伍，由于它们的物理、化学和药理性质相互影响，常产生多种配伍变化。符合药物配伍原目的的配伍变化，称为合理性配伍变化。达不到预期目的，可引起作用减弱或消失，甚至增大不良反应的配伍变化，称为不合理性配伍变化。不合理配伍变化不能纠正的称为配伍禁忌，能设法纠正的称为配伍困难。属于配伍禁忌的药物是不能配伍使用的。

研究药物配伍变化的目的是：根据药物和制剂成分的理化性质和药理作用，设计合理的处方，探讨产生的原因和正确的处理方法或预防方法。对可能发生的配伍变化应有一定的预见性，以保证人们用药的安全和有效，防止医疗事故和生产事故的发生。

（二）药物配伍变化的分类

药物配伍变化按产生原因分为物理配伍变化、化学配伍变化和药理配伍变化。物理和化学配伍变化均属于药物在体外的配伍变化，复方制剂在生产、储存时较易发生，在药物配伍应用时也易出现，应特别注意。

1. 物理配伍变化 系指几种药物相互配合时，常可能发生分散状态或其他物理性质的改变。常见的配伍变化有以下几种

（1）溶解度改变：某些溶剂性质不同的制剂相互配合时，常因药物在混合后溶解度变小而析出沉淀。如酊剂、醑剂等以乙醇为溶剂，若与某些药物的水溶液配合，可能导致有效成分析出。

（2）潮解、液化和结块：与吸湿性很强的药物或制剂，如干浸膏、颗粒剂、胃蛋白酶、干酵母、乳酶生、无机溴化物等配伍时，可发生潮解与液化，其原因有以下几个方面。

1）混合物的临界相对湿度下降而吸湿。

2）形成低共熔混合物。如樟脑、苯酚、薄荷脑、麝香草酚等药物配伍时，可利用其共熔作用制成液体滴牙剂。

3）散剂、颗粒剂由于药物吸湿后又逐渐干燥而结块。结块表明制剂变质，可能导致药物分解失效。

（3）分散状态或粒径变化：乳剂和混悬剂中分散相可因与其他药物配伍或久贮而使粒径变粗，也可因分散相聚结或凝聚而分层、析出，从而导致使用不便或分剂量不均匀，甚至使药物的生物利用度下降。某些胶体溶液可因加入电解质或脱水剂使胶体粒子发生凝聚作用或脱水作用，分散状态改变而沉淀。

2. 化学配伍变化 系指药物配伍使用时发生化学反应，产生新物质。化学配伍变化原因复杂，可能由于氧化、还原、水解、分解、复分解、缩合、聚合等反应。常见的化学配伍变化有以下几种。

（1）变色：药物制剂配伍发生氧化、还原、分解、聚合等反应时，可产生有色化合物或颜色发生变化。例如，维生素C与烟酰胺干燥粉末混合产生橙红色；含酚羟基的药物与

铁盐相遇，颜色变深；氨茶碱或异烟肼与乳糖粉末混合变成黄色，这种变色现象在光照、高温、高湿环境中反应速度更快。

（2）浑浊和沉淀：液体剂型配伍不当时，可能产生浑浊或沉淀，原因主要有以下几个方面。

1）pH 改变产生沉淀：由难溶性碱或难溶性酸制成的可溶性盐，水溶液会因 pH 的改变而析出沉淀，如苯巴比妥钠或水杨酸钠的水溶液遇酸或酸性药物后，会析出苯巴比妥或水杨酸沉淀。

2）生物碱盐溶液的沉淀：大多数生物碱盐溶液，与鞣酸、碘、碘化钾等相遇时产生沉淀，如小檗碱和黄芩苷在溶液中可产生难溶性沉淀。

3）水解产生沉淀：如苯巴比妥钠溶液因水解反应产生苯基丁酰脲沉淀而失去药效。制备硫酸锌滴眼剂时，常加入少量硼酸，使溶液呈弱酸性，以防硫酸锌水解。

4）复分解产生沉淀：无机药物之间可发生复分解反应而沉淀。如硝酸银遇含氯化物的水溶液时立即产生沉淀。

（3）分解破坏、疗效下降：许多药物与一些药物制剂配伍后，因溶液的 pH、离子强度、溶剂等发生变化而变得不稳定，如维生素 B_{12} 与维生素 C 混合制成溶液时，维生素 B_{12} 的效价显著降低。乳酸环丙沙星与甲硝唑混合不久，甲硝唑浓度降为 90%。

（4）产气：药物配伍时偶尔会遇到产气的现象，如溴化铵与利尿药配伍时，可分解产生氨气，应避免配伍。有些产气属于正常现象，如泡腾剂就是利用其产生的气体二氧化碳。

（5）发生爆炸：多数强氧化剂与强还原剂配伍时会发生爆炸。如氯化钾与硫、高锰酸钾与甘油、强氧化剂与蔗糖或葡萄糖研磨混合时，可能发生爆炸。

3. 药理配伍变化 药理配伍变化也称为疗效配伍变化，系指药物配伍使用后，它们的体内过程相互影响，造成药理作用的性质、强度、不良反应、毒性等变化，属于药物在体内的配伍变化。有些药物配伍使用可以使药效增强，阿莫西林与克拉维酸联合用药；有些药物配伍使用后使毒副作用增强，如异烟肼与麻黄碱合用。

链 接

复方磺胺甲噁唑片

复方磺胺甲噁唑又称复方新诺明或抗菌优，是磺胺甲噁唑（SMZ）和甲氧苄啶（TMP）的复数方制剂。将此两种药物合用，可使细菌的叶酸合成代谢受到双重阻断作用，磺胺类药物的抗菌作用增强数倍甚至数十倍。

青霉素 G 钠与琥乙红霉素配伍是否合理

青霉素为 β-内酰胺类抗生素，可抑制细菌细胞壁的合成，为繁殖期杀菌剂。琥乙红霉素是大环内酯类抗生素，可阻碍细菌蛋白质的合成，为抑菌剂，可抑制细菌繁殖，从而降低青霉素的杀菌效果。属于药理配伍禁忌。

考点：药物配伍变化的类型

（三）配伍变化处方的处理

1. 配伍变化处方的处理原则 了解医师的用药意图，发挥制剂应有的疗效，确保用药的安全。

在审查处方时，首先应了解患者的年龄、性别、病情，并与医师联系，明确对象、给药途径及用药意图等，再结合药物的物理、化学和药理等性质来分析可能产生的不利因素和作用，对处方成分、剂量、发出量和服用方法等各方面要加以全面的审查，确定克服毒副作用的方法，必要时还须与医师联系，共同确定解决的方法。凡有配伍变化的注射剂应分别注射；凡注射剂与输液配伍使用者，注射剂应先稀释后混合，严格注意混合的顺序和配合量；有配伍禁忌的药物不得配伍使用。

2. 配伍变化处方的处理方法

（1）改变储存条件：有些药剂在使用过程中，温度、空气、水、二氧化碳、光线等储存条件可能会加速某些药物制剂的沉淀、变色或降解，故这些制剂应在密闭及避光条件下储存于棕色瓶中，每次发出的剂量也不宜多。一些易水解的临时调配制剂，应储存于5℃以下，以延缓其效价下降的速度，发出量也应尽量少。

（2）改变混合次序：在很多溶液中，调配次序能影响成品的质量。改变调配次序，可克服一些不应产生的配伍变化。如苯甲醇和三氯叔丁醇各0.5%在水中配伍时，三氯叔丁醇溶解很慢，若先将三氯叔丁醇和苯甲醇混合则极易溶解，然后再加入注射用水。

（3）改变溶剂或添加助溶剂：改变溶剂指改变溶剂容量或使用混合溶剂，此法常用于防止或延缓溶剂析出沉淀或分层。如芳香水剂制成的盐类制剂，常析出挥发油，但将芳香水剂稀释后可避免析出。

（4）调整溶液pH：H^+浓度的改变能影响很多微溶性药物溶液的稳定性。阴离子型药物，如芳香有机酸盐、巴比妥酸盐、青霉素盐、阴离子表面活性剂等，在H^+浓度增加到一定程度时能析出溶解度较小的游离酸。阳离子型药物，如生物碱、碱性维生素、碱性局麻药等，当H^+浓度降低到一定程度时能析出溶解度较小的游离碱。H^+浓度的改变，往往能加速或延缓一些药物的氧化、水解等降解反应的速度。对于上述类型药物，特别是注射用药，精确控制H^+浓度很重要。

（5）改变有效成分或改变剂型：在征得医师同意的前提下，可改变有效成分，但改换的药物应力求与原成分类似，用法也与原方尽量一致。如制备0.5%硫酸锌滴眼剂时，加入2%硼砂可析出碱式硼酸锌或氢氧化锌沉淀，所以用硼酸替换硼砂。

二、注射剂的配伍变化

目前临床药物治疗广泛采用注射给药。一般是在输液内加入一种或多种注射剂进行滴注，混合频率以2~5种药物配伍频度较高。混合给药可以减少注射次数，减轻患者的痛苦，简化医疗和护理操作程序。

临床常用的输液有：5%葡萄糖注射液、0.9%氯化钠注射液、复方氯化钠注射液、葡萄糖氯化钠注射液、右旋糖酐注射液、转化糖注射液及各种含乳酸钠的制剂等，这些单糖、盐、高分子化合物的溶液一般都比较稳定，常与注射液配伍。

（一）不适合与其他注射液配伍的注射液

有些输液由于自身特殊性质，而不适合与某些注射液配伍。不适合与其他注射液配伍的注射液有以下几种（表16-2）。

表 16-2　不适合与其他注射液配伍的注射液

名称	不宜配伍原因
血液	血液不透明,产生沉淀或浑浊时不易观察。另外,血液成分复杂,与药物的注射液混合后可能引起溶血、血细胞凝聚等现象
甘露醇注射液	20%甘露醇注射液为过饱和溶液,当加入某些药物如氯化钠、氯化钾溶液时,能引起甘露醇结晶析出
静脉注射用脂肪乳剂	这种制剂要求油的分散程度很细,油相粒子直径在几微米以下,有些药物加入后可以破坏乳剂的稳定性,使乳剂分层、絮凝、合并与乳裂等

考点:不适合与其他注射液配伍的注射液

（二）常见注射剂配伍变化发生原因

1. 溶剂组成改变　有些含非水溶剂(如乙醇、丙二醇、甘油等)的制剂与输液剂配伍时,可因溶剂改变使药物析出。如氯霉素注射液的溶剂主要为丙二醇,当加入5%葡萄糖注射液时由于溶剂改变而析出氯霉素。

2. pH 的改变　pH 是注射剂一个重要质控指标,对药物稳定性影响极大,pH 改变会加速药物的分解,产生沉淀或发生变色反应。如偏酸性的诺氟沙星与偏碱性的氨苄西林钠混合后,立即出现沉淀;磺胺嘧啶钠、氨茶碱等碱性较强的注射液可使去甲肾上腺素变色。一般而言,两者的 pH 差距越大,发生配伍变化的可能性越大。

输液本身的 pH 范围也是配伍变化的重要因素。如青霉素 G 在 pH 是为 6~7 时较稳定,当与 pH 为 4.5 的葡萄糖注射液混合后,4h 效价损失 10%;在 pH 为 3.6 时,4h 损失 40%。

3. 缓冲容量　一些加入缓冲剂的注射液,药液混合后的 pH 由注射液中所含成分的缓冲能力决定的。缓冲剂抵抗 pH 变化能力的大小称为缓冲容量。如含有乳酸根、醋酸根的一些有机阴离子输液,有一定的缓冲容量。

某些药物会在含有缓冲剂的注射液中或具有缓冲能力的弱酸溶液中析出沉淀,如5%硫喷妥钠 10ml 加入生理盐水中不发生变化,但加入到具有缓冲能力的弱酸溶液(如含乳酸盐的葡萄糖注射液)中则会析出沉淀。

4. 离子作用　有些离子能加速药物的水解反应。如乳酸根离子能加速氨苄西林和青霉素钠的水解,氨苄西林在含乳酸钠的复方氯化钠输液中,4h 后损失 20%。

5. 直接反应　某些药物可直接与输液中的成分反应。如四环素在中性或碱性下,会与含钙盐的输液形成络合物而产生沉淀;头孢类抗生素遇钙离子、镁离子等会产生沉淀。

6. 盐析作用　两性霉素 B 注射液为胶体分散系统,只能加到 5%葡萄糖注射液中静脉滴注,若加入到生理盐水、氯化钾等电解质的注射液中,可破坏胶粒电荷,发生盐析,使胶体粒子聚集沉淀。

7. 混合顺序　药物制剂配伍时的混合顺序极为重要,某些药物配伍时产生沉淀的现象可通过改变混合顺序的方法来克服。如 1g 氨茶碱与 300mg 烟酸配合,先将氨茶碱用输液稀释至 1000ml,再慢慢加入烟酸可得到澄清溶液,如果将两种药物先混合再稀释则会析出沉淀。在药物制剂配伍时应坚持先稀释后混合,逐步提高浓度的方法。

8. 反应时间　许多药物在溶液中的反应很慢,个别注射液混合几小时后才出现沉淀,所以在短时间内使用是完全可以的。如磺胺嘧啶钠注射液与葡萄糖输液混合后,在

2h左右出现沉淀。因此，注射液与输液配伍应先做试验，如数小时不影响药效，在使用时应在规定时间内完成。若输入量较大，应分次输入，每次新配。

9. 配合量　配合量的多少会影响到药物浓度，药物在一定浓度下才出现沉淀。当两种具有配伍变化的注射剂在高浓度、等量混合时，易出现可见性的配伍变化。若将注射剂稀释后再混合，则不易出现配伍变化。

10. 氧与二氧化碳的影响　有些药物制备注射液时，需在安瓿内填充惰性气体，以排除氧气，防止药物的氧化。有些药物也受二氧化碳的影响，如苯妥英钠、硫喷妥钠注射液，可因吸收空气中的二氧化碳使溶液pH下降，而析出沉淀。

11. 光敏感性　有些药物对光敏感，如两性霉素B、磺胺嘧啶钠、维生素B_2、四环素类、雌性激素等药物，这些药物都应该避光制备与储存。

12. 成分的纯度　有些制剂在配伍时发生的异常现象，并不一定是成分本身，而是由其他原辅料引起的。如中药注射液中没有除尽的高分子杂质，与输液配伍时可能产生浑浊或沉淀。

考点：常见注射剂配伍变化发生原因

（三）注射剂配伍变化的预测

根据注射药物的理化性质，将预测符号分为7类：

AI类为水不溶性的酸性物质制成的盐，与pH较低的注射液配伍时易产生沉淀。如青霉素类、头孢菌素类、异戊巴比妥、苯妥英钠、甲苯磺丁脲等。

BI类为水不溶性的碱性物质制成的盐，与pH较高的注射液配伍时易产生沉淀。如红霉素乳糖酸盐、盐酸氯丙嗪、磷酸可待因、利血平、盐酸普鲁卡因等。

AS类为水溶性的酸性物质制成的盐，其本身不因pH变化而析出沉淀。如维生素C、氨茶碱、葡萄糖酸钙、甲氨蝶呤等。

BS类为水溶性的碱性物质制成的盐,其本身不因pH变化而析出沉淀。如去氧肾上腺素盐酸盐、硫酸阿托品、盐酸多巴胺、硫酸庆大霉素、盐酸林可霉素、马来酸氯苯那敏等。

N类为水溶性无机盐（如氯化钾）或水溶性的有机物（如葡萄糖），其本身不因pH变化而析出沉淀。但可导致AS、BI类药物产生沉淀，该类物质还包括碳酸氢钠、氯化钠、葡萄糖氯化钠、甘露醇等。

C类为有机溶媒或增溶剂制成不溶性注射液（如氢化可的松），与水溶性注射剂配伍时，常由于溶解度改变而析出沉淀。该类物质还有氯霉素、维生素K_1、地西泮等。

P类为水溶性的具有生理活性的蛋白质（如胰岛素），pH变化、重金属盐、乙醇等都影响其活性或使其产生沉淀。该类物质还包括升压素、透明质酸酶、缩宫素、肝素等。

（四）注射剂配伍变化的实际应用

注射剂的配伍变化受注射剂组成、工艺、浓度、室温等多种因素的影响。阶梯式注射剂配伍变化表已不适合目前临床注射剂配伍的需要。注射剂配伍变化实验条件要与临床用药一致。如多种药物在输液中一起滴注，实验时其组合也必须与临床一致，实验方法必须正确可靠，紧密配合临床用药需求。注射剂配伍变化的处方举例见表16-3。

表 16-3 注射剂配伍变化举例

处方举例	配伍结果	原因	解决方法
氨茶碱注射液 0.5g 硫酸庆大霉素注射液 2400mg（24 万单位） 5% 葡萄糖注射液 500ml iv. gtt	出现浑浊，属于化学配伍禁忌	氨茶碱注射液呈碱性，硫酸庆大霉素呈酸性，混合后发生复分解反应生成游离的庆大霉素和茶碱而析出	两者分开静脉滴注，最好间隔1h。先用氨苄西林钠后再或用其他抗生素代替硫酸庆大霉素
注射用氨苄西林钠 2g 维生素 C 注射液 3g 10% 葡萄糖注射液 500ml iv. gtt	效价降低，属于化学配伍禁忌	维生素 C 的烯二醇式结构，使其显酸性，若与酸性的葡萄糖注射液混合，使溶液 pH 降低，氨苄西林发生聚合变色	用 500ml 生理盐水代替葡萄糖注射液，并将维生素 C 另外注射

三、药动学的相互作用

案例 16-3

某患者，男，37 岁，诊断为上呼吸道感染合并缺铁性贫血，医生给予以下处方。

【处方】 硫酸亚铁片 0.3g×20 片，sig：0.3g tid po，四环素片 0.25g×10 片，sig：0.25g qid po。

问题：

此处方配伍是否合理，如不合理有何建议？

（一）吸收过程的药物相互作用

1. 吸收部位药物之间的理化反应 联合应用的药物口服进入胃肠道后，药物相互间或药物与机体内源性物质、食物的相互作用可能形成配合物、络合物或复合物而影响吸收。如含钙、铝、镁、铁的药物与四环素同用，可形成难溶性配位化合物而不利于吸收；含有鞣质的中药不宜与生物碱类药物配伍。一般空腹给药，药物可迅速进入肠道，且不受食物影响，有利于吸收。如青霉素类、头孢菌素类等常用的口服抗生素，均宜餐前服用，餐后服用则吸收减少。

脂溶性强的药物（抗生素的酯化物、灰黄霉素等）在餐后，尤其是油脂餐后服用吸收良好，地高辛、维生素 B_2 在餐后服用，可缓慢通过消化道（十二指肠、小肠上端）增加吸收。

2. 胃肠道 pH 变化 一些药物在消化道中的吸收与 pH 有关。某些药物口服后能够改变胃肠道的 pH，进而影响药物吸收。如四环素类、喹诺酮类等需要酸性条件，而碱性药物、抗胆碱药、H_2 受体阻滞剂、质子泵抑制剂等可使胃肠道 pH 升高，阻碍前述药物吸收使其减效；麦角胺生物碱口服后，因 pH 改变而产生沉淀，所以口服无效，但若与咖啡因同时服用则形成可溶性的、可吸收的复合物。

3. 胃排空速率与肠蠕动 胃排空速率与肠蠕动速度会影响药物吸收的速度和程度。因此能促进或抑制胃排空速率的药物能影响其他药物的吸收。如阿托品、颠茄、丙胺太林等延缓胃排空，增加药物的吸收。而甲氧氯普胺、多潘立酮等药物可增加肠蠕动，减少药物在肠道中的滞留时间，影响药物吸收。

（二）分布过程的药物相互作用

药物与血浆蛋白结合率的大小是影响药物在体内分布的重要因素。这种结合是可逆的，可暂时失去生物活性，只有游离型药物才具有药理活性，能自由的在体内组织分布转运发挥药理作用。药物与蛋白结合常可因发生竞争性作用而导致受体结合率、半衰期、分布容积、肾清除率等发生一系列变化，致使药效与毒副作用改变。如阿司匹林、依他尼酸、水合氯醛等均具有较强的血浆蛋白结合力，与口服磺酰脲类降糖药、抗凝血药、抗肿瘤药等合用，可使后三者游离型药物增加，血浆药物浓度升高，药效增强。

（三）代谢过程的药物相互作用

药物进入体内主要在肝脏被肝药酶所代谢，血液、肾部位也存在某些药酶。药酶多具有一定的专属性。代谢过程的药物相互作用分为酶促作用和酶抑作用。

酶促作用指某一药物可使另一种药物的代谢酶活性增强，致使后者代谢加快、药效降低。具有酶促作用的药物有苯巴比妥、利福平、卡马西平、灰黄霉素、苯妥英钠、地塞米松等。

酶抑作用指某一药物能使另一种药物的代谢酶活性降低，致使后者代谢减慢、药效增强或毒性增加。具有酶抑作用的药物有氯霉素、西咪替丁、异烟肼、酮康唑等。

链　接

环丙沙星与氨茶碱的酶抑作用

环丙沙星属于肝药酶抑制剂，使氨茶碱代谢降低，总清除率下降，血药浓度升高。约有30%患者的茶碱浓度升高至毒性范围，而此种作用在慢阻肺的患者中发生率较高，一般在开始服药后2~3天出现。因此服用氨茶碱的患者不要常规给予环丙沙星等喹诺酮类药物，可适当减少环丙沙星剂量。

（四）排泄过程的药物相互作用

1. 尿液pH的变化与药物相互作用　碱化尿液可促进弱酸性药物的排泄，如碳酸氢钠可以碱化尿液，促进阿司匹林、磺胺类、苯巴比妥等的排泄；酸化尿液可加速弱碱性药物的排泄，如氯化铵可酸化尿液，促进氨茶碱、哌替啶等的排泄。

2. 肾小管分泌与药物相互作用　青霉素与丙磺舒都通过肾小管分泌机制排泄，丙磺舒能与青霉素在肾小管近端竞争分泌进入尿中，结果使通过肾小管近端分泌进入尿中青霉素的量大大减少，使血中青霉素浓度增高，血浆半衰期延长，毒性可能增加。

四、药效学的相互作用

药效学的相互作用系指联合用药后发生的药物效应的变化，其结果主要有以下两种。

（一）相加和协同相互作用

联合用药后使药物的效应增强或毒性较单一用药时增强称为协同作用。从临床来看，一般有三种表现：

1. 相加作用　即几种药物合用时的效应是分别作用时的效果之和。

2. 增强作用　即药物合用时的效应大于它们分别作用的效果之和。

3. 增敏作用　即一种药物能使另一种药物的敏感性增强，提高另一种药物的疗效。例如，磺胺类药与甲氧苄啶配伍联用；β-内酰胺类（青霉素类、头孢菌素类）与β-内酰胺酶抑制剂（克拉维酸、舒巴坦）合用均产生协同增效作用。

（二）拮抗相互作用

联合用药后使药物的效应减弱甚至消失称为拮抗作用。利血平与左旋多巴合用，前者能使脑内多巴胺减少而产生拮抗作用，减弱了后者的药理作用，所以两药不宜合用。有时可以利用药物间的拮抗作用克服某些药物的毒副作用，如硫酸镁中毒时，可用钙盐拮抗硫酸镁对中枢的抑制作用；吗啡镇痛时常配伍阿托品，以消除吗啡对呼吸中枢的抑制作用及对胆管、输尿管及支气管平滑肌的兴奋作用。

链 接

多潘立酮与普鲁本辛的拮抗作用

多潘立酮为促胃动力药，可增加胃肠道上部蠕动，协调幽门收缩，加快胃肠道的排空。而普鲁本辛为抗胆碱药，能松弛胃肠道平滑肌，延长胃排空时间。两者的药理作用完全相反，合用后产生拮抗作用而使药效下降，甚至发生逆转，加重病情。

根据患者的具体病情，选用其中的一种药物治疗。若是肠胃炎引起的腹痛，选用普鲁本辛；若是消化不良引起的腹胀，应选用多潘立酮。

参考解析

案例 16-1 问题 1 分析：青霉素化学稳定性差，其水溶液在室温下不稳定，易分解，所以将其制成粉针剂，且现配现用。青霉素在临床应用时只能注射而不能口服给药，因为青霉素 G 口服给药时，在胃中遇到胃酸会导致酰胺侧链水解和 β-内酰胺环开环，使之失去药理活性。

案例 16-1 问题 2 分析：以上处方不合理。因为葡萄糖注射液 pH 为 3.2~6.5，显弱酸性，会破坏青霉素 G 的 β-内酰胺环而降低其药效。可将以上处方中的 10% 葡萄糖注射液更换成 0.9% 氯化钠注射液。

案例 16-2 问题分析：上述配伍不合理，不宜混合注射，因为磺胺嘧啶钠结构中的芳伯氨基与链霉素结构中的醛基结合，会生成有色的薛夫碱，使溶液变棕色；另外三种药物合用，因 pH 改变使混合溶液析出结晶。属于化学配伍变化。可将硫酸链霉素改为肌内注射来避免。

案例 16-3 问题分析：上述处方配伍不合理，因为硫酸亚铁与四环素同时服用可以形成络合物，妨碍四环素的吸收，所以它们不能同服，如必须合用可以间隔一定时间分别给药。

自 测 题

一、名词解释

(一) 单项选择题。每题的备选答案中只有一个最佳答案。

1. 药物化学降解的主要途径是(　　)
   A. 聚合　B. 脱羧
   C. 异构化　D. 分解
   E. 水解与氧化
2. 下列不属于影响药物制剂稳定性的外界因素是(　　)
   A. 温度　B. 缓冲体系
   C. 光线　D. 空气(氧)
   E. 湿度、水分
3. 影响药物制剂稳定性的处方因素不包括(　　)
   A. 溶剂　B. 广义酸碱
   C. 辅料　D. 温度
   E. 离子强度
4. 盐酸普鲁卡因的主要降解途径是(　　)
   A. 水解　B. 氧化
   C. 脱羧　D. 异构化
   E. 聚合
5. 两性霉素 B 注射液中加入大量电解质出现沉淀，是由于(　　)
   A. pH 变化引起　B. 盐析作用引起
   C. 溶剂改变引起　D. 水解反应引起
   E. 氧化反应引起
6. 两种药物制剂配伍后发生变色，属于(　　)
   A. 物理配伍变化　B. 化学配伍变化
   C. 药理配伍变化　D. 生物配伍变化

E. 环境配伍变化

7. 下列属于物理配伍变化的是(　　)

A. 变色　B. 分解破坏
C. 产气　D. 发生爆炸
E. 粒径变化

8. 下列属于化学配伍变化的是(　　)

A. 液化　B. 结块
C. 潮解　D. 粒径变化
E. 产气

9. 下列哪种现象不属于化学配伍变化(　　)

A. 溴化铵与强碱性药物配伍产生氨气
B. 氯霉素与尿素形成低共熔混合物
C. 水杨酸钠在酸性药液中析出
D. 生物碱盐与鞣酸产生沉淀
E. 维生素 B_{12} 与维生素 C 制成溶液,维生素 B_{12} 效价降低

10. 关于药物相互作用的研究不包括(　　)

A. 吸收部位药物间的配伍变化
B. 两种药物在同一溶剂中的溶解性能
C. 四环素与碳酸氢钠配伍,影响其在胃部的吸收
D. 胃蛋白酶与碱性药物合用活性降低
E. 胰酶与酸性药物合用活性降低

(二)配伍选择题。备选答案在前,试题在后。每组包括若干题,每组题均对应同一组备选答案。每题只有一个正确答案。每个备选答案可重复选用,也可不选用。

[11~14]

A. 肾上腺素　B. 维生素 C
C. 青霉素 G 钾盐　D. 维生素 A
E. 硝普钠

11. 具有双烯醇结构(　　)

12. 易发生光化降解反应(　　)

13. 易发生几何异构化反应(　　)

14. 易发生水解反应(　　)

[15~18]

A. 甲氧氯普胺　B. 产生协同作用
C. 含有鞣质的中药　D. 配伍禁忌
E. 苯巴比妥

15. 增强肝药酶对抗凝剂的代谢作用(　　)

16. 促进胃排空速度(　　)

17. 磺胺类药与甲氧苄啶配伍联用(　　)

18. 不宜与生物碱类药物配伍(　　)

[19~22]

A. 利福平　B. 氯霉素
C. 钙盐　D. 碳酸氢钠
E. 丙磺舒

19. 具有酶促作用(　　)

20. 与青霉素 G 在肾小管近端竞争分泌(　　)

21. 具有酶抑作用(　　)

22. 碱化血液和尿液(　　)

(三)多项选择题。每题的备选答案中有 2 个或 2 个以上正确答案。

23. 影响因素试验包括(　　)

A. 高温试验　B. 高湿度试验
C. 强光照射试验　D. 经典恒温法
E. 加速试验

24. 降解途径主要是氧化的药物有(　　)

A. 酯类　B. 酚类
C. 烯醇类　D. 酰胺类
E. 芳胺类

25. 防止药物氧化的措施有(　　)

A. 驱氧　B. 避光
C. 加入抗氧剂　D. 加金属络合物
E. 改变溶剂

26. 下列以水解为主要降解途径的药物有(　　)

A. 酯类　B. 酚类
C. 烯醇类　D. 酰胺类
E. 芳胺类

27. 协同作用包括(　　)

A. 相加作用　B. 增强作用
C. 拮抗作用　D. 增敏作用
E. 抵消作用

28. 注射剂产生配伍变化的因素有(　　)

A. pH 的改变　B. 离子的催化作用
C. 温度的影响　D. 盐析作用
E. 配伍时的混合顺序

二、简答题

1. 影响药物制剂降解的因素有哪些?
2. 常见注射剂配伍变化发生的原因有哪些?
3. 物理配伍变化和化学配伍变化分别有哪些表现?

(杨香丽)

第 17 章 其他制剂

其他制剂包括滴丸剂和气雾剂等剂型。滴丸剂系指药物与适宜的基质加热熔化混匀后，滴制而成的小丸状制剂。具有溶出速率快、生物利用度高、增加药物的稳定性、不良反应小、便于携带和服用等特点。气雾剂是指药物与适宜抛射剂封装于具有特制阀门系统的耐压容器中制成的制剂。具有速效和定位作用，使用方便等特点。粉雾剂是在传承气雾剂优点的基础上发展起来的新剂型，稳定性高，特别适用于多肽、蛋白质类药物。

第 1 节 滴 丸 剂

一、概 述

链 接

滴丸剂的发展

1933 年丹麦药厂率先使用滴制法制备维生素 A、维生素 D 丸。我国始于 1958 年并在 1977 年版《中国药典》收载了滴丸剂型。近年来，合成、半合成基质及固体分散技术的应用使滴丸剂得到了迅速发展。复方丹参滴丸（图 17-1）已经开始走向国际医药市场。复方丹参滴丸是复方丹参片的升级换代产品，克服了中药制剂起效慢、药效低的不足，具有剂量小、服用方便、生物利用度高、速效、高效及不良反应少等优点。

图 17-1 复方丹参滴丸

（一）滴丸剂的概念与特点

1. 滴丸剂的概念 滴丸剂系指固体或液体药物与适宜的基质加热熔化混匀后，滴入不相混溶的冷凝液中、收缩冷凝而制成的小丸状制剂，主要供口服使用。亦可供外用和局部（如耳鼻、直肠、阴道）使用。

2. 滴丸剂的特点 滴丸剂具有以下特点：

（1）溶出速率快，生物利用度高、不良反应小。如联苯双酯滴丸，其剂量只需片剂的 1/3 。

（2）液体药物可制成固体滴丸，便于携带和服用。如芸香油滴丸。

（3）增加药物的稳定性。因药物与基质熔融后，与空气接触面积小，从而减少药物氧化挥发，若基质为非水性，则不易水解。

（4）根据药物选用不同的基质，还可制成长效或控释的滴丸剂。

（5）生产设备简单、操作容易，生产车间内无粉尘，有利于劳动保护；而且生产工序

少、周期短、自动化程度高,成本低。

但由于目前可使用的基质少,且难以制成大丸,所以滴丸剂只能应用于剂量较小的药物。

考点:滴丸剂的概念与特点

(二) 滴丸剂常用基质与冷凝剂

1. 基质　滴丸剂中除主药以外的赋形剂均称为基质,常用的有水溶性和脂溶性两大类。

(1) 水溶性基质;常用的有 PEG 类,如 PEG6000、PEG4000 及肥皂类如硬脂酸钠和甘油明胶等。

(2) 脂溶性基质;常用的有硬脂酸、单硬脂酸甘油酯、十六醇、十八醇、虫蜡、氢化植物油等。

在实际应用中常采用水溶性和脂溶性基质的混合物作滴丸的基质。

2. 冷凝液　用来冷却滴出液使之收缩而制成滴丸的液体称为冷凝液。通常根据主药和基质的性质来选择冷凝液,主药与基质均应不溶于冷凝液中;冷凝液的密度应适中,能使滴丸在冷凝液中缓慢上升或下降。

脂溶性基质常用的冷凝液有水或不同浓度的乙醇溶液;水溶性基质常用的冷凝液有液体石蜡、二甲基硅油和植物油等。

二、 滴丸剂的制备

(一) 滴丸剂工艺流程

滴丸剂一般采用滴制法经滴丸机制备。滴制法是指将药物均匀分散在熔融的基质中,再滴入不相混溶的冷凝液里,冷凝收缩成丸的方法。

制备工艺流程如下所示(图 17-2)。

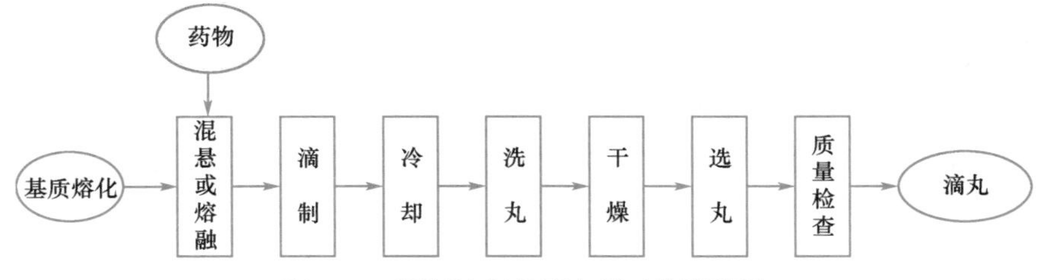

图 17-2　滴制法制备滴丸剂工艺流程图

(二) 生产设备

生产滴丸的设备主要是滴丸机,其主要部件有:滴管系统(滴头和定量控制器)、保温设备(带加热恒温装置的储液槽)、控制冷凝液温度的设备(冷凝柱)及滴丸收集器等。其型号规格多样,有单、双滴头和多至 20 个滴头的,可根据情况选用。实验室用的设备如下所示(图 17-3)。

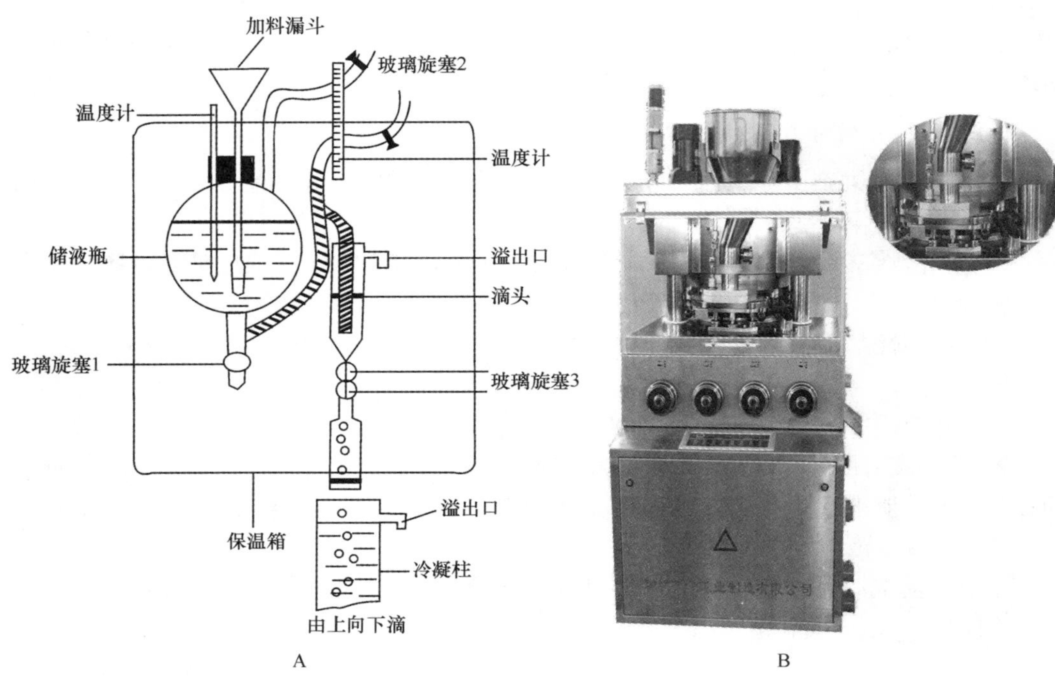

图 17-3 滴丸机示意图与实物

A. 示意图；B. 实物图

案例 17-1

灰黄霉素滴丸的制备

【处方】 灰黄霉素 1 份，PEG6000 9 份。

【制法】

1. 取 PEG6000 在油浴上加热至约 135℃，加入灰黄霉素细粉，不断搅拌使全部熔融，趁热过滤，置储液瓶中；135℃以下保温。

2. 用管口内径 9.0mm、外径 9.8mm 的滴管滴制，滴速 80 滴/分，滴入含 43%煤油的液体石蜡（外层为冰水浴）冷却液中，冷凝成丸。

3. 以液体石蜡洗丸，至无煤油味，用毛边纸吸去黏附的液体石蜡，即得。

【作用与用途】 本品为抗真菌药，适用于各种癣病的治疗，包括头癣、须癣、体癣、股癣、足癣和甲癣等。

问题：

灰黄霉素滴丸相比其他口服制剂（如片剂）有什么优点？为什么？

（三）制备要点

考点：滴丸剂的制备

要保证滴丸圆整成形、丸重差异合格的制备关键是：选择适宜基质，确定合适的滴管内、外口径，滴制过程中保持恒温，滴制液静液压恒定，及时冷凝等。

根据药物的性质与使用、储藏的要求，在滴制成丸后亦可包糖衣或薄膜衣。

三、 滴丸剂的质量检查

根据《中国药典》2015 年版四部制剂通则 0108 规定，滴丸剂在生产和储藏期间应符

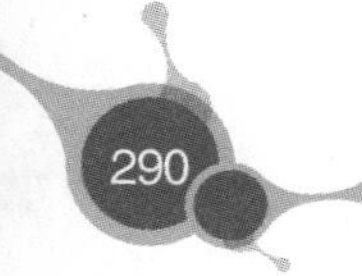

合下列有关规定。

1. 重量差异 除另有规定外，滴丸剂照下述方法检查应符合规定(表 17-1)。

表 17-1 滴丸剂重量差异限度与装量差异限度

平均丸重	重量差异限度	标示量	装量差异限度
0.03g 及 0.03g 以下	±15%	0.5g 及 0.5g 以下	±12%
0.03g 以上至 0.1g	±12%	0.5g 以上至 1g	±11%
0.1g 以上至 0.3g	±10%	1g 以上至 2g	±10%
0.3g 以上	±7.5%	2g 以上至 3g	±8%
		3g 以上	±6%

检查法：取供试品 20 丸，精密称定总重量，求得平均片重后，再分别精密称定每丸的重量，每丸重量与平均丸重相比较，超出限度的不得多于 2 丸，并不得有 1 丸超出限度 1 倍。

包糖衣滴丸应在包衣前检查丸芯的重量差异，符合上表规定后，方可包衣，包衣后不再检查重量差异。凡进行装量差异检查的单剂量包装滴丸剂，不再检查重量差异。

2. 装量差异 单剂量包装的滴丸剂，按照下述方法检查应符合规定(表 17-1)。

检查法：取供试品 10 袋(瓶)，分别称定每袋(瓶)内容物的重量，每袋(瓶)的重量与标示装量相比较(凡无标示装量应与平均装量相比较)，超出限度的不得多于 2 袋(瓶)，并不得有 1 袋(瓶)超出限度一倍。

3. 溶散时限 按照崩解时限检查法(《中国药典》2015 年版四部通则和指导原则 0921)检查。除另有规定外，应符合规定。

4. 微生物限度 照生物检查法(《中国药典》2015 年版四部通则和指导原则 1100)检查，应符合规定。

第 2 节 气 雾 剂

一、概 述

链 接

气雾剂的发展

最早在 1962 年 Lynde 提出用气体的饱和溶液制备加压包装的概念，1947 年杀虫用气雾剂上市，1955 年气雾剂首次被用于呼吸道给药，至此气雾剂作为一种新型给药系统迅速发展起来。首先是给药系统本身的完善，如新的吸入给药装置等，使气雾剂应用越来越方便，患者更易接受。其次是新的制剂技术，如脂质体、前体药物、高分子载体等的应用，使药物在肺部的停留时间延长，起到缓释的作用。胰岛素肺部给药制剂研究已进入了临床试验阶段，如胰岛素的气雾剂、喷雾剂及粉末吸入剂等。一些疫苗及其他生物制品的喷雾给药系统也在研究中。“云南白药气雾剂”等中成药气雾剂越来越多(图 17-4)。

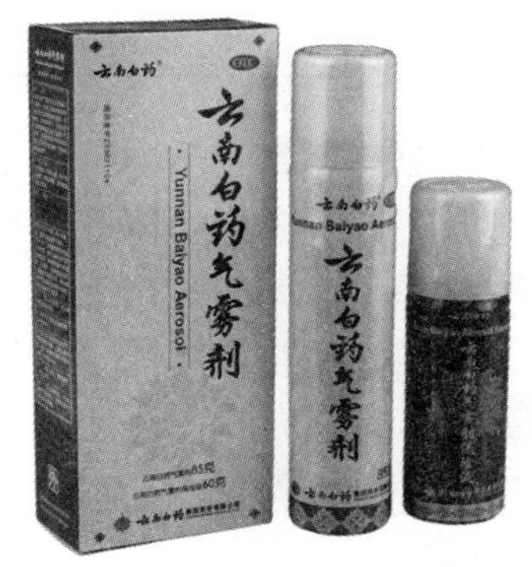

图 17-4 云南白药气雾剂

(一) 气雾剂的概念与特点

1. 气雾剂的概念 气雾剂是指药物与适宜抛射剂封装于具有特制阀门系统的耐压容器中制成的制剂。使用时,借助抛射剂的压力将内容物以定量或非定量喷出,药物喷出多为雾状气溶胶,其雾滴一般小于 50μm。气雾剂可在呼吸道、皮肤或其他腔道起局部或全身作用。

2. 气雾剂的特点 气雾剂具有以下特点:

(1) 具有速效和定位作用,如治疗哮喘的气雾剂可使药物粒子直接进入肺部,吸入 2 分钟即能显效。

(2) 药物密闭于容器内能保持药物清洁无菌,且由于容器不透明,避光且不与空气中的氧或水分直接接触,增加了药物的稳定性。

(3) 使用方便,药物可避免胃肠道的破坏和肝脏首过作用。

(4) 可以用定量阀门准确控制剂量。

(5) 需要耐压容器、阀门系统和特殊的生产设备,生产成本高。

(6) 抛射剂有高度挥发性因而具有致冷效应,多次使用于受伤皮肤上可引起不适与刺激。

考点:气雾剂的概念与特点

(二) 气雾剂的分类

1. 按分散系统分类 可分为溶剂型、混悬型和乳剂型气雾剂(表 17-2)。

(1) 溶液型气雾剂:系指药物溶解在抛射剂中,形成均匀溶液,喷出后抛射剂挥发,药物以固体或液体微粒状态达到作用部位。

(2) 混悬型气雾剂:药物以微粒状态分散在抛射剂中形成混悬液,喷出后抛射剂挥发,药物以固体微粒状态达到作用部位。此类气雾剂又称为粉末气雾剂。

(3) 乳剂型气雾剂:药物水溶液和抛射剂按一定比例混合可形成 O/W 型或 W/O 型乳剂。O/W 型乳剂以泡沫状态喷出,因此又称为泡沫气雾剂。

2. 按气雾剂组成分类 可分为二相和三相气雾剂两类(表 17-2)。

表 17-2 气雾剂的分类

类型	相数	气相	液相	固相
溶液型	气+液(二相)	抛射剂	药物溶解于抛射剂得到的溶液	无
混悬型	气+液+固(三相)	抛射剂	抛射剂液体	药粉微粒
乳剂型	气+油+水(三相)	抛射剂	油相+水相 即 O/W 或 W/O	无

3. 按医疗用途分类 可分为三类。

(1) 呼吸道吸入用气雾剂:药物与抛射剂呈雾状喷出时随呼吸吸入肺部的制剂,可发挥局部或全身治疗作用。

(2) 皮肤和黏膜用气雾剂:皮肤用气雾剂主要起保护创面、清洁消毒、局部麻醉及止血等作用;阴道黏膜用的气雾剂,常用 O/W 型泡沫气雾剂。主要用于治疗微生物、寄生虫等引起的阴道炎,也可用于节制生育。鼻黏膜用气雾剂主要是一些肽类的蛋白类药物,用于发挥全身作用。

(3) 空间消毒用气雾剂:主要用于杀虫、驱蚊及室内空气消毒。喷出的粒子极细(直径不超过 50μm),一般在 10μm 以下,能在空气中悬浮较长时间。

二、 气雾剂的组成

气雾剂是由药物与附加剂、抛射剂、耐压容器和阀门系统所组成。抛射剂与药物(必要时加附加剂)一同装封在耐压容器内,器内产生压力(抛射剂气体),若打开阀门,则药物、抛射剂一起喷出而形成气雾。雾滴中的抛射剂进一步汽化,雾滴变得更细。雾滴的大小决定于抛射剂的类型、用量、阀门和揿钮的类型,以及药液的黏度等。

(一) 药物与附加剂

1. 药物 液体、固体药物均可制备气雾剂,目前应用较多的药物有呼吸道系统用药、心血管系统用药、解痉药及烧伤用药等。

2. 附加剂 为制备质量稳定的溶液型、混悬型或乳剂型气雾剂应加入附加剂,如潜溶剂、润湿剂、乳化剂、稳定剂,必要时还添加矫味剂、防腐剂等。

(二) 抛射剂

抛射剂是喷射药物的动力,有时兼有药物的溶剂作用。抛射剂多为液化气体,在常压下沸点低于室温。因此,需装入耐压容器内,由阀门系统控制。在阀门开启时,借抛射剂的压力将容器内药液以雾状喷出达到用药部位。抛射剂的喷射能力的大小直接受其种类和用量的影响,同时也要根据气雾剂用药目的和要求加以合理的选择。对抛射剂的要求是:①在常温下的蒸气压大于大气压;②无毒、无致敏反应和刺激性;③惰性,不与药物等发生反应;④不易燃、不易爆炸;⑤无色、无臭、无味;⑥价廉易得。但一个抛射剂不可能同时满足以上各个要求,应根据用药目的适当选择。

过去,气雾剂的抛射剂以氟氯烷烃类(又称氟利昂)最为常用,可谓优良的气雾剂的抛射剂。但由于其可破坏大气臭氧层产生温室效应,国际有关组织已经要求停用。我国也已经全面停止生产和使用含有氟利昂的气雾剂。目前氢氟烷烃被认为是最合适的氟利昂替代品。抛射剂一般可分为氟代烷烃、二甲醚、碳氢化合物及压缩气体等(表 17-3)。

表 17-3 抛射剂的分类与特点

类型	特点	常用品
氢氟烷烃 新型抛射剂	沸点低,易控制,性质稳定,不易燃烧,毒性小,无味,不溶于水,可作脂溶性药物的溶剂	四氟乙烷 HFA134a 七氟丙烷 HFA 227
二甲醚	稳定、低毒,压力适宜,易液化,溶解性能好	二甲醚 DME
碳氢化合物	稳定,毒性不大,密度低,沸点较低,但易燃、易爆,不易单独应用。	丙烷、正丁烷、异丁烷
压缩气体	稳定,不燃烧,蒸汽压过高,压力迅速降低。在气雾剂中基本不用,用于喷雾剂	二氧化碳、氮气、一氧化氮等

(三) 耐压容器

气雾剂的容器必须不与药物和抛射剂起作用、耐压(有一定的耐压安全系数)、轻便、价廉等。耐压容器有金属容器、玻璃容器和塑料容器等。

1. 玻璃容器 化学性质稳定,价廉易得,但耐压和耐撞击性差。因此,在玻璃容器外面裹一层塑料防护层,以弥补这种缺点。一般只用于承装压力和容积均不大的气雾剂,目前已较少使用。

2. 金属容器　包括铝、不锈钢等容器，耐压性强，但生产成本高，对药液不稳定，需内涂聚乙烯或环氧树脂等。

3. 塑料容器　一般由热塑性好的聚丁烯对苯三甲酸树脂和乙缩醛共聚树脂等制成。质轻、牢固、耐压，具有良好的抗撞击和抗腐蚀性。

（四）阀门系统

气雾剂的阀门系统，是控制药物和抛射剂从容器喷出的主要部件，其中设有供吸入用的定量阀门，或供腔道或皮肤等外用的泡沫阀门等特殊阀门系统。阀门系统坚固、耐用和结构稳定与否，直接影响到制剂的质量。阀门材料必须对内容物为惰性，其加工应精密。下面主要介绍目前使用最多的定量型的吸入气雾剂阀门系统的结构与组成部件（图 17-5）。

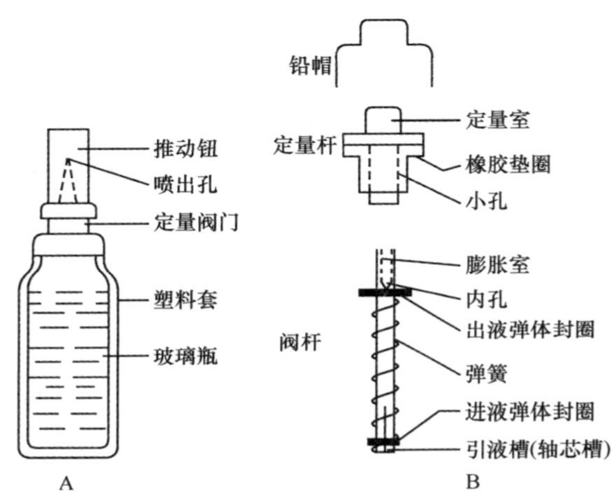

图 17-5　气雾剂外形及阀门系统部件示意图

A. 气雾剂外形；B 定量阀部件

1. 封帽　通常为铝制品，将阀门固封在容器上，必要时涂上环氧树脂等薄膜。

2. 阀杆（轴芯）　常用尼龙或不锈钢制成。顶端与推动钮相接，其上端有内孔和膨胀塞，其下端还有一段细槽或缺口以供药液进入定量杯。

（1）内孔（出药孔）：是阀门沟通容器内外的极细小孔，其大小关系到气雾剂的喷射雾滴的粗细。内孔位于阀杆之旁，平常被弹性封圈封在定量杯之外，使容器内外不沟通。当揿下推动钮时内孔进入定量杯与药液相通，药液即通过它进入膨胀室，然后从喷嘴喷出。

（2）膨胀室：在阀杆内，位于内孔之上，药液进入此室时，部分抛射剂因减压汽化而骤然膨胀，以致使药液雾化、喷出，进一步形成微细雾滴。

3. 橡胶封圈　有弹性，通常由丁腈橡胶制成。其分进液封圈和出液封圈两种。进液封圈紧套于阀杆下端，在弹簧之下，它的作用是托住弹簧，同时随着阀杆的上下移动而使进液槽打开或关闭，且封着定量杯下端，使杯内药液不致倒流。出液弹性封圈，紧套于阀杆上端，位于内孔之下，弹簧之上，它的作用是随着阀杆的上下移动而使内孔打开或关闭，同时封着定量杯的上端，使杯内药液不致溢出。

4. 弹簧 由不锈钢制成,套于阀杆,位于定量杯内,供推动钮上升的弹力。

5. 定量杯(室) 由塑料或金属制成,其容量一般为 0.05~0.2ml。它决定了剂量的大小。由上下封圈控制药液不外逸,使喷出准确的剂量。

6. 浸入管 由塑料制成(图 17-6),其作用是将容器内药液向上输送到阀门系统的通道,向上的动力是容器的内压。

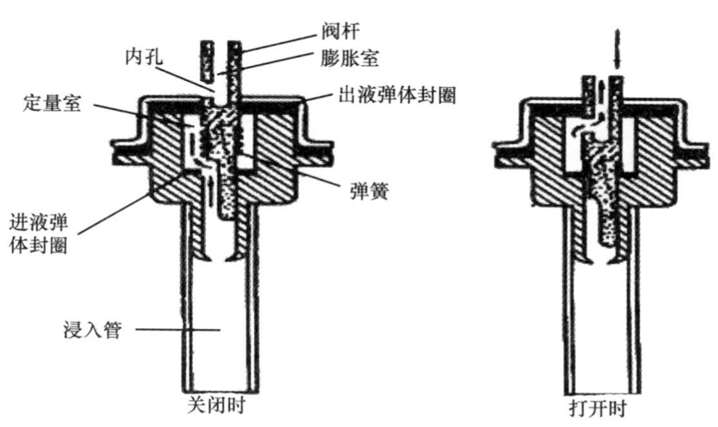

图 17-6 有浸入管的定量阀门示意图

国产常用的吸入气雾剂将容器倒置,不用浸入管(图 17-7)。使药液通过阀杆上的引液槽进入阀门系统的定量室。

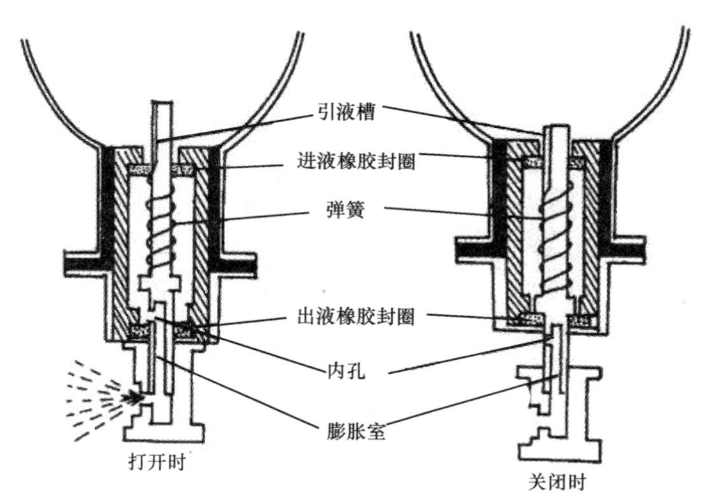

图 17-7 无浸入管的定量阀门示意图

喷射时按下揿钮,阀杆在揿钮的压力下顶入,弹簧受压,内孔进入出液橡胶封圈以内,定量室内的药液由内孔进入膨胀室,部分汽化后自喷嘴喷出。同时引液槽全部进入瓶内,封圈封闭了药液进入定量室的通道。揿钮压力除去后,在弹簧作用下,又使阀杆恢复原位,药液再进入定量室,再次使用时,又重复这一过程。

7. 推动钮 常用塑料制成,装在阀杆的顶端,推动阀杆用以开启和关闭气雾剂阀门,上有喷嘴,控制药液喷出方向。不同类型的气雾剂,选用不同类型的喷嘴的推动钮。

三、 气雾剂的制备

考点：气雾剂的组成

气雾剂的生产环境空气洁净度级别最低要求 C 级(10 万级)，灌装室必须安装高效过滤器。所有用具和整个操作过程，应注意避免微生物的污染。

(一) 气雾剂生产工艺流程

气雾剂的制备过程可分为：容器阀门系统的处理与装配，药物的配制、分装和充填抛射剂三部分，最后经质量检查合格后为气雾剂成品(图 17-8)。

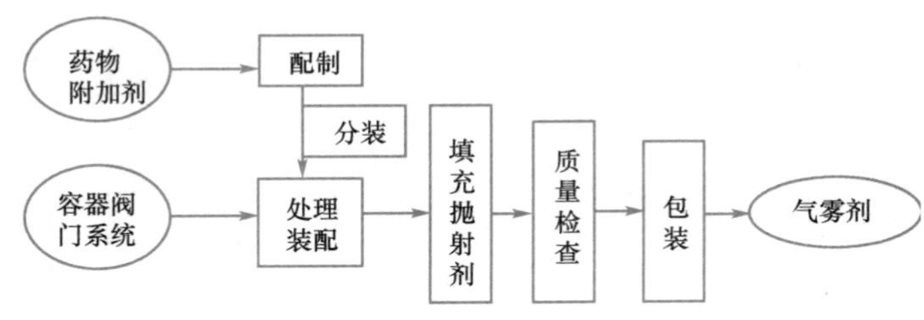

图 17-8　气雾剂生产工艺流程图

(二) 药物的配制与分装

按处方组成及所要求的气雾剂类型进行配制。溶液型气雾剂应制成澄清药液；混悬型气雾剂应将药物微粉化并保持干燥状态；乳剂型气雾剂应制成稳定的乳剂。

将上述配制好的合格药物分散系统，定量分装在已准备好的容器内，安装阀门，轧紧封帽。

(三) 抛射剂的填充

抛射剂的填充是气雾剂制备过程中最关键的工序，有压灌法和冷灌法两种。

1. 压灌法　先将配好的药液(一般为药物的乙醇溶液或水溶液)在室温下灌入容器内，再将阀门装上并轧紧，然后通过压装机压入定量的抛射剂(最好先将容器内空气抽去)。液化抛射剂经砂棒滤过后进入压装机。

压灌法设备简单，不需要低温操作，抛射剂损耗较少，目前我国多用此法生产。但生产速度较慢，且在使用过程中压力的变化幅度较大。

案例 17-2

溴化异丙托品气雾剂的制备

【处方】 溴化异丙托品 0.374g；无水乙醇 150.000g，HFA134a 844.586g；柠檬酸 0.040g；蒸馏水 5.000g，共制 1000g

【制备】

(1) 先将容器阀门系统各部件按规定处理好并装配；

(2) 将溴化异丙托品、柠檬酸和水溶解于乙醇中制成溶液，过滤；

(3) 将药液分装于气雾剂容器，容器上部空间用氮气或 HFA134a 蒸气填充并用阀门密封，轧紧封帽；

(4) 通过压装机压入适量 HFA134a 抛射剂，密封，即可。

问题：

本品为何种类型的气雾剂？处方中各组分的作用是什么？

2. 冷灌法 药液借助冷却装置冷却至-20℃左右，抛射剂冷却至沸点以下至少5℃。先将冷却的药液灌入容器中，随后加入已冷却的抛射剂（也可两者同时进入）。立即将阀门装上并轧紧，操作必须迅速完成，以减少抛射剂损失。

冷灌法速度快，对阀门无影响，成品压力较稳定。但需致冷设备和低温操作，抛射剂损失较多。含水品不易用此法。

四、 气雾剂的质量检查

《中国药典》2015年版四部制剂通则规定，二相气雾剂应为澄清、均匀的溶液；三相气雾剂药物粒度大小应控制在10μm以下，其中大多数应为5μm左右。对气雾剂的包装容器和喷射情况，在半成品时进行逐项检查，主要有如下检查项目，具体检查方法参见《中国药典》2015年版。

1. 安全、漏气检查 安全检查主要进行爆破试验。漏气检查，可用加温后目测确定，必要时用称量方法测定。

2. 装量与异物检查 在灯光下照明检查装量是否合格，剔除不足者。同时剔除色泽异常或有异物、黑点者。

3. 喷射速度和喷出总量检查 对于外用气雾剂，即用于皮肤和黏膜及空间消毒用的气雾剂检查此项。

（1）喷射速率：取供试品4瓶，依法操作，重复操作3次。计算每瓶的平均喷射速率（克/秒），均应符合各品种项下的规定。

（2）喷出总量：取供试品4瓶，依法操作，每瓶喷出量均不得少于其标示装量的85%。

4. 喷射总揿次与喷射主药含量检查 喷射总揿次的检查，取样4瓶，分别依法操作，每瓶的揿次均不得少于其标示揿次。

喷射主药含量检查取样一瓶，依法操作，平均含量应为每揿喷出主药含量标示量的80%~120%。

5. 喷雾的药物粒度和雾滴大小的测定 取样1瓶，依法操作，检查25个视野，多数药物粒子应在5μm左右，大于10μm的粒子不得超过10粒。

6. 有效部位药物沉积量检查 对于吸入气雾剂，除另有规定外，照有效部位检查法，药物沉积量应不少于每揿主药含量标示量的15%。

7. 微生物限度 应符合规定。

8. 无菌检查 烧伤、创伤、溃疡用气雾剂的无菌检查，应符合规定。

第3节 喷雾剂与粉雾剂

一、喷 雾 剂

（一）喷雾剂的概念

喷雾剂系指含药溶液、乳状液或混悬液填充于特制的装置中，使用时借助手动泵的压力、高压气体或其他方法将内容物以雾状等形态释出，用于肺部吸入或直接喷至腔道黏膜、皮肤及空间消毒的制剂。

配制喷雾剂时,可按药物的性质添加适宜的附加剂,如溶剂、抗氧剂、表面活性剂等。所加入附加剂应对呼吸道、皮肤或黏膜无刺激性、无毒性。烧伤、创伤用喷雾剂应采用无菌操作或灭菌。

考点:喷雾剂的概念

(二) 喷雾剂的特点

(1) 由于喷雾剂不含抛射剂,对大气环境无影响,目前已经成为氟氯烷烃类气雾剂的主要替代途径之一。

(2) 由于喷雾剂的雾粒粒径较大,不适用于肺部吸入,多用于舌下、鼻腔黏膜给药。如鼻腔用降钙素喷雾剂等。

(3) 生产设备较气雾剂简单,生产成本低。但与低外界隔绝效果不如气雾剂。

(三) 喷雾剂的分类

1. 按使用方法分 单剂量和多剂量喷雾剂。

2. 按分散系统分 溶液型、乳剂型和混悬型喷雾剂。

3. 按给药途径分 吸入型、非吸入型和外用型喷雾剂。

(四) 喷雾剂的质量要求

(1) 溶液型喷雾剂药液应澄清;乳液型滴在液体介质中应分散均匀;混悬型喷雾剂应将药物细粉和附加剂充分混匀,制成稳定的混悬剂。

(2) 喷雾剂装置中各组成部件均应无毒、无刺激性、性质稳定、不与药物起作用。

(3) 吸入喷雾剂的雾滴(粒)大小应控制在10μm以下,其中大多数应在5μm以下。

(4) 烧伤、创伤用喷雾剂应采用无菌操作或灭菌。

(5) 喷雾剂应置阴凉处储存,防止吸潮。

(五) 喷雾剂的质量评价

喷雾剂应标明每瓶的装量、主药含量、总喷次、储藏条件。

检查内容与气雾剂类似,应检查每瓶总喷次、每揿喷量、每揿主药含量、装量、微生物限度、灭菌等,应符合规定。

二、粉 雾 剂

(一) 粉雾剂的概念

粉雾剂是指一种或一种以上的药物粉末,装填于特殊的给药装置,以干粉形式将药物喷雾于给药部位,发挥全身或局部作用的一种给药系统。粉雾剂是在传承气雾剂优点的基础上,综合粉体学的理论而发展起来的新剂型。

(二) 粉雾剂的分类

粉雾剂按用途可分为吸入粉雾剂、非吸入粉雾剂和外用粉雾剂三种。

1. 吸入粉雾剂 系指微粉化药物或与载体以胶囊、泡囊或多剂量储库形式,采用特制的干粉吸入装置,由患者主动吸入雾化药物至肺部的制剂。

2. 非吸入粉雾剂 是指药物或与载体以胶囊或泡囊形式,采用特制的干粉给药装置,将雾化药物喷至腔道黏膜的制剂。

3. 外用粉雾剂 是指药物或适宜的附加剂灌装于特制的干粉给药器具中,使用时借助外力将药物喷至皮肤或黏膜的制剂。

其中吸入粉雾剂是粉雾剂中最受关注的，有望替代气雾剂为呼吸道给药系统开辟新的给药途径。随着生物技术和基因工程的发展，使得越来越多的多肽和蛋白质类药物用于临床，鼻腔和肺部给药成为蛋白质类药物重要的非注射给药途径，而粉雾剂是最具潜力和竞争力的剂型之一。

（三）吸入粉雾剂的特点

（1）药物经肺部给药直接进入体循环发挥全身作用，吸收好、起效快，无肝脏首过效应。

（2）无胃肠道刺激或降解作用，可用于胃肠道难以吸收的水溶性大分子的药物或小分子药物。

（3）药物呈固体粉状，稳定性高，特别适用于多肽、蛋白质类药物。

（4）药物以胶囊、泡囊形式给药，剂量准确。起局部作用的药物给药剂量明显降低，毒副作用小。

（5）不含抛射剂，不含防腐剂、乙醇等，避免对环境的污染和对腔道黏膜的刺激性。

（6）给药装置复杂，生产成本高。

考点：吸入粉雾剂的概念与特点

（四）吸入粉雾剂的组成

1. 药物与附加剂　将药物微粉化是吸入粉雾剂取得成功的关键，采用的粉碎方法有气流粉碎、球磨粉碎、喷雾干燥、超临界粉碎、水溶胶、控制结晶等。药物微粉化后，粉粒容易发生聚集。为了得到流动性和良好的粉末，使吸入的剂量更加准确，常常加入适宜的载体，如乳糖、木糖醇等，将药物附着其上。既可提高机械填充时剂量的准确度，当药物剂量较小时还可充当稀释剂。

2. 给药装置　合适的给药装置是肺部给药系统的关键部件。根据干粉的计量形式，吸入装置分三类：胶囊型、泡囊型与多剂量储库型。

（1）胶囊型给药装置：药物干粉装于硬胶囊中，使用时将药物胶囊先装入吸纳器，然后稍加旋转，载药胶囊被小针刺破，患者借助口含管深吸气即可带动吸纳器内的螺旋叶片旋转，搅拌药物干粉使之成为气溶胶微粒而吸入（图 17-9）。

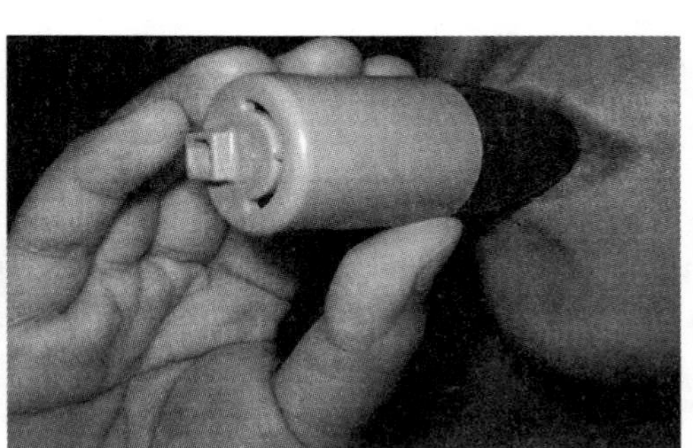

图 17-9　胶囊型给药装置

（2）泡囊型给药装置：目前应用较多是碟式吸纳器。药蝶由 4 个或 8 个含药的泡囊组成。使用时旋转外壳或推拉滑盘，每次转送一个泡囊，患者拉起连有针锋的盖壳将泡囊刺破，即可口含吸嘴深吸气将药物吸入（图 17-10）。

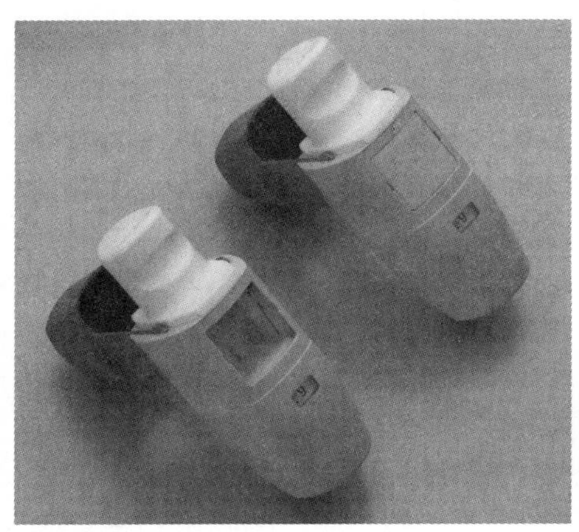

图 17-10　泡囊型给药装置

(3) 储库型给药装置:包括三种干粉释放系统:30 剂盒式、16 剂泡罩碟式和专门为生物技术产品设计的单剂量给药系统。储库多剂量型吸入器是将全部药粉置于装置内的储存腔中,通过操作装置分割每次药物剂量,患者无需用力吸气,对患者的协调要求低,吸入肺部的剂量重复性好,是一种新型的吸入装置。

(五) 吸入粉雾剂的质量要求

(1) 吸入粉雾剂中的药物粒度大小应控制在 10μm 以下,其中大多数应在 5μm 左右。

(2) 为改善吸入粉雾剂的流动性,可加入适宜的载体和润滑剂,所有附加剂均应为生理可接受物质,且对呼吸道黏膜或纤毛无刺激性。

(3) 粉雾剂应置于凉暗处保存,以保持粉末细度和良好流动性。

(六) 粉雾剂的质量检查

粉雾剂在生产储藏期间应符合《中国药典》2015 年版四部中有关规定。主要检查项目有:胶囊型、泡囊型粉雾剂含量均匀度、装量差异、排空率检查均应符合规定。多剂量储库型吸入粉雾剂每瓶总吸次、每吸主药含量检查应符合规定。吸入粉雾剂应检查雾滴(粒)大小分布等。

参考解析

案例 17-1 问题分析:灰黄霉素系口服抗真菌药,对头癣等疗效明显,但灰黄霉素极微溶于水且不良反应较多,普通的口服制剂吸收困难,较大剂量也难以达到有效的血药浓度。灰黄霉素对热稳定,与 PEG6000 以 1∶9 比例混合,在 135℃时可成为固态溶液,形成简单的低共熔混合物,使 95% 灰黄霉素均为粒径 2 μm 以下的微晶分散。制成滴丸,可以提高其生物利用度,降低剂量,减少不良反应、提高疗效。

案例 17-2 问题分析:本品为溶液型气雾剂,加入无水乙醇作潜溶剂增加药物和赋型剂的溶解度,柠檬酸是 pH 调节剂,抑制药物分解;加入少量水可以降低药物因脱水引起的分解。

自测题

选择题

(一)单项选择题。每题的备选答案中只有一个最佳答案。

1. 关于滴丸的叙述错误的为(　　)
   A. 滴丸剂中常用的基质有水溶性和非水溶性两类
   B. 生产设备简单、生产车间内无粉尘,有利于劳动保护
   C. 滴丸剂均起速效作用
   D. 液体药物可制成固体滴丸,便于携带和服用
   E. 增加药物的稳定性
2. 滴丸与胶丸的相同点是(　　)
   A. 均为药物与基质混合而成
   B. 均可用滴制法制备
   C. 均以明胶为主要囊材
   D. 均以 PEG 为主要基质
   E. 无相同之处
3. 滴丸的工艺流程为(　　)
   A. 药物和基质—混悬或熔融—滴制—冷却—洗丸—干燥—选丸—质检—分装
   B. 药物—熔融—滴制—冷却—洗丸—干燥—选丸—质检—分装
   C. 药物—混悬—滴制—冷却—洗丸—干燥—选丸—质检—分装
   D. 药物和基质—混悬或熔融—滴制—洗丸—干燥—选丸—质检—分装
   E. 药物和基质—混悬或熔融—滴制—冷却—洗丸—选丸—质检—分装
4. 以 PEG 为基质制备滴丸时应选哪种冷却剂(　　)
   A. 水与乙醇的混合物
   B. 乙醇与甘油的混合物
   C. 液体石蜡与乙醇的混合物
   D. 煤油与乙醇的混合物
   E. 液体石蜡
5. 从制剂学观点看,苏冰滴丸疗效好的原因是(　　)
   A. 用滴制法制备　　B. 形成固体溶液
   C. 含有挥发性药物
   D. 受热时间短,破坏少
   E. 剂量准确
6. 溶液型气雾剂的组成部分不包括(　　)
   A. 抛射剂　　B. 潜溶剂
   C. 耐压容器　　D. 阀门系统
   E. 润湿剂
7. 二相气雾剂为(　　)
   A. 溶液型气雾剂
   B. O/W 乳剂型气雾剂
   C. W/O 乳剂型气雾剂
   D. 混悬型气雾剂
   E. 吸入粉雾剂
8. 乳剂型气雾剂为(　　)
   A. 单相气雾剂　　B. 二相气雾剂
   C. 三相气雾剂　　D. 喷雾剂
   E. 吸入粉雾剂
9. 下列关于气雾剂的叙述中错误的为(　　)
   A. 二相气雾剂为溶液系统
   B. 气雾剂主要通过肺部吸收,吸收的速度很快,不亚于静脉注射
   C. 吸入的药物最好能溶解于呼吸道的分泌液中
   D. 肺部吸入气雾剂的粒径越小越好
   E. 小分子化合物易通过肺泡囊表面细胞壁的小孔,因而吸收快

(二)配伍选择题。备选答案在前,试题在后。每组包括若干题,每组题均对应同一组备选答案。每题只有一个正确答案。每个备选答案可重复选用,也可不选用。

[10~12]
A. 氢氟烷烃　　B. 丙二醇
C. PVP　　D. 枸橼酸钠
E. PEG

10. 气雾剂中的抛射剂(　　)
11. 气雾剂中的潜溶剂(　　)
12. 滴丸剂常用的基质(　　)

[13~16]
A. 溶液型气雾剂　　B. 乳剂型气雾剂
C. 喷雾剂　　D. 混悬型气雾剂
8E. 吸入粉雾剂

13. 二相气雾剂(　　)
14. 借助于手动泵的压力将药液喷成雾状的制剂(　　)
15. 采用特制的干粉吸入装置,由患者主动吸入雾

化药物的制剂(　　)

16. 泡沫型气雾剂(　　)

(三)多项选择题。每题的备选答案中有2个或2个以上正确答案。

17. 关于滴丸剂中冷凝液的选择原则是(　　)
    A. 不与主药相混溶
    B. 不与基质发生作用
    C. 不影响主药疗效
    D. 有适当的密度
    E. 有适当的粘度

18. 滴丸基质应具备的条件是(　　)
    A. 不与主药发生作用,不影响主药疗效
    B. 在常温下保持固态
    C. 基质在60~160℃下能熔化,遇冷立即凝成固体
    D. 有适当的比重
    E. 对人体无害

19. 下列关于气雾剂叙述正确的是(　　)
    A. 气雾剂系指药物与适宜抛射剂装于具有特制阀门系统的耐压密封容器中而制成的制剂
    B. 气雾剂是借助于手动泵的压力将药液喷成雾状的制剂
    C. 吸入粉雾剂系指微粉化药物与载体以胶囊、泡囊或高剂量储库形式,采用特制的干粉吸入装置,由患者主动吸入雾化药物的制剂
    D. 气雾剂系指微粉化药物与载体以胶囊、泡囊储库形式装于具有特制阀门系统的耐压密封容器中而制成的制剂
    E. 气雾剂系指药物与适宜抛射剂采用特制的干粉吸入装置,由患者主动吸入雾化药物的制剂

20. 下列关于气雾剂的特点正确的是(　　)
    A. 具有速效和定位作用
    B. 可以用定量阀门准确控制剂量
    C. 药物可避免胃肠道的破坏和肝脏首过作用
    D. 生产设备简单,生产成本低
    E. 由于起效快,适合心脏病患者使用

21. 气雾剂的组成有哪些(　　)
    A. 抛射剂　　B. 药物与附加剂
    C. 囊材　　D. 耐压容器
    E. 阀门系统

(刘跃进)

第 18 章　药物制剂新技术

药物制剂新技术与新剂型的应用大大地改善了药物的吸收和传递，在提高药物制剂的生物利用度，保证用药的安全、有效、稳定等方面起着重要作用。本章内容中，制剂新技术主要包括固体分散技术、包合技术、脂质体的制备技术、微囊与微球及生物技术药物制剂，另外介绍了缓释制剂、靶向制剂、经皮吸收制剂、膜剂等新剂型。

第 1 节　固体分散技术

一、概　　述

高溶出度尼莫地平分散片

【处方】　尼莫地平 0.2g，PVPK30 1.0g。

【制法】　取 PVPK301.0g，置蒸发皿内，加入无水乙醇 5ml，在 80～90℃水浴上加热溶解，加入尼莫地平 0.2g，搅匀使溶解，在搅拌下蒸去溶剂，取下蒸发皿置氯化钙干燥器内干燥、粉碎，过 80 目筛，即得(图 18-1)。

尼莫地平-PVP 共沉淀物的制备：

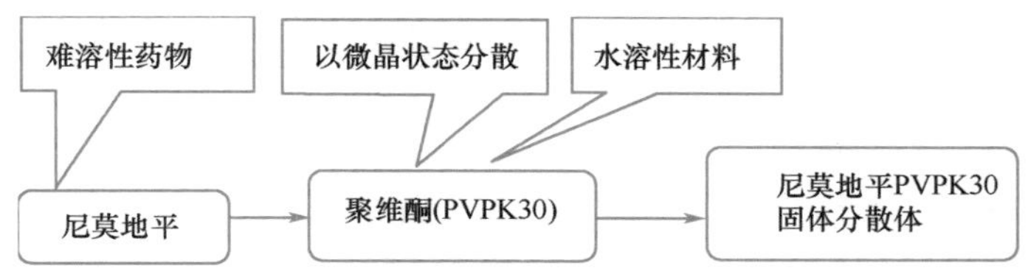

图 18-1　尼莫地平-PVP 共沉淀物的制备

问题：

1. 简述尼莫地平制成固体分散片的目的。
2. 简述尼莫地平分散片固体分散体所用的载体材料及制备方法。
3. 简述尼莫地平分散片固体分散体的类型及释药原理。

1. 概念　固体分散技术系指将难溶性药物高度分散在另一种固体载体中的新技术。通过固体分散技术所得到的混合物称为固体分散体(soliddispersion)，亦称固体分散物。难溶性药物通常是以分子、胶态、微晶或无定形状态等均匀分散在某一固态载体物质中形成分散体系。

固体分散体可看作是中间体，可以根据需要制成颗粒剂、胶囊剂、片剂、微丸、软膏剂、栓剂和注射剂等，目前国内利用固体分散技术生产并已上市的产品有联苯双酯滴丸、复方炔诺孕酮滴丸等制剂。

考点：固体分散体的概念。

2. 目的 药剂学上常采用固体分散技术,利用不同性质的载体使药物在高度分散状态下,达到不同要求的用药目的。

(1) 增加难溶性药物的溶解度和溶出速率,提高药物生物利用度(图 18-2)。

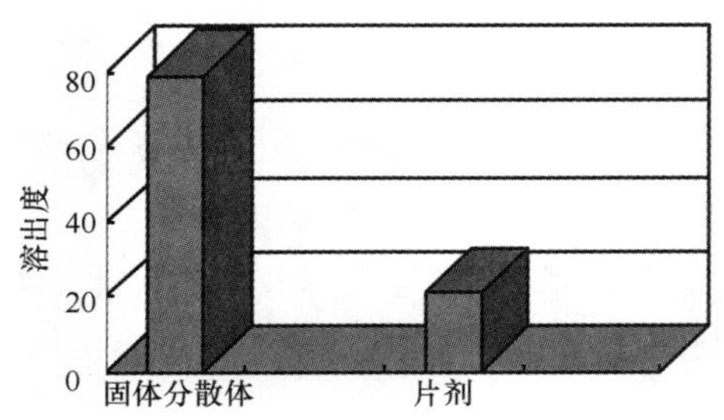

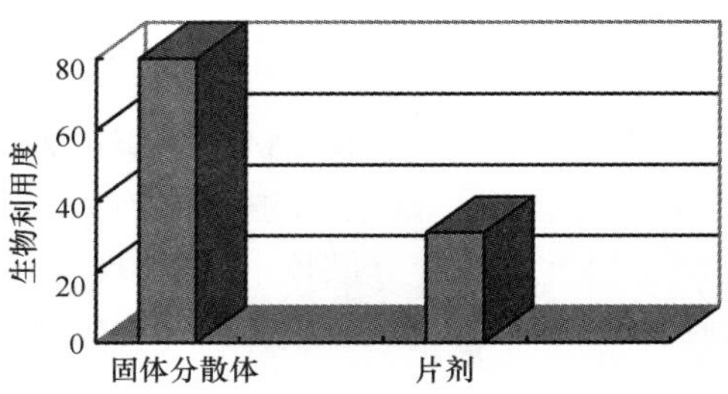

图 18-2 尼莫地平不同剂型的比较

(2) 延缓或控制药物释放速度;控制药物在小肠特定部位释放。

(3) 利用载体的包蔽作用,增加药物稳定性;掩盖药物的不良臭味和刺激性。

(4) 使液体药物固体化。

固体分散体的主要缺点是药物在储存过程中易老化,稳定性下降。

二、 常用的载体材料

固体分散体的溶出速率很大程度上取决于选用载体材料的性质,载体材料应具备下列条件:无毒、无致癌性、不与药物发生化学变化、不影响主药的化学稳定性、不影响药物的药效与含量检测、能使药物保持最佳的分散状态、价廉易得。

常用载体材料可分为水溶性、难溶性和肠溶性三大类,几种载体材料可以联合使用,以达到要求的速释、缓释或肠溶效果。

(一) 水溶性载体材料

1. 聚乙二醇类(PEG) 最常用的是 PEG4000 或 PEG6000,它们的熔点低(50~63℃),毒性较小,能够显著增加药物的溶出速率,提高药物的生物利用度。油类药物宜采用分子质量更高的 PEG12000 或 PEG6000 与 PEG20000 的混合物作载体。多采用熔融法制备固体分散体。例如,将 PEG20000 与阿司匹林粉按照 9∶1 比例,通过熔融法制备阿司匹林固体分散体,5min 内的溶出度为原料药的 3 倍。

2. 聚维酮类(PVP) 易溶于水和多种有机溶剂,熔点高于 265℃,对热稳定性好(但 150℃变色),可采用溶剂法(共沉淀法)制备固体分散体,不能用熔融法。但成品对湿的稳定性较差,储存过程中易吸湿而析出药物结晶。例如,以 PVPK30 为载体制备硝苯地平固体分散体时,载体和药物的最佳比例为 10∶1,制备的固体分散体 4min,药物即可溶出 81.92%,而物理混合物中药物的溶出度仅为 50.75%。

3. 表面活性剂类 作为载体材料的表面活性剂大多含有聚氧乙烯基,可溶于水和有机溶剂,载药量大,在蒸发过程中可阻滞药物产生结晶,是理想的速效载体材料。常用的为泊洛沙姆 188,为片状固体,毒性小,对黏膜的刺激性极小,可用于静脉注射。其增加药物溶出的作用明显大于 PEG 类载体。可采用熔融法或溶剂法制备固体分散体。

4. 尿素　最早使用的载体材料，极易溶解于水，稳定性高。由于本品具有利尿和抑菌作用，主要用作利尿药类或增加排尿量的难溶性药物作固体分散体的载体，如氢氯噻嗪。

5. 有机酸类　如枸橼酸、酒石酸、琥珀酸、胆酸及去氧胆酸等载体，该类载体材料的相对分子质量较小，易溶于水而不溶于有机溶剂。多形成低共熔混合物。此类载体不适于对酸敏感的药物。

6. 糖类与醇类　常用的糖类载体材料为右旋糖酐、半乳糖和蔗糖等；醇类包括甘露醇、山梨醇和木糖醇等。它们的特点是水溶性强，毒性小，因分子中有多个羟基，可与药物以氢键结合生成固体分散体。它们适用于剂量小、熔点高的药物，尤以甘露醇最为理想。与 PEG 合用作复合载体，分散状态更佳。

（二）难溶性载体材料

1. 纤维素　常用的如乙基纤维素（EC），其特点是无毒，无药理活性，可溶于有机溶剂，含有羟基能与药物形成氢键，有较大的黏性，作为载体材料其载药量大、稳定性好、不易老化，是一种理想的水不溶性载体材料。EC 分散在乙醇中呈网状结构，同时药物溶于其中，并以分子形式进入网状结构中，除去溶剂后，药物以分子或微晶状态包埋在乙基纤维素的网状骨架结构中，故具有增溶和缓释的双重作用。如盐酸氧烯洛尔—EC 固体分散体，其释药不受 pH 的影响。

以 EC 为载体的固体分散体中常加入 HPC、PVP、PEG 等水溶性聚合物作致孔剂或表面活性剂，如十二烷基硫酸钠等，可调节释药速率。

2. 聚丙烯酸树脂类　作难溶性载体材料的有含季铵基的聚丙烯酸树脂，此类产品在胃液中可溶胀，在肠液中不溶，不能被吸收，对人体无害，广泛用于制备缓释性的固体分散体。这类固体分散体可用溶剂法制备。适当加入水溶性载体材料如 HPMC、PVP、HPC 或 PEG 等可调节药物的释放速率。

3. 脂质类　常用的有胆固醇、β-谷甾醇、棕榈酸甘油酯、胆固醇硬脂酸酯、巴西棕榈蜡及蓖麻油蜡等脂质材料，均可用于制备缓释性固体分散体的载体。因熔点低，常采用熔融法制备。亦可加入表面活性剂、乳糖、HPMC 和 PVP 等水溶性物质，增加载体中药物释放孔道，调节释药速率。

（三）肠溶性载体材料

1. 纤维素类　常用的有邻苯二甲酸醋酸纤维素（CAP）、邻苯二甲酸羟丙甲纤维素（HPMCP）和羧甲乙纤维素（CMEC）等，均能溶于肠液中，多采用溶剂法制备。可用于制备在胃中不稳定的药物在肠道释放和吸收的固体分散体，亦可作为结肠定位给药固体分散体的载体。一般将药物及肠溶性材料溶于有机溶剂中，然后将此溶液喷雾于惰性辅料表面，可在其表面形成固体分散体。

2. 聚丙烯酸树脂类　常用 Eudragit L 和 Eudragit S 等，分别相当于国产Ⅱ号及Ⅲ号聚丙烯酸树脂。前者在 pH6 以上的介质中溶解，后者在 pH7 以上的介质中溶解，有时两者联合使用，可制成缓释速率较理想的固体分散体，宜采用溶剂法制备。

三、固体分散体的制备

考点：固体分散体常用的载体材料有哪些

采用固体分散技术制备药物的固体分散体的常用方法有多种。采用哪种方法，主要取决于药物性质和载体材料的结构、性质、熔点及溶解性能等。

（一）熔融法

1. 制备工艺流程 将药物与载体材料混匀，加热至熔融，在剧烈搅拌下，骤冷成固体，再将此固体在一定温度下放置变脆成易碎物（图 18-3）。

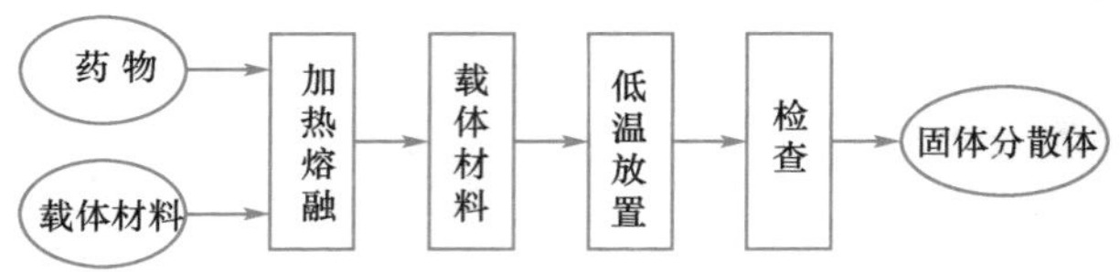

图 18-3 熔融法制备固体分散体工艺流程图

为了缩短药物的加热时间，亦可将载体材料先加热熔融后，再加入已粉碎的药物（过 60~80 目筛）。本法的关键在于迅速冷却。熔融法制备固体分散体的制剂，可直接制成滴丸剂。

2. 适用范围 本法简便、经济，适用于对热稳定的药物。

3. 载体材料 多采用熔点低、不溶于有机溶剂的载体材料，如 PEG 类、枸橼酸和糖类等。

（二）溶剂法（又称共沉淀法）

1. 制备工艺流程 将药物与载体材料共同溶解于有机溶剂中，蒸去有机溶剂后使药物与载体材料同时析出，即可得到药物与载体材料混合而成的共沉淀物，经干燥即得（图 18-4）。

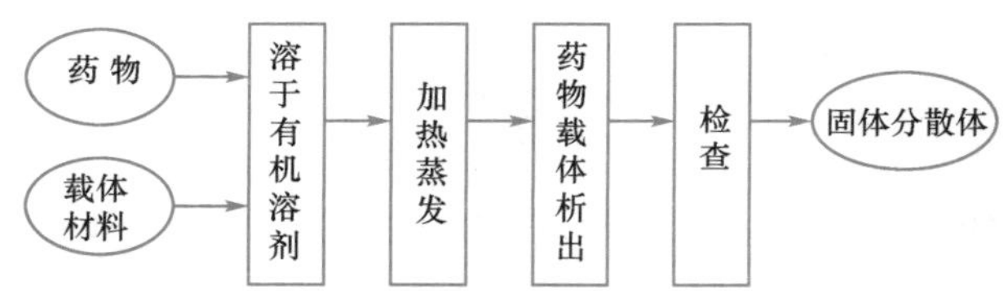

图 18-4 共沉淀法制备固体分散体工艺流程图

常用的有机溶剂有氯仿、无水乙醇、丙酮等。但制备时由于有机溶剂有时难以除尽，固体分散体中可能因含少量有机溶剂而危害人体，并易引起药物重结晶而降低主药的分散度。

2. 适用范围 本法的优点为避免高热，适用于对热不稳定或易挥发的药物。

3. 载体材料 多选用能溶于水或多种有机溶剂、熔点高的载体材料，如 PVP 类、半乳糖、甘露糖、胆酸类等。

（三）溶剂-熔融法

1. 制备工艺流程 将药物先溶于适当溶剂中，将此溶液直接加入已熔融的载体材料中均匀混合后，按熔融法冷却处理（图 18-5）。

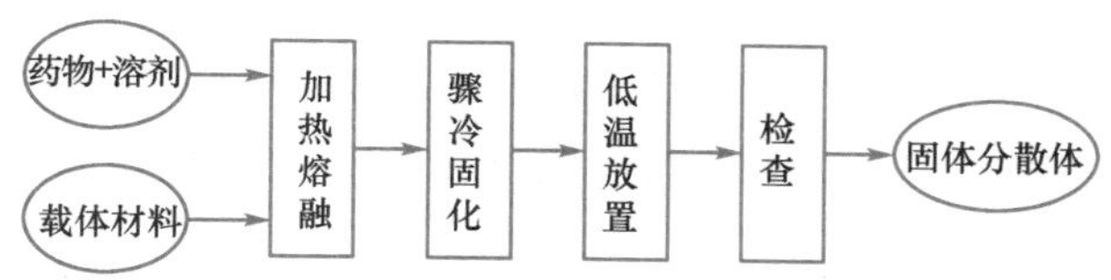

图 18-5 溶剂-熔融法制备固体分散体工艺流程图

药物溶液在固体分散体中所占的量一般不超过 10%（W/W），否则难以形成脆而易碎的固体。该法制备中除去溶剂的受热时间短，固体分散体稳定，质量好。

2. 适用范围 适用于某些液体药物，如鱼肝油，维生素 A、维生素 D、维生素 E 等，也可用于受热稳定性差的固体药物。

3. 载体材料 凡适用于熔融法的载体材料均可采用。

（四）溶剂-喷雾（冷冻）干燥法

1. 制备工艺流程 将药物与载体材料共溶于溶剂中，然后喷雾或冷冻干燥，除尽溶剂即得(图 18-6)。

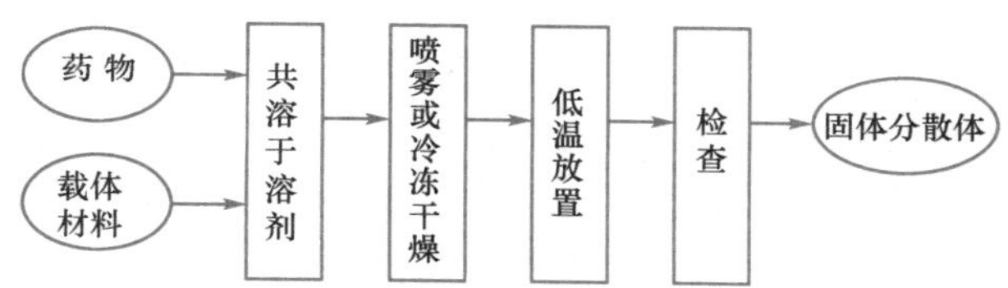

图 18-6 溶剂-喷雾（冷冻）干燥法制备固体分散体工艺流程图

2. 适用范围 溶剂-喷雾干燥法可连续生产，溶剂常用 $C_1 \sim C_4$的低级醇或其混合物。而溶剂冷冻干燥法适用于易分解或氧化、对热不稳定的药物，如酮洛芬、红霉素、双香豆素。

3. 载体材料 常用的载体材料为 PVP 类、PEG 类、β-CYD、甘露醇、乳糖、水解明胶、纤维素类、聚丙烯酸树脂类等。

（五）研磨法

1. 制备工艺流程 将药物与较大比例的载体材料混合后，强力持久地研磨一定时间，不需加溶剂而借助机械力降低药物的粒度，或使药物与载体材料以氢键相结合，形成固体分散体(图 18-7)。

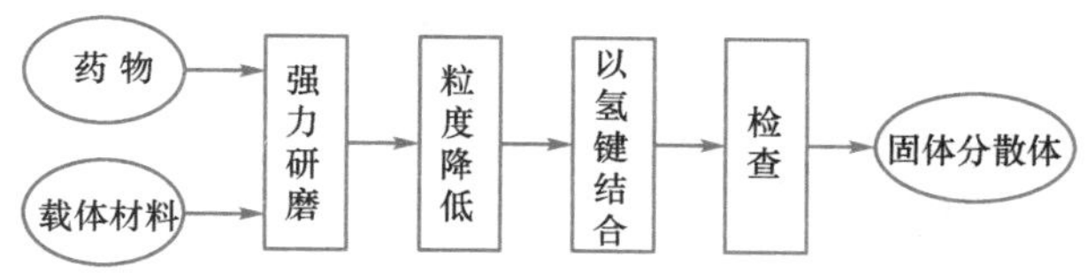

图 18-7 研磨法制备固体分散体工艺流程图

2. 适用范围 本法简便、经济，适用于大多固体药物，但形成的固体分散体分散度较差。

3. 载体材料 常用的载体材料有微晶纤维素、乳糖、PVP 类、PEG 类等。

固体分散技术宜应用于剂量小的药物，即固体分散体中药物含量不应太高，一般载体材料的质量应大于药物的5～20倍，即药物质量占5%～20%，液态药物在固体分散体中所占比例一般不宜超过10%，否则不易固化，难以进一步粉碎；固体分散体在储存过程中可能会逐渐老化。

储存时固体分散体的硬度变大、析出晶体或结晶粗化，从而降低药物的生物利用度的现象称为老化。

考点：常用的固体分散技术有哪些

四、固体分散体的类型与释药原理

（一）固体分散体的类型

1. 简单低共熔混合物 药物与载体材料共熔后，骤冷固化，形成简单的低共熔混合物。即药物与载体在冷却过程中同时生成晶核，由于高度分散，两种分子在扩散过程中互相阻拦，晶核不易长大，而是共同析出微晶，并以微晶状态存在，即药物以微晶状态分散在载体材料中形成物理混合物。如萘普生（Nap）和PEG4000用熔融法制备固体分散体，当药物与载体的比例为1∶4时即出现低共熔现象，其低共熔点是37～40℃。

2. 固态溶液 药物以分子状态分散在载体材料中形成的均相体系称为固态溶液。同液体溶液一样，都是分子分散状态，只是固体溶质（药物）分散在固体溶剂（载体）中。由于固态溶液中的药物具有很高的分散度，其溶出很快，有利于药物的吸收和提高药物的生物利用度。如灰黄霉素与酒石酸制成的固体分散体中药物呈固体溶液状态，溶出速度是纯灰黄霉素的69倍。

3. 共沉淀物（也称共蒸发物） 是由药物与载体材料两者以恰当比例形成的非结晶性无定形物，有时称玻璃态固熔体，因其有类似玻璃的性质，如质脆、透明、无确定的熔点等。常用载体材料为多羟基化合物，如枸橼酸、蔗糖、PVP等。如头孢呋辛和聚维酮按照1∶6的质量比制成固体分散体，经X线衍射技术证实，头孢呋辛是以无定形状态分散在载体中的。

固体分散体的类型在很大程度上由载体材料的性质决定。如联苯双酯与尿素、PVP和PEG可分别形成简单的低共熔混合物、共沉淀物和固态溶液。另外，有些药物的固体分散体可能同时存在上述三种不同的类型。

考点：固体分散体的类型

（二）固体分散体的释药原理

1. 速释原理

（1）药物的高度分散状态：药物以分子状态、胶体状态、亚稳定态、微晶态及无定形态在载体材料中存在，载体材料可阻止已分散的药物再聚集粗化，有利于药物的溶出与吸收。其中以分子状态分散溶出最快。

（2）载体材料对药物溶出的促进作用

1）载体材料可提高药物的可润湿性：在固体分散体中，药物周围被可溶性载体材料包围时，使疏水性或亲水性弱的难溶性药物遇胃肠液后较快被润湿，因此，溶出速率与吸收速率均相应提高。

2）载体材料可保证药物的高度分散性：当药物分散在载体材料中时，由于高度分散的药物被足够的载体材料分子包围，使药物分子不易形成聚集体，保证了药物的高度分散性，加快了药物的溶出与吸收。

3）同时载体材料对药物有抑晶性：载体材料能抑制药物晶核的形成及成长，使药物呈非结晶性无定形状态分散于载体材料中，得共沉淀物。

2. 缓释原理　药物采用水不溶性聚合物、肠溶性材料和脂质材料为载体制备的固体分散体均具有缓释药物的作用。其原理是载体材料形成网状骨架结构，药物以分子或微晶状态分散于骨架内，药物的溶出必须首先通过载体材料的网状骨架扩散，故释药缓慢。

考点：固体分散体的释药原理

第2节　包合技术

一、概　　述

1. 概念　包合技术系指一种分子被包嵌于另一种分子空穴结构内形成包合物（inclusion compound）的技术。包合物由主分子和客分子两种组分组成。

主分子即具有包合作用的外层分子，具有较大的空穴结构，足以将客分子容纳在内。可以是单分子如直链淀粉、环糊精；也可以是多分子聚合而成的晶格，如氢醌、尿素等（图18-8、图18-9）。客分子为被包合到主分子空间中的小分子物质。主分子和客分子进行包合作用时，相互不发生化学反应，不存在化学键作用，包合是物理过程而不是化学过程。

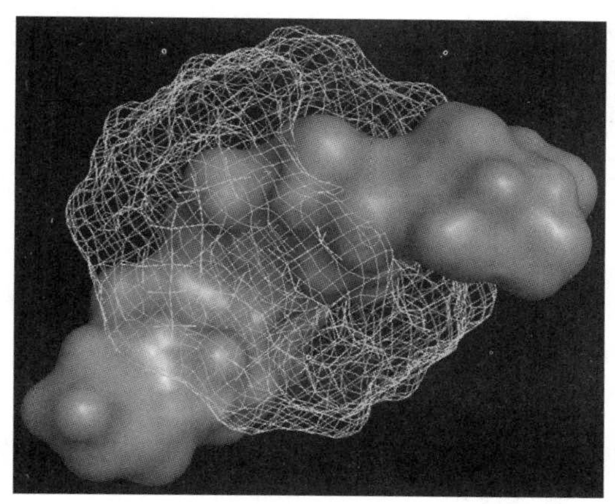

图 18-8　地高辛被 β-环糊精包合模式

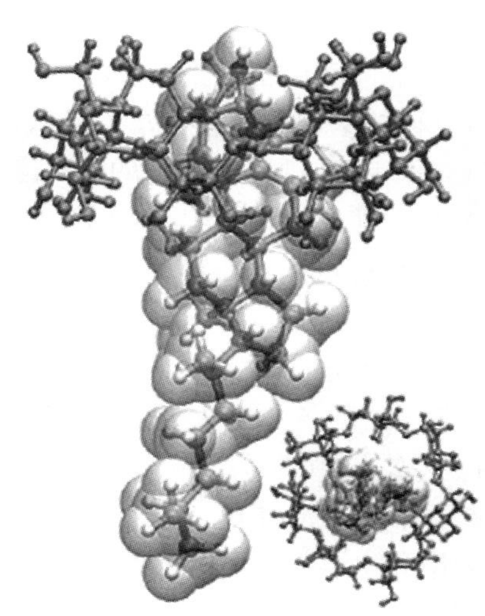

图 18-9　被 γ-环糊精包合后的胆固醇

2. 目的　药物作为客分子被包合后，其特点主要有：

（1）可使药物溶解度增大，稳定性提高。

（2）将液体药物粉末化，可防止挥发性成分挥发。

（3）掩盖药物的不良气味或味道，降低药物的刺激性与毒副作用。

（4）调节释药速率，提高药物的生物利用度等。

考点：包合技术的概念

3. 常用的包合材料　包合物中处于包合外层的主分子物质称为包合材料，通常可用环糊精、胆酸、淀粉、纤维素、蛋白质、核酸等作包合材料。目前最常用的是环糊精及其衍生物。

(1) 环糊精(cyclodextrin,CYD):系指淀粉经酶解环合后得到的产物,是由6~12个葡萄糖分子连接而成的环状低聚糖化合物。环糊精的结构为中空圆筒形,空穴的开口处呈亲水性,空穴的内部呈疏水性。常见的环糊精有α、β、γ三种,分别由6、7、8个葡萄糖分子构成。其中以β-环糊精最为常用(图18-10)。β-环糊精为白色结晶性粉末,熔点300~305℃。本品对酸较不稳定,对碱、热和机械作用相当稳定,在水中溶解度较小,易从水中析出结晶,并随着温度的升高而增大。

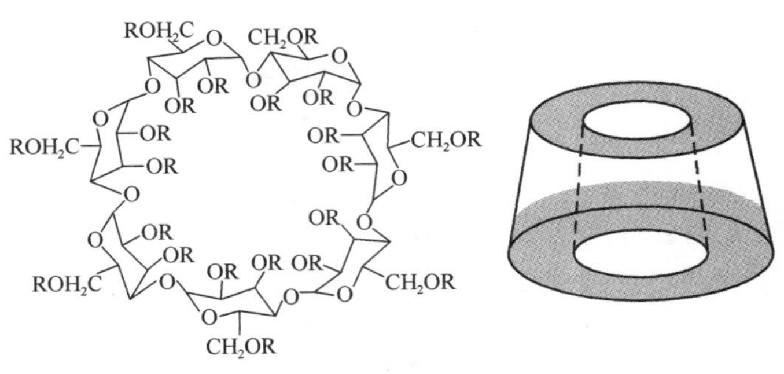

图18-10 β-环糊精结构示意图

(2) 环糊精衍生物:β-CYD,虽具有适合的空穴,但由于其在水中溶解度较低,并在应用中产生毒副作用,尤其是不能注射给药,使其在药剂中的应用受到一定的限制。

1) 水溶性环糊精衍生物:如将甲基、乙基、羟丙基、羟乙基等基团引入β-CYD分子中与羟基进行烷基化反应,可改变β-CYD的理化性质。亲水性β-CYD衍生物能与多种药物起包合作用,使难溶性药物的溶解度增加,毒性与刺激性下降。

2) 疏水性环糊精衍生物:主要为乙基化β-环糊精(E-β-CYD),将水溶性药物包合后降低其溶解度,可用作水溶性药物的缓释载体。

考点:常用的包合材料。

二、包合物的制备

包合物的制备主要就是采用适宜的方法,使药物(客分子)被包嵌于包合材料(主分子)的空穴结构中。常用的制备方法有饱和水溶液法、研磨法、冷冻干燥法、喷雾干燥法、超声波法等(图18-11)。

1. 饱和水溶液法 将CYD配成饱和水溶液,加入药物混合30分钟以上,使药物与CYD形成包合物后析出,且可定量地将包合物分离出来。将析出的包合物过滤,根据药物的性质,选用适当的溶剂洗净、干燥即得(图18-11)。

2. 研磨法 取β-CYD加入2~5倍量的水混合,研匀,加入药物(难溶性药物应先溶于有机溶剂中),充分研磨成糊状物,低温干燥后,再用适宜的有机溶剂洗净,干燥即得(图18-11)。

3. 冷冻(喷雾)干燥法 按饱和水溶液法使药物与CYD形成包合物,然后用冷冻(喷雾)干燥方法干燥即得(图18-11)。本法适用于制成包合物后易溶于水,且在干燥过程中易分解、变色的药物,所得成品疏松,溶解度好,可制成注射用粉末。喷雾干燥法适用于难溶性、疏水性药物。

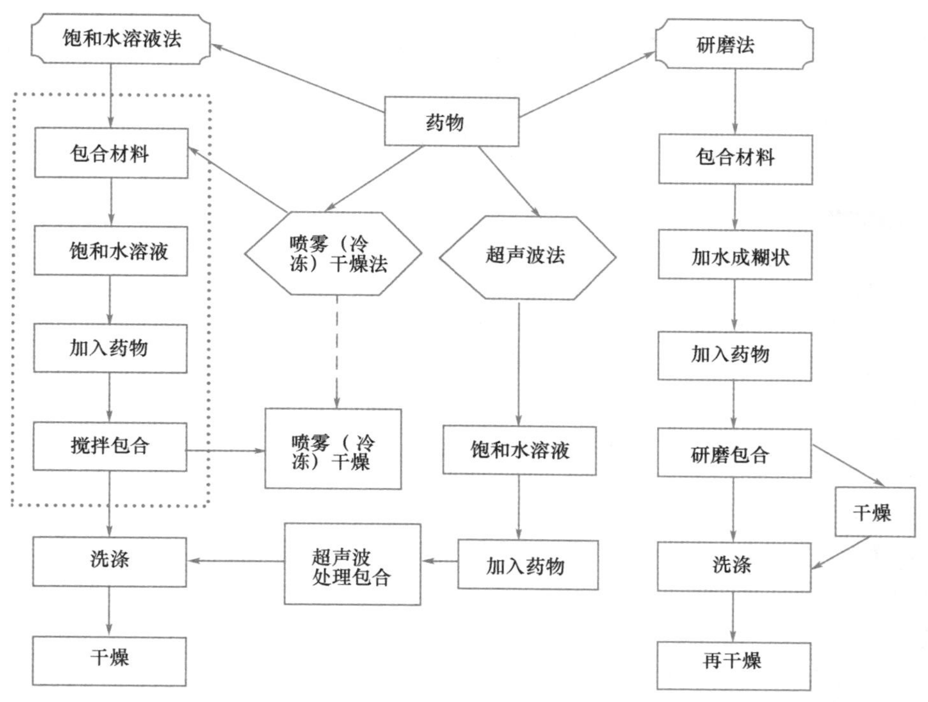

图 18-11 包合物制备工艺流程图

此外，还有超声法、溶液-搅拌法等。上述几种方法适用的条件不一样，包合率与溶解度等也不相同。目前国内利用包合技术生产上市的产品有碘口含片、吡罗昔康片、螺内酯片以及可减小舌部麻木不良反应的磷酸苯丙哌林片等。

考点：常用的包合技术

三、β-CYD 包合物在药剂学中的应用

1. 掩盖药物的不良嗅味和降低刺激性。如大蒜油 β-CYD 可维持原来药效，且使大蒜精油臭味减小。

2. 增加药物的溶解度和溶出度，提高制剂的生物利用度，减少服药剂量。如吲哚美辛水溶性极低，且胃肠道反应较大，采用饱和水溶液法制备吲哚美辛 β-CYD 包合物，包合物中吲哚美辛 6 分钟溶出达 98%，而原药仅 12%。

3. 提高药物稳定性，防止药物氧化、光解和防止药物热破坏。如硝基苯 1-金刚烷酸盐 β-CYD 包合物被氧化分解仅为原药的 1/28。

4. 液体药物粉末化与防挥发。中药中含有多种挥发性成分，特别是挥发油的稳定性较差，生产过程中极易挥发损失。如维生素 D_3 具光敏性，采用饱和水溶液法制成维生素 D_3-β-CD 后，再加入到碳酸钙颗粒中，制成固体补钙剂的同时，又增强维生素 D_3 的光稳定性。

5. 减慢水溶性药物的释放，调节释药速度，起缓控释作用。如异山梨醇酯-二甲基（环糊精）包合物片剂的血药水平可维持相当长时间，具有明显的缓释性，体内血药浓度平缓，峰时 t_{max} 明显延长，峰浓度 c_{max} 降低，为普通片剂。

第3节 脂质体制备技术

一、概 述

案例 18-2

注射用紫杉醇脂质体

紫杉醇为细胞毒类抗肿瘤药,由于其严重的毒副作用,严重限制其临床运用。力扑素(注射用紫杉醇脂质体)是将难溶于水的紫杉醇包封在新型药物载体-脂质体磷脂双分子层中。力扑素具有以下优点:①解除了由溶媒引发的超过敏风险;②明显提高机体对紫杉醇的耐受性;③显著降低外周循环毒性反应;④显示储库效应、半衰期延长,突显缓释功效;⑤具有靶向给药的特性。

问题:

注射用紫杉醇脂质体的结构包括什么?

1. 概念 脂质体(liposomes)系指将药物包封于类脂质双分子层内而形成的薄膜中间所得的超微型球状载体。

(1)脂质体的结构:脂质体是以磷脂为膜材,加入胆固醇等附加剂组成。磷脂和胆固醇混合分子相互作用间隔定向排列形成双分子层,胆固醇和磷脂共同构成细胞膜和脂质体的基础物质,具有调节脂质体膜流动性的作用。当低于相变温度时,胆固醇可使膜减少有序排列,而增加流动性;高于相变温度时,可增加膜的有序排列以减少膜的流动性。

(2)脂质体的分类:脂质体根据其结构和所包含的双层磷脂膜层数,可分为单室脂质体、多室脂质体(图 18-12、图 18-13)。

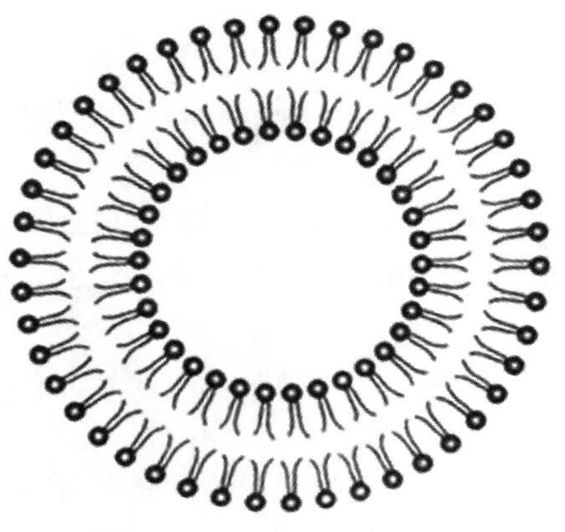

图 18-12 单室脂质体

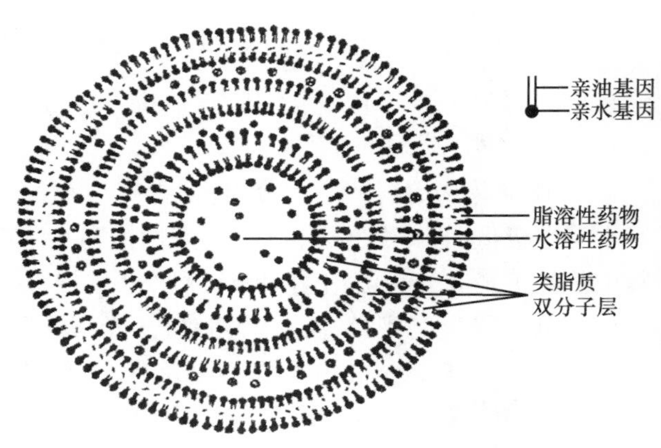

图 18-13 多室脂质体

1)单室脂质体:系指由一层类脂质双分子层构成的脂质体,它又分为大单室脂质体(粒径 0.1~1μm)和小单室脂质体(粒径 0.02~0.08μm,可称为纳米脂质体)。单室脂质体中水溶性药物的溶液只被一层类脂质双分子所包封,脂溶性药物则分散于双分子层中。

2)多室脂质体:系指由多层类脂质双分子层构成的脂质体(粒径 1~5μm)。多室脂质体中有几层脂质双分子层将被包含的水溶性药物的水膜隔开,形成不均匀的聚合体,脂溶性药物则分散于几层双分子层中。

2. 脂质体的作用　脂质体是一种新型的药物载体，具有包裹脂溶性药物或水溶性药物的特性。药物被脂质体包裹后称为载药脂质体，可起到靶向、缓释、降低药物毒性和提高药物稳定性的作用。

（1）靶向性：载药脂质体进入体内可被巨噬细胞作为外界异物而吞噬，脂质体以静脉给药时，能选择地集中于网状内皮系统，70%～89%集中于肝、脾。可用于治疗肝肿瘤和防止肿瘤扩散转移，以及防治肝寄生虫病、利什曼病等网状内皮系统疾病。如抗肝利什曼原虫药锑剂被脂质体包裹后，药物在肝脏中的浓度可提高200～700倍。

（2）缓释性：将药物包封于脂质体中，可减少肾排泄和代谢而延长药物在血液中的滞留时间，使某些药物在体内缓慢释放，延长药物的作用时间。

（3）降低药物毒性：药物被脂质体包封后，主要被网状内皮系统的巨噬细胞所吞噬，在肝、脾和骨髓等网状内皮细胞较丰富的器官中集中，而使药物在心、肾中累积量比游离药物明显降低。因此，如将对心、肾有毒性的药物或对正常细胞有毒性的抗癌药包封于脂质体中，可明显降低药物的毒性。如两性霉素B，它对多数哺乳动物的毒性较大，制成两性霉素B脂质体，可使其毒性大大降低而不影响抗真菌活性。

（4）提高药物稳定性：不稳定的药物被脂质体包封后受到脂质体双层膜的保护，可提高稳定性。如青霉素G或青霉素V的钾盐是酸不稳定的抗生素，口服易被胃酸破坏，制成药物脂质体可防止其在胃中破坏，从而提高其口服的吸收效果。

链　接

脂质体的靶向性

由于生物体质膜的基本结构也是磷脂双分子层膜，脂质体具有与生物体细胞相类似的结构，因此，有很好的生物相容性。脂质体进入人体内部之后会作为一个“入侵者”而启动人体的免疫机制，被网状内皮系统吞噬，从而在肝、脾、肺和骨髓等组织中靶向性地富集。这就是脂质体的被动靶向性。通过在脂质体膜中掺入一些靶向物质，可以使脂质体在生物或者物理因素的引导下向特定部位靶向集中，这就是主动靶向脂质体，目前已经出现的脂质体主动靶向机制有热敏脂质体、磁导向脂质体和抗体导向脂质体等。

二、脂质体的制备

1. 注入法　将磷脂与胆固醇等类脂质及脂溶性药物共溶于有机溶剂中（一般多采用乙醚），然后将此药液经注射器缓缓注入搅拌下的50℃磷酸盐缓冲液（可含有水溶性药物）中，加完后，不断搅拌至乙醚除尽为止，即制大多室脂质体（图18-14）。

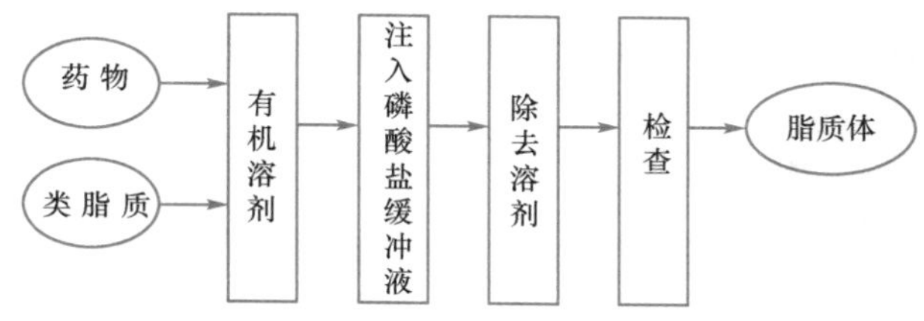

图18-14　注入法制备脂质体工艺流程图

本法所得的脂质体粒径较大，不适宜静脉注射。可再将脂质体混悬液通过高压乳匀机两次，则所得的成品大多为单室脂质体，少数为多室脂质体，粒径绝大多数在2μm以下。

2. 薄膜分散法 将磷脂、胆固醇等类脂质及脂溶性药物溶于氯仿（或其他有机溶剂）中，然后将氯仿溶液在烧瓶中旋转蒸发，使其在内壁上形成一层薄膜；将水溶性药物溶于磷酸盐缓冲液中，加入烧瓶中不断搅拌，即得脂质体（图18-15）。

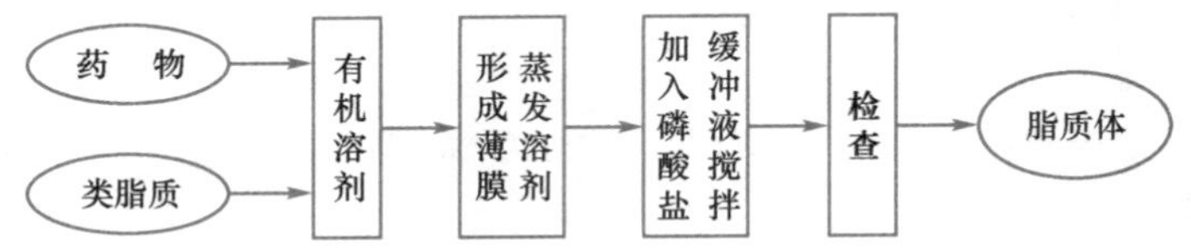

图18-15 薄膜分散法制备脂质体工艺流程图

3. 冷冻干燥法 将磷脂分散于缓冲盐溶液中，经超声波处理与冷冻干燥，再将干燥物分散到含药物的水性介质中，即得（图18-16）。此法适合包封对热敏感的药物。

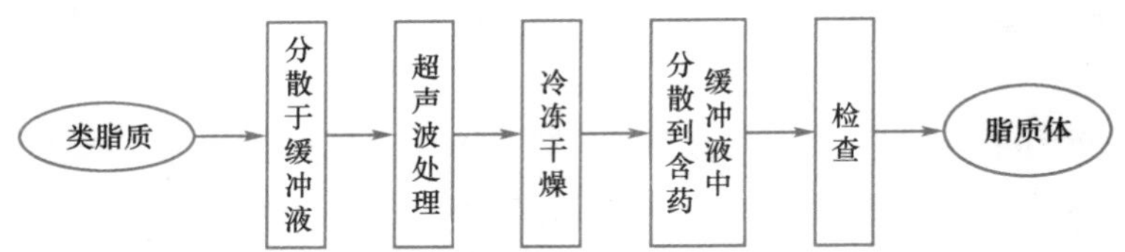

图18-16 冷冻干燥法制备脂质体工艺流程图

4. 超声波分散法 将水溶性药物溶于磷酸盐缓冲液，加至磷脂、胆固醇与脂溶性药物共溶于有机溶剂制成的溶液中，搅拌蒸发除去有机溶剂，残液经超声波处理，然后分离出脂质体，再混悬于磷酸盐缓冲液中，即得（图18-17）。凡经超声波分散的脂质体混悬液，绝大部分为单室脂质体。

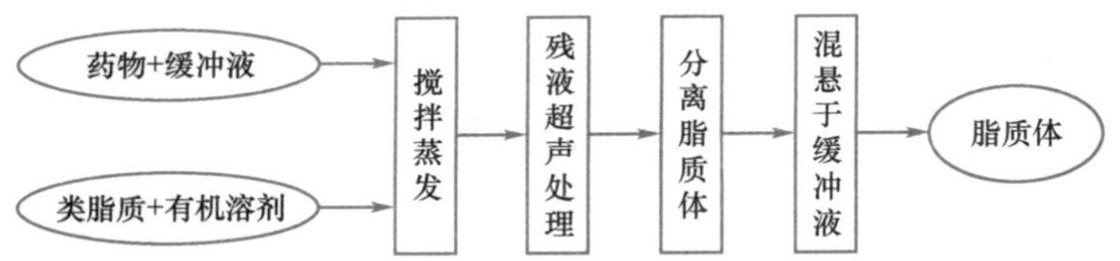

图18-17 超声波分散法制备脂质体工艺流程图

5. 逆相蒸发法 将磷脂等膜材溶于有机溶剂，如氯仿、乙醚等，加入待包封的药物水溶液（水溶液：有机溶剂=1：3~1：6）进行短时超声，直到形成稳定W/O型乳状液。然后减压蒸发除去有机溶剂，达到胶态后，滴加缓冲液，旋转帮助器壁上的凝胶脱落，在减压下继续蒸发，制得水性混悬液，通过凝胶色谱法或超速离心法，除去未包入的药物，即得大单层脂质体（图18-18）。

本法特点是包封的药物量大，体积包封率可大于超声波分散法30倍，它适合于包封水溶性药物及大分子生物活性物质，如各种抗生素、胰岛素、免疫球蛋白、碱性磷脂酶、核酸等。

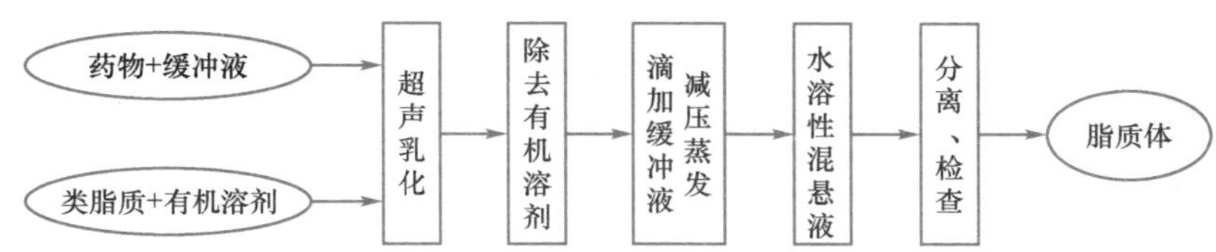

图 18-18　逆相蒸发法制备脂质体工艺流程图

此外，制备脂质体的方法还有复乳法、熔融法、表面活性剂处理法、离心法、前体脂质体法和钙融合法等。

链　接

氟脲嘧啶脂质体的制备

将磷脂(卵磷脂或脑磷脂)、胆固醇与磷酸二鲸蜡酯(混合摩尔比为 7∶2∶1 或 4∶8∶28∶1)配成氯仿溶液，真空蒸发除去氯仿，使在器壁上形成一层薄膜，加入等渗的缓冲液(pH 6.0，0.01mol/L 磷酸盐)，其中含氟尿嘧啶 0.077mol/L，类脂质在缓冲液中的浓度为 50～70mmol/ml。加 0.5mm 直径的玻璃珠数枚，搅拌 2min，在 25℃放置 2h，使薄膜吸胀；再在 25℃搅拌 2h，得到脂质体，粒径为 0.5～5.0μm。

三、 脂质体在药剂中的应用

随着生物技术的不断发展，脂质体的制备工艺逐步完善，脂质体适合于生物体内降解、无毒性和无免疫原性。脂质体作为药物载体，具有靶向性，从而减小药物剂量，降低毒性，减少不良反应等。因此，脂质体包囊药物已越来越受到重视和广泛的应用，主要表现在以下几方面：

1. 抗肿瘤药物载体　脂质体作为抗癌药物载体具有能增加与癌细胞的亲和力、克服耐药性、增加药物被癌细胞的摄取量、降低用药剂量、提高疗效和降低毒副作用的特点。

2. 抗寄生虫药物载体　由于脂质体的天然靶向性，静脉注射脂质体后，可迅速被网状内皮细胞摄取。利用这一特点，可以用含药脂质体治疗网状内皮系统疾病。例如，由某种寄生虫侵入网状内皮细胞所引起的病变—利什曼病和疟疾。

3. 抗菌药物载体　利用脂质体与生物细胞膜亲和力强的特性，将抗生素包裹在脂质体内可提高抗菌效果。

4. 激素类药物载体　抗甾醇类激素包入脂质体后具有很大的优越性，浓集于炎症部位便于被吞噬细胞吞噬，避免游离药物与血浆蛋白作用，一旦到达炎症部位就可以内吞、融合后释药，在较低剂量下便能发挥疗效，从而减少甾醇类激素因剂量过高所引起的并发症和不良反应。

5. 酶载体　脂质体的天然靶向性使包封酶的脂质体主要被肝摄取。脂质体是治疗酶原疾病药物最好的载体。

6. 解毒剂的载体　EDTA 或 DTPA 可以溶解金属，治疗金属贮积病。但由于这些螯合物不能通过细胞膜而影响了它们的体内效果，如果将螯合物制成脂质体剂型，脂质体作为将整合物转运到贮积金属的细胞中的载体。

7. 作为免疫激活剂、抗肿瘤转移　脂质体作为抗癌药物载体具有能增加与癌细胞的

亲和力，克服耐药性，增加药物被癌细胞的摄取量，降低用药剂量，提高疗效，降低毒副作用的特点。携载化疗药物是目前前体脂质体的主要应用方式。

8. 其他方面 作为抗结核药物的载体、基因治疗药物的载体，脂质体以其良好的生物相容性和促进药物透皮吸收特性作为经皮给药载体已成为一个研究热点。

第4节 微囊和微球的制备技术

一、微 囊

（一）概述

1. 概念 微囊化技术又称为微型包囊技术，简称微囊化，系指利用天然的或合成的高分子材料（囊材）作为囊膜壁壳，将固态药物或液态药物（囊心物）包裹形成药库型微型胶囊的技术。微型胶囊简称为微囊（microcapsule）。

考点：微囊化的概念

2. 目的 药物微囊化后主要可以起到以下作用：①提高药物的稳定性；②制备缓释或控释制剂；③防止药物在胃肠道内失活或减少对胃肠道的刺激性；④掩盖药物的不良嗅味；⑤使药物浓集于靶区，提高疗效，降低毒副作用；⑥使液态药物固体化，便于制剂生产应用和储存；⑦减少复方制剂中的配伍禁忌；⑧可将活细胞或生物活性物质包囊。

（二）囊心物与囊材

1. 囊心物 除了主药外，还可以包括提高微囊化质量而加入的附加剂，如稳定剂、稀释剂及控制释放速度的阻滞剂或促进剂等。囊心物可以是固体也可以是液体，但微囊化的方法则应根据药物的不同性质（主要指溶解性）而定。例如，采用相分离-凝聚法时，囊心物一般不应是水溶性的固体或液体药物；若采用界面聚合法时，囊心物则必须具有水溶性。

2. 囊材 指用于包囊所需的各种材料。囊材一般应符合下列要求：①性质稳定，能减少挥发性药物的损失，有适宜的释药速度；②无毒、无刺激性；③能与药物配伍，不影响药物的药理作用和含量测定；④有一定强度及可塑性，能完全包封囊心物；⑤有符合要求的黏度、渗透性、溶解性和吸湿性等。

目前常用的囊材分为三大类：

（1）天然高分子材料，最常用的有明胶、阿拉伯胶、壳聚糖、海藻酸钠等。

（2）半合成高分子囊材，常用的是纤维素衍生物，如羧甲基纤维素钠、邻苯二甲酸乙酸纤维素、甲基纤维素、乙基纤维素、羟丙基甲基纤维素、丁酸乙酸纤维素、琥珀酸乙酸纤维素等。

（3）合成高分子囊材，常用的合成高分子囊材有聚乙烯醇、聚乙二醇、聚碳酯、聚苯乙烯、聚酰胺、硅橡胶、聚乳酸（PLA）、聚维酮、聚甲基丙烯酸甲酯（PMMA）等。

考点：常用的囊材有什么

（三）微囊的制备方法

根据药物和囊材的性质、微囊的粒径、释放性能以及靶向性的要求，可选择不同的微囊化方法。归纳起来有物理化学法、物理机械法和化学法三大类。

1. 物理化学法 本法微囊化在液相中进行，囊心物与囊材在一定条件下形成新相析出，故又称相分离法（phase separation）。其微囊化步骤大体可分为囊心物的分散、囊材的加入、囊材的沉积和囊材的固化四步（图18-19）。

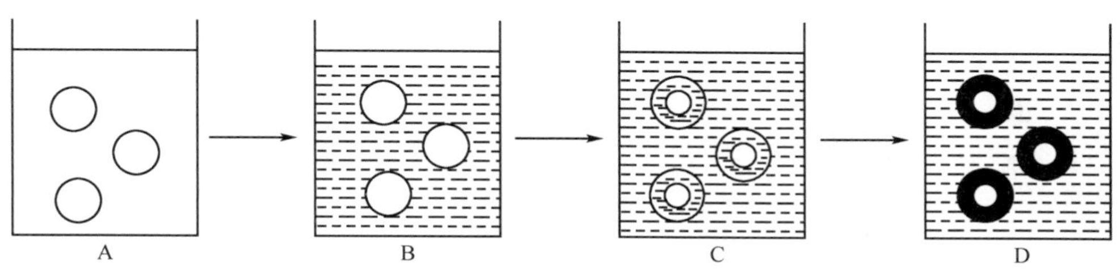

图 18-19　相分离凝聚法步骤示意图

A. 囊心物分散在液体介质中；B. 加入囊材；C. 囊材的沉积；D. 囊材的固化

相分离法又分为单凝聚法、复凝聚法、溶剂-非溶剂法和液中干燥法等。

单凝聚法和复凝聚法是当前对水不溶性的固体或液体药物进行微囊化最常用的方法，一般不需要特殊的生产设备。

（1）单凝聚法：是在高分子囊材溶液中加入凝聚剂以降低高分子材料的溶解度而凝聚成囊的方法。

1）基本原理和工艺流程：以一种高分子化合物为囊材，将囊心物分散在囊材的溶液中，然后加入凝聚剂，由于囊材胶粒上的水合膜中的水分子与凝聚剂结合，致使体系中囊材的溶解度降低而凝聚出来形成微囊。这种凝聚作用是可逆的，可利用这种可逆性使凝聚过程反复多次，直至制成满意的微囊。再利用囊材的某些理化性质，使形成的凝聚囊胶凝结并固化，形成稳定的微囊（图 18-20）。

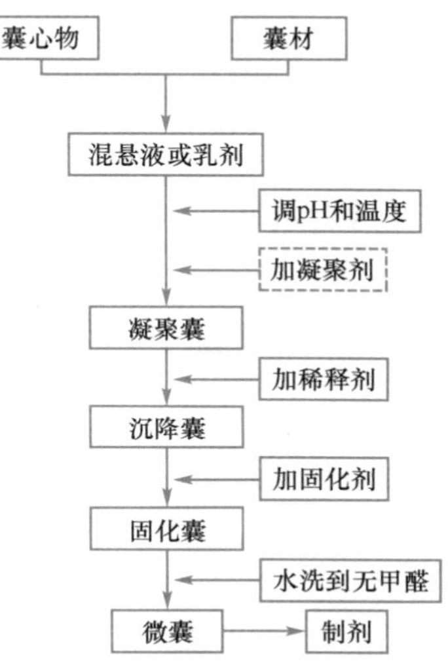

图 18-20　单（复）凝聚法制备微囊工艺流程

2）成囊条件：①囊材除明胶外，还有 CAP、乙基纤维素、苯乙烯-来酸共聚物等。②凝聚剂：强亲水性物质的电解质如硫酸钠、硫酸铵水溶液或强亲水性的非电解质如乙醇、丙酮等。③固化剂：利用囊材的理化性质，使囊材发生不可逆胶凝并固化的物质。④影响高分子囊材胶凝的主要因素是浓度、温度和电解质。浓度增加、温度降低促进胶凝。

（2）复凝聚法：是利用两种带有相反电荷的高分子材料作为囊材，在一定条件下交联且与囊心物凝聚成囊的方法。

1）基本原理和工艺流程：以明胶-阿拉伯胶为囊材，采用复凝聚法制备液体石蜡微囊时，阿拉伯胶在水溶液中其分子链上含有—COOH 和—COO^-，带有负电荷；而明胶水溶液中含有其相应的解离基团—COO^-和—NH_3^+，在等电点以上带有负电荷，在等电点以下带有正电荷。

将药物与阿拉伯胶溶液制成乳剂，在 40～50℃与等量的明胶溶液混合，此时明胶仅带有少量的正电荷，并不发生凝聚现象。若用醋酸调节 pH 至 4.0～4.1 时，则明胶（A型）全部带有正电荷，与带负电荷的阿拉伯胶互相交联，将药物包裹，形成微囊（图 18-20）。

2）常用囊材：除常用明胶-阿拉伯胶外，还可用明胶-桃胶、明胶-邻苯二甲酸乙酸纤维

素、明胶-羧甲基纤维素、明胶-海藻酸钠等。明胶常与其他材料配对使用，是因为明胶不仅无毒，而且成膜性能好，价廉易得，能满足复凝聚法包囊工艺的要求。

（3）溶剂-非溶剂法：是在囊材溶液中加入一种对囊材不溶的溶剂（非溶剂），引起相分离，而将药物包裹成囊的方法（图 18-21）。

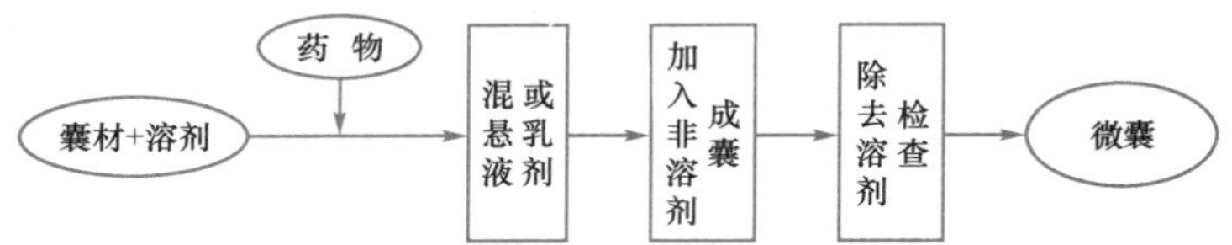

图 18-21　溶剂-非溶剂法制备微囊工艺流程图

使用疏水囊材，要用有机溶剂溶解，疏水性药物可与囊材溶液混合，亲水性药物不溶于有机溶剂，可混悬或乳化在囊材溶液中。然后加入争夺有机溶剂的非溶剂，使材料降低溶解度而从溶液中分离，除去有机溶剂即得。

（4）液中干燥法：从乳状液中除去分散相中的挥发性溶剂以制备微囊的方法，亦称复乳法，是将制成的 W/O/W 型复乳除去其中的有机溶剂得到的能自由流动的干燥粉末状微囊（图 18-22）。用于控制药物的释放速度。

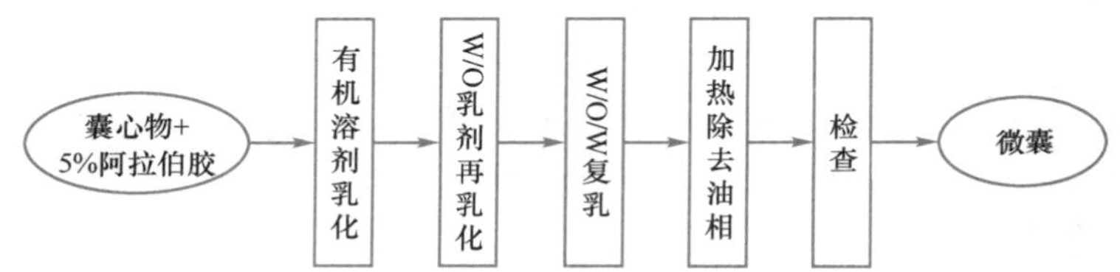

图 18-22　液中干燥法制备微囊工艺流程图

2. 物理机械法　是将液体药物或固体药物在气相中进行微囊化的技术，主要有喷雾（冷冻）干燥法和流化床包衣法等。

（1）喷雾干燥法：可用于固态或液态药物的微囊化，粒径范围通常为 5~600μm。工艺流程是先将囊心物分散在囊材的溶液中，再用喷雾法将此混合物喷入惰性热气流使液滴收缩成球形，进而干燥即得微囊（图 18-23）。本法成品流动性好，质地疏松。

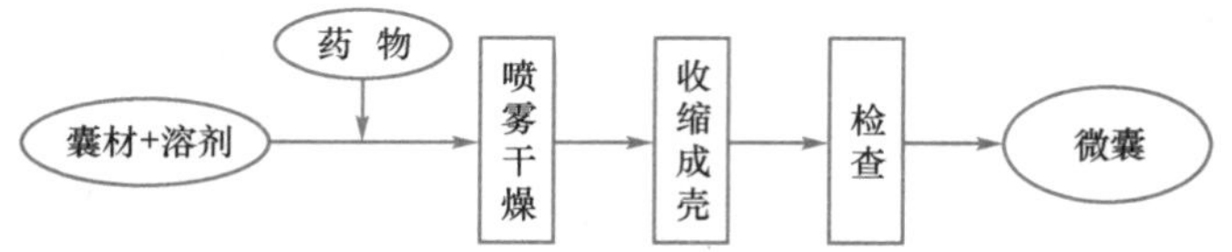

图 18-23　喷雾干燥法制备微囊工艺流程图

（2）喷雾冻结法：将囊心物分散于熔融的囊材中，喷于冷气流中凝聚而成囊的方法（图 18-24）。常用的囊材有蜡类、脂肪酸和脂肪醇等，在室温均为固体，而在较高温下能熔融。

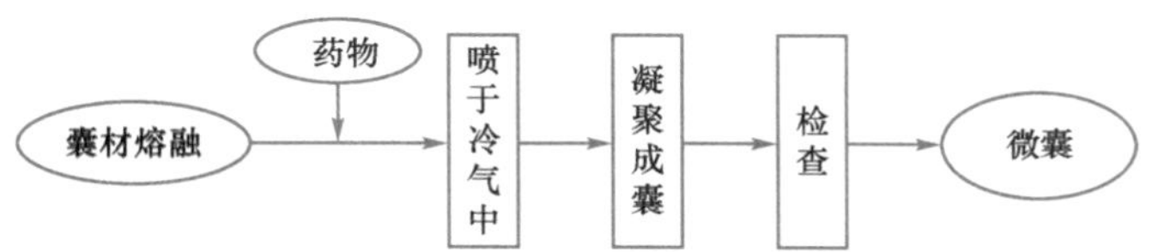

图 18-24　喷雾冻结法制备微囊工艺流程图

（3）流化床包衣法：利用垂直强气流使囊心物悬浮在包衣室中，囊材溶液通过喷雾附着于含有囊心物的微粒表面，通过热气流将囊材溶液剂挥去的同时将囊心物包成膜壳型微囊（图 18-25）。在药物微粉化包衣过程中加入适量的滑石粉或硬脂酸镁，可防止药物微粒之间的粘连。

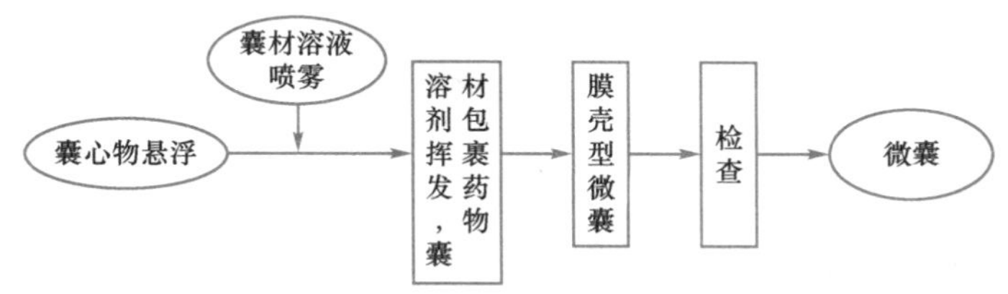

图 18-25　流化床包衣法制备微囊工艺流程图

3. 化学法　指利用液相中单体或高分子的聚合或缩合反应生成囊膜而制成微囊的方法。本法特点是不加凝聚剂，先将药物制成 W/O 型乳浊液，再利用化学反应交联固化。

（1）界面缩聚法：亦称界面聚合法，是在分散相（水相）与连续相（有机相）的界面上发生单体的聚合反应。

（2）辐射交联法：将明胶、PVA 等在乳剂状态以 γ 射线照射后发生交联，经处理得到球型镶嵌型微囊。再以微囊吸收药液中的药物，干燥后得到含有药物的微囊。该法工艺简单，成形容易，但缺点也较多，已不常用。

考点：微囊化的方法

二、微　　球

1. 概念　微球（microspheres）系指药物与高分子材料制成的基质骨架型的球形或类球形实体。药物溶解或分散于实体中，其大小因使用目的而异，粒径通常在 1～250μm。一般制成混悬剂供注射或口服，目前产品有肌内注射的丙氨瑞林微球、植入的黄体酮微球、口服的阿昔洛韦微球、布洛芬微球等。微球分为普通注射微球、栓塞性微球、磁性微球等。

考点：微球的概念

2. 目的　药物制成微球的主要目的有：①缓慢释放延长药效；②保护多肽蛋白类药物，避免酶的破坏；③控制微球粒径，吸入给药可降低剂量提高疗效，或静脉注射给药被肺毛细血管机械截留，使药物浓集于肺，降低全身毒副作用；④可直接注射于癌变部位或动脉栓塞部位提高疗效，亦可利用磁性达到定位释放等。

第 5 节　生物技术药物制剂

一、概　　述

生物技术（也称生物工程）　系指在适宜条件下，应用生物体（包括微生物、动物及植物细胞）或其组成部分（细胞器和酶），生产有价值的产物或进行有益过程的技术。现代生物工程主要包括基因工程、细胞工程、酶工程、发酵工程（微生物工程）和生化工程等。

生物技术药物指采用现代生物技术，借助某些微生物、植物或动物生产所得的药品。包括采用 DNA 重组技术或其他生物新技术研制的蛋白质或核酸类药物。生物技术药物多为蛋白质类和多肽类，其结构相当复杂，性质很不稳定，极易变质。因此，如何将这类药物制成安全、有效、稳定的制剂，正是药学工作者应该着力解决的问题。例如，降钙素基因相关肽是治疗高血压的有效药物，但该药物很不稳定，虽然早已开发，但由于存在以上问题，至今未形成产品。另一方面这类药物对酶敏感又不易穿透胃肠黏膜，故只能注射给药，使用很不方便。

二、 蛋白类药物制剂

由于蛋白质类药物的不稳定性，目前绝大多数都以注射方式给药。非注射给药途径主要是经鼻腔、直肠、口腔、透皮和肺部给药，但这类制剂的制备相当困难。以下主要讨论这类药物的注射给药。

（一）蛋白质类药物一般处方组成

目前临床应用的蛋白质类药物注射剂主要分溶液型注射剂和冷冻干燥型注射剂两类。

1. 溶液型注射剂 使用方便，但需低温（2～8℃）保存。

2. 冷冻干燥型注射剂 比较稳定，但制备工艺较为复杂。

（二）蛋白质类药物的制剂稳定化措施

蛋白质类药物不稳定，主要表现在蛋白质可能水解、氧化、消旋化、聚集、沉淀甚至变性。在此类药物的制备过程中，应采用适当的稳定化措施以增加此类药物的稳定性。

1. 液体剂型蛋白质类药物的稳定化方法 主要通过加入各类辅料，增强蛋白类药物稳定性。常用稳定剂有以下几类：

（1）缓冲液：通常蛋白质的稳定 pH 范围很窄，应采用适当的缓冲系统，以提高蛋白质在溶液中的稳定性。缓冲盐类除了影响蛋白质的稳定性外，其浓度对蛋白质的溶解度与聚集均有很大影响。

（2）表面活性剂：常在蛋白质药物制剂中加入少量非离子表面活性剂，如吐温 80 等来抑制蛋白质的聚集。

（3）糖和多元醇：属于非特异性蛋白质稳定剂。稳定作用与其浓度密切相关，不同糖和多元醇的稳定程度取决于蛋白质的种类。还原糖与氨基酸有相互作用，应避免使用。

（4）盐类：盐可以起到稳定蛋白质的作用，有时也可以破坏蛋白质的稳定性，这主要取决于盐的种类、浓度、离子相互作用的性质及蛋白质的电荷。低浓度的盐可通过非特异性静电作用提高蛋白质的稳定性。

（5）聚乙二醇类：高浓度的聚乙二醇类常作为蛋白质的低温保护剂和沉淀结晶剂。

（6）大分子化合物：很多大分子化合物具有稳定蛋白质的作用。人血白蛋白（HAS）已在许多蛋白质类生物技术来源的药物制剂中做稳定剂。

（7）金属离子：一些金属离子，如钙、镁、锌与蛋白质结合，使整个蛋白质结构更加紧密、结实、稳定。不同金属离子的稳定作用视离子的种类、浓度不同而不同，应通过稳定性实验选择金属离子的种类和浓度。

(8) 组氨酸、甘氨酸、谷氨酸和赖氨酸的盐酸盐等，可不同程度地抑制45℃ 10mM 磷酸盐缓冲液中 rhKGF 的聚集。

2. 固体剂型蛋白质类药物的稳定化方法

(1) 冷冻干燥蛋白质药物制剂：①冻干可以使蛋白质药物稳定，但应防止有些蛋白质药物在冻干过程中反而失去活性；②在蛋白质类药物冻干过程中常加入某些冻干保护剂来改善产品的外观和稳定性，如甘露醇、山梨醇、蔗糖、葡萄糖、右旋糖酐等；③水分也可以影响蛋白质的化学稳定性，严格控制产品的含水量，对保证产品的质量十分重要。

(2) 喷雾干燥蛋白质药物制剂：在喷雾干燥过程中可加入稳定剂，如蔗糖能提高氧血红蛋白的稳定性。喷雾干燥的缺点是操作过程中损失大(特别是小规模生产)，水分含量高。但只要精心控制工艺参数，选择适合的稳定剂，可生产出粒径为3~5μm，水分含量为5%~6%的活性产品。

三、蛋白类药物新型给药系统

(一) 新型注射(植入)给药系统

很多蛋白质类药物在体内血浆半衰期短，清除率高，因而需要延长其在体内的平均驻留时间，或改变蛋白质在体内的药物动力学性质。

1. 控释微球制剂 为了达到蛋白质类药物控制释放，可将其制成生物可降解的微球制剂。

2. 脉冲式给药系统 采用脉冲式给药系统将多剂量疫苗发展为单剂量控释疫苗。一次接种后即可自动产生多次接种的效果。如传统疫苗乙肝疫苗、破伤风类毒素等生物制品大多为抗原蛋白，使用这些疫苗全程免疫至少要进行三次接种，才能确保免疫效果。将破伤风类毒素制成 PLGA 脉冲式控释微球制剂，可根据 PLGA 中乳酸和羟乙酸的比例不同、相对分子质量不同以及制备的微球大小不同，一次注射该制剂。可在1~14天、1~2个月与9~12个月内分三次脉冲释放，可达到全程免疫的目的。

(二) 非注射给药系统

1. 鼻腔给药系统 鼻腔给药是多肽和蛋白质类药物在非注射剂型中最有希望的给药途径之一。由于鼻腔黏膜有丰富的毛细血管淋巴管，鼻腔呼吸区细胞表面具有大量微小绒毛，鼻腔黏膜的通透性较高而酶相对较少，对蛋白质类药物的分解作用比胃肠道黏膜低，药物在鼻黏膜的吸收可以避开肝脏首关效应，因而有利于药物的吸收并直接进入体内血液循环。

为了提高蛋白质类药物鼻腔给药的生物利用度，可利用吸收促进剂。常用的鼻腔黏膜促进剂有甘胆酸盐、胆酸盐、去氧胆酸盐、牛磺胆酸盐、葡萄糖胆酸盐、鹅去氧胆酸盐、乌索去氧胆酸盐等，主要剂型有滴鼻剂、喷鼻剂等。如 LHRH 激动剂布舍瑞林(buserelin)、去氨加压素(DAVP)、降钙素(calcitonin)、缩宫素(oxytocin)、胰岛素(商品名 Nazlin)。

2. 口服给药系统 口服给药是目前应用最广的给药方式，但蛋白质药物口服给药生物利用度低，多不能应用于临床。主要存在以下问题：①多肽蛋白质药物在胃内酸催

化降解、胃肠道内的酶水解、在肝的首关作用;②多肽蛋白质药物在胃肠道黏膜的透过性差。

现在市场上用于全身作用的口服蛋白多肽类药物不多。目前已上市的口服微乳制剂有环孢素微乳化软胶囊。研究的口服制剂包括微乳、纳米囊、微球、脂质体等。

3. 直肠给药系统 由于直肠内水解酶活性比胃肠道低,而且 pH 接近中性,所以药物破坏较少,在直肠中吸收的药物直接进入全身血液循环,避免肝的首关作用。同时也不像口服药物一样受到胃排空及食物的影响,因此,多肽类与蛋白质类药物直肠给药不失为一条理想的给药途径。

4. 口腔黏膜给药系统 口腔黏膜较鼻黏膜厚,但无角质层,由于面颊部血管丰富,药物吸收后可经颈静脉、上腔静脉直接进入全身循环,可避免胃肠消化液及肝的首关作用且给药方便。

5. 肺部给药系统 蛋白质类药物的肺部给药系统目前受到越来越多的关注。如亮丙瑞林(9 个氨基酸)、胰岛素(51 个氨基酸)、生长激素(192 个氨基酸)可以生理活性型从肺部吸收,生物利用度为 10%~25%。该值超过胰岛素与生长激素不加促进剂鼻腔给药系统的生物利用度。

6. 经皮给药系统 皮肤的穿透性低是多肽和蛋白质类药物透皮吸收的主要障碍,但皮肤的水解酶活性相当低,这为多肽与蛋白质类药经皮给药创造了有利条件。研究该类药物皮透技术,是开发经皮给药系统的有效措施之一。

第 6 节 其 他

一、缓释、控释和迟释制剂

(一) 概念

根据《中国药典》2015 年版,缓释、控释和迟释制剂的定义如下:

1. 缓释制剂 系指在规定释放介质中,按要求缓慢地非恒速释放药物,与相应的普通制剂比较,给药频率比普通制剂减少一半或给药频率比普通制剂有所减少,且能显著增加患者的顺应性的制剂。

考点:缓释制剂的概念

2. 控释制剂 系指在规定释放介质中,按要求缓慢地恒速或接近恒速释放药物,其与相应的普通制剂比较,给药频率比普通制剂减少一半或给药频率比普通制剂有所减少,血药浓度比缓释制剂更加平稳,且能显著增加患者的顺应性的制剂。

考点:控释制剂的概念

3. 迟释制剂 系指在给药后不立即释放药物的制剂,包括肠溶制剂、结肠定位制剂和脉冲制剂等。

缓释与控释制剂的主要区别在于缓释制剂是按时间变化先多后少的非恒速释放,而控释制剂是按零级释放规律释放,即其释药是不受时间影响的恒速释放,可以得到更为平稳的血药浓度,峰谷波动小,甚至吸收基本完全。缓释、控释制剂包括口服普通制剂,也包括眼用、鼻腔、耳道、阴道、直肠、口腔或牙用、透皮或皮下、肌内注射液及皮下植入,使药物缓慢释放吸收,避免门肝系统的首关效应制剂。

(二) 缓释、控释制剂的特点

缓释、控释制剂与普通口服制剂相比较,主要有以下特点:

(1) 减少给药次数,使用方便,提高患者的顺应性。特别适用于需要长期服药的慢性疾病患者,如心血管疾病、心绞痛、高血压、哮喘等。

(2) 血药浓度平稳,避免或减少峰谷现象,有利于降低药物的毒副作用。

(3) 减少用药的总剂量,可用最小剂量达到最大药效。

(4) 避免某些药物对胃肠道的刺激性。

(5) 缓释、控释制剂也有其不足

1) 临床上难以灵活调节给药剂量,如遇到某种特殊情况(如出现较大不良反应),往往不能立刻停止治疗。

2) 缓释、控释制剂的设计基于健康人群的药物动力学依据,当药物在疾病状态的体内动力学特征有所改变时,临床上难以灵活调节给药方案。

3) 工艺复杂,产品成本较高,价格较贵。

(三) 缓释、控释制剂的载体材料

载体材料是调节药物释放速度的重要物质。使用适当的载体材料,可以使缓释和控释制剂中药物的释放速度和释放量达到设计要求,确保药物以一定速度输送到病患部位并在体内维持一定浓度,获得预期疗效,减小毒副作用。缓释、控释制剂中能够起缓(控)释作用的载体材料包括阻滞剂、骨架材料、包衣材料和增稠剂(表18-1)。

表18-1 缓、控释制剂中常用的载体材料

载体材料类型	常用载体材料
阻滞剂(疏水性强的脂肪、蜡类材料)	动物脂肪、蜂蜡、巴西棕榈蜡、氢化植物油、硬脂醇、单硬脂酸甘油酯、乙酸纤维素钛酸酯(CAP)、丙烯酸树脂L及S型、羟丙甲纤维素钛酸酯(HPMCP)、乙酸羟丙甲纤维素琥珀酸酯(HPMCAS)等
骨架材料	
不溶性骨架材料	乙基纤维素(EC)、聚甲基丙烯酸酯、聚氯乙烯、聚乙烯、乙烯-乙酸乙烯共聚物(EVA)、硅橡胶等
溶蚀性骨架材料	动物脂肪、蜂蜡、氢化植物油、硬脂酸、硬脂醇、单硬脂酸甘油酯等
亲水胶体骨架材料	甲基纤维素(MC)、羧甲基纤维素钠(CMC-Na)、羟丙甲纤维素(HPMC)、聚维酮(PVP)、卡波姆、海藻酸钠盐或钙盐、脱乙酰壳多糖等
包衣材料	
不溶性高分子材料	乙酸纤维素(CA)、EC、EVA等
肠溶性高分子材料	CAP、HPMCP、丙烯酸树脂L及S型、聚乙酸乙烯苯二甲酸酯(PVAP)、HPMCAS等
增稠剂	
水溶性高分子聚合物	明胶、PVP、CMC-Na、聚乙烯醇(PVA)、右旋糖酐等

(四) 缓释、控释制剂的类型

根据释药机制,可将缓释、控释制剂分为骨架型、膜控型和渗透泵型三大类。

1. 骨架型缓释、控释制剂

(1) 不溶性骨架片:以不溶于水或水溶性极小的高分子聚合物或无毒塑料为材料制成的片剂。在胃肠道中不崩解,胃肠液渗入骨架空隙后,药物溶解并通过骨架中的极细通道缓慢向外扩散,药物释放后完整骨架随粪便排出体外。

(2) 溶蚀性骨架片:又称蜡质类骨架片,将药物包埋于溶蚀性骨架材料中制成的骨架片。其是由于固体脂肪或蜡的逐渐溶蚀,通过孔道扩散与溶蚀控制药物释放,可加入亲水性表面活性剂或水溶性材料调节释药速度。

(3) 亲水凝胶骨架片:将药物包埋于亲水性高分子材料骨架中制成。遇水或消化液骨架膨胀,在片的表面产生坚固的亲水凝胶层,由凝胶屏障而具控制药物释放,且保护片芯内部不受溶出溶剂的影响而发生崩解。水溶性药物主要以药物通过凝胶层的扩散为主;难溶性药物则以凝胶层的逐步溶蚀为主。不管哪种释放机制,凝胶最后完全溶解,药物全部释放,生物利用度高。目前已开发多个此类型的缓控释制剂。

2. 膜控型缓释、控释制剂 膜控型缓释、控释制剂主要适用于水溶性药物,用适宜的包衣液,采用一定的工艺制成均一的包衣膜,达到缓释、控释目的。其包衣液由包衣材料、增塑剂和溶剂(或分散介质)组成,根据膜的性质和需要可加入致孔剂、着色剂、抗黏剂和遮光剂等。

(1) 微孔膜包衣缓控释制剂:此类制剂通常是利用水不溶性聚合物作为包衣材料,并在包衣液中加入少量致孔剂的物质调节药物的释放速度。口服后致孔剂遇水部分溶解或脱落,在包衣膜上形成无数微孔,通过微孔控制药物的释放速度。如乙酸纤维素、乙烯-乙酸乙烯共聚物、聚丙烯酸树脂等。

(2) 膜控释制剂:如膜控释小片,这类制剂是将药物与辅料按常规方法制粒,压制成小片,其直径为2~3mm,用缓释膜包衣后装入硬胶囊使用。同一胶囊内的小片可包上不同缓释作用的包衣或不同厚度的包衣;此类制剂无论在体内外皆可获得恒定的释药速率,是一种较理想的口服控释剂型;其生产工艺也较控释小丸简便,质量也易于控制;生物利用度高。

3. 渗透泵型控释制剂 渗透泵型控释制剂是利用渗透压原理制备的控释制剂,能恒速地释放药物,可制成片剂、胶囊剂与栓剂等剂型。主要由药物、半透膜材料、渗透压活性物质和推动剂等组成。如渗透泵片,由药物、渗透压活性物质和助推剂等制成片芯,在片芯外包一层半透性的聚合物衣膜,再用激光在片剂衣膜层上开一个或多个适宜大小的释药小孔制成。渗透泵片口服后胃肠道的水分通过半透膜进入片芯,使药物溶解成饱和溶液,因渗透压活性物质使膜内溶液成为高渗溶液,从而使水分继续进入膜内,药物溶液从小孔泵出。

常用的半透膜材料为无活性并在胃肠道中不溶解的成膜聚合物,仅能透过水分子,不能透过其他物质,常用的有乙酸纤维素、乙基纤维素、乙烯-乙酸乙烯共聚物等;渗透压活性物质起调节药室内渗透压的作用,其常用乳糖、果糖、葡萄糖、甘露糖的不同混合物;推动剂亦称为促渗透聚合物或助渗剂,能吸水膨胀,产生推动力,将药物层的药物推出释药小孔,常用的有聚羟甲基丙烯酸烷基酯、PVP等。

链 接

迟释制剂的种类

考点:缓、控释制剂的类型

(1) 肠溶制剂:系指在规定的酸性介质中不释放或几乎不释放药物,而在要求的时间内,在pH6.8磷酸盐缓冲液中大部分或全部释放药物的制剂。

(2) 结肠定位制剂:系指在胃肠道上基本不释放、在结肠内大部分或全部释放的制剂,即在规定的酸性介质与pH6.8磷酸缓冲液中不释放或几乎不释放,而在要求的时间内,在pH7.5~8.0磷酸盐缓冲液中大部分或全部释放的制剂。

(3) 脉冲制剂:系指不立即释放药物,而在某种条件下(如在体液中经过一定时间或一定

pH或某些酶作用下)一次或多次突然释放药物的制剂。

二、靶向制剂

(一) 概念

靶向制剂又称靶向给药系统(targeting drug system,TDS),指载体将药物通过局部或全身血液循环而选择性地浓集定位于靶组织、靶器官、靶细胞或细胞内的给药系统。

靶向制剂既能最大限度的发挥药物疗效,降低对其他正常器官、组织及全身的毒副作用;还可以提高药品的稳定性,减少药物的用量,提高患者用药的顺应性,同时具有缓释、控释的性质,被认为是抗癌药物的首选剂型。

考点:靶向制剂的概念

成功的靶向制剂应具备定位浓集、控制释药、无毒、可生物降解等要求。

(二) 靶向制剂的分类

1. 根据靶向制剂在体内作用的靶标不同,可将靶向制剂分为三级

(1) 第一级:指到达特定靶组织或靶器官的靶向制剂。

(2) 第二级:指到达特定靶细胞的靶向制剂。

(3) 第三级:指到达细胞内特定的部位的靶向制剂。

2. 按作用方式分类,靶向制剂大体可分为以下三类

(1) 被动靶向制剂:即自然靶向制剂,系利用药物载体,使药物被生理过程自然吞噬而实现靶向的制剂,药物选择性地浓集于病变部位而产生特定的体内分布特征。乳剂、脂质体、微球和纳米粒都可以作为被动靶向制剂的载体。

药物被微粒包裹后进入体内,经正常的生理过程转运至肝、脾、肺等网状内皮系统丰富的部位,并被巨噬细胞作为外来异物吞噬形成天然倾向的富集作用。

(2) 主动靶向制剂:系指利用修饰的药物载体作为“导弹”,将药物定向地运送到靶区浓集发挥药效。

主动靶向制剂包括经过修饰的药物载体和前体药物两大类制剂。修饰的药物载体有修饰的脂质体、修饰的纳米乳、修饰的微球、修饰的纳米球等。前体药物是活性药物衍生而成的药理惰性物质,能在体内经化学反应或酶反应,使活性的母体药物再生而发挥其治疗作用。前体药物包括抗癌药前体药物、脑部靶向前体药物和结肠靶向前体药物。

(3) 物理化学靶向制剂:系指应用某些物理化学方法使靶向制剂在特定部位发挥药效的靶向制剂。物理化学靶向制剂包括磁性靶向制剂、栓塞靶向制剂、热敏靶向制剂、pH敏感靶向制剂等。

1) 磁性靶向制剂:系指采用磁性材料与药物制成磁导向制剂,在足够强的体外磁场引导下,通过血管到达并定位于特定靶区的制剂。常用的有磁性微球、纳米粒和脂质体等。磁性物质通常是超细磁流体如 $FeO \cdot Fe_2O_3$ 或 Fe_2O_3。

2) 栓塞靶向制剂:是通过插入动脉的导管将栓塞物输到靶组织或靶器官,以阻断对靶区的供血和营养,使靶区的肿瘤细胞缺血坏死。如果栓塞制剂含抗肿瘤药物,则同时具有栓塞和靶向性化疗的双重作用。

3) 热敏靶向制剂:指利用外部热源对靶区进行加热,使靶组织局部温度稍高于周围未加热区,实现载体中药物在靶区内释放的一类制剂。

4）pH 敏感靶向制剂：利用肿瘤间质液的 pH 比周围正常组织显著低的特点，可设计 pH 敏感靶向制剂，使其在低 pH 范围内释放药物。如 pH 敏感脂质体、pH 敏感的口服结肠定位给药系统。

考点：靶向制剂的分类

三、经皮吸收制剂

（一）概念

经皮吸收制剂，又称经皮给药系统（transdermal drug delivery systems，TDDS），系指经皮肤敷贴方式用药，药物透过皮肤由毛细血管吸收进入全身血液循环并达到有效血药浓度，并在各组织或病变部位起治病或预防疾病的一类制剂。常用的剂型为贴剂。广义的经皮给药制剂还可以包括软膏剂、硬膏剂、涂剂和气雾剂等。

考点：TDDS 的概念

（二）经皮吸收制剂的特点

经皮给药制剂与常用普通剂型，如口服片剂、胶囊剂或注射剂等比较具有以下特点：

（1）可避免肝脏的首关效应和胃肠道对药物的降解，减少胃肠道给药的个体差异。

（2）可维持恒定的血药浓度，避免口服给药引起的峰谷现象，降低毒副作用。

（3）延长药物的作用时间，减少用药次数。

（4）使用方便，可以随时给药或中断给药，适用于婴儿、老人和不宜口服的患者。

但 TDDS 也有其局限性，如起效较慢，且多数药物不能达到有效治疗浓度；TDDS 的剂量较小，一般认为每日超过 5mg 的药物就不能制成理想的 TDDS。对皮肤有刺激性和过敏性的药物不宜设计成 TDDS。另外，TDDS 生产工艺和条件也较复杂。

（三）经皮吸收制剂的组成

经皮吸收制剂的基本组成分为背衬层、有（或无）控释膜的药物储库、黏胶层及临用前需除去的保护层。

1. 背衬层　要求封闭性强，对药物、辅料、水分和空气均无透过性、易于与控释膜复合，背面方便印刷商标、药名和剂量等文字；通常以软铝塑材料或不透性塑料薄膜，如聚苯乙烯、聚乙烯等制备。

2. 药物储库　经皮吸收制剂通过扩散而起作用，药物从储库中扩散直接进入皮肤和血液循环，若有控释膜层和粘贴层则通过上述两层进入皮肤和血液循环，经皮吸收制剂的作用时间由药物含量和释放速率所决定。药物储库有骨架型或控释膜型。药物储库由药物、高分子基质材料、透皮促进剂等组成。

3. 黏胶层　可用各种压敏胶。

4. 保护层　起防粘和保护制剂的作用。通常为防粘纸、塑料或金属材料，当除去时，应不会引起储库和粘贴层等的剥离。

（四）经皮吸收制剂的分类

经皮吸收制剂基本上可分成两大类，即膜控释型和骨架扩散型。膜控释型经皮吸收制剂是药物或透皮吸收促进剂等材料形成储库，由控释膜或控释材料的性质控制药物的释放速率。骨架扩散型经皮吸收制剂是药物溶解或均匀分散在聚合物骨架中，由骨架的组成成分控制药物的释放。膜控释型可再分为复合膜控释型、充填封闭型；骨架扩散型可再分为骨架扩散型、黏胶分散型。

1. 复合膜控释型　复合膜控释型 TDDS 系统主要由背衬层、药物储库、控释膜、黏胶层和防粘层五部分组成。

2. 充填封闭型　充填封闭型由背衬层、药物储库、控释膜、黏胶层和防粘层五部分组成，但药物储库是液体或半固体充填封闭于背衬层和控释膜之间，控释膜通常是乙烯-乙酸乙烯共聚物等均质膜。

3. 骨架扩散型　骨架扩散型TDDS常用亲水性聚合物材料，如天然的多糖与合成的聚乙烯醇、聚乙烯比咯烷酮、聚丙烯酸酯和聚丙烯酰胺等作为骨架，将药物溶解或均匀分散在聚合物骨架中，将含药的骨架黏贴在背衬材料上，在骨架周围涂上压敏胶加保护膜即成。

4. 黏胶分散型　黏胶分散型TDDS的药物储库及控释层均由压敏胶组成。

药物分散或溶解在压敏胶中成为药物储库，均匀涂布在不渗透背衬层上。为了保证恒定的释药速度，可将该类型的药库按照适宜浓度梯度制备成多层含不同药量及致孔剂的压敏胶层。

考点：经皮吸收制剂的类型

（五）促进透皮吸收的方法

1. 透皮吸收促进剂　透皮吸收促进剂系指能够可逆的降低皮肤的屏障功能，加速药物穿透皮肤的化学物质。经皮吸收制剂中要加入透皮吸收促进剂，否则药物难以通过皮肤被吸收。常用的透皮吸收促进剂有以下几类。

（1）表面活性剂：可渗入皮肤，与皮肤成分相互作用，改变其透过性质，应用较多的有十二烷基硫酸钠。

（2）二甲基亚砜（DMSO）及其类似物：DMSO是应用较早的一种促进剂，有较强的吸收促进作用。缺点是具有皮肤刺激性和恶臭，长时间及大量使用DMSO可导致皮肤严重刺激性，甚至能引起肝损害和神经毒性等。

癸基甲基亚砜（DCMS）是一种新的促进剂，用量较少，对极性药物的促进能力大于非极性药物。

（3）氮酮类化合物：月桂氮酮，也称Azone，对亲水性药物的吸收促进作用强于亲脂性药物，与其他促进剂合用效果更好，如与丙二醇、油酸等均可配伍使用。其化学性质稳定，无刺激性，无毒性，有很强的穿透促进作用，是一种比较理想的促进剂。此类促进剂用量较大时对皮肤有红肿、疼痛等刺激作用。

（4）醇类化合物：包括乙醇、丁醇、丙二醇、甘油及聚乙二醇等，单独应用效果不佳，常与其他促进剂合用，可增加药物及促进剂溶解度，发挥协同作用。

（5）其他吸收促进剂：挥发油，如薄荷油、桉叶油、松节油等；氨基酸及其衍生物；磷脂及油酸等。

考点：透皮吸收促进剂有哪些

链　接

东莨菪碱透皮剂

【处方】　东莨菪碱4.145g，甲苯131ml，丁基橡胶30g，轻质矿物油20g。

【制法】　取丁基橡胶10g，溶于6ml甲苯中，加入东莨菪碱3.15g，轻质矿物油7g，将此溶液浇铸在0.07mm厚的镀铝聚乙烯薄层上的第三层药膜；丁基橡胶11g溶于65ml甲苯中，加入东莨菪碱0.245g，轻质矿物油6g，将此溶液浇铸在硅包衣的聚乙烯薄层或纸上的第二层药膜；丁基橡胶9g溶于60ml甲苯中，加入东莨菪碱0.75g，轻质矿物油7g，将此溶液浇铸在硅包衣的聚乙烯薄层或纸上的第一层药膜。第一层和第二层叠置于第三层上，用硅包衣的聚乙烯膜覆盖。

【作用和用途】　临床用为镇静药，用于全身麻醉前给药、晕动病、帕金森病、狂躁性精神

病、有机磷农药中毒等。

本品中，东莨菪碱为主药，轻质矿物油为透皮吸收促进剂。

2. 促进药物透皮吸收的新技术 为了使更多的药物特别是一些亲水性较强及相对分子质量较大的药物，如多肽及蛋白质药物能透皮吸收，TDDS研究极为重要的内容就是寻找改进药物透过皮肤屏障的有效方法。目前，促进药物透皮吸收的主要途径和方法有以下几种。

(1) 离子导入技术：系指利用电流将离子型药物经由电极定位导入皮肤或黏膜，进入局部组织或血液循环的一种生物物理方法。一些不解离药物如果能在溶液中形成带电胶体粒子(如吸附或离子胶团增溶)亦可采用这一技术给药。

1) 离子导入：离子型药物经皮吸收的途径主要是通过皮肤附属器官如毛囊、汗腺、皮脂腺等支路途径，这些亲水性孔道及其内容物是电的良导体。当在皮肤表面放置正、负两个电极并导入电流时，电流经由这些通道透过皮肤在两电极间形成回路，皮肤两侧具有的电位差即成为药物离子通过皮肤转运的推动力，离子型药物通过电性相吸原理，从电性相反电极导入皮肤。

2) 电渗析：当在皮肤上施加电流时，皮肤两侧的液体将产生定向移动，液体中的离子即随着进入皮肤，此即电渗析现象。同时在生理pH下，阳离子比阴离子获得更大的动量，在阳离子移动方向上引起净体积流，进而引起渗透压差，形成药物扩散的又一驱动力。

3) 电流诱导：当电流加到皮肤上时，孔道处的电流密度相对其他部位要高得多，从而引起皮肤组织结构的某种程度上的变化，形成新的孔道。

(2) 超声波技术：超声波促进药物经皮吸收的作用机制可分为两种。一种为超声波改变皮肤角质层结构，主要是在超声波作用下角质层中的脂质结构重新排列形成空洞；另一种为通过皮肤的附属器产生药物的传递透过通道，主要是在超声波的放射压和超微束作用下形成药物的传递通道。影响超声波促进药物吸收的因素主要有超声波的波长、输出功率以及药物的理化性质。一般用于促进药物透皮吸收的超声波波长选择90～250kHz范围内。

(3) 无针注射系统：即无针粉末注射系统和无针液体注射系统。

1) 无针粉末注射系统：是利用超高速无针注射系统经皮导入固体药物的方法，即利用氦气的超高速流体通过对固体粒子进行加速的方法，将药物粉末透过角质层释放到表皮和真皮表面，该系统的最大特点是无须在角质层上做功就可以把固体药物粉末通过皮肤释放到体内。使用该系统的患者可以自行给药，可以避免由注射针头带来的病毒、微生物等物质的感染。同时，可以把不易透过皮肤的大分子物质、蛋白质类、固体粉末直接打入到皮肤中产生吸收。

2) 无针液体注射系统：是通过压力的作用，经装置中的微小细孔把药物溶液打入到皮下或皮内，药物溶液在皮内形成药物储库，使储库中的药物达到缓慢释放和吸收的目的。

四、膜剂和涂膜剂

(一) 膜剂

1. 概念 膜剂系指药物与适宜的成膜材料经加工制成的膜状制剂。膜剂可适用于

口服、口含、舌下给药，也可用于黏膜，如眼结膜囊或阴道内给药；外用可做皮肤和黏膜创伤、烧伤或炎症表面的覆盖等，以发挥局部或全身作用，主要供口服或黏膜用。膜剂的形状、大小和厚度等视用药部位的特点和含药量而定。一般膜剂的厚度为0.1~0.2μm，面积为$1cm^2$的可供口服，$0.5cm^2$的供眼用。目前国内正式投入生产的膜剂约有30余种，如复方炔诺酮膜、克霉唑口腔药膜等。

2. 膜剂的分类　根据膜剂的结构特点可将膜剂分为三类。

考点：膜剂的概念

(1) 单层膜：系指药物均匀分散或溶解在药用聚合物中而制成的薄片。

(2) 夹心膜：系指在药物薄片外两面再覆盖以药用聚合物而成的夹心型薄片。

(3) 多层膜：是由多层药膜叠合而成。

膜剂的形状、大小和厚度等视用药部位的特点和含药量而定。一般膜剂的厚度为0.1~0.2μm，面积为$1cm^2$的可供口服，$0.5cm^2$的供眼用。

3. 膜剂的特点

(1) 膜剂体积小，重量轻，服用方便。

(2) 含量准确，稳定性好，吸收快。

(3) 成膜材料较其他剂型用量小，可节约大量的辅料和包装材料；采用不同的成膜材料可制成速释、缓释膜剂。

(4) 生产工艺简单，生产中没有粉末飞扬。

其缺点是载药量小，只适合于小剂量的药物，膜剂的重量差异不易控制，收率不高。

4. 膜剂的成膜材料　理想的成膜材料应具有下列条件：①无毒、无刺激；②性能稳定，与主药不起作用，不干扰含量测定；③成膜、脱膜性能好，成膜后有足够的强度和柔韧性；④用于口服、腔道、眼用膜剂的成膜材料应具有良好的水溶性，能逐渐降解、吸收或排泄；外用膜剂应能迅速、完全释放药物；⑤来源丰富、价格便宜。

常用的成膜材料有以下几种。

(1) 聚乙烯醇(PVA)：是目前国内应用最广泛的成膜材料，国内采用的PVA有05-88和17-88等规格，平均聚合度分别为500~600和1700~1800，分别以“05”和“17”表示。两者醇解度均为(88±2)%，以“88”表示。其聚合度和醇解度不同则有不同的规格和性质。相对分子质量大，水溶性差，水溶液的黏度大，成膜性能好；醇解度为88%者水溶性最好。两者以不同的比例混合使用则能制得很好的膜剂。

PVA对眼黏膜和皮肤无毒、无刺激，是一种安全的外用辅料。口服后在消化道中很少吸收，80%的PVA在48h内随大便排出。PVA在载体内不分解亦无生理活性。

(2) 乙烯-乙酸乙烯共聚物(EVA)：无毒，无臭，无刺激性，对人体组织有良好的相容性，不溶于水，能溶于二氯甲烷、三氯甲烷等有机溶剂。本品成膜性能良好，膜柔软，强度大，常用于制备眼、阴道、子宫等控释膜剂。

(3) 天然的高分子化合物：如明胶、虫胶、阿拉伯胶、琼脂、淀粉、糊精等。此类成膜材料多数可降解或溶解，但成膜性能较差，故常与其他成膜材料合用。

其他尚有聚乙烯醇缩醛、甲基丙烯酸酯-甲基丙烯酸共聚物、羟丙基纤维素、羟丙甲纤维素、聚维酮等。

5. 膜剂的制备

考点：成膜材料有哪些

(1) 膜剂一般组成：①主药；②成膜材料；③增塑剂如甘油、山梨醇、丙二醇等；④表面活性剂如聚山梨酯80、十二烷基硫酸钠、豆磷脂等；⑤填充剂如$CaCO_3$、SiO_2、淀粉等；

⑥着色剂如色素、TiO_2等；⑦脱膜剂如液体石蜡、甘油、硬脂酸、聚山梨酯 80 等。

（2）制备方法主要有匀浆制膜法、热塑制膜法和复合制膜法。

1）匀浆制膜法：又称涂膜法，是目前国内最常用的制膜方法。本法常用于以 PVA 为载体的膜剂。其工艺流程见图 18-26。

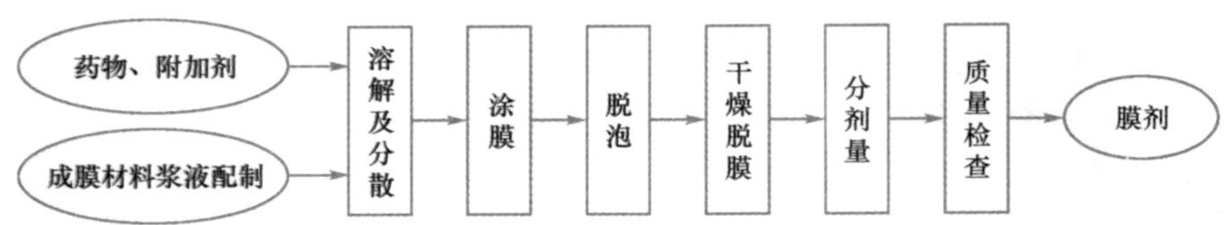

图 18-26 匀浆制膜法制备膜剂的工艺流程图

匀浆制膜法是将成膜材料溶解于水后过滤，将主药加入，充分搅拌溶解。不溶于水的主药可以预先制成微晶或粉碎成细粉，用搅拌或研磨等方法均匀分散于浆液中，脱去气泡。小量制备时倾于平板玻璃上涂成宽厚一致的涂层，大量生产可用涂膜机涂膜。烘干后，根据主药含量计算单剂量膜的面积，剪切成单剂量的小格，用纸或聚乙烯薄膜包装。

2）热塑制膜法：是将药物细粉和成膜材料颗粒混匀，如 EVA，热压成膜；或将热融的成膜材料在热融状态下加入药物细粉，如聚乳酸、聚乙醇酸等，使溶解或混合均匀，冷却成膜。

3）复合制膜法：是以不溶性的热塑性成膜材料（如 EVA）为外膜，分别制成具有凹穴的下外膜带和上外膜带，另用水溶性的成膜材料（如 PVA 或海藻酸钠）用匀浆制膜法制成含药的内膜带，剪切后置于下外膜带的凹穴中，也可用易挥发性溶剂制成含药匀浆，定量注入到下外膜带的凹穴中。吹干后盖上上外膜带，热封即成。一般适用于缓释膜剂的制备。

链 接

硝酸甘油膜剂

【处方】 硝酸甘油乙醇溶液（10%）100ml，甘油 5g，PVA（17-88）78g，二氧化钛 3g，聚山梨酯 80.5g，纯化水 400ml。

【制法】 取 PVA，加 5~7 倍量的纯化水，浸泡膨胀后移至水浴上加热，使全部溶解后，另取二氧化钛用胶体磨研磨后加入上液中搅匀，然后在搅拌下逐渐加入聚山梨酯 80、甘油，硝酸甘油制成 10% 乙醇溶液加入，搅拌均匀后，放置过夜，除去气泡，制成膜剂。

作用和用途：治疗心绞痛，发作时置于舌下一片。药物释放速度比片剂快 3~4 倍，奏效快。本品不可吞服，青光眼患者忌用。

考点：膜剂的制备方法。

（二）涂膜剂

涂膜剂系指药物溶解或分散于含成膜材料溶剂中，涂搽患处后形成薄膜的外用液体制剂。涂膜剂一般用于无渗出的损害性皮肤病、过敏性皮炎、银屑病和神经性皮炎。

考点：涂膜剂的概念。

涂膜剂常用成膜材料有聚乙烯醇、聚维酮、乙基纤维素、聚乙烯醇缩甲乙醛和火棉胶；增塑剂有甘油、丙二醇、邻苯二甲酸二丁酯等。溶剂为不同浓度的乙醇溶液。

涂膜剂的制备方法通常是先将高分子化合物置于适当溶剂中使之胶溶，再将药物溶解或混悬于胶液中，混合均匀即可。

参考解析

案例18-1问题1分析：尼莫地平制成固体分散片的目的，是增加性难溶药物尼莫地平的溶解度和溶出速率，提高药物生物利用度及增加药物稳定性。

案例18-1问题2分析：尼莫地平固体分散片的制备方法是溶剂法(共沉淀法)，所用载体材料为水溶性载体材料聚维酮类PVP(PVPk30)。

案例18-1问题3分析：尼莫地平固体分散片的固体分散体是共沉淀物，释药原理为速释。

案例18-2问题分析：注射用紫杉醇脂质体的结构是以磷脂为膜材，加入胆固醇等附加剂组成。

自测题

一、选择题

(一) 单项选择题。每题的备选答案中只有一个最佳答案。

1. 不能作固体分散体的材料是(　　)
   A. PEG类　B. 微晶纤维素　C. 聚维酮　D. 甘露醇　E. 泊洛沙姆
2. 下列关于包合物的叙述错误的为(　　)
   A. 一种分子被包嵌于另一种分子的空穴结构内形成包合物
   B. 包合过程是化学过程
   C. 主分子具有较大的空穴结构
   D. 客分子必须和主分子的空穴形状和大小相适应
   E. 包合物为客分子被包嵌于主分子的空穴结构内形成的分子囊
3. β-环糊精是由几个葡萄糖分子环合的(　　)
   A. 5个　B. 6个　C. 7个　D. 8个　E. 9个
4. β-环糊精与挥发油制成的固体粉末为(　　)
   A. 共沉淀物　B. 低共熔混合物　C. 微囊　D. 物理混合物　E. 包合物
5. 下列作为水溶性固体分散体载体材料的是(　　)
   A. 乙基纤维素　B. 微晶纤维素　C. 聚维酮　D. 丙烯酸树脂RL型　E. HPMCP
6. 关于药物微囊化的特点叙述错误的是(　　)
   A. 掩盖药物的不良气味及味道
   B. 提高药物的释放速率
   C. 缓释或控释药物
   D. 使药物浓集于靶区
   E. 防止药物在胃内失活或减少对胃的刺激性
7. 脂质体的骨架材料为(　　)
   A. 吐温80，胆固醇　B. 磷脂，胆固醇　C. 司盘80，磷脂　D. 司盘80，胆固醇　E. 磷脂，吐温80
8. 脂质体的制备方法不包括(　　)
   A. 注入法　B. 薄膜分散法　C. 复凝聚法　D. 逆相蒸发法　E. 冷冻干燥法
9. 复凝聚法制备微囊的最基本条件是(　　)
   A. 在一定条件下，两种成囊材料带有相同电荷
   B. 在一定条件下，两种成囊材料带有丰富的相反电荷
   C. 在一定条件下，两种成囊材料能发生聚合
   D. 在一定条件下，两种成囊材料能发生脱水凝聚
   E. 在一定条件下，两种成囊材料能生成溶解度小的化合物
10. 单凝聚法制备微囊时，加入的硫酸钠水溶液或丙酮的作用是(　　)
    A. 凝聚剂　B. 稳定剂　C. 阻滞剂　D. 增塑剂　E. 稀释剂
11. 将大蒜素制成微囊是为了(　　)
    A. 提高药物的稳定性
    B. 掩盖药物的不良嗅味
    C. 防止药物在胃内失活或减少对胃的刺激性
    D. 控制药物释放速率
    E. 使药物浓集于靶区
12. 下列属于天然高分子材料的囊材是(　　)
    A. 明胶　B. 羧甲基纤维素

C. 乙基纤维素　　D. 聚维酮
E. 聚乳酸

13. 研制蛋白质类药物制剂的关键是(　　)
A. 靶向性　　B. 耐药性
C. 稳定性　　D. 控释性
E. 吸附性

14. 下面不是缓释制剂的优点的是(　　)
A. 减少服药次数
B. 减少血药浓度峰谷现象
C. 增加患者的顺应性
D. 制备工艺简单
E. 减少用药总剂量

15. 透皮吸收制剂中加入“Azone”的目的是(　　)
A. 产生微孔　　B. 促进主药吸收
C. 增塑剂　　D. 分散剂
E. 增加主药稳定性

16. 关于 TDDS 的叙述,不正确的是(　　)
A. 可避免肝脏的首关效应
B. 可以减少给药次数
C. 可被胃肠灭活
D. 可以维持恒定的血药浓度
E. 患者可以自主用药

17. 有关膜剂特点的叙述,错误的是(　　)
A. 制备无粉尘飞扬
B. 重量轻、体积小
C. 适用于多种给药途径
D. 工艺复杂
E. 载药量小

(二)配伍选择题。备选答案在前,试题在后。每组若干题,每组题均对应同一组备选答案。每题只有一个正确答案。每个备选答案可重复选用,也可不选用。

[18~20]
A. 盐析固化法　　B. 逆相蒸发法
C. 单凝聚法　　D. 熔融法
E. 饱和水溶液法

18. 制备微囊(　　)
19. 制备固体分散体(　　)
20. 制备环糊精包合物(　　)

[21~24]
A. PEG 类　　B. 丙烯酸树脂 RL 型
C. β-环糊精　　D. 淀粉
E. HPMCP

21. 不溶性固体分散体载体材料(　　)
22. 水溶性固体分散体载体材料(　　)
23. 包合材料(　　)
24. 肠溶性载体材料(　　)

[25~28]
A. 明胶　　B. 丙烯酸树脂 RL 型
C. β-环糊精　　D. 聚维酮
E. 明胶-阿拉伯胶

25. 某水溶性药物制成缓释固体分散体可选择载体材料为(　　)
26. 某难溶性药物若要提高溶出速率可选择固体分散体载体材料为(　　)
27. 单凝聚法制备微囊可用囊材为(　　)
28. 复凝聚法制备微囊可用囊材为(　　)

[29~33]
A. PVP　　B. EVA
C. PVA　　D. HPMC
E. PEG

29. 羟丙基甲基纤维素简称(　　)
30. 聚维酮简称(　　)
31. 乙烯-乙酸乙烯共聚物简称(　　)
32. 聚乙烯醇简称(　　)
33. 聚乙二醇简称(　　)

(三)多项选择题。每题的备选答案中有 2 个或 2 个以上正确答案。

34. 关于固体分散体叙述正确的是(　　)
A. 固体分散体是药物分子包藏在另一种分子的空穴结构内的复合物
B. 固体分散体采用肠溶性载体,增加难溶性药物的溶解度和溶出速率
C. 采用难溶性载体,延缓或控制药物释放
D. 掩盖药物的不良嗅味和刺激性
E. 能使液态药物粉末化

35. 属于固体分散技术的方法有(　　)
A. 熔融法　　B. 研磨法
C. 溶剂-非溶剂法　　D. 溶剂熔融法
E. 凝聚法

36. 脂质体具有哪些特性(　　)
A. 靶向性　　B. 缓释性
C. 降低药物毒性　　D. 放置很稳定
E. 提高药物稳定性

37. 关于微型胶囊特点叙述正确的是(　　)
A. 微囊能掩盖药物的不良嗅味
B. 制成微囊能提高药物的稳定性
C. 微囊能防止药物在胃内失活或减少对胃的

刺激性

D. 微囊能使药物浓集于靶区

E. 微囊使药物高度分散,提高药物溶出速率

38. 下面关于缓释制剂的叙述,正确的是(　　)

A. 缓释制剂要求缓慢地恒速释放药物

B. 缓释制剂可减少用药的总剂量

C. 缓释制剂可以减小血药浓度的峰谷现象

D. 注射剂不能设计为缓释制剂

E. 释药率与吸收率往往不易获得一致

(刘　君)

实　　训

实训 1　学习查阅《中国药典》的方法

一、实训目标

1. 掌握《中国药典》的查阅方法。
2. 理解《中国药典》2015 年版凡例相关内容和常用术语。
3. 了解《中国药典》2015 年版的结构。

二、实训器材

《中国药典》2015 版一部、二部、三部、四部。

三、实训内容

按照实训表 1-1 中各项要求，查阅《中国药典》2015 年版。

【注意事项】

1. 首先确定所查阅的内容在《中国药典》的哪一部，再确定在该部《中国药典》的哪一个部分。
2. 根据《中国药典》的索引确定查阅内容的页码。

四、实训结果和讨论

将查阅结果填入实训表 1-1 中。

实训表 1-1　查阅结果

项目	部页	查阅结果	项目	部页	查阅结果
盐酸吗啡控释片检查			遮光的含义		
硫酸庆大霉素缓释片规格			甘草浸膏制备方法		
重组人胰岛素制剂			盐酸吗啡的类别		
甘油的相对密度			易溶的含义		
葡萄糖注射液规格			益母草流浸膏乙醇量		
微生物限度检查法			维生素 C 片的规格		
青霉素 V 钾片溶出度检查法			吲哚美辛制剂项目		
细粉			二甲基硅油气雾剂检查		
热原检查法			过氧苯甲酰凝胶 pH		
甘草性状			滋心口服液的含量测定法		

五、思 考 题

1.《中国药典》2015 年版凡例中计量百分比(%)的表示方法有哪几种?

2. 根据《中国药典》2015 年版规定,应如何进行最低装量检查?

3. 制成合格的水杨酸乳膏的依据是什么?

(刘 君)

实训 2 混合岗位操作

一、实训目标

1. 通过实训,学生能够正确进入洁净生产区,并能够按照 GMP 的要求很好的完成药品生产中的混合岗位操作。

2. 通过实训,学生能够按照 GMP 要求进行清场工作。

3. 通过实训,学生能够正确填写生产过程中及清场涉及的各种记录。

二、实训任务

1. 按照人员进出 D 级洁净区标准操作程序进行更衣。

2. 按照混合岗位标准操作程序进行岗位检查和设备检查。

3. 实训教师充当质量检查员进行岗位检查。

4. 正确更换状态标志。

5. 正确进行领料、检查检验报告单和核对物料交接单并签字。

6. 按照混合设备标准操作程序进行开机、检查、混合操作。

7. 正确进行混合合格后物料的出料、称量、密封操作,正确填写物料标签。

8. 正确填写产品请验单,请验项目为混合均匀度。

9. 学生自己充当 QA,按照混合均匀度检验标准操作程序进行混合后药粉的取样及混合均匀度检验,并判定是否合格。

10. 中间产品检查合格,正确填写物料交接单。

11. 正确计算产品收率、物料平衡,正确填写混合岗位批生产记录。

12. 按照《岗位清场标准操作程序》、《H-50 型三维运动混合机清洁标准操作程序》、《容器具清洁标准操作程序》、《操作间清洁标准操作程序》、《地漏清洁标准操作程序》、《生产用小工器具清洁标准操作程序》进行操作间、设备、容器具、地漏、小工器具的清洁。

13. 正确填写设备运行记录、清场记录、设备清洁记录。

三、实训仪器及设备

一般生产区工作装及鞋、D 级洁净区工作装及鞋按学生数量准备;混合设备按 2~3 人一台准备;停止运行、正在运行、设备完好、已清洁、未清洁、等待维修等状态标志 1~3 套;适合混合设备混合使用的待混合的粉末物料 2~3 种;用于药粉检验的检验报告单样张按学生数量准备;物料交接单、产品请验单、混合岗位批生产记录、清场记录、设备清洁记录按学生数量准备;适合称量物料的称量仪器按 2~3 人一台准备;盛放物料的不锈钢小盆 10~15 个;清场用不脱落纤维的毛巾、盆、洗洁精、乳胶手套、刷子若干。

四、实训过程

见混合岗位标准操作程序。

五、实训结果

混合岗位操作过程准确无误，有混合合格的混合物料，并装在洁净干燥的容器中，放有填写正确的物料标签；混合岗位批生产记录、清场记录、设备运行记录、设备清洁记录、物料交接单、请验单等填写正确；清场合格。

注：《H-50型三维运动混合机清洁标准操作程序》、《混合岗位标准操作程序》、混合岗位批生产记录、清场记录、物料标签、物料交接单、请验单等见教材。《岗位清场标准操作程序》、《容器具清洁标准操作程序》、《操作间清洁标准操作程序》、《地漏清洁标准操作程序》、《生产用小工器具清洁标准操作程序》、《清洁用具清洁标准操作程序》、设备运行记录、设备清洁记录见附件1、2、3、4、5、6、7、8。

（金凤环）

实训3　药剂学的基本操作——称量

一、实训目标

1. 掌握两种天平的使用方法及称重操作中的注意事项；掌握各种量器的使用方法及1ml以下液体的量取方法。

2. 了解架盘天平、电子天平的结构、性能。

二、实训任务

1. 能够称量前调试天平，完成常规固体药品的称量
2. 能够准确读取称量值，以及相对误差的计算
3. 会使用各种量器
4. 会量取1ml以下液体

三、实训药品和仪器

1. 药品　碳酸氢钠、碘化钾、凡士林、液体石蜡、碘、纯化水、乙醇、甘油。
2. 器材　架盘天平（载重100g）、扭力天平（100g）、量筒、量杯、滴管。

四、实训过程

1. 称重操作

【操作方法】

（1）称重前，需将天平放置在平稳的操作台上，检查各零部件安装是否正确，然后校正天平的平衡，使指针在零点。

（2）熟悉药物（实训表3-1）的性质，选择下列（或部分）药物进行称取操作。

（3）将称量值与相对误差填入实训表3-1中。

相对误差% =（扭力天平称重-架盘天平称重）/ 架盘天平称重×100%

【注意事项】

(1) 天平的选择:根据最小称量应以大于天平感量的 20 倍(相对误差小于 5%)来正确选择称具。

(2) 任何药物称重时,须在托盘上衬以包药纸或其他适当容器。在称取腐蚀性或液体药物时,应将药物置于表面皿或烧杯中。过热药物应待冷却后再称重。

(3) 选择适宜的称量纸:根据药物性质,如普通药物、半固体药物、具挥发性药物选择普通白纸称量纸、硫酸纸称量纸等。

(4) 称取药物时,物品和砝码应放在称盘中心,称取药物时一般瓶盖不离手,用中指与无名指夹瓶颈,以左手拇指与食指拿瓶盖,右手拿药匙。

(5) 称重完毕,须将砝码立即放回砝码盒内,应使天平处于休止状态。

2. 量取操作

【操作方法】

指出药物(实训表 3-2)的性质,选择下列(或部分)药物进行量取操作。

【注意事项】

(1) 量取液体时,应按所需量取的体积选用适当大小的量器,一般以不少于量器总量的 1/5 为度。

(2) 使用量筒和量杯时,要保持垂直,眼睛与所需刻度成水平,读数以液体凹面为准。小量器一般操作姿势为用左手拇指与食指垂直平稳持量器下半部并以中指垫底部。右手持瓶倒液,瓶签必须向上或向两侧,瓶盖可夹于小指与无名指间,倒出后立即盖好,放回原处。

(3) 药液注入量器时,应将瓶口紧靠量器边缘,沿其内壁缓缓倾入。如注入过量,多余部分不得倒回原瓶。量取黏稠性较大液体时,不论注入或倾出,均应以充分时间按刻度流尽,以保证量取的准确度。

(4) 量过的量器,需洗净沥干后再量其他的液体,必要时还需烘干再用。

(5) 量取某些用量 1ml 以下的溶液或酊剂,需以滴作单位。如无标准滴管时,可用普通滴管,即先以该滴管测定所量液体 1ml 的滴数,再凭此折算所需滴数。

五、实训结果

1. 称重操作练习项目表(实训表 3-1)

实训表 3-1 称重操作练习项目表

药物	所称重量(g)	选用天平	选择依据
碳酸氢钠	0.3		
碘化钾	1.4		
凡士林	5		
液体石蜡	10		
碘	0.7		

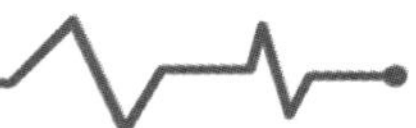

2. 测量操作练习(实训表3-2)

实训表3-2　量取操作练习项目表

药物	量取容积	选用量器	选择依据
纯化水	2ml		
乙醇	0.3ml		
甘油	3ml		
液体石蜡	12ml		

六、总结思考

1. 什么是天平的相对误差？要称取0.1g的药物，按照规定，其误差范围不得超过±10%。应该使用分度值(感量)为多少的天平来称取？

2. 要称取甘油30g，如以量取法代替，应量取几毫升(甘油的相对密度为1.25)？在量取时应注意哪些问题？

(边　栋)

实训4　粉碎、过筛和混合设备的使用

一、实训目标

1. 掌握球磨机、万能粉碎机、振荡过筛机、槽型混合机、V形混合机的使用方法及注意事项。

2. 理解球磨机、万能粉碎机、振荡过筛机、槽型混合机、V形混合机等设备的结构。

3. 了解球磨机、万能粉碎机、振荡过筛机、槽型混合机、V形混合机等设备的工作原理。

二、实训任务

1. 能说出球磨机、万能粉碎机、振荡过筛机、槽型混合机、V形混合机等设备的结构
2. 会使用乳钵研磨朱砂
3. 熟练操作万能粉碎机
4. 熟悉粉末的分等

三、实训药品仪器

1. 药品　甘草、朱砂。
2. 器材　天平、球磨机、万能粉碎机、乳钵、槽型混合机、药筛(套筛)。

四、实训过程

1. 在教师的指导下，切断电源分别观察球磨机、万能粉碎机、V形混合机、槽型混合机的基本结构。将观察结果填入(实训表4-1)中。

2. 乳钵的使用

【操作方法】

(1) 取大小不一块片状朱砂约5g，加入适量的纯化水，研磨适宜时间后，朱砂细粉漂浮于液面或混悬于水中，然后将此混悬液倾出。

（2）余下的粗料继续加纯化水研磨，反复操作至研磨完毕，将所得混悬液合并。

（3）将混悬液沉降，倾去上清液，将湿粉在40℃以下干燥或晾干。

（4）将干燥后的粉末过七号、八号、九号筛，将筛分结果填入实验表3-2中。

【注意事项】

（1）取朱砂，用磁铁吸去铁屑。

（2）所加物料量一般不超过乳钵容积的1/4，以防研磨时溅出或影响粉碎结果。

（3）研磨时，杵棒应以乳钵中心为起点，按螺旋方向逐渐向外旋转，到达最外沿后沿同一方向旋转至中心。

（4）瓷制乳钵内壁较粗糙，适宜于结晶性及脆性等药物的研磨，但吸附作用大，不适宜粉碎小量药物。对于毒性或贵重药物的研磨和混合用玻璃乳钵较适宜。

3. 万能粉碎机的使用（示教）

【操作方法】

（1）检查机器设备。

（2）插上电源，开动机器空转，待机器运行平稳后，自加料斗加入大小适宜待粉碎的物料约100g，借抖动装置以一定速度从料口进入粉碎室。

（3）物料在粉碎室被粉碎，被粉碎好的较细粉末通过室壁的环装筛板分出，余下粗料继续粉碎。

（4）将粉碎好的物料通过六号筛、七号筛，将粉碎结果填入实训表4-2中。

【注意事项】

（1）待机器运转平稳后才能添加欲粉碎的物料，以免阻塞于钢齿间，增加电机启动时负荷。

（2）物料必须预先粉碎成适宜大小的段、块等。

（3）须装有集尘排气装置，因为自筛板筛出的粉末是随着强烈的气流而分出的，在粉碎过程中能产生多量粉尘。

（4）停机前让机器空转5～10min后再关机，及时堵住出粉口，待布袋内风压消失后再卸料。

（5）作好安全防护工作。

4. 振荡过筛机的使用（空机试教）

【操作方法】

（1）开动电机，启动圆形振荡过筛机。

（2）待筛子运转平稳后，将物料加在筛网中心部位，筛子产生振动，调节重锤调节器的振幅大小，使筛筒达到适宜的旋转速度。

（3）筛选完毕，关断电源。操作结束后，按照设备清洁规程清洁。筛网上的粗料由上部排出口排出，筛分出的细料由下部排出口排出。

【注意事项】

（1）过筛机应在无负荷的情况下启动，待筛子运行平稳后开始加料。

（2）停机时应先停止给料，待筛面上物料排出后再停机。

5. V形混合机的使用（空机示教）

【操作方法】

（1）打开电源开关，点动按钮，将混合机的入料口转动到需要的位置。

(2) 将出料口盖加密封圈旋紧,将进气口盖旋紧。

(3) 将物料按规定装入混合机,合盖旋紧。

(4) 设定混合时间,按下启动按钮,混合机开始旋动,到设定时间混合机自动停止运动。

(5) 点动按钮,将出料口调到最低点,打开进气口,开启出料口,出料。

(6) 操作完毕,应按"V 形混合机清洁规程"将混合机清洁干净。操作结束,断开电源。

【注意事项】

(1) 在装、卸料时必须停机,以防电器失灵,造成事故。

(2) 设备在运转过程中,操作人员不得离开现场,如出现异常声音,应停机检查,待排除事故隐患后方可开机。

五、实训结果

1. 粉碎、筛分、混合设备的结构(实训表 4-1)

实训表 4-1　粉碎、筛分、混合设备的结构

	基本结构
万能粉碎机	
振荡过筛机	
V 形混合机	

2. 物料粉碎程度(实训表 4-2)

实训表 4-2　物料粉碎的程度

	外观	所通过的筛号	粉末等级
朱砂			
甘草			

六、总结思考

粉碎、过筛和混合操作各应注意那些问题?

(边　栋)

实训 5　五味子有效成分的提取与浓缩

一、实训目标

1. 掌握水蒸气蒸馏法、回流法提取药材有效成分的操作方法。
2. 掌握蒸发、浓缩及干燥的操作方法。

二、实训任务

通过不同方法完成对五味子有效成分的提取与浓缩,主要任务有:

1. 水蒸气蒸馏法提取挥发油。
2. 回流法提取多糖。

三、实训器材

1. 器材　主要设备中药粉碎机、标准筛、烘箱、天平、水蒸汽蒸馏装置(蒸馏烧瓶、蒸馏头、温度计及套管、直型冷凝管、接液管和接收瓶)、回流提取装置(蒸馏烧瓶、提取器、直型冷凝管)、过滤装置(铁架台、漏斗、烧杯、纱布)、旋转蒸发仪、离心沉淀机、真空干燥器。

2. 药品　蒸馏水、无水硫酸钠、无水乙醇。

四、制备过程

1. 生产前准备。场地是否清场、设备是否清洁、物料按处方核对。
2. 五味子去果肉留种仁,粉碎,过 80 目筛,于 60℃下烘干,称取 80g。
3. 加入 400ml 蒸馏水浸泡 1h,水蒸汽蒸馏 2h,静置 1h,收集挥发油,浸出液滤过,滤液、药渣备用。
4. 挥发油中加入适量无水硫酸钠,搅拌,静置至液体澄清,过滤即得挥发油成品。
5. 取药渣,加入蒸馏水 400ml,100℃以下回流提取 2h,提取液经离心后收集上清液。
6. 将提取液用旋转蒸发仪减压浓缩,水浴温度为 40~50℃,转速为 60r/min,真空度控制在 0.075~0.085MPa,浓缩至稠浸膏(粉末质量：浓缩液体积为 1g：2ml)。
7. 将稠浸膏加无水乙醇至体积分数 80%,4℃以下静置过夜,离心,分离沉淀。
8. 将沉淀用无水乙醇洗涤 3 次,40℃真空干燥过夜,得粗多糖成品。

五、实训结果

所得产品名称	外观、性状	所得产品名称	外观、性状
挥发油		粗多糖	

六、总结思考

1. 水蒸气蒸馏法提取挥发油后,加入无水硫酸钠的作用是什么?
2. 回流法提取多糖除了用蒸馏水,还可以使用什么溶剂?
3. 回流法产生的提取液选用减压浓缩有什么优点?

(涂丽华)

实训 6　热压灭菌器的结构、使用和维护

一、实训目标

1. 了解热压灭菌器的结构、使用操作过程和操作注意事项。
2. 学会热压灭菌器的使用,为将来尽快适应实际生产的要求奠定基础。

二、实训任务

1. 学生能够了解热压灭菌器的结构。
2. 学生能够按照操作步骤正确进行堆放、加水、密封、加热、灭菌、开盖、干燥等操作。

3. 学生能够了解手提式热压灭菌器使用时的注意事项。

三、实训器材

1. 仪器设备　手提式热压灭菌器、干燥箱。

2. 材料　培养皿、三角瓶(3L)、量瓶(1000ml、100ml)、500ml 量筒或量杯、烧杯、玻璃搅拌棒、移液管、报纸。

四、实训过程

1. 了解手提式热压灭菌器基本结构:有灭菌桶、放气阀、安全阀、压力表。

2. 灭菌操作规程

(1) 堆放:将待灭菌的培养皿等材料,用报纸妥善包扎,错落有序放置在灭菌桶内的筛板上,锅内应留出 1/3 空间,以免防碍蒸汽流通而影响灭菌效果。

(2) 加水:在主体内加入纯化水至电热管之上(大约 3L),连续使用时必须每次灭菌后补加水量,以免干热而发生重大事故。

(3) 密封:将灭菌桶放入主体内,然后将盖上的软管插入灭菌桶半圆槽内。在对齐上下槽后,对称将蝶形螺母旋紧,达到密封要求。

(4) 加热:打开电源,开始时,将放气阀打开(垂直),使灭菌器内冷空气逸去,当有蒸汽喷出时,将放气阀关闭,随着热量的不断上升而产生压力,可看压力表读数。

(5) 灭菌:当压力表读数达到所需范围时(121℃,0.1MPa),应适当调低热量,以维持恒压,灭菌 30min。

(6) 开盖:灭菌完毕时,将放气阀打开,使灭菌器内的压力蒸汽排出,见压力表指示针回复至零位后,稍等 1~2min,然后将盖打开。

(7) 干燥:开盖后将灭菌物品置干燥箱内,烘干备用。

3. 注意事项

(1) 每次灭菌前应注意水位,避免电热管空烧被损坏。

(2) 不同物品应分类灭菌消毒。

(3) 经常检查压力表,当压力表指针不能复位,读数不准时应切断热源,及时修理或更换压力表。

(4) 灭菌器工作时,工作人员勿离开现场。

五、实训结果

填写表格见实训表 6-1。

六、总结思考

1. 手提式热压灭菌器的的基本结构?

2. 手提式热压灭菌器的的使用操作过程?

3. 手提式热压灭菌器的的操作注意事项?

实训表 6-1 手提式热压灭菌器使用日志

使用日期:______年______月______日

班前检查	设备状态为——□正常 □异常 □故障 设备部件齐全——————□是 □否 仪器仪表在校验期内———□是 □否 设备安全防护措施正常——□是 □否 清洁□/消毒□——————□是 □否		设备编号:
使用情况	开启时间	停止时间	操作人员
班后检查	设备状态为———□正常 □异常 □故障; 设备部件齐全—□是 □否		
备 注			

记录人: 检查人:

(孟淑智)

实训7 防腐剂防腐作用的观察

一、实训目标

通过实验了解防腐剂的防腐作用。

二、实训任务

1. 学生能够掌握防腐剂作用的观察方法。
2. 学生能够了解防腐剂的防腐作用。

三、实训器材

1. 器具 天平、培养箱、加热板。

2. 材料 蔗糖850g、羟苯乙酯、苯甲酸钠、乙醇、pH试纸、煮沸30min的饮用水(备用);已灭菌的三角瓶(3L)、量瓶(1000ml、100ml)、500ml量筒或量杯、烧杯、玻璃搅拌棒、移液管、培养皿等。

四、实训过程

1. 单糖浆的制备 取水450 ml,煮沸,加蔗糖850 g,搅拌,溶解后继续加热至100℃,转移至1000 ml量瓶中,放冷,加新煮沸过的水,使全量成1000 ml,摇匀,即得。

2. 2%羟苯乙酯醇溶液的制备 取羟苯乙酯2 g,置100 ml量瓶中,加乙醇适量使溶解,再加乙醇至刻度,摇匀,即得。

3. 含防腐剂与不含防腐剂单糖浆稀释液的配制

(1) 量取单糖浆50 ml,加新煮过的水稀释至100 ml,搅匀,平均分成甲、乙二份,每份50 ml,测定其pH。

(2) 在甲液中加入新煮沸过的水1.0 ml,乙液中加入苯甲酸钠100mg,羟苯乙酯醇溶

液 1.0 ml,混匀(苯甲酸钠用量约 0.2%,羟苯乙酯用量约 0.04%)。

4. 微生物的培养、观察　取已灭菌的培养皿 2 个,将乙液分别倾入培养皿中,置空气中暴露 1h;另取已灭菌的培养皿 2 个,将甲液分别倾入培养皿中,同法制备。于 23~28℃培养 7 日,逐日观察、记录观察结果,填入表 7-4 中。

五、实训结果

用表格记录观察结果(实训表 7-1),观察结果包括澄清、发酵、生霉(包括菌落个数)、酸败及产生浑浊现象等。

实训表 7-1　比较甲乙培养皿的观察结果

观察	甲 1	甲 2	乙 1	乙 2
第 1 天				
第 2 天				
第 3 天				
第 4 天				
第 5 天				
第 6 天				
第 7 天				

六、总结思考

1. 羟苯酯类和苯甲酸钠防腐剂的防腐特点是什么?

(孟淑智)

实训 8　口服补液盐散剂的制备

一、实训目标

1. 能够用架盘天平、电子称、分析天平规范称取所需物料。
2. 能正确操作使用万能粉碎机、震荡过筛机、V 形混合机。
3. 能按工艺要求正确进行粉碎、筛分、混合、分装。
4. 能按要求规范进行散剂质量检查 。
5. 生产结束,能够按照 GMP 要求对场地、设备、人员进行清洁。
6. 按 GMP 要求准确进行各环节记录。

二、实训任务

生产口服补液盐散剂 15g/包,1000 包,执行标准 2015 年版《中国药典》

处方:氯化钠　1750g　碳酸氢钠　1250g
　　氯化钾　750g　葡萄糖　11000g
　　制成 1000 包

三、实训器材

架盘天平、电子称、分析天平、万能粉碎机、震荡过筛机、V 形混合机。

四、制备过程

1. 称量配料。准备好称量场地、器具、文件，按处方要求称取物料，做好批生产记录。
2. 取葡萄糖、氯化钠粉碎成细粉，过 80 目筛，混匀，分装于大袋中，做好记录。
3. 将氯化钾、碳酸氢钠粉碎成细粉，过 80 目筛，混匀，分装于小袋中，做好记录。
4. 包装。将大小袋同装于一包，既得，做好记录。
5. 质量检查。按 2015 年版药典散剂质量检查项目，进行检查，做好记录。

五、实训结果

将实训结果填入实训表 8-1。

实训表 8-1　散剂实训记录表

产品名称				产品规格	
产品批号		批量		生产日期	
生产依据	工艺规程			剂 型	
生产处方	原辅料名称		处方量(kg)	投料量(kg)	备注
备注					
审批	制订人： 年　月　日	审核： 年　月　日		批准： 年　月　日	

六、总结思考

1. 散剂质量检查包括哪些项目？
2. 称量过程应该注意什么问题？

(边　栋)

实训9　维生素C颗粒剂的制备

一、实训目标

1. 掌握颗粒剂的制备方法、一般工艺,会正确进行少量颗粒手工制备。
2. 掌握颗粒剂的质量评价,能按要求规范进行胶囊剂质量检查 。
3. 熟悉GMP要求对场地、设备、人员进行清洁并记录。
4. 了解GMP要求颗粒剂生产的各环节。

二、实训任务

【处方】	维生素C	10.0g	糊精	100.0g
	糖粉	90.0g	酒石酸	1.0g
	50%乙醇	适量	共制成100包	

三、实训器材

1. 药品　维生素C、糊精、糖粉、酒石酸、乙醇等。
2. 器材　托盘天平、研钵、100目药筛、16目尼龙筛、塑料袋、电子天平等。

四、制备过程

1. 制备过程　将维生素C、糊精、糖粉分别过100目筛,按等体积递增配研法将维生素C与辅料混匀,再将酒石酸溶于50%乙醇中,一次加入上述混合物中,混匀,制软材,过16目尼龙筛制粒,60℃以下干燥,整粒后用塑料袋包装,每袋2g,含维生素C 100mg。

【注意事项】

(1) 维生素C用量较小,故混合时采用等量递加法,以保证混合均匀。

(2) 维生素C易氧化分解变色,制粒时间应尽量缩短,并用稀乙醇作湿润剂制粒,较低温度下干燥,并应避免与金属器皿接触,加入酒石酸(或枸橼酸)作为金属离子螯合剂。

2. 颗粒剂的质量检查

(1) 粒度:取维生素C颗粒剂5包,称重,置药筛内,保持水平状态过筛,左右往返,边筛动边拍打3min,不能通过一号筛和能通过五号筛的颗粒和粉末总和不得超过供试量的15%。检查应符合规定。

(2) 干燥失重:取维生素C颗粒剂3包,按照干燥失重测定法测定,于105℃干燥至恒重,维生素C颗粒减失重量不得超过2.0%。

(3) 溶化性:取维生素C颗粒剂10g,加热水200ml,搅拌5min,颗粒应全部溶化或可有轻微浑浊,但不得有异物。

(4) 装量差异:取维生素C颗粒剂10包,除去包装,分别精密称定每袋(瓶)内容物的重量,求出平均装量,每袋(瓶)装量与平均装量相比较,应符合规定,超出装量差异限度的颗粒剂不能多于2袋(瓶),并不得有1袋(瓶)超出装量差异限度1倍,否则判为装量差异不合格。

五、实训结果

将实训结果填入实训表 9-1、实训表 9-2。

实训表 9-1　颗粒剂的质量检查结果

	外观	粒度	溶化性
维生素 C 颗粒剂			

实训表 9-2　维生素 C 颗粒剂的装量差异检查结果(2g/包)

符合规定的装量范围						超出限度数值					
袋	1	2	3	4	5	6	7	8	9	10	平均装量
重量											
结果											
判断											

六、总结思考

1. 维生素 C 的氧化分解受哪些因素的影响？制备颗粒剂时应注意哪些问题？
2. 如果制出的颗粒剂进行粒度检查时细粉太多,试分析原因并如何改进。

(张志勇)

实训 10　速效感冒胶囊的制备

一、实训目标

1. 掌握硬胶囊剂的一般工艺,能正确使用胶囊充填机、泡罩包装机进行胶囊剂的制备、包装。
2. 会正确使用手工胶囊分装板进行少量胶囊机制备。
3. 能按要求规范进行胶囊剂质量检查 。
4. 生产结束,能够按照 GMP 要求对场地、设备、人员进行清洁。
5. 按 GMP 要求准确进行各环节记录。

二、实训任务

生产速效感冒胶囊 1000 粒。执行标准 2015 年版《中国药典》。

处方:				
	对乙酰氨基酚	300g	维生素 C	100g
	猪胆汁粉	100g	咖啡因	30g
	氯苯那敏	3g	10%淀粉浆	适量
	食用色素	适量	制成硬胶囊	1000 粒

三、实训器材

主要设备槽型混合机、V 形混合机、摇摆式颗粒机、整粒机

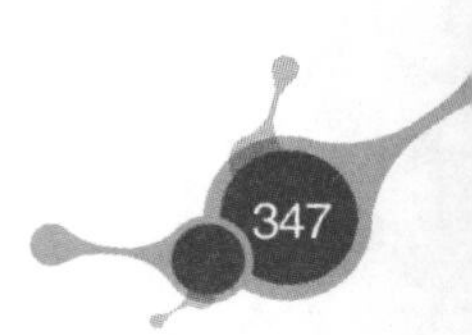

四、制备过程

1. 生产前准备。场地是否清场、设备是否清洁、物料按处方核对。

2. 称取处方中各药，分别粉碎，过 80 目筛。

3. 将 10% 淀粉浆分成三份。第一份：加胭脂红少许制成红糊；第二份：加少量橘黄制成黄糊；第三份：不加色素为空白糊。

4. 把对乙酰氨基酚分为三份。取一份对乙酰氨基酚、与氯苯那敏混匀，然后加入红糊混匀，制成软材，过 14 目尼龙筛制粒，在 70℃ 干燥至水分 3% 以下。

5. 取第二份对乙酰氨基酚与猪胆汁分、维生素 C 混匀，然后加入黄糊制成软材，14 目尼龙筛制粒，在 70℃ 干燥至水分 3% 以下。

6. 取第三份对乙酰氨基酚与咖啡因混匀，加入白糊，混匀制成软材过 14 目尼龙筛制粒，在 70℃ 干燥至水分 3% 以下。

7. 用三维混合机将以上三种颜色的颗粒混合均匀，然后进行空胶囊充填。

8. 质量检查。按 2015 年版药典散剂质量检查项目，进行检查，做好记录。

五、实训结果

将实训结果填入实训表 10-1

实训表 10-1　速效感冒胶囊制备实训记录表

<table>
<tr><td colspan="2">产品名称：</td><td colspan="2">规　　格：</td><td colspan="3">批　号：</td></tr>
<tr><td colspan="2">投 料 量：　　　万粒</td><td colspan="2">掺入残粉：　　kg</td><td colspan="3">总产量：　　　万粒</td></tr>
<tr><td colspan="2">投料日期：　　年　月　日</td><td colspan="2">包装产量：　　万粒</td><td colspan="3">成品率：　　　%</td></tr>
<tr><td colspan="2">配料工序</td><td colspan="5">制粒整粒工序</td></tr>
<tr><td>原辅料名称</td><td>数量 kg</td><td>日 期</td><td>配料重量 kg</td><td>掺入残粉 kg</td><td>混筛重量</td><td>收率%</td></tr>
<tr><td rowspan="10"></td><td rowspan="10"></td><td></td><td></td><td></td><td></td><td></td></tr>
<tr><td colspan="5">颗粒中间站</td></tr>
<tr><td colspan="3">进站日期：　年　月 日</td><td colspan="2">进站重量：　　kg</td></tr>
<tr><td colspan="3">出站日期：　年　月 日</td><td colspan="2">出站重量：　　kg</td></tr>
<tr><td colspan="5">中间体化验</td></tr>
<tr><td>含量</td><td>水分</td><td>溶出度</td><td>差异</td><td>每粒重量</td></tr>
<tr><td></td><td></td><td></td><td></td><td></td></tr>
<tr><td colspan="5">包装工序</td></tr>
<tr><td>日期</td><td>包装规格</td><td>应出万粒数</td><td>实包万粒数</td><td>收率%</td></tr>
<tr><td></td><td></td><td></td><td></td><td></td></tr>
<tr><td rowspan="3">成品质量</td><td>日期</td><td colspan="2">溶出度</td><td colspan="2">装量差异或含量均匀度</td><td>含 量</td><td>菌检</td></tr>
<tr><td></td><td colspan="2"></td><td colspan="2"></td><td></td><td></td></tr>
<tr><td colspan="7"></td></tr>
</table>

备注：

六、总结思考

1. 胶囊剂的主要特点有哪些?
2. 哪些药物不适合做成胶囊?
3. 填充硬胶囊时应注意哪些问题?

(栾淑华)

实训11 单冲压片机的结构、装卸和使用

一、实训目标

1. 了解压片机的基本结构。
2. 掌握单冲压片机的装卸和使用。

二、实训器材

1. 药品:压片用的干颗粒。
2. 器材:单冲压片机、压片机配套冲模、螺丝刀、活动扳手、机油等。

三、实验任务

1. 装卸单冲压片机。
2. 使用单冲压片机压制片剂200片。

四、实训过程

(一)单冲压片机装卸

1. 了解单冲压片机主要部件

(1)冲模:包括上、下冲头及模圈。上、下冲头一般为圆形,有凹冲与平面冲,还有三角形、椭圆形等异型冲头。

(2)加料斗:用于储存颗粒,以不断补充颗粒,便于连续压片。

(3)饲料靴:用于将颗料填满模孔,将下冲头顶出的片剂拨入收集器中。

(4)出片调节器(上调节器):用于调节下冲头上升的高度。

(5)片重调节器(下调节器):用于调节下冲头下降的深度,调节片重。

(6)压力调节器:可使上冲头上下移动,用以调节压力的大小,调节片剂的硬度。

(7)冲模台板:用于固定模圈。

2. 单冲压片机的装卸

(1)准备工作:首先把单冲压片机安装在牢固的工作台面,工作台面至地面的高度600mm左右(以手摇操作方便为度);机器应有可靠的接地线,确保使用安全;接通电源后,开启电机观察电机运转方向,是否与防护罩上箭头所示一致,若不一致则应调整接线。

(2)装下冲头:转动手轮使下冲芯杆升到最高位置,把下冲插入下冲芯杆的孔中,注意使下冲杆的斜面缺口对准下冲紧固螺栓,并要插到底,然后旋紧下冲固定螺栓。旋转片重调节器,使下冲头在较低的部位。

(3) 安装中模:旋松中模固定螺栓,将中模垂直放入台板孔中,确实到位后再旋紧固定螺栓,然后小心地将模板装在机座上,注意不要损坏下冲头。调节出片调节器,使下冲头上升到恰与模圈齐平。

(4) 按装上冲头:旋松上冲紧固螺母,把上冲插入上冲芯杆的孔中,要插到底然后紧固螺母。

(5) 转动压力调节器,使上冲头处在压力较低的部位,用手缓慢地转动压片机的转轮,使上冲头逐渐下降,观察其是否在冲模的中心位置,如果不在中心位置,应上升上冲头,稍微转动平台固定螺丝,移动平台位置直至上冲头恰好在冲模的中心位置,旋紧平台固定螺丝。

(6) 装好饲料靴、加料斗,用手转动压片机转轮,如上下冲移动自如,则安装正确。

(7) 压片机的拆卸与安装顺序相反,拆卸顺序如下:

加料斗→饲料器→上冲→冲模平台→下冲。

(二) 单冲压片机的使用

(1) 单冲压片机安装完毕,加入颗粒,用手摇动转轮,试压数片,称其片重。

1) 调节片重:调节片重调节器,使压出的片重与设计片重相等;旋松固定螺栓,松开调节轮压板,转动下调节轮向右旋转,片重增加;向左旋转片重减小。调好后,装上压板和固定螺栓。

2) 调节药片硬度:调节压力调节器,使压出的片剂有一定的硬度。旋松连杆锁紧螺母,转动连杆,向左旋转使上冲芯杆向下移动,则压力加大,压出的药片硬度增加;反之,则压力减小,药片硬度降低,调好后应旋紧锁紧螺母。调节适当后,再开动电动机进行试压。达到要求后正式压片 200 片。

(2) 压片过程应经常检查片重、硬度等,发现异常,应立即停机进行调整。

【注意事项】

(1) 装好各部件后,在摇动飞轮时,上下冲头应无阻碍地进出冲模,且无特殊噪声。

(2) 调节出片调节器时,使下冲上升到最高位置与冲模平齐,用手指抚摸时应略有凹陷的感觉。

(3) 在装平台时,固定螺丝不要旋紧,待上下冲头装好后,并在同一垂直线上,而且在模孔中能自由升降时,再旋紧平台固定螺丝。

(4)装上冲时,在冲模上要放一块硬纸板,以防止上冲突然落下时,碰坏上冲和冲模。

(5)装上、下冲头时,一定要把上、下冲头插到冲芯底,并用螺丝和锥形母螺丝旋紧,以免开动机器时,上、下冲杆不能上升、下降,而造成迭片、松片并碰坏冲头等现象。

五、实训结果

1. 单冲压片机主要部件包括:________、________、________、________、________、________、________。

2. 单冲压片机的安装步骤________、________、________、________、________。

3. 单冲压片机的拆卸步骤________、________、________、________、________。

六、总结思考

1. 安装单冲压片机的注意事项有哪些?

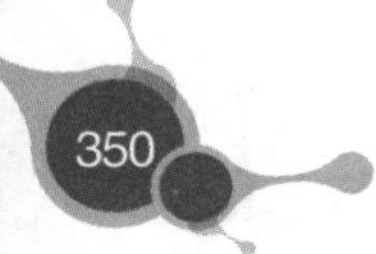

2. 在压片时如果出现片重差异超限或松片现象应如何调节机器？

（栾淑华）

实训 12　片剂的制备和质量检查

一、实训目标

1. 初步掌握湿法制粒压片的过程和操作技能。
2. 初步掌握单冲压片机的调试，能正确使用单冲压片机。
3. 掌握分析片剂处方的组成和各种辅料在压片过程中的作用。
4. 熟悉片剂重量差异、崩解时限、硬度和脆碎度的检查方法。

二、实训器材

1. 药品　磺胺甲噁唑（SMZ）、甲氧苄啶（TMP）、淀粉、10%淀粉浆、干淀粉、硬脂酸镁。

2. 器材　单冲压片机（或 5~10 冲旋转式压片机）、配套冲模、大小螺丝刀、各种活动扳手、机油、不锈钢盆、不锈钢托盘、药筛、片剂四用仪、天平、烘箱等。

三、实训任务

制备复方磺胺甲噁唑片 1000 片。

【处方】　磺胺甲噁唑（SMZ）400g，甲氧苄啶（TMP）80g，淀粉 40g，10%淀粉浆 24g，干淀粉 23g，硬脂酸镁 3g，制成 1000 片。

四、制备过程

1. 复方磺胺甲噁唑片制备

（1）磺胺甲噁唑、甲氧苄啶过 80 目筛，与淀粉混合均匀。

（2）10%淀粉浆制备。煮浆法：淀粉 5g，加入蒸馏水 45ml，搅匀，加热至半透明状，即可。也可用冲浆法。

（3）加入淀粉浆制成软材，用 14 目筛制湿颗粒。

（4）把制得的湿颗粒及时干燥，温度为 70~80 ℃，干颗粒过 12 目筛整粒。

（5）干颗粒中加入干淀粉和硬脂酸镁进行总混。

（6）称重，计算片重，试压片，调节片重和压力，达到要求标准，即可正式压片。

2. 复方磺胺甲噁唑片质量检查

（1）外观检查：取样品 100 片，平铺于白底板上，置于 75w 光源下 60cm 处，距离片剂 30cm，以肉眼观察 30s。

检查结果应符合下列规定：片形一致，边缘完整，片面光洁，色泽均匀；80~120 目杂色点应<5%，麻面<5%，并不得有严重花斑及特殊异物。

（2）重量差异限度的检查：取上述检查合格药片 20 片，精密称重总重量，求得平均片重后，再分别精密称定各片的重量，每片重量与平均片重相比较，超出重量差异限度的药片不得多于 2 片，并不得有 1 片超出重量差异限度的 1 倍。

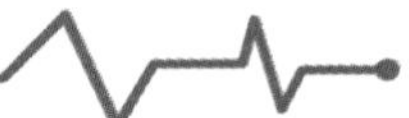

检查结果填表 12-1。

(3) 崩解时限的检查:从上述重量差异限度检查合格的片剂中抽取 6 片,按照《中国药典》2015 版四部方法进行检查。根据实验结果,判断合格与否。

取药片 6 片,分别置六管吊篮的玻璃管中,每管各加 1 片,准备工作完毕后,进行崩解测定,各片均应在 15min 内全部溶散或崩解成碎片粒,并通过筛网。如残存有小颗粒不能全部通过筛网时,应另取 6 片复试,并在每管加入药片后随即加入档板各 1 块,按上述方法检查,应在 15min 内全部通过筛网。

【注意事项】

(1) 注意磺胺甲噁唑、甲氧苄啶与淀粉要充分的混合均匀,可以用等量递增法。

(2) 制软材时,黏合剂淀粉浆应分多次逐渐加入,保证混合均匀。

(3) 注意干燥时逐渐升温,以免颗粒表面结痂,影响内部水分蒸发。

(4) 片重计算,保留 2 位小数即可。

(5) 压片过程中应定时检查片重、硬度,如不合格,应立即停机进行调整。

五、实验结果

1. 描述外观检查结果。
2. 重量差异限度的检查结果填入实训表 12-1。

实训表 12-1　重量差异限度检查结果

<table>
<tr><td rowspan="4">每片重(g)</td><td>1</td><td>2</td><td>3</td><td>4</td><td>5</td><td>6</td><td>7</td><td>8</td><td>9</td><td>10</td></tr>
<tr><td></td><td></td><td></td><td></td><td></td><td></td><td></td><td></td><td></td><td></td></tr>
<tr><td>11</td><td>12</td><td>13</td><td>14</td><td>15</td><td>16</td><td>17</td><td>18</td><td>19</td><td>20</td></tr>
<tr><td></td><td></td><td></td><td></td><td></td><td></td><td></td><td></td><td></td><td></td></tr>
<tr><td>总重(g)</td><td colspan="2">平均片重(g)</td><td colspan="2">重量差异限度</td><td colspan="2">超限的片数</td><td colspan="2">超限 1 倍片数</td><td colspan="2">结论</td></tr>
<tr><td></td><td colspan="2"></td><td colspan="2"></td><td colspan="2"></td><td colspan="2"></td><td colspan="2"></td></tr>
</table>

3. 崩解时限检查结果填入实训表 12-2。

实训表 12-2　崩解时限检查结果

<table>
<tr><td colspan="2">崩解条件</td><td colspan="6">崩解时间(min)</td></tr>
<tr><td>温度</td><td>溶剂</td><td>1</td><td>2</td><td>3</td><td>4</td><td>5</td><td>6</td></tr>
<tr><td></td><td></td><td></td><td></td><td></td><td></td><td></td><td></td></tr>
<tr><td colspan="2">结论</td><td colspan="6"></td></tr>
</table>

六、总结思考

1. 写出湿法制粒压片的工艺流程。
2. 导致片剂重量差异限度和崩解时限不合格的因素有哪些?
3. 写出本次制备复方磺胺甲噁唑片片重计算过程。

(栾淑华)

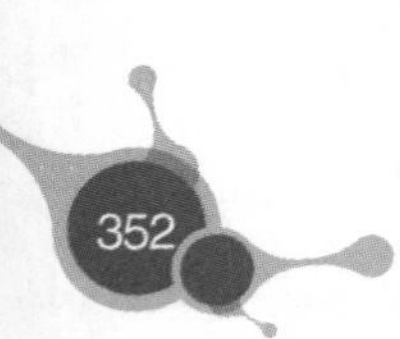

实训 13　参观生产企业的片剂车间

一、实训目标

1. 掌握片剂的生产工艺流程。

2. 理解包糖衣、包薄膜衣的生产过程和操作方法。

3. 了解旋转式多冲压片机、混合机、制粒机、沸腾干燥器、糖衣机、高效包衣机等制药机械设备的应用和操作；参观药厂通过 GMP 认证的片剂车间，了解车间布局、工艺条件、生产工序、各工序岗位技能要点，以及相应的药品生产质量管理规范（GMP）的要求。

二、实训任务

1. 参观 GMP 片剂车间湿法制粒压片的工艺流程。

2. 参观包糖衣生产过程和操作方法。

3. 参观包薄膜衣的生产过程和操作方法。

三、实训场地

联系当地制药企业片剂生产车间。

四、实训要求

1. 认真学习 GMP 片剂车间的生产质量管理规范和具体要求。

2. 认真学习摇摆式颗粒机、旋转式多冲压片机的结构，工作过程及操作要点。

3. 了解应用包衣机包糖衣的过程、操作方法及注意事项。

4. 了解应用高效包衣机包薄膜衣的过程、操作方法及注意事项。

5. 画出所参观片剂车间的生产工艺流程并写出主要设备的名称。

五、实训结果

参观后组织讨论，写出参观体会小结。

六、总结思考

1. 单冲压片机和旋转式多冲压片机的压片过程有何不同？

2. 片剂的机械化生产分哪几个工序？对各工序的生产环境有何要求？

（栾淑华）

实训 14　中药丸剂的制备和质量检查

一、实训目标

1. 掌握塑制法制备蜜丸和泛制法制备水丸的方法和操作技能。

2. 会正确使用手工制备丸剂的常用器具（搓丸板、泛丸匾）。

3. 能按要求规范进行丸剂质量检查。

4. 生产结束，能够按照 GMP 要求对场地、设备、人员进行清洁。

5. 按 GMP 要求准确进行各环节记录。

二、实训任务

（一）制备六味地黄丸

【处方】 熟地黄 160g，山茱萸 80g，牡丹皮 60g，山药 80g，茯苓 60g，泽泻 60g。

（二）制备逍遥丸

【处方】 柴胡 31g，当归 31g，白芍 31g，白术（炒）31g，茯苓 31g，甘草 24g，薄荷 60g。

三、实训器材

主要仪器有搓丸板、泛丸匾、药筛、选丸筛、药粉刷、电炉、铝锅等。

四、制备过程

（一）六味地黄丸

（1）生产前准备：场地是否清场、设备是否清洁、物料按处方核对。

（2）称取以上六味药材，粉碎成细粉，过 80 目筛，混匀。

（3）取适量生蜜置于铝锅中，加水煮沸后，用 40~60 目筛过滤。继续加热炼制至中蜜。

（4）每 100g 粉末加炼蜜（70~80℃）90g 左右，混合揉搓制成均匀滋润的丸块。

（5）根据搓丸板上的规格将以上制成的丸块用手掌或搓丸板做前后滚动搓捏，搓成适宜长短粗细的丸条。

（6）将丸条置于搓丸板上的沟槽底板上（加润滑油）手持上板对合，然后前后搓动，直至丸条被切断搓圆成丸，每丸 9g。

（7）用蜡壳包封。

（8）质量检查：按 2015 版《中国药典》丸剂质量检查项目，进行检查，做好记录。

（二）逍遥丸

（1）生产前准备：场地是否清场、设备是否清洁、物料按处方核对。

（2）将上述药材称量配齐，粉碎，混合，过 80~100 目筛。

（3）将混好的药粉用冷开水或姜汁在泛丸匾上泛成小丸。

（4）低温干燥，用过 100 目筛的药粉盖面。

（5）干燥选丸即得。

（6）质量检查：按 2015 年版《中国药典》丸剂质量检查项目，进行检查，做好记录。

五、实训结果

将实训结果填入实训表 14-1。

实训表 14-1　中药丸剂的质量检查结果

项目	六味地黄丸	逍遥丸
质量检验结果	外观 重量差异	外观 重量差异
结论		

六、总结思考

1. 蜂蜜为什么要炼制？
2. 和药注意什么？

（孙格娜）

实训 15 中药口服液的制备和质量检查

一、实训目标

掌握中药口服液的制备工艺、注意事项、质量检查项目和检查方法。

二、实训任务

双黄连口服液的制备 100ml。

【处方】 金银花 125g，黄芩 125g，连翘 250g，蔗糖 100g。

三、实训器材

1. 药品 金银花、黄芩、连翘、乙醇。

2. 器材 煎煮容器、电炉、过滤器具、蒸馏装置、抽滤装置、灌封机、轧盖机、比重瓶、分析天平、恒温水浴锅、酸度计、量筒、烧杯。

四、制备过程

（一）制备

1. 中药材提取、精制、浓缩

（1）黄芩加水煎煮三次，第一次 2h，第二、三次各 1h，合并煎液，滤过，滤液浓缩并在 80℃时加入 2mol/L 盐酸溶液，适量调节 pH 至 1.0~2.0，保温 1h，静置 12h，滤过，向沉淀中加 6~8 倍的水，用 40% 氢氧化钠溶液调节 pH 至 7.0，再加等量乙醇，搅拌使溶解，滤过，滤液用 2mol/L 盐酸溶液调节 pH 至 2.0，60℃保温 30min，静置 12h，滤过，沉淀用乙醇洗至 pH 为 7.0，回收乙醇备用。

（2）金银花、连翘加温水浸 30min 后，煎煮二次，每次 1.5h，合并煎液，过滤，滤液浓缩至相对密度为 1.20~1.25（70~80℃）的清膏，冷至 40℃时缓缓加入乙醇，使含醇量达到 75%，充分搅拌，静置 12h，滤取上清液，残渣加 75% 乙醇适量，搅匀，静置 12h，滤过，合并乙醇液，回收乙醇至无醇味。

（3）加入上述黄芩提取物，并加水适量，以 40% 氢氧化钠溶液调节 pH 至 7.0，搅匀，冷藏（4~8℃）72h，滤过，得滤液。

2. 配液 滤液加入蔗糖 100g，搅拌使溶解，或再加入香精适量，调节 pH 至 7.0，加水制成 100ml，搅匀，静置 12h，过滤，得口服液。

3. 灌装 每支装 10ml，灭菌，即得成品。

本品为棕红色的澄清液体，味甜，微苦。功能主治：疏风解表，清热解毒。用于外感

风热所致的感冒，症见发热、咳嗽、咽痛。

（二）质量检查

进行外观、相对密度、pH、装量等项目检查。

1. 外观　应澄清。结果填入实验表 15-1 中。

2. 相对密度　应不低于 1.12［照《中国药典》2015 年版四部相对密度测定法测定］。结果填入实验表 15-1 中。

3. pH　应为 5.0~7.0［照《中国药典》2015 年版四部 pH 测定法测定］。结果填入实验表 15-1 中。

4. 装量　取供试品 5 支，将内容物分别倒入经校正的干燥量筒内，在室温下检视，每支装量与标示装量相比较，少于标示装量的不得多于 1 支，并不得少于标示装量的 95%。结果填入实验表 15-2 中。

【注意事项】

（1）本品为中药口服液，饮片须经提取、纯化、浓缩至一定体积。

（2）浓缩制备清膏时，应控制温度，避免焦化。

（3）应在清洁的环境中配制，及时灌装于洁净干燥的容器中。

（4）使用 pH 计前，应取标准缓冲液对其进行校正。

五、实验结果

将实验结果填入实训表 15-1、实训表 15-2。

实训表 15-1　双黄连口服液的质量检查结果外观

外观	相对密度	pH

实训表 15-2　双黄连口服液的装量检查结果（每支装 10ml）

支	1	2	3	4	5
装量结果判断					

六、思考题

1. 中药口服液的制备工艺流程是什么？
2. 中药合剂的质量要求是什么？

（董　欣）

实训 16　栓剂的制备和质量检查

一、实训目标

1. 掌握栓剂制备的一般工艺，能正确使用栓剂模具进行栓剂的制备。
2. 能按要求规范进行栓剂质量检查。
3. 生产结束，能够按照 GMP 要求对场地、设备、人员进行清洁。

4. 按 GMP 要求准确进行各环节记录。

二、实训任务

制备甘油栓 10 枚。执行标准 2015 年版《中国药典》。

【处方】 甘油 18.2g,硬脂酸钠 1.8g。

三、实训仪器及设备

主要设备有水浴、栓剂模具、烧杯、天平等。

四、制备过程

1. 生产前准备:场地是否清场、设备是否清洁、物料按处方核对。
2. 取甘油在水浴内加热至 120℃;
3. 将干燥研细的硬脂酸钠缓缓加入其中,边加边搅拌,使之溶解,继续保温在 85~95℃ 直至溶液澄清,过滤;
4. 将溶液保温注入已涂液体石蜡润滑剂的栓模中,共注 10 枚;放冷、削平、启模、取出。
5. 质量检查:按 2015 版药典栓剂质量检查项目进行检查,做好记录。
6. 包装即可。

【注意事项】

(1) 甘油加热时间不能太长,温度不宜过高,以免变黄或产生气泡。

(2) 加入硬脂酸钠时,水浴要保持 85~95℃,且水浴锅底部要接触水面,直至溶液澄清。

五、实训结果

实训结果填入实训表 16-1。

实训表 16-1 栓剂的质量检查结果

小组名称	栓剂外观	融变时限	重量差异

六、总结思考

1. 热熔法制备栓剂的操作要点是什么?
2. 制备中为什么选择液体石蜡为润滑剂?

(张 曦)

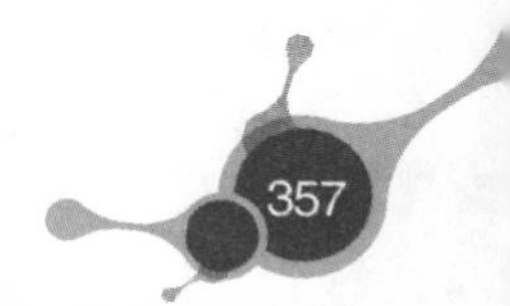

实训 17 液状石蜡所需 HLB 的测定

一、实训目标

掌握油乳化所需 HLB 的测定方法。

二、实训任务

测定液状石蜡所需 HLB。

【处方】 液状石蜡 6ml，混合乳化剂（聚山梨酸酯吐温 80 与脂肪酸山梨酸坦司盘 80）0.5ml，纯化水加至 20ml。

三、实训器材

具塞量筒、架盘天平、滴管。

四、测定过程

1. 用吐温 80（HLB 为 15.0）和司盘 80（HLB 为 4.3）配制五种含不同 HLB 的混合乳化剂，算出各单个乳化剂的百分用量，并记录于下表（实训表 17-1）：

实训表 17-1 混合乳化剂中单个乳化剂百分量的计算结果

HLB	6.0	8.0	10.0	12.0	14.0
吐温 80					
司盘 80					

2. 取 5 支 50ml 干燥具塞量筒，各加入 6.0ml 液状石蜡，再分别加入上述不同 HLB 的混合乳化剂 0.5ml，剧烈振摇 10 分钟，再加入纯化水 2ml，振摇 20 次，最后沿管壁慢慢加入纯化水至 20ml，振摇 30 次即成乳剂。经放置 5min、10min、30min、60min 后，分别观察并记录各乳化剂分层毫升数（实训表 17-2）。并判定哪一处方较稳定，由此确定乳化液状石蜡所需的 HLB。

实训表 17-2 液状石蜡乳稳定性测定数据

观察结果	HLB				
	6.0	8.0	10.0	12.0	14.0
5min 后分层毫升数					
10min 后分层毫升数					
30min 后分层毫升数					
60min 后分层毫升数					

五、实训结果

根据以上观察结果，填写表 17-1、表 17-2；液状石蜡所需 HLB 值为________，所成乳化剂属________型。

六、总结思考

乳化剂的 HLB 在乳剂制备中的意义。

（蒲世平）

实训 18　软膏剂的制备和质量检查

一、实训目标

1. 掌握研合法、熔合法和乳化法等软膏剂的制备方法，并能根据基质类型及处方组成合理地选择制备方法。
2. 熟悉药物加入基质中的方法。
3. 熟悉常用软膏剂的基质。
4. 了解软膏剂的质量检查。

二、实训任务

制备水杨酸乳膏 1000g。

【处方】 水杨酸 50g，硬脂酸 100g ，单硬脂酸甘油酯 70g，液体石蜡 100g，白凡士林 120g，甘油 120g，十二烷基硫酸钠 10g，尼泊金乙酯 1g，纯化水 480ml。

三、实训器材

天平、乳钵、水浴锅、烧杯、玻璃棒。

四、制备过程

1. 称取硬脂酸、单硬脂酸甘油酯、液体石蜡、白凡士林共置干燥烧杯内，在水浴加热 70～80℃，使全熔。
2. 将甘油及纯化水置另一烧杯中加热至 90℃，再加入十二烷基硫酸钠和尼泊金乙酯，使全溶。
3. 将水相缓缓加入油相中，边加边搅拌，至乳化冷凝，呈白色细腻膏状物即得乳剂型基质。
4. 分次加入水杨酸细粉，搅匀即得。
5. 质量检查：按 2015 版药典乳膏剂的质量检查项目，进行检查，做好记录。

五、实训结果

实训结果填入实训表 18-1。

实训表 18-1　乳膏剂的质量检查结果

	乳剂基质类型	外观	粒度	刺激性
水杨酸乳膏				

六、总结思考

1. 水杨酸乳膏的制备采用的是什么方法？制得的是何种类型的乳膏基质？
2. 水杨酸为何要在基质冷凝后加入？

（蒲世平）

实训 19　溶液型液体药剂的制备和质量检查

一、实训目标

1. 掌握溶液型液体药剂的种类、概念、特点和基本制备方法。
2. 掌握制备液体药剂常用称量器具的正确使用方法。
3. 熟悉液体药剂常规质量检查项目的检查方法。
4. 了解液体制剂中常用附加剂的正确使用、作用机制及常用量。

二、实训任务

（一）制备复方碘溶液（卢戈氏溶液）

【处方】　碘 5.0g，碘化钾 10g，蒸馏水加至 100ml。

（二）制备单糖浆

【处方】　蔗糖 85g，蒸馏水加至 100ml。

（三）制备薄荷水（表 19-1）

表 19-1　薄荷水的三个处方

处方	Ⅰ	Ⅱ	Ⅲ
薄荷油	0.2ml	0.2ml	0.2ml
滑石粉	1.5g		
聚山梨酯 80		1.2g	1.2g
90% 乙醇			60ml
纯化水加至	100.0ml	100.0ml	100.0ml

三、实训器材

1. 器具　烧杯(50ml,250ml),玻璃漏斗(6cm,10cm)磨塞小口玻瓶(50ml,100ml),量筒(100ml)普通天平、玻棒、电炉等。

2. 材料　碘,碘化钾,蔗糖,薄荷油,聚山梨酯 80,滑石粉,乙醇(均为药用规格),蒸馏水等。

四、实训内容

(一) 复方碘溶液(卢戈氏溶液)的制备

【制法】 取碘化钾置容器内,加适量蒸馏水搅拌使溶解,加入碘,搅拌溶解后加蒸馏水至全量,即得。

【用途】 调节甲状腺机能,用于缺碘引起的疾病,如甲状腺肿、甲亢等的辅助治疗。每次 0.1~0.5ml,饭前用水稀释 5~10 倍后服用,一日 3 次。

(二) 单糖浆的制备

【制法】 取蒸馏水 45ml 煮沸,加入蔗糖,搅拌溶解后,继续加热至 100℃,趁热用精制棉过滤,自滤器添加适量热蒸馏水至全量,搅匀,即得。

【用途】 矫味剂。供调制各种药用糖浆用。

(三) 薄荷水的制备

【制法】

1. 处方Ⅰ用分散溶解法　称取精制滑石粉 1.5g,在研钵中,加薄荷油 0.2ml,研匀;分次加入纯化水适量,研均后移至细口瓶中,加盖,振摇 10min 后,反复过滤至滤液澄明,再由滤器上加适量纯化水,使成 100ml,即得。

2. 处方Ⅱ用增溶法　取薄荷油 0.2ml,加聚山梨酯 80 搅匀,加入纯化水充分搅拌溶解,过滤至滤液澄明,再由滤器上加适量纯化水,使成 100ml,即得。

3. 处方Ⅲ用增溶-复溶剂法　取薄荷油,加聚山梨酯 80 搅匀,在搅拌下,缓慢加入乙醇(90%)及纯化水适量溶解,过滤至滤液澄明,再由滤器上加适量纯化水制成 100ml,即得。

【注】 (1) 本品为薄荷油的饱和水溶液(约 0.05% ml/ml),处方用量为溶解量的 4 倍,配制时不能完全溶解。

(2) 滑石粉等分散剂,应与薄荷油充分研匀,以利发挥其作用,加速溶解过程。

(3) 聚山梨酯 80 为增溶剂,应先与薄荷油充分搅匀,再加水溶解,以利发挥增溶作用,加速溶解过程。

五、实训结果

(1) 描述复方碘溶液、单糖浆和薄荷水成品的外观性状;

(2) 观察碘化钾溶解的水量与加入碘的溶解速度。

(3) 比较薄荷水三种处方不同方法制备的异同。

将实训结果填入实训表 19-2。

实训表 19-2 复方碘溶液、单糖浆和薄荷水的质量检查结果

序号	品种	装量差异	澄清度	pH	嗅味	外观
1	复方碘溶液					
2	单糖浆					
3	薄荷水Ⅰ					
4	薄荷水Ⅱ					
5	薄荷水Ⅲ					

六、总结思考

1. 碘化钾在碘酊处方中起何作用？
2. 配制糖浆剂时应注意哪些问题？单糖浆中不加防腐剂时应注意哪些问题？
3. 根据实验结果说明薄荷水三种不同处方、制法各自特点与其适用性。

（刘跃进）

实训 20 高分子溶液剂的制备及质量检查

一、实训目的

1. 掌握高分子溶液剂的制备方法。
2. 掌握胶体药物的溶解特性。

二、实训任务

（一）制备胃蛋白酶合剂

（二）制备煤酚皂溶液

三、实验器材

1. 仪器 烧坏(250ml)，试剂瓶(250m1)，吸管(0.1m1，5m1)，试管(10ml)，水浴，电炉，秒表，洗耳球等。

2. 材料 胃蛋白酶、稀盐酸、甘油、煤酚、软皂、氢氧化钠等均系药用规格；豆油、蒸馏水等。

四、实验内容

（一）胃蛋白酶合剂的制备

【处方】 胃蛋白酶(1∶3000)3g，稀盐酸 2ml，
甘油 20ml，蒸馏水加至 100ml。

【制法】

制法Ⅰ：取处方量 2/3 左右的蒸馏水与稀盐酸、甘油混合后，将胃蛋白酶撒于液面

上，任其自然膨胀，轻轻搅拌使溶解，再添加蒸馏水至全量，混匀，即得。

制法Ⅱ：取胃蛋白酶加稀盐酸研磨，加蒸馏水溶解后加入甘油，再加水至足量，混匀，即得。

【用途】 本品有助于消化蛋白，适用于肠胃发酵性消化不良及胃酸缺乏等症。

（二）煤酚皂溶液的制备

煤酚皂溶液的处方见表实训 20-1。

实训表 20-1 煤酚皂溶液的处方

处方	煤酚	软皂	豆油	氢氧化钠	蒸馏水
Ⅰ	50ml	50g			加至 100ml
Ⅱ	50ml		17.3g	2.7g	加至 100ml

【制法】

制法Ⅰ：将煤酚、软皂和适量蒸馏水置水浴中温热，搅拌溶解，添加蒸馏水至全量。

制法Ⅱ：

（1）取氢氧化钠，加蒸馏水 10ml 溶解后加植物油，置水浴上加热，时时搅拌，至取溶液 1 滴，加蒸馏水 9 滴，无油滴析出，即为完全皂化。

（2）加煤酚，搅匀，放冷，再添加蒸馏水至全量，混合均匀，即得。

【用途】 消毒防腐药。用于消毒手（常用 1%～2% 水溶液）、敷料、器械和处理排泄物（常用 5%～10% 的水溶液）等。

五、实训结果

1. 描述胃蛋白酶合剂、煤酚皂溶液成品的外观性状。
2. 观察胃蛋白酶合剂有限溶胀过程。
3. 比较煤酚皂溶液二种处方、胃蛋白酶合剂二种不同制备方法的异同。

将实训结果填入实训表 20-2。

实训表 20-2 胃蛋白酶合剂、煤酚皂溶液质量检查结果

序号	品种	装量差异	澄清度	pH	嗅味	外观
1	胃蛋白酶合剂Ⅰ					
2	胃蛋白酶合剂Ⅱ					
3	煤酚皂溶液Ⅰ					
4	煤酚皂溶液Ⅱ					

六、总结思考

1. 简述亲水胶体的溶胀过程和胶溶过程。
2. 哪些因素可能影响胃蛋自酶合剂中胃蛋白酶的活力？两种制备方法的结果有何不同？

3. 煤酚在水中溶解度为多少？为什么煤酚皂溶液中煤酚的溶解度可达50%？ 制备过程中采用皂化反应法，有哪些植物油可代用豆油？

（刘跃进）

实训21 乳剂的制备和鉴别及质量检查

一、实训目标

1. 掌握采用不同乳化剂制备乳剂的制备法。
2. 比较不同方法制备的乳剂油滴粒度大小、均匀度及其稳定性。
3. 掌握乳剂类型的鉴别方法。

二、实训任务

（一）采用干胶法、湿胶法和机械法制备液体石蜡乳

【处方】 液体石蜡 12ml，
阿拉伯胶 4g，
纯化水 适量，
共制 30ml。

（二）用新生皂法制备石灰搽剂

【处方】 氢氧化钙溶液 25ml，
花生油 25ml，
共制 50ml。

三、实训器材

（1）药品：液体石蜡、阿拉伯胶、纯化水、氢氧化钙溶液、花生油、苏丹红、亚甲蓝。

（2）器具：天平、乳钵、烧杯、量杯、量筒、有盖试剂瓶、标签、载玻片、显微镜、称量纸、药匙、胶头滴管。

四、制备过程

（一）采用干胶法、湿胶法和机械法制备液体石蜡乳

1. 干胶法制备步骤

（1）量取液体石蜡放置干燥乳钵中，将阿拉伯胶分次加入液体石蜡中轻轻搅匀；

（2）量取纯化水8ml，一次性加入混合液中，用力沿同一方向迅速研磨至初乳生成；

（3）将以上所制得的初乳用适量水稀释后转移至50ml量杯中，用水洗涤乳钵，洗液并入量杯中；

（4）再加纯化水至总量30ml，搅匀，即得。

2. 湿胶法制备步骤

（1）取纯化水8ml置乳钵中，加4g阿拉伯胶粉研成胶浆；

（2）将液体石蜡分次滴加入以上胶浆中，边加边沿同一方向迅速研磨至初乳生成；

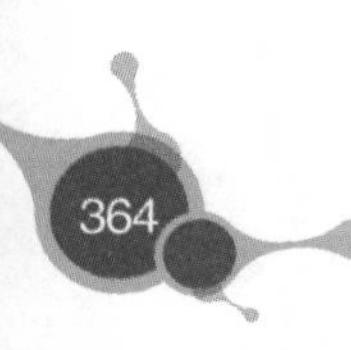

（3）以上所制得的初乳加适量水稀释后，将初乳转移至50ml量杯中；

（4）再加纯化水至总量30ml，搅匀，即得。

3. 机械法制备步骤　将水、油、胶按处方量一起加入高速搅拌机中搅拌1min，即得。

【注意事项】

（1）干胶法中的阿拉伯胶与液体石蜡乳混合时要轻搅，以防胶粉结块。

（2）干胶法在形成初乳前不可以停止研磨，否则初乳无法形成。

（3）必须等初乳形成才能加水稀释。

（4）最后加纯化水至全量时，可用胶头滴管滴加，以防过量。

4. 质量检查　本品应为白色乳状液，镜检内相油滴细小均匀。

（二）石灰搽剂制备(新生皂法)

1. 制备步骤　取花生油与氢氧化钙溶液置于有盖玻璃瓶中，用力振摇，使成乳浊液，即得。

【注意事项】

（1）本制剂是利用花生油中游离脂肪酸与氢氧化钙反应生成的新生钙皂作W/O型乳化剂。所以制成的乳剂是W/O型。

（2）花生油可用麻油或其他植物油代替，氢氧化钙溶液为饱和溶液。

（3）振摇时力度要大，时间要长，否则形成的乳剂不稳定，容易分层。

2. 质量检查　本品应为乳黄色稠厚液体。镜检内相液滴大小不匀。

取氢氧化钙溶液与花生油混合，用力振摇，使成乳浊液，即得。

（三）乳剂类型的鉴别

（1）稀释法：取试管2支，分别加入两种乳剂各1~5滴，加水约5ml振摇，观察是否混匀，并判断乳剂的类型。并将结果填入下表(表21-1)。

（2）染色法：将液体石蜡乳和石灰搽剂分置载玻片上，用油溶性染色剂苏丹红染色，显微镜下观察结果并判断乳剂类型；另用水溶性染色剂亚甲蓝染色，同样显微镜下观察结果并判断乳剂类型。

五、实训结果

把乳剂鉴别的结果填入实训表21-1。

实训表21-1　乳剂类型鉴别结果

样品	稀释法	苏丹红染色	亚甲蓝染色	乳剂类型
液体石蜡乳				
石灰搽剂				

六、总结思考

1. 乳剂的组成有哪些？
2. 乳剂的类型由什么确定？
3. 如何判断乳剂的类型？

（卢楚霞）

实训 22 混悬剂的制备和质量检查

一、实训目标

1. 掌握混悬剂的制备方法。
2. 能基本解释助悬剂、润湿剂、絮凝剂、与反絮凝剂作用,并在制剂中应用。
3. 熟悉混悬剂的质量评定方法。

二、实训任务

制备 4 种炉甘石洗剂各 50ml,并进行比较。

【处方 1】 炉甘石 4g,氧化锌 4g,甘油 5ml,蒸馏水加至 50ml。

【处方 2】 炉甘石 4g,氧化锌 4g,甘油 5ml,西黄蓍胶 0. 25g,蒸馏水加至 50ml。

【处方 3】 炉甘石 4g,氧化锌 4g,甘油 5ml,三氯化铝 0. 25g,蒸馏水加至 50ml。

【处方 4】 炉甘石 4g,氧化锌 4g,甘油 5ml,枸橼酸钠 0. 25g,蒸馏水加至 50ml。

三、实训器材

1. 药品 炉甘石、氧化锌、甘油、西黄蓍胶、三氯化铝、枸橼酸钠、纯化水。
2. 器具 天平、具塞量筒、乳钵、量杯、量筒、漏斗、滤纸、小烧杯、铁架台。

四、制备过程

1. 取 4 个处方量的炉甘石、氧化锌于乳钵中分别粉碎,把粉碎后的炉甘石和氧化锌混合,加入甘油润湿完全,加适量蒸馏水研磨混合成糊状,分成 4 等份。

2. 处方 1 制备:取第 1 份样品加适量水稀释后转移至 50ml 具塞量筒中定量。

3. 处方 2 制备:称取 0. 25g 西黄蓍胶置小烧杯中加 5ml 水制成胶浆,加入第 2 份样品中混匀,加适量水稀释后转移至 50ml 具塞量筒中定量。

4. 处方 3 制备:称取 0. 25g 三氯化铝置小烧杯中加 5ml 水溶解,加入第 3 份样品中混匀,加适量水稀释后转移至 50ml 具塞量筒中定量。

5. 处方 4 制备:称取 0. 25g 枸橼酸钠置小烧杯重加 5ml 水溶解制成溶液,加入第 4 份样品中混匀,加适量水稀释后转移至 50ml 具塞量筒中定量。

6. 质量检查

1) 沉降体积比的测定:①将以上四份炉甘石洗剂分别用力振摇 1min,记录混悬液的开始高度 H_0。②放置,按实训表 22-1 规定时间测定沉降物的高度 H。③按式(沉降体积比$F=H/H_0$)计算不同放置时间的沉降体积比,并记录在实训结果表 22-1 中。

2) 重新分散实验 :①将上述分别装有炉甘石洗剂的带塞量筒放置 48h,使其沉降。②将具塞量筒倒置翻转(一正一反为一次),并将筒低沉降物重新分散所需翻转的次数记录在实训表 22-2 中。

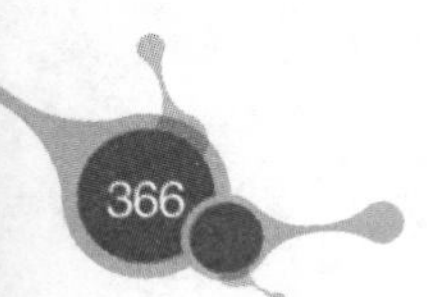

五、实训结果

（1）沉降体积比的测定

实训表 22-1　炉甘石洗剂 1h 内的沉降体积比（H/H_0）

时间	处方 1	处方 2	处方 3	处方 4
5min				
15min				
30min				
1h				

（2）重新分散实验

实训表 22-2　炉甘石洗剂重新分散实验数据

	处方 1	处方 2	处方 3	处方 4
翻转次数				

六、总结思考

1. 优良的混悬剂应达到哪些质量要求？
2. 本实验四个处方各有什么的优缺点？

（卢楚霞）

实训 23　注射剂的制备和质量检查

一、实训目标

1. 掌握空安瓿与垂熔玻璃滤器的处理方法。
2. 掌握注射液的配制、滤过、灌封、灭菌等基本操作。
3. 熟悉注射剂漏气检查和可见异物检查的方法。
4. 学会干燥箱和净化工作台的使用。

二、实训任务

制备盐酸普鲁卡因注射液　（5ml/支）

【处方】　盐酸普鲁卡因 3.0g，0.1mol/L 盐酸适量，氯化钠 1.8g，注射用水加至 300ml。

三、实训仪器和器材

1. 器材　pH 计（试纸），灌注器，G_2 垂熔玻璃滤器，微孔滤膜器、安瓿，熔封器，量瓶等。

2. 药品　注射用盐酸普鲁卡因、注射用氯化钠、稀盐酸、蒸馏水等。

四、制备过程

1. 制备

(1) 取注射用水约200ml，加入氯化钠，搅拌溶解，再加盐酸普鲁卡因使之溶解；

(2) 加0.1mol/L盐酸溶液调节pH4.0~4.5，再加水至足量，搅匀；

(3) 用垂熔玻璃滤器粗滤，用微孔滤膜器精滤；

(4) 灌装于中性玻璃易折安瓿中，熔封；

(5) 用流通蒸气100℃加热30 min灭菌，灭菌后立即放入冷的1%亚甲蓝溶液中检漏；

(6) 质检、印字、包装。

【注意事项】

(1) 配液采用稀配法；

(2) 灌注时注意不要将药液沾在安瓿颈上，以防焦头；

(3) 盐酸普鲁卡因在酸性条件下不易变质，故调节pH至4.0~4.5；

(4) 酸性条件不利于微生物的生长繁殖，2ml注射剂可用流通蒸气100℃加热30 min灭菌；

(5) 熔封时注意安全，避免事故发生。

2. 质量检查

(1) 漏气检查：将灭菌后的安瓿趁热置于1%亚甲蓝溶液中，稍冷取出剔除被染色的安瓿，并记录漏气支数。

(2) 可见异物检查：将安瓿外壁擦干净，1~2ml注射剂每次拿取6支，于伞棚边处，手持安瓿颈部使药液轻轻翻转，用目检视。每次检查50ml或50ml以上的注射液，按直立、倒立、平视三步法旋转检视。按以上装置及方法检查，除特殊规定品种外，未发现有异物或仅带微量白点者作合格论。

五、实训结果

实训结果填入实训表23-1

实训表23-1　可见异物检查结果记录

检查总支数	不合格原因							废品支数	成品合格率(%)
	玻璃屑	纤维	白点	白块	焦头	漏气	其他		

六、讨论与思考

1. 易水解药物的注射剂在生产上应注意什么问题？

2. 灭菌温度和灭菌时间对盐酸普鲁卡因注射剂的质量，有什么影响？

（蒋宏雁）

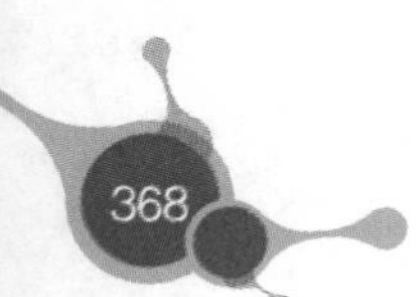

实训24　滴眼剂的制备和质量检查

一、实训目标

1. 通过氯霉素滴眼液的制备,掌握滴眼剂的制备工艺。
2. 了解常用附加剂种类,掌握等渗度和 pH 的调节方法。
3. 学习无菌操作法及无菌操作柜的使用方法。
4. 能按要求规范进行滴眼剂质量检查 。
5. 生产结束,能够按照 GMP 要求清场。
6. 按 GMP 要求准确进行各环节记录。

二、实训任务

制备氯霉素滴眼液 100ml

【处方】　氯霉素 0.25g,硼砂 0.03g,硼酸 1.90g,尼泊金乙酯 0.03 g,蒸馏水加至 100ml。

三、实训器材

1. 器具　电子天平、烧杯、微孔滤膜过滤器、输液瓶、塑料眼药瓶、灌注器、热压灭菌器、pH 计、无菌操作柜。

2. 材料　氯霉素、硼砂、硼酸、尼泊金乙酯 、蒸馏水。

四、制备过程

(1) 制备前检查:是否清场、仪器是否清洁、按处方核对物料。

(2) 用 75% 乙醇消毒塑料眼药瓶,再用滤过的无菌蒸馏水洗至无醇味,沥干备用。若包装完好,经抽样作无菌检查合格者,也可直接使用。

(3) 无菌操作柜用新洁尔灭(1→1000)消毒,也可用 75% 乙醇抹净,用甲醛棉球蒸汽灭菌 1~2h 备用。操作者的手需先用肥皂洗净后,用新洁尔灭溶液或 0.5% 甲酚皂溶液浸泡 1min。

(4) 配制:称取硼酸、硼砂置洗净的容器中,溶于约 90ml 的注射用水中,加热搅拌使完全溶解,至 60℃ 时,加入氯霉素和尼泊金乙酯使溶解,加水至 100ml。测定 pH 合格后,用微孔滤膜过滤器过滤,滤液灌装于洁净的输液瓶中,100℃ 流通蒸气灭菌 30min。

(5) 无菌分装:经消毒后的操作者手戴上已灭菌的袖套,伸入无菌操作柜内,将灭菌的氯霉素药液分装于滴眼瓶中,封口即得。

(6) 质量检查:按 2015 版药典质量检查项目,进行检查,做好检验记录。

【注意事项】

(1) 氯霉素在 25℃ 时水中溶解度为 1∶400。氯霉素对热较稳定,配液时可加热以加速溶解。

(2) 氯霉素在弱酸或中性(pH4.5~7.5)溶液中较稳定,在 pH 为 6 时最稳定。因它

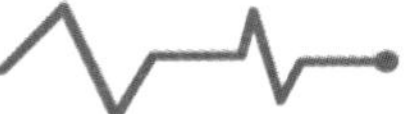

可被磷酸盐、醋酸盐和枸橼酸盐等催化水解，因此常用硼酸盐缓冲液。

（3）尼泊金乙酯需在热注射用水中溶解。

质量检验结果见实训表 14-1

实训表 24-1　氯霉素滴眼液的质量检验结果

项目	性状	pH	可见异物
结果			
标准规定			
结论			

五、总结思考

1. 氯霉素滴眼液中的硼酸、硼砂与尼泊金乙酯为何种作用的附加剂？
2. 滴眼剂中选择抑菌剂时应考虑哪些问题？
3. 滴眼剂制备中应注意哪些问题？

（闫丽丽）

实训 25　参观生产企业的注射车间

一、实训目标

1. 了解生产企业注射车间的布局设计、GMP 要求与实施的概况。
2. 了解生产企业注射剂的生产工艺流程、质量要求以及各岗位的标准操作规程。
3. 熟悉各岗位所涉及到的生产设备。

二、实训任务

1. 按“一般生产区生产人员进出标准程序”进入制水生产操作区参观—纯化水制备设备名称、注射用水制备主要设备及注射用水储存要求。

2. 按“一般生产区生产人员进出标准程序”进入理瓶间，再按“D 级洁净区生产人员进出标准程序”进入精洗和烘干岗位参观—理瓶设备名称、洗瓶设备及灭菌设备名称。

3. 按“C 级洁净区生产人员进出标准程序”进入配液岗位参观—配液罐主要部件名称及过滤器种类。

4. 按“C 级洁净区生产人员进出标准程序”进入灌封岗位参观—灌封机主要部件名称。

5. 灭菌岗位、灯检岗位、印字包装岗位参观。

三、实训场地

药厂注射剂车间。

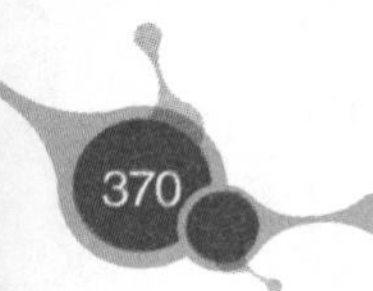

四、实训结果

将注射剂生产设备填入实训表25-1中。

实训表25-1 注射剂生产设备

工序	设备名称
注射用水制备	
理瓶	
洗瓶	
配液	
灌封	
灭菌	
灯检	
印字、包装	

五、总结思考

1. 生产企业注射剂车间应如何设计？
2. 注射剂的生产工艺流程？
3. 如何设置灭菌参数？
4. 灯检操作的注意事项？

（闫丽丽）

实训26 药物制剂的配伍变化的观察

一、实训目标

1. 通过实验增强对各种类型药物制剂配伍变化的认识。
2. 分析药物发生配伍变化的原因及解决的方法。

二、实训任务

1. 通过薄荷脑和樟脑的低共熔物现象，活性炭的吸附作用，加深对物理配伍变化的理解。

2. 通过盐酸肾上腺素的一系列氧化还原反应，加深对化学配伍变化的理解。

3. 通过观察分析氨茶碱注射液由于pH发生剧烈变化出现的现象，维生素C的氧化还原反应等，加深对注射剂配伍变化的理解。

三、实训器材

托盘天平、量筒、玻璃棒、滤纸、酒精灯、试管夹、乳钵。

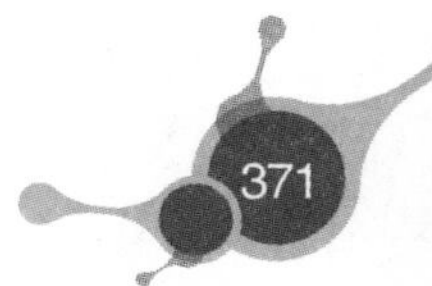

四、实训过程

（一）物理性配伍变化

1. 取薄荷脑 0.5g，樟脑 0.6g，置干燥乳钵中，研磨混合，现象为________。

2. 取盐酸小檗碱 0.05g，加纯化水至 50ml，摇匀，溶液呈________颜色。另取两支试管，加入以上溶液各 20ml，按下列处理方法操作，用玻璃棒搅拌摇匀，用干燥的滤纸滤过，观察溶液的颜色，并填表记录（实训表 26-1）。

实训表 26-1 盐酸小檗碱配伍变化结果

试管编号	处理方法	出现的现象
1 号	加活性炭 0.5g	
2 号	加滑石粉 0.5g	

（二）化学性配伍变化

取 4 支试管，各加入规格为 1ml∶1mg 的盐酸肾上腺素注射液 2ml，按下表规定的方法操作，并观察溶液颜色的变化，观察时间至少 10min，并填表记录（实训表 26-2）。

实训表 26-2 盐酸肾上腺素注射液配伍变化结果

试管编号	处理方法	出现的现象
1 号	加纯化水 2ml，不加热	
2 号	加纯化水 2ml，加热至沸	
3 号	加 3% 过氧化氢 2ml，不加热	
4 号	加 3% 过氧化氢 2ml，加 2% 亚硫酸氢钠 2ml	

（三）注射剂配伍变化

1. 两种注射剂配伍，因 pH 发生剧烈变化，使溶液析出结晶或沉淀。

取两支试管，分别加入 2.5% 的氨茶碱注射液 4ml，分别加入另一种注射液，摇匀，观察，填表记录（实训表 26-3）。

实训表 26-3 注射剂配伍变化结果

试管编号	处理方法	出现的现象
1 号	加 20% 磺胺嘧啶钠注射液 4ml	
2 号	加 5% 盐酸四环素注射液 4ml	

2. 两种注射剂配伍，因氧化还原反应发生配伍变化，使溶液产生新物质。

取两支试管，分别加入 2% 的维生素 C 注射液 2ml，按以下表格上的要求加入其他注射液，摇匀，观察，填表记录（实训表 26-4）。

实训表 26-4 注射剂配伍变化结果

试管编号	处理方法	出现的现象
1号	加0.25%碘解磷定注射液1ml	
2号	加0.25%碘解磷定注射液1ml、1%亚硫酸氢钠1ml、1%EDTA 1ml	

五、实训结果

观察现象，填写实训表26-1～实训表26-4，并分析现象出现的原因。

六、总结思考

1. 物理性配伍变化有哪些？
2. 化学性配伍变化有哪些？
3. 常见注射剂配伍变化发生原因？

（杨香丽）

实训 27 滴丸剂的制备

一、实训目的

1. 掌握滴制法制备滴丸剂的操作工艺。
2. 熟悉影响滴丸质量的主要因素及其控制方法。
3. 了解滴丸的制备原理。

二、实训任务

制备氯霉素滴丸。

【处方】 氯霉素17g，聚乙二醇6000 34g，制成1000粒。

三、实训器材

1. 器具 蒸发皿，保温夹层漏斗，圆形玻璃套管（内径4cm，外径8cm，高60cm），尼龙筛网（60目），水浴，电炉，温度计等。

2. 材料 氯霉素，聚乙二醇6000，液体石蜡等。

四、实训内容

（一）制法

制备滴九的小型装置见图27-1。

（1）取氯霉素与聚乙二醇6000按1∶2比例配合，水浴上熔融，搅匀。

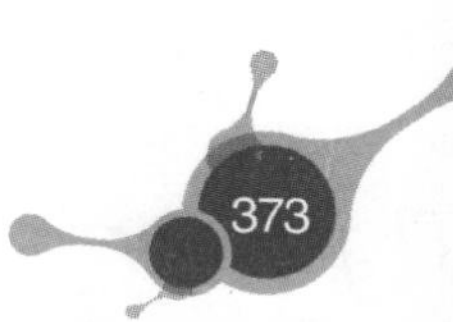

（2）过滤至 80℃保温滴注器中，滴入用冰冷却的液体石蜡中成丸。

（3）取出滴丸，摊在纸上，吸去油丸表面的液体石蜡（必要时可用乙醚或乙醇洗涤），自然干燥，即得。

（二）用途

氯霉素耳滴丸具有抗菌消炎作用，用于治疗化脓性中耳炎。

氯霉素在水中溶解度很小（1∶400），不易在耳中脓液中维持较高浓度。水溶性的聚乙二醉 6000 熔点较低（54~60℃），能与氯霉素互溶，故氯霉素在滴丸中分散度大、溶解快、奏效迅速。普通丸、片与水接触后很快崩散并随脓液流出或阻塞耳道妨碍引流，但本滴丸接触脓液时，仅有部分聚乙二醇溶解，其余部分仍保持丸形，有一定硬度，故有长效、高效特点。

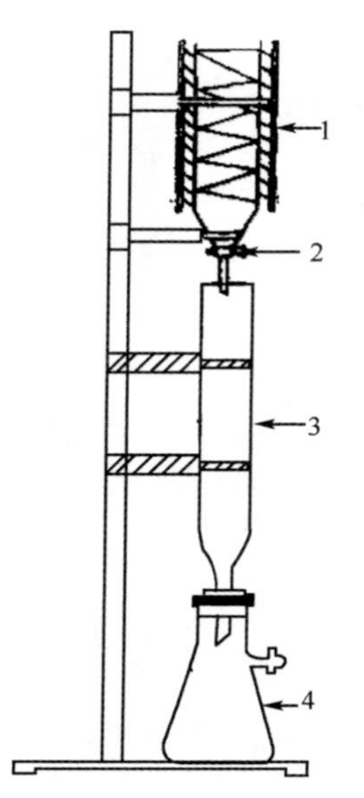

实训图 27-1　实验室制备水溶性滴丸的装置

1. 电热保温滴注器；2. 螺旋夹；3. 冷却柱；4. 抽滤瓶

五、实训结果

记录氯霉素滴丸的外观、重量差异、溶散时限，试讨论影响滴丸剂质量的因素（实训表 27-1）。

实训表 27-1　氯霉素滴丸质量检查表

检查项目	外观	重量差异	溶散时限	备注
检查结果				

六、总结思考

1. 滴丸剂有何特点？如何选择滴丸的基质？
2. 采用滴制法制备滴丸时应注意哪些问题？
3. 影响滴丸成型的因素有哪些？

（刘跃进）

参 考 文 献

陈骏骐.2003. 中药药剂. 北京:中国中医药出版社

陈明非.2002. 药剂学基础. 北京:人民卫生出版社

陈育民,罗江灵.2011. 病原生物学与免疫学. 第2版. 西安:第四军医大学出版社

崔福德.2011. 药剂学. 第7版. 北京:人民卫生出版社

杜月莲.2013. 药物制剂技术. 北京:中国中医药出版社

高宏.2008. 药剂学. 第2版. 北京:人民卫生出版社

国家食品药品监督管理局药品认证管理中心.2011. 药品GMP指南. 北京:中国医药科技出版社

国家药典委员会.2010. 中华人民共和国药典(2010年版). 北京:中国医药科技出版社

金凤环.2012. 中药固体制剂技术. 北京:化学工业出版社

刘素兰.2010. 药剂学. 北京:科学出版社

孙彤伟.2009. 液体制剂技术. 北京:化学工业出版社

屠锡德,张钧寿,朱家璧. 药剂学. 第3版. 北京. 人民卫生出版社

卫生部令第79号.2011. 药品生产质量管理规范(2010年修订)

杨明.2012. 中药药剂学. 北京:中国中医药出版社

张琦岩.2013. 药剂学. 第2版. 北京:人民卫生出版社

《药物制剂技术》教学大纲

一、课程性质与任务

《药物制剂技术》是中等职业教育药剂专业一门专业核心课程，是涉及药物制剂的基本理论、生产技术、质量控制与合理应用等内容。通过本课程的学习，使学生能够掌握药物制剂的基本知识，具备制备典型制剂和对药物制剂的质量进行正确评价的技能，具备在药品生产、经营、使用中从事药物服务的基本知识和基本技能，同时为参加卫生专业技术资格药士考试提供参考，为学生能更好地从事专业药学工作奠定良好基础。

二、 课程教学目标

（一）知识教学目标

（1）掌握药剂学中重要的基本概念与常用术语。

（2）掌握常用剂型的概念、特点、应用、质量要求及质量评价等方面的知识。

（3）掌握常用剂型的制备工艺、辅料。

（4）掌握医生处方的结构及合理调配药物的基本知识。

（5）熟悉生物药剂学和药物相互作用的主要内容，一般剂型的制备，制剂的包装与储存。

（6）了解药物新剂型的概念、特点和制备工艺。

（二）能力培养目标

（1）能正确调配医生处方并指导患者合理用药。

（2）会使用常见的衡器、量器及常用制剂设备和质量检查仪器。

（3）能制备常用的药物制剂和解决配制过程中出现的问题。

（4）熟练掌握《中国药典》的使用；掌握不同制剂的质量控制项目，并据此初步判断药品质量。

（三）思想教育目标

（1）通过对药物制剂的制备和质量检查，树立科学的思维方法、实事求是、严谨的工作作风。

（2）通过案例式教学、启发式教学、问题式教学、讨论式教学、小组合作等多种教、学、做方法，培养学生的创新精神、良好的团队协作和沟通表达能力。

三、教学内容和要求

教学内容	教学要求			教学活动参考
	了解	理解	掌握	
上篇				
第1章　绪论				理论讲授
第1节　概述				多媒体演示
一、药剂学的概念			√	讨论
二、药剂学的分支学科			√	
三、药剂学的发展			√	
第2节　药物剂型				
一、剂型的重要性			√	
二、药物剂型的分类			√	
三、DDS		√		
第3节　国家药品标准和处方				理论讲授
一、国家药品标准				多媒体演示
二、处方			√	讨论
三、处方药和非处方药			√	
四、GSP、GLP和GCP		√	√	
实训1　学习查阅《中国药典》2010版的方法				实践技能
第2章　GMP				理论讲授、讨论
第1节　药品生产中常用的名词术语			√	多媒体演示
第2节　GMP概述			√	案例式教学
				示教、录像
				动画演示
实训2　混合岗位操作				实践技能
第3章　粉碎、筛分、与混合				
第1节　粉碎				理论讲授、讨论
一、概述			√	多媒体演示
二、粉碎的方法			√	案例式教学
三、常用的粉碎设备			√	示教、录像
第2节　筛分				动画演示
一、概述			√	

教学内容	教学要求			教学活动参考
	了解	理解	掌握	
二、常用的筛分设备			√	
第3节　混合				
一、概述			√	
二、常用的混合设备			√	
实训3　药剂学的基本操作——称量				实践技能
实训4　粉碎、过筛、混合设备的使用				
第4章　浸出、浓缩、干燥				理论讲授、讨论
第1节　浸出				多媒体演示
一、浸出的概念			√	案例式教学
二、浸出过程与影响浸出的因素	√			示教、录像
三、浸出溶剂			√	动画演示
四、常用的浸出方法			√	
第2节　浓缩				
一、蒸发		√		
二、蒸馏		√		
第3节　干燥				
一、影响干燥的因素	√			
二、常用的干燥方法与设备		√		
实训5　五味子有效成分的提取与浓缩				
第5章　灭菌与防腐				理论讲授、讨论
第1节　概述				多媒体演示
一、《药典》微生物限度检查要求	√			案例式教学
二、微生物限度检查解结果判定	√			示教、录像
三、灭菌与防腐常用术语		√		动画演示
第2节　灭菌与防腐				
一、物理灭菌法			√	
二、化学灭菌法			√	
三、无菌操作法			√	

续表

教学内容	教学要求			教学活动参考
	了解	理解	掌握	
四、常用的防腐剂			√	
第 3 节　热原				
一、概述			√	
二、污染热原的途径		√		
三、除去热原的方法			√	
四、检查热原的方法			√	
实训 6　热压灭菌器的结构、使用和维护				实践技能
实训 7　防腐剂防腐作用的观察				
下篇				
第 6 章　散剂制备技术				理论讲授、讨论
第 1 节　概述			√	多媒体演示
第 2 节　散剂的制备			√	案例式教学
第 3 节　散剂的质量检查			√	示教、录像
				动画演示
实训 8　散剂的制备和质量检查				实践技能
第 7 章　颗粒剂制备技术				理论讲授、讨论
第 1 节　概述			√	多媒体演示
第 2 节　颗粒剂的制备			√	案例式教学
第 3 节　颗粒剂的质量检查			√	示教、录像
				动画演示
实训 9　颗粒剂的制备和质量检查				实践技能
第 8 章　胶囊剂制备技术				理论讲授、讨论
第 1 节　概述			√	多媒体演示
第 2 节　胶囊剂的制备			√	案例式教学
第 3 节　胶囊剂的质量检查			√	示教、录像
				动画演示
实训 10　硬胶囊剂的制备和质量检查				实践技能
第 9 章　片剂制备技术				理论讲授
第 1 节　概述				多媒体演示
一、片剂的概念和特点			√	讨论

教学内容	教学要求			教学活动参考
	了解	理解	掌握	
二、片剂的分类和质量要求			√	案例式教学
第 2 节　片剂的辅料				示教
一、辅料的作用			√	录像
二、辅料的分类和常用辅料			√	动画演示
第 3 节　片剂的制备				
一、湿法制粒压片			√	
二、干法制粒方法	√			
三、直接压片法	√			
四、压片过程中可能出现的问题及解决办法		√		
第 4 节　片剂的包衣			√	理论讲授
一、概述		√		多媒体演示
二、包糖衣的方法		√		讨论
三、包薄膜衣方法				案例式教学
第 5 节　片剂的质量检查				示教
一、外观形状		√		录像
二、重量差异		√		动画演示
三、硬度与脆碎度		√		
四、崩解时限		√		
五、溶出度的测定		√		
六、含量均匀度		√		
七、释放度的测定		√		
八、其他(发泡量、分散均匀性、微生物限度)			√	
第 6 节　片剂的包装与储存				
一、片剂的包装			√	
二、片剂的储藏			√	
实训 11　单冲压片机的结构、装卸和使用				实践技能
实训 12　片剂的制备和质量检查				
实训 13　参观生产企业的片剂车间				
第 10 章　中药丸剂制备技术				理论讲授、讨论
第 1 节　概述			√	多媒体演示

续表

教学内容	教学要求			教学活动参考
	了解	理解	掌握	
第2节　中药丸剂的制备			√	案例式教学
第3节　中药丸剂的质量检查			√	示教、录像
				动画演示
实训14　中药丸剂的制备和质量检查				实践技能
第11章　常用中药的浸出制剂				理论讲授
第1节　常用的浸出制剂				多媒体演示
一、汤剂			√	讨论
二、中药合剂与口服液			√	案例式教学
三、酒剂			√	示教
四、酊剂		√		录像
五、流浸膏剂与浸膏剂			√	动画演示
六、煎膏剂		√		
第2节　浸出药剂的质量控制				
一、药材的来源、品种与规格	√			
二、制法规范	√			
三、理化标准	√			
四、卫生学标准				
实训15　中药口服液的制备和质量检查				实践技能
第12章　栓剂制备技术				理论讲授、讨论
第1节　概述			√	多媒体演示
第2节　栓剂的基质			√	案例式教学
第3节　栓剂的制备			√	示教、录像
第4节　栓剂的质量检查			√	动画演示
第5节　栓剂的治疗作用及临床应用	√			
实训16　栓剂的制备和质量检查				实践技能
第13章　膏剂制备技术				理论讲授、讨论
第1节　软膏剂				多媒体演示
一、概述			√	案例式教学
二、软膏基质			√	示教、录像
三、软膏剂的制备			√	动画演示
四、软膏剂的质量检查与储藏			√	
第2节　眼膏剂				
一、概述			√	
二、眼膏剂的基质			√	
三、眼膏剂的制备			√	
四、眼膏剂的质量检查与储藏			√	
实训17　液体石蜡所需HLB值的测定				实践技能
实训18　软膏剂的制备和质量检查				
第14章　液体药剂制备技术				理论讲授
第1节　药物制剂基本理论				多媒体演示
一、表面活性剂			√	讨论
二、药物溶液的形成理论		√		案例式教学
三、微粒分散体系的基础理论	√			示教
第2节　液体药剂概述				动画演示
一、液体药剂的概念和特点			√	
二、液体药剂的质量要求			√	
三、液体药剂的分类			√	
第3节　液体药剂的溶剂和附加剂				
一、液体药剂的常用溶剂			√	
二、液体药剂的防腐			√	
三、液体药剂的矫味和着色			√	
第4节　低分子溶液剂				
一、概述			√	
二、溶液剂			√	
三、芳香水剂	√			
四、糖浆剂	√			
五、其他	√			
第5节　高分子溶液剂				

续表

教学内容	教学要求			教学活动参考
	了解	理解	掌握	
一、概述			√	
二、高分子溶液剂的性质	√			
三、高分子溶液剂的制备		√		
第6节　溶胶剂				
一、概述			√	
二、溶胶剂的结构和性质	√			
三、溶胶剂的制备			√	
第7节　混悬剂				
一、概述	√			
二、混悬剂的物理稳定性	√			
三、混悬剂的稳定剂				
四、混悬剂的制备			√	
五、混悬剂的质量检查		√		
第8节　乳剂				
一、概述	√			
二、乳化剂		√		
三、乳剂的形成理论		√		
四、乳剂的制备			√	
五、乳剂的稳定性	√			
六、乳剂的质量检查		√		
第9节　不同给药途径用液体制剂				
一、合剂	√			
二、洗剂	√			
三、搽剂	√			
四、滴鼻剂	√			
五、滴耳剂	√			
六、含漱剂	√			
七、滴牙剂	√			
第10节　液体药剂的包装与储藏				
1. 液体药剂的包装		√		
2. 液体药剂的储藏		√		
				实践技能
实训19　溶液型液体药剂的制备和质量检查				

教学内容	教学要求			教学活动参考
	了解	理解	掌握	
实训20　高分子溶液剂和溶胶剂的制备及质量检查				
实训21　乳剂的制备和鉴别及质量检查				
实训22　混悬剂的制备和质量检查				
第15章　无菌制剂				理论讲授
第1节　注射剂				多媒体演示
一、注射剂概述			√	讨论
二、注射剂的原辅料			√	案例式教学
三、注射剂的溶剂			√	示教
四、注射剂的附加剂			√	录像
五、注射剂的制备			√	动画演示
六、注射剂的质量要求		√		
七、注射剂的质量检查		√		
第2节　输液				
一、概述			√	
二、输液的制备			√	
三、输液主要存在的问题及解决办法		√		
四、输液剂的质量检查		√		
五、营养输液		√		
六、血浆代用液		√		
第3节　注射用无菌粉末				
一、概述			√	
二、注射用无菌分装制品	√			
三、注射用冻干制品	√			
第4节　眼用液体制剂				
一、概述			√	
二、滴眼剂的附加剂	√			
三、滴眼剂的的制备		√		
四、滴眼剂的质量检查			√	
五、眼用药物的吸收途径及影响吸收的因素			√	
实训23　注射剂的制备和质量检查				实践技能

续表

教学内容	教学要求			教学活动参考
	了解	理解	掌握	
实训 24 滴眼剂的制备和质量检查				
实训 25 参观生产企业的注射剂车间				
第 16 章 药物制剂稳定性及药物相互作用				理论讲授
第 1 节 药物制剂稳定性				多媒体演示
一、概述			√	讨论
二、制剂中化学降解的途径		√		案例式教学
三、影响药物制剂降解的因素及稳定化方法		√		
四、药物稳定性实验方法			√	
第 2 节 药物相互作用			√	
一、药物的配伍变化		√		
二、注射剂的配伍变化		√		
三、药动学的相互作用	√			
四、药效学的相互作用			√	
实训 26 药物制剂的配伍变化的观察				实践技能
第 17 章 其他制剂				理论讲授
第 1 节 滴丸剂				多媒体演示
一、概述			√	讨论
二、滴丸剂的制备			√	案例式教学
三、滴丸剂的质量检查	√			动画演示
第 2 节 气雾剂				
一、概述			√	
二、气雾剂的组成			√	
三、气雾剂的制备			√	
四、气雾剂的质量检查	√			
第 3 节 喷雾剂与粉雾剂				
一、喷雾剂	√			
二、粉雾剂	√			

教学内容	教学要求			教学活动参考
	了解	理解	掌握	
实训 27 滴丸剂的制备				
第 18 章 药物制剂新技术				理论讲授
第 1 节 固体分散技术				多媒体演示
一、概述			√	讨论
二、常用的载体材料			√	案例式教学
三、固体分散体的制备	√			
四、固体分散体的类型和释药原理			√	
第 2 节 包合技术				
一、概述			√	
二、包合物的制备	√			
三、β-环糊精包合物在药剂学上的应用		√		
第 3 节 脂质体的制备技术			√	
一、概述	√			
二、脂质体的制备		√		
三、脂质体在药剂中的应用			√	
第 4 节 微囊和微球的制备技术				
一、微囊		√		
二、微球		√		
第 5 节 生物技术制剂			√	
一、概述	√			
二、蛋白类药物制剂	√			
三、蛋白类药物新的给药系统			√	
第 6 节 其他				
一、缓释、控释和迟释制剂			√	
二、靶向制剂			√	
三、经皮吸收制剂			√	
四、膜剂和涂膜剂			√	

学时分配建议(108+8 * 学时)

序号	教学要求	学时数		
		理论	实践	合计
	上篇			
1	绪论	4	2	4
2	GMP	3	3	6
3	灭菌与防腐	4	2	6
4	粉碎、筛分、混合	3	3	6
5	浸出、浓缩、干燥	3	3	6
	下篇			
6	散剂制备技术	2	2	4
7	颗粒剂制备技术	2	2	4
8	胶囊剂制备技术	3	3	6
9	片剂制备技术	6	8	14
10	丸剂制备技术(蜜丸)	3	3	6
11	常用中药的浸出制剂制备技术	3	3	6
12	栓剂制备技术	2	2	4
13	膏剂制备技术	4	4	8
14	液体制剂制备技术	6	6	12
15	无菌制剂制备技术	6	6	12
16	药物制剂稳定性及药物相互作用	2	2	4
17	* 其他药物制剂	2	2	4
18	* 药物制剂新技术	4		4
	合计	64	52	116

四、 教学大纲说明

(一) 适用对象与参考学时

本教学大纲主要供三年中职教育药剂专业教学使用。总学时 108 节,其中理论教学 58 学时,实践教学 50 学时。带 * 部分为选学。各学校根据实际情况可以调整学时。

(二) 教学要求

(1) 本课程对理论部分教学要求分为掌握、理解、了解 3 个层次。掌握是对所学的药学专业知识、基本技能能充分认识,能灵活综合运用所学知识分析和解决实际工作中所遇到的问题。理解是指学生对所学的专业知识基本掌握,应用所学的技能。了解指学生能够记忆所学的知识。

(2) 本课程重点突出以能力为本位的教学理念,在实践技能方面分为 2 个层次。熟练掌握是指学生能正确理解操作原理、独立操作完成各项实践项目技能操作。学会是即在教师的指导下或根据操作原理,进行较为简单的技能操作。

（三）教学建议

（1）本课程的教学大纲力求体现以就业为导向、以能力为本位、以发展技能为核心的职教理念，以培养学生基本的知识和技能为原则，体现“工学结合”思路，内容主要以相关种类制剂设备为主线，使学生系统掌握制剂技术、设备的应用和质量检查的方法，着重培养药剂专业学生的动手能力，药物制剂合理应用的能力。

（2）理论教学方法多样化，积极应用现代化的教学手段，采用现场操作、仪器演示、动画演示、多媒体技术形象直观教学，淡化抽象教学，从学生的实际出发，调动学生学习的积极性和主动性，培养学生运用所学知识分析、解决问题的能力和自学的能力。

（3）实训教学通过参观、反复训练法 项目教学法 现场教学法等教学的形式，让每一个学生动手参与操作，人人过关，提高学生动手技能和分析解决问题的办法，培养学生实事求是和严谨的工作作风以及独立工作能力。

（4）学生的知识水平和能力水平应通过平时提问、测验、作业（实验报告）、实训操作、实训考试及理论考试情况综合评定学生成绩，使学生具有适应各类药学相关岗位的需要的能力。

自测选择题参考答案

第 1 章

1. A　2. C　3. A　4. D　5. B　6. D　7. B　8. B　9. A　10. B　11. A　12. B　13. C　14. D　15. BCD　16. ACD　17. ABDE　18. ABCE　19. ABCD　20. ACDE　21. ACDE　22. BD

第 2 章

1. C 2. A　3. D　4. C　5. A　6. D　7. E　8. D　9. A　10. E　11. E 12. E　13. C　14. D　15. D　16. B　17. D　18. D　19. E　20. E　21. C　22. A　23. D　24. C　25. A　26. B　27. C　28. D　29. C　30. A　31. E　32. E　33. B　34. E　35. B　36. B　37. D　38. E　39. B　40. A　41. E　42. C　43. D　44. A　45. D　46. B　47. B　48. B　49. A　50. E　51. A　52. B　53. A　54. C　55. B　56. B　57. D　58. C

第 3 章

1. E　2. A　3. D　4. B　5. C　6. D　7. D　8. C　9. B　10. E

第 4 章

1. D　2. C　3. D　4. D　5. E　6. A　7. E　8. A　9. E　10. C　11. E　12. A　13. D　14. C　15. E　16. B　17. A　18. C　19. ABCDE　20. BCDE　21. ABCD　22. ABCD　23. ABDE

第 5 章

1. B　2. B　3. D　4. B　5. A　6. B　7. D　8. B　9. D　10. A　11. E　12. C　13. C　14. D　15. E　16. B　17. B　18. E　19. D　20. C　21. A　22. D　23. A　24. B　25. E　26. ADE　27. ABCD　28. ACE

第 6 章

1. D　2. D　3. A　4. D　5. A　6. C　7. D　8. A

第 7 章

1. D　2. B　3. D　4. B　5. A　6. B　7. D　8. A　9. A　10. E　11. ABCD 12. ABCE

第 8 章

1. B　2. D　3. D　4. C　5. B　6. A　7. D　8. ABD　9. ABCD　10. ACDE

第 9 章

1. E　2. B　3. C　4. C　5. B　6. D　7. A　8. A　9. A　10. D　11. C　12. D　13. A　14. A　15. D　16. C　17. B　18. D　19. A　20. E　21C　22. B　23. C　24. B　25. D　26. A　27. E　28. B　29. E　30. A　31. C　32. D　33. C　34. D　35. A　36. B　37. C　38. A　39. D　40. B　41. E　42. ABCDE　43. ABCD　44. BD　45. ACDE　46. ACD　47. ADE

第 10 章

1. C　2. E　3. D　4. C　5. A　6. A　7. B　8. B　9. C　10. C　11. ACDE　12. BCDE　13. BCE　14. BC　15. ABCDE

第 11 章

1. C 2. E 3. C 4. A 5. B 6. C
7. B 8. D 9. C 10. C 11. D 12. C
13. E 14. C 15. E 16. C 17. B
18. C 19. D 20. A 21. E 22. B 23. C
24. E 25. B 26. A 27. BDE 28. ABD
29. ABC 30. ABCDE 31. ABCDE

第 12 章

1. C 2. C 3. A 4. E 5. D 6. B
7. A 8. D 9. D 10. C 11. D 12. B
13. D

第 13 章

1. B 2. E 3. D 4. C 5. A 6. C
7. A 8. C 9. E 10. B 11. C 12. C
13. B 14. E 15. C 16. A 17. B 18. C
19. D 20. D 21. A 22. B 23. C
24. A 25. E 26. B 27. D 28. C
29. BCD 30. ACD 31. ADE 32. AD
33. BCDE 34. ADE 35. ABE

第 14 章

1. D 2. D 3. A 4. A 5. D 6. C
7. D 8. B 9. C 10. B 11. B 12. B
13. A 14. C 15. A 16. A 17. C 18. C
19. A 20. D 21. A 22. C 23. C 24. C
25. A 26. B 27. D 28. E 29. D
30. C 31. B 32. A 33. A 34. A 35. C
36. B 37. D 38. C 39. B 40. D 41. E
42. A 43. ABCD 44. ABCE 45. ABD
46. ACD 47. ACD 48. ABCDE 49. ABDE
50. BCDE 51. ABDE 52. ABE

第 15 章

1. E 2. B 3. C 4. A 5. A 6. C
7. E 8. C 9. E 10. A 11. B 12. C
13. E 14. C 15. B 16. E 17. D 18. E
19. A 20. C 21. D 22. B 23. C
24. D 25. E 26. B 27. A 28. AD
29. ABCDE 30. ABCD 31. ACE 32. AD
33. ABDE 34. ABDE 35. BCDE

第 16 章

1. E 2. B 3. D 4. A 5. B 6. B
7. E 8. E 9. B 10. B 11. B 12. E
13. D 14. C 15. E 16. A 17. B 18. C
19. A 20. E 21. B 22. D 23. ABC
24. BCE 25. ABCD 26. AD 27. ABD
28. ABCDE

第 17 章

1. C 2. B 3. A 4. E 5. B 6. E
7. A 8. C 9. D 10. A 11. B 12. E
13. A 14. C 15. E 16. B 17. ABCDE
18. ABCDE 19. AC 20. ABC 21. ABDE

第 18 章

1. B 2. B 3. C 4. E 5. C 6. E
7. B 8. C 9. B 10. A 11. B 12. A
13. C 14. D 15. B 16. C 17. D 18. C
19. D 20. E 21. B 22. A 23. C 24. E
25. B 26. D 27. A 28. E 29. D 30. A
31. B 32. C 33. E 34. CDE 35. ABD
36. ABCE 37. ABCD 38. BCE